A. D. WENTZELL

THEORIE ZUFÄLLIGER PROZESSE

MATHEMATISCHE LEHRBÜCHER UND MONOGRAPHIEN

HERAUSGEGEBEN VON DER
AKADEMIE DER WISSENSCHAFTEN DER DDR
ZENTRALINSTITUT FÜR MATHEMATIK UND MECHANIK

II. ABTEILUNG
MATHEMATISCHE MONOGRAPHIEN

BAND 50

THEORIE ZUFÄLLIGER PROZESSE

VON

A. D. WENTZELL

AKADEMIE-VERLAG · BERLIN

1979

A. D. WENTZELL

THEORIE ZUFÄLLIGER PROZESSE

In deutscher Sprache herausgegeben von

Hans Jürgen Engelbert

und

Jürgen Groh

Mit 40 Abbildungen

AKADEMIE-VERLAG · BERLIN

1979

А. Д. Вентцель
Курс теории случайных процессов

Deutsche Übersetzung
Dr. Jürgen Groh, Jena

Erschienen im Akademie-Verlag, DDR-108 Berlin, Leipziger Straße 3—4
Lektor: Dr. Reinhard Höppner

Lizenznummer: 202 · 100/407/79
Einband und Schutzumschlag: Rolf Kunze
Gesamtherstellung: VEB Druckerei „Thomas Müntzer", 582 Bad Langensalza
Bestellnummer: 762 453 1 (6434) · LSV 1075
Printed in GDR
DDR 48,— M

VORWORT DER HERAUSGEBER

A. D. Wentzell hat als einer der führenden Vertreter der Moskauer wahrscheinlichkeitstheoretischen Schule wesentlichen Anteil an der sich seit den fünfziger Jahren stürmisch entwickelnden Theorie zufälliger Prozesse genommen. Seit längerer Zeit hält er an der Moskauer Staatlichen Universität Vorlesungen zu diesem Gebiet. Seine reichen Erfahrungen in Forschung und Lehre fanden ihren Niederschlag in diesem, nunmehr in deutscher Übersetzung vorliegenden Lehrbuch. Auf hohem mathematischem Niveau wird der Leser behutsam in die moderne Theorie eingeführt. Eine große Zahl zum Teil vollständig durchgerechneter Aufgaben unterstützen dieses Anliegen wirksam.

Die Herausgeber waren bemüht, die Diktion des Originales weitgehend zu bewahren, vor kleineren Änderungen und Anpassungen an den deutschen Gebrauch von Fachausdrücken scheuten wir uns jedoch nicht. Freundlicherweise wurden uns vom Autor eine Reihe kleinerer Verbesserungen und eine Überarbeitung des Abschnittes 5.1 mitgeteilt, die wir ohne besondere Kennzeichnung in den Text eingearbeitet haben. Das Literaturverzeichnis wurde von uns erheblich — zumeist um Lehrbuchtitel — erweitert, dabei wurden sowohl die Originalarbeiten, als auch uns bekannt gewordene Übersetzungen angegeben. Herrn Dr. Reinhard Höppner vom Akademie-Verlag danken wir für die gute Zusammenarbeit.

Wir wünschen dem Werk bei Lehrenden und Lernenden eine gute Aufnahme und sehen in seiner Herausgabe einen Beitrag zu tieferer internationaler Verständigung unter den Wissenschaftlern dieses Fachgebietes.

Jena, im Herbst 1979

Hans Jürgen Engelbert
Jürgen Groh

VORWORT

Dem Buch liegen Vorlesungen über die Theorie zufälliger Prozesse zugrunde, die vom Autor im Jahre 1969 für Studenten des III. und IV. Kurses der Mechanisch-Mathematischen Fakultät an der Moskauer Staatlichen Universität gehalten worden sind. Diese Lektionen wurden als Rotaprints herausgegeben (A. D. WENTZELL, Zufällige Prozesse (Vorlesungen für Studenten des III. Kurses), Moskau 1969; Zufällige Prozesse (Vorlesungen für Studenten des IV. Kurses), Moskau 1970) und danach bedeutend überarbeitet.

Das Interesse am Studium der Theorie zufälliger Prozesse ist weit verbreitet, und offensichtlich bedarf es hier keiner Erläuterung, welche Bedeutung dieses Gebiet der Wahrscheinlichkeitstheorie hat und wie viele Anwendungen es besitzt.

Der Autor sieht sein Ziel nicht darin, die Sätze in einer möglichst vollendeten Form zu formulieren und zu beweisen, sondern den Leser mit dem Wesen der benutzten Methoden an — nach Möglichkeit — einfachem Material vertraut zu machen. Im Zusammenhang damit enthält das Buch nicht sehr viele bedeutende Sätze, aber eine ganze Reihe kleinerer *Aussagen* (einen Teil hiervon in Form von Aufgaben). Obgleich zwischen den Sätzen und Aussagen keine vollkommen scharfe Grenze besteht, hält der Autor die Benutzung des Begriffes der Aussage für prinzipiell wichtig. Wer irgendein Gebiet der Mathematik beherrschen will, muß sich eine große Zahl solcher Aussagen überlegen; von ihnen sind 60% leicht zu beweisen, 30% erweisen sich als unrichtig und leicht zu widerlegen, aber sich die verbleibenden 10% klarzumachen, ist schwieriger — aus ihnen kann man dann auch echte Sätze erhalten.

Ein Teil des Materials ist in Form von Aufgaben gegeben. Die Lösungen zu den Aufgaben machen einen gesonderten Teil des Buches aus, damit die Wahrscheinlichkeit, daß der Leser die Aufgaben auch wirklich löst, größer ist. Die Lösungen werden nicht zu allen Aufgaben gegeben und sind nicht sehr ausführlich; es wird erwartet, daß sich der Leser ihre Lösungen mit genügender Ausführlichkeit selbst niederschreibt (aber sich auch den fortgelassenen Teil von Beweisen überlegt und auch die zum Verständnis nötigen Skizzen anfertigt). Die in gewöhnlicher Schrift gegebenen Aufgaben müssen sogleich gelöst werden; bei Aufgaben im Kleindruck kann man warten und sie am Ende des Paragraphen oder Kapitels lösen. Mit einem Sternchen versehene Aufgaben sind nicht obligatorisch zu lösen, auf sie stützt sich nichts anderes. Natürlich ist es im Rahmen eines Buches unvermeidlich, ganze Teile der Theorie nicht zu behandeln. Gut ist es, wenn der Leser sich bemüht, sein Wissen über die Theorie zufälliger Prozesse zu ergänzen und zusätzlich irgendein Buch mit reicherem Material, zum Beispiel das Werk von DOOB [1] studiert. Das betrifft nicht nur neues Material, sondern auch eine allgemeinere Behandlung, andere Methoden, neue Gesichtspunkte.

Fragen der Priorität zu den angegebenen Resultaten, Historisches oder Literatur zum Gegenstand werden nur episodisch berührt; Literaturhinweise werden in der Regel dann gegeben, wenn irgendeine Hilfsbehauptung ohne Beweis angeführt ist.

Die Auswahl des Materials ist durch pädagogische Überlegungen bedingt. Was den allgemeinen Zugang zum Stoff betrifft, so wird systematisch der Zusammenhang unserer Theorie mit der Funktionalanalysis hervorgehoben. Wenn die Wahl stand, eine Überlegung zu den zufälligen Prozessen auf unabhängige Weise oder unter Bezug auf dieses oder jenes analytische Resultat (zum Beispiel die Isomorphie aller unendlichdimensionalen HILBERT-Räume) anzustellen, so wurde letzteres bevorzugt.

Das Buch ist in Kapitel eingeteilt, die Kapitel in Paragraphen (bei Zitaten innerhalb eines Kapitels geben wir nur die Nummer des Paragraphen an, beim Verweis auf einen Paragraphen eines anderen Kapitels die Nummer von Kapitel und Paragraph, zum Beispiel § 2.1), die Paragraphen in Punkte: 1, 2 usw., die Punkte manchmal in Unterpunkte a), b), ... (bei Zitaten beispielsweise so: P.2a)). Die Numerierung der Formeln, Sätze, Aufgaben und dergleichen erfolgt innerhalb eines Paragraphen (bei Zitaten innerhalb eines Paragraphen wird die Nummer der Formel, Aufgabe usw. angegeben, außerhalb eines Paragraphen auch die Nummer des Paragraphen).

Bei den Lösungen der Aufgaben werden Formeln innerhalb der Lösung numeriert: (*), (**) usw.; ein Zitat von Formel (5) oder Aufgabe 3 bedeutet eine Formel oder Aufgabe desjenigen Paragraphen, in dem die Aufgabe gestellt worden ist.

Bei Verweisen auf das Literaturverzeichnis wird der Familienname des Autors (die Namen der Autoren) und die jeweilige Nummer angegeben.

Der Autor bringt seinen Dank für die Durchsicht verschiedener Teile und gegebene Bemerkungen zu ihrer Verbesserung gegenüber S. A. MOLTSCHANOW, E. B. DYNKIN, E. S. WENTZELL und insbesondere A. N. SCHIRJAJEW zum Ausdruck. Ebenfalls Dank gebührt O. A. BOJARINOWA, ohne deren selbstlose Hilfe das Buch nicht zustande gekommen wäre, und auch T. PACHAMOWA, W. ORLOW, N. GOS und anderen Studenten, die einen Teil der Arbeit übernommen hatten.

INHALT

EINFÜHRUNG

Beim Studium verschiedenster Erscheinungen der Realität stoßen wir auf Prozesse, deren Verlauf wir nicht voraussagen können: zum Beispiel die Schwankung der Höhe eines Flugzeuges um den Wert, den der Kurs vorschreibt, die Bewegung eines einzelnen Moleküles in einem Gas, das in ein Gefäß eingeschlossen ist oder die Vermehrung von Bakterien auf einem Nährboden. Wir können z. B. nicht vorhersagen, ob zu einem bestimmten Zeitpunkt eine derartige Kolonie aus 1001 oder 1002 Bakterien besteht, und an welcher Stelle sich die Bakterien befinden werden.

Solche Prozesse lassen sich als zufällige Bewegung eines Punktes in einem für jedes Problem speziell gewählten Raum darstellen. So wird die Schwankung der Höhe des Flugzeuges durch einen Punkt beschrieben, der sich auf der Zahlengeraden bewegt und die Bewegung des Moleküles durch einen Punkt eines dreidimensionalen Raumes, der die Form des Gefäßes besitzt (eigentlich ist das Molekül selbst fast ein Punkt). Zur Beschreibung der Vermehrung von Bakterien muß man einen komplizierteren Raum konstruieren. Der Nährboden sei in das Innere eines gläsernen Röhrchens eingeschlossen, dessen Stärke wir vernachlässigen können. Unseren Raum bilden wir aus einem Punkt $*$, aus dem Intervall $[0, l]$ (l ist die Länge des Röhrchens), dem Dreieck $\{(x, y): 0 \leqq y \leqq x \leqq l\}$, dem Tetraeder $\{(x, y, z): 0 \leqq z \leqq y \leqq x \leqq l\}$, dem vierdimensionalen Simplex $\{(x, y, z, u): 0 \leqq u \leqq z \leqq y \leqq x \leqq l\}$ usw., d. h., wir bilden eine abzählbare Vereinigung von Mengen wachsender Dimension (Abb. 1). Der Punkt

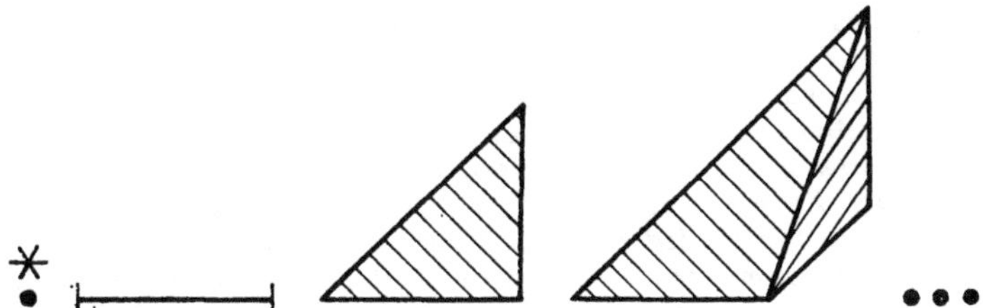

Abb. 1

$*$ wird bedeuten, daß überhaupt keine Bakterie vorhanden ist; der Punkt x des Intervalles $[0, l]$ bedeutet, daß es genau eine Bakterie gibt und diese sich im Abstand x vom linken Ende des Röhrchens befindet; der Punkt (x, y) des Dreiecks bezeichnet, daß es zwei Bakterien mit den Abständen x und y vom linken Ende gibt, usw. Bei Teilung irgendeiner der Bakterien springt der das System beschreibende Punkt in den Simplex der nächsthöheren Dimension; stirbt dagegen eine der Bakterien, so springt er in den Simplex niedrigerer Dimension. Manchmal muß man noch kompliziertere Räume betrachten.

Die Bewegung eines Punktes in einem bestimmten Raum ist eine Funktion des Argumentes t (der Zeit) mit Werten in diesem Raum; eine zufällige Bewegung ist eine Funktion von der Zeit mit zufälligen Werten in dem betreffenden Raum. So ist ein mathematisches Modell eines zufälligen Prozesses der realen Welt eine Funktion von t, deren Werte zufällige Größen sind, wobei es notwendig ist, nicht nur zahlenwertige Zufallsgrößen im engeren Sinne, sondern solche mit Werten in einem mehr oder weniger beliebigen Raume zuzulassen. (Nicht erörtern werden wir die Bedingungen, unter denen allgemein wahrscheinlichkeitstheoretische Begriffe auf Erscheinungen der realen Welt anwendbar sind.)

Nachdem wir zu einem solchen mathematischen Modell gekommen sind, kann man es in verschiedenen Richtungen verallgemeinern. Eine sinnvolle Verallgemeinerung ist, zufällige Funktionen eines Argumentes t zu betrachten, das nicht die Bedeutung der Zeit hat und nicht nur Werte auf der Zahlengeraden, sondern in einer beliebigen anderen Menge annimmt. Das ist insbesondere nötig zum Studium der Abhängigkeit der einen oder anderen Größe nicht nur von der Zeit, sondern vom Raum.

Vorläufige Erläuterungen. Bezeichnungen. Vor allem wird vorausgesetzt, daß der Leser gut mit der Analysis vertraut ist (im Umfang der ersten drei Jahre eines Universitätskurses), insbesondere mit Maßen, dem LEBESGUE-Integral und den Elementen der Funktionalanalysis (HILBERT- und BANACH-Raum, lineare Operatoren). Der Autor bemüht sich, die Terminologie des Buches von KOLMOGOROW und FOMIN zu verwenden und hauptsächlich die in diesem Buche enthaltene Darstellung der Maßtheorie und Funktionalanalysis zu benutzen; ist der Autor gezwungen, diesen Rahmen zu verlassen, so wird er den Leser auf ein weit verbreitetes Lehrbuch verweisen.

Mengen bezeichnen wir gewöhnlich mit großen lateinischen oder griechischen Buchstaben; Mengensysteme durch Schreibschrift ($\mathcal{A}$, $\mathcal{B}$, ...); verschiedene Funktionenräume mit fettgedruckten Buchstaben (z. B. $\boldsymbol{C}$, $\boldsymbol{L}^2$). Eine Menge von Elementen x, die eine gewisse Eigenschaft erfüllen, wird durch $\{x: \ldots\}$ bezeichnet. Es wird vorausgesetzt, daß der Leser mit folgenden Ausdrücken und Begriffen vertraut ist: Euklidischer Raum, HILBERT-Raum, BANACH-Raum (KOLMOGOROW und FOMIN [1], Kap. III, §§ 3, 4), durch ein System $\mathcal{E}$ erzeugte σ-Algebra (in Zeichen $\sigma(\mathcal{E})$), die σ-Algebra der BORELschen Teilmengen eines metrischen (topologischen) Raumes X (das ist die durch die offenen Mengen erzeugte σ-Algebra; in Zeichen $\mathcal{B}_X$), meßbarer Raum, meßbare Abbildung, meßbare zahlenwertige Funktion, Maße, der Ausdruck: fast überall bezüglich des Maßes μ (oder: μ-fast überall), der Satz über die eindeutige Fortsetzbarkeit eines Maßes von einem Halbring auf eine σ-Algebra (KOLMOGOROW und FOMIN [1], Kap. V, §§ 3, 4). *Sind $\mathcal{A}$ irgendeine Algebra von Teilmengen der Menge X und μ ein endliches Maß auf der durch diese Algebra erzeugten σ-Algebra $\sigma(\mathcal{A})$, dann existiert zu jeder Menge $A \in \sigma(\mathcal{A})$ und jedem $\varepsilon > 0$ eine Menge $A_\varepsilon \in \mathcal{A}$, so daß für das Maß der symmetrischen Differenz $\mu(A \triangle A_\varepsilon) < \varepsilon$ gilt* (siehe HALMOS [1], § 13, Theorem 4). *Wenn μ ein endliches Maß auf den Borelschen Teilmengen eines lokalkompakten metrischen Raumes X ist, so ist das Maß jeder Borel-Menge gleich der oberen Grenze der Maße aller in ihr enthaltenen Kompakta* (HALMOS [1], § 52, Theorem 7). Das LEBESGUE-Integral bezeichnen wir mit $\int_A f(x)\, \mu(\mathrm{d}x)$ oder, abkürzend, mit $\int_A f\, \mathrm{d}\mu$; es gilt folgende Aussage über die Substitution im LEBESGUE-Integral: *Sind g eine meßbare Abbildung des meßbaren Raumes $(X, \mathcal{A})$ in $(Y, \mathcal{B})$, f eine meßbare reelle Funktion auf $(Y, \mathcal{B})$, und hängen die Maße μ auf $(X, \mathcal{A})$ und ν auf $(Y, \mathcal{B})$ durch die Beziehung $\nu(B) = \mu(g^{-1}(B))$ zusammen, so gilt*

$$\int_X f(g(x))\, \mu(\mathrm{d}x) = \int_Y f(y)\, \nu(\mathrm{d}y) .$$

Ebenfalls werden die Sätze über den Grenzübergang unter dem Integralzeichen als bekannt vorausgesetzt (KOLMOGOROW und FOMIN [1], Kap. V, § 5).

Eine Familie von Funktionen $\{f_\alpha(x)\}$ auf einem mit dem Maß μ versehenen meßbaren Raum heißt *gleichmäßig integrierbar*, wenn zu jedem $\varepsilon > 0$ eine positive Konstante K existiert, so daß für alle Funktionen der Familie

$$\int_{\{x:|f_\alpha(x)|\geqq K\}} |f_\alpha(x)|\, \mu(dx) < \varepsilon$$

gilt. *Konvergiert die Folge $f_n(x)$ fast überall gegen eine Funktion $f(x)$ und ist die Familie $\{f_n(x)\}$ gleichmäßig integrierbar, dann ist auch die Funktion f integrierbar, und es gilt $\int f_n d\mu \to \int f\, d\mu$ für $n \to \infty$.*

Weiterhin werden als bekannt vorausgesetzt:

Der Raum $\boldsymbol{L}^p(X, \mathcal{A}, \mu)$, $p \geqq 1$ (abkürzende Bezeichnungen sind: $\boldsymbol{L}^p$, $\boldsymbol{L}^p(X)$, $\boldsymbol{L}^p(\mathcal{A})$, $\boldsymbol{L}^p(\mu)$ oder $\boldsymbol{L}^p(d\mu)$, siehe KOLMOGOROW und FOMIN [1], Kap. VII),

das Produkt der σ-Algebren $\mathcal{A}$ und $\mathcal{B}$ (in Zeichen $\mathcal{A} \times \mathcal{B}$), das Produkt von Maßen (in Zeichen: $\mu \times \nu$; das Integral bezüglich $\mu \times \nu$ wird so geschrieben: $\int \int f(x, y)\, \mu(dx)\, \nu(dy)$), der Satz von FUBINI (KOLMOGOROW und FOMIN [1], Kap. V, § 6), die Absolutstetigkeit einer abzählbar-additiven Mengenfunktion ν bezüglich eines Maßes μ auf einem meßbaren Raum $(X, \mathcal{A})$, die Dichte von ν bezüglich μ (nach Definition ist das eine $\mathcal{A}$-meßbare Funktion g mit $\nu(A) = \int_A g(x)\, \mu(dx)$ für alle $A \in \mathcal{A}$, in Zeichen: $g(x) = \frac{\nu(dx)}{\mu(dx)}$ oder $\frac{d\nu}{d\mu}(x)$), die Singularität von Maßen μ und ν zueinander. Es gilt folgende

Aussage. *Besitzt das Maß ν eine Dichte bezüglich μ, so gilt für jede meßbare Funktion f*

$$\int_A f(x)\, \nu(dx) = \int_A f(x) \frac{d\nu}{d\mu}(x)\, \mu(dx)\,.$$

Den Satz von RADON-NIKODYM findet der Leser ebenfalls in KOLMOGOROW und FOMIN [1], Kap. VI, § 5.

Eine Folge von Maßen μ_n auf der σ-Algebra $\mathcal{B}_X$ der BOREL-Mengen eines metrischen Raumes X *konvergiert schwach* gegen das Maß μ auf $\mathcal{B}_X$, wenn für alle stetigen beschränkten Funktionen f auf X gilt:

$$\int_X f(x)\, \mu_n(dx) \to \int_X f(x)\, \mu(dx)\,.$$

Ferner wird vorausgesetzt, daß der Leser einen Kurs der Wahrscheinlichkeitstheorie studiert hat und solche Begriffe wie Unabhängigkeit, Zufallsgröße, Verteilungsfunktion, Gesetz der großen Zahlen, charakteristische Funktion, und dergleichen mehr kennt (siehe GNEDENKO [1], FELLER [1]). Desweiteren wird vorausgesetzt, daß er mit dem axiomatischen Aufbau der Wahrscheinlichkeitstheorie und gewissen spezielleren Fragen vertraut ist, welche (zusammen mit einer Erklärung der Bezeichnungen) nachstehend kurz dargelegt werden.

Ein Wahrscheinlichkeitsraum ist ein Tripel $(\Omega, \mathcal{F}, \mathsf{P})$, wobei Ω — der Raum der Elementarereignisse — eine beliebige Menge ist (seine Elemente — die *Elementarereignisse* — werden wir gewöhnlich mit dem Buchstaben ω bezeichnen); $\mathcal{F}$ ist eine σ-Algebra von Teilmengen von Ω, deren Elemente (*zufällige*) *Ereignisse* genannt werden, und P ist ein *Wahrscheinlichkeitsmaß* auf $(\Omega, \mathcal{F})$ (allgemein heißt ein Maß μ auf $(X, \mathcal{A})$ ein Wahrscheinlichkeitsmaß, wenn $\mu(A) = 1$ gilt). Der Ausdruck „fast überall bezüglich des Maßes P" wird durch die Bezeichnung „fast sicher" (f. s.) ersetzt.

Die Kenntnis des Lemma von BOREL-CANTELLI wird vorausgesetzt (siehe FELLER [1], Kap. VIII, § 3).

Eine *Zufallsgröße* im weiteren Sinne ist eine meßbare Abbildung des Raumes $(\Omega, \mathcal{F})$ in einen meßbaren Raum $(X, \mathcal{B})$. (Eine andere Bezeichnung ist *zufälliges Element* von $(X, \mathcal{B})$). Von dem Raum $(X, \mathcal{B})$ werden wir nur fordern, daß alle einpunktigen Mengen meßbar sind: $\{x\} \in \mathcal{B}$ für alle x. Zufallsgrößen werden wir meistens mit griechischen Buchstaben bezeichnen: $\xi = \xi(\omega)$, η_t^n, $\pi(A)$, und dergleichen.

Zwei Zufallsgrößen heißen äquivalent, falls $\mathsf{P}\{\xi \neq \eta\} = 0$ gilt.

Unter der durch ein System von Zufallsgrößen ξ_α mit Werten in $(X_\alpha, \mathcal{B}_\alpha)$ erzeugten σ-Algebra verstehen wir die durch alle möglichen Ereignisse der Form $\{\xi_\alpha \in \Gamma\}$, $\Gamma \in \mathcal{B}_\alpha$ erzeugte σ-Algebra: $\sigma\{\xi_\alpha\} = \sigma\{\{\xi_\alpha \in \Gamma\}, \Gamma \in \mathcal{B}_\alpha\}$.

Die *Verteilung* einer Zufallsgröße ξ ist das durch die Beziehung $\Phi_\xi(A) = \mathsf{P}\{\xi \in A\}$ (Kurzschreibweise für $\mathsf{P}(\{\omega: \xi(\omega) \in A\})$ auf $(X, \mathcal{B})$ definierte Maß Φ_ξ. Die *gemeinsame Verteilung* der Zufallsgrößen $\xi, \eta, \ldots, \zeta$, die ihre Werte entsprechend in $(X, \mathcal{A})$, $(Y, \mathcal{B})$, $\ldots$, $(Z, \mathcal{C})$ annehmen, ist die Verteilung des zufälligen Vektors $(\xi, \eta, \ldots, \zeta)$: $\Phi_{\xi\eta\ldots\zeta}(A) = \mathsf{P}\{(\xi, \eta, \ldots, \zeta) \in A\}$, $A \in \mathcal{A} \times \mathcal{B} \times \ldots \times \mathcal{C}$.

Die Zufallsgrößen $\xi, \eta, \ldots, \zeta$, heißen *unabhängig*, wenn $\Phi_{\xi\eta\ldots\zeta} = \Phi_\xi \times \Phi_\eta \times \ldots \times \Phi_\zeta$ gilt. Die Zufallsgrößen einer unendlichen Familie $\{\xi_\alpha\}$ heißen unabhängig, wenn für jede endliche Anzahl voneinander verschiedener $\alpha_1, \ldots, \alpha_n$ die Zufallsgrößen $\xi_{\alpha_1}, \ldots, \xi_{\alpha_n}$ unabhängig sind; die σ-Algebren $\mathcal{F}_\alpha \subseteqq \mathcal{F}$ heißen unabhängig, wenn beliebig gewählte Ereignisse $A_1 \in \mathcal{F}_{\alpha_1}, \ldots, A_n \in \mathcal{F}_{\alpha_n}$ jeweils unabhängig sind. Es ist klar, wie die Unabhängigkeit von Zufallsgrößen und σ-Algebren usw. definiert wird.

Für Zufallsgrößen mit Werten in einem metrischen Raum X $(\mathcal{B} = \mathcal{B}_X)$ wird die *Konvergenz in Wahrscheinlichkeit* definiert: Wir schreiben $\xi_n \xrightarrow{(\mathsf{P})} \xi$ $(n \to \infty)$ oder $\lim_{n\to\infty} (\mathsf{P})\, \xi_n = \xi$, wenn $\lim_{n\to\infty} \mathsf{P}\{\varrho(\xi_n, \xi) \geqq \varepsilon\} = 0$ für alle $\varepsilon > 0$ gilt. (Genauso wird $\lim_{t\to t_0} (\mathsf{P})\, \xi_t$ und dergleichen definiert). Der Grenzwert in Wahrscheinlichkeit ist bis auf Äquivalenz eindeutig. *Für stetiges f folgt aus $\xi_n \xrightarrow{(\mathsf{P})} \xi$ auch $f(\xi_n) \xrightarrow{(\mathsf{P})} f(\xi)$.* Die Konvergenz fast sicher zieht die Konvergenz in Wahrscheinlichkeit nach sich; von einer in Wahrscheinlichkeit konvergenten Folge kann eine fast sicher konvergierende Teilfolge ausgewählt werden.

Aus $\xi_n \xrightarrow{(\mathsf{P})} \xi$ folgt $\Phi_{\xi_n} \to \Phi_\xi$ im Sinne der schwachen Konvergenz.

Für *zahlenwertige* Zufallsgrößen wird der *Erwartungswert*

$$\mathsf{M}\xi = \int_\Omega \xi(\omega)\, \mathsf{P}(d\omega)\,,$$

sowie die *Streuung* $\mathsf{D}\xi = \mathsf{M}\, |\xi - \mathsf{M}\xi|^2$ definiert (für reelle Zufallsgrößen ist das gleich $\mathsf{M}(\xi - \mathsf{M}\xi)^2$) und die *Kovarianz* $\operatorname{cov}(\xi, \eta) = \mathsf{M}(\xi - \mathsf{M}\xi)\,\overline{(\eta - \mathsf{M}\eta)}$.

Es gilt die *Tschebyschewsche Ungleichung*: Für jede Zufallsgröße ξ mit Werten in $(X, \mathcal{B})$, jede nichtnegative $\mathcal{B}$-meßbare Funktion f und jedes $\varepsilon > 0$ besteht die Beziehung

$$\mathsf{P}\{\xi \in A_\varepsilon\} \leqq \mathsf{M}f(\xi)/\varepsilon\,,$$

wobei $A_\varepsilon = \{x: f(x) \geqq \varepsilon\}$ ist.

Aus der *Konvergenz im p-ten Mittel* — der Konvergenz im Raume $L^p(\Omega, \mathcal{F}, \mathsf{P})$ — folgt die Konvergenz in Wahrscheinlichkeit (das ist eine Folgerung der Tschebyschewschen Ungleichung). Der Grenzwert im Sinne der Konvergenz im Quadratmittel (d. h. für $p = 2$) wird mit l. i. m. bezeichnet.

Die *bedingte Erwartung* $\mathsf{M}(\xi \mid \mathcal{A})$ der zahlenwertigen Zufallsgröße ξ *bezüglich einer σ-Algebra $\mathcal{A} \subseteqq \mathcal{F}$* ist eine Zufallsgröße $\mathsf{M}(\xi \mid \mathcal{A})(\omega) = \eta(\omega)$, die erstens $\mathcal{A}$-meßbar ist und zweitens der Bedingung

$$\int_A \eta(\omega)\, \mathsf{P}(d\omega) = \int_A \xi(\omega)\, \mathsf{P}(d\omega)$$

für beliebiges $A \in \mathcal{A}$ genügt. Aus der Existenz von $\mathsf{M}\xi$ folgt die Existenz von $\mathsf{M}(\xi \mid \mathcal{A})$ und die Eindeutigkeit bis auf Äquivalenz. Eigenschaften der bedingten Erwartung sind: Linearität, Monotonie (aus $\xi \leqq \eta$ folgt

$$\mathsf{M}(\xi \mid \mathcal{A}) \leqq \mathsf{M}(\eta \mid \mathcal{A}))\,; \qquad \mathsf{M}(\xi\eta \mid \mathcal{A}) = \xi\mathsf{M}(\eta \mid \mathcal{A})$$

für $\mathcal{A}$-meßbares ξ, wenn nur $\mathsf{M}\eta$ und $\mathsf{M}\xi$ existieren (oder wenn $\mathsf{M}\,|\eta|$, $\mathsf{M}(|\xi|\, \mathsf{M}(|\eta| \mid \mathcal{A})) < \infty$ ist), für $\mathcal{A} \subseteqq \mathcal{B} \subseteqq \mathcal{F}$ gilt $\mathsf{M}(\mathsf{M}(\xi \mid \mathcal{B}) \mid \mathcal{A}) = \mathsf{M}(\xi \mid \mathcal{A})$. Alle diese Eigenschaften gelten unter dem Vorbehalt: fast sicher.

Es sei η eine nicht notwendig zahlenwertige Zufallsgröße mit Werten in $(X, \mathcal{B})$. Dann ist die *bedingte Erwartung* der zahlenwertigen Zufallsgröße ξ *bezüglich* η — in Zeichen $\mathsf{M}(\xi \mid \eta)$ — nichts anderes, als $\mathsf{M}(\xi \mid \sigma(\eta))$ (Ereignisse aus der σ-Algebra $\sigma(\eta)$ haben die Gestalt $\{\eta \in \Gamma\}$, $\Gamma \in \mathcal{B}$). *Diese Zufallsgröße läßt sich in der Form $\varphi(\eta)$ darstellen, wobei $\varphi(x)$ eine $\mathcal{B}$-meßbare Funktion auf X ist.* Die Funktion $\varphi(x)$ wird mit $\mathsf{M}\{\xi \mid \eta = x\}$ bezeichnet und heißt der *bedingte Erwartungswert von* ξ *unter der Bedingung* $\eta = x$ (*falls* η *den Wert* x *annehmen kann*).

Die bedingte Wahrscheinlichkeit des Ereignisses A ist der Erwartungswert seines Indikators $\chi_A = \chi_A(\omega)$.

Sind ξ und η zufällige Vektoren mit einer gemeinsamen Verteilungsdichte $p_{\xi\eta}(x, y)$, dann kann man die *bedingte Verteilungsdichte* $p_\xi(x \mid \eta = y) = p_{\xi\eta}(x, y)/p_\eta(y)$ einführen. Dabei gilt dann für jede meßbare zahlenwertige Funktion $\mathsf{M}\{f(\xi, \eta) \mid \eta = y\} = \int f(x, y) \times p_\xi(x \mid \eta = y)\, dx$.

Ausführlicher kann man darüber im Buche von FELLER [2], Kap. IV, V (oder von ITÔ [1], Kap. I, [2], §§ 32, 33) nachlesen.

Zur Lektüre der Kapitel 11 und 13 muß man eine Vorstellung von partiellen Differentialgleichungen elliptischen und parabolischen Typs besitzen. Das Material, auf das wir uns fortwährend stützen, ist aber nicht umfangreich. Es sind hauptsächlich das CAUCHY-Problem und Randwertaufgaben. Als Quelle erforderlicher Kenntnisse sind die Bücher von MIRANDA [1] und FRIEDMAN [1] gut geeignet.

Einige allgemeine Bezeichnungen. Das Minimum zweier Zahlen a und b wird mit $a \wedge b$, das Maximum mit $a \vee b$ bezeichnet. Die Vereinigung zweier Mengen werden wir mit $A \cup B$, den Durchschnitt mit $A \cap B$ oder AB, die Differenz mit $A \setminus B$ und die symmetrische Differenz (das ist $(A \setminus B) \cup (B \setminus A)$) mit $A \triangle B$ bezeichnen. Das Zeichen $\subset$ wird im Sinne einer echten Mengeninklusion benutzt, das Zeichen $\subseteqq$ für eine Inklusion, die eine Gleichheit zuläßt. Für eine beliebige Menge A wird ihr Indikator (die charakteristische Funktion) $\chi_A(x)$ als eine Funktion definiert, die für $x \in A$ den Wert 1 und für $x \notin A$ den Wert 0 annimmt. Ist A ein Ereignis, so wird das Argument ω in χ_A gewöhnlich forgelassen. Das im Punkte x konzentrierte Einheitsmaß bezeichnen wir mit δ_x: nach Definition gilt $\delta_x(\Gamma) = \chi_\Gamma(x)$.

Die Schreibweise $f(x)$ ist zweideutig: sie wird sowohl für den Wert der Funktion f im Punkte x als auch für die Funktion selbst angewendet. Falls wird hervorheben wollen, daß die Rede von der Funktion, und nicht von ihrem Wert in einem gewissen Punkte ist, werden wir die Bezeichnung $f(.)$ benutzen. Wird das Argument nicht in Klammern, sondern als Index geschrieben: f_x, so bezeichnen wir diese Funktion durch $f_.$. Besonders bequem ist die Schreibweise mit dem Punkt für Funktionen mehrerer Variabler, zum Beispiel ist $f_.^{(.)}(., .)$ eine Funktion von vier Veränderlichen, aus ihr erhält man eine Funktion zweier Argumente $f_.^{(x)}(., \omega)$, wenn die übrigen beiden festgehalten werden; $f_n^{(x)}(t, .)$ ist eine Funktion von einer Veränderlichen und $f_n^{(x)}(t, \omega)$ ist der Wert der Funktion bei Fixierung aller ihrer Argumente.

Weitere Bezeichnungen sind am Ende des Buches in Form einer Tabelle angegeben.

KAPITEL 1

GRUNDLEGENDE BEGRIFFE

§ 1.1. Was ist ein zufälliger Prozeß?

1. Eine Familie von Zufallsgrößen, die von einem Parameter t abhängen, der eine beliebige Menge T durchläuft, heißt *zufällige Funktion.* Diesen Parameter werden wir entweder als Index oder in Klammern schreiben, so bezeichnen zum Beispiel ξ_t, $t \in T$, und $x(t)$, $t \in T$, jeweils eine zufällige Funktion.

Da wir unter einer Zufallsgröße eine meßbare Abbildung des zu Grunde liegenden Wahrscheinlichkeitsraumes $(\Omega, \mathcal{F}, \mathsf{P})$ in einen meßbaren Raum $(X, \mathcal{B})$ verstehen, ist die zufällige Funktion ξ_t, $t \in T$, — das ist, ausführlicher geschrieben, eine Funktion $\xi_t(\omega)$ des Paares $t \in T$, $\omega \in \Omega$ — für jedes $t \in T$ meßbar in ω. Meistens werden wir zahlenwertige zufällige Funktionen betrachten, das heißt, $(X, \mathcal{B})$ ist bei uns die reelle Achse R^1 mit der σ-Algebra der Borel-Mengen $\mathcal{B}^1$ (oder die komplexe Ebene mit der entsprechenden σ-Algebra).

Ist T eine Untermenge der reellen Zahlen und wird der Parameter t als Zeit interpretiert, so ist anstelle von „zufällige Funktion" der Ausdruck *zufälliger Prozeß* gebräuchlicher. (Wenn T eine Teilmenge der ganzen Zahlen ist, spricht man auch von einer *zufälligen Folge.*) Wir werden uns hauptsächlich mit zufälligen Prozessen befassen und nicht mit zufälligen Funktionen auf komplizierteren Mengen T. Anstelle *zufälliger Prozeß* sagt man manchmal *stochastischer Prozeß*; zuweilen sagen wir einfach *Prozeß* (andere als zufällige Prozesse betrachten wir nicht).

2. Wir führen nun einige mit zufälligen Funktionen zusammenhängende Grundbegriffe ein.

In der Funktion $\xi_t(\omega)$ können wir das Elementarereignis fixieren und erhalten so eine Funktion $\xi_{\cdot}(\omega)$. Das ist eine bereits nichtzufällige Funktion von $t \in T$; sie heißt *Realisierung* der zufälligen Funktion (für zufällige Prozesse auch *Trajektorie*).

Halten wir umgekehrt $t \in T$ fest, so ergibt sich eine Zufallsgröße. In Verbindung mit dem Begriff der Äquivalenz von Zufallsgrößen wird folgende Definition eingeführt. Zufällige Funktionen ξ_t und η_t, die auf ein und demselben T und ein und demselben Wahrscheinlichkeitsraum $(\Omega, \mathcal{F}, \mathsf{P})$ definiert sind und ihre Werte im gleichen Raum $(X, \mathcal{B})$ annehmen, heißen *stochastisch äquivalent,* wenn sie für beliebiges festes t fast sicher übereinstimmen: für jedes t gilt $\mathsf{P}\{\xi_t \neq \eta_t\} = 0$.

Entsprechend der allgemeinen Auffassung der Wahrscheinlichkeitstheorie, die Ereignisse vernachlässigt, welche die Wahrscheinlichkeit 0 besitzen, nimmt man an, daß der Übergang vom Studium einer zufälligen Funktion zu irgendeiner ihr äquivalenten anderen keinen Nachteil bringt und praktische Anwendungen nicht beeinflußt.

Ist ξ_t für beliebiges $t \in T$ eine Zufallsgröße, so ist $(\xi_{t_1}, \dots, \xi_{t_n})$ für beliebige $t_1, \dots, t_n \in T$ ein zufälliger Vektor mit Werten in $(X^n, \mathcal{B}^n)$. Seine Verteilung $\Phi_{\xi_{t_1}, \dots, \xi_{t_n}}$ bezeichnen wir kurz mit $\Phi_{t_1, \dots, t_n}$

$$\Phi_{t_1, \dots, t_n}(A) = \mathsf{P}\{(\xi_{t_1}, \dots, \xi_{t_n}) \in A\}, \quad A \in \mathcal{B}^n .$$

Diese Verteilungen für alle möglichen $t_1, \ldots, t_n \in T$, tragen die Bezeichnung *endlichdimensionale Verteilungen* der zufälligen Funktion.

Es ist sinnvoll, endlichdimensionale Verteilungen sowohl für verschiedene $t_1, \ldots, t_n$, als auch wenn einige der $t_1, \ldots, t_n$ übereinstimmen, zu betrachten. Jedoch findet man leicht die Verteilungen $\Phi_{t_1,\ldots,t_n}$, für die einige der $t_1, \ldots, t_n$ zusammenfallen, durch die endlichdimensionalen Verteilungen, die paarweise verschiedenen Elementen aus T entsprechen. So gilt zum Beispiel $\Phi_{tts}(A) = \Phi_{ts}(B)$, wobei $B = \{(x, y): (x, x, y) \in A\} \in \mathcal{B}^2$ $(t, s \in T, t \neq s, A \in \mathcal{B}^3)$ ist.

Einfach ist zu sehen, daß für zwei stochastisch äquivalente zufällige Funktionen die endlichdimensionalen Verteilungen übereinstimmen (aber natürlich nicht umgekehrt).

Es sei bemerkt, daß die Trajektorien stochastisch äquivalenter Prozesse gänzlich verschieden voneinander sein können. Es seien zum Beispiel $T = [0, 1]$ und τ, $0 < \tau < 1$, eine Zufallsgröße mit stetiger Verteilung. Wir setzen $\xi_t \equiv 0$; $\eta_t = 0$, wenn $t \neq \tau$ und $\eta_t = 1$, wenn $t = \tau$ gilt. Diese zufälligen Prozesse sind stochastisch äquivalent: $\mathsf{P}\{\xi_t \neq \eta_t\} = \mathsf{P}\{\tau = t\} = 0$; die Trajektorien η_t besitzen Sprünge im Punkte τ, aber jede Trajektorie ξ_t ist identisch Null (Abb. 2).

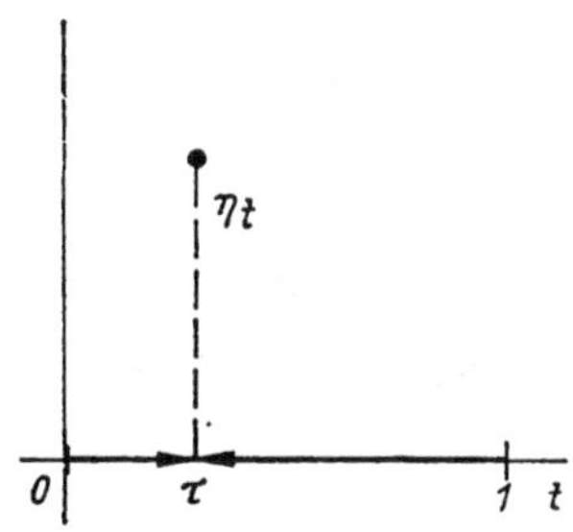

Abb. 2

§ 1.2. Beispiele zufälliger Prozesse. Der Wiener-Prozeß

In diesem Paragraphen machen wir uns mit einer Reihe von Beispielen zufälliger Funktionen bekannt; zur Vertiefung verbinden wir dies mit einigen zugehörigen Aufgaben. In diesen geht es hauptsächlich um endlichdimensionale Verteilungen — sie sind das einzige, was wir vorläufig über zufällige Funktionen wissen.

1. **Aufgabe 1.** Es seien A, η und φ Zufallsgrößen, wobei A, η nichtnegativ sind und eine beliebige gemeinsame (zweidimensionale) Verteilung besitzen, sowie φ unabhängig von ihnen und gleichverteilt auf dem Intervall $[0, 2\pi)$ ist. Wir definieren den zufälligen Prozeß $\xi_t = A \cos(\eta_t + \varphi)$, $t \in T = R^1$.

Man beweise, daß seine endlichdimensionalen Verteilungen unabhängig von beliebigen Zeitverschiebungen sind, d. h. daß $\Phi_{t_1+h,\ldots,t_n+h} = \Phi_{t_1,\ldots,t_n}$ für jedes reelle h gilt.

Das ist der Prozeß einer zufälligen sinusförmigen Schwingung; er tritt in verschiedenen Anwendungen auf.

2. Einen zufälligen Prozeß ξ_t auf $T = [0, \infty)$ nennen wir *Poisson-Prozeß* mit dem Parameter a $(a > 0)$, wenn er die folgenden Eigenschaften besitzt:

0. $\xi_0 = 0$.

I. Für beliebige $0 \leq t_0 < t_1 < \cdots < t_n$ sind die Zufallsgrößen $\xi_{t_1} - \xi_{t_0}$, $\xi_{t_2} - \xi_{t_1}$, $\ldots$, $\xi_{t_n} - \xi_{t_{n-1}}$ unabhängig.

II. Die Zufallsgrößen $\xi_t - \xi_s$, $0 \leqq s \leqq t$, sind POISSON-verteilt mit dem Parameter $a(t-s)$, d. h., es gilt

$$\mathsf{P}\{\xi_t - \xi_s = i\} = \big(a(t-s)\big)^i \, e^{-a(t-s)}/i!\,, \quad i = 0, 1, 2, \ldots$$

Aufgabe 2. Alle Trajektorien eines POISSON-Prozesses seien rechtsseitig stetig. Man beweise, daß dann fast alle Trajektorien nichtfallende, ganzzahlige Funktionen sind, die nur mit Sprüngen der Höhe 1 wachsen.

Hinweis. Es ist zu zeigen, daß die Ereignisse

$A = \{\xi_t$ ist ganzzahlig für alle dyadischen t, d. h. $t = k/2^n\}$,

$B = \{\xi_{t_1} \leqq \xi_{t_2}$ für alle dyadischen $t_1 \leqq t_2\}$,

$C_N = \{$für alle ganzen i von 0 bis ξ_N existiert eine dyadische Zahl $t \in [0, N]$ so, daß $\xi_t = i$ gilt$\}$

die Wahrscheinlichkeit 1 besitzen, wozu sie durch Ereignisse anzunähern sind, die nur eine endliche Anzahl von Größen ξ_t beinhalten.

Lösung (Lesen Sie nicht weiter, bevor Sie nicht selbst eine Lösung versuchten!). Das Ereignis A ist ein abzählbarer Durchschnitt der Ereignisse $A_t = \{\xi_t$ ganzzahlig$\}$; wir haben

$$\mathsf{P}\{\xi_t \text{ ganzzahlig}\} = \mathsf{P}\{\xi_t - \xi_0 \text{ ganzzahlig}\} = \sum_{i=-\infty}^{\infty} \mathsf{P}\{\xi_t - \xi_0 = i\} = 1\,,$$

und mithin $\mathsf{P}(A) = 1$. Das Ereignis B ist der Durchschnitt der Ereignisse

$$B_n = \{\xi_0 \leqq \xi_{1/2^n} \leqq \xi_{k/2^n} \leqq \ldots \leqq \xi_{k/2^n} \leqq \xi_{(k+1)/2^n} \leqq \ldots\} = \bigcap_k \{\xi_{(k+1)/2^n} - \xi_{k/2^n} \geqq 0\}$$

mit $\mathsf{P}\{\xi_{(k+1)/2^n} - \xi_{k/2^n} \geqq 0\} = 1$, es folgt $1 = \mathsf{P}(B_n) = \mathsf{P}(B)$. Ferner gilt

$$C_N \supseteqq \bigcap_{k=0}^{2^nN-1} \{\xi_{(k+1)/2^n} - \xi_{k/2^n} = 0 \text{ oder } 1\}\,;$$

damit folgt (wegen I, II)

$$\mathsf{P}(C_N) \geqq \prod_{k=0}^{2^nN-1} \mathsf{P}\{\xi_{(k+1)/2^n} - \xi_{k/2^n} = 0 \text{ oder } 1\} = [e^{-a2^{-n}} + a2^{-n}\, e^{-a2^{-n}}]^{2^nN}\,.$$

Es gilt aber $e^{-\alpha} + \alpha\, e^{-\alpha} = 1 - o(\alpha)$ für $\alpha \to 0$, deshalb ergibt sich $\mathsf{P}(C_N) \geqq [1 - o(a2^{-n})]^{N2^n} \to 1$ für $n \to \infty$, also $\mathsf{P}(C_N) = 1$.

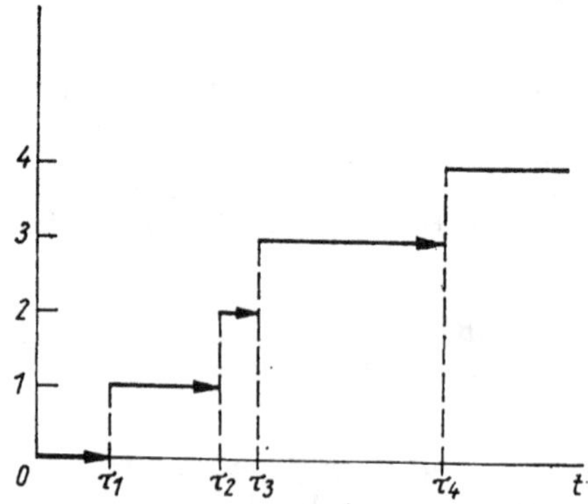

Abb. 3

Schließlich stimmt das Ereignis, das darin besteht, daß ξ_t eine nichtfallende Funktion mit ganzzahligen Werten ist, die nur in Sprüngen der Höhe 1 wächst, (wegen der

Rechtsstetigkeit von ξ_t) mit dem Ereignis $AB \bigcap_N C_N$ überein, so daß seine Wahrscheinlichkeit gleich 1 ist.

Der Graph einer Trajektorie von ξ_t besitzt ein wie in Abb. 3 dargestelltes Aussehen. Mit $\tau_1, \tau_2, \ldots$ bezeichnen wir die Momente des ersten, zweiten, usw. Sprunges. Genauer müssen wir definieren (weil nicht alle, sondern nur fast alle Trajektorien die Gestalt von Abb. 3 haben, eine Zufallsgröße aber für alle $\omega \in \Omega$ definiert sein muß): $\tau_n = \min\{t \geqq 0 : \xi_t = n\}$; existiert kein solches t, setzen wir $\tau_n = \infty$. Die von uns eingeführten τ_n sind Zufallsgrößen (mit Werten im Intervall $[0, +\infty]$); denn es gilt $\{\tau_n \leqq t\} = \{\xi_t \geqq n\} \in \mathcal{F}$.

Später werden wir beweisen, daß die Zufallsgrößen $\tau_1, \tau_2 - \tau_1, \ldots, \tau_n - \tau_{n-1}, \ldots$ unabhängig und exponentialverteilt mit dem Parameter a sind.

Der POISSON-Prozeß spielt in verschiedenen Anwendungen, insbesondere in der Bedienungstheorie, eine hervorragende Rolle. Zum Beispiel erweist er sich als ein gutes mathematisches Modell für die Zahl der bis zum Zeitpunkt t in einer Telefonzentrale eintreffenden Anrufe (diese Funktion wächst in Sprüngen der Höhe 1, und ihre Zuwächse – die Zahl von Anrufen in disjunkten Zeitintervallen – kann man als unabhängig ansehen, wenn wir kleine Effekte vernachlässigen, welche z. B. durch wiederholte Anrufe von Teilnehmern, die beim ersten Ruf auf „besetzt" stießen, hervorgerufen werden). Für die Beschreibung der Zahl von Kraftfahrzeugen, die bis zum Zeitpunkt t auf einem gegebenen Straßenabschnitt einen Unfall erleiden, ist der POISSON-Prozeß ungeeignet, denn in einen Unfall sind öfters zwei oder mehrere Autos verwickelt, und die Funktion, welche die betroffenen Autos zählt, kann augenblicklich um zwei oder auch drei Einheiten springen.

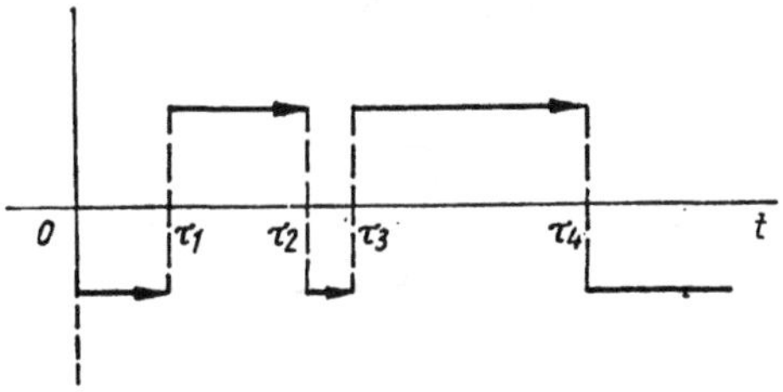

Abb. 4

3. Unabhängig von einem POISSON-Prozeß ξ_t werfen wir eine Münze und definieren den neuen Prozeß η_t auf folgende Weise: Zeigt die Münze „Wappen", so setzen wir $\eta_t = (-1)^{\xi_t}$, zeigt sie „Zahl", setzen wir $\eta_t = (-1)^{\xi_t+1}$. Die Trajektorien des Prozesses η_t besitzen eine Gestalt wie in Abb. 4 (hier ist der Fall dargestellt, daß die Münze „Zahl" zeigt).

Aufgabe 3. Man bestimme die endlichdimensionalen Verteilungen des Prozesses η_t, $t \geqq 0$.

4. Ein sehr wichtiges Beispiel für unsere Theorie ist der *Wiener-Prozeß*. Dieser zufällige Prozeß dient in gewisser Näherung als Modell für die Bewegung eines Teilchens unter dem Einfluß chaotischer Stöße von Molekülen; deshalb nennt man ihn auch *Brownsche Bewegung*.

Ein zufälliger Prozeß w_t, $0 \leqq t < \infty$, heißt *im Punkte* 0 *beginnender Wiener-Prozeß*, wenn er die folgenden Eigenschaften besitzt:

0. $w_0 = 0$.

I. Für beliebige $0 \leqq t_0 < t_1 < \ldots < t_n$ sind die Zufallsgrößen $w_{t_1} - w_{t_0}$, $w_{t_2} - w_{t_1}$, $\ldots$, $w_{t_n} - w_{t_{n-1}}$ unabhängig.

II. Die Zufallsgröße $w_t - w_s$, $0 \leqq s \leqq t$, ist normalverteilt mit dem Erwartungswert 0 und der Streuung $t - s$ (kürzer: mit den Parametern $(0, t - s)$).

Ersetzen wir die Forderung $w_0 = 0$ durch $w_0 = x$, so erhalten wir die Definition eines im Punkte x beginnenden WIENER-Prozesses. Ab Kapitel 8 werden wir gleichzeitig alle WIENER-Prozesse betrachten, die jeweils in verschiedenen Punkten beginnen — das ist ein Beispiel einer *Markowschen Familie* zufälliger Prozesse. Vorläufig beschränken wir uns jedoch auf Prozesse, die in 0 beginnen.

Wir wollen die endlichdimensionalen Verteilungen des WIENER-Prozesses angeben. Für $0 < t_1 < t_2 < \dots < t_n$ besitzt die gemeinsame Verteilung von $w_{t_1}, \dots, w_{t_n}$ eine Dichte $p_{w_{t_1},\dots,w_{t_n}}$: den zufälligen Vektor $(w_{t_1}, \dots, w_{t_n})$ erhält man mittels einer nichtentarteten linearen Transformation aus dem Vektor $\Delta w = (w_{t_1} - w_{t_0}, w_{t_2} - w_{t_1}, \dots, w_{t_n} - w_{t_{n-1}})$, der die Dichte

$$p_{\Delta w}(x_1, \dots, x_n) = \prod_{i=1}^{n} [2\pi(t_i - t_{i-1})]^{-1/2} \exp\{-x_i^2/2(t_i - t_{i-1})\}$$

besitzt (hier ist $t_0 = 0$, $w_{t_0} = 0$). Man kann $p_{w_{t_1},\dots,w_{t_n}}$ unter Benutzung einer Formel gewinnen, die die Dichte desjenigen Vektors ausdrückt, der durch eine lineare Transformation A aus dem Vektor ξ entsteht

$$p_{A\xi}(x) = |\det A|^{-1}\, p_\xi(A^{-1}x);$$

aber wir erhalten dasselbe Resultat, indem wir bedingte Verteilungsdichten benutzen

$$p_{w_{t_1},\dots,w_{t_n}}(x_1, \dots, x_n) = p_{w_{t_1}}(x_1) \cdot p_{w_{t_2}}(x_2 \mid w_{t_1} = x_1) \cdot p_{w_{t_3}}(x_3 \mid w_{t_1} = x_1, w_{t_2} = x_2) \times$$
$$\dots \times p_{w_{t_n}}(x_n \mid w_{t_1} = x_1, \dots, w_{t_{n-1}} = x_{n-1}).$$

Die erste (unbedingte) Dichte ist gleich der Dichte von $w_{t_1} - w_{t_0}$, d. h. gemäß II gleich $(2\pi t_1)^{-1/2} \exp(-x_1^2/2t_1)$. Was die anderen betrifft, so benutzen wir das folgende Lemma (das, wenn man sich hineindenkt, eine Tatsache ausdrückt, die unserer Intuition entspricht).

Aufgabe 4. Es seien ξ und η zufällige Vektoren mit Werten in R^m bzw. R^n; wir setzen die Existenz einer gemeinsamen Verteilungsdichte $p_{\xi\eta}(x, y)$ voraus und folglich auch der bedingten Dichte $p_\xi(x \mid \eta = y)$. Es sei $f(y)$ eine BORELsche Funktion aus R^n in den R^m; wir setzen $\zeta = \xi + f(\eta)$. Dann existiert die Dichte $p_{\zeta\eta}(x, y)$, wobei man die bedingte Dichte $p_\zeta(x \mid \eta = y)$ durch eine Verschiebung von $p_\xi(x \mid \eta = y)$ um $f(y)$ erhält, d. h. mit Hilfe einer Substitution von x durch $x - f(y)$

$$p_\zeta(x \mid \eta = y) = p_\xi(x - f(y) \mid \eta = y).$$

Natürlich muß man diese Gleichung mit einer Genauigkeit bis auf Mengen vom Maße 0 verstehen (oder so: eine der Varianten der bedingten Dichte wird durch diese Formel gegeben).

Setzen wir $\xi = w_{t_i} - w_{t_{i-1}}$, $\eta = (w_{t_1}, \dots, w_{t_{i-1}})$, $f(y_1, \dots, y_{i-1}) = y_{i-1}$, $\zeta = w_{t_i}$, so erhalten wir

$$p_{w_{t_i}}(x_i \mid w_{t_1} = x_1, \dots, w_{t_{i-1}} = x_{i-1}) = p_{w_{t_i} - w_{t_{i-1}}}(x_i - x_{i-1} \mid w_{t_1} = x_1, \dots, w_{t_{i-1}} = x_{i-1}). \tag{1}$$

Aber $w_{t_i} - w_{t_{i-1}}$ hängt nicht von $w_{t_1} - w_{t_0} = w_{t_1}, w_{t_2} - w_{t_1}, \dots, w_{t_{i-1}} - w_{t_{i-2}}$ ab und folglich auch nicht von $w_{t_1}, w_{t_2}, \dots, w_{t_{i-1}}$; deshalb ist die bedingte Dichte (1) gleich der unbedingten

$$p_{w_{t_i}-w_{t_{i-1}}}(x_i - x_{i-1}) = [2\pi(t_i - t_{i-1})]^{-1/2}\, e^{-(x_i-x_{i-1})^2/2(t_i-t_{i-1})}$$

Hieraus erhalten wir

$$p_{w_{t_1},\dots,w_{t_n}}(x_1, \dots, x_n) = (2\pi t_1)^{-1/2}\, e^{-x_1^2/2t_1} \cdot [2\pi(t_2 - t_1)]^{-1/2}\, e^{-(x_2-x_1)^2/2(t_2-t_1)} \times \dots \times [2\pi(t_n - t_{n-1})]^{-1/2}\, e^{-(x_n-x_{n-1})^2/2(t_n-t_{n-1})}$$

und (indem wir $t_0 = 0$, $x_0 = 0$ setzen)

$$p_{w_{t_1},\dots,w_{t_n}}(x_1, \dots, x_n) = \prod_{i=1}^{n} [2\pi(t_i - t_{i-1})]^{-1/2} \exp\left\{- \sum_{i=1}^{n} \frac{(x_i - x_{i-1})^2}{2(t_i - t_{i-1})}\right\}. \qquad (2)$$

Folglich sind die endlichdimensionalen Verteilungen des WIENER-Prozesses GAUSSsch.

Die Bedingungen 0—II in der Definition des WIENER-Prozesses lassen sich durch die Bedingungen 0 und (2) ersetzen.

Die *Existenz* eines WIENER-Prozesses wird in Kapitel 5 bewiesen. Wir werden auch zeigen, daß die Trajektorien des WIENER-Prozesses stetig gewählt werden können, wobei nötigenfalls zu einem stochastisch äquivalenten Prozeß übergegangen wird.

Nun beweisen wir eine interessante Eigenschaft des WIENER-Prozesses.

Aussage. *Die Summe der Quadrate der Zuwächse des Wiener-Prozesses, die der Zerlegung $a = t_0 < t_1 < \dots < t_n = b$ des Intervalles $[a, b]$ entsprechen, strebt bei Verfeinerung dieser Zerlegung im Quadratmittel gegen $b - a$*

$$\underset{\max(t_i - t_{i-1}) \to 0}{\text{l.i.m.}} \sum_{i=0}^{n-1} (w_{t_{i+1}} - w_{t_i})^2 = b - a\,. \qquad (3)$$

Beweis. Wir berechnen den Erwartungswert und die Streuung der Summe in (3). Es gilt

$$\mathsf{M} \sum_{i=0}^{n-1} (w_{t_{i+1}} - w_{t_i})^2 = \sum_{i=0}^{n-1} \mathsf{M}(w_{t_{i+1}} - w_{t_i})^2 = \sum_{i=0}^{n-1} \mathsf{D}(w_{t_{i+1}} - w_{t_i}) = \sum_{i=0}^{n-1} (t_{i+1} - t_i) = b - a$$

und aufgrund der Unabhängigkeit von $w_{t_{i+1}} - w_{t_i}$, $i = 0, 1, \dots, n-1$,

$$\mathsf{D} \sum_{i=0}^{n-1} (w_{t_{i+1}} - w_{t_i})^2 = \sum_{i=0}^{n-1} \mathsf{D}(w_{t_{i+1}} - w_{t_i})^2 = \sum_{i=0}^{n-1} [\mathsf{M}(w_{t_{i+1}} - w_{t_i})^4 - (\mathsf{M}(w_{t_{i+1}} - w_{t_i})^2)^2] =$$
$$= \sum_{i=0}^{n-1} [3(t_{i+1} - t_i)^2 - (t_{i+1} - t_i)^2] = 2 \sum_{i=0}^{n-1} (t_{i+1} - t_i)^2\,.$$

Die letzte Summe ist aber nicht größer als $\max(t_{i+1} - t_i) \cdot \sum_{i=0}^{n-1} (t_{i+1} - t_i) = (b - a) \times \max(t_{i+1} - t_i)$, nach Voraussetzung strebt diese Größe gegen 0. Somit haben wir

$$\mathsf{M}\left[\sum_{i=0}^{n-1} (w_{t_{i+1}} - w_{t_i})^2 - (b - a)\right]^2 = \mathsf{D} \sum_{i=0}^{n-1} (w_{t_{i+1}} - w_{t_i})^2 \to 0$$

bei Verfeinerung der Zerlegung, d. h. die Konvergenz im Quadratmittel.

Von nun an beziehen wir uns auf einen WIENER-Prozeß mit stetigen Trajektorien.

Wir sehen, daß ein WIENER-Prozeß Eigenschaften besitzt, die für Funktionen, mit denen wir es sonst zu tun haben, ungewöhnlich sind: der Zuwachs einer glatten Funktion ist von gleicher Ordnung wie der Zuwachs des Argumentes, und die Summe der Quadrate der Zuwächse strebt gegen Null; für Funktionen, die sich sprunghaft ändern, strebt diese Summe gegen die Summe der Quadrate der Sprünge in $[a, b]$, und der Grenzwert hängt nicht stetig von a, b ab (diese beiden Fälle gelten insbesondere für die Trajektorien der zufälligen Funktionen in allen früher betrachteten Beispielen). Um eine stetige (nicht zufällige) Funktion mit ähnlichen Eigenschaften zu konstruieren, müßte man schon große Mühe aufwenden.

Ein Beispiel einer stetigen, aber nirgends differenzierbaren Funktion ist nicht gerade leicht zu konstruieren, aber die WIENERschen Trajektorien besitzen, wie man zeigen kann, fast alle diese Eigenschaft.

Nebenbei bemerken wir, daß aus der bewiesenen Aussage nicht folgt, daß für fast alle Trajektorien des WIENER-Prozesses der Grenzwert $\lim \sum_{i=1}^{n-1} (w_{t_{i+1}} - w_{t_i})^2$ bei Verfeinerung der Zerlegung des Intervalles $[a, b]$ existiert: die Konvergenz im Quadratmittel zieht die Konvergenz in Wahrscheinlichkeit nach sich, aber nicht die Konvergenz fast überall; es läßt sich nur behaupten, daß für eine gewisse Folge von Zerlegungen dieser Grenzwert mit Wahrscheinlichkeit 1 existiert und gleich $b - a$ ist.

Aufgabe 5. Wir bezeichnen mit $\alpha_n(t)$ den Polygonzug mit Spitzen in den Punkten $\left(k/2^n, \sum_{i=0}^{k-1} (w_{(i+1)/2^n} - w_{i/2^n})^2\right)$. Man beweise, daß die Folge der zufälligen Funktionen $\alpha_n(t)$ mit Wahrscheinlichkeit 1 gleichmäßig auf jedem kompakten Intervall $[0, T]$ gegen t konvergiert.

Die von uns erhaltene Eigenschaft des Prozesses w_t zeigt, daß w_t offenbar auf jedem Intervall von unbeschränkter Variation ist. Wir verbinden das nun mit folgender Aufgabe.

Aufgabe 6. Man beweise, daß bei Verfeinerung der Zerlegung die Summe der absoluten Zuwächse von w_t in Wahrscheinlichkeit gegen ∞ strebt, d. h., für jedes positive A gilt

$$\mathsf{P}\left\{\sum_{i=0}^{n-1} |w_{t_{i+1}} - w_{t_i}| > A\right\} \to 1$$

bei $\max (t_{i+1} - t_i) \to 0$.

Hinweis. Man berechne Erwartungswert und Streuung, dann benütze man die TSCHEBYSCHEWsche Ungleichung.

5. Ein (in 0 beginnender) *mehrdimensionaler Wiener-Prozeß* ist ein zufälliger Prozeß w_t, $t \geqq 0$, mit Werten in $(R^r, \mathcal{B}^r)$, der die Bedingungen 0, I aus Punkt 4 sowie die folgende Bedingung erfüllt:

II'. Der zufällige Vektor $w_t - w_s$, $0 \leqq s \leqq t$, ist normalverteilt mit dem Erwartungswert 0 und der Kovarianzmatrix $(t - s) E$ (E ist die Einheitsmatrix der Ordnung r).

Einen solchen Prozeß kann man sich als r voneinander unabhängige WIENER-Prozesse vorstellen:

Aufgabe 7. Es sei $w_t = (w_t^1, \ldots, w_t^r)$, $t \in [0, \infty)$, ein r-dimensionaler WIENER-Prozeß mit $w_0 = 0$. Mit $\mathcal{F}^i$ $(i = 1, \ldots, r)$ bezeichnen wir die jeweils durch w_t^i, $t \geqq O$, erzeugten σ-Algebren. Man zeige, daß r beliebig gewählte Ereignisse $A_i \in \mathcal{F}^i$ $(i = 1, \ldots, r)$ voneinander unabhängig sind.

Aufgabe 8. Für eine Folge von Zerlegungen $a = t_0 < t_1 < \ldots < t_n = b$ des Intervalles $[a, b]$ gelte $\max (t_{i+1} - t_i) \to 0$. Man zeige, daß dann $\sum_{i=1}^{n-1} (w_{t_{i+1}}^1 - w_{t_i}^1)(w_{t_{i+1}}^2 - w)_{t_i}^2$ im Quadratmittel gegen 0 konvergiert.

6. Als in 0 beginnenden *Cauchy-Prozeß* bezeichnen wir einen zufälligen Prozeß ξ_t, $0 \leqq t < \infty$, der den Bedingungen 0, I des Punktes 2 und der Bedingung

II'. Die Zuwächse $\xi_{t+h} - \xi_t$ besitzen eine Verteilung mit der Dichte $p(x) = \pi^{-1}h/(h^2 + x^2)$, d. h. eine CAUCHY-Verteilung)

genügt.

Aufgabe 9. Man charakterisiere die endlichdimensionalen Verteilungen des CAUCHY-Prozesses.

7. Es seien $\xi_1, \ldots, \xi_n, \ldots$ unabhängige Zufallsgrößen mit derselben stetigen Verteilungsfunktion $F(x)$. Mit $F_n^*(x)$, $-\infty < x < \infty$, bezeichnen wir die auf den Beobachtungen $\xi_1, \ldots, \xi_n$ beruhende empirische Verteilungsfunktion: $F_n^*(x) = \text{Anzahl } \{\xi_i \leqq x, 1 \leqq i \leqq n\}/n$.

Da die ξ_i zufällig sind, ist klar, daß $F_n^*(x)$, $x \in R^1$ eine zufällige Funktion ist. Was läßt sich über sie aussagen?

Vor allem erweist sich, daß die zufälligen Funktionen $Y_n(t) = F_n^*(F^{-1}(t)) - t$, $t \in [0,1]$ (wobei F^{-1} eine inverse Funktion von F ist, d. h. eine Funktion mit $F(F^{-1}(t)) = t$) für jedes stetige F ein und dieselben endlichdimensionalen Verteilungen haben. Eine Trajektorie dieser zufälligen Funktion besitzt folgende Gestalt (Abb. 5): Sie springt n-mal mit der Höhe $1/n$ nach oben, und in den Intervallen zwischen den Sprüngen fällt sie mit dem Anstieg -1.

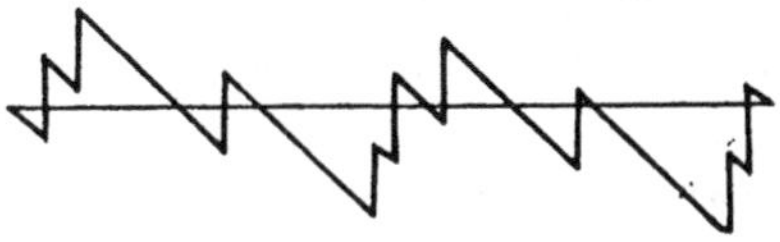

Abb. 5

Es ist klar, daß die Größe $Y_n(t)$ für $n \to \infty$ mit einer Geschwindigkeit der Ordnung $1/\sqrt{n}$ gegen 0 strebt, weil sie die Differenz der relativen Häufigkeit und der entsprechenden Wahrscheinlichkeit ist. Es gilt das folgende interessante Ergebnis.

Aufgabe 10. Für $n \to \infty$ konvergieren alle endlichdimensionalen Verteilungen des zufälligen Prozesses $\sqrt{n}\, Y_n(t)$, $t \in [0, 1]$, gegen GAUSSsche Verteilungen.

Es erweist sich, daß diese Grenzverteilungen die endlichdimensionalen Verteilungen eines gewissen Prozesses $Z(t)$, $0 \leqq t \leqq 1$, mit stetigen Trajektorien sind. Das zeigt uns einen Weg, der es gestattet, die asymptotischen Verteilungen verschiedener Funktionale von in der Mathematischen Statistik benutzten empirischen Verteilungsfunktionen zu bestimmen; zum Beispiel für die KOLMOGOROWsche Statistik $\sqrt{n} \cdot \sup_{-\infty<x<\infty} |F_n^*(x) - F(x)| = \sup_{0\leqq t\leqq 1} |\sqrt{n} \cdot Y_n(t)|$. Die Ableitung der asymptotischen Verteilung wird in zwei Teile zerlegt: in den Beweis der Beziehung $\mathsf{P}\left\{\sup_{0\leqq t\leqq 1} |\sqrt{n} \cdot Y_n(t)| > x\right\} \to \mathsf{P}\left\{\sup_{0\leqq t\leqq 1} |Z(t)| > x\right\}$, und in das Aufsuchen der letzten Wahrscheinlichkeit.

8. Bis jetzt haben wir nur zufällige Funktionen mit einem Zahlenparameter t: $T \subseteqq R^1$ betrachtet; der Leser kann sich leicht Beispiele für $T \subseteqq R^2$ und dergleichen ausdenken. Wir betrachten ein Beispiel einer zufälligen Funktion mit einem weit „exotischerem" Definitionsbereich.

Es sei auf dem Wahrscheinlichkeitsraum $(\Omega, \mathcal{F}, \mathsf{P})$ eine Zufallsgröße ξ mit $\mathsf{M}\,|\xi| < \infty$ gegeben. Mit $\mathfrak{F}$ bezeichnen wir die Menge aller Teil-σ-Algebren der σ-Algebra $\mathcal{F}$. Für jede σ-Algebra $\mathcal{A} \in \mathfrak{F}$ (d. h. $\mathcal{A} \subseteqq \mathcal{F}$) ist die bedingte Erwartung $\mathsf{M}(\xi \mid \mathcal{A})$ definiert, wobei diese im allgemeinen nicht auf eindeutige Weise bestimmt ist (obwohl zwei beliebige Varianten von $\mathsf{M}(\xi \mid \mathcal{A})$ mit Wahrscheinlichkeit 1 übereinstimmen). Jedem $\mathcal{A} \in \mathfrak{F}$ ordnen wir die Zufallsgröße $\xi_{\mathcal{A}}$ — eine beliebige Variante von $\mathsf{M}(\xi \mid \mathcal{A})$ — zu. Dann ist $\xi_{\mathcal{A}}$, $\mathcal{A} \in \mathfrak{F}$, eine zufällige Funktion.

Wählen wir irgendwelche anderen Varianten der bedingten Erwartungen, so ist die neue zufällige Funktion der ersten stochastisch äquivalent.

Aufgabe 11. Man beweise, daß das System von Zufallsgrößen $\xi_{\mathcal{A}}$, $\mathcal{A} \in \mathfrak{F}$, gleichmäßig integrierbar ist.

§ 1.3. Überblick über die Methoden der Theorie zufälliger Prozesse

Man kann die Theorie der zufälligen Prozesse aufgrund der verwendeten Methoden und entsprechend danach, welcher Seite wir beim Studium der Prozesse gerade unsere Aufmerksamkeit schenken, in Abschnitte einteilen.

1. Ein zufälliger Prozeß ist eine Funktion von $t \in T$ mit Werten in der Menge aller Zufallsgrößen. Für ihn lassen sich dieselben Fragen mit den gleichen Methoden wie in der Funktionentheorie der Analysis behandeln. So trägt ein Abschnitt des Buches von M. Loève [1], der zufälligen Prozessen gewidmet ist, die Bezeichnung „Elemente der zufälligen Analysis". Vermutlich darf man diese Bezeichnung nur auf den Teil der Theorie beziehen, in dem die Begriffe der Konvergenz, der Stetigkeit zufälliger Funktionen, der Ableitung, des Integrales und dergleichen untersucht werden. Ein gewisser Unterschied zur gewöhnlichen Theorie besteht darin, daß es hier keinen fixierten natürlichen Konvergenzbegriff gibt, sondern verschiedene Formen der Konvergenz, und damit der Stetigkeit, der Ableitung usw. auftreten.

Unter den Räumen von Zufallsgrößen ist für uns der Euklidische Raum $L^2(\Omega, \mathcal{F}, \mathsf{P})$ aller quadratisch integrierbaren Zufallsgrößen am wichtigsten. Das Skalarprodukt wird in ihm folgendermaßen definiert

$$(\xi, \eta) = \mathsf{M}\xi\bar{\eta}\,.$$

Ist die zufällige Funktion ξ_t bei beliebigem $t \in T$ quadratisch integrierbar, so wird das Skalarprodukt durch

$$(\xi_t, \xi_s) = \mathsf{M}\xi_t\bar{\xi}_s$$

gegeben. Diese Funktion zweier Variabler bestimmt ξ_t, $t \in T$, bis auf eine isometrische lineare Transformationen des Raumes L^2 eindeutig.

Offenbar hat es keinen Sinn, lediglich die Momente zweiter Ordnung $\mathsf{M}\xi_t\bar{\xi}_s$, und nicht die von erster Ordnung zu betrachten; deshalb führt man als Charakteristiken einer quadratisch integrierbaren zufälligen Funktion die Erwartungswertfunktion $\mathsf{M}\xi_t$ und die *Korrelationsfunktion* $K(t, s)$ (auch $K_\xi(t, s)$ oder $K_{\xi\xi}(t, s)$) ein, letztere wird als Kovarianz der Zufallsgrößen ξ_t und ξ_s, $t, s \in T$ definiert:

$$K(t, s) = \operatorname{cov}(\xi_t, \xi_s)\,.$$

Für $t = s$ bedeutet $K(t, s)$ nichts anderes als die Streuung von ξ_t.

Die Korrelationsfunktion hängt auf sehr einfache Weise mit den ersten zwei Momenten zusammen:

$$K(t, s) = \mathsf{M}\xi_t\bar{\xi}_s - \mathsf{M}\xi_t\overline{\mathsf{M}\xi_s}$$

oder, unter Benutzung des Skalarproduktes,

$$K(t, s) = (\xi_t, \xi_s) - (\xi_t, 1)\,(1, \xi_s)\,.$$

Erwartungswertfunktion und Korrelationsfunktion bestimmen eine zufällige Funktion bis auf isometrische lineare Transformationen des L^2, die den Vektor 1 nicht ändern, eindeutig.

Aufgabe 1. Man beweise, daß jede Korrelationsfunktion *nichtnegativ definit* ist: für beliebige komplexe Zahlen c_j und $t_j \in T$ ist die Summe $\sum_{j,k} c_j \bar{c}_k K(t_j, t_k)$ reell und nichtnegativ.

Leicht erhält man solche Eigenschaften von Korrelationsfunktionen wie $|K(t, s)| \leq \sqrt{K(t, t)\, K(s, s)}$, $K(s, t) = \overline{K(t, s)}$ usw., aber alle diese sind Folgerungen der nichtnegativen Definitheit (sie ist, wie wir im weiteren noch sehen werden, notwendig und hinreichend dafür, daß eine vorgegebene Funktion Korrelationsfunktion ist).

Sind zwei zufällige Funktionen ξ_t, $t \in T$, und η_t, $t \in T'$, gegeben, so kann man ihre *Kreuzkorrelationsfunktion* einführen

$$K_{\xi\eta}(t, s) = \operatorname{cov}(\xi_t, \eta_s) .$$

Die *gemeinsame Korrelationsfunktion* von ξ_t und η_t, $t \in T$, ist als Matrizenfunktion definiert

$$\begin{pmatrix} K_{\xi\xi}(t, s) & K_{\xi\eta}(t, s) \\ K_{\eta\xi}(t, s) & K_{\eta\eta}(t, s) \end{pmatrix} .$$

Man erkennt leicht, wie die gemeinsame Korrelationsfunktion für mehr als zwei zufällige Funktionen definiert wird.

Derjenige Abschnitt unserer Theorie, der nur den ersten beiden Momenten gewidmet ist — die sogenannte *Korrelationstheorie* zufälliger Funktionen — ist der einfachste. Die zufälligen Prozesse werden hier im Grunde genommen als Kurven im HILBERT-Raum angesehen. Im Rahmen der Korrelationstheorie können wir nur *lineare* Funktionen von Zufallsgrößen (oder lineare Transformationen zufälliger Funktionen) betrachten, weil wir zum Beispiel bei Kenntnis von $\mathsf{M}\xi$ und $\mathsf{D}\xi$ noch nicht $\mathsf{M} \sin^2 \xi$ kennen. Für viele Begriffe aus der Theorie zufälliger Funktionen gibt es vereinfachte Analoga, die nur die ersten beiden Momente betreffen. Gewöhnlich bezeichnet man diese Begriffe durch den gleichen Ausdruck, aber mit dem Zusatz „im weiteren Sinne" versehen; so bedeutet die Unabhängigkeit „im weiteren Sinne" die Unkorreliertheit, usw.

Komplexe Zufallsgrößen werden hier von uns keineswegs im Streben nach größter Allgemeinheit betrachtet. Es handelt sich darum, daß die größten Erfolge der Korrelationstheorie sich auf stationäre zufällige Prozesse beziehen (siehe § 4 dieses Kapitels und Kapitel 4). Diesem Objekt der zufälligen Analysis entsprechen in der gewöhnlichen Analysis am ehesten die periodischen Funktionen, aber die Entwicklung periodischer Funktionen in FOURIER-Reihen ist in der komplexen Form bedeutend besser zu bewerkstelligen.

Aufgabe 2. Es sind Erwartungswert- und Korrelationsfunktion für die zufälligen Funktionen der Beispiele aus den Punkten 1—4, 6—7 § 2 anzugeben.

Aufgabe 3. Man bestimme die Korrelationsfunktion für die zufällige Funktion $\xi_t = \gamma_1 f_1(t) + \dots + \gamma_n f_n(t)$, wobei $f_1, \dots, f_n$ willkürliche zahlenwertige Funktionen von $t \in T$ und $\gamma_1, \dots, \gamma_n$ unkorrelierte Zufallsgrößen mit den Streuungen $d_1, \dots, d_n$ sind.

Die in diesem Punkte in Erinnerung gerufenen Methoden werden wir in den Kapiteln 2—4 behandeln.

2. Andererseits kann man $\xi_t(\omega)$ als Funktion von ω mit Werten in einem Funktionenraum betrachten und die Funktion $\omega \to \xi_\cdot(\omega)$ mit denselben Methoden und unter dem gleichen Gesichtspunkt wie in der Theorie gewöhnlicher Zufallsgrößen und zufälliger Vektoren untersuchen. Dabei ergeben sich zwei Gruppen von Begriffen, welche a) die *Verteilungen* und b) *Unabhängigkeit und Abhängigkeit* betreffen.

a) Man kann für zufällige Funktionen Wahrscheinlichkeiten der Form $\mathsf{P}\{\xi_\cdot \in A\}$ betrachten, wobei A eine Menge in einem unendlichdimensionalen Funktionenraum ist. Als Spezialfall ergeben sich die endlichdimensionalen Verteilungen. (Insbesondere ist $\mathsf{P}\{(\xi_{t_1}, \ldots, \xi_{t_n}) \in \Gamma_1 \times \ldots \times \Gamma_n\}$ die Wahrscheinlichkeit dafür, daß die Trajektorie durch eine Reihe vertikaler „Tore“ geht, vgl. Abb. 6.) Einige Abschnitte der Theorie befassen sich nur mit den endlichdimensionalen Verteilungen bis zu einer bestimmten Ordnung. (Mit nicht mehr als zweidimensionalen Verteilungen befaßt sich die Korrelationstheorie, aber auch ein ziemlich bedeutsamer Teil der Theorie der *Markow-Prozesse*, der mit der Theorie der Halbgruppen zusammenhängt).

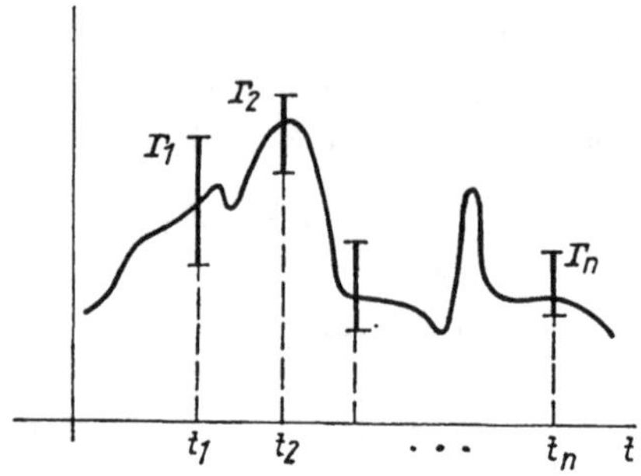

Abb. 6

Was die eigentlich unendlichdimensionalen Verteilungen betrifft, so gibt es hier einige Aufgabentypen.

a_1) Wir wissen, daß im endlichdimensionalen Fall die Wahrscheinlichkeiten $\mathsf{P}\{\xi \in A\}$, wobei A eine beliebige BOREL-Menge ist, gleichbedeutend mit der Vorgabe einer Verteilungsfunktion sind, d. h. der Wahrscheinlichkeiten von Ereignissen der Form $\{\xi_1 \leqq x_1, \ldots, \xi_n \leqq x_n\}$. Werden die endlichdimensionalen Verteilungen eine analoge Rolle für den unendlichdimensionalen Fall spielen? Wir werden sehen, daß die Antwort für unendlichdimensionale meßbare Mengen positiv ist. Jedoch gibt es viele interessante Mengen, die im Funktionenraum nicht meßbar sind; zum Beispiel die Menge aller Funktionen auf [0, 1], deren obere Grenze irgendeine Konstante c nicht übersteigt. So haben in dem am Ende von § 1 angeführten Beispiel die zufälligen Prozesse ξ_t und η_t ein und dieselben endlichdimensionalen Verteilungen, aber es gilt $\mathsf{P}\left\{\sup\limits_{0 \leq t \leq 1} \xi_t \leqq 1/2\right\} = 1$ und $\mathsf{P}\left\{\sup\limits_{0 \leq t \leq 1} \eta_t \leqq 1/2\right\} = 0$; wäre die Menge von Funktionen mit einer oberen Grenze, die 1/2 nicht übersteigt, meßbar, so könnte dies nicht richtig sein. Für manche zufälligen Prozesse ζ_t ist die Menge $\{\sup \zeta_t \leqq c\}$ überhaupt kein zufälliges Ereignis und besitzt damit auch keine Wahrscheinlichkeit.

Wir wissen weiterhin, welche Eigenschaften eine Funktion besitzen muß, um Verteilungsfunktion zu sein; analog entsteht die Frage: Welche Eigenschaften muß ein System von Verteilungen besitzen, damit es das System der endlichdimensionalen Verteilungen irgendeiner zufälligen Funktion ist? Dies beantwortet der Satz von KOLMOGOROW (siehe § 5.1).

a_2) Bei den endlichdimensionalen Verteilungen kann es vorkommen, daß eine Zufallsgröße (ein zufälliger Vektor) fast sicher Werte in einer echten Teilmenge A des ganzen Raumes R^1 (R^n) annimmt. So kann bei einer entarteten Normalverteilung im R^n die Menge A eine lineare Mannigfaltigkeit von kleinerer Dimension sein; für die Exponentialverteilung gilt $A = [0, \infty)$, für eine Verteilung mit der CANTORschen Funktion als Verteilungsfunktion ist A die CANTORsche Menge. Im endlichdimensionalen Fall ist gewöhnlich leicht zu erkennen, ob $\mathsf{P}\{\xi \in A\} = 1$ gilt oder nicht; für den unendlichdimensionalen Fall ist das gleiche Problem — zu erkennen, ob für fast alle ω die Realisierungen (Trajektorien) einer bestimmten Menge angehören, oder ob fast alle Trajektorien eine gewisse Eigenschaft besitzen — weitaus komplizierter.

Ist T *abzählbar*, so erweisen sich alle interessanten Mengen von Funktionen als unendlichdimensionale BOREL-Mengen; zum Beispiel die Menge aller Funktionen, die für $t \to \infty$ einen Grenzwert besitzen; die Menge aller nichtfallenden Funktionen; die Menge aller Funktionen, die einer LIPSCHITZ-Bedingung bezüglich einer festen Konstanten genügen, und dergleichen. Für solche Mengen wird $\mathsf{P}\{\xi. \in A\}$ vollständig durch die endlichdimensionalen Verteilungen beschrieben, so daß es möglich ist, die Frage so zu stellen: *Besitzen fast alle Realisierungen eines Prozesses mit vorgegebenen endlichdimensionalen Verteilungen eine bestimmte Eigenschaft?* Diese Aufgabe ist im Prinzip lösbar, oft ist dies aber sehr schwierig.

Hierzu gehören beispielsweise Resultate vom Typ des *starken Gesetzes der großen Zahlen*, wo Bedingungen angegeben werden, unter denen $\lim_{n\to\infty} (\xi_1 + \dots + \xi_n)/n = 0$ mit Wahrscheinlichkeit 1 gilt (der Einfachheit halber setzen wir $\mathsf{M}\xi_i = 0$ voraus). Hier geht es um die Zugehörigkeit von $\xi.$ zur Menge aller Folgen, für die das arithmetische Mittel der ersten n Glieder bei $n \to \infty$ gegen 0 strebt. Wir bemerken, daß sich das schwache Gesetz der großen Zahlen hierauf nicht bezieht (!).

Für *überabzählbares* T ist die Situation noch komplizierter. Hier sind die interessantesten Mengen im Funktionenraum nicht meßbar: von der Menge von Funktionen, deren obere Grenze jeweils ein gewisses c nicht überschreitet, die wir im Punkt a_1) betrachteten und allen Mengen, die als Beispiele weiter oben gebracht wurden, bis zur Menge aller stetigen Funktionen oder der Menge, die nur aus der identisch verschwindenden Funktion besteht. Für diese Mengen braucht die Wahrscheinlichkeit $\mathsf{P}\{\xi. \in A\}$ überhaupt keinen Sinn zu haben, auf jeden Fall ist sie bereits nicht mehr eindeutig durch die endlichdimensionalen Verteilungen bestimmt (wie eben jenes Beispiel aus § 1 zeigt). So ist die natürliche Aufgabenstellung über „Eigenschaften mit Wahrscheinlichkeit 1" die folgende: *Existiert* ein Prozeß mit vorgegebenen endlichdimensionalen Verteilungen, dessen Realisierungen fast alle bestimmte solche Eigenschaften besitzen?

Mit den „Eigenschaften mit Wahrscheinlichkeit 1" ist eine Gruppe von Sätzen verbunden, die unter dem Namen *Null-Eins-Gesetze* bekannt sind. Diese Sätze besagen, daß unter bestimmten Bedingungen (die mit dem Wesen der gegenseitigen Abhängigkeit von Werten der zufälligen Funktionen zusammenhängen) alle Ereignisse einer gewissen σ-Algebra entweder die Wahrscheinlichkeit 0 oder 1 haben. Diese in den 0-1-Gesetzen auftretenden σ-Algebren erhält man gewöhnlich durch Grenzübergang aus σ-Algebren, die von dem zufälligen Prozeß erzeugt werden (siehe § 3.1); der Beweis von Sätzen dieses Typs kann in der Feststellung bestehen, daß alle Ereignisse aus der betrachteten σ-Algebra unabhängig von sich selbst sind.

a_3) Ein bemerkenswerter Unterschied der unendlichdimensionalen zu den endlichdimensionalen Verteilungen besteht darin, daß es eine wichtige Klasse endlichdimensionaler Verteilungen mit Dichten gibt, im unendlichdimensionalen Fall dagegen nicht. Es handelt sich darum, daß im Endlichdimensionalen das LEBESGUE-Maß besondere Vorzüge hat; es ist insbesondere invariant gegenüber Verschiebungen und Drehungen und ändert sich bei affinen Transformationen auf einfache Weise. Im unendlichdimensionalen Fall gibt es kein solches ausgezeichnetes Maß. Man kann zwar Dichten betrachten, aber nur *von einer Verteilung bezüglich einer anderen.* Nicht, daß das die Theorie sehr verkomplizieren würde, aber es verleiht ihr ein ungewöhnliches Aussehen.

Konkrete Ergebnisse auf diesem Gebiet (Nachweis der absoluten Stetigkeit oder Singularität einer Verteilung bezüglich einer anderen, Aufsuchen einer Dichte) können durch Grenzübergang aus dem endlichdimensionalen Fall erhalten werden (siehe § 5.3, aber auch § 7.3).

b) Zur Untersuchung der *Abhängigkeiten* ist in der Theorie zufälliger Prozesse ein spezieller Apparat entwickelt worden.

Vor allem sind das verschiedene Familien von σ-Algebren, die mit dem zufälligen Prozeß zusammenhängen (siehe § 3.1). Für viele zufällige Prozesse ist die Abhängigkeit von *Zukunft* und *Vergangenheit* wesentlich. Einige der eingeführten σ-Algebren konkretisieren den unbestimmten, intuitiven Begriff der Zukunft, andere den der Vergangenheit, und indem wir sie benutzen, geben wir der Aufgabe eine genaue mathematische Formulierung.

Ferner wird sich zeigen, daß sich der Charakter der Abhängigkeit von Zukunft und Vergangenheit ändern kann, wenn wir für die *Gegenwart* anstelle eines beliebigen aber festen Zeitpunktes einen zufälligen Zeitpunkt wählen. In diesem Zusammenhang wird eine Klasse zufälliger Zeiten, d. h. Zufallsgrößen mit Werten in der Menge T (oder $\bar{T}$, erweitert durch den uneigentlichen Punkt $+\infty$) eingeführt, die sogenannten *Markow-Zeiten.* Das sind, grob gesprochen, solche zufälligen Zeiten τ, bei denen zu jeder Zeit t feststeht, ob τ schon eingetreten ist oder nicht. Wir geben ein Beispiel für eine nicht MARKOWsche Zeit: Es sei ξ_t eine zahlenwertige zufällige Funktion auf $T = [0, 1]$ mit stetigen Realisierungen; $\tau(\omega)$ sei der Wert t, für den $\xi_t(\omega)$ maximal ist (gibt es mehrere solcher Werte, so nehmen wir beispielsweise den kleinsten). Zur Zeit t können wir noch nicht wissen, ob ξ_t tatsächlich der größte Wert ist, das steht erst zur Zeit 1 fest. Ein Beispiel für eine MARKOW-Zeit ist (ohne jetzt volle Genauigkeit anzustreben) die Zeit des ersten Erreichens einer gewissen Menge, d. h. $\tau(\omega) = \min \{t \in T: \xi_t(\omega) \in \Gamma\}$; existiert kein solches t, so setzen wir τ gleich $+\infty$.

Es zeigt sich, daß gewisse Eigenschaften der Abhängigkeit von Zukunft und Vergangenheit für MARKOW-Zeiten erhalten bleiben. Um diese Behauptung zu präzisieren, werden noch einige weitere σ-Algebren zufälliger Ereignisse eingeführt (siehe Kap. 6).

3. Man kann $\xi_t(\omega)$, $t \in T$, $\omega \in \Omega$, auch als Funktion zweier Veränderlicher studieren. Für Funktionen zweier Variabler gibt es eigentlich nur einen grundlegenden Satz, nämlich den Satz von FUBINI; er begründet die Methode des Übergangs vom Erwartungswert eines Integrales zum Integral der Erwartungswerte, die es gestattet, eine große Zahl bedeutender Resultate zu erhalten.

Diese Methode wird mit Erfolg in der elementaren Wahrscheinlichkeitstheorie in der einfacheren Variante des Überganges vom Erwartungswert einer Summe zur Summe der Erwartungswerte angewendet. So genügt es zum Beispiel, bei der Berechnung des Erwartungswertes einer binomialverteilten Zufallsgröße $n \cdot (0 \cdot q + 1 \cdot p)$, anstelle des komplizierteren Ausdruckes $\sum k \binom{n}{k} p^k q^{n-k}$ zu bilden.

Ein für dieses Gebiet wichtiger Begriff ist die *Meßbarkeit* zufälliger Funktionen.

Es sei auf T eine σ-Algebra $\mathcal{A}$ gegeben; die zufällige Funktion ξ_t heißt meßbar, wenn die Funktion $\xi_t(\omega)$ meßbar in (t, ω) bezüglich der σ-Algebra $\mathcal{A} \times \mathcal{F}$ ist. Für abzählbares T ist jede zufällige Funktion automatisch meßbar (als $\mathcal{A}$ wird die σ-Algebra aller Teilmengen von T gewählt). Bei überabzählbarem T ist für die Meßbarkeit einer zufälligen Funktion nicht hinreichend, daß $\xi_t(\omega)$ bloß $\mathcal{F}$-meßbar für jedes fixierte t ist (das gilt sowieso), und für jedes feste ω bezüglich t auch $\mathcal{A}$-meßbar ist (wenngleich das ebenso notwendig ist). Eine hinreichende Bedingung für die Meßbarkeit gibt die folgende

Aufgabe 4. Es seien T ein Abschnitt der Zahlengeraden (entweder ein abgeschlossenes oder ein halboffenes Intervall) und $\mathcal{A} = \mathcal{B}_T$ das System der BOREL-Mengen von T.

Weiter seien X ein metrischer Raum, $\mathscr{B} = \mathscr{B}_X$ die σ-Algebra seiner BOREL-Mengen und ξ_t, $t \in T$, ein zufälliger Prozeß mit Werten in $(X, \mathscr{B}_X)$. Man zeige, daß für die Meßbarkeit des Prozesses hinreichend ist, daß alle Realisierungen in allen t stetig von rechts (oder von links) sind.

Die folgende Aussage ist eine Anwendung des Satzes von FUBINI auf zufällige Funktionen und bedarf keines Beweises.

Aussage. *Es seien ξ_t, $t \in T$, eine (bezüglich der σ-Algebra $\mathcal{A}$ auf T) meßbare zufällige Funktion und μ ein Maß auf $(T, \mathcal{A})$. Dabei sei wenigstens eines der Integrale* $\int_T \mathsf{M}|\xi_t|\,\mu(dt)$ *oder* $\mathsf{M}\int_T |\xi_t|\,\mu(dt)$ *endlich. Dann gilt*

$$\mathsf{M}\int_T \xi_t\mu(dt) = \int_T \mathsf{M}\xi_t\mu(dt)\,. \tag{1}$$

Die Eigenschaft der Meßbarkeit zufälliger Funktionen werden wir nicht nur im Zusammenhang mit dem Satz von FUBINI benutzen.

Aufgabe 5. Es sei ξ_t, $t \in T$, eine zufällige Funktion; auf der Menge T sei die σ-Algebra $\mathcal{A}$ gegeben, und die zufällige Funktion ξ_t sei meßbar. Weiterhin ist $\tau(\omega)$ ein zufälliges Element aus $(T, \mathcal{A})$. Man beweise, daß $\xi_\tau = \xi_{\tau(\omega)}(\omega)$ eine Zufallsgröße ist.

Für nicht meßbare zufällige Funktionen ist ihr Wert in einem zufälligen Zeitpunkt durchaus nicht immer eine Zufallsgröße.

4. Es versteht sich, daß man zufällige Prozesse auch in einer Kombination von Methoden der Punkte 1—3 behandeln kann. Außerdem gibt es für gewisse besondere Klassen von Prozessen ganz spezielle Methoden; aber darüber wollen wir nicht hier reden.

§ 1.4. Wichtige Klassen zufälliger Prozesse

In der Theorie zufälliger Prozesse zeichnen sich verschiedene große Klassen zufälliger Funktionen aus; im allgemeinen überschneiden sich diese Klassen

1. Eine zufällige Funktion ξ_t, $t \in T$, mit Werten in $(X, \mathscr{B}) = (R^1, \mathscr{B}^1)$ oder $(R^n, \mathscr{B}^n)$ heißt GAUSSsch, wenn alle ihre endlichdimensionalen Verteilungen normal (GAUSSsch) sind, das heißt, wenn der zufällige Vektor $(\xi_{t_1}, \dots, \xi_{t_k})$ für beliebige $t_1, \dots, t_k \in T$ normalverteilt ist.

Die in § 2 gebrachten Beispiele sind, mit Ausnahme von Beispiel 1 und der Beispiele zum WIENER-Prozeß, keine GAUSSschen zufälligen Funktionen (vgl. Formel (2) § 2).

Aufgabe 1*. Man kläre, unter welchen Bedingungen an die Zufallsgrößen A, η der Prozeß ξ_t aus Beispiel 1 § 2 GAUSSsch ist.

Der mehrdimensionale zentrale Grenzwertsatz ist der Grund dafür, daß GAUSSsche zufällige Funktionen zuweilen in einem bestimmten Sinne Grenzwert der Summe einer wachsenden Anzahl unabhängiger zufälliger Funktionen sind. Von dieser Art ist das Beispiel 7 § 2 (man stelle fest, welche zufälligen Funktionen addiert werden müssen, um $F_n^*(x)$ zu erhalten).

2. Wir nennen den zahlenwertigen (oder vektorwertigen) zufälligen Prozeß ξ_t, $t \in T \subseteqq R^1$, *Prozeß mit unabhängigen Zuwächsen*, wenn seine Zuwächse auf disjunkten Intervallen voneinander unabhängig sind: für $t_0 \leqq t_1 \leqq \dots \leqq t_n$, $t_i \in T$ sind die Zufallsgrößen

$$\xi_{t_1} - \xi_{t_0}\,,\quad \xi_{t_2} - \xi_{t_1}, \dots, \xi_{t_n} - \xi_{t_{n-1}}$$

unabhängig.

Die in § 2 betrachteten POISSON-, WIENER- und CAUCHY-Prozesse sind Prozesse mit unabhängigen Zuwächsen (das ergibt sich aus ihrer Definition, Forderung I). Eine andere Klasse von Beispielen bezieht sich nicht auf Intervalle $T \subseteqq R^1$, sondern auf $T = Z_+ = \{0, 1, 2, \ldots\}$: eine Folge ξ_n mit unabhängigen Zuwächsen und $\xi_0 = 0$ ist nichts anderes als eine Folge von Summen unabhängiger Zufallsgrößen $\xi_1 = \xi_1 - \xi_0, \xi_2 - \xi_1, \ldots$

2'. Wir kommen zu dem entsprechenden Begriff „im weiteren Sinne": Ein zufälliger Prozeß ξ_t mit $\mathsf{M}\,|\xi_t|^2 < \infty$ heißt *Prozeß mit unkorrelierten Zuwächsen*, wenn seine Zuwächse auf disjunkten Intervallen unkorreliert sind; das heißt für $t_0 \leqq t_1 \leqq t_2 \leqq t_3$ haben wir

$$\operatorname{cov}(\xi_{t_1} - \xi_{t_0}, \xi_{t_2} - \xi_{t_3}) = 0 .$$

Es genügt, nur die Unkorreliertheit von $\xi_{t_1} - \xi_{t_0}, \xi_{t_2} - \xi_{t_1}$ für beliebige $t_0 \leqq t_1 \leqq t_2$ zu fordern. Tatsächlich gilt in diesem Falle für $t_0 \leqq t_1 \leqq t_2 \leqq t_3$

$$\operatorname{cov}(\xi_{t_1} - \xi_{t_0}, \xi_{t_3} - \xi_{t_2}) = \operatorname{cov}(\xi_{t_1} - \xi_{t_0}, \xi_{t_3} - \xi_{t_1}) - \operatorname{cov}(\xi_{t_1} - \xi_{t_0}, \xi_{t_2} - \xi_{t_1}) = 0 .$$

Haben alle betrachteten Zufallsgrößen den Erwartungswert 0, so fällt die Unkorreliertheit mit der *Orthogonalität* bezüglich des Skalarproduktes $(\xi, \eta) = \mathsf{M}\xi\bar{\eta}$ zusammen, so daß man von *Prozessen mit orthogonalen Zuwächsen* spricht. Das sind Kurven im HILBERT-Raum mit folgender Eigenschaft: Diejenigen Teile der Kurve, die den Parameterwerten, welche kleiner oder gleich t beziehungsweise größer oder gleich t sind, entsprechen, liegen in zueinander orthogonalen linearen Mannigfaltigkeiten. Im endlichdimensionalen Fall gibt es solche (stetigen) Kurven nicht.

Ist ξ_t ein Prozeß mit unabhängigen Zuwächsen und $\mathsf{M}\,|\xi_t|^2 < \infty$, dann ist er auch ein Prozeß mit unkorrelierten Zuwächsen; ist ξ_t ein GAUSSscher Prozeß mit unkorrelierten Zuwächsen, dann ist er auch ein Prozeß mit unabhängigen Zuwächsen.

Solche Beziehungen zwischen Begriffen „im engeren Sinne" und im „weiteren Sinne" sind typisch; siehe weiter unten.

3. *Stationäre Prozesse.* Wir sagen, daß ein zufälliger Prozeß ξ_t, $t \in T \subseteqq R^1$, *stationär* ist, wenn für beliebiges reelles h seine endlichdimensionalen Verteilungen invariant gegenüber Verschiebungen um h sind: es gilt

$$\Phi_{t_1, \ldots, t_n} = \Phi_{t_1 + h, \ldots, t_n + h} \tag{1}$$

für $t_1, \ldots, t_n, t_1 + h, \ldots, t_n + h \in T$.

Dementsprechend, wie die Theorie der zufälligen Prozesse gewisse Erscheinungen der realen Welt widerspiegelt, drückt der Begriff der Stationarität eines zufälligen Prozesses die Unveränderlichkeit der Bedingungen aus, unter denen reale Prozesse eventuell verlaufen. Stationäre Prozesse können für viele praktisch wichtige Prozesse, die in sich Elemente der Unbestimmtheit enthalten, als mathematisches Modell mit vernünftiger Genauigkeit dienen. So kann dieser Begriff nützlich sein, wenn Schwingungen an Fahrzeugen, die sich mit konstanter Geschwindigkeit bewegen, untersucht werden (aber nicht beim Bremsen), oder bei Folgen von Zeichen (Buchstaben) irgendeines Textes.

Natürlich ist der Begriff des stationären Prozesses auch unter rein mathematischem Gesichtspunkt wichtig.

Als Menge T der Zeitparameter wird meistens R^1 oder $R_+ = [0, \infty)$ betrachtet, oder die Menge Z aller ganzen Zahlen, oder $Z_+ = \{0, 1, 2, \ldots\}$, oder $\{1, 2, \ldots\}$ (in den letzten drei Fällen spricht man von *zufälligen Folgen*).

Von den in § 2 betrachteten Beispielen sind die Prozesse der Beispiele 1 und 3 stationär.

3'. Ein zahlenwertiger zufälliger Prozeß ξ_t heißt *stationär im weiteren Sinne*, wenn er erste und zweite Momente besitzt und diese sich bei Verschiebungen nicht ändern

$$\mathsf{M}\xi_{t+h} = \mathsf{M}\xi_t\,, \qquad K(t+h, s+h) = K(t, s)\,. \tag{2}$$

Leicht ist zu sehen, daß die Bedingung (2) gleichbedeutend mit der Unabhängigkeit der Größe $\mathsf{M}\xi_t$ von t ist, und die Korrelationsfunktion nur von der Differenz $t - s$ abhängt:

$$\mathsf{M}\xi_t \equiv m\,, \qquad K(t, s) = K(t - s)\,.$$

Hier trägt die zweite Funktion, welche wir ebenfalls mit dem Buchstaben K bezeichnen, den Namen *Korrelationsfunktion des stationären Prozesses*

$$K(t) = \operatorname{cov}\,(\xi_{s+t}, \xi_s)\,.$$

In der Korrelationsfunktion eines stationären Prozesses stellt das Argument t die Differenz zweier Zeitpunkte dar.

Besitzt ein stationärer Prozeß die ersten beiden Momente, dann ist er, wie man leicht erkennt, stationär im weiteren Sinne; für GAUSSsche Prozesse fallen die beiden Begriffe zusammen.

Manchmal werden wir stationäre Prozesse auch stationär im engeren Sinne nennen (wenn es nötig ist, ihren Unterschied zu den im weiteren Sinne stationären Prozessen zu unterstreichen).

Aufgabe 2. Es sei w_t, $t \geqq 0$, ein in Null beginnender WIENER-Prozeß. Wir setzen $\xi_t = \mathrm{e}^{-t} w_{\mathrm{e}^{2t}}$, $-\infty < t < \infty$. Man zeige, daß ξ_t ein stationärer Prozeß ist und gebe seine Korrelationsfunktion an.

Die im weiteren Sinne stationären Prozesse gestatten eine interessante Interpretation in der Sprache der Geometrie des HILBERT-Raumes: Sie sind fast das gleiche wie die Schraubenlinien im HILBERT-Raum der quadratisch integrierbaren Zufallsgrößen. Eine Schraubenlinie ist eine Kurve, die man längs sich selbst verschieben kann. Dazu ist es notwendig und hinreichend, daß bei einer bestimmten Wahl von Parametern auf der Kurve sich das Skalarprodukt $(\xi_{t_2} - \xi_{t_1}, \xi_{t_4} - \xi_{t_3})$ bei beliebiger Verschiebung von t_1, t_2, t_3, t_4 nicht ändert. Für stationäre Prozesse ist das natürlich erfüllt, so sind alle im weiteren Sinne stationären Prozesse Schraubenlinien, aber nicht alle Schraubenlinien im HILBERT-Raum sind im weiteren Sinne stationäre Prozesse. Leicht erkennt man, daß im weiteren Sinne stationäre Prozesse genau diejenigen Schraubenlinien im HILBERT-Raum sind, die auf der Oberfläche einer Kugel der Gestalt $\{x\colon (x, x) = \sigma^2 + m^2, (x, 1) = m\}$ liegen.

3''. *Verallgemeinerungen stationärer Prozesse.* Ein *homogenes* (oder *stationäres*) *zufälliges Feld* ist eine zufällige Funktion auf der Menge $T = R^n$, welche die Bedingung (1) für beliebige Vektoren h befriedigt. Bei einem *homogenen isotropen Feld* sind die endlichdimensionalen Verteilungen nicht nur bei Verschiebungen, sondern auch gegenüber Drehungen um einen beliebigen Punkt invariant. Überhaupt kann man zufällige Funktionen betrachten, deren endlichdimensionalen Verteilungen gegenüber der einen oder anderen Gruppe von Transformationen der Menge T invariant sind.

Komplizierter ist der Begriff des *homogenen isotropen Vektorfeldes*: das ist eine zufällige Funktion $\xi(t)$ auf $T = R^n$ mit Werten in $(R^n, \mathscr{B}^n)$, die die Bedingung (1) erfüllt und für die bei beliebigen Drehungen g die gemeinsame Verteilung von $g^{-1}\xi(gt_1), \dots, g^{-1}\xi(gt_n)$ mit der gemeinsamen Verteilung von $\xi(t_1), \dots, \xi(t_n)$ übereinstimmt. Selbstverständlich lassen sich auch *homogene isotrope Tensorfelder* einführen (man bemühe sich um eine Definition, falls man mit Tensoren vertraut ist) sowie weitere Verallgemeinerungen in dieser Richtung.

Ein zufälliger Prozeß ξ_t heißt Prozeß mit *stationären Zuwächsen*, wenn sich die gemeinsamen Verteilungen der Zuwächse $\xi_{t_1} - \xi_{t_0}, \xi_{t_2} - \xi_{t_0}, \dots, \xi_{t_n} - \xi_{t_0}$ bei Verschiebung von $t_0, t_1, \dots, t_n$ um h nicht ändern. Zu den Prozessen mit stationären Zuwächsen gehören natürlich alle stationären Prozesse, die Prozesse der Beispiele 2, 4, 5, 6, § 2 (aber nicht alle

Prozesse mit unabhängigen Zuwächsen) und beispielsweise auch der folgende Prozeß

$$\xi_t = A \cos (\eta t + \varphi) + \alpha t + \beta ,$$

wobei φ nicht von (A, η, α, β) abhängt und gleichverteilt auf $[0, 2\pi)$ ist.

Man kann auch *Prozesse mit stationären Zuwächsen zweiter Ordnung* definieren.

Der Begriff der Stationarität der Zuwächse, wie auch der Begriff der Stationarität, spiegeln die Vorstellung von der Unveränderlichkeit der Bedingungen, unter denen der Prozeß verläuft, jeweils auf andere Weise wider. Nichtstationäre Prozesse (und Felder) mit stationären Zuwächsen treten bei der Konstruktion mathematischer Modelle solcher physikalischer Erscheinungen, wie zum Beispiel der Turbulenz, auf. So erweist sich ein *isotropes Vektorfeld mit stationären Zuwächsen* als gutes Modell des Geschwindigkeitsfeldes einer turbulenten Strömung.

Es ist klar, wie die entsprechenden Begriffe „im weiteren Sinne" lauten. So sind insbesondere die Prozesse mit im weiteren Sinne stationären Zuwächsen genau die Schraubenlinien im HILBERT-Raum.

4. Eine andere, (sowohl unter theoretischem Gesichtspunkt, als auch für mögliche Anwendungen) außerordentlich wichtige Klasse zufälliger Prozesse sind die *Markow-Prozesse.* Das sind solche Prozesse, für welche Zukunft und Vergangenheit bei fixierter Gegenwart unabhängig sind, oder, wenn man dasselbe unsymmetrisch bezüglich der Zeitrichtung ausdrücken will, für welche die Zukunft von der Vergangenheit nur durch die Gegenwart abhängt.

Diese allgemeine Idee läßt sich in eine präzise mathematische Definition fassen, und dabei nicht nur auf eine Weise. Die entsprechenden Definitionen werden im Kapitel 8 gegeben.

Wir werden sehen, daß die Prozesse der Beispiele 2, 4, 5, 6 § 2 (das sind Prozesse mit unabhängigen Zuwächsen) sich als MARKOW-Prozesse herausstellen; das betrifft auch die Beispiele 3 und 7, aber nicht Beispiel 1.

Aufgabe 3. Man beweise, daß im Beispiel 7 § 2 für $x_1 < \dots < x_i < \dots < x_m$

$$\begin{aligned} &\mathsf{P}\{F_n^*(x_j) = k_j/n,\, j = 1, \dots, i-1, i+1, \dots, m \mid F_n^*(x_i) = k_i/n\} \\ &= \mathsf{P}\{F_n^*(x_j) = k_j/n,\, j = 1, \dots, i-1 \mid F_n^*(x_i) = k_i/n\} \times \\ &\times \mathsf{P}\{F_n^*(x_j) = k_j/n,\, j = i+1, \dots, m \mid F_n^*(x_i) = k_i/n\} \end{aligned}$$

gilt.

Die Klassen der stationären Prozesse und der MARKOW-Prozesse haben einen ziemlich umfangreichen und interessanten Durchschnitt; hierzu siehe § 8.2.

5. Bezüglich gewisser anderer Klassen zufälliger Prozesse (Martingale, Sub- und Supermartingale) vergleiche Kap. 7.

KAPITEL 2

ELEMENTE DER STOCHASTISCHEN ANALYSIS

§ 2.1. Konvergenzarten. Stetigkeit. Ableitungen. Integrale

1. Wie schon gesagt, betrachtet man bei Zufallsgrößen nicht nur eine bestimmte Form der Konvergenz, sondern viele verschiedene. Im Zusammenhang damit betrachten wir verschiedene Formen der Stetigkeit, Ableitung und dergleichen. Aber zuerst geben wir einige Konvergenzkriterien unter Benutzung der endlichdimensionalen Verteilungen an.

Aussage 1. *Es sei* $\mathsf{M}\,|\xi_t|^2 < \infty$ *für alle* t. *Zur Existenz von* $\text{l.i.m.}\ \xi_t$ *für* $t \to t_0$ (*oder* $t \to \infty$) *ist notwendig und hinreichend, daß der endliche Grenzwert von* $\mathsf{M}\xi_t\bar{\xi}_s$ *für* $t, s \to t_0$ (*oder* $t, s \to \infty$) *existiert.*

Wir bemerken, daß diese Bedingung dadurch ersetzt werden kann, daß die endlichen Grenzwerte von $\mathsf{M}\xi_t$ für $t \to t_0$ und der Korrelationsfunktion $K(t, s)$ für $t, s \to t_0$ existieren.

Beweis. Die Notwendigkeit ist eine triviale Folgerung aus der Stetigkeit des Skalarproduktes in beiden Argumenten. Dabei gilt $\lim\limits_{t,s\to t_0} \mathsf{M}\xi_t\bar{\xi}_s = \mathsf{M}|\underset{t\to t_0}{\text{l.i.m.}}\ \xi_t|^2$ (entsprechend $\lim\limits_{t\to t_0} \mathsf{M}\xi_t = \mathsf{M}\ \underset{t\to t_0}{\text{l.i.m.}}\ \xi_t$; $\lim\limits_{t,s\to t_0} K(t, s)$ ist gleich der Streuung dieser Zufallsgröße).

Für den Nachweis der Hinlänglichkeit zeigen wir, daß die Bedingung von Cauchy erfüllt ist:

$$\lim_{t,s\to t_0} \mathsf{M}\,|\xi_t - \xi_s|^2 = \lim_{t,s\to t_0} [\mathsf{M}\,|\xi_t|^2 - \mathsf{M}\xi_t\bar{\xi}_s - \mathsf{M}\xi_s\bar{\xi}_t + \mathsf{M}\,|\xi_s|^2] = 0\,.$$

Aufgabe 1. Man beweise, daß die Reihe $\sum\limits_{n=1}^{\infty} \xi_n$ unkorrelierter Zufallsgrößen dann und nur dann im Quadratmittel konvergiert, wenn die Reihen $\sum\limits_{n=1}^{\infty} \mathsf{M}\xi_n$, $\sum\limits_{n=1}^{\infty} \mathsf{D}\xi_n$ konvergieren.

Aussage 2. *Zur Existenz des Grenzwertes von* ξ_t *für* $t \to t_0$ (*oder* $t \to \infty$) *im Sinne der Konvergenz in Wahrscheinlichkeit ist notwendig und hinreichend, daß die zweidimensionalen Verteilungen* Φ_{ξ_t,ξ_s} *für* $t, s \to t_0$ (*oder* $t, s \to \infty$) *schwach konvergierten.*

Beweis. *Notwendigkeit.* Es sei $\xi_t \xrightarrow{(\mathsf{P})} \eta$ $(t \to t_0)$; dann gilt für den zufälligen Vektor $(\xi_t, \xi_s) \xrightarrow{(\mathsf{P})} (\eta, \eta)$ für $t, s \to t_0$. Aus der Konvergenz in Wahrscheinlichkeit folgt die schwache Konvergenz, also $\Phi_{\xi_t,\xi_s} \to \Phi_{\eta,\eta}$.

Hinlänglichkeit. Wir können $t, s \to t_0$ so wählen, daß s mit t übereinstimmt. Dann ist die Verteilung von (ξ_t, ξ_t) auf der Diagonalen im ersten und dritten Quadranten konzentriert, und mithin ist auch die Grenzverteilung auf dieser Menge konzentriert (zeigen!). Wir betrachten eine nichtnegative stetige Funktion f_ε mit rellem Argument, die gleich 1 außerhalb einer ε-Umgebung des Nullpunktes, und 0 im Nullpunkt ist. Wir haben (aufgrund der Tschebyschewschen Ungleichung)

$$\mathsf{P}\,\{|\xi_t - \xi_s| \geqq \varepsilon\} \leqq \mathsf{M}f_\varepsilon(\xi_t - \xi_s) = \int\int_{R^2} f_\varepsilon(x - y)\ \Phi_{\xi_t,\xi_s}(\mathrm{d}x\,\mathrm{d}y)\,.$$

Aber $f_\varepsilon(x - y)$ ist eine stetige beschränkte Funktion zweier Veränderlicher; deshalb strebt für $t, s \to t_0$ das Integral auf der rechten Seite gegen $\int\int_{R^2} f_\varepsilon(x - y)\, \Phi(dx\, dy)$, wobei Φ die zweidimensionale Grenzverteilung ist. Weil diese Verteilung auf der Menge $\{x = y\}$ konzentriert ist, verschwindet das Integral, und somit ist (ξ_t, ξ_s) für $t, s \to t_0$ (oder $t, s \to \infty$) eine Fundamentalfolge in Wahrscheinlichkeit.

Aufgabe 2. Es seien $\xi_1, \ldots, \xi_n, \ldots$ unabhängige identisch verteilte Zufallsgrößen mit $\mathsf{M}\xi_i = 0$, $\mathsf{D}\xi_i = \sigma^2 > 0$. Bekanntlich existiert für $\zeta_n = (\xi_1 + \ldots + \xi_n)/\sigma\sqrt{n}$ eine Grenzverteilung (die standardisierte Normalverteilung). Existiert auch $\lim_{n\to\infty} (\mathsf{P})\, \zeta_n$?

Aufgabe 3. Man zeige, daß für einen stationären Prozeß ξ_t der Grenzwert $\lim_{t\to\infty} (\mathsf{P})\, \xi_t$ nicht existiert, mit Ausnahme des Falles, daß ξ_t einer in t konstanten Funktion äquivalent ist: $\mathsf{P}\{\xi_t = \xi_{t_0}\} = 1$.

2. Jetzt kommen wir zu den Stetigkeitsbegriffen.

Über die Stetigkeit im Sinne der Konvergenz fast überall, wie auch der Differentiation und Integration in diesem Sinne wollen wir hier nicht sprechen; das hängt mit Eigenschaften der Realisierungen mit Wahrscheinlichkeit 1 zusammen, welche im 5. Kapitel behandelt werden.

Die Stetigkeit im Sinne der Konvergenz in Wahrscheinlichkeit heißt *stochastische Stetigkeit*; von allen betrachteten Stetigkeitsarten ist sie die schwächste.

Eine zufällige Funktion ξ_t, $t \in T$, heißt *stochastisch stetig* im Punkte $t_0 \in T$, wenn $\xi_t \xrightarrow{(\mathsf{P})} \xi_{t_0}$ gilt. Die stochastische Stetigkeit einer zufälligen Funktion gehört, wie man leicht einsieht, zu den Eigenschaften, die eindeutig durch ihre zweidimensionalen Verteilungen bestimmbar sind; die von uns eingeführten Beispiele konkreter stochastischer Prozesse sind stochastisch stetig (falls es einen Sinn hat, davon zu sprechen), ungeachtet dessen, daß ihre Realisierungen unstetig sein können, wie zum Beispiel beim Poisson-Prozeß. Das beruht darauf, daß die Sprünge jeder Realisierung punktweise stattfinden, und die Wahrscheinlichkeit dafür, daß ein Sprung gerade zu einer festen Zeit t stattfindet, gleich Null ist.

Die folgende Aufgabe macht verständlich, daß wir zwar Prozesse mit unabhängigen Zuwächsen, aber keine Prozesse mit unabhängigen Werten betrachten.

Aufgabe 4. Es sei ξ_t, $t \in [0, 1]$ ein zufälliger Prozeß, wobei alle ξ_t unabhängig voneinander sind und die gleiche Verteilungsdichte p besitzen. Man beweise, daß dieser Prozeß in keinem Punkt stochastisch stetig ist.

Es ist klar, wie man die *Stetigkeit im Mittel* definiert.

Die folgenden Aussagen sind zu beweisen, wobei erstere bekannte Eigenschaften stetiger Funktionen verallgemeinern und die letzten zwei Stetigkeitskriterien — ausgedrückt durch die zweidimensionalen Verteilungen — angeben.

Aufgabe 5. Ist die zufällige Funktion ξ_t auf einer kompakten Menge $A \subseteq T$ stochastisch stetig, so ist sie dort auch *gleichmäßig stochastisch stetig*, d. h., für beliebige $\varepsilon, \eta > 0$ existiert ein $\delta > 0$, so daß $\mathsf{P}\{|\xi_t - \xi_s| > \varepsilon\} < \eta$ für $t, s \in A$ und $\varrho(t, s) < \delta$ gilt.

Aufgabe 6. Wenn die zufällige Funktion ξ_t im p-ten Mittel ($p \geqq 1$) stetig auf einer kompakten Menge A ist, so ist sie dort auch im p-ten Mittel gleichmäßig stetig. (Die Definition der gleichmäßigen Stetigkeit im Mittel für zufällige Funktionen geben wir nicht an, sondern weisen nur darauf hin, daß diese gleichmäßige Stetigkeit genauso definiert wird, wie für beliebige Funktionen mit Werten in einem normierten Raum.)

Aufgabe 7. Ist die zufällige Funktion ξ_t im p-ten Mittel ($p \geqq 1$) auf einer kompakten Menge A stetig, so existiert eine Konstante $C < \infty$ mit $\mathsf{M}\,|\xi_t|^p \leqq C$ für $t \in A$.

Aufgabe 8. Eine zufällige Funktion ξ_t ist auf der Menge T genau dann stochastisch stetig, wenn die Verteilung Φ_{ξ_t,ξ_s} schwach stetig in (t, s) auf der Menge $T \times T$ ist.

Aufgabe 9. Eine zufällige Funktion ξ_t ist genau dann im Quadratmittel auf der Menge T stetig, wenn die Funktion $\mathsf{M}\xi_t\bar{\xi}_s$ in (t, s) stetig auf $T \times T$ ist, oder wenn $\mathsf{M}\xi_t$ stetig in t und die Korrelationsfunktion $K(t, s)$ stetig in (t, s) ist.

Die Aussagen der Aufgaben 6 und 7 bleiben für Funktionen in beliebigen Banach-Räumen gültig, die Aussage 9 für beliebige Euklidische Räume; der Beweis kann so wie bei zahlenwertigen Funktionen geführt werden.

3. Es ist klar, daß die Ableitung eines zufälligen Prozesses als der Grenzwert von $(\xi_{t+h} - \xi_t)/h$ für $h \to 0$ im Sinne einer entsprechenden Konvergenz definiert wird. Natürlich folgt aus der Differenzierbarkeit im Mittel (in Wahrscheinlichkeit) die entsprechende Stetigkeit. Bedingungen für die Differenzierbarkeit in Wahrscheinlichkeit und im Quadratmittel geben uns die Aussagen von Punkt 1; da bei der Anwendung dieser Aussagen die gemeinsame Verteilung von $(\xi_{t+h} - \xi_t)/h$ und $(\xi_{t+h'} - \xi_t)/h'$ auftritt, ist die Differenzierbarkeit in Wahrscheinlichkeit eine Eigenschaft der endlichdimensionalen Verteilungen des Prozesses von nicht höherer als dritter Ordnung (die Differenzierbarkeit im Quadratmittel hängt wie alle Eigenschaften, die sich auf die Korrelationsfunktion beziehen, von den endlichdimensionalen Verteilungen nicht höherer als zweiter Ordnung ab). Wir wollen nun Beispiele zur Differenzierbarkeit in verschiedenem Sinne betrachten.

Der Wiener-Prozeß ist nicht einmal im Sinne der Konvergenz in Wahrscheinlichkeit differenzierbar. In der Tat, wäre er in irgendeinem Punkte differenzierbar, so würde der schwache Grenzwert der Verteilung $(w_{t+h} - w_t)/h$ für $h \to 0$ existieren, das wäre aber eine Normalverteilung mit dem Erwartungswert 0 und der Streuung $|h|^{-1} \to \infty$, deren Masse für $h \to 0$ in die Punkte $-\infty$ und $+\infty$ gehen würde.

Der Prozeß aus Beispiel 1 § 2 ist in Wahrscheinlichkeit (das versteht sich, da er differenzierbare Trajektorien besitzt), aber auch im p-ten Mittel differenzierbar, falls $\mathsf{M}(A \cdot \eta)^p < \infty$ gilt.

Der Poisson-Prozeß ist in Wahrscheinlichkeit differenzierbar, aber nicht im Sinne der Konvergenz im p-ten Mittel für alle $p \geqq 1$. In der Tat ist leicht zu sehen, daß $\lim\limits_{h\to 0} (\mathsf{P})\ (\xi_{t+h} - \xi_t)/h = 0$ gilt, weil dieser Bruch für alle hinreichend kleinen h mit Wahrscheinlichkeit 1 gleich 0 ist. Folglich muß der Grenzwert im Mittel, falls er existiert, auch fast sicher Null sein. Aber der Erwartungswert der p-ten Potenz des Differenzenquotienten ist von einer Ordnung $\geqq |h|^{-p}\,\mathsf{P}\{\xi_{t+h} \neq \xi_t\} \sim a\,|h|^{1-p} \not\to 0$ für $h \to 0$.

Dieses Beispiel zeigt, daß es keinen großen Sinn hat, unsere „zufällige Analysis" auf dem Begriff der Differenzierbarkeit in Wahrscheinlichkeit aufzubauen: Zum Aufbau einer einigermaßen tragfähigen Theorie muß man fordern, daß eine Funktion bis auf eine Konstante eindeutig durch ihre Ableitung bestimmt ist (daß benötigt man insbesondere für die Ableitung der Formel von Newton-Leibniz), diese Eindeutigkeit gibt es hier aber nicht. Dagegen haben wir die Eindeutigkeit bei der Konvergenz im Mittel:

Aufgabe 10. Es sei f_t eine Funktion auf der reellen Achse oder auf einem beliebigen Teil derselben mit Werten in einem BANACH-Raum. Wenn für alle $t \in [a, b]$ die Ableitung dieser Funktion $f'_t = \lim_{h \to 0} (f_{t+h} - f_t)/h$ im Sinne der Normkonvergenz dieses Raumes existiert, und $f'_t = 0$ auf $[a, b]$ ist, dann gilt $f_t \equiv f_a$ für $t \in [a, b]$.

Betrachten wir nun die Differenzierbarkeit eines zufälligen Prozesses unter dem Gesichtspunkt der Korrelationstheorie.

Aufgabe 11. Man beweise die folgende Aussage: Ein zufälliger Prozeß ξ_t ist genau dann im Quadratmittel auf dem Intervall (a, b) differenzierbar, wenn die Funktion $\mathsf{M}\xi_t\bar{\xi}_s$ auf der Menge $(a, b) \times (a, b)$ stetige gemischte Ableitungen zweiter Ordnung nach t und s besitzt (oder wenn $\mathsf{M}\xi_t$ nach t stetig differenzierbar ist, und stetige gemischte Ableitungen $\partial^2 K(t, s)/\partial t\, \partial s$ der Korrelationsfunktion existieren).

Aus dem Beweis ergibt sich automatisch, daß $\partial^2 K(t, s)/\partial t\, \partial s$ die Korrelationsfunktion des Prozesses ξ'_t ist. Überdies findet man leicht die gemeinsame Korrelationsfunktion des Prozesses und seiner Ableitung

$$\begin{pmatrix} K_{\xi\xi}(t, s) & K_{\xi\xi'}(t, s) \\ K_{\xi'\xi}(t, s) & K_{\xi'\xi'}(t, s) \end{pmatrix} = \begin{pmatrix} K_{\xi\xi}(t, s) & \partial K_{\xi\xi}(t, s)/\partial s \\ \partial K_{\xi\xi}(t, s)/\partial t & \partial^2 K_{\xi\xi}(t, s)/\partial t\, \partial s \end{pmatrix}.$$

Analog läßt sich die gemeinsame Korrelationsfunktion des Prozesses und seiner zweiten Ableitung beschreiben, falls ξ''_t existiert, usw.

Aufgabe 12. Es sei ξ_t ein (im weiteren Sinne) stationärer Prozeß mit der Korrelationsfunktion $K(t) = (1 + |t| + t^2/3) \exp(-|t|)$. Wie oft ist dieser Prozeß im Quadratmittel differenzierbar?

Aufgabe 13. Es sei ξ_t, $-\infty < t < \infty$, ein zufälliger Prozeß mit dem Erwartungswert 0 und der Korrelationsfunktion $K(t, s) = \exp(st)$. Man überzeuge sich, daß er unendlich oft im Quadratmittel differenzierbar ist und bestimme die Kovarianzmatrix der Zufallsgrößen $\xi_{-1}, \xi'_{-1}, \xi''_{-1}, \xi_0, \xi_1$.

Was die endlichdimensionalen Verteilungen von ξ'_t betrifft, so ist es möglich, die gemeinsame Verteilung von $\xi'_{t_1}, \dots, \xi'_{t_n}$ zu finden, wenn man die gemeinsame Verteilung von $\xi_{t_1}, \xi_{t_1+h_1}, \dots, \xi_{t_n}, \xi_{t_n+h_n}$ für kleine $h_1, \dots, h_n$ kennt, d. h. die $2n$-dimensionalen Verteilungen des Prozesses selbst. Dabei kann man auch die gemeinsame Verteilung von $\xi_{t_1}, \dots, \xi_{t_n}, \xi'_{t_1}, \dots, \xi'_{t_n}$ als den schwachen Grenzwert der Verteilung

$$(\xi_{t_i} (\xi_{t_i+h_i} - \xi_{t_i})/h_i, \; i = 1, \dots, n)$$

angeben. Ebenso kann man die gemeinsame Verteilung der Zufallsgrößen ξ_t, ξ'_t, ξ''_t in n Punkten angeben, allerdings kommt man dabei nicht mit den $2n$-dimensionalen Verteilungen des Prozesses ξ_t aus (Frage an den Leser: Würden die $3n$-dimensionalen Verteilungen ausreichen?). Also sind alle diese Probleme lösbar, allerdings können sie recht langwierig sein.

Aufgabe 14*. Gegeben sei die Dichte der zweidimensionalen Verteilung Φ_{ts} des zufälligen Prozesses ξ_t, $0 \leqq t \leqq 1$ für $s \neq t$

$$p_{ts}(x, y) = \begin{cases} (\pi\, |t - s|)^{-1}/\sqrt{1 - x^2}\,\sqrt{1 - y^2}, & \text{für } |x|, |y| < 1, \\ & |\arcsin x + \arcsin y| > \pi - |t - s|; \\ (2\pi\, |t - s|)^{-1}/\sqrt{1 - x^2}\,\sqrt{1 - y^2}, & \text{für } |x|, |y| < 1, \\ & |\arcsin x + \arcsin y| \leqq \pi - |t - s|, \\ & |\arcsin x - \arcsin y| < |t - s|; \\ 0 & \text{in den übrigen Fällen.} \end{cases}$$

Es ist zu zeigen, daß dieser Prozeß im Quadratmittel differenzierbar ist. Man gebe die Verteilung von ξ_t' an.

Aufgabe 15. Ein GAUSSscher stationärer Prozeß ξ_t mit der Korrelationsfunktion $K(t) = 1/(1 + t^2)$ und $\mathsf{M}\xi_t = 0$ ist im Quadratmittel differenzierbar. Man bestimme die gemeinsame Verteilung von ξ_0, ξ_0'.

4. Jetzt wenden wir uns der Integration zu. Wie ist $\int\limits_a^b \xi_t\, dt$ zu definieren? Ist der zufällige Prozeß stetig im Sinne der zu Grunde gelegten Konvergenzart, so wird das Integral natürlich als der Grenzwert der Summen

$$\sum_{i=0}^{n-1} \xi_{s_i}(t_{i+1} - t_i)$$

bei Verfeinerung der Zerlegung $a = t_0 < t_1 < \dots < t_{n-1} < t_n = b$ im Sinne der entsprechenden Konvergenz definiert, dabei sind die s_i beliebige (nicht zufällige!) Punkte zwischen t_i und t_{i+1}.

Diese Definition stellt sich — wie im Falle der Differentiation — als „gut" bei der Konvergenz im Mittel ($p \geqq 1$) und als „schlecht" bei der Konvergenz in Wahrscheinlichkeit heraus, dies wird durch die folgenden zwei Aufgaben belegt.

Aufgabe 16. Man zeige, daß für einen auf $[a, b]$ im Mittel stetigen Prozeß ξ_t das Integral $\int\limits_a^b \xi_t\, dt$ im Sinne der Konvergenz im Mittel existiert.

Aufgabe 17. Es seien $T = [0, 1]$, τ eine auf diesem Intervall gleichverteilte Zufallsgröße; $\xi_t = 0$ für $t \leqq \tau$ und $\xi_t = 1/(t - \tau)$ für $t > \tau$. Man zeige, daß dieser Prozeß auf dem Intervall $[0, 1]$ stochastisch stetig ist, aber $\int\limits_0^1 \xi_t\, dt$ im Sinne der Konvergenz in Wahrscheinlichkeit nicht existiert.

Zur Lösung von Aufgabe 16 kann man den Beweis für die Integrierbarkeit einer zahlenwertigen Funktion unter Benutzung der gleichmäßigen Stetigkeit (Aufgabe 6) wiederholen; nur darf man den Beweis nicht unter Verwendung von Ober- und Untersumme führen, sondern man muß den Nachweis der Gültigkeit der Bedingung von CAUCHY direkt erbringen. Die entsprechenden Aussagen sind auch in beliebigen BANACH-Räumen richtig.

Selbstverständlich kann man auch uneigentliche Integrale im Mittel als Grenzwerte entsprechender Integrale auf kleineren Intervallen definieren; die Theorie ist hier dem Teil der Theorie RIEMANNscher Integrale analog, in dem der Ordnungsbegriff für Zahlen nicht benutzt wird (sondern nur für absolute Größen, die im BANACH-Raum der Norm entsprechen). Ist beispielsweise die Funktion ξ_t auf dem Intervall $(0, \infty)$ im p-ten Mittel stetig und gilt $\int\limits_0^\infty (\mathsf{M}\,|\xi_t|^p)^{1/p}\, dt < \infty$, so existiert das uneigentliche Integral $\int\limits_0^\infty \xi_t\, dt$ im Sinne der Konvergenz im p-ten Mittel.

Die Sätze über die Differenzierbarkeit eines Integrales einer stetigen Funktion nach der oberen Grenze oder über die Differenzierbarkeit des Integrales $\int\limits_a^b F(t, s)\, \xi_s\, ds$ nach t bleiben erhalten, es gilt die Formel von NEWTON-LEIBNIZ.

Indem wir das benutzen, erhalten wir neue Beispiele im Mittel differenzierbarer zufälliger Funktionen; ist zum Beispiel ξ_t ein POISSON-Prozeß, so haben wir für $\zeta_t = \int\limits_0^t \xi_t\, ds$ die Beziehung $\zeta_t' = \xi_t$.

Die Definition des Integrales im Mittel hängt keineswegs mit den Eigenschaften der Realisierungen der zufälligen Funktion zusammen: Die Realisierungen einer im Mittel integrierbaren zufälligen Funktion brauchen nicht integrierbar zu sein. Sind alle (oder fast alle) Realisierungen integrierbar, so müssen wir zwei Fälle unterscheiden: einerseits das Integral im Mittel, wir bezeichnen es mit $(\boldsymbol{L}^p) \int_a^b \xi_t \, dt$ — eine Zufallsgröße, die als der Grenzwert im Mittel von Integralsummen definiert ist; andererseits die Funktion, die dem entsprechenden Elementarereignis ω das Integral längs der Trajektorie $\int_a^b \xi_t(\omega) \, dt$ zuordnet. (Allgemein können wir nicht sagen, daß das eine Zufallsgröße ist.) Wird nun $(\boldsymbol{L}^p) \int_a^b \xi_t \, dt$ mit dem längs jeder Realisierung berechneten Integral $\int_a^b \xi_t \, dt$ mit Wahrscheinlichkeit 1 übereinstimmen?

Sind alle Realisierungen RIEMANN-integrierbar, so ist die Antwort auf diese Frage positiv. Tatsächlich ist das $\boldsymbol{L}^p$-Integral ein Grenzwert von Integralsummen im Mittel, und folglich auch in Wahrscheinlichkeit; andererseits ist das Integral längs jeder Realisierung Grenzwert derselben Summen, ausgeführt für jedes einzelne Elementarereignis. Aus der Konvergenz fast überall folgt auch die Konvergenz in Wahrscheinlichkeit; die Eindeutigkeit des Grenzwertes in Wahrscheinlichkeit impliziert, daß beide Integrale fast sicher übereinstimmen (streng genommen ist das eine fast sichere Eindeutigkeit). Im Falle der RIEMANN-Integrierbarkeit sind die längs jeder Realisierung berechneten Grenzwerte der Integralsummen Zufallsgrößen (d. h. meßbare Funktionen von ω).

Insbesondere kann man das oben betrachtete Integral des POISSON-Prozesses als Integral längs jeder Realisierung auffassen. Wir bemerken, daß die Trajektorien des Prozesses ξ_t nicht differenzierbar, sondern nur stückweise differenzierbar sind, obgleich ζ_t im Mittel (für beliebiges p) differenzierbar ist.

Sind die Realisierungen nicht RIEMANN-integrierbar, so können sie jedoch alle LEBESGUE-integrierbar sein, und es stellt sich uns die Frage, ob das RIEMANN-Integral im Mittel mit dem LEBESGUE-Integral längs jeder Realisierung übereinstimmt.

Aufgabe 18. Eine zufällige Funktion ξ_t, $t \in [a, b]$, sei meßbar und im p-ten Mittel stetig. Dann gilt fast sicher

$$(\boldsymbol{L}^p) \left(\int_a^b \xi_t \, \mathrm{d}t \right)(\omega) = \int_a^b \xi_t(\omega) \, \mathrm{d}t \,, \tag{1}$$

wobei auf der linken Seite ein Integral im Mittel steht, aber das rechte Integral für jede einzelne Realisierung definiert ist.

In den Kapiteln 2 und 4 werden nur Integrale im Mittel betrachtet, in den darauf folgenden Integrale längs jeder Realisierung. Infolge Aufgabe 18 kann das im Falle meßbarer zufälliger Funktionen zu keinen Mißverständnissen führen.

Kennen wir die endlichdimensionalen Verteilungen des zufälligen Prozesses ξ_t, so können wir im Prinzip die Verteilung von $\int_a^b \xi_t \, dt$ oder die gemeinsame Verteilung dieser Zufallsgröße mit solchen Größen wie ξ_t, ξ_t' usw. bestimmen; aber so einfach wie bei den Ableitungen ist das hier nicht. Das Aufsuchen der Verteilung des Integrales einer zufälligen Funktion führt auf die Bestimmung der Grenzverteilung einer wachsenden Summe von Zufallsgrößen $\xi_{s_i} \cdot \Delta t_i$, wobei nichts über die Unabhängigkeit oder eine Abschwächung zwischen ihnen gesagt ist. Manchmal gelingt es, diese Verteilung auf Umwegen zu finden (für MARKOW-Prozesse siehe § 10.3, Punkt 4).

5. Im Gegensatz zur Bestimmung der Verteilung des Integrals einer zufälligen Funktion ist die Aufgabe der Berechnung des ersten und zweiten Momentes hinreichend einfach.

Aussage 3. *Es sei $\xi(t)$ eine im Quadratmittel stetige zufällige Funktion mit* $\mathsf{M}\,|\xi(t)|^2 < \infty$. *Dann gilt*

$$\mathsf{M} \int_a^b \xi(t)\,\mathrm{d}t = \int_a^b \mathsf{M}\xi(t)\,\mathrm{d}t\,, \tag{2}$$

$$\operatorname{cov}\left(\int_a^b \xi(t)\,\mathrm{d}t, \xi(s)\right) = \int_a^b K_{\xi\xi}(t, s)\,\mathrm{d}t\,, \tag{3}$$

$$\operatorname{cov}\left(\int_a^b \xi(t), \mathrm{d}t, \int_c^d \xi(s)\,\mathrm{d}s\right) = \int_a^b \int_c^d K_{\xi\xi}(t, s)\,\mathrm{d}t\,\mathrm{d}s\,. \tag{4}$$

Beweis. Zuerst bemerken wir, daß falls (2) gezeigt ist, die Formeln (3), (4) gleichbedeutend mit

$$\mathsf{M} \int_a^b \xi(t)\,\mathrm{d}t \cdot \overline{\xi(s)} = \int_a^b \mathsf{M}\xi(t)\,\overline{\xi(s)}\,\mathrm{d}t\,, \tag{5}$$

$$\mathsf{M} \int_a^b \xi(t)\,\mathrm{d}t \cdot \overline{\int_c^d \xi(s)\,\mathrm{d}s} = \int_a^b \int_c^d \mathsf{M}\xi(t)\,\overline{\xi(s)}\,\mathrm{d}t\,\mathrm{d}s \tag{6}$$

sind. Die Formeln (2), (5) erhalten wir leicht aus der Stetigkeit des Skalarproduktes im ersten Argument; so zum Beispiel (2)

$$\mathsf{M} \int_a^b \xi(t)\,\mathrm{d}t = \mathsf{M}\,\mathrm{l.i.m.} \sum \xi(s_i) \cdot (t_{i+1} - t_i) = \left(\mathrm{l.i.m.} \sum \xi(s_i) \cdot (t_{i+1} - t_i), 1\right)$$
$$= \lim \left(\sum \xi(s_i) \cdot (t_{i+1} - t_i), 1\right) = \lim \sum \mathsf{M}\xi(s_i) \cdot (t_{i+1} - t_i) = \int_a^b \mathsf{M}\xi(t)\,\mathrm{d}t\,.$$

Die Formel (6) ergibt sich bei Anwendung derselben Methode auf (5) unter Ausnutzung der Stetigkeit des Skalarproduktes im zweiten Argument.

Die Formeln (2)—(6) bleiben auch für uneigentliche Integrale gültig; beim Beweis wird die Stetigkeit des Skalarproduktes in gleicher Weise benutzt und dann ein Grenzübergang von eigentlichen zu uneigentlichen Integralen vollzogen.

Genauso beweist man die Formel

$$\operatorname{cov}\left(\int_a^b f(t)\,\xi(t)\,\mathrm{d}t, \int_c^d g(s)\,\eta(s)\,\mathrm{d}s\right) = \int_a^b \int_c^d f(t)\,\overline{g(s)}\,K_{\xi\eta}(t, s)\,\mathrm{d}t\,\mathrm{d}s\,. \tag{7}$$

Es sei jetzt A ein linearer Integraloperator:

$$Af(t) = \int_a^b A(t, s)\,f(s)\,\mathrm{d}s\,. \tag{8}$$

Wir betrachten den entsprechenden, auf zufällige Funktionen angewandten Integraloperator

$$A\xi(t) = \int_a^b A(t, s)\,\xi(s)\,\mathrm{d}s\,,$$

wobei das Integral im Quadratmittel zu verstehen ist. Aus den Formeln (2) und (7) ergibt sich folgende Regel für die Änderung von Erwartungswert und Korrelationsfunktion bei Integraltransformationen zufälliger Funktionen:

Der Erwartungswert von $A\xi(t)$ ergibt sich durch Anwendung des Operators A auf die Funktion $\mathsf{M}\xi(.)$ und die Korrelationsfunktion durch Anwendung des Operators A auf die

Korrelationsfunktion $K_{\xi\xi}(.,.)$ als Funktion von t bei fixiertem s sowie des zu A komplex-konjugierten Operators $\bar{A}$ durch Anwendung auf s bei festem t:

$$\mathsf{M}A\xi(t) = A\mathsf{M}\xi(t) , \tag{9}$$

$$K_{A\xi, A\xi}(t, s) = A_t\bar{A}_s K_{\xi\xi}(t, s) . \tag{10}$$

Hier bezeichnen die Indizes bei A beziehungsweise $\bar{A}$, worauf der Operator angewendet wird. Der komplex-konjugierte Operator wird durch die Formel

$$\bar{A}f(t) = \int_a^b \overline{A(t, s)}\, f(s)\, ds$$

definiert.

Wenden wir den Operator nur auf das erste Argument in $K_{\xi\xi}(t, s)$ an, so erhalten wir die Kreuzkorrelationsfunktion der zufälligen Funktionen $A\xi(.)$ und $\xi(.)$:

$$K_{A\xi, \xi}(t, s) = A_t K_{\xi\xi}(t, s); \tag{11}$$

das folgt aus der Formel (3).

Dieselbe Regel erhält man auch für die Differentiation; leicht sieht man, daß sie auch für lineare Operatoren gilt, die eine beliebige Linearkombination von Ableitungen und Integralen sind, z. B.: $A\xi(t) = a(t)\,\xi(t) + b(t)\,\xi'(t) + c(t)\,\xi''(t) + \int_{-\infty}^{t} B(t, s)\,\xi'(s)\,ds$.

6. Aufgabe 19. Man bestimme die gemeinsame Verteilung von w_t und $\int_0^t w_s\, ds$, $t \geqq 0$ (w_t ist ein WIENER-Prozeß).

Aufgabe 20. Es sei w_t, $t \geqq 0$, ein WIENER-Prozeß. Man beweise, daß $\xi_t = \int_t^\infty (e^{t-s} - 2e^{2(t-s)})\, w_s\, ds$ als Integral im Quadratmittel existiert und bestimme den Erwartungswert und die Korrelationsfunktion des Prozesses ξ_t, $t \geqq 0$.

Aufgabe 21. Es sei ξ_t ein stationärer Prozeß mit $\mathsf{M}\xi_t = 0$ und der Korrelationsfunktion $K(t)$. Man drücke $\mathsf{M}\left|\int_0^T e^{i\lambda t}\,\xi_t\, dt\right|^2$ durch $K(t)$ aus. Außerdem charakterisiere man das Grenzverhalten dieses Erwartungswertes für $T \to \infty$, falls die Funktion $K(t)$ von $-\infty$ bis $+\infty$ absolut integrierbar ist.

Aufgabe 22*. Man beweise, daß der WIENER-Prozeß w_t für $0 \leqq t \leqq \pi/2$ eine Darstellung als FOURIER-Reihe $w_t = \sum_{n=1}^{\infty} X_n \sin(2n-1)\,t$ gestattet, wobei die X_n unabhängige Zufallsgrößen sind. Man gebe $\mathsf{M}X_n$ und $\mathsf{D}X_n$ an.

7. Beim Leser kann die folgende Frage entstehen: Ist es gerechtfertigt, die im Punkte 5 formulierte Regel auch auf lineare Operatoren anzuwenden, die sich nicht als Kombination von Ableitungen, Multiplikation mit Funktionen und Integraloperatoren darstellen lassen? Wir geben keine Antwort auf diese Frage und bemerken nur, daß es nicht möglich ist, sie zu beantworten, bevor die Fragestellung präzisiert wird. Es handelt sich darum, daß $\frac{d}{dt}\xi(t)$ oder $\int_a^b A(t, s)\,\xi(s)\,ds$ nicht einfach die Anwendung eines Differentialoperators oder des durch Formel (8) gegebenen Operators sind. Hier erscheint als wesentliches Element die Übertragung der Definition der Differentiation (Integration) auf zufällige Funktionen in der Ersetzung der Grenzwerte in diesen Definitionen durch Grenzwerte im Quadratmittel. Deshalb entstehen hier solche Fragen, welche gelöst oder umgangen werden müssen: Wie kann man für lineare Operatoren ein Analogon im „Quadratmittel" konstruieren, welche kann man auf quadratisch integrierbare zufällige Funktionen anwenden? Für welche Operatoren kann man das tun? und dergleichen mehr.

§ 2.2. Stochastische Integrale nichtzufälliger Funktionen

Bedeutend spezifischer als die Integrale $\int_a^b \xi_t \, dt$ sind die stochastischen Integrale $\int_a^b f(t) \, d\xi_t$ für die Theorie der zufälligen Prozesse. Es hätte keinen Sinn, solche Integrale für differenzierbare zufällige Funktionen ξ_t einzuführen: man kann dann an ihrer Stelle $\int_a^b f(t) \, \xi'(t) \, dt$ nehmen. Wir werden stochastische Integrale bezüglich Prozessen mit *unkorrelierten Zuwächsen* betrachten, und solche Prozesse sind nicht differenzierbar.

Die Idee der Einführung von Integralen bezüglich Prozessen mit unkorrelierten Zuwächsen besteht faktisch darin, daß eine Zufallsgröße in der Form als „Summe einer unendlichen Zahl unendlich kleiner nichtkorrelierter Größen" dargestellt wird, das entspricht dem allgemeinen Vorgehen in der Wahrscheinlichkeitstheorie.

1. Vorerst wenden wir uns dem Studium von Prozessen mit unkorrelierten Zuwächsen zu.

Es sei ξ_t, $t \in T \subseteqq R^1$ ein Prozeß mit unkorrelierten Zuwächsen. Der Einfachheit halber nehmen wir $\mathsf{M}\xi_t \equiv 0$ an (damit wir in der Kovarianz den Erwartungswert nicht abziehen müssen). Wir zeigen, daß eine nichtfallende Funktion $F(t)$, $t \in T$, existiert, so daß die Zuwächse $\xi_t - \xi_s$, $s < t$, $s, t \in T$ die Streuung $F(t) - F(s)$ besitzen.

Sei t_0 ein beliebiges Element der Menge T. Für $t = t_0$ setzen wir F gleich 0; für $t > t_0$ gelte $F(t) = \mathsf{M}\,|\xi_t - \xi_{t_0}|^2$, für $t < t_0$ definieren wir $F(t)$ als $-\mathsf{M}\,|\xi_t - \xi_{t_0}|^2$. Haben wir

$$\mathsf{M}\,|\xi_t - \xi_s|^2 = F(t) - F(s) \tag{1}$$

bewiesen, so ergibt sich damit auch die Monotonie von F. Für $t_0 \leqq s < t$ gilt

$$F(t) = \mathsf{M}\,|\xi_t - \xi_{t_0}|^2 = \mathsf{M}\,|\xi_s - \xi_{t_0}|^2 + \mathsf{M}(\xi_s - \xi_{t_0})\,\overline{(\xi_t - \xi_{t_s})}$$
$$+ \mathsf{M}\,\overline{(\xi_s - \xi_{t_0})}\,(\xi_t - \xi_s) + \mathsf{M}\,|\xi_t - \xi_s|^2 \,.$$

Die beiden zueinander konjugiert komplexen Kovarianzen sind nach Voraussetzung gleich 0, und es gilt $\mathsf{M}\,|\xi_s - \xi_{t_0}|^2 = F(s)$, woraus wir (1) erhalten. Für $s < t \leqq t_0$ ergibt die Rechnung unter Benutzung dessen, daß sich $\xi_{t_0} - \xi_s$ als Summe zweier unkorrelierter Zuwächse auf kleineren Intervallen darstellen läßt, genau das gleiche. Ist $s < t_0 < t$, so gilt $\mathsf{M}\,|\xi_t - \xi_s|^2 = \mathsf{M}\,|\xi_t - \xi_{t_0}|^2 + \mathsf{M}\,|\xi_{t_0} - \xi_s|^2 = F(t) - F(s)$.

Leicht sieht man, daß ein Prozeß mit unkorrelierten Zuwächsen dann und nur dann im Quadratmittel stetig (rechtsstetig, linksstetig) ist, wenn die Funktion F stetig (rechtsstetig, linksstetig) ist. Die Grenzwerte für $-\infty$ oder $+\infty$ existieren im Quadratmittel dann und nur dann, wenn $F(+\infty) < \infty$ beziehungsweise $F(-\infty) > -\infty$ gilt.

Aufgabe 1. Man beweise, daß ein beliebiger Prozeß mit unkorrelierten Zuwächsen und dem Erwartungswert Null in jedem Punkt $t_0 \in T$ von links und rechts Grenzwerte im Quadratmittel besitzt.

2. Es sei ξ_t ein Prozeß mit unkorrelierten (orthogonalen) Zuwächsen und verschwindendem Erwartungswert, definiert auf einem Intervall der Zahlengeraden mit den Endpunkten a und b, diese mit eingeschlossen oder nicht (a, b können auch $-\infty$, $+\infty$ sein). Wir setzen voraus, daß ξ_t im Quadratmittel rechtsstetig ist; dann erzeugt die Funktion $F(t)$, welche die Streuung der Zuwächse angibt, ein endliches oder σ-endliches Maß auf dem zugrunde gelegten Intervall in der Weise, daß das Maß eines halboffenen Intervalles $(s, t]$ gleich $F(t) - F(s)$ ist. Wir führen das stochastische Integral

$$I(f) = \int_a^b f(t)\, d\xi_t \tag{2}$$

für beliebige (nichtzufällige) Funktionen $f \in L^2(dF)$ ein (d. h. für bezüglich $dF(t)$ quadratisch integrierbare Funktionen).

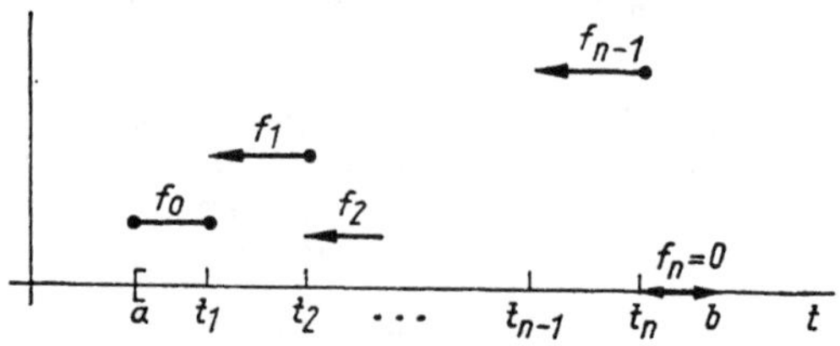

Abb. 7

Zuerst definieren wir das Integral für Treppenfunktionen: $f(t) = f_0$ für $t \leqq t_1$, $f(t) = f_1$ für $t_1 < t \leqq t_2, \ldots, f(t) = f_{n-1}$ für $t_{n-1} < t \leqq t_n$, $f(t) = f_n$ für $t > t_n$, wobei $a < t_1 < t_2 < \cdots < t_n < b$ ist. Gehören die Endpunkte a oder b nicht zum betrachteten Intervall, so werden wir nur Funktionen mit $f_0 = 0$ beziehungsweise $f_n = 0$ zulassen (Abb. 7). Für solche Funktionen setzen wir in völlig natürlicher Weise

$$I(f) = \sum_{i=0}^{n} f_i(\xi_{t_{i+1}} - \xi_{t_i}), \tag{3}$$

wobei unter t_0 der Punkt a und unter t_{n+1} der Punkt b zu verstehen ist. Infolge unserer Vereinbarung bezüglich f_0 und f_n hat die Tatsache, daß ξ_t eventuell in a oder b nicht definiert ist, keinen Einfluß auf die Definition des Integrales. Wir bemerken auch, daß die Definition (3) korrekt ist: Wenn die Funktion f auf verschiedene Weise als Treppenfunktion dargestellt wird (es kann vorkommen, daß die Werte der Funktion auf benachbarten Stufen übereinstimmen), beeinflußt das den Ausdruck (3) nicht. Völlig klar ist, daß $I(f)$ linear von f abhängt:

$$I(c_1 f_1 + c_2 f_2) = c_1 I(f_1) + c_2 I(f_2). \tag{4}$$

Ferner ist leicht zu sehen, daß $\mathsf{M} I(f) = 0$ und $\mathsf{M} |I(f)|^2 = \sum_{i=0}^{n} |f_i|^2 \left(F(t_{i+1}) - F(t_i)\right)$ gilt. Andererseits kann man diesen Ausdruck für die Streuung auch so schreiben

$$\mathsf{M} |I(f)|^2 = \int_a^b |f(t)|^2\, dF(t). \tag{5}$$

Aufgabe 2. Man zeige, daß für Treppenfunktionen f und g

$$\mathsf{M} I(f)\, \overline{I(g)} = \int_a^b f(t)\, \overline{g(t)}\, dF(t) \tag{6}$$

gilt.

Das bedeutet, daß wir eine isometrische (und somit eineindeutige) Abbildung zwischen der Menge von Treppenfunktionen des HILBERT-Raumes $L^2(dF)$ und einer gewissen Menge im Raum $L^2(d\mathsf{P})$ der quadratisch integrierbaren Zufallsgrößen haben.

Diese Abbildung läßt sich in eindeutiger Weise auf die Abschließungen dieser Mengen stetig fortsetzen: Für eine Funktion $f \in \boldsymbol{L}^2(\mathrm{d}F)$, die im Quadratmittel Grenzwert einer Folge von Treppenfunktionen f_n ist, wird in dieser Abbildung $I(f) = \operatorname*{l.i.m.}_{n\to\infty} I(f_n)$ gesetzt. Dieser Grenzwert existiert aufgrund des CAUCHY-Kriteriums; um zu beweisen, daß $I(f)$ nicht von der Wahl der Folge $f_n \to f$ abhängt, nehmen wir zwei solche Folgen und stellen aus ihnen eine einzige zusammen, indem wir die Glieder abwechseln.

Im Resultat wird jeder Funktion aus der Abschließung der Menge aller Treppenfunktionen in $\boldsymbol{L}^2(\mathrm{d}F)$ eine Zufallsgröße $I(f) = \int_a^b f(t)\,\mathrm{d}\xi_t$ zugeordnet. Diese Abschließung fällt aber mit dem ganzen Raum $\boldsymbol{L}^2(\mathrm{d}F)$ zusammen (der Leser beweise dies!), deshalb ist das Integral (2) für alle quadratisch integrierbaren Funktionen definiert.

Die Eigenschaften des stochastischen Integrales ergeben sich durch Grenzübergang von Treppenfunktionen: die Gleichung (4) ist fast sicher erfüllt; der Erwartungswert des stochastischen Integrales ist gleich 0, die Streuung sowie die Kovarianz werden durch die Formeln (5), (6) gegeben.

Es ist klar, daß für eine *links*stetige Funktion $F(t)$ das stochastische Integral genau so konstruiert wird, nur mit dem Unterschied, daß die Ausgangsfunktionen auf linksabgeschlossenen Intervallen jeweils konstant sind.

3. *Weniger elementare Eigenschaften stochastischer Integrale.* In den folgenden Aufgaben ist ξ_t ein Prozeß mit unkorrelierten Zuwächsen und $\mathsf{M}\xi_t = 0$; die Streuung der Zuwächse ergibt eine rechtsstetige Funktion $F(t)$.

Aufgabe 3. Es sei ξ_t ein Prozeß auf dem Intervall $[a, b]$ (die Randpunkte also eingeschlossen), die Funktion $f(t)$ möge auf diesem Intervall stetig sein. Dann gilt

$$\int_a^b f(t)\,\mathrm{d}\xi_t = \operatorname{l.i.m.} \sum_{i=0}^{n} f(s_i)\,(\xi_{t_{i+1}} - \xi_{t_i})$$

bei Verfeinerung der Zerlegung $a = t_0 < t_1 < \dots < t_n < t_{n+1} = b$ (s_i ist ein beliebiger Punkt zwischen t_i und t_{i+1}).

Aus dem Ergebnis von Aufgabe 3 läßt sich leicht die Regel der partiellen Integration ableiten: ist f stetig differenzierbar, so gilt

$$\int_a^b f(t)\,\mathrm{d}\xi_t = f(b)\,\xi_b - f(a)\,\xi_a - \int_a^b \xi_t f'(t)\,\mathrm{d}t$$

(das letzte Integral ist im Quadratmittel zu verstehen).

Aufgabe 4. Es sei f eine quadratisch integrierbare Funktion auf einem beliebigen endlichen Intervall, auf dem auch der Prozeß ξ_t definiert sein möge. Wir definieren den zufälligen Prozeß η_t auf folgende Weise

$$\eta_t = \int_{t_0}^{t} f(s)\,\mathrm{d}\xi_s$$

$\left(\text{für } t < t_0 \text{ verstehen wir unter } \int_{t_0}^{t} \text{ das Integral } -\int_{t}^{t_0}\right)$. Man beweise, daß η_t ebenfalls ein Prozeß mit unkorrelierten Zuwächsen und verschwindendem Erwartungswert ist, und für die die Streuung der Zuwächse charakterisierenden Funktion $G(t) = \int_{t_0}^{t} |f(s)|^2\,\mathrm{d}F(s)$ gilt. Für $g \in \boldsymbol{L}^2(\mathrm{d}G)$ gilt fast sicher

$$\int_a^b g(t)\,\mathrm{d}\eta_t = \int_a^b g(t)\,f(t)\,\mathrm{d}\xi_t\,.$$

Aufgabe 5. Die Funktion $f(t, \lambda)$ sei stetig in (t, λ) (t variiert im Intervall von a bis b, das eventuell unendlich ist, und λ im endlichen Intervall von c bis d); und es sei $\int_a^b \max_{c \leqq \lambda \leqq d} |f(t, \lambda)|^2 \, dF(t) < \infty$. Dann gilt fast sicher

$$\int_a^b \left[\int_c^d f(t, \lambda) \, d\lambda \right] d\xi_t = \int_c^d \left[\int_a^b f(t, \lambda) \, d\xi_t \right] d\lambda$$

(das letzte Integral ist im Quadratmittel zu verstehen).

4. In diesem Paragraphen haben wir nur stochastische Integrale nichtzufälliger Funktionen f betrachtet; das ist ein Gebiet der Korrelationstheorie. Von erheblichem Interesse ist eine Theorie stochastischer Integrale, in welcher wir Integrale zufälliger Funktionen bilden können (bei weitem nicht von allen!); natürlich muß man in diesem Fall von der zufälligen Funktion ξ_t bedeutend mehr fordern, als einfach die Unkorreliertheit der Zuwächse. Solche stochastischen Integrale werden im 12. Kapitel eingeführt.

KAPITEL 3

EINIGE BEGRIFFE DER ALLGEMEINEN THEORIE ZUFÄLLIGER PROZESSE UND DER KORRELATIONS-THEORIE

§ 3.1. Mit zufälligen Funktionen zusammenhängende σ-Algebren, Räume von Zufallsgrößen

1. Die Theorie der zufälligen Prozesse ist im Unterschied zu elementareren Gebieten der Wahrscheinlichkeitstheorie eher von den Ideen der Funktionalanalysis durchdrungen, als von der klassischen mathematischen Analysis: In erster Linie werden nicht einzelne zufällige Ereignisse, Zufallsgrößen oder Funktionen betrachtet, sondern Räume von Funktionen, zufälliger Funktionen, σ-Algebren von Ereignissen oder auch ganze Familien von σ-Algebren und Operatoren in diesen Räumen usw.

Es sei auf dem Wahrscheinlichkeitsraum $(\Omega, \mathscr{F}, \mathsf{P})$ eine zufällige Funktion ξ_t, $t \in T$, gegeben. Wir führen die von dieser *zufälligen Funktion erzeugte σ-Algebra* ein, nämlich die kleinste σ-Algebra, die alle Ereignisse der Form $\{\xi_t \in B\}$, $t \in T$, $B \in \mathscr{B}$ umfaßt. Wir werden sie mit $\mathscr{F}_T$ bezeichnen (oder $\mathscr{F}_{\xi_t, t \in T}$, wenn ausgedrückt werden soll, zu welcher zufälligen Funktion sie gehört):

$$\mathscr{F}_T = \sigma\{\xi_t, t \in T\} = \sigma\{\{\xi_t \in B\}, t \in T, B \in \mathscr{B}\} .$$

Diese σ-Algebra bedeutet die Gesamtheit aller Ereignisse, über deren Eintreten wir erfahren können, wenn wir unsere zufällige Funktion beobachten.

Mit der σ-Algebra $\mathscr{F}_T$ kann man verschiedene, durch die *zufällige Funktion erzeugte Räume von Zufallsgrößen* verknüpfen (intuitiv sind das die Zufallsgrößen, die man aufgrund der vorgegebenen zufälligen Funktion berechnen kann); der wichtigste von ihnen ist der Raum der von ξ_t, $t \in T$, erzeugten quadratisch integrierbaren Zufallsgrößen

$$\boldsymbol{L}_T^2 = \boldsymbol{L}_{\xi_t, t \in T}^2 = \boldsymbol{L}^2(\Omega, \mathscr{F}_T, \mathsf{P}) .$$

Es ist klar, daß $\mathscr{F}_T \subseteqq \mathscr{F}$ und $\boldsymbol{L}_T^2 \subseteqq \boldsymbol{L}^2(\Omega, \mathscr{F}, \mathsf{P})$ gilt.

Als anderer wichtiger, mit der zufälligen Funktion zusammenhängender Euklidischer Raum erweist sich der *Raum $\boldsymbol{H}_T = \boldsymbol{H}_{\xi_t, t \in T}$ der von ξ_t, $t \in T$, linear erzeugten Zufallsgrößen*. Er ist (im Falle einer *zahlenwertigen* zufälligen Funktion mit endlicher Streuung) als die Abschließung der Menge aller Linearkombinationen von Zufallsgrößen und der Funktion 1 im Raum $\boldsymbol{L}^2(\Omega, \mathscr{F}, \mathsf{P})$ definiert

$$\boldsymbol{H}_T = \overline{\{c_0 + c_1\xi_{t_1} + \dots + c_n\xi_{t_n}, t_1, \dots, t_n \in T\}}$$

(die Überstreichung bedeutet hier die Abschließung). Leicht erkennt man, daß $\boldsymbol{H}_T \subseteqq \boldsymbol{L}_T^2$ gilt, weil Zufallsgrößen der Gestalt $c_0 + c_1\xi_{t_1} + \dots + c_n\xi_{t_n}$ selbst $\mathscr{F}_T$-meßbar sind, und der Limes im Mittel solcher Zufallsgrößen auch $\mathscr{F}_T$-meßbar ist. (Genauer gesagt gibt es in jeder Klasse äquivalenter Zufallsgrößen aus $\boldsymbol{H}_T$ eine Zufallsgröße aus $\boldsymbol{L}_T^2$.) Die Zufallsgrößen aus $\boldsymbol{H}_T$ sind im Grunde genommen jene Zufallsgrößen, welche man *linear* aus ξ_t, $t \in T$, berechnen kann.

Der Raum $\boldsymbol{H}_T$ ist das Analogon des Raumes $\boldsymbol{L}_T^2$ „im weiteren Sinne" (wir sagten bereits, daß im Rahmen der Korrelationstheorie nur lineare Funktionen betrachtet werden).

Der Raum $\boldsymbol{L}_T^2$ enthält sozusagen dieselbe Information wie die σ-Algebra $\mathcal{F}_T$, allerdings befreit von überflüssigen Feinheiten, die Ereignisse mit der Wahrscheinlichkeit Null betreffen. Beim Übergang zum Raum $\boldsymbol{H}_T$ wird noch mehr Information eliminiert, nämlich alles, was nicht in das lineare Schema paßt.

Manchmal müssen wir auch den Raum $\boldsymbol{H}_T^0$ betrachten, das ist die Abschließung der Menge aller Linearkombinationen ohne konstantes Glied:

$$\boldsymbol{H}_T^0 = \overline{\{c_1\xi_{t_1} + \dots + c_n\xi_{t_n}, t_1, \dots, t_n \in T\}} .$$

Dieser Raum von Zufallsgrößen ergibt sich im Resultat der Anwendung linearer Operationen auf die zugrunde liegende zufällige Funktion. Natürlich wird $\boldsymbol{H}_T$ von dem Unterraum $\boldsymbol{H}_T^0$ und dem eindimensionalen Unterraum aller Konstanten erzeugt.

Die Räume $\boldsymbol{L}_T^2, \boldsymbol{H}_T, \boldsymbol{H}_T^0$ sind Euklidische vollständige Räume; sind sie auch noch *separabel*, so sind es HILBERT-Räume.

Aufgabe 1. Man beweise, daß in $\boldsymbol{L}_T^2$ die Menge von Zufallsgrößen der Form $f(\xi_{t_1}, \dots, \xi_{t_n})$, wobei f eine $\mathcal{B}^n$-meßbare Funktion ist und $t_1, \dots, t_n \in T$ gilt, überall dicht liegt.

Aufgabe 2. Es seien ξ_t, $t \in T$, ein stochastisch stetiger zufälliger Prozeß und T_0 eine abzählbar dichte Teilmenge von T. Man zeige, daß in $\boldsymbol{L}_T^2$ die Menge aller Zufallsgrößen der Form $f(\xi_{t_1}, \dots, \xi_{t_n})$, $t_1, \dots, t_n \in T_0$, überall dicht liegt. Hieraus leite man ab, daß der Raum $\boldsymbol{L}_T^2$, und folglich auch $\boldsymbol{H}_T \subseteqq \boldsymbol{L}_T^2$, separabel ist.

Die Räume $\boldsymbol{H}_T$, $\boldsymbol{H}_T^0$ sind keine $\boldsymbol{L}^2$-Räume — das sind die Räume *aller* quadratisch integrierbaren Funktionen auf einem gewissen Maßraum; aber sie können solchen Räumen isomorph sein. Das stochastische Integral gibt die Möglichkeit, solche isomorphen (d. h. linearen und isometrischen) Abbildungen dieser Räume in Räume quadratisch integrierbarer Funktionen auf der Zahlengeraden zu bestimmen; das stützt sich auf Resultate von Kapitel 4.

Aufgabe 3. Es sei ξ_t, $t \in T$, eine GAUSSsche zufällige Funktion. Man beweise, daß die gemeinsame Verteilung beliebiger Zufallsgrößen $\eta_1, \dots, \eta_n \in \boldsymbol{H}_T$ GAUSSsch ist.

Aufgabe 4*. Unter Benutzung der Ergebnisse der vorigen Aufgabe und der Isomorphie aller unendlichdimensionalen HILBERT-Räume zeige man, daß für einen beliebigen GAUSSschen Prozeß ξ_t mit diskreter Zeit oder einen im Quadratmittel stetigen GAUSSschen Prozeß mit stetiger Zeit und $\mathsf{M}\xi_t = 0$ entweder eine endliche Zahl unabhängiger GAUSSscher Zufallsgrößen $\eta_1, \dots, \eta_n$ und Funktionen $f_1(t), \dots, f_n(t)$, $t \in T$, existieren, so daß fast sicher $\xi_t = \sum_{i=1}^{n} f_i(t)\, \eta_i$ gilt, oder ein WIENER-Prozeß w_t, $t \in [0, 1]$, und eine Funktion $f(t, s)$, $t \in T$, $s \in [0, 1]$ existieren, so daß fast sicher $\xi_t = \int_0^t f(t, s)\, dw_s$ für $t \in T$ gilt.

2. Für $T \subseteqq R^1$, d. h. wenn von zufälligen Prozessen die Rede ist, werden wir auch die folgenden σ-Algebren und Räume betrachten:

$$\mathcal{F}_{\leqq t} = \sigma\{\xi_s, s \in T, s \leqq t\} ,$$

$$\mathcal{F}_{\geqq t} = \sigma\{\xi_s, s \in T, s \geqq t\} ,$$

$$\mathcal{F}_{[s,t]} = \sigma\{\xi_u, u \in T, s \leqq u \leqq t\} ,$$

$$\mathcal{F}_{=t} = \sigma(\xi_t) .$$

Wir bemerken, daß die letzte σ-Algebra aus allen Ereignissen $\{\xi_t \in B\}$, $B \in \mathcal{B}$ gebildet wird. Es werden auch Räume, die durch Abschnitte der zufälligen Funktion erzeugt werden, eingeführt:

$$\boldsymbol{L}_{\leqq t}^2 = \boldsymbol{L}^2(\Omega, \mathcal{F}_{\leqq t}, \mathsf{P}) \text{ usw.}$$

oder linear erzeugte:

$$\boldsymbol{H}_{\leqq t} = \overline{\{c_0 + c_1\xi_{t_1} + \dots + c_n\xi_{t_n};\ t_i \in T,\ t_i \leqq t,\ 1 \leqq i \leqq n\}}\,,$$

$$\boldsymbol{H}^0_{\leqq t} \text{ usw.}$$

Die anschauliche Bedeutung von beispielsweise $\mathcal{F}_{[s,t]}$ und $\boldsymbol{L}^2_{[s,t]}$ ist folgende: sie enthalten alle Information, die wir bei Beobachtung des zufälligen Prozesses im Zeitabschnitt von s bis t über ihn erfahren können.

Ganz offensichtlich gelten Inklusionen vom Typ $\mathcal{F}_{[s,t]} \subseteqq \mathcal{F}_{[u,t]}$ für $u \leqq s$, $\mathcal{F}_{\leqq t} \subseteqq \mathcal{F}_{\leqq t'}$ für $t \leqq t'$, $\boldsymbol{H}_{[s,t]} \subseteqq \boldsymbol{H}_{\geqq s}$, usw.

3. In einer Reihe von Aufgaben werden σ-Algebren und Räume benötigt, die auf noch kompliziertere Weise mit dem Prozeß zusammenhängen.

Auf der Basis der von uns eingeführten σ-Algebren $\mathcal{F}_{\leqq t}$, $\mathcal{F}_{\geqq t}$, $\mathcal{F}_{[s,t]}$ werden die σ-Algebren

$$\mathcal{F}_{\leqq t+},\ \mathcal{F}_{\geqq t-},\ \mathcal{F}_{\leqq -\infty},\ \mathcal{F}_{\geqq +\infty},\ \mathcal{F}_{[s,t+]},\ \mathcal{F}_{[s-,t]}\,,\ \mathcal{F}_{[s-,t+]}$$

definiert, welche — wie die Bezeichnung ausdrückt — Grenzwerte von $\mathcal{F}_{\leqq s}$, $\mathcal{F}_{\geqq s}$ für $s \to t+$, $s \to t-$, $s \to -\infty$ und $s \to +\infty$ sind, analog für σ-Algebren, die endlichen Zeitintervallen entsprechen, wenn diese Intervalle sich zusammenziehen.

Wir geben hier die präzise Definition nur für einige dieser σ-Algebren an: Wir setzen

$$\mathcal{F}_{\leqq t+} = \bigcap_{s>t} \mathcal{F}_{\leqq s}\,, \qquad \mathcal{F}_{\geqq +\infty} = \bigcap_{s} \mathcal{F}_{\geqq s}\,, \qquad \mathcal{F}_{[s-,t]} = \bigcap_{u>s} \mathcal{F}_{[u,t]}\,.$$

Alle diese Mengensysteme sind als Durchschnitte von σ-Algebren selbst σ-Algebren.

Der anschauliche Sinn dieser σ-Algebren ist folgender: Zu $\mathcal{F}_{\leqq t+}$ gehören alle Ereignisse, über deren Eintreten man durch Beobachtung des Prozesses auf dem Intervall von $-\infty$ bis t und beliebig wenig rechts vom Punkt t erfahren kann; zu $\mathcal{F}_{\geqq +\infty}$ zählen alle Ereignisse, über deren Eintreten wir durch Beobachtung unseres Prozesses auf nach rechts beliebig weit entfernten Intervallen erfahren; und zu $\mathcal{F}_{[t-,t]}$ jene, über welche man durch Beobachtung auf einem beliebig kleinen Intervall links von t erfährt, usw. Die σ-Algebren $\mathcal{F}_{\leqq -\infty}$, $\mathcal{F}_{\geqq +\infty}$ nennen wir die asymptotischen σ-Algebren.

Aufgabe 5. Es sei $\xi_1, \dots, \xi_n, \dots$ eine Folge von Zufallsgrößen. Man beweise, daß die folgenden Teilmengen des Raumes der Elementarereignisse zu $\mathcal{F}_{\geqq +\infty}$ gehören: $\left\{\lim\limits_{n\to\infty} \xi_n = a\right\}$; {es existiert ein endlicher Grenzwert von ξ_n für $n \to \infty$}.

Wir geben ein Beispiel, um den Unterschied der σ-Algebren $\mathcal{F}_{\leqq t+}$ und $\mathcal{F}_{\leqq t}$ zu zeigen. Es sei $T = [0, \infty)$ und alle Trajektorien ξ_t seien stetige Funktionen. Wir setzen $\tau(\omega) = \inf\{t\colon \xi_t > 1\}$ oder gleich $+\infty$, falls kein solches t existiert. Das Ereignis $\{\tau \leqq 2\}$ gehört zur σ-Algebra $\mathcal{F}_{\leqq 2+}$ (solange wir es nicht bewiesen haben, müßten wir präziser von einer *Menge*, anstatt von einem *Ereignis* sprechen).

In der Tat sieht man leicht, daß

$$\{\tau \leqq 2\} = \bigcap_{n=1}^{\infty} \bigcup_{\substack{t \text{ rat.} \\ 0 \leqq t \leqq 2+1/n}} \{\xi_t > 1\} \tag{1}$$

gilt (eine stetige Funktion überschreitet dann und nur dann auf dem Intervall $[0, 2 + 1/n]$ das Niveau 1, wenn sie in irgendeinem rationalen Punkt dieses Intervalles einen Wert größer als 1 annimmt). Die Ereignisse $\{\xi_t > 1\}$ gehören hier zu $\mathcal{F}_{\leqq 2+1/n}$, und folglich gehört auch ihre abzählbare Vereinigung zu dieser σ-Algebra. Ferner kann man den Durchschnitt in (1) nicht von 1 bis ∞ nehmen, sondern von jedem natürlichen n_0 bis ∞; dann liegen alle Ereignisse, die zu diesem Durchschnitt gehören, in $\mathcal{F}_{\leqq 2+1/n_0}$ (gilt noch $\mathcal{F}_{<2+1/n}$

$\subseteq \mathcal{F}_{\leqq 2+1/n_0}$ für $n \geqq n_0$). Somit gehört das Ereignis $\{\tau \leqq 2\}$ zu allen σ-Algebren $\mathcal{F}_{\leqq 2+1/n_0}$. Also gehört es zu jeder σ-Algebra $\mathcal{F}_{\leqq t}$ für $t > 2$: denn zu jedem $t > 2$ kann man ein n_0 mit $2 + 1/n_0 < t$ wählen, und dann haben wir $\{\tau \leqq 2\} \in \mathcal{F}_{\leqq 2+1/n_0} \subseteq \mathcal{F}_{\leqq t}$. Schließlich erhalten wir $\{\tau \leqq 2\} \in \bigcap_{t>2} \mathcal{F}_{\leqq t} = \mathcal{F}_{\leqq 2+}$.

Gleichzeitig gehört das Ereignis aber nicht der σ-Algebra $\mathcal{F}_{\leqq 2}$ an: Beobachtet man den Prozeß nur bis zum Zeitpunkt 2, so läßt sich nicht immer sagen, ob der Zeitpunkt τ schon eingetreten ist oder nicht (Abb. 8). Wir wollen diese anschauliche Begründung präzisieren: Es zeigt sich, daß für alle Ereignisse aus $\mathcal{F}_{\leqq 2}$ die entsprechende Menge von Trajektorien mit jeder Trajektorie auch alle anderen, die mit ihr auf dem Intervall [0, 2] übereinstimmen, enthält; die linke Trajektorie gehört nicht zu $\{\tau \leqq 2\}$, aber die rechte, folglich gilt $\{\tau \leqq 2\} \notin \mathcal{F}_{\leqq 2}$.

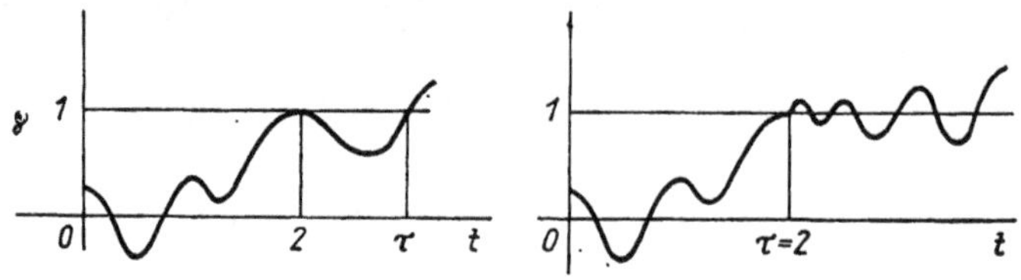

Abb. 8

Für die σ-Algebren $\mathcal{F}_{\leqq -\infty}$, $\mathcal{F}_{\geqq +\infty}$ können wir keine Werte ξ_t des zufälligen Prozesses angeben, welche bezüglich ihnen meßbar sind. Das läßt uns vermuten, daß sie in einem bestimmten Sinne zu trivialen σ-Algebren entarten. Unter gewissen, die Abhängigkeit der Größen ξ_t für verschiedene t betreffenden Bedingungen ist für die σ-Algebren $\mathcal{F}_{\leqq -\infty}$, $\mathcal{F}_{\geqq +\infty}$ das *Null-Eins-Gesetz* erfüllt (über 0-1-Gesetze sprachen wir schon in § 1.3 Punkt $2a_2$).

Aufgabe 6. (0-1-Gesetz von Kolmogorow) Es seien $\xi_1, \dots, \xi_n$ unabhängige Zufallsgrößen. Man beweise, daß $\mathsf{P}(A) = 0$ oder 1 für beliebige Ereignisse $A \in \mathcal{F}_{\geqq +\infty}$ gilt.

Entsprechend Aufgabe 5 konvergiert eine Folge unabhängiger Zufallsgrößen entweder mit Wahrscheinlichkeit 1, oder sie divergiert mit Wahrscheinlichkeit 1; leicht zeigt man, daß dies auch für Reihen mit unabhängigen Gliedern, für das arithmetische Mittel $(\xi_1 + \dots + \xi_n)/n$ und dergleichen zutrifft.

Aufgabe 7. Die Folge unabhängiger Zufallsgrößen ξ_n konvergiere mit Wahrscheinlichkeit 1. Man zeige, daß dann eine solche Zahl a existiert, so daß $\mathsf{P}\left\{\lim_{n\to\infty} \xi_n = a\right\} = 1$ gilt.

Aufgabe 8. Wir definieren die σ-Algebra $\mathcal{F}_{(t,t+]}$ durch $\bigcap_{u>t} \mathcal{F}_{(t,u]}$, wobei $\mathcal{F}_{(t,u]} = \sigma\{\xi_s, t < s \leqq u\}$ ist. Man betrachte ein Beispiel irgendeines zufälligen Prozesses und kläre, ob für ihn die σ-Algebra $\mathcal{F}_{(t,t+]}$ nur aus Ereignissen mit der Wahrscheinlichkeit 0 oder 1 besteht (d. h., ob das Null-Eins-Gesetz erfüllt ist).

4. Es ist klar, wie die Räume von Zufallsgrößen $\boldsymbol{L}^2_{\leqq t+}$, $\boldsymbol{H}_{\leqq t+}$, $\boldsymbol{L}^2_{\geqq t-}$, $\boldsymbol{H}_{\geqq t-}$, $\boldsymbol{L}^2_{\geqq +\infty}$, $\boldsymbol{H}_{\geqq +\infty}$ usw. definiert werden. Die Definitionen $\boldsymbol{L}^2_{\leqq t+} = \boldsymbol{L}^2(\Omega, \mathcal{F}_{\leqq t+}, \mathsf{P})$, ... und $\boldsymbol{L}^2_{\leqq t+} = \bigcap_{s>t} \boldsymbol{L}_{\leqq s}$, ... führen zu denselben Räumen. Die Räume $\boldsymbol{H}_{\leqq t+}$, ... werden als Durchschnitte definiert, so zum Beispiel $\boldsymbol{H}_{\leqq -\infty} = \bigcap_s \boldsymbol{H}_{\leqq s}$.

Das 0-1-Gesetz läßt sich besonders einfach in der Terminologie der Räume $\boldsymbol{L}^2$ ausdrücken; die entsprechenden Räume bestehen nur aus Konstanten: Das 0-1-Gesetz ist dann und nur dann für die σ-Algebra $\mathcal{A} \subseteq \mathcal{F}$ gültig, wenn der Raum $\boldsymbol{L}^2(\Omega, \mathcal{A}, \mathsf{P})$ eindimensional ist.

Mit $\boldsymbol{H}_{\leqq t+}$ und gleichartigen Räumen sind sich auf die Korrelationstheorie zufälliger Prozesse beziehende Aufgaben verbunden. So ist das Analogon des Kolmogorowschen 0-1-Gesetzes „im weiteren Sinne“ leicht zu beweisen:

Aufgabe 9. Es seien $\xi_1, \ldots, \xi_n, \ldots$ unkorrelierte quadratisch integrierbare Zufallsgrößen. Man zeige, daß der Raum $\boldsymbol{H}_{\geqq +\infty}$ nur aus Konstanten besteht.

§ 3.2. Verschiebungsoperatoren

In diesem Paragraphen werden wir auf der Menge $T = R^1$ oder $R_+ = [0, \infty)$, $Z^1 = \{\ldots, -2, -1, 0, 1, \ldots\}$, oder $Z_+ = \{0, 1, 2, \ldots\}$ gegebene zufällige Prozesse betrachten. Auf der Menge T ist in diesen Fällen eine Verschiebung $t \to t + h$ definiert. Wir wollen Verschiebungsoperatoren definieren, die auf mit unserem Prozeß zusammenhängende Ereignisse und Zufallsgrößen angewandt werden.

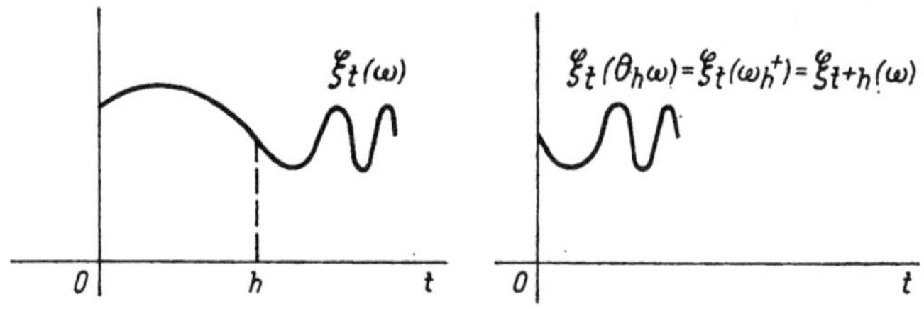

Abb. 9

1. Wir vereinbaren die folgende Voraussetzung. *Für beliebiges $\omega \in \Omega$ und beliebiges $h \in T$ existiert eindeutig ein Elementarereignis $\omega_h^+ \in \Omega$ so, daß $\xi_t(\omega_h^+) = \xi_{t+h}(\omega)$ für alle $t \in T$ gilt.* Mit θ_h bezeichnen wir den Operator im Raum Ω, der dem Elementarereignis ω das Elementarereignis ω_h^+ zuordnet: $\omega_h^+ = \theta_h\omega$. Der Operator θ_h verschiebt die Trajektorie ξ_t um h nach links; in Abbildung 9 ist der Fall $T = [0, \infty)$ dargestellt.

Die Bezeichnung ω_h^+ entspricht der im Buch von Itô und McKean [1] benutzten Terminologie, $\theta_h\omega$ ist eine Bezeichnung aus den Büchern von Dynkin [1], [2].

Jetzt definieren wir die Verschiebung nicht für Elementarereignisse, sondern für Ereignisse, also für Teilmengen von Ω.

Es sei $A \subseteqq \Omega$. Dann kann man die Menge $\theta_h^{-1}A = \{\omega : \theta_h\omega \in A\}$ betrachten, sie ist das Urbild von A bei der Abbildung θ_h.

Wir geben einige Beispiele.

a) $A = \{\xi_t \in \Gamma\}$. Leicht erkennt man, daß $\theta_h^{-1}A = \{\omega : \omega_h^+ \in A\} = \{\omega : \xi_t(\omega_h^+) \in \Gamma\} = \{\omega : \xi_{t+h}(\omega) \in \Gamma\} = \{\xi_{t+h} \in \Gamma\}$ gilt.

b) $B = \{\xi_t = a$ für $t \geqq t_0\}$. Hier ist $\theta_h^{-1}B = \{\xi_{t+h} = a$ für $t \geqq t_0\} = \{\xi_t = a$ für $t \geqq h + t_0\}$.

c) $C = \left\{\lim\limits_{t\to\infty} \xi_t = 0\right\}$. In diesem Falle erhalten wir $\theta_h^{-1}C = \left\{\lim\limits_{t\to\infty} \xi_{t+h} = 0\right\} = \left\{\lim\limits_{t\to\infty} \xi_t = 0\right\} = C$.

In Abb. 10 stellen wir den Fall b) für $T = [0, \infty)$ dar.

Wir sehen, daß die die Ereignisse definierenden Bedingungen bei Anwendung des Operators θ_h^{-1} nach rechts verschoben werden. Das ist nicht erstaunlich, weil wir die Trajektorien (Realisierungen) nach links verschieben müssen, um festzustellen, ob sie den Bedingungen genügen, die das gegebene Ereignis definieren; das ist das gleiche, als ob wir diese Bedingungen nach rechts verschieben, ohne die Trajektorie zu ändern.

Im Fall b) besteht für $t_0 = 0$ die Menge B aus einem einzigen Punkt, aber $\theta_h^{-1}B$ dagegen aus mehreren.

Jetzt definieren wir Verschiebungsoperatoren, die auf Zufallsgrößen und sogar beliebige Funktionen auf Ω angewendet werden. (Wir erinnern uns, daß die Zufalls-

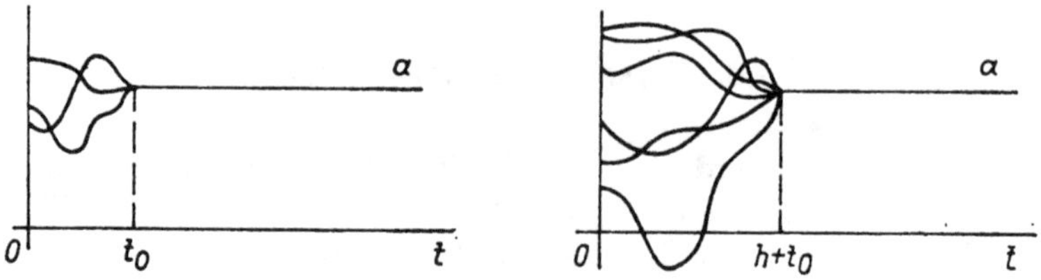

Abb. 10

größen nicht alle Funktionen auf Ω bilden, sondern nur die meßbaren.) Wir setzen für die Funktion $\eta(\omega)$ auf Ω

$$\theta_h \eta(\omega) = \eta(\theta_h \omega) = \eta(\omega_h^+)\,.$$

Beispiele.

A) $\theta_h \xi_t = \xi_{t+h}$.

B) $T = [0, \infty)$, ξ_t sei ein zahlenwertiger zufälliger Prozeß mit stetigen Trajektorien; $\eta(\omega) = \int_0^t \xi_s \, ds$ (das Integral ist trajektorienweise definiert). Hier gilt natürlich $\theta_h \eta = \int_0^t \xi_{s+h} \, ds = \int_h^{t+h} \xi_s \, ds$.

C) Der zufällige Prozeß sei der gleiche, wie im vorhergehenden Beispiel; $\tau(\omega) = \inf\{t : \xi_t(\omega) \in \Gamma\}$ sei der Moment des ersten Erreichens der Menge $\Gamma \subset R^1$ (existiert kein solches t, setzen wir $\tau(\omega) = +\infty$). Eine Darstellung ist in Abb. 11 gegeben. Hier gilt $\theta_h \tau = \inf\{t \geqq h : \xi_t \in \Gamma\} - h$; das ist der erste Moment des Erreichens der Menge Γ nach der Zeit h, vermindert um h. Insbesondere gilt für alle Elementarereignisse mit $\tau \geqq h$ die Beziehung $\theta_h \tau = \tau - h$.

Später werden wir zeigen, daß die Funktionen η, τ der Beispiele B) und C) im Falle einer z. B. offenen Menge Γ Zufallsgrößen, d. h. meßbar sind.

Leicht erkennt man, daß die Verschiebungsoperatoren nicht nur im Falle $T = R^1$, R_+, Z^1 oder Z_+ eingeführt werden können, sondern auch, falls T eine beliebige *Halbgruppe* ist; zum Beispiel für $T = R^n$ oder für einen Kreis.

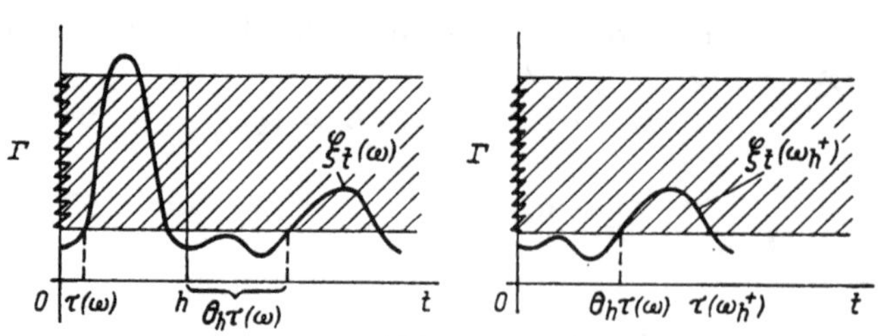

Abb. 11

2. Wir wollen sehen, welche Meßbarkeitseigenschaften die von uns eingeführten Verschiebungsoperatoren besitzen. Wegen a) und A) geht die von den Zufallsgrößen ξ_u, $s \leqq u \leqq t$ erzeugte σ-Algebra $\mathcal{F}_{[s,t]}$ bei Anwendung des Operators θ_h^{-1} in die von den Zufallsgrößen ξ_{u+h}, $s \leqq u \leqq t$, erzeugte σ-Algebra über, d. h. in $\mathcal{F}_{[s+h,t+h]}$. Analog geht $\mathcal{F}$ in $\mathcal{F}_{\geqq t+h}$ über, $\mathcal{F}_{\leqq t}$ in $\mathcal{F}_{\leqq t+h}$ für $T = R^1$ oder Z^1, für $T = R_+$ oder Z_+ geht

$\mathcal{F}_{\leqq t}$ aber in $\mathcal{F}_{[h,t+h]}$ über (denn es gilt doch in diesem Falle $\mathcal{F}_{\leqq t} = \mathcal{F}_{[0,t]}$). Dem Leser wird empfohlen, den Beweis ausführlich selbst zu führen:

Aufgabe 1. Es sei $T = [0, \infty)$. Man beweise, daß für die Verschiebung jedes Ereignisses $A \in \mathcal{F}_T = \mathcal{F}_{\geqq 0}$ die Beziehung $\theta_h^{-1}A \in F_{\geqq h}$ gilt.

Beliebige zufällige Ereignisse aus der durch den zufälligen Prozeß erzeugten σ-Algegra $\mathcal{F}_T$ gehen bei Anwendung des Operators θ_h^{-1} in *Ereignisse* über, d. h. in Teilmengen von Ω, die zu $\mathcal{F}$ gehören. Ereignisse, die nicht zu $\mathcal{F}_T$ gehören, können bei Anwendung des Operators in Teilmengen überführt werden, die keine Ereignisse sind.

Was die Zufallsgrößen betrifft, so werden bezüglich $\mathcal{F}_{[s,t]}$ meßbare Größen durch den Operator θ_h in Zufallsgrößen überführt, die meßbar bezüglich $\mathcal{F}_{[h+s,h+t]}$ sind, usw.

Allerdings ist es *falsch*, daß die Operatoren θ_h die Räume $\boldsymbol{L}^2_{[s,t]}$ oder $\boldsymbol{H}_{[s,t]}$ in $\boldsymbol{L}^2_{[h+s,h+t]}$ oder $\boldsymbol{H}_{[h+s,h+t]}$ überführen. Die Operatoren θ_h sind im allgemeinen nicht auf Elemente aus $\boldsymbol{L}^2$ anwendbar. Sind doch die Elemente von $\boldsymbol{L}^2$ keine Zufallsgrößen, sondern *Klassen* einander äquivalenter Zufallsgrößen, und aus $\eta_1 \sim \eta_2$ braucht nicht $\theta_h\eta_1 \sim \theta_h\eta_2$ zu folgen. Tatsächlich sind hier die σ-Algebren $\mathcal{F}_{[s,t]}$ und auch die Operatoren θ_h vollkommen unabhängig von dem Wahrscheinlichkeitsmaß P definiert, aber der Raum $\boldsymbol{L}^2$ ist ganz wesentlich mit diesem Maße verknüpft. In den Punkten 4 und 5 werden wir zeigen, daß für stationäre Prozesse die Verschiebungsoperatoren äquivalente Zufallsgrößen in äquivalente überführen und deshalb auf die von diesen Prozessen erzeugten Räumen $\boldsymbol{L}^2_T$ und $\boldsymbol{H}_T$ anwendbar sind (für im weiteren Sinne stationäre Prozesse).

3. Bislang forderten wir die Existenz und Eindeutigkeit des Elementarereignisses ω_h^+ mit $\xi_t(\omega_h^+) \equiv \xi_{t+h}(\omega)$. Diese Forderung ist recht einschränkend; insbesondere folgt aus ihr, daß zwei verschiedene Elementarereignisse nicht ein und derselben Trajektorie entsprechen können. Es zeigt sich, daß man die Operatoren θ_h^{-1}, θ_h definieren kann, wenn man nur die *Existenz*, nicht aber die Eindeutigkeit von ω_h^+ verlangt — allerdings sind sie nicht auf alle Teilmengen von Ω (Funktionen auf Ω) anwendbar, aber jedenfalls für alle, die meßbar bezüglich $\mathcal{F}_T$ sind.

Angenommen, es gibt zwei Elementarereignisse ω_h^{+1} und ω_h^{+2}, so daß $\xi_t(\omega_h^{+1}) \equiv \xi_t(\omega_h^{+2}) \equiv \xi_{t+h}(\omega)$ gilt; wir zeigen, daß für alle zufälligen Ereignisse $A \in \mathcal{F}_T$ entweder ω_h^{+1} *und* ω_h^{+2} zu A gehören, oder beide der Menge nicht angehören. Mit $\mathcal{A}$ bezeichnen wir das System aller Mengen, welche entweder ω_h^{+1} und ω_h^{+2} enthalten, oder keines dieser Elementarereignisse enthalten; leicht ist zu sehen, daß $\mathcal{A}$ eine σ-Algebra ist und alle Ereignisse $\{\xi_t \in B\}$, $t \in T$, $B \in \mathcal{B}$ enthält; folglich umfaßt sie die minimale σ-Algebra, der alle diese Ereignisse angehören: es gilt $\mathcal{A} \supseteq \mathcal{F}_T$.

Deshalb ist es in der Definition $\theta_h^{-1}A = \{\omega : \omega_h^+ \in A\}$ gleichgültig, welches Elementarereignis ω_h^+ gewählt wird.

Analog gilt für eine $\mathcal{F}_T$-meßbare Zufallsgröße η die Beziehung $\eta(\omega_h^{+1}) = \eta(\omega_h^{+2})$, so daß $\theta_h\eta(\omega)$ eindeutig definiert ist. Tatsächlich würde sonst eine Menge $B \in \mathcal{B}$ ($\mathcal{B}$ ist die σ-Algebra auf dem Raum, in dem η seine Werte annimmt; nach Voraussetzung enthält sie alle einpunktigen Mengen) existieren, zu der $\eta(\omega_h^{+1})$ gehört, $\eta(\omega_h^{+2})$ aber nicht; dann enthielte die Menge $\{\eta \in B\} \in \mathcal{F}_T$ das Elementarereignis ω_h^{+1}, aber ω_h^{+2} nicht — das ist aber unmöglich.

4. Im Falle eines stationären Prozesses ξ_t definieren wir die Verschiebungsoperatoren, ohne irgendwelche Voraussetzungen über die Existenz von ω_h^+ zu stellen. Für Zufallsgrößen $\eta \in \boldsymbol{L}^2_T$ der Gestalt

$$\eta = f(\xi_{t_1}, \ldots, \xi_{t_n}), \qquad t_1, \ldots, t_n \in T, \tag{1}$$

setzen wir

$$\theta_h \eta = f(\xi_{t_1+h}, \dots, \xi_{t_n+h}) \,. \tag{2}$$

Wir zeigen, daß der Operator θ_h eine isometrische Abbildung von $\boldsymbol{L}_T^2$ in sich ausführt; dazu berechnen wir $\mathsf{M}\,|\theta_h\eta|^2$:

$$\begin{aligned}\mathsf{M}\,|\theta_h\eta|^2 &= \mathsf{M}\,|f(\xi_{t_1+h}, \dots, \xi_{t_n+h})|^2 \\ &= \int_X \dots \int_X |f(x_1, \dots, x_n)|^2 \,\Phi_{t_1+h,\dots,t_n+h}(\mathrm{d}x_1 \dots \mathrm{d}x_n) \\ &= \int_X \dots \int_X |f(x_1, \dots, x_n)|^2 \,\Phi_{t_1,\dots,t_n}(\mathrm{d}x_1 \dots \mathrm{d}x_n) \\ &= \mathsf{M}\,|f(\xi_{t_1}, \dots, \xi_{t_n})|^2 = \mathsf{M}\,|\eta|^2 \,.\end{aligned}$$

Das zeigt vor allem, daß die durch die Formeln (1), (2) gegebene Definition korrekt ist. Es handelt sich darum, daß ein und dieselbe Zufallsgröße η im allgemeinen verschiedene Darstellungen (1) besitzt, wobei die entsprechenden Größen (2) nicht übereinzustimmen brauchen. Falls aber

$$\eta = f(\xi_{t_1}, \dots, \xi_{t_n}) = g(\xi_{s_1}, \dots, \xi_{s_m})$$

(möglicherweise nur fast überall) gilt, so folgt

$$\mathsf{M}\,|f(\xi_{t_1+h}, \dots, \xi_{t_n+h}) - g(\xi_{s_1+h}, \dots, \xi_{s_m+h})|^2 = \mathsf{M}\,|f(\xi_{t_1}, \dots, \xi_{t_n}) - g(\xi_{s_1}, \dots, \xi_{s_m})|^2 = 0 \,,$$

deshalb ist $\theta_h\eta$ bis auf Mengen des Maßes Null eindeutig definiert, d. h. eindeutig als ein Element von $\boldsymbol{L}^2$.

Der Operator θ_h wird in der üblichen Weise auf die Abschließung der Menge aller Zufallsgrößen der Form (1) stetig fortgesetzt, d. h. in Übereinstimmung mit Aufgabe 1 des vorhergehenden Paragraphen auf ganz $\boldsymbol{L}_T^2$; dabei bleibt die Isometrie erhalten.

Für stationäre Prozesse kann man auch Operatoren θ_h^{-1} definieren, die auf Ereignisse aus $\mathcal{F}_T$ angewendet werden, ebenfalls in eindeutiger Weise bis auf Mengen vom Maße Null. Das Ereignis $\theta_h^{-1}A$ wird als die Menge definiert, dessen Indikator fast sicher gleich $\theta_h\chi_A$ ist; dabei ist zu zeigen, daß $\theta_h\chi_A$ fast sicher gleich 0 oder 1 ist. Genauso kann man die Operatoren θ_h auch für nichtintegrierbare Zufallsgrößen definieren, indem man beispielsweise $\theta_h\eta = \tan\theta_h \arctan\eta$ setzt.

5. Für im weiteren Sinne stationäre Prozesse können wir im allgemeinen die Operatoren θ_h auf dem Raum $\boldsymbol{L}_T^2$ nicht definieren, dagegen aber auf dem Raum $\boldsymbol{H}_T$. Für Zufallsgrößen der Gestalt $\eta = c_0 + c_1\xi_{t_1} + \dots + c_n\xi_{t_n}$ setzen wir $\theta_h\eta = c_0 + c_1\xi_{t_1+h} + \dots + c_n\xi_{t_n+h}$. Das ist ein isometrischer Operator; er kann unter Erhaltung der Isometrie stetig auf ganz $\boldsymbol{H}_T$ fortgesetzt werden. Die auf Ereignisse anwendbaren Operatoren θ_h^{-1} kann man hier nicht definieren, weil eine Zufallsgröße χ_A möglicherweise nicht zu $\boldsymbol{H}_T$ gehört.

§ 3.3. Aufgaben der besten Schätzung

1. Zu einer Reihe wahrscheinlichkeitstheoretischer Aufgaben, die eng mit den Anwendungen verbunden sind, gehören die Schätzungen irgendwelcher unbekannter Größen aufgrund der Beobachtung zufälliger Objekte.

Es seien auf dem Wahrscheinlichkeitsraum $(\Omega, \mathcal{F}, \mathsf{P})$ die Zufallsgröße η und der zufällige Prozeß ξ_t, $t \in T$, gegeben. Gesucht wird eine im *Quadratmittel* beste Schätzung für η aufgrund der Beobachtung des zufälligen Prozesses, d. h. eine Schätzung $\hat{\eta}$, welche man aus ξ_t, $t \in T$ berechnen kann und für die gilt

$$\mathsf{M}\,|\eta - \hat{\eta}|^2 = \min .$$

Wir wollen die Aufgabenstellung präzisieren. Die Zufallsgröße η sei quadratisch integrierbar. Unser Ziel besteht darin, eine solche Zufallsgröße $\hat{\eta}$ aus dem durch den beobachteten zufälligen Prozeß erzeugten Raume $\boldsymbol{L}_T^2 = \boldsymbol{L}_{\xi_t, t\in T}^2$ zu finden, so daß für beliebige andere $\tilde{\eta} \in \boldsymbol{L}_T^2$

$$\mathsf{M}\,|\eta - \hat{\eta}|^2 < \mathsf{M}\,|\eta - \tilde{\eta}|^2$$

gilt.

Diese Aufgabe erweist sich als immer lösbar. Wir können dafür zwei verschiedene Wege angeben. Zum ersten wissen wir, daß in einem vollständigen Euklidischen Raum die orthogonale Projektion jedes Vektors auf einen beliebigen abgeschlossenen Unterraum existiert, und diese Projektion besitzt von allen Vektoren des Unterraumes zum Ausgangsvektor den kürzesten Abstand. Das bedeutet, daß die Lösung unserer Aufgabe die Form

$$\hat{\eta} = \mathrm{pr}_{\boldsymbol{L}_T^2}\, \eta \tag{1}$$

hat. Anders ausgedrückt ist $\hat{\eta}$ ein solcher Vektor aus $\boldsymbol{L}_T^2$, so daß für beliebige $\zeta \in \boldsymbol{L}_T^2$

$$(\eta \dot{-} \hat{\eta}, \zeta) = 0$$

gilt, oder als Erwartungswert geschrieben,

$$\mathsf{M}(\eta - \hat{\eta})\,\bar{\zeta} = 0 . \tag{2}$$

Hierbei durchläuft ζ alle Elemente von $\boldsymbol{L}_T^2$. Da aber dabei die zu ζ komplex-konjugierte Zufallsgröße $\bar{\zeta}$ ebenfalls alle Elemente von $\boldsymbol{L}_T^2$ durchläuft, können wir die Bedingung (2) durch

$$\mathsf{M}(\eta - \hat{\eta})\,\zeta = 0 , \quad \zeta \in \boldsymbol{L}_T^2 \tag{3}$$

ersetzen.

Auf der anderen Seite läßt sich das gesuchte $\hat{\eta}$ in der Form eines bedingten Erwartungswertes

$$\hat{\eta} = \mathsf{M}(\eta \mid \mathcal{F}_T) \tag{4}$$

darstellen. Gewiß ist das dem Leser gut bekannt, trotzdem wollen wir den Beweis angeben. Es sei $\hat{\eta}$ die Projektion von η auf $\boldsymbol{L}_T^2$; wir zeigen, daß dann die Beziehung (4) erfüllt ist. Offensichtlich ist $\hat{\eta}$ meßbar bezüglich $\mathcal{F}_T$; es bleibt zu zeigen, daß $\mathsf{M}\chi_A\eta = \mathsf{M}\chi_A\hat{\eta}$ für beliebige Ereignisse $A \in \mathcal{F}_T$ gilt. Das folgt aber aus (3) mit $\zeta = \chi_A$.

2. Die Bestimmung der Schätzung $\hat{\eta}$ erfolgt in zwei Etappen: Erstens müssen wir ein Verfahren der Berechnung von $\hat{\eta}$ aus ξ_t, $t \in T$, finden, und zweitens dieses Verfahren für die beobachteten Werte des Prozesses anwenden. In welcher Form kann man die Lösung des ersten Teiles der Aufgabe darstellen? Wir erinnern uns, daß (gemäß Aufgabe 1 § 1) jedes Element von $\boldsymbol{L}_T^2$ eine Darstellung als Grenzwert im Mittel von Größen der Gestalt $f(\xi_{t_1}, \ldots, \xi_{t_n})$, $t_1, \ldots, t_n \in T$, besitzt. Auf diese Weise kann man zur Berechnung von $\hat{\eta}$ eine Folge natürlicher Zahlen $n(k)$, eine Folge meßbarer Funktionen f_k mit $n(k)$ Veränderlichen und eine Folge von $n(k)$-Tupeln $t_1(k), \ldots, t_{n(k)}(k)$ von Elementen aus T bilden. Dabei gilt

$$\hat{\eta} = \underset{k\to\infty}{\mathrm{l.i.m.}}\, f_k(\xi_{t_1(k)}, \ldots, \xi_{t_{n(k)}(k)}) . \tag{5}$$

Ein Verfahren zur Berechnung von $\hat{\eta}$ aus ξ_t, $t \in T$, können wir im Prinzip finden, wenn uns die gemeinsame Verteilung $\Phi_{\eta, \xi_{t_1}, \ldots, \xi_{t_n}}$ der Zufallsgröße η und einer beliebigen Zahl von Werten des zufälligen Prozesses bekannt ist. Der Einfachheit halber betrachten wir den Fall, daß die Menge T endlich oder abzählbar ist.

Für $T = \{t_1, \ldots, t_n\}$ gilt

$$\hat{\eta} = \mathsf{M}(\eta \mid \xi_{t_1}, \ldots, \xi_{t_n}) = f(\xi_{t_1}, \ldots, \xi_{t_n}) .$$

Die Funktion f kann man auf folgende Weise finden. Wir betrachten den Raum $L^2(\mathrm{d}\Phi_{\eta, \xi_{t_1}, \ldots, \xi_{t_n}})$ von Funktionen $\varphi(y, x_1, \ldots, x_n)$, die meßbar und quadratisch integrierbar bezüglich der gemeinsamen Verteilung von $\eta, \xi_{t_1}, \ldots, \xi_{t_n}$ sind. Die Funktion $f(x_1, \ldots, x_n)$ ist die Projektion der Funktion, die identisch y ist, auf den abgeschlossenen Unterraum von Funktionen, die nur von den letzten n Koordinaten abhängen.

Im Falle einer unendlichen abzählbaren Menge $T = \{t_1, \ldots, t_n, \ldots\}$ benutzen wir das folgende Lemma:

Aufgabe 1. Es sei $H_1 \subseteqq H_2 \subseteqq \ldots \subseteqq H_n \subseteqq \ldots$ eine nichtfallende Folge abgeschlossener Unterräume des vollständigen Euklidischen Raumes H; H_∞ sei die Abschließung des linearen Raumes $\bigcup_{n=1}^{\infty} H_n$ und η ein beliebiger Vektor aus H. Dann gilt für $n \to \infty$

$$\mathrm{pr}_{H_n} \eta \to \mathrm{pr}_{H_\infty} \eta .$$

Bei Anwendung auf den Fall $H_\infty = L_T^2$, $H_n = L^2_{\{t_1, \ldots, t_n\}}$ bedeutet diese Aussage, daß $\hat{\eta} = \operatorname{l.i.m}_{n \to \infty} \hat{\eta}_n$ gilt, wobei $\hat{\eta}_n = \mathsf{M}(\eta \mid \xi_{t_1}, \ldots, \xi_{t_n}) = f_n(\xi_{t_1}, \ldots, \xi_{t_n})$ ist (Später — im 7. Kapitel — werden wir sehen, daß $\hat{\eta}_n$ auch fast sicher gegen $\hat{\eta}$ konvergiert.)

Für überabzählbares T können wir im Falle eines stochastisch stetigen Prozesses ξ_t (aufgrund von Aufgabe 2 § 1) zu einer überall dichten Teilmenge $\{t_1, \ldots, t_n, \ldots\} \subset T$ übergehen; anderenfalls nehmen wir alle möglichen $T_0 = \{t_1, \ldots, t_n, \ldots\} \subset T$ und suchen aus allen $\hat{\eta}_{T_0} = \mathsf{M}(\eta \mid \xi_{t_1}, \ldots, \xi_{t_n}, \ldots)$ ein solches, für das $\mathsf{M}\,|\eta - \hat{\eta}_{T_0}|^2 = \min$ gilt. (Im Prinzip erfordert das nur die Kenntnis aller Verteilungen $\Phi_{\eta, \xi_{t_1}, \ldots, \xi_{t_n}}$ und den Vergleich einer überabzählbaren Menge solcher Varianten.)

Die prinzipielle Lösbarkeit der Aufgabe der Bestimmung der besten Schätzung bedeutet nicht, daß ein effektives Verfahren ihrer Lösung besteht. Dennoch ist diese Aufgabe in gewissen Klassen von Fällen lösbar, mitunter aber ihre Lösung höchst kompliziert.

3. Wir wollen verschiedene Spezialfälle von Aufgaben der besten Schätzung betrachten.

Filtrationsaufgabe. Uns interessieren die Werte des zufälligen Prozesses η_t, wir beobachten aber einen zufälligen Prozeß ξ_t, der aus η_t unter dem Einfluß einer bestimmten *Störung* entsteht. Der einfachste Fall ist $\xi_t = \eta_t + \zeta_t$, wobei wir den zufälligen Prozeß ζ_t (das „Rauschen") als unabhängig von η_t annehmen wollen. Komplizierter sind die Fälle $\xi_t = f(t, \zeta_t, \eta_t)$ oder wenn ξ_t Lösung einer Differentialgleichung $\xi_t' = \eta_t' + f(\xi_t, \zeta_t)$ mit der Anfangsbedingung $\xi_0 = \eta_0$ ist, und dergleichen. Gesucht ist die Schätzung eines gewissen Wertes η_{t_0} unter Beobachtung aller ξ_t, $t \in T$, (also ein „Ausfiltern der Störung").

Extrapolationsaufgabe (*Vorhersage*). Es sei ξ_t ein zufälliger Prozeß, wobei wir uns für seinen Wert im Zeitpunkt t_1 interessieren, ihn aber nur bis zu einem gewissen Moment $t_0 < t_1$ beobachten. Hier wird als Beobachtung von ξ_t, $t \in T$, der Prozeß ξ_t, $t \leqq t_0$

gewählt, und die zu schätzende Größe η ist ξ_{t_1} (in der Sprache der Euklidischen Räume ist die Projektion von ξ_{t_1} auf $L^2_{\leqq t_0}$ gesucht).

Diese Fragestellung spiegelt eine Situation wider, die charakteristisch für viele praktische Probleme ist: Unserer Beobachtung ist nur die Vergangenheit und Gegenwart zugänglich, oft interessiert aber eine Vorhersage des Zukünftigen (eine Prognose). Ein anderer Gesichtspunkt für diese Aufgabe ist rein mathematischer Natur: Es ist von einer Extrapolation die Rede, das ist eine Fortsetzung der Funktion ξ_t über die Grenze des Intervalles $t \leqq t_0$, auf welchem sie bekannt ist, hinaus (von einer mit größtmöglicher Genauigkeit genäherten Fortsetzung).

Unter mathematischem Gesichtspunkt erweist sich die Aufgabe der Extrapolation eines in $t \geqq t_0$ beobachteten Prozesses auf einen Wert $t_1 < t_0$ als völlig gleich.

In den Aufgaben zur Vorhersage zufälliger Prozesse ist auch von Schätzungen einer Zufallsgröße η aufgrund von ξ_t, $t \leqq t_0$, die Rede, wobei η nicht die Gestalt ξ_{t_1} hat, sondern beispielsweise $\eta = f(\xi_{t_1})$, $\eta = f(\xi_{t_1}, \ldots, \xi_{t_n})$, oder allgemein η ein beliebiges Element aus L^2_T ist. Für solche Probleme ist der Name *Extrapolationsaufgabe* wohl nicht mehr ganz zutreffend.

In den Aufgaben der *Interpolation* zufälliger Prozesse ist eine Schätzung des Wertes ξ_{t_0} gesucht, wobei t_0 zwischen denjenigen Werten t liegt, für welche uns eine Beobachtung zugänglich ist. So können wir ξ_t für $t \leqq t_1$ und für $t \geqq t_2$ beobachten, wobei $t_1 < t_0 < t_2$ ist, oder die Beobachtung von ξ_{kh} für $k = 0, +1, +2, \ldots, t_0 \neq kh$ ist möglich.

Es lassen sich sehr viele verschiedene (unter dem Gesichtspunkt der Praxis vernünftige) Abarten der Schätzungsaufgaben betrachten. Zum Beispiel kann die Rede sein von einer Schätzung des Wertes eines zufälligen Feldes ξ_t im Punkte t_0 (t durchlaufe dabei z. B. ein gewisses Gebiet der Ebene) aufgrund der Beobachtung von ξ_t in einem bestimmten Teilgebiet von T, das t_0 nicht enthält, oder auch von einer Kombination von Vorhersage und Filtration und dergleichen mehr.

4. Das Problem der besten Vorhersage besitzt für die *Theorie* zufälliger Prozesse eine große Bedeutung.

Es sei ξ_t, $t \in T \subseteqq R^1$, ein zufälliger Prozeß, wobei die Menge T nach unten unbeschränkt ist. Für eine Zufallsgröße $\eta \in L^2_T$ bezeichnen wir mit $\hat{\eta}_{\leqq t}$ die beste Schätzung aufgrund von ξ_s, $s \leqq t$:

$$\eta_{\leqq t} = \mathsf{M}(\eta \mid \mathcal{F}_{\leqq t}) = \mathrm{pr}_{L^2_{\leqq t}}\, \eta\,.$$

Wegen $L^2_{\leqq t} \subseteqq L^2_{\leqq t'}$ $(t \leqq t')$ ist der bei der Vorhersage auftretende Fehler im Quadratmittel $\mathsf{M}\,|\eta - \hat{\eta}_{\leqq t}|^2$ eine nichtwachsende Funktion von t. Dabei liegen alle ihre Werte zwischen Null und der Streuung von η; deshalb existiert der Grenzwert

$$\lim_{t \to -\infty} \mathsf{M}\,|\eta - \hat{\eta}_{\geqq t}|^2\,, \tag{6}$$

und er liegt zwischen 0 und $\mathsf{D}\eta$.

Ein zufälliger Prozeß ξ_t heißt *regulär von links*, wenn für alle $\eta \in L^2_T$ der Grenzwert (6) gleich $\mathsf{D}\eta$ ist (d. h., für solche t, die weit links auf der Zeitachse liegen, ist keine genauere Prognose als der Wert $\mathsf{M}\eta$ möglich). Ein zufälliger Prozeß heißt *singulär von links*, wenn dieser Grenzwert gleich 0 ist. Das bedeutet, daß für beliebiges $\eta \in L^2_T$ einfach $\mathsf{M}\,|\eta - \hat{\eta}_{\leqq t}|^2 = 0$ für alle t gilt, d. h., es gilt fast sicher $\eta = \hat{\eta}_{\leqq t}$. Anders ausgedrückt, gehört bei beliebigem t jede Zufallsgröße η auch zu $L^2_{\leqq t}$ (genauer findet man in jeder Klasse äquivalenter Zufallsgrößen aus L^2_T eine Zufallsgröße $\in L^2_{\leqq t}$), oder es gilt $L^2_{\leqq t} = L^2_T$.

Somit spiegelt die Regularität die Situation wider, daß im Laufe der Zeit alle vorhandene Information über weit zurückliegende Ereignisse ($s \leqq t$, $t \to -\infty$) durch den Zufall wertlos wird; die Möglichkeit einer präzisen Vorhersage ist mit einer gewissen Entartung des zufälligen Prozesses verbunden.

Selbstverständlich kann es Prozesse geben, die weder regulär noch singulär sind, sie befinden sich gewissermaßen zwischen diesen beiden Extremen.

Analog führt man zu nach oben unbeschränktem T den Begriff der *Regularität von rechts* ein: $\lim\limits_{t\to\infty} \mathsf{M}\,|\eta - \mathrm{pr}_{L^2_{\geqq t}}\eta|^2 = \mathsf{D}\eta$, und den der *Singularität von rechts*: $\boldsymbol{L}^2_{\geqq +\infty} = \boldsymbol{L}^2_{\geqq t} = \boldsymbol{L}^2_T$.

Die Regularität oder Singularität eines Prozesses ist eindeutig durch seine endlichdimensionalen Verteilungen festgelegt (siehe Punkt 2).

5. Jetzt wenden wir uns einer analogen Betrachtung von Aufgaben „im weiteren Sinne", zu das sind Aufgaben der besten *linearen* Schätzung im Quadratmittel.

Es seien η eine quadratisch integrierbare Zufallsgröße und ξ_t, $t \in T$, ein quadratisch integrierbarer zufälliger Prozeß. Gesucht ist eine Zufallsgröße $\hat{\eta} \in \boldsymbol{H}_T = \boldsymbol{H}_{\xi_t,\in T}$, für die

$$\mathsf{M}\,|\eta - \hat{\eta}|^2 = \min$$

gilt. Die Lösung der Aufgabe der besten linearen Schätzung wird durch

$$\hat{\eta} = \mathrm{pr}_{\boldsymbol{H}_T}\,\eta$$

gegeben, das ist ein solcher Vektor aus $\boldsymbol{H}_T$ mit

$$\mathsf{M}(\eta - \hat{\eta})\,\bar{\zeta} = 0$$

für beliebiges $\zeta \in \boldsymbol{H}_T$. Diese Bedingung läßt sich durch

$$\mathsf{M}\hat{\eta} = \mathsf{M}\eta\,, \qquad \mathrm{cov}\,(\eta - \hat{\eta}, \zeta) = 0$$

ersetzen. Das Verfahren der Berechnung von $\hat{\eta}$ — der linearen Schätzung von η aufgrund von ξ_t, $t \in T$, — ist durch die Erwartungswerte $\mathsf{M}\eta$, $\mathsf{M}\xi_t$ und die Kovarianzen $\mathsf{D}\eta$, $\mathrm{cov}\,(\eta, \xi_t)$, $K_{\xi\xi}(t, s)$ vollständig bestimmt. Dabei sind diese Größen einfacher zu ermitteln, als die gemeinsame Verteilung $\Phi_{\eta,\xi_{t_1},\ldots,\xi_{t_n}}$, welche man zur Berechnung der besten nichtlinearen Schätzung benötigt; folglich ist die Aufgabe der linearen besten Schätzung einer effektiven Lösung zugänglicher.

Es ist klar, daß der Fehler im Quadratmittel der linearen Schätzung nicht kleiner als der Quadratmittel-Fehler der *besten* Schätzung ist (η liegt dem großen Raum $\boldsymbol{L}^2_T$ näher, als dem kleineren $\boldsymbol{H}_T$).

Man kann nun die Aufgaben der *besten linearen Filtration, linearen Extrapolation* (*Vorhersage*) und *Interpolation* betrachten. Zum Beispiel besteht die Aufgabe der besten linearen Vorhersage in der Bestimmung der Projektion auf den Raum $\boldsymbol{H}_{\leqq t_0}$. Für die Lösung solcher Aufgaben ist im Falle stationärer Prozesse eine bedeutende Theorie entwickelt worden (siehe Doob [1], Kap. XII, Rosanow [1], Kap. II, III); zum Teil werden wir diese Theorie im § 3 des folgenden Kapitels kennenlernen.

6. Im Zusammenhang mit den Aufgaben der besten linearen Schätzung betrachten wir die Räume $\boldsymbol{H}_T$, $\boldsymbol{H}_{\leqq t_0}$ usw.; indessen stellt sich heraus, daß man hier mit den Räumen $\boldsymbol{H}^0_T$ usw. auskommt, die man als Abschließung der Menge aller Linearkombinationen der Werte des zufälligen Prozesses ohne konstantes Glied erhält. Es seien η eine Zufallsgröße und ξ_t, $t \in T$, ein zufälliger Prozeß mit $\mathsf{M}\,|\eta|^2$, $\mathsf{M}\,|\xi_t|^2 < \infty$. Nach

Voraussetzung sind uns alle Momente erster und zweiter Ordnung bekannt, speziell $m = \mathsf{M}\eta$, $m_t = \mathsf{M}\xi_t$. Wir setzen $\eta^0 = \eta - m$, $\xi_t^0 = \xi_t - m_t$. Die Erwartungswerte von η^0 und ξ_t^0 sind gleich 0, aber die Kovarianzen bleiben erhalten. Den Raum $\boldsymbol{H}^0_{\xi_t^0, t \in T}$ — die Abschließung der Menge aller Linearkombinationen der Werte von ξ_t^0, $t \in T$, — bezeichnen wir der Kürze halber mit $\boldsymbol{H}_T^{00}$. Wir sagten schon, daß der Erwartungswert von $\hat{\eta}$ — der besten linearen Schätzung von η — gleich $\mathsf{M}\eta$, d. h. gleich m ist. Leicht prüft man nach, daß

$$\hat{\eta} = m + \mathrm{pr}_{\boldsymbol{H}_T^{00}} \eta_0$$

gilt. Mit anderen Worten kann man die Aufgabe im Rahmen des Raumes aller Zufallsgrößen mit verschwindendem Erwartungswert lösen, danach fügt man nur den Erwartungswert hinzu.

7. Wir führen die Begriffe der linearen Regularität und Singularität ein. Es sei ξ_t ein quadratisch integrierbarer zufälliger Prozeß auf einer nach unten unbeschränkten Menge T; die Zufallsgröße η sei aus $\boldsymbol{H}_T$. Wir bezeichnen mit $\hat{\eta}_{\leqq t}$ die beste lineare Schätzung dieser Zufallsgröße aufgrund von ξ_s, $s \leqq t$: $\hat{\eta}_{\leqq t} = \mathrm{pr}_{\boldsymbol{H}_{\leqq t}} \eta$. Der zufällige Prozeß heißt *linear regulär von links*, wenn für beliebiges η aus $\boldsymbol{H}_T$

$$\lim_{t \to -\infty} \mathsf{M}\, |\eta - \hat{\eta}_{\leqq t}|^2 = \mathsf{D}\eta$$

gilt; er heißt *linear singulär von links*, wenn dieser Grenzwert gleich 0 ist, d. h. der Fehler im Quadratmittel identisch 0 ist.

Analog werden die Begriffe *lineare Regularität von rechts* und *lineare Singularität von rechts* eingeführt.

Es ist leicht zu verstehen, daß aus der Regularität des Prozesses die lineare Regularität folgt (wenn keine exakte Vorhersage möglich ist, dann gibt es auch keine lineare), und die lineare Singularität einfach die Singularität nach sich zieht (die lineare Vorhersage ist beliebig exakt).

8. Wir wollen sehen, welche Eigenschaften die Aufgabe der linearen Vorhersage für im weiteren Sinne stationäre Prozesse besitzt (die gleiche Frage kann man auch für die nichtlineare Vorhersage bei im engeren Sinne stationären Prozessen stellen, wir wollen aber nur die Aufgabe der *linearen* Vorhersage betrachten).

Es sei ξ_t ein im weiteren Sinne stationärer Prozeß auf $T = R^1 = (-\infty, \infty)$ oder auf $T = Z^1 = \{\ldots, -2, -1, 0, 1, \ldots\}$. Weil der Verschiebungsoperator θ_h die Größe ξ_{t_0} in ξ_{t_0+h} und den Raum $\boldsymbol{H}_{\leqq t}$ in $\boldsymbol{H}_{\leqq t+h}$ überführt, gilt — wie man leicht nachprüft — für beliebiges $\eta \in \boldsymbol{H}_T$

$$\widehat{(\theta_h \eta)}_{\leqq t+h} = \theta_h \hat{\eta}_{\leqq t}$$

und insbesondere für beliebiges $t_0 > t$

$$\widehat{(\xi_{t_0+h})}_{\leqq t+h} = \theta_h \widehat{(\xi_{t_0})}_{\leqq t},$$

$$\widehat{(\xi_{t_0})}_{\leqq t} = \theta_t \widehat{(\xi_{t_0-t})}_{\leqq 0}.$$

(Selbstverständlich sind alle diese Gleichungen fast sicher zu verstehen.) Ferner hängt der Fehler der Vorhersage im Quadratmittel

$$\mathsf{M}\, |\xi_{t_0} - \widehat{(\xi_{t_0})}_{\leqq t}|^2 = \mathsf{M}\, |\theta_t[\xi_{t_0-t} - \widehat{(\xi_{t_0-t})}]_{\leqq 0}|^2 = \mathsf{M}\, |\xi_{t_0-t} - \widehat{(\xi_{t_0-t})}_{\leqq 0}|^2$$

nur von $t_0 - t$ ab; wir bezeichnen ihn mit $\sigma^2(t_0 - t)$. Die Funktion

$$\sigma^2(t) = \mathsf{M}\, |\xi_t - \widehat{(\xi_t)}_{\leqq 0}|^2$$

ist für $t \leqq 0$ natürlich gleich 0 und nichtfallend für positive t; sie strebt im Falle $t \to +\infty$ für linear von links reguläre Prozesse gegen $\sigma^2 = \mathsf{D}\xi_t$, aber gegen 0 für linear von links singuläre Prozesse.

Aufgabe 2. Man beweise, daß für einen im Quadratmittel stetigen stationären Prozeß ξ_t, $t \in R^1$, die Funktion $\sigma^2(t)$ stetig ist.

Für die lineare Singularität ist hinreichend, daß $\sigma^2(s) = 0$ auch nur für ein einziges $s > 0$ gilt; tatsächlich kann man in diesem Falle den Prozeß mit beliebig hoher Genauigkeit von den Werten $t \leqq t_0$ bis $t_0 + s$ fortsetzen, danach bis $t_0 + 2s$, und so ist es möglich, jedes beliebige $t > t_0$ zu erreichen (in der Sprache der HILBERT-Räume gilt $\boldsymbol{H}_{\leqq t_0} = \boldsymbol{H}_{\leqq t_0+s} = \boldsymbol{H}_{\leqq t_0+2s} = \dots \supseteqq \boldsymbol{H}_{\leqq t_1}$).

Aussage. *Für einen im weiteren Sinne stationären zahlenwertigen Prozeß ξ_t, $t \in T$, $T = R^1$ oder Z^1, sind die lineare Regularität von links und die lineare Regularität von rechts gleichbedeutend. Ebenso sind die lineare Singularität von rechts und links gleichbedeutend.*

Beweis. Wie wir schon bemerkten, ist die Lösung der Aufgabe der linearen Vorhersage eindeutig durch den Erwartungswert und die Korrelationsfunktion des Prozesses bestimmt. Folglich werden lineare Regularität oder Singularität durch die Korrelationsfunktion des Prozesses festgelegt (der Erwartungswert hat darauf keinen Einfluß). Die Regularität (Singularität) von rechts des Prozesses ξ_t bedeutet das gleiche, wie die Regularität (Singularität) von links des Prozesses $\tilde{\xi}_t = \xi_{-t}$. Aber für die Korrelationsfunktion dieses stationären Prozesses gilt $K_{\tilde{\xi}}(t) = K_\xi(-t) = \overline{K_\xi(t)}$. Diese Korrelationsfunktion unterscheidet sich von $K_\xi(t)$ nur durch einen Wechsel von i zu $-i$, und folglich unterscheidet sich die Funktion

$$\tilde{\sigma}^2(t) = \mathsf{M}\,|\xi_{-t} - \mathrm{pr}_{\boldsymbol{H}_{\geqq 0}}\, \xi_{-t}|^2\,,$$

die den Extrapolationsfehler „nach rückwärts" beschreibt, von dem Extrapolationsfehler „vorwärts" auch nur durch den Wechsel von i zu $-i$. Da aber $\sigma^2(t)$ reell ist, gilt $\tilde{\sigma}^2(t) = \sigma^2(t)$, hieraus ergibt sich unsere Aussage.

Für die nichtlineare Regularität (Singularität) und im engeren Sinne stationäre Prozesse ist die entsprechende Behauptung falsch.

Wir bemerken, daß wir unsere Aussage nur für zahlenwertige Prozesse bewiesen haben; für *vektor*wertige im weiteren Sinne stationäre Prozesse ist eine Übertragung des Beweises nicht möglich, weil die Korrelationsfunktion (-Matrix) bei Änderung der Zeitrichtung sich in die komplex-konjugierttransponierte Matrix ändert.

Aufgabe 3*. Es sei (ξ_t, η_t), $t \in (-\infty, \infty)$, ein zweidimensionaler im weiteren Sinne stationärer Prozeß (d. h. $\mathsf{M}\xi_t$, $\mathsf{M}\eta_t = \text{const.}$, und $\operatorname{cov}(\xi_t, \xi_s)$, $\operatorname{cov}(\xi_t, \eta_s)$, $\operatorname{cov}(\eta_t, \eta_s)$ hängen nur von $t - s$ ab). Weiter sei $\boldsymbol{H}_{\leqq t}$ der durch die Zufallsgrößen ξ_s, η_s, $s \leqq t$, linear erzeugte Raum; $\boldsymbol{H}_{\geqq t}$ werde durch die Größen ξ_s, η_s, $s \geqq t$, erzeugt. Ist der Fall $\mathsf{M}\,|\xi_t - \mathrm{pr}_{\boldsymbol{H}_{\leqq 0}}\, \xi_t|^2 = \mathsf{M}|\xi_{-t} - \mathrm{pr}_{\boldsymbol{H}_{\geqq 0}}\, \xi_{-t}|^2$ möglich?

9. Aufgabe 4. Es seien η eine Zufallsgröße und ξ_t, $t \in T$, ein zufälliger Prozeß, wobei alle gemeinsame Verteilungen $\Phi_{\eta, \xi_{t_1}, \dots, \xi_{t_n}}$ GAUSSsch seien. Man beweise, daß in diesem Falle die beste Schätzung von η aufgrund von ξ_t, $t \in T$, mit der besten linearen Schätzung übereinstimmt.

Insbesondere ist für einen GAUSSschen Prozeß die beste Vorhersage seines Wertes in einem beliebigen Zeitpunkt linear. Damit ist natürlich die Tatsache verbunden (das folgt aber nicht unmittelbar hieraus), daß für GAUSSsche stationäre Prozesse Regularität und lineare Regularität gleichbedeutend sind (siehe ROSANOW [1], Kap. IV, § 9).

KAPITEL 4

KORRELATIONSTHEORIE (IM WEITEREN SINNE) STATIONÄRER ZUFÄLLIGER PROZESSE

§ 4.1. Korrelationsfunktionen

In diesem Paragraphen geben wir einige Beispiele und Resultate aus dem „elementaren“ Teil der Theorie, die man bei Anwendung der Methoden von § 2.1 auf stationäre Prozesse erhält. In den folgenden beiden Paragraphen stützen wir uns auf Kapitel 3 und § 2.2.

1. Wir bestimmen den Erwartungswert und die Korrelationsfunktion des stationären Prozesses aus Beispiel 1 § 1.2: $\xi_t = A \cos(\eta t + \varphi)$, wobei A und η eine beliebige gemeinsame Verteilung auf $[0, \infty) \times [0, \infty)$ haben, und φ unabhängig von ihnen auf $[0, 2\pi)$ gleichverteilt ist. Es ist leicht zu sehen, daß $\mathsf{M}\xi_t$ dann und nur dann endlich ist, wenn $\mathsf{M}A < \infty$ gilt (wir haben $\mathsf{M}\,|\xi_t| = \mathsf{M}\,|\xi_0| = \mathsf{M}A \cdot \mathsf{M}\,|\cos\varphi|$), dabei gilt

$$\mathsf{M}\xi_t = \mathsf{M}A \cdot \mathsf{M}\cos\varphi = \mathsf{M}A \cdot (2\pi)^{-1} \int_0^{2\pi} \cos z \, \mathrm{d}z = 0\,.$$

Die Momente zweiter Ordnung sind endlich wenn $\mathsf{M}A^2 < \infty$ ist; in diesem Falle gilt

$$\begin{aligned} K_\xi(t) = \mathsf{M}\xi_{t+s}\xi_s &= \mathsf{M}A^2 \cos\big(\eta(s+t) + \varphi\big) \cos(\eta s + \varphi) \\ &= \tfrac{1}{2}\,[\mathsf{M}A^2 \cos \eta t + \mathsf{M}A^2 \cos\big(\eta(2s+t) + 2\varphi\big)]\,. \end{aligned}$$

Der zweite Erwartungswert ist hier Null, weil die Zufallsgröße $\eta(2s + t) + 2\varphi$, eingeführt modulo 2π auf dem Intervall $[0, 2\pi)$, unabhängig von A und gleichverteilt ist. Eine Umformung des ersten Erwartungswertes ergibt

$$K_\xi(t) = \tfrac{1}{2} \int_0^\infty \int_0^\infty x^2 \cos yt\, \Phi_{A\eta}(\mathrm{d}x\, \mathrm{d}y) = \int_0^\infty \cos yt\, \mu(\mathrm{d}y)\,, \tag{1}$$

wobei μ ein endliches Maß auf $[0, \infty)$ ist, das durch die Beziehung

$$\mu(B) = \tfrac{1}{2} \int_0^\infty \int_B x^2 \Phi_{A\eta}(\mathrm{d}x\, \mathrm{d}y) = \tfrac{1}{2}\, \mathsf{M}A^2 \chi_B(\eta)$$

definiert wird. Hier sind überall die Integrale von 0 bis ∞ mit Einschluß des Punktes 0 zu verstehen.

Als Maß μ kann jedes endliche Maß auf $[0, \infty)$ auftreten.

Ist das Maß ν auf R^1 als die Hälfte des Maßes μ auf $(0, \infty)$ und auf $(-\infty, 0)$ symmetrisch definiert, so läßt sich die Formel (1) in der Form schreiben

$$K_\xi(t) = \int_{-\infty}^\infty e^{iyt}\, \nu(\mathrm{d}y)\,. \tag{2}$$

Wir sehen, daß die Korrelationsfunktion die Fourier-Transformierte eines symmetrischen Maßes auf R^1 ist. Beispielsweise gilt für $\nu(\mathrm{d}y) = \pi^{-1}(1 + y^2)^{-1}\, \mathrm{d}y$ die Beziehung $K(t) = e^{-|t|}$, d. h., wir erhalten ein und dieselbe Korrelationsfunktion für die weder der zufälligen harmonischen Schwingung noch untereinander ähnlichen Prozesse des Beispieles von Punkt 3 § 1.2 (siehe Aufgabe 2 § 1.3) und der Aufgabe 2 § 1.4.

Um eine Korrelationsfunktion der Form (2) mit einem beliebigen — nicht notwendig symmetrischen — Maß ν zu erhalten, genügt es, den Prozeß $\xi_t = A \exp\big(i(\eta t + \varphi)\big)$ zu betrachten, wobei η sowohl positive als auch negative Werte annehmen kann.

2. Ist es möglich, den linearen Differentialoperator mit konstanten Koeffizienten $P(\mathrm{d}/\mathrm{d}t) = \sum_{k=0}^{n} a_k(\mathrm{d}^k/\mathrm{d}t^k)$ auf den stationären Prozeß ξ_t anzuwenden, so wird dieser in einen stationären Prozeß $\eta_t = P(\mathrm{d}/\mathrm{d}t)\,\xi_t$ überführt. Die Formeln (9), (10), (11) § 2.1 haben im vorliegenden Fall die Gestalt

$$\mathsf{M}\eta_t = P\left(\frac{\mathrm{d}}{\mathrm{d}t}\right)\mathsf{M}\xi_t = a_0 m \qquad (m = \mathsf{M}\xi_t)\,, \tag{3}$$

$$K_{\eta\eta}(t-s) = P\left(\frac{\partial}{\partial t}\right)\overline{P}\left(\frac{\partial}{\partial s}\right)K_{\xi\xi}(t-s)\,, \tag{4}$$

$$K_{\eta\xi}(t-s) = P\left(\frac{\partial}{\partial t}\right)K_{\xi\xi}(t-s)\,. \tag{5}$$

Hier ist $\overline{P}$ das entsprechende Polynom mit komplex-konjugierten Koeffizienten $\overline{a}_k$. Die k-fache Differentiation der Funktion $K_{\xi\xi}(t-s)$ nach s wird auf eine k-malige Differentiation der Funktion $K_{\xi\xi}$ nach ihrem Argument und eine Multiplikation mit $(-1)^k$ zurückgeführt; unter Berücksichtigung dieses Sachverhaltes geht die Formel (4) in

$$K_{\eta\eta}(t) = P\left(\frac{\mathrm{d}}{\mathrm{d}t}\right)\overline{P}\left(-\frac{\mathrm{d}}{\mathrm{d}t}\right)K_{\xi\xi}(t)$$

über. Aus der Formel (5) erhalten wir

$$K_{\eta\xi}(t) = P\left(\frac{\mathrm{d}}{\mathrm{d}t}\right)K_{\xi\xi}(t)\,, \qquad K_{\xi\eta}(t) = \overline{P}\left(-\frac{\mathrm{d}}{\mathrm{d}t}\right)K_{\xi\xi}(t)\,.$$

Gilt $\zeta_t = Q(\mathrm{d}/\mathrm{d}t)\,\xi_t$, so finden wir auf dem gleichen Wege die Beziehung

$$K_{\eta\zeta}(t) = P\left(\frac{\mathrm{d}}{\mathrm{d}t}\right)\overline{Q}\left(-\frac{\mathrm{d}}{\mathrm{d}t}\right)K_{\xi\xi}(t)\,.$$

Wir untersuchen zwei Spezialfälle

a) $P(x) = x$. Hier gilt $K_{\xi'\xi'}(t) = -K''_{\xi\xi}(t)$, und die gemeinsame Korrelationsfunktion von ξ, ξ' ist gleich

$$\begin{pmatrix} K_{\xi\xi}(t) & -K'_{\xi\xi}(t) \\ K'_{\xi\xi}(t) & -K''_{\xi\xi}(t) \end{pmatrix}.$$

Ist die Funktion $K_{\xi\xi}$ reell (insbesondere für reelles ξ_t), so gilt als Ableitung einer geraden Funktion im Nullpunkt die Beziehung $K'_{\xi\xi}(0) = 0$ und ξ_t sowie ξ'_t sind unkorreliert (als Spezialfall vgl. Aufgabe 16 § 2.1).

b) Für $P(x) = 1 + x + x^2$ wird $\overline{P}(-x) = P(-x) = 1 - x + x^2$, $P(x)\,\overline{P}(-x) = 1 + x^2 + x^4$, so daß man die Korrelationsfunktion des Prozesses $\xi_t + \xi'_t + \xi''$ aus

$K_{\xi\xi}(t)$ durch Anwendung des entsprechenden Differentialoperators erhält: $K_{\xi\xi}(t) + K''_{\xi\xi}(t) + K^{\mathrm{IV}}_{\xi\xi}(t)$.

3. *Integration. Gesetze der großen Zahlen. Statistik stationärer Prozesse.* Die Ableitung eines stationären Prozesses ist, wenn sie existiert, auch ein stationärer Prozeß. Was die Integration betrifft, so ist das unbestimmte Integral eines im weiteren Sinne stationären Prozesses (welches existiert, wenn nur die Korrelationsfunktion stetig ist) keineswegs unbedingt ein stationärer Prozeß; weiterhin ist nicht immer die Angabe einer „willkürlichen Konstanten" — einer Zufallsgröße, die durch Hinzufügen aus dem Integral einen stationären Prozeß macht — möglich.

Aufgabe 1. Es sei ξ_t ein im Quadratmittel stetiger stationärer Prozeß mit $m = \mathsf{M}\xi_t \neq 0$. Man zeige, daß dann keine Zufallsgröße η existiert, für die $\eta + \int\limits_0^t \xi_s\, ds$ ein stationärer Prozeß ist.

Eine allgemeinere Frage ist: Existiert ein stationärer Prozeß η_t, der sich als Lösung einer linearen Differentialgleichung mit konstanten Koeffizienten $P(\mathrm{d}/\mathrm{d}t)\,\eta_t = \xi_t$ erweist? (Ist die Antwort auf diese Frage positiv und 0 eine stabile Lösung der entsprechenden homogenen Gleichung, so nähern sich die Lösungen für alle möglichen Anfangsbedingungen mit wachsendem t dem Prozeß η_t beliebig an.) Die Lösung dieser Aufgaben und das Finden von Charakteristiken der entsprechenden zufälligen Prozesse lernen wir im § 2 kennen.

Von Interesse ist die Existenz der Grenzwerte $\operatorname*{l.i.m.}_{T\to\infty} T^{-1} \int\limits_0^T \xi_t\, \mathrm{d}t$ (im Falle eines im Quadratmittel stetigen Prozesses) oder $\operatorname*{l.i.m.}_{n\to\infty} n^{-1} \sum\limits_{k=1}^{n} \xi_k$ (im Falle einer stationären Folge).

Aufgabe 2. Man beweise, daß falls die Korrelationsfunktion bei Unendlich gegen Null strebt,

$$\operatorname*{l.i.m}_{t_2 - t_1 \to \infty} \frac{1}{t_2 - t_1} \int_{t_1}^{t_2} \xi_t\, \mathrm{d}t = m \tag{6}$$

oder

$$\operatorname*{l.i.m.}_{n_2 - n_1 \to \infty} \frac{1}{n_2 - n_1} \sum_{k=n_1}^{n_2 - 1} \xi_k = m \tag{7}$$

gilt (m ist der Erwartungswert).

In dem folgenden Paragraphen zeigen wir, daß der Grenzwert (6) (oder (7)) stets existiert; nur ist dieser Grenzwert nicht immer konstant, sondern eine quadratisch integrierbare Zufallsgröße. Zum Beispiel ist für den Prozeß $\xi_t = A \cos(\eta t + \varphi)$ der Grenzwert (6) gleich 0, wenn $\eta \neq 0$ gilt, und gleich $A \cos \varphi$ für $\eta = 0$.

Die Resultate vom Typ des Gesetzes der großen Zahlen stellen die Grundlage der Lösung einer Reihe von Aufgaben der Mathematischen Statistik, die die zufälligen Prozesse betreffen, dar. Wenn uns der Erwartungswert m und die Korrelationsfunktion $K(t)$ des stationären Prozesses ξ_t nicht bekannt sind, wir aber den Prozeß auf dem Intervall von 0 bis T beobachten können, so ist

$$m_T^* = T^{-1} \int_0^T \xi_t\, \mathrm{d}t$$

eine natürliche Schätzung für den Erwartungswert (im Falle stetiger Zeit). Diese Schätzung ist erwartungstreu, aber sie erweist sich im allgemeinen nicht als die beste. Das Gesetz der großen Zahlen für ξ_t bedeutet die *Konsistenz* dieser Schätzung.

Aber wie schätzt man die Korrelationsfunktion $K(t)$ oder die Funktion $Q(t) = \mathsf{M}\xi_{t+s}\bar{\xi}_s$ aufgrund der Beobachtung von ξ_t, $t \in [0, T]$? Eine erwartungstreue Schätzung für $Q(t)$ ist

$$Q_T^*(t) = \frac{1}{T - |t|} \int\limits_{\substack{0 \leqq s \leqq T \\ 0 \leqq s+t \leqq T}} \xi_{s+t}\bar{\xi}_s \mathrm{d}s .$$

Die Konsistenz dieser Schätzung läßt sich auf das Gesetz der großen Zahlen für den Prozeß $\eta_s = \xi_{s+t}\bar{\xi}_s$ zurückführen. Dieser Prozeß ist für einen im weiteren Sinne stationären Prozeß ξ_t im allgemeinen nicht notwendig im weiteren Sinne stationär (ist ξ_t im engeren Sinne stationär, so ist auch η_t stationär).

Aufgabe 3*. Es sei ξ_t ein reeller Gaussscher stationärer Prozeß mit verschwindendem Erwartungswert und einer stetigen Korrelationsfunktion $K(t)$, die bei Unendlich gegen Null strebt. Man finde einen Ausdruck für die Korrelationsfunktion des Prozesses $\eta_s = \xi_{s+t}\xi_s$. Ferner mache man sich klar, ob $Q_T^*(t)$ eine erwartungstreue Schätzung für $K(t)$ ist.

Hinweis. Für Zufallsgrößen ξ_1, ξ_2, ξ_3, ξ_4 mit einer gemeinsamen Gauss-Verteilung, dem Erwartungswert 0 und der Kovarianzmatrix (b_{ij}) gilt für das gemischte vierte Moment $\mathsf{M}\xi_1\xi_2\xi_3\xi_4 = b_{12}b_{34} + b_{13}b_{24} + b_{14}b_{23}$.

4. Die Bedingung der nichtnegativen Definitheit (vgl. Aufgabe 1, § 1.3) nimmt im Falle eines stationären Prozesses die Form

$$\sum_{j,k} c_j\bar{c}_k K(t_j - t_k) \geqq 0 \tag{8}$$

an (die c_j sind komplexe Zahlen, die t_j Elemente von T).

Es gelten die folgenden Sätze.

Satz 1. *Dafür, daß die Folge $K(n)$, $-\infty < n < \infty$, nichtnegativ definit ist (d. h. daß sie für beliebige komplexe c_j und ganze Zahlen t_j der Beziehung (8) genügt), ist notwendig und hinreichend, daß sie eine Darstellung der Form*

$$K(n) = \int_{-\pi}^{\pi} \mathrm{e}^{in\lambda}\, \mathrm{d}F(\lambda)$$

gestattet, wobei F eine nichtfallende Funktion auf dem Intervall $[-\pi, \pi]$ ist. Das entsprechende Maß ist dabei eindeutig bestimmt (die Funktion ist eindeutig bis auf eine additive Konstante und die Werte in den Sprungpunkten).

Satz 2 (Bochner-Chinchin). *Dafür daß eine stetige Funktion $K(t)$, $-\infty < t < \infty$, nichtnegativ definit ist, ist notwendig und hinreichend, daß sie eine Darstellung der Form*

$$K(t) = \int_{-\infty}^{\infty} \mathrm{e}^{it\lambda}\, \mathrm{d}F(\lambda)$$

gestattet, wobei F eine nichtfallende beschränkte Funktion auf $(-\infty, \infty)$ ist. Das entsprechende Maß auf der Zahlengeraden ist eindeutig festgelegt.

Den Beweis des zweiten, komplizierteren Satzes kann man im Lehrbuch von Gnedenko [1] § 39 nachlesen; es ist nützlich, den sich auf die Folgen beziehenden Satz unter Verwendung elementarer Kenntnisse aus der Theorie der Fourier-Reihen sowie von Kompaktheitseigenschaften einer beschränkten Familie von Maßen selbst zu beweisen.

Die Funktion F heißt *Spektralfunktion.* Die Rechnungen aus Punkt 1 zeigen, auf welche Weise man für jede nichtnegativ definite Funktion K oder jede nichtfallende Funktion F ein Beispiel eines entsprechenden stationären Prozesses konstruieren kann.

Ist die Funktion F absolutstetig mit der Ableitung $f(\lambda)$, so nennt man letztere die *Spektraldichte* des stationären Prozesses (der stationären Folge).

Die Spektralfunktion besitzt einen „physikalischen Sinn" als eine Verteilungsfunktion, die die Häufigkeitsverteilung der Energie einer zufälligen Schwingung beschreibt; die Spektraldichte ist die Dichte dieser Energieverteilung.

Wir zeigen, welche Spaktraldichten einigen der früher betrachteten Korrelationsfunktionen entsprechen: für $K(t) = \exp(-\alpha\,|t|)$ (Beispiel 3 § 1.2; Aufgabe 2 § 1.4) gilt $f(\lambda) = \pi^{-1}\alpha/(\alpha^2 + \lambda^2)$; für eine Folge unkorrelierter Zufallsgrößen mit der Streuung σ^2 gilt $f(\lambda) = \sigma^2/2\pi$ auf dem ganzen Intervall von $-\pi$ bis π.

Die Lösung von Aufgabe 21 § 2.1 sagt uns, daß $(2\pi T)^{-1}\left|\int_0^T e^{-i\lambda t}\,\xi_t\,dt\right|^2$ eine asymptotisch erwartungstreue Schätzung der Spektraldichte $f(\lambda)$ ist. Eine Rechnung zeigt, daß die Streuung dieser Schätzung zum Beispiel im Falle eines Gaussschen Prozesses für $T \to \infty$ nicht gegen 0 strebt, und sich damit die Schätzung als inkonsistent erweist. Wie läßt sich auch in diesem Falle die Spektraldichte aufgrund von Versuchsergebnissen bestimmen? Dieser Frage ist eine umfangreiche Literatur, sowohl rein mathematischer, als auch ingenieurtechnischer Natur gewidmet. Siehe zum Beispiel: Jenkins/Watts [1] und Hannan [1]. In diesem Buch können wir keine Fragen der Statistik zufälliger Prozesse behandeln.

Jetzt haben wir eine Spektraldarstellung der Korrelationsfunktion angegeben; nun können wir im folgenden Paragraphen dazu übergehen, die zufällige Funktion selbst darzustellen.

§ 4.2. Spektraldarstellungen

1. In diesem und dem folgenden Paragraphen werden wir nur Prozesse auf $T = R^1$ oder Z^1 mit verschwindendem Erwartungswert betrachten.

Im § 3.2 sprachen wir schon über die Bedeutung der Herstellung einer Isomorphie zwischen den Räumen $\boldsymbol{H}_T^0$ und hinreichend einfachen $\boldsymbol{L}^2$-Räumen. Das muß präzisiert werden: Für die Untersuchung stationärer Prozesse erweisen sich solche Isomorphismen als wichtig, bei welchen die Gruppe von Verschiebungsoperatoren θ_h auf $\boldsymbol{H}_T^0$ einer hinreichend einfachen Gruppe von Operatoren entspricht; für die Aufgabe der linearen Vorhersage ist wichtig, daß auch die Unterräume $\boldsymbol{H}_{\leqq t}^0$ hinreichend einfachen Unterräumen des $\boldsymbol{L}^2$-Raumes entsprechen.

Auf solchen isomorphen Zuordnungen beruht die Spektraldarstellung stationärer Prozesse.

Satz. *Die Korrelationsfunktion eines im weiteren Sinne stationären Prozesses* ξ_t, $t \in R^1$ (*beziehungsweise* $t \in Z^1$), *mit* $\mathsf{M}\xi_t = 0$ *sei in der Form*

$$K(t) = \int_{-\infty}^{\infty} e^{it\lambda}\,dF(\lambda)$$

$\left(\textit{beziehungsweise } \int_{-\pi}^{\pi}\right)$ *gegeben, wobei die Funktion F rechtsstetig gewählt sei. Dann existiert ein Prozeß* $Z(\lambda)$, $-\infty < \lambda < \infty$ (*beziehungsweise* $-\pi \leqq \lambda \leqq \pi$), *mit orthogonalen Zuwächsen, verschwindendem Erwartungswert und* $\mathsf{M}\,|Z(\lambda_2) - Z(\lambda_1)|^2 = F(\lambda_2) - F(\lambda_1)$, *so daß*

$$\xi_t = \int e^{it\lambda}\,dZ(\lambda) \tag{1}$$

gilt. Der Prozeß $Z(\lambda)$ *ist im Quadratmittel rechtsstetig. Fordert man* $Z(-\infty) = 0$ (*beziehungsweise* $Z(-\pi) = 0$), *so ist der Prozeß* $Z(\lambda)$ *bis auf Äquivalenz eindeutig definiert.*

Das stochastische Integral

$$\int f(\lambda)\, dZ(\lambda) \tag{2}$$

stellt eine umkehrbar eindeutige isometrische lineare Abbildung zwischen den Räumen $L^2(dF)$ *und* H_T^0 *her; dabei gilt* $e^{it\lambda} \leftrightarrow \xi_t$, *und dem Operatoren* θ_h *entspricht im Raum* $L^2(dF)$ *die Multiplikation mit* $e^{i\lambda h}$.

Beweis. Wir beginnen damit, eine Abbildung $I(f)$ zu konstruieren, welche, wie wir anschließend zeigen, der Formel (2) entspricht. Einer Funktion f der Gestalt

$$f(\lambda) = c_1\, e^{i\lambda t_1} + \dots + c_n\, e^{i\lambda t_n} \tag{3}$$

ordnen wir die Zufallsgröße

$$I(f) = c_1\xi_{t_1} + \dots + c_n\xi_{t_n} \tag{4}$$

zu. Ganz offensichtlich ist die Abbildung I linear; wir prüfen nach, daß sie isometrisch ist:

$$\mathsf{M}\,|c_1\xi_{t_1} + \dots + c_n\xi_{t_n}|^2 = \sum_{j,k} c_j\bar{c}_k K(t_j - t_k) = \sum_{j,k} c_j\bar{c}_k \int e^{i\lambda t_j}\, \overline{e^{i\lambda t_k}}\, dF(\lambda) = \int |f(\lambda)|^2\, dF(\lambda)$$

(wie vorhin sind die Integrale auf $(-\infty, \infty)$ im stetigen Fall und auf $[-\pi, \pi]$ im diskreten Fall zu verstehen).

Sind die Funktionen f_1 und f_2 fast überall (dF) gleich, so stimmen wegen der Isometrie und Linearität der Abbildung die entsprechenden Größen $I(f_1)$ und $I(f_2)$ fast sicher überein, d. h., I ist eine Abbildung aus $L^2(dF)$ in H_T. Sie läßt sich stetig, isometrisch (und folglich umkehrbar eindeutig) und linear auf die entsprechenden Abschließungen der Mengen von Funktionen der Form (3) in $L^2(dF)$ sowie von Zufallsgrößen der Gestalt (4) in H_T^0 fortsetzen. Die letzte Abschließung stimmt nach Definition mit ganz H_T^0 überein; die erste ist gleich $L^2(dF)$. Das folgt nicht daraus — auch nicht im Falle des Intervalles $[-\pi, \pi]$ —, daß sich jede quadratisch integrierbare Funktion in eine im Quadratmittel konvergente FOURIER-Reihe entwickeln läßt: gilt doch $L^2([-\pi, \pi], dF) \neq L^2([-\pi, \pi], dx)$. Den Beweis kann man zum Beispiel so führen: Im Raum $L^2(dF)$ liegt die Menge der beschränkten Funktionen überall dicht, in ihr die der beschränkten stetigen oder sogar zweimal stetig differenzierbaren Funktionen, in ihr die Menge der periodischen Funktionen mit denselben Eigenschaften, und jede von diesen Funktionen läßt sich in eine gleichmäßig konvergente FOURIER-Reihe entwickeln.

Die Behauptung über die Gestalt der den θ_h entsprechenden Operatoren folgt aus der Definition von $I(f)$ für Funktionen der Gestalt (3).

Jetzt setzen wir $Z(\lambda) = I(\chi_{(-\infty,\lambda]})$ (beziehungsweise $Z(\lambda) = I(\chi_{(-\pi,\lambda]})$). Das ist ein Prozeß mit orthogonalen Zuwächsen und verschwindendem Erwartungswert, und die Streuung der Zuwächse ist gleich den Zuwächsen der Funkiton F. Tatsächlich gilt $\mathsf{M}Z(\lambda) = 0$, weil diese Zufallsgröße aus H_T^0 ist und ferner

$$\mathsf{M}[Z(\lambda_2) - Z(\lambda_1)]\,\overline{[Z(\lambda_4) - Z(\lambda_3)]} = \mathsf{M}I(\chi_{(\lambda_1,\lambda_2]})\,\overline{I(\chi_{(\lambda_3,\lambda_4]})} = \int \chi_{(\lambda_1,\lambda_2]}(\lambda)\, \chi_{(\lambda_3,\lambda_4]}(\lambda)\, F(\lambda)\,.$$

Für $(\lambda_3, \lambda_4] = (\lambda_1, \lambda_2]$ erhalten wir $F(\lambda_2) - F(\lambda_1)$, für sich nicht schneidende Intervalle $(\lambda_1, \lambda_2]$, $(\lambda_3, \lambda_4]$ ergibt sich Null. Die Rechtsstetigkeit von $Z(\lambda)$ folgt aus der Rechtsstetigkeit von $F(\lambda)$.

Schließlich gilt für Treppenfunktionen

$$I(f) = \int f(\lambda)\, dZ(\lambda);$$

$I(f)$ und das stochastische Integral sind isometrische Abbildungen; sie stimmen auf der in $L^2(dF)$ überall dicht liegenden Menge der Treppenfunktionen überein, und folglich überall.

2. Wir betrachten ein sehr einfaches Beispiel einer Spektraldarstellung. Für den Prozeß aus Beispiel 1 § 1.2, zu dem wir schon im vorhergehenden Paragraphen zurückkehrten, haben wir $\xi_t = A \cos (\eta t + \varphi) = \frac{A}{2} \cdot e^{i\varphi} e^{i\eta t} + \frac{A}{2} \cdot e^{-i\varphi} e^{-i\eta t}$; das ist schon die fertige Spektraldarstellung. Der entsprechende Prozeß mit orthogonalen Zuwächsen $Z(\lambda)$ ist auf den Intervallen $(-\infty, -\eta)$, $(-\eta, \eta)$ und (η, ∞) jeweils konstant, aber in den Punkten $-\eta$ und η besitzt er Sprünge der Höhe $\frac{A}{2} \cdot e^{-i\varphi}$ beziehungsweise $\frac{A}{2} \cdot e^{i\varphi}$ (ist $\eta = 0$, so besitzt der Prozeß nur einen Sprung der Höhe $A \cos \varphi$).

Wir bemerken, daß hier der Prozeß $Z(\lambda)$ mit unkorrelierten Zuwächsen keineswegs ein Prozeß mit unabhängigen Zuwächsen ist. Das ist die allgemeine Situation bei reellwertigen Prozessen: für sie folgt unmittelbar $Z(-\lambda_1) - Z(-\lambda_2) = \overline{Z(\lambda_2-) - Z(\lambda_1-)}$ mit Wahrscheinlichkeit 1.

Aufgabe 1. Es sei ξ_t ein reeller stationärer Prozeß mit dem Erwartungswert m und der Spektraldichte $f(\lambda)$. Wir betrachten eine Schwingung η_t der (nichtzufälligen) Frequenz Λ, die mit Hilfe des Prozesses ξ_t amplitudenmoduliert wird, d. h., es gilt $\eta_t = \xi_t \cos (\Lambda t + \varphi)$, wobei $\Lambda = \text{const.}$ und φ eine von ξ_t unabhängige, auf $[0, 2\pi)$ gleichverteilte Zufallsgröße ist.
Man gebe die Spektraldarstellung für η_t und die entsprechende Spektralfunktion an.

3. Wir betrachten Anwendungen der Spektraldarstellung zur Untersuchung stationärer Prozesse.

a) *Lineare Transformationen.* Es sei ein linearer Operator A als Kombination von Differentialoperatoren mit konstanten Koeffizienten und Integraloperatoren mit einem Kern, der jeweils nur von der Differenz seiner Argumente abhängt, gegeben. Solche Operatoren sind bezüglich Verschiebungen invariant, und ihre Anwendung auf einen stationären Prozeß führt wiederum auf einen stationären Prozeß. Wir wollen sehen, was sich bei Anwendung dieses Operators auf einen durch die Spektraldarstellung (1) gegebenen Prozeß ergibt. Wir haben

$$\xi_t' = \underset{h\to 0}{\text{l.i.m.}}\, h^{-1}(\xi_{t+h} - \xi_t) = \underset{h\to 0}{\text{l.i.m.}} \int_{-\infty}^{\infty} h^{-1}(e^{i\lambda(t+h)} - e^{i\lambda t})\, dZ(\lambda)$$

$$= \int_{-\infty}^{\infty} \lim_{h\to 0} h^{-1}(e^{i\lambda(t+h)} - e^{i\lambda t})\, dZ(\lambda) = \int_{-\infty}^{\infty} e^{i\lambda h} \cdot i\lambda\, dZ(\lambda)\,. \tag{5}$$

Der Grenzwert existiert hier im Quadratmittel dann und nur dann, wenn die Funktion $h^{-1}(e^{i\lambda h} - 1)$ für $h \to 0$ im Quadratmittel bezüglich $dF(\lambda)$ gegen $i\lambda$ konvergiert. Das gilt, wie man leicht zeigt, bei $\int_{-\infty}^{\infty} \lambda^2\, dF(\lambda) < \infty$. Indem wir $W(\lambda) = \int_{(-\infty,\lambda]} i\mu\, dZ(\mu)$ setzen, geht (5) in

$$\xi_t' = \int_{-\infty}^{\infty} e^{i\lambda t}\, dW(\lambda)$$

über (vgl. Aufgabe 4 § 2.2); das ist die Spektraldarstellung des Prozesses ξ_t'. Die Spektralfunktion $F_{\xi'}$ dieses Prozesses ist leicht zu finden:

$$F_{\xi'}(\lambda) = \mathsf{M}\,|W(\lambda)|^2 = \mathsf{M}\,\Big|\int_{(-\infty,\lambda]} i\mu\,\mathrm{d}Z(\mu)\Big|^2 = \int_{(-\infty,\lambda]} |i\mu|^2\,\mathrm{d}F_\xi(\mu)\,.$$

Analog wird für einen Differentialoperator $P(\mathrm{d}/\mathrm{d}t)$ die Spektraldarstellung von $\eta_t = P(\mathrm{d}/\mathrm{d}t)\,\xi_t$ durch die Formel

$$\eta_t = \int_{-\infty}^{\infty} \mathrm{e}^{i\lambda t}\,P(i\lambda)\,\mathrm{d}Z(\lambda)$$

gegeben und die Spektralfunktion durch

$$F_\eta(\lambda) = \int_{(-\infty,\lambda]} |P(i\mu)|^2\,\mathrm{d}F_\xi(\mu)\,.$$

Wir wollen sehen, was sich bei Integraloperatoren ergibt:

$$\eta_t = \int_{-\infty}^{\infty} B(t-s)\,\xi_s\,\mathrm{d}s = \int_{-\infty}^{\infty}\left[\int_{-\infty}^{\infty} B(t-s)\,\mathrm{e}^{i\lambda s}\,\mathrm{d}Z(\lambda)\right]\mathrm{d}s = \int_{-\infty}^{\infty}\left[\int_{-\infty}^{\infty} B(t-s)\,\mathrm{e}^{i\lambda s}\,\mathrm{d}s\right]\mathrm{d}Z(\lambda)\,.$$

(Hier wird das Ergebnis von Aufgabe 5 § 2.2 verwendet, der Einfachheit halber setzen wir voraus, daß B außerhalb eines endlichen Intervalles verschwindet, d. h. das Integral nach s faktisch eigentlich ist.) Substituieren wir im inneren Integral mit $s = t + u$, so ergibt sich dabei $\mathrm{e}^{i\lambda t}\,g(\lambda)$, wobei $g(\lambda) = \int_{-\infty}^{\infty} B(-u)\,\mathrm{e}^{i\lambda u}\,\mathrm{d}u$ gilt. Hieraus erhalten wir die Spektraldarstellung

$$\eta_t = \int_{-\infty}^{\infty} \mathrm{e}^{i\lambda t}\,g(\lambda)\,\mathrm{d}Z(\lambda)\,. \tag{6}$$

Das gleiche bekommen wir für uneigentliche Integrale (unter der Bedingung, daß sie im Quadratmittel konvergieren).

Nun können wir eine allgemeine Regel formulieren, welche sowohl für Differentialoperatoren, als auch für Integraloperatoren und ihre Kombinationen gilt.

Die Spektraldarstellung des Prozesses $\eta_t = A\xi_t$ wird durch Formel (6) gegeben, wobei $g(\lambda)$ für jedes λ auf die folgende Weise gebildet wird: Man wende den Operator A auf die Funktion $\mathrm{e}^{i\lambda t}$ an und nehme den Wert der erhaltenen Funktion im Punkte $t = 0$ (das kann man durch folgende Formel ausdrücken: $g(\lambda) = A\,\mathrm{e}^{i\lambda\cdot}\,(0)$).

Die Spektralfunktion des Prozesses η_t wird durch die Formel

$$F_\eta(\lambda) = \int_{(-\infty,\lambda]} |g(\mu)|^2\,\mathrm{d}F_\xi(\mu) \tag{7}$$

gegeben. Existiert die Spektraldichte $f_\xi(\lambda)$, so erhält man die Spektraldichte des Prozesses $\eta_t = A\xi_t$ durch eine Multiplikation mit $|g(\lambda)|^2$.

Dieselbe Regel ist auch auf verschiebungsinvariante Operatoren anwendbar, die auf Funktionen mit diskreten Argumenten definiert sind.

Aufgabe 2. Es sei ξ_n, $-\infty < n < \infty$, eine im weiteren Sinne stationäre Folge mit der Spektraldichte $f(\lambda)$, $\lambda \in [-\pi, \pi]$, und $\mathsf{M}\xi_n = 0$. Unter welchen Bedingungen existiert $\eta_n = A\xi_n = \underset{q\uparrow 1}{\mathrm{l.i.m.}} \sum_{n=0}^{\infty} q^k \xi_{n-k}$ und wie lautet die Spektraldichte dieser stationären Folge?

b) *Integration, stationäre Lösungen von Gleichungen.* Die Lösung der Gleichung $P(\mathrm{d}/\mathrm{d}t)\,\eta_t = \xi_t$ läßt sich in der Form

$$\eta_t = \int_{-\infty}^{\infty} [P(i\lambda)]^{-1}\,\mathrm{e}^{i\lambda t}\,\mathrm{d}Z(\lambda)$$

angeben, wenn nur $\int_{-\infty}^{\infty} |P(i\lambda)|^{-2} \, dF(\lambda) < \infty$ gilt; divergiert dieses Integral, so folgt leicht aus dem Ergebnis des Unterpunktes a) (durch einen Widerspruch), daß es keine Lösung gibt. In dem Falle, daß der Koeffizient a_0 des Polynoms P bei der nullten Potenz gleich 0 ist, kann man der Lösung eine beliebige, zu $Z(\lambda)$ unkorrelierte Zufallsgröße ζ hinzufügen. Insbesondere existiert eine stationäre Variante des unbestimmten Integrals, wenn $\int_{-\infty}^{+\infty} \lambda^{-2} \, dF(\lambda) < \infty$ gilt, diese wird durch die Formel

$$\eta_t = \zeta + \int_{-\infty}^{\infty} (i\lambda)^{-1} e^{i\lambda t} \, dZ(\lambda)$$

gegeben.

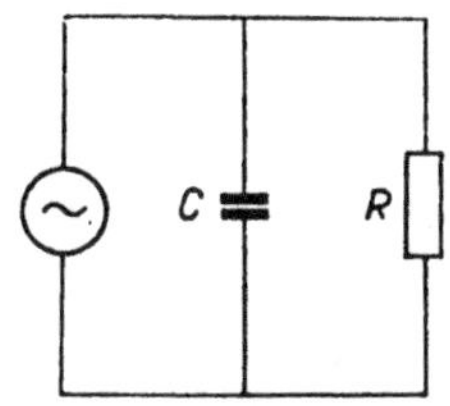

Abb. 12

Aufgabe 3. Das in Abb. 12 dargestellte Schaltbild besteht aus einer Stromquelle, welche nicht näher beschrieben ist, einem Kondensator der Kapazität C und dem Widerstand R. Der aus der Quelle fließende Strom stelle einen stationären zufälligen Prozeß ξ_t mit dem Erwartungswert I_0 und der Korrelationsfunktion $K_\xi(t) = (\Delta I)^2 \cdot e^{-\alpha|t|}$ dar. Man bestimme Erwartungswert und Streuung der Spannung η_t am Kondensator unter stationärem Regime (d. h. unter der Bedingung, daß η_t ein stationärer Prozeß ist).

Man beachte, daß hier die entwickelte Theorie nicht *unmittelbar* angewendet werden darf, weil $\mathsf{M}\xi_t \neq 0$ gilt.

c) *Das Gesetz der großen Zahlen.* Im diskreten Fall gilt

$$\frac{1}{n_2 - n_1} \sum_{k=n_1}^{n_2-1} \xi_k = \int_{-\pi}^{\pi} \frac{1}{n_2 - n_1} \sum_{k=n_1}^{n_2-1} e^{i\lambda k} \, dZ(\lambda) .$$

Die Funktion unter dem Integralzeichen strebt im Falle $\lambda = 0$ bei $n_2 - n_1 \to \infty$ gegen 1 und für alle übrigen λ gegen 0; dabei wird sie durch die bezüglich $dF(\lambda)$ quadratisch integrierbare Funktion 1 majorisiert, so daß Konvergenz im Quadratmittel vorliegt. Deshalb gilt

$$\underset{n_2-n_1\to\infty}{\text{l.i.m.}} \frac{1}{n_2 - n_1} \sum_{k=n_1}^{n_2-1} \xi_k = \int_{-\pi}^{\pi} \chi_{\{0\}}(\lambda) \, dZ(\lambda) = Z(0+) - Z(0-) .$$

Im stetigen Fall benutzen wir Aufgabe 5 § 2.2

$$\underset{t_2-t_1\to\infty}{\text{l.i.m.}} \frac{1}{t_2 - t_1} \int_{t_1}^{t_2} \xi_t \, dt = \underset{t_2-t_1\to\infty}{\text{l.i.m.}} \int_{-\infty}^{\infty} \left[\frac{1}{t_2 - t_1} \int_{t_1}^{t_2} e^{i\lambda t} \, dt \right] dZ(\lambda)$$

$$= \int_{-\infty}^{\infty} \chi_{\{0\}}(\lambda) \, dZ(\lambda) = Z(0+) - Z(0-)$$

(selbstverständlich können wir in beiden Fällen anstelle von $Z(0+)$ auch $Z(0)$ nehmen).

Folglich existiert stets der Grenzwert des Mittels und ist gleich dem Sprung der zufälligen Funktion Z im Nullpunkt (im Sinne der Konvergenz im Quadratmittel). Eine notwendige und hinreichende Bedingung für die Konvergenz des Mittels gegen den Erwartungswert (in unserem Falle, wenn $\mathsf{M}\xi_t = 0$ ist, gegen Null) ist die Stetigkeit der Spektralfunktion $F(\lambda)$ im Nullpunkt.

§ 4.3. Die Lösung der Aufgabe der linearen Vorhersage

1. Wir stellen von einigen stationären Prozessen fest, ob sie sich als linear regulär (singulär) erweisen.

Als Beispiel eines linear singulären Prozesses kann $\xi_t = A \cos(t + \varphi)$ dienen, wobei eine vollkommen genaue Vorhersage unter Benutzung der Beziehung $\xi_{t_1} = \xi_{t_1 - 2\pi n}$ verwirklicht werden kann. Ebenfalls singulär sind Prozesse mit einer analytischen Korrelationsfunktion, zum Beispiel $K(t) = 1/(1 + t^2)$. In diesem Fall kann der Prozeß in einer Umgebung jedes Punktes der Zeitachse in eine im Quadratmittel konvergente TAYLOR-Reihe entwickelt werden; die lineare Beziehung, welche eine absolut genaue Vorhersage auf einem kleinen Zeitintervall angibt, lautet

$$\xi_{t_1} = \xi_{t_0} + \xi'_{t_0}(t_1 - t_0) + \xi''_{t_0}(t_1 - t_0)^2/2 + \dots$$

Als linear regulär erweisen sich eine Folge ξ_k mit unkorrelierten Werten, die Folge ihrer Differenzen $\eta_k = \xi_k - \xi_{k-1}$ und ein stationärer Prozeß mit der Korrelationsfunktion $K(t) = (1 - |t|) \vee 0$ (Beweis!).

Die letzten Beispiele benutzend, stellen wir fest, daß ein stationärer Prozeß gleichzeitig singulär und linear regulär sein kann: der Prozeß ξ_t einer zufälligen sinusförmigen Schwingung gestattet eine absolut genaue nichtlineare Vorhersage, aber er ist linear regulär, wenn man (A, η) so wählt, daß er eine geeignete Korrelationsfunktion hat.

2. Wir betrachten die Anwendung der Spektraldarstellung auf das Problem der linearen Vorhersage; dabei beschränken wir uns auf den einfacheren Fall der stationären Folgen.

Die isomorphe Abbildung $f \leftrightarrow \int_{-\pi}^{\pi} f(\lambda)\, \mathrm{d}Z(\lambda)$ zwischen den Räumen $\boldsymbol{L}^2([-\pi, \pi], \mathrm{d}F)$ und $\boldsymbol{H}_T^0$ führt die Aufgabe der Vorhersage von ξ_m aufgrund der Werte ξ_n, $n \leqq 0$[1]) zu der Aufgabe des Aufsuchens eines Elementes g aus der Abschließung in $\boldsymbol{L}^2(\mathrm{d}F)$ der linearen Hülle aller Funktionen $\mathrm{e}^{in\lambda}$, $n \leqq 0$, so daß $\mathrm{e}^{im\lambda} - g(\lambda)$ orthogonal zu diesem Unterraum im Sinne des entsprechenden Skalarproduktes ist. Hinreichend ist die Orthogonalität zu allen Erzeugenden dieses Raumes, deshalb sind die Bedingungen an g die folgenden

$$\int_{-\pi}^{\pi} [\mathrm{e}^{im\lambda} - g(\lambda)]\, \mathrm{e}^{-in\lambda}\, \mathrm{d}F(\lambda) = 0\,, \quad n \leqq 0\,. \tag{1}$$

Eine Bedingung für die lineare Singularität besteht darin, daß die Menge aller Linearkombinationen der Funktionen $\mathrm{e}^{in\lambda}$, $n \leqq 0$, überall dicht in $\boldsymbol{L}^2(\mathrm{d}F)$ liegt. Dafür reicht aus, daß nur die Funktion $\mathrm{e}^{i\lambda}$ durch diese Linearkombinationen im Quadratmittel approximiert werden kann.

---

[1]) Die Aufgabe der Vorhersage aufgrund einer Beobachtung der zufälligen Folge bis zur Zeit $n \neq 0$ läßt sich mit Hilfe der Verschiebungsoperatoren auf die betrachtete Aufgabe zurückführen; siehe Punkt 8 § 3.3.

Als Beispiel beweisen wir die folgende

Aussage. *Wir schließen das Intervall von $-\pi$ bis π zu einem Kreis. Existiert auf diesem Kreis ein Bogenstück, das länger als der halbe Kreis ist, worauf das durch die Spektralfunktion erzeugte Maß gleich Null ist, so ist die zugrunde liegende stationäre Folge linear singulär.*

Beweis. Wir setzen $e^{-i\lambda} = z$, und es entspreche z_0 der Mitte desjenigen Bogenstücks, auf dem das Maß nicht gleich Null ist. Wir wählen $N > 0$ so groß, daß auf diesem Bogen stets $|Nz_0 - z| < N$ gilt. (Man fertige unbedingt eine Skizze an.) Dann folgt

$$e^{i\lambda} = \frac{1}{z} = \frac{1}{Nz_0 + (z - Nz_0)} = \frac{1}{Nz_0} + \frac{Nz_0 - z}{(Nz_0)^2} + \frac{(Nz_0 - z)^2}{(Nz_0)^3} + \dots$$

$$= \sum_{n=0}^{\infty} (Nz_0)^{-n-1} (Nz_0 - e^{-i\lambda})^n ,$$

wobei diese Reihe auf dem Bogenstück, auf welchem das Maß verschieden von Null ist, gleichmäßig konvergiert. Folglich konvergiert sie auch im Sinne von $\boldsymbol{L}^2(\mathrm{d}F)$.

Es läßt sich zeigen, daß für die lineare Singularität das Verschwinden des Maßes $\mathrm{d}F$ auf einem beliebig kleinen Bogen hinreichend ist. In Verbindung damit bietet sich die folgende fakultative Aufgabe an.

Aufgabe 1*. Ist es möglich, die Funktion $1/z$ durch ein Polynom beliebig genau auf dem Einheitskreis mit Ausnahme eines beliebig kleinen Bogens gleichmäßig zu approximieren?

3. Im Falle einer linear singulären Folge wird die beste (absolut genaue) lineare Vorhersage durch den Beweis für die Singularität selbst gegeben: Befriedigt zum Beispiel eine Folge die Bedingungen der Aussage des vorhergehenden Punktes, so ergibt sich die Vorhersage für einen Schritt durch die Formel

$$\widehat{(\xi_1)}_{0\leqq} = \sum_{n=0}^{\infty} (Nz_0)^{-n-1} \sum_{k=0}^{n} \binom{n}{k} (Nz_0)^{n-k} (-1)^k \xi$$

Nun wollen wir sehen, was im regulären Fall zu tun ist.

Dazu betrachten wir den wohl einfachsten Fall, wenn unsere stationäre Folge eine *Spektraldichte* $f(\lambda)$ besitzt, *die nach oben und unten* durch zwei positive Konstanten *beschränkt ist*: $0 < C_1 \leqq f(\lambda) \leqq C_2 < \infty$, $-\pi \leqq \lambda \leqq \pi$. In diesem Falle gehört eine Funktion auf $[-\pi, \pi]$ genau dann zu $\boldsymbol{L}^2(\mathrm{d}F)$, wenn sie bezüglich des Lebesgue-Maßes quadratisch integrierbar ist, und die Begriffe der Konvergenz im Quadratmittel, der Abschließung usw. bezüglich des Maßes $\mathrm{d}F$ und bezüglich des Lebesgue-Maßes fallen zusammen (indessen stimmen die Begriffe des Skalarproduktes, der Orthogonalität und der Projektion nicht überein).

Wir führen eine Reihe von Räumen von Funktionen auf $[-\pi, \pi]$ ein. Zuerst definieren wir die Unterräume $\boldsymbol{h}_{\leqq 0}$ und $\boldsymbol{h}_{>0}$ von $\boldsymbol{L}^2[-\pi, \pi]$ als die Abschließung der linearen Hülle der Menge aller Funktionen $\{e^{in\lambda}, n \leqq 0\}$ beziehungsweise $\{e^{in\lambda}, n > 0\}$ (dabei ist es gleichgültig, ob wir die Abschließung im Raum $\boldsymbol{L}^2([-\pi, \pi], \mathrm{d}F(\lambda))$ oder in $\boldsymbol{L}^2([-\pi, \pi], \mathrm{d}\lambda)$ bilden). Ein beliebiges Element von $\boldsymbol{L}^2[-\pi, \pi]$ läßt sich auf eindeutige Weise als Summe eines Elementes aus $\boldsymbol{h}_{\leqq 0}$ und aus $\boldsymbol{h}_{>0}$ darstellen; aber die Unterräume $\boldsymbol{h}_{\leqq 0}$ und $\boldsymbol{h}_{>0}$ sind nicht orthogonal im Sinne von $\boldsymbol{L}^2(\mathrm{d}F(\lambda))$ (nur im Sinne von $\boldsymbol{L}^2(\mathrm{d}\lambda)$). Eine Funktion gehört genau dann zu $\boldsymbol{h}_{\leqq 0}$ (beziehungsweise zu $\boldsymbol{h}_{>0}$), wenn die zu den positiven (beziehungsweise nichtpositiven) Potenzen von $e^{i\lambda}$ gehörigen Fourier-Koeffizienten gleich Null sind (man kann jede Funktion aus $\boldsymbol{L}^2[-\pi, \pi]$ in eine im

Quadratmittel konvergente FOURIER-Reihe entwickeln). Die Räume $\boldsymbol{h}_{\leqq 0}$ und $\boldsymbol{h}_{>0}$ entsprechen bei der Spektraldarstellung unserer zufälligen Folgen den Räumen von Zufallsgrößen $\boldsymbol{H}^0_{\leqq 0}$ und $\boldsymbol{H}^0_{>0}$.

Die Bedingung (1) für die beste Vorhersage kann man jetzt in der Form

$$\int_{-\pi}^{\pi} [e^{im\lambda} - g(\lambda)]\, f(\lambda)\, e^{-in\lambda}\, d\lambda = 0\,, \quad n \leqq 0\,,$$

oder

$$[e^{im\lambda} - g(\lambda)]\, f(\lambda) \in \boldsymbol{h}_{>0} \tag{2}$$

schreiben (wobei $g \in \boldsymbol{h}_{\leqq 0}$ ist).

Ferner führen wir die Menge $\boldsymbol{C}_{\leqq 0}(\boldsymbol{C}_{\geqq 0})$ von Funktionen auf $[-\pi, \pi]$ ein, die man durch Linearkombinationen der Funktionen $e^{in\lambda}$, $n \leqq 0$ (beziehungsweise $n \geqq 0$) beliebig genau im Sinne der gleichmäßigen Konvergenz approximieren kann (alle diese Funktionen sind stetig auf dem Intervall $[-\pi, \pi]$ miteinander identifizierten Randpunkten). Diese Mengen sind nicht nur wie $\boldsymbol{h}_{\leqq 0}$ und $\boldsymbol{h}_{>0}$ abgeschlossen gegenüber der Addition und der Multiplikation mit einer Zahl, sondern auch bezüglich der Multiplikation von Funktionen miteinander (d. h. $\boldsymbol{C}_{\leqq 0}$ und $\boldsymbol{C}_{\geqq 0}$ sind *Algebren* von Funktionen). Das folgt daraus, daß das Produkt zweier trigonometrischer Polynome, die nur nichtpositive (nichtnegative) Potenzen von $e^{i\lambda}$ enthalten, wiederum solch ein Polynom ist. Darüber hinaus gilt für $g \in \boldsymbol{C}_{\leqq 0}$ auch $\exp(g) \in \boldsymbol{C}_{\leqq 0}$ (weil die ganze Funktion e^z durch ein Polynom beliebig genau im Sinne der gleichmäßigen Konvergenz in jedem beschränkten Gebiet der komplexen Ebene approximiert werden kann). Leicht beweist man auch die

Aufgabe 2. Für $g_1 \in \boldsymbol{h}_{\leqq 0}$, $g_2 \in \boldsymbol{C}_{\leqq 0}$ gilt $g_1 g_2 \in \boldsymbol{h}_{\leqq 0}$, und für $g_1 \in \boldsymbol{h}_{>0}$, $g_2 \in C_{\geqq 0}$ gilt $g_1 g_2 \in \boldsymbol{h}_{>0}$.

Wir zeigen, wie die Aufgabe der besten linearen Extrapolation unter der Voraussetzung gelöst wird, daß die (stetige) Spektraldichte $f(\lambda)$ eine Darstellung der Form

$$f(\lambda) = f_1(\lambda) \cdot f_2(\lambda) \tag{3}$$

gestattet, wobei $f_1 \in \boldsymbol{C}_{\leqq 0}$, $f_1^{-1} \in \boldsymbol{C}_{\leqq 0}$, $f_2(\lambda) = \overline{f_1(\lambda)}$ für $-\pi \leqq \lambda \leqq \pi$ gilt.

Die Bedingung (2) kann jetzt in der Form

$$[e^{im\lambda} - g(\lambda)]\, f_1(\lambda)\, f_2(\lambda) \in \boldsymbol{h}_{>0} \tag{4}$$

geschrieben werden. Die Funktionen $f_2(\lambda) = \overline{f_1(\lambda)}$ und $\overline{f_2(\lambda)^{-1}} = \overline{f_1(\lambda)^{-1}}$ gehören zu $\boldsymbol{C}_{\geqq 0}$; folglich erhalten wir durch eine Multiplikation des Ausdruckes (4) mit $f_2(\lambda)^{-1}$ die gleichbedeutende Bedingung

$$[e^{im\lambda} - g(\lambda)]\, f_1(\lambda) \in \boldsymbol{h}_{>0}\,.$$

Bezeichnen wir diese Funktion mit $h(\lambda)$, so erhalten wir eine Bedingung für die beste lineare Vorhersage

$$e^{im\lambda} f_1(\lambda) = g(\lambda)\, f_1(\lambda) + h(\lambda)\,, \quad g \in \boldsymbol{h}_{\leqq 0}\,, \quad h \in \boldsymbol{h}_{>0}\,.$$

Die Forderung, daß g dem Unterraum $\boldsymbol{h}_{\leqq 0}$ angehört, ist wegen f_1, $f_1^{-1} \in \boldsymbol{C}_{\leqq 0}$ gleichbedeutend mit der Bedingung $g \cdot f_1 \in \boldsymbol{h}_{\leqq 0}$. Somit wird das Problem darauf zurückgeführt, die Funktion $e^{im\lambda} f_1(\lambda)$ in der Form einer Summe einer Funktion aus $\boldsymbol{h}_{\leqq 0}$ und einer Funktion aus $\boldsymbol{h}_{>0}$ darzustellen. Diese Zerlegung erhält man sehr leicht, wenn man die (im Quadratmittel konvergente) FOURIER-Reihe dieser Funktion in eine Summe von nichtpositiven sowie positiven Potenzen von $e^{i\lambda}$ zerlegt.

Wir wollen das ausführen. Es sei

$$f_1(\lambda) = c_0 + c^{-1} e^{-i\lambda} + c_{-2} e^{-2i\lambda} + \dots$$

(die Reihe konvergiert im Sinne von $L^2[-\pi, \pi]$). Dann folgt

$$e^{im\lambda} f_1(\lambda) = c_0 e^{im\lambda} + c_{-1} e^{i(m-1)\lambda} + \dots + c_{-m+1} e^{i\lambda} + c_{-m} + c_{-m-1} e^{-i\lambda} + \dots$$

Es ist klar, daß die ersten Summanden (bis $c_{-m+1} e^{i\lambda}$) die Funktion $h(\lambda)$ darstellen, aber die unendliche Reihe, die mit c_{-m} beginnt, $g(\lambda) f_1(\lambda)$ ergibt.

Folglich erhält man die beste Vorhersage auf folgende Weise: Die Funktion

$$g(\lambda) = [c_{-m} + c_{-m-1} e^{-i\lambda} + c_{-m-2} e^{-2i\lambda} + \dots] f_1(\lambda)^{-1} \tag{5}$$

wird in eine Fourier-Reihe

$$g(\lambda) = b_0 + b_{-1} e^{-i\lambda} + b_{-2} e^{-2i\lambda} + \dots$$

entwickelt und die Vorhersage für ξ_m aufgrund der Werte ξ_n, $n \leqq 0$, wird durch die Formel

$$(\widehat{\xi_m})_{\leqq 0} = b_0\xi_0 + b_{-1}\xi_{-1} + b_{-2}\xi_{-2} + \dots \tag{6}$$

gegeben (die Konvergenz ist im Quadratmittel zu verstehen).

Der Fehler im Quadratmittel der Vorhersage ist gleich

$$\sigma^2(m) = \int_{-\pi}^{\pi} |e^{im\lambda} - g(\lambda)|^2 f(\lambda)\, d\lambda = \int_{-\pi}^{\pi} |[e^{im\lambda} - g(\lambda)]\, f_1(\lambda)|^2\, d\lambda = \int_{-\pi}^{\pi} |h(\lambda)|^2\, d\lambda$$

$$= \int_{-\pi}^{\pi} |c_0 e^{im\lambda} + c_{-1} e^{i(m-1)\lambda} + \dots + c_{-m+1} e^{i\lambda}|^2\, d\lambda = 2\pi[|c_0|^2 + |c^{-1}|^2 + \dots + |c_{-m+1}|^2]\,. \tag{7}$$

Für $m \to \infty$ strebt dieser Ausdruck gegen

$$2\pi \sum_{n=0}^{\infty} |c_{-n}|^2 = \int_{-\pi}^{\pi} |f_1(\lambda)|^2\, d\lambda = \int_{-\pi}^{\pi} f(\lambda)\, d\lambda = K(0) = \mathsf{D}\xi_k\,.$$

Deshalb liegt hier lineare *Regularität* vor.

4. Um die aufgebaute Theorie anwenden zu können, ist es nötig, die Spektraldichte in einander konjugierte Faktoren zu zerlegen, die gemeinsam mit ihren Umkehrfunktionen $C_{\leqq 0}$ beziehungsweise $C_{\geqq 0}$ angehören. Für jede (auf dem Kreis) hinreichend glatte positive Funktion f kann man das auf die folgende Weise erreichen. Der Logarithmus einer positiven Funktion ist so glatt, wie die Funktion selbst; folglich kann man ihn in eine gleichmäßig konvergente Fourier-Reihe entwickeln

$$\ln f(\lambda) = \dots + a_{-2} e^{-2i\lambda} + a_{-1} e^{-i\lambda} + a_0 + a_1 e^{i\lambda} + a_2 e^{2i\lambda} + \dots$$

Der Logarithmus ist hier reell, deshalb gilt $a_{-n} = \bar{a}_n$ und a_0 ist reell. Diese Funktion läßt sich als Summe zweier einander konjugierter Funktionen darstellen: $\frac{a_0}{2} + a_{-1} e^{-i\lambda} + a_{-2} e^{-2i\lambda} + \dots$ aus $C_{\leqq 0}$ und $\frac{a_0}{2} + a_1 e^{i\lambda} + a_2 e^{2i\lambda} + \dots$ aus $C_{\geqq 0}$. Jetzt bleibt noch $f_1(\lambda) = \exp\left\{\frac{a_0}{2} + a_{-1} e^{-i\lambda} + a_{-2} e^{-2i\lambda} + \dots\right\}$ zu setzen und analog f_2 zu bilden. Die Funktionen f_1 und f_1^{-1} gehören als Exponentialfunktionen von Funktionen aus $C_{\leqq 0}$ auch zu $C_{\leqq 0}$.

Benutzen wir die Entwicklung $e^z = 1 + z + z^2/2 + \ldots$, so können wir die FOURIER-Koeffizienten der Funktion durch $a_0, a_{-1}, a_{-2}, \ldots$ ausdrücken. Insbesondere gilt $c_0 = 1 + \frac{a_0}{2} + \frac{(a_0/2)^2}{2!} + \ldots = e^{a_0/2}$. Hieraus folgt

$$\sigma^2(1) = 2\pi\,|c_0|^2 = 2\pi\,e^{a_0} = 2\pi \exp\left\{(2\pi)^{-1}\int_{-\pi}^{\pi} \ln f(\lambda)\,d\lambda\right\}. \tag{8}$$

Wir bemerken, daß uns bei praktischen Anwendungen der Fehler der besten Vorhersage wichtiger erscheint, als die Formel, die diese Vorhersage angibt. In der Tat können wir, wenn die beste Vorhersage kompliziert und schwierig zu berechnen ist, irgendeine einfachere — aber nicht beste — Schätzung verwenden; dabei ist es für uns aber notwendig zu wissen, wieviel wir gegenüber dem Resultat verlieren, daß wir durch Benutzung der besten Schätzung erzielen würden.

Oben hatten wir vorausgesetzt, daß die Funktion f so glatt ist, daß die FOURIER-Reihe ihres Logarithmus gleichmäßig konvergiert. Es ist aber keineswegs notwendig, daß gerade die Partialsummen $S_n(\lambda)$ der FOURIER-Reihe gegen die Funktion $\ln f(\lambda)$ gleichmäßig konvergieren, es genügt, daß die Partialsummen $S_n(\lambda)$ ihrer FOURIER-Reihe trigonometrische Polynome sind. Unter Benutzung eines Satzes von FEJÊR, der besagt, daß für jede stetige periodische Funktion die Summen $\sigma_n(\lambda) = (S_0(\lambda) + S_1(\lambda) + \ldots + S_{n-1}(\lambda))/n$ gleichmäßig konvergieren (siehe KOLMOGOROW und FOMIN [1], Kap. VIII, § 2), erhalten wir die Darstellung (3) für jede stetige positive Spektraldichte.

Für unstetige, aber nach oben und unten beschränkte Spektraldichten können wir analoge Resultate erhalten, indem wir an Stelle der Räume $\boldsymbol{C}_{\leq 0}$, $\boldsymbol{C}_{\geq 0}$ Räume solcher Funktionen, gegen welche gleichmäßig beschränkte Folgen trigonometrischer Polynome mit nichtpositiven (negativen) Potenzen von $e^{i\lambda}$ fast überall konvergieren, benutzen.

5. Die beschriebene Methode der Faktorisierung der Dichte ist sehr allgemein und damit in konkreten Fällen weniger vorteilhaft zu benutzen, als irgendeine Methode mit einem engeren Anwendungsgebiet. So muß man häufig den Fall betrachten, daß $f(\lambda)$ sich als rationale Funktion von $e^{i\lambda}$ darstellen läßt

$$f(\lambda) = \frac{P(e^{i\lambda})}{Q(e^{i\lambda})},$$

wobei P und Q Polynome sind. Aus der Reellwertigkeit des Quotienten von Polynomen auf dem Einheitskreis folgt, daß ihre Nullstellen (Nullstellen und Polstellen der rationalen Funktion P/Q) in bezüglich des Kreises symmetrisch gelegene Paare aufgeteilt werden können (d. h., man erhält die eine durch Inversion der anderen). Außerdem kann sie noch die mehrfache Lösung 0 besitzen

$$\frac{P(z)}{Q(z)} = cz^k \frac{(z - z_1)(z - \bar{z}_1^{-1}) \cdot \ldots \cdot (z - z_n)(z - \bar{z}_1^{-1})}{(z - w_1)(z - \bar{w}_1^{-1}) \cdot \ldots \cdot (z - w_m)(z - \bar{w}_1^{-1})},$$

wobei k sowohl positiv als auch negativ und gleich Null sein kann. Es seien die Nullstellen $z_1, \ldots, z_n, w_1, \ldots, w_m$ betragsmäßig größer, und die $\bar{z}_1^{-1}, \ldots, \bar{z}_n^{-1}, \bar{w}_1^{-1}, \ldots, \bar{w}_m^{-1}$ kleiner als Eins. Damit können wir den Ausdruck für P/Q folgendermaßen schreiben

$$\frac{P(z)}{Q(z)} = Cz^{k+n-m} \frac{(z_1 - z)(\bar{z}_1 - z^{-1}) \cdot \ldots \cdot (z_n - z)(\bar{z}_n - z^{-1})}{(w_1 - z)(\bar{w}_1 - z^{-1}) \cdot \ldots \cdot (w_m - z)(\bar{w}_m - z^{-1})}.$$

Für $z = e^{i\lambda}$ ist der Bruch reell, deshalb ist der Koeffizient C auch reell, und für den Exponenten gilt $k + n - m = 0$. Auf diese Weise erhalten wir

$$f(\lambda) = C \frac{(z_1 - e^{i\lambda})(\bar{z}_1 - e^{-i\lambda}) \cdot \ldots \cdot (z_n - e^{i\lambda})(\bar{z}_n - e^{-i\lambda})}{(w_1 - e^{i\lambda})(\bar{w}_1 - e^{-i\lambda}) \cdot \ldots \cdot (w_m - e^{i\lambda})(\bar{w}_m - e^{-i\lambda})}.$$

Nun setzen wir $f_1(\lambda)$ für den Faktor $\sqrt{C}$ und diejenigen Klammern, in denen $e^{-i\lambda}$ auftritt

$$f_1(\lambda) = \sqrt{C} \prod_{j=1}^{n} (\bar{z}_j - e^{-i\lambda}) \prod_{k=1}^{m} (\overline{w}_k - e^{-i\lambda})^{-1} .$$

Dann folgt $f(\lambda) = f_1(\lambda) \cdot \overline{f_1(\lambda)}$; wir zeigen, daß $f_1, f_1^{-1} \in \boldsymbol{C}_{\leqq 0}$ gilt. Dafür genügt es nachzuprüfen, daß im Falle $|a| > 1$ die Funktion $(a - e^{-i\lambda})^{-1}$ zu $\boldsymbol{C}_{\leqq 0}$ gehört (daß $(a - e^{-i\lambda}) \in \boldsymbol{C}_{\leqq 0}$ gilt, ist offensichtlich). Wir haben

$$(a - e^{-i\lambda})^{-1} = a^{-1} + a^{-2} e^{-i\lambda} + a^{-3} e^{-2i\lambda} + \dots \in \boldsymbol{C}_{\leqq 0} .$$

Betrachten wir ein Beispiel: $f(\lambda) = 5 + 4 \cos \lambda$ (für die entsprechenee Korrelationsfunktion gilt: $K(0) = 10\pi$, $K(\pm 1) = 4\pi$, $K(n) = 0$ für $|n| > 1$). Wir können schreiben

$$f(\lambda) = 5 + 2(e^{i\lambda} + e^{-i\lambda}) = e^{-i\lambda}[2e^{2i\lambda} + 5e^{i\lambda} + 2] = 2e^{-i\lambda}(e^{i\lambda} + \tfrac{1}{2})\,(e^{i\lambda} + 2)$$
$$= (2 + e^{-i\lambda})\,(2 + e^{i\lambda}) .$$

Hier ist der erste Faktor gleich $f_1(\lambda)$, und der zweite gleich $f_2(\lambda)$. Aus den Formeln (5), (6) erhalten wir für die Vorhersage in einem Schritt

$$g(\lambda) = c_{-1} \cdot f_1(\lambda)^{-1} = 1 \cdot (2 + e^{-i\lambda})^{-1} = \frac{1}{2} - \frac{e^{-i\lambda}}{4} + \frac{e^{-2i\lambda}}{8} - \dots ,$$

$$\widehat{(\xi_1)}_{\leqq 0} = \frac{\xi_0}{2} - \frac{\xi_{-1}}{4} + \frac{\xi_{-2}}{8} - \frac{\xi_{-3}}{16} + \dots$$

Für die Vorhersage bei einer größeren Zahl von Schritten gilt $g = 0$, d. h., für die beste lineare Vorhersage werden die beobachteten Werte $\xi_0, \xi_{-1}, \xi_{-2}, \dots$ nicht benutzt; Der Fehler der Vorhersage $\widehat{(\xi_m)}_{\leqq 0} = 0$ ist gleich $\mathsf{D}\xi_m = 10$.

Das Quadratmittel der Abweichung der Vorhersage vom wahren Wert für einen Schritt ist gleich $2\pi\,|c_0|^2 = 8$, d. h., auch die Vorhersage für einen einzigen Schritt ist im gegebenen Fall sehr schlecht.

Aufgabe 3. Man bestimme die beste lineare Vorhersage für ξ_m aufgrund von ξ_n, $n \leqq 0$, im Falle einer stationären Folge mit dem Erwartungswert 2 und der Spektraldichte $f(\lambda) = (25 + 24 \cos \lambda)^{-1}$ $\left(\text{für die Korrelationsfunktion gilt } K(n) = \frac{2\pi}{7}\left(-\frac{3}{4}\right)^{|n|}\right)$.

Man vergesse nicht zu berücksichtigen, daß $\mathsf{M}\xi_n = 0$ gilt und ändere die Formel für die Vorhersage entsprechend ab.

6. Die Formeln (5)—(8) können auch dann einen Sinn behalten, wenn die Dichte $f(\lambda)$ in gewissen Punkten gegen Null oder Unendlich geht, jedoch ihre Anwendung nicht mehr begründet ist. Es ist nützlich zu sehen, was sich dabei über die Aufgabe der besten linearen Vorhersage sagen läßt. Die beste Vorhersage besitzt in diesem Falle nicht notwendig eine Darstellung als Summe der Reihe (6), weil die entsprechende Funktion $g(\lambda)$ nicht in $\boldsymbol{L}^2(d\lambda)$ zu liegen braucht, da sie Punkte hat, in denen sie bei Annäherung zu schnell wächst.

Aufgabe 4*. Man bestimme die beste Vorhersage für einen Schritt zu der stationären Folge mit der Spektraldichte $f(\lambda) = 2 + 2 \cos \lambda$ $\left(K(0) = 4\pi,\ K(\pm 1) = 2\pi,\ K(n) = 0 \text{ für } |n| > 1\right)$.

A. N. Kolmogorow hat gezeigt, daß eine im weiteren Sinne stationäre Folge mit einer Spektraldichte dann und nur dann linear singulär ist, wenn

$$\int_{-\pi}^{\pi} \ln f(\lambda)\, d\lambda = -\infty \tag{9}$$

gilt (dieses Integral trat bereits in Formel (8) auf) und genau dann linear regulär ist, wenn dieses Integral konvergiert.

Aufgabe 5*. Man beweise, daß aus der Singularität die Beziehung (9) folgt (falls eine Spektraldichte existiert).

Aufgabe 6*. Man gebe ein Beispiel einer im weiteren Sinne stationären Folge an, die weder linear regulär, noch linear singulär ist.

Die Formeln für eine beste lineare Vorhersage im Falle eines stationären Prozesses mit *stetiger Zeit* lassen sich in Analogie zu den Formeln für stationäre Folgen schreiben, wobei anstelle einer FOURIER-Reihe die FOURIER-Transformierte benutzt wird. Selbstverständlich muß man nach dem Aufschreiben dieser Formeln sie auch beweisen.

Insbesondere gilt für die Korrelationsfunktion $K(t) = \sigma^2 \, e^{-a|t|}$

$$f(\lambda) = \frac{a\sigma^2/\pi}{a^2 + \lambda^2} = \frac{\sigma\sqrt{a/\pi}}{a + i\lambda} \cdot \frac{\sigma\sqrt{a/\pi}}{a - i\lambda}.$$

Hier läßt sich die erste Funktion

$$f_1(\lambda) = \sigma\sqrt{a/\pi} \int_{-\infty}^{0} e^{at} \, e^{i\lambda t} \, dt$$

in der Form eines FOURIER-Integrales für nur negative t darstellen, und die zweite ist zur ersten komplex-konjugiert. In Analogie zur Formel (5) haben wir für eine Vorhersage zur Zeit $s > 0$ die Beziehung

$$g(\lambda) = \sigma\sqrt{a/\pi} \int_{-\infty}^{0} e^{i\lambda t} \, e^{a(t-s)} \, dt \cdot f_1(\lambda)^{-1} = e^{-as}.$$

Dieser Funktion (Konstanten) entspricht die beste lineare Vorhersage für ξ_s aufgrund von $\{\xi_t, t \leqq 0\}$

$$\widehat{(\xi_s)}_{\leqq 0} = e^{-as} \, \xi_0 .$$

In komplizierteren Fällen enthält g Summanden der Form $C_n(i\lambda)^n$ und auch einen Rest, der bei Unendlich gegen Null strebt; für $\widehat{(\xi_s)}_{\leqq 0}$ ergibt das $\sum_n C_n \xi_0^{(n)}$ — eine Linearkombination von Ableitungen im letzten beobachteten Zeitpunkt plus ein Integral mit einer gewissen Dichte über die ganze Vergangenheit des Prozesses.

Aufgabe 7*. Man bestimme die beste lineare Vorhersage für den stationären Prozeß mit der Korrelationsfunktion $K(t) = (1 + a\,|t|)\, e^{-a|t|}$.

KAPITEL 5

UNENDLICHDIMENSIONALE VERTEILUNGEN. EIGENSCHAFTEN MIT WAHRSCHEINLICHKEIT 1

§ 5.1. Verteilungen zufälliger Funktionen. Der Satz von Kolmogorow über die endlichdimensionalen Verteilungen

1. In § 1.3, Punkt 2a) haben wir bereits die Probleme skizziert, von denen in diesem Kapitel die Rede sein soll. Vor allem werden wir klären, was die Verteilung einer zufälligen Funktion ist.

Die Verteilung einer Zufallsgröße oder eines zufälligen Vektors ist ein Maß in dem meßbaren Raum $(R^1, \mathcal{B}^1)$ oder $(R^n, \mathcal{B}^n)$, das durch die Beziehung $\Phi_\xi(C) = \mathsf{P}\{\xi \in C\}$ definiert wird. Wir betrachten eine zufällige Funktion ξ_t, $t \in T$, die ihre Werte in dem meßbaren Raum $(X, \mathcal{B})$ annimmt. Die Rolle des Raumes R^n muß hier nun natürlicherweise der Raum X^T aller Funktionen x_t, $t \in T$, mit Werten in X ausüben.

Als *Zylindermengen* im Raum X^T werden wir Mengen der Form $\{x_\cdot: (x_{t_1}, \ldots, x_{t_n}) \in A\}$, $t_1, \ldots, t_n \in T$, $A \in \mathcal{B}^n$ bezeichnen. (Zur Erläuterung dieser Bezeichnung betrachten wir den Spezialfall $X = R^1$, $T = \{1, 2, 3\}$, $n = 2$: hier ergibt sich einfach ein mit einer Koordinatenachse des R^3 paralleler Zylinder.) Leicht erkennt man, daß die Zylindermengen eine *Algebra* bilden, im Falle einer unendlichen Menge T aber keine σ-Algebra. Wir definieren die σ-Algebra $\mathcal{B}^T$ im Raum X^T als die kleinste σ-Algebra, welche alle Zylindermengen enthält. Es ist klar, daß $\mathcal{B}^T$ auch die kleinste σ-Algebra ist, die alle Mengen der Gestalt $\{x_t \in A\}$, $t \in T$, $A \in \mathcal{B}$ enthält.

Als *Verteilung* der zufälligen Funktion ξ_t, $t \in T$, bezeichnen wir jenes Wahrscheinlichkeitsmaß $\Phi_{\xi_\cdot}$ im Raum $(X^T, \mathcal{B}^T)$, das durch die Beziehung $\Phi_\xi(C) = \mathsf{P}\{\xi_\cdot \in C\}$ definiert wird; d. h., der Wert dieses Maßes auf einer Menge C des Funktionenraumes ist als die Wahrscheinlichkeit dafür definiert, daß eine Trajektorie in dieser Menge liegt.

Warum ist nun die Wahrscheinlichkeit $\mathsf{P}\{\xi_\cdot \in C\}$ für beliebige $C \in \mathcal{B}^T$ definiert? Wir betrachten die Menge aller Teilmengen von X^T, für welche diese Wahrscheinlichkeit definiert ist, d. h. für die $\xi_\cdot^{-1}(C)$ zu $\mathcal{F}$, der σ-Algebra unseres zugrunde liegenden Wahrscheinlichkeitsraumes, gehört. Dieses Mengensystem ist eine σ-Algebra, und es enthält alle Mengen der Gestalt $\{x_t \in A\}$; folglich umfaßt es auch die kleinste σ-Algebra, die alle diese Mengen enthält, also $\mathcal{B}^T$.

Auf die unendlichdimensionalen Verteilungen übertragen sich viele Begriffe und Ergebnisse, die uns von den endlichdimensionalen bekannt sind; insbesondere die folgende, für uns wichtige Eigenschaft: Ist f ein $\mathcal{B}^T$-meßbares Funktional, so gilt

$$\mathsf{M}f(\xi_\cdot) = \int_{X^T} f(x_\cdot)\, \Phi_{\xi_\cdot}(dx_\cdot)\,, \tag{1}$$

wobei beide Integrale gleichzeitig entweder konvergieren oder divergieren. Das ist der Satz über die Substitution von Variablen im Lebesgue-Integral (vgl. die Einführung).

2. Wir betrachten die σ-Algebra $\mathscr{B}^T$ etwas ausführlicher. Es zeigt sich, daß zu jeder Menge C aus dieser σ-Algebra nicht mehr als abzählbar viele Elemente $t_1, t_2, \ldots, t_n, \ldots \in T$ derart existieren, daß die Zugehörigkeit einer Funktion zur Menge C nur durch ihre Werte in den Punkten $t_1, t_2, \ldots$ festgelegt ist. Genauer existiert eine Menge A, die zu dem abzählbaren Produkt der σ-Algebra mit sich selbst $\mathscr{B}^\infty = \mathscr{B} \times \mathscr{B} \times \ldots$ gehört, so daß C aus genau denjenigen Funktionen x besteht, für die $(x_{t_1}, x_{t_2}, \ldots) \in A$ gilt. Anders gesagt gilt

$$\mathscr{B}^T = \bigcup_{\{t_1, t_2, \ldots\} \subseteq T} \mathscr{B}^{\{t_1, t_2, \ldots\}}(X^T),$$

wobei $\mathscr{B}^{\{t_1, t_2, \ldots\}}$ die σ-Algebra im Raum X^T ist, welche durch Mengen der Form $\{x_{t_i} \in A\}$, $A \in \mathscr{B}$, $i = 1, 2, \ldots$ erzeugt wird.

Der Beweis hierzu ist nicht schwierig. Die beschriebene überabzählbare Summe von σ-Algebren ist, wie leicht zu sehen ist, selbst eine σ-Algebra (hier wird benutzt, daß die Vereinigung einer abzählbaren Anzahl von Mengen $\{t_1, t_2, \ldots\}$ selbst abzählbar ist); sie ist ein Teil von $\mathscr{B}^T$. Da $\mathscr{B}^T$ die *kleinste* σ-Algebra ist, die alle $\{x_t \in A\}$, $t \in T$, $A \in \mathscr{B}$ enthält, stimmen beide σ-Algebren überein.

Hieraus folgt, daß im Falle einer nichtabzählbaren Menge T solche Mengen wie $\left\{x_\cdot : \sup_{t \in T} x_t \leqq c\right\}$, die Menge aller Funktionen, die stetig im Punkte t_0 sind oder die Menge aller rechtsstetigen Funktionen nicht zu $\mathscr{B}^T$ gehören. Entsprechend sind solche Funktionen auf R^T (d. h. Funktionale) wie $\sup_{t \in T} x_t$, $\lim_{t \to t_0} x_t$, usw. nicht meßbar bezüglich $\mathscr{B}^T$.

Die von uns betrachtete Eigenschaft der σ-Algebra $\mathscr{B}^T$ erinnert uns an die in § 3.1 erwähnte Tatsache, daß für jede Zufallsgröße η aus L_T^2 eine Folge $t_1, t_2, \ldots, t_n, \ldots$ von Elementen aus T und eine Folge von Funktionen f_n von n Variablen existieren, so daß $\eta = \operatorname{l.i.m.}_{n \to \infty} f_n(\xi_{t_1}, \ldots, \xi_{t_n})$ gilt. Das ist nicht erstaunlich, da die σ-Algebra $\mathscr{F}_T$ aus den Urbildern von Mengen aus $\mathscr{B}^T$ bei der Abbildung $\omega \to \xi_\cdot(\omega)$ besteht. Indessen ist eine beliebige Tatsache, die sich auf die L^2-Räume bezieht, nur bis auf Mengen vom Maße 0 richtig, während das oben angeführte Resultat sich überhaupt nicht auf Maße bezieht.

3. Ferner wird die σ-Algebra $\mathscr{B}^T$ durch die Algebra von Zylindermengen

$$\mathscr{B}^T = \sigma\Bigl(\bigcup_{\{t_1, \ldots, t_n\} \subseteq T} \mathscr{B}^{\{t_1, \ldots, t_n\}}(X^T)\Bigr)$$

erzeugt. Nach dem Satz über die Fortsetzung von Maßen ist ein Maß auf der σ-Algebra $\mathscr{B}^T$ eindeutig durch seine Werte auf einer Algebra, die $\mathscr{B}^T$ erzeugt, definiert. Das bedeutet, daß die Verteilung $\Phi_{\xi_\cdot}$ einer zufälligen Funktion eindeutig durch die endlichdimensionalen Verteilungen $\Phi_{t_1, \ldots, t_n}$ für alle möglichen verschiedenen $t_1, \ldots, t_n \in T$ festgelegt wird.

Darüber hinaus erinnern wir uns daran, daß die σ-Algebra $\mathscr{B}^n = \mathscr{B} \times \ldots \times \mathscr{B}$ als σ-Algebra in X^n definiert ist, die durch die Mengen $A_1 \times \ldots \times A_n$, $A_i \in \mathscr{B}$ erzeugt wird, und das System aller solcher Mengen bildet einen X enthaltenden Halbring. Weil ein Maß auch von einem Halbring eindeutig fortgesetzt werden kann, ist die Verteilung der zufälligen Funktion ξ_t eindeutig durch die Werte der Maße $\Phi_{t_1, \ldots, t_n}$ auf Produkten von Mengen aus $\mathscr{B}$ definiert, d. h. durch die Wahrscheinlichkeiten $\mathsf{P}\{\xi_{t_1} \in A_1, \ldots, \xi_{t_n} \in A_n\}$.

Wir wollen sehen, welche Eigenschaften das System der endlichdimensionalen Verteilungen besitzen muß.

Leicht erkennt man, daß die folgenden einfachen Bedingungen erfüllt sein müssen.

I. *Es seien $i_1, \ldots, i_n$ eine Permutation der Zahlen von 1 bis n; $t_1, \ldots, t_n$ beliebige Elemente aus T und $A_1, \ldots, A_n$ beliebige Mengen aus $\mathcal{B}$. Dann folgt*

$$\Phi_{t_{i_1} t_{i_2} \ldots t_{i_n}}(A_{i_1} \times A_{i_2} \times \ldots \times A_{i_n}) = \Phi_{t_1 t_2 \ldots t_n}(A_1 \times A_2 \times \ldots \times A_n) .$$

II. *Für beliebige $t_1, \ldots, t_n, t_{n+1} \in T$; $A_1, \ldots, A_n \in \mathcal{B}$ gilt*

$$\Phi_{t_1 \ldots t_n t_{n+1}}(A_1 \times \ldots \times A_n \times X) = \Phi_{t_1 \ldots t_n}(A_1 \times \ldots \times A_n) .$$

Indem wir uns klarmachen, was eine endlichdimensionale Verteilung ist, überzeugen wir uns, daß tatsächlich jedesmal von ein und derselben Wahrscheinlichkeit, nämlich $\mathsf{P}\{\xi_{t_1} \in A_1, \ldots, \xi_{t_n} \in A_n\}$ die Rede ist.

Ein System von Verteilungen $\Phi_{t_1, \ldots, t_n}$ auf $(X^n, \mathcal{B}^n)$, $t_1, \ldots, t_n \in T$, $n = 1, 2, \ldots$ heißt *verträglich*, wenn die Bedingungen I, II (die *Verträglichkeitsbedingungen*) erfüllt sind. Wir haben festgestellt, daß das System der endlichdimensionalen Verteilungen jeder zufälligen Funktion verträglich ist.

Die endlichdimensionalen Verteilungen spielen in bezug auf die unendlichdimensionalen annähernd die gleiche Rolle wie eine Verteilungsfunktion bezüglich der Verteilung auf R^1 oder R^n, und die Bedingungen I, II entsprechen den einfachsten Eigenschaften der Verteilungsfunktion ($0 \leqq F \leqq 1$; die Monotonie im Falle des R^1 und eine etwas kompliziertere Bedingung im Falle von R^n). Es ist überraschend, daß man außer diesen Bedingungen dem System von Verteilungen keine zusätzlichen Stetigkeitsbedingungen $\left(\text{analog den Forderungen } \lim_{x \to -\infty} F(x) = 0, \ \lim_{x \to +\infty} F(x) = 1, \ \lim_{x \downarrow x_0} F(x) = F(x_0) \text{ für Verteilungsfunktionen}\right)$ auferlegen muß, damit ihm eine gewisse zufällige Funktion entspricht. Jedenfalls sind keine zusätzlichen Bedingungen in den Fällen $(X, \mathcal{B}) = (R^1, \mathcal{B}^1)$ oder $(R^n, \mathcal{B}^n)$ nötig. (Alle Stetigkeitsforderungen sind bereits darin enthalten, daß $\Phi_{t_1, \ldots, t_n}$ ein Maß ist.)

Zuerst zeigen wir das für zufällige Funktionen, die Werte in dem Intervall [0, 1] annehmen. Als σ-Algebra in diesem Raum wählen wir die σ-Algebra $\mathcal{B}_{[0,1]}$ aller Borelschen Teilmengen dieses Intervalles.

4. Satz von Kolmogorow (über die endlichdimensionalen Verteilungen). *Zu jedem Tupel voneinander verschiedener Elemente $t_1, \ldots, t_n$ der Menge T sei ein entsprechendes Wahrscheinlichkeitsmaß $\Phi_{t_1, \ldots, t_n}$ auf $([0, 1]^n, \mathcal{B}^n_{[0,1]})$ definiert. Dafür, daß diese Maße die endlichdimensionalen Verteilungen irgendeiner zufälligen Funktion mit Werten in $([0, 1], \mathcal{B}_{[0,1]})$ sind, ist die Verträglichkeit des Systems $\{\Phi_{t_1, \ldots, t_n}, t_1, \ldots, t_n \in T, n = 1, 2, \ldots\}$ notwendig und hinreichend.*

Beweis. Die *Notwendigkeit* ist nicht nur für zahlenwertige zufällige Prozesse, sondern auch für solche mit Werten in einem beliebigen meßbaren Raum $(X, \mathcal{B})$ bereits bewiesen worden.

Hinlänglichkeit. Wir konstruieren eine Verteilung Φ auf $([0, 1]^T, \mathcal{B}^T_{[0,1]})$, die dem gegebenen System der endlichdimensionalen Verteilungen entspricht. Danach wählen wir $([0, 1]^T, \mathcal{B}^T_{[0,1]}, \Phi)$ als zugrunde liegenden Wahrscheinlichkeitsraum. Dabei ist jedes Elementarereignis ω eine Funktion $x.$ auf T mit Werten in [0, 1]. Die Zufallsgröße $\xi_t(\omega)$ definieren wir als den Wert dieser Funktion im Punkte t: $\xi_t(x.) = x_t$. Die zufällige Funktion ξ_t, $t \in T$, wird die gesuchte sein.

Das Wahrscheinlichkeitsmaß Φ definieren wir vorläufig nicht auf der σ-Algebra $\mathcal{B}^T_{[0,1]}$, sondern auf der sie erzeugenden Algebra der Zylindermengen. Für die Menge

$$C = \{x.: (x_{t_1}, \ldots, x_{t_n}) \in A\} \qquad (2)$$

mit $A \in \mathscr{B}^n_{[0,1]}$ setzen wir

$$\Phi(C) = \Phi_{t_1,\dots,t_n}(A) . \tag{3}$$

Nun kann aber ein und dieselbe Zylindermenge C unterschiedliche Darstellungen der Form (2) besitzen — mit verschiedenen $t_1, \dots, t_n \in T$ und entsprechend unterschiedlichen Mengen A, so daß noch die Korrektheit dieser Definition zu zeigen ist.

Aufgabe 1. Man leite aus den Verträglichkeitsbedingungen ab, daß unterschiedliche Darstellungen der Menge C in der Form (2) auf ein und denselben gemäß Formel (3) berechneten Wert $\Phi(C)$ führen.

Jetzt beweisen wir die abzählbare Additivität der Mengenfunktion $\Phi(C)$ auf der Algebra der Zylindermengen von $[0, 1]^T$. Dann kann diese Funktion zu einem Maß auf die von dieser Algebra erzeugte σ-Algebra $\mathscr{B}^T_{[0,1]}$ fortgesetzt werden. Die abzählbare Additivität einer auf einer Algebra definierten Mengenfunktion ist gleichbedeutend mit ihrer endlichen Additivität und der Stetigkeit in Null: aus $C_1 \supseteqq C_2 \supseteqq \dots \supseteqq C_n \supseteqq \dots$ und $\bigcap_{n=1}^{\infty} C_n = \emptyset$ muß $\lim_{n\to\infty} \Phi(C_n) = 0$ folgen.

Die endliche Additivität ist offensichtlich — sie folgt aus der Additivität der Maße $\Phi_{t_1,\dots,t_n}(A)$, $A \in \mathscr{B}^n_{[0,1]}$ (können wir doch für jede *endliche* Anzahl von Mengen der Gestalt (2) gemeinsame $t_1, \dots, t_n$ wählen). Wir beweisen die Stetigkeit in Null. Für eine abzählbare Folge von Zylindermengen C_n läßt sich eine Folge $t_1, \dots, t_n, \dots$ derart aus T wählen, daß jede von den betrachteten Mengen zu jeweils einer endlichen Zahl von Elementen dieser Folge gehört. Ohne Beschränkung der Allgemeinheit kann man annehmen, daß

$$C_n = \{x_\cdot : (x_{t_1}, \dots, x_{t_n}) \in A_n\} , \qquad A \in \mathscr{B}^n_{[0,1]} \tag{4}$$

gilt.

Wir nehmen nun an, daß keine abzählbare Additivität vorliegt, d. h., es existiert eine Folge $C_1 \supseteqq C_2 \supseteqq \dots \supseteqq C_n \supseteqq \dots$ von Mengen der Form (4) mit $\bigcap_{n=1}^{\infty} C_n = \emptyset$, für die $\Phi(C_n)$ bei $n \to \infty$ nicht gegen Null geht. Die Folge $\Phi(C_n)$ ist (aufgrund der endlichen Additivität) nichtwachsend und nach unten durch Null beschränkt. Folglich besitzt sie einen Grenzwert, der aber nach unserer Voraussetzung nicht gleich 0, sondern positiv ist. Mit anderen Worten gilt $\Phi(C_n) > \varepsilon > 0$ für alle n.

Weiter können wir jede auf der abzählbaren Menge $\{t_1, \dots, t_n, \dots\}$ definierte Funktion mit Werten in $[0, 1]$ (d. h. aus $[0, 1]^{\{t_1,\dots,t_n,\dots\}}$) zu einer Funktion auf ganz T — also zu einem Element von $[0, 1]^T$ — fortsetzen. Folglich ist der Durchschnitt von Mengen C_n der Gestalt (4) in $[0, 1]^T$ dann und nur dann leer, wenn der Durchschnitt der Mengen in $[0, 1]^{\{t_1,\dots,t_n,\dots\}}$ leer ist. Wir werden nun Mengen aus dem letzten Raum betrachten.

Bis jetzt sind alle unsere Überlegungen nicht nur auf den Raum von Funktionen mit Werten in $[0, 1]$, sondern auch auf einen Raum von Funktionen mit Werten in einer beliebigen Menge X anwendbar. Nun beginnen wir zu benutzen, daß $X = [0, 1]$ gilt.

Wir wissen, daß jedes abgeschlossene Intervall kompakt ist. Ebenfalls kompakt ist auch der Quader $[0, 1]^n$. Überdies kann man in einem abzählbaren Produkt abgeschlossener Intervalle $[0, 1]^{\{t_1,\dots,t_n,\dots\}}$ eine natürliche Metrik einführen, in der dieses Produkt kompakt ist. Wir setzen nämlich für zwei Punkte $x_\cdot = (x_{t_1}, \dots, x_{t_n}, \dots)$ und

$y_\cdot = (y_{t_1}, \ldots, y_{t_n}, \ldots)$ aus $[0, 1]^{\{t_1, \ldots, t_n, \ldots\}}$

$$\varrho(x_\cdot, y_\cdot) = \left[(x_{t_1} - y_{t_1})^2 + \left(\frac{x_{t_2} - y_{t_2}}{2}\right)^2 + \ldots + \left(\frac{x_{t_n} - y_{t_n}}{2^{n-1}}\right)^2 + \ldots\right]^{1/2}$$

Der metrische Raum $[0, 1]^{\{t_1, \ldots, t_n, \ldots\}}$ mit der Metrik ϱ ist das wohlbekannte Beispiel eines Kompaktums im unendlichdimensionalen Raum, der sogenannte HILBERT-Quader. Warum heißt er so ?. Es handelt sich darum, daß üblicherweise dieser metrische Raum in anderer Form eingeführt wird, die aber — bis auf Isomorphie — denselben Raum ergibt. Es wird nämlich im HILBERT-Raum l^2 aller Folgen $x = (x_1, \ldots, x_n, \ldots)$ mit der Metrik

$$\varrho(x, y) = [(x_1 - y_1)^2 + \ldots + (x_n - y_n)^2 + \ldots]^{1/2}$$

die Menge aller Punkte betrachtet, die den Bedingungen $0 \leqq x_1 \leqq 1$, $0 \leqq x_2 \leqq 1/2$, $\ldots, 0 \leqq x_n \leqq 1/2^{n-1}, \ldots$ genügen. Das ist ein unendlichdimensionales Parallelepiped der Größe $1 \times 1/2 \times 1/4 \times 1/8 \times \ldots$ Seine ersten drei Dimensionen sind wie bei einem gewöhnlichen dreidimensionalen Ziegelstein: Die Breite ist die Hälfte der Länge, und die Höhe ist noch einmal die Hälfte.

Den Beweis der Kompaktheit des HILBERT-Quaders kann man im Buch von KOLMOGOROW und FOMIN [1], Kap. II, § 7 Punkte 1, 2 nachlesen.

Nun fahren wir in unserem Beweis fort. Bekanntlich kann man für jedes endliche Maß auf $(R^n, \mathscr{B}^n)$ aus dem Inneren jeder BOREL-Menge eine *kompakte* Menge wählen, deren Maß sich beliebig wenig vom Maß der ursprünglichen Menge unterscheidet. Wenden wir dies auf das Maß $\Phi_{t_1, \ldots, t_n}$ und die Menge A_n an, so erhalten wir, daß ein Kompaktum $K_n \subseteqq A_n$ mit $\Phi_{t_1, \ldots, t_n}(A_n \setminus K_n) < \varepsilon/2^n$ existiert. Führen wir die Bezeichnung

$$D_n = \{x_\cdot : (x_{t_1}, \ldots, x_{t_n}) \in K_n\}$$

ein, so folgt aus der Definition von K_n die Inklusion $D_n \subseteqq C_n$. Die Mengen D_n sind kompakte Teilmengen des HILBERT-Quaders (weil D_n dem Produkt des Kompaktums K_n mit dem HILBERT-Quader homöomorph ist). Nun ändern wir unsere Mengen D_n so ab, daß wir eine nichtwachsende Mengenfolge mit gleichem Durchschnitt erhalten. Dazu setzen wir

$$D_n' = D_1 \cap D_2 \cap \ldots \cap D_n .$$

Das ist ebenfalls eine Folge kompakter Teilmengen des HILBERT-Quaders.

Wir beweisen $\Phi(D_n') > 0$. Es gilt

$$\Phi(D_n') \doteq \Phi(C_n) - \Phi(C_n \setminus D_n') = \Phi(C_n) - \Phi\left(\bigcup_{i=1}^{n} (C_n \setminus D_i)\right) > \varepsilon - \sum_{i=1}^{n} \Phi(C_n \setminus D_i) .$$

Da die C_n eine nichtwachsende Folge bilden, folgt, daß der i-te Summand in der letzten Summe den Wert $\Phi(C_i \setminus D_i) = \Phi_{t_1, \ldots, t_n}(A_i \setminus K_i) < \varepsilon/2^i$ nicht übertrifft. Hieraus erhalten wir $\Phi(D_n') > \varepsilon - \varepsilon/2 - \ldots - \varepsilon/2^n > 0$.

Da $\Phi(D_n') > 0$ für alle n gilt, sind die Kompakta D_n' *nichtleer*. Eine nichtwachsende Folge nichtleerer Kompakta besitzt einen nichtleeren Durchschnitt, es folgt

$$\bigcap_{n=1}^{\infty} C_n \supseteqq \bigcap_{n=1}^{\infty} D_n = \bigcap_{n=1}^{\infty} D_n' \neq \emptyset ,$$

was im Widerspruch zu unserer Voraussetzung steht, daß der Durchschnitt aller C_n leer ist. Damit ist die abzählbare Additivität von Φ bewiesen.

Durch Fortsetzung des Maßes Φ auf die σ-Algebra $\mathscr{B}^T_{[0,1]}$ erhalten wir den gesuchten Wahrscheinlichkeitsraum und die zufällige Funktion.

5. Wir haben den Satz von Kolmogorow für zufällige Funktionen mit Werten in $([0, 1], \mathscr{B}_{[0,1]})$ formuliert und bewiesen. Jedoch ist klar, daß er für eine weite Klasse allgemeinerer meßbarer Räume $(X, \mathscr{B})$ gültig bleibt. Vor allem gilt dies, falls der meßbare Raum $(X, \mathscr{B})$ dem Raum $([0, 1], \mathscr{B}_{[0,1]})$ isomorph ist, d. h. wenn man zwischen X und $[0, 1]$ eine umkehrbar eindeutige, in beiden Richtungen meßbare Abbildung finden kann.

Das Intervall $[0, 1]$ mit der σ-Algebra der Borel-Mengen ist jedem der meßbaren Räume $(R^1, \mathscr{B}^1)$ und auch $(R^n, \mathscr{B}^n)$ isomorph. Um diese Isomorphie herzustellen, benutzt man den Beweis der Gleichmächtigkeit von $[0, 1]$ und R^1 (oder R^n) und prüft nach, daß die dabei benutzte eineindeutige Abbildung in beiden Richtungen meßbar ist. Der Beweis wird in eine Reihe einzelner Schritte zerlegt, zum Beispiel so: die Gleichmächtigkeit (und Isomorphie der meßbaren Räume) von $[0, 1]$ mit $[0, 1)$, dann von $[0, 1)$ mit $[0, 1)^n$ und schließlich von $[0, 1)^n$ mit R^n.

Wir erinnern daran, wie beispielsweise die Gleichmächtigkeit des halboffenen Intervalles $[0, 1)$ und des Quadrates $[0, 1)^2$ festgestellt wird. Jeder Punkt $x \in [0, 1)$ wird durch einen unendlichen dyadischen Bruch dargestellt, z. B. $x = 0{,}01110010110\ldots$ Die Eindeutigkeit der Darstellung wird gewährleistet, wenn wir nur Schreibweisen mit einer unendlichen Zahl aufeinanderfolgender Nullen zulassen (von den beiden dyadischen Schreibweisen $0{,}010000\ldots = 1/4$ sowie $0{,}001111\ldots = 1/8 + 1/16 + \ldots = 1/4$ nehmen wir nur die erste). Weiterhin wird die dyadische Darstellung in Gruppen zerlegt, die jeweils genau eine Null, und diese nur am Ende, enthalten: $x = 0{,}\underbrace{0}_{1}\,\underbrace{1110}_{2}\,\underbrace{0}_{3}\,\underbrace{10}_{4}\,\underbrace{110}_{5}\ldots$ Aus allen Gruppen mit ungerader Nummer wird eine Dualzahl $y_1 = 0{,}\underbrace{0}_{1}\,\underbrace{0}_{3}\,\underbrace{110}_{5}\ldots$ gebildet und aus den Gruppen mit gerader Nummer die Zahl $y_2 = 0{,}\underbrace{1110}_{2}\,\underbrace{10}_{4}\ldots$ Leicht sieht man, daß die auf diese Weise konstruierte Abbildung zwischen $x \in [0, 1)$ und $y = (y_1, y_2) \in [0, 1)^2$ umkehrbar eindeutig ist. Sie ist aber auch bezüglich den entsprechenden Borelschen σ-Algebren meßbar. Das folgt daraus, daß jede k-te Gruppe in den dyadischen Darstellungen der Zahlen y_1 oder y_2 einen der Werte aus der Menge $\{0, 10, 110, \ldots\}$ auf der Menge der Punkte x annimmt, die aus einer endlichen oder abzählbaren Anzahl von halboffenen Intervallen gebildet wird (und eine beliebige Gruppe der Zahl x diesen oder jenen Wert auf Punkten y aus einer endlichen oder abzählbaren Zahl von Rechtecken annimmt).

Dem meßbaren Raum $([0, 1], \mathscr{B}_{[0,1]})$ ist auch der Hilbert-Quader mit der entsprechenden σ-Algebra isomorph.

Ferner erweist sich der Satz von Kolmogorow auch für Räume als richtig, die nicht dem ganzen Intervall $[0, 1]$ mit der σ-Algebra *seiner* Borel-Mengen isomorph sind, sondern irgendeiner Borelschen Teilmenge dieses Intervalles mit der σ-Algebra seiner Borel-Mengen. Es genügt, das für die Borelschen Teilmengen von $[0, 1]$ zu beweisen (und nicht für ihre isomorphen Bilder).

Es seien X eine nichtleere Teilmenge des Intervalles $[0, 1]$ und $\mathscr{B}_X$ die σ-Algebra der Borelschen Teilmengen von X. Für alle n seien auf $(X^n, \mathscr{B}^n_X)$ miteinander verträgliche Wahrscheinlichkeitsmaße $\Phi_{t_1,\ldots,t_n}$ definiert. Diese Maße werden in natürlicher Weise auf $([0, 1]^n, \mathscr{B}^n_{[0,1]})$ fortgesetzt, wobei das Maß auf den Teilen von $[0, 1]^n$, welche nicht in X^n liegen, gleich Null gesetzt wird. Wir drücken das durch eine Formel aus: Das Maß $\Phi_{t_1,\ldots,t_n}$ wird auf die σ-Algebra $\mathscr{B}^n_{[0,1]}$ fortgesetzt, indem wir für Mengen A dieser σ-Algebra $\Phi_{t_1,\ldots,t_n}(A) = \Phi_{t_1,\ldots,t_n}(A \cap X^n)$ setzen. Leicht wird nachgeprüft, daß auch die fortgesetzten Maße miteinander verträglich sind. Folglich existiert eine zufällige Funktion ξ_t, $t \in T$, mit Werten in $[0, 1]$ und mit den endlichdimensionalen Verteilungen $\Phi_{t_1,\ldots,t_n}$. Um die zufällige Funktion mit Werten in X zu erhalten, wählen wir ein willkürliches Element $x_0 \in X$ und setzen

$$\tilde{\xi}_t = \begin{cases} \xi_t, & \text{falls } \xi_t \in X; \\ x_0, & \text{falls } \xi_t \notin X. \end{cases}$$

Diese zufällige Funktion nimmt bereits ihre Werte nur in X an. Sie besitzt dieselben endlichdimensionalen Verteilungen, weil sie zum Prozeß ξ_t stochastisch äquivalent ist: für jedes $t \in T$ gilt

$$\mathsf{P}\{\tilde{\xi}_t \neq \xi_t\} = \mathsf{P}\{\xi_t \notin X\} = \Phi([0, 1] \setminus X) = 0 .$$

Im Zusammenhang damit geben wir folgende Definition. Der meßbare Raum $(X, \mathscr{B})$ heißt *Borelsch*, wenn er irgendeiner BORELschen Teilmenge des Intervalles $[0, 1]$ mit der σ-Algebra seiner BORELschen Teilmengen isomorph ist.

Mit Hilfe dieses Begriffes formulieren wir den Satz von KOLMOGOROW in der von uns benötigten Form:

Es sei $(X, \mathscr{B})$ ein Borelscher meßbarer Raum. Jeder endlichen Menge nichtzusammenfallender Elemente $t_1, \ldots, t_n$ der Menge T entspreche ein Wahrscheinlichkeitsmaß $\Phi_{t_1,\ldots,t_n}$ auf $(X^n, \mathscr{B}^n)$. Dafür, daß diese Maße die endlichdimensionalen Verteilungen irgendeiner zufälligen Funktion sind, ist die Verträglichkeit des Systems dieser Maße notwendig und hinreichend.

Die breite Anwendbarkeit des Satzes von KOLMOGOROW in dieser Formulierung wird gewährleistet durch folgende

Aussage. *Jede Borelsche Teilmenge eines beliebigen vollständigen separablen metrischen Raumes (und nicht nur des Intervalles $[0, 1]$) mit der σ-Algebra seiner Borel-Mengen erweist sich als Borelscher Raum.*[1])

Den Beweis kann der Leser im Buch von KURATOWSKI [1] finden, aber auch selbständig führen, indem er den metrischen Raum in den HILBERT-Quader einbettet.

Was die Menge T betrifft, so vermerken wir ausdrücklich, daß sie völlig beliebig sein kann.

6. *Beispiele von Anwendungen des Satzes von* KOLMOGOROW.

a) Wir wollen die Existenz einer Folge unabhängiger Zufallsgrößen mit vorgegebenen Verteilungen $\Phi_1, \Phi_2, \ldots, \Phi_n, \ldots$ zeigen — ein Untersuchungsgegenstand, der große Aufmerksamkeit verdient. Wir setzen $\Phi_{i_1 i_2 \ldots i_n} = \Phi_{i_1} \times \Phi_{i_2} \times \ldots \times \Phi_{i_n}$ ($i_j \neq i_k$ für $j \neq k$). Die Verträglichkeit dieser Verteilungen ist offensichtlich.

Außerdem können wir unsere zufällige Funktion auf einer vollkommen beliebigen Menge definieren, die abzählbar oder nicht ist; d. h. wenn für beliebiges $t \in T$ eine Verteilung Φ_t gegeben ist, dann existiert eine zufällige Funktion mit unabhängigen Werten, welche die Φ_t als eindimensionale Verteilungen besitzt. (Die schlechten Eigenschaften dieser zufälligen Funktion waren Gegenstand der Aufgabe 4 § 2.1).

---

[1]) Diese Aussage dient gewöhnlich zur Definition BORELscher meßbarer Räume. Bei BOURBAKI werden diese Räume im topologischen Sinne eingeführt und als LUSIN-Räume bezeichnet.

Wir machen den Leser auf die interessante Tatsache aufmerksam, daß jeder BORELsche meßbare Raum entweder abzählbar ist oder dem Intervall $[0, 1]$, versehen mit seinen BORELschen Teilmengen als σ-Algebra, isomorph ist. Insbesondere sind zwei beliebige überabzählbare BORELsche meßbare Räume isomorph. Einen Beweis findet der Leser in der Monographie von DYNKIN und JUSCHKEWITSCH [2], Ergänzung 1.
(Anm. d. Herausg.)

b) Für eine beliebige reelle Funktion $m(t)$ auf T und jede reelle nichtnegativ definite Funktion $K(t, s)$ auf $T \times T$ (d. h., es gilt $\sum_{j,k} c_j \bar{c}_k K(t_j, t_k) \geqq 0$ für beliebige $t_j \in T$ und komplexe c_j; das ist gleichbedeutend mit $K(t, s) \equiv K(s, t)$ und der Gültigkeit der Bedingung der nichtnegativen Definitheit für alle reellen c_j) existiert eine reelle GAUSSsche zufällige Funktion ξ_t mit $m(t) = \mathsf{M}\xi_t$ und $K(t, s)$ als Korrelationsfunktion.

Hier wählen wir als $\Phi_{t_1 \ldots t_n}$ die n-dimensionale Normalverteilung mit dem Erwartungsvektor $(m(t_1), \ldots, m(t_n))$ und der Kovarianzmatrix $(K(t_j, t_k), j, k = 1, 2, \ldots, n)$; für deren Existenz ist die nichtnegative Definitheit hinreichend.

Die Verträglichkeit der Verteilungen folgt daraus, daß eine Normalverteilung eindeutig durch Erwartungsvektor und Kovarianzmatrix definiert ist, und daß die Verteilung eines beliebigen Teilvektors eines normalen Vektors wiederum normal ist.

Insbesondere können wir jetzt die Existenz eines WIENER-Prozesses beweisen. In der Tat, ein GAUSSscher Prozeß mit verschwindendem Erwartungswert und der Korrelationsfunktion $K(t, s) = t \wedge s$ ist ein WIENER-Prozeß, so daß es genügt, sich von der nichtnegativen Definitheit dieser Funktion zu überzeugen. Das braucht man nicht unmittelbar nachzuprüfen, sondern man kann benutzen, daß $t \wedge s$ die Korrelationsfunktion des POISSON-Prozesses (für $a = 1$) ist.

Natürlich gibt es noch tausend andere Wege, dies zu beweisen: So kann man die Verträglichkeit der Vetreilungen wie in § 1.2, Punkt 4 nachprüfen oder durch Benutzung des Ergebnisses von Aufgabe 4 § 3.1 in Anwendung auf eine abzählbare Folge unabhängiger (0, 1)-normalverteilter Zufallsgrößen.

Kehren wir zur Aufgabe 10 § 1.2 zurück, so sehen wir, daß ein GAUSSscher Prozeß $Z(t)$, $0 \leqq t \leqq 1$, existiert, dessen endlichdimensionalen Verteilungen sich als Grenzverteilungen der Prozesse $\sqrt{n}\, Y_n(t)$ für $n \to \infty$ erweisen — das ist ein Prozeß mit verschwindendem Erwartungswert und der Korrelationsfunktion $K(t, s) = t \wedge s - ts$.

c) Aufgabe 2*. Man beweise die Existenz des CAUCHY-Prozesses (für die Definition siehe § 1.2, Punkt 6).

7. Bei der Untersuchung der Verteilungen von zufälligen Funktionen hatten wir es mit den Funktionenräumen R^T (oder X^T) nur als meßbaren Räume zu tun. Indessen ist bekannt, daß die interessanteren Resultate, die Funktionenräume betreffen, sich auf den Fall beziehen, daß in ihnen die eine oder andere Topologie eingeführt ist. Es sei E irgendein Raum von Funktionen auf der Menge T (möglicherweise nicht von allen), auf welchem die Struktur eines topologischen Raumes gegeben ist; in E wird die σ-Algebra der BOREL-Mengen $\mathscr{B}_E$ als die kleinste σ-Algebra definiert, die alle offenen Mengen enthält. Gehört die Trajektorie $\xi_\cdot(\omega)$ für alle ω zu E, so können wir die Verteilung von $\xi_\cdot$ in E betrachten — als die Funktion $\Phi_{\xi_\cdot}(C) = \mathsf{P}\{\xi_\cdot \in C\}$, $C \in \mathscr{B}_E$. (Natürlich bedarf die Frage der Existenz von $\mathsf{P}\{\xi_\cdot \in C\}$ für alle $C \in \mathscr{B}_E$ im Falle des einen oder anderen Funktionenraumes E noch einer Klärung.)

Die Untersuchung von Verteilungen in Funktionenräumen mit einer Topologie ist insbesondere deshalb interessant, weil sie die Frage über die Konvergenz von Verteilungen gestattet — über die für die Wahrscheinlichkeitstheorie wichtige Konvergenzart, der *schwachen Konvergenz*:

$$\Phi_n \xrightarrow{\text{schwach}} \Phi, \quad \text{wenn} \quad \int_E f(x_\cdot)\, \Phi_n(dx_\cdot) \to \int_E f(x_\cdot)\, \Phi(dx_\cdot)$$

für alle beschränkten stetigen Funktionale f. Die wichtigste Rolle spielen hier Resultate, die es gestatten, unter gewissen Bedingungen die schwache Konvergenz unendlichdimensionaler Verteilungen aus der Konvergenz endlichdimensionaler Verteilungen abzuleiten. Allgemeine Resultate in dieser Richtung wurden von PROCHOROW [1], SKOROCHOD und TSCHENZOW erhalten; ihnen ist das Kapitel IX des Buches von GICHMAN und SKOROCHOD

[1] gewidmet. Insbesondere wird in diesem Kapitel ein Beispiel behandelt, das von uns im Punkt 7 § 1.2 berührt wurde.

In diesem Buch werden wir uns mit diesem Fragenkreis nicht befassen.

§ 5.2. Eigenschaften mit Wahrscheinlichkeit 1

1. Nun werden wir uns Eigenschaften der Trajektorien zuwenden, die mit Wahrscheinlichkeit 1 erfüllt sind. Für welche Mengen $C \subset R^T$ kann man behaupten, daß $\mathsf{P}\{\xi. \in C\} = 1$ gilt? Wir haben gesehen, daß man für viele interessante Mengen bei Kenntnis der endlichdimensionalen Verteilungen diese Wahrscheinlichkeit nicht findet, weil $C \notin \mathscr{B}^T$ gilt und $\Phi_{\xi.}(C)$ nicht definiert ist. (Das bedeutet selbstverständlich nicht, daß $\mathsf{P}\{\xi. \in C\}$ nicht existiert.) Wie wir schon in § 1.3, Punkt 2a$_2$) sagten, lassen sich im Falle eines nichtabzählbaren T nur selten Aufgaben über Eigenschaften mit Wahrscheinlichkeit 1 in einer solchen Formulierung lösen:

Aufgrund der gegebenen endlichdimensionalen Verteilungen ist zu zeigen, daß die Wahrscheinlichkeit dafür, daß eine Trajektorie C angehört, gleich Eins ist, oder nicht.

Hier sind einige natürliche derartige Fragestellungen:

a) *Aufgrund der gegebenen endlichdimensionalen Verteilungen ist festzustellen, ob ein Prozeß mit diesen Verteilungen existiert, für den* $\mathsf{P}\{\xi. \in C\} = 1$ *gilt.*

b) *Aufgrund der gegebenen endlichdimensionalen Verteilungen des Prozesses* ξ_t *ist zu zeigen, ob ein stochastisch äquivalenter Prozeß* $\tilde{\xi}_t$ *existiert (d. h.* $\mathsf{P}\{\tilde{\xi}_t \neq \xi_t\} = 0$ *für alle* $t \in T$), *so daß* $\mathsf{P}\{\tilde{\xi}. \in C\} = 1$ *gilt.*

c) *Es mögen fast alle Trajektorien des Prozesses* ξ_t *mit gegebenen endlichdimensionalen Verteilungen eine gewisse Eigenschaft besitzen:* $\mathsf{P}\{\xi. \in C\} = 1$. *Es ist festzustellen, ob fast alle Trajektorien eine gewisse stärkere Eigenschaft besitzen, d. h. ob* $\mathsf{P}\{\xi. \in D\} = 1$ *mit* $D \subset C$ *gilt.*

Selbstverständlich sind diese Fragestellungen miteinander verbunden. So ist mit b) auch a) positiv gelöst, weil stochastisch äquivalente Prozesse ein und dieselben endlichdimensionalen Verteilungen besitzen.

2. Bezüglich der Fragestellung a) kann man den folgenden Satz formulieren.

Satz 1. *Für eine positive Antwort auf die Frage* a) *ist notwendig und hinreichend, daß das* $\Phi_{\xi.}$ *entsprechende äußere Maß auf der zu untersuchenden Menge* $C \in R^T$

$$\Phi^*_{\xi.}(C) = \inf\{\Phi_{\xi.}(A): A \supseteq C,\ A \in \mathscr{B}^T\}$$

gleich Eins ist. Dabei existiert stets eine zufällige Funktion mit vorgegebenen endlichdimensionalen Verteilungen, für die alle Trajektorien der Menge C angehören.

Die *Notwendigkeit* ist trivial, wir zeigen die Hinlänglichkeit.

Es sei $\Phi^*_{\xi.}(C) = 1$. Wir nehmen als Raum der Elementarereignisse die Menge C, als σ-Algebra $\mathscr{F}$ die Gesamtheit aller Teilmengen von C, die eine Darstellung der Form $C \cap B$, $B \in \mathscr{B}^T$ gestatten (man überzeuge sich, daß das eine σ-Algebra ist!); den zufälligen Prozeß definieren wir so: $\xi_t(x.) = x_t$, $x. \in C$. Es verbleibt die Wahrscheinlichkeit P zu definieren. Läßt sich $A \in \mathscr{F}$ in der Form $C \cap B$, $B \in \mathscr{B}^T$ darstellen, so setzen wir $\mathsf{P}(A) = \Phi_{\xi.}(B)$.

Es ist nötig, die *Korrektheit* dieser Definition nachzuprüfen. Es seien $A = C \cap B_1 = C \cap B_2$, $B_1, B_2 \in B^T$. Dann ist $C \cap (B_1 \triangle B_2)$ ($\triangle$ bezeichnet die symmetrische

Mengendifferenz) die leere Menge, d. h., es gilt $C \subseteqq R^T \setminus (B_1 \triangle B_2)$. Aber dann gilt aufgrund der getroffenen Voraussetzung $\Phi_{\xi.}(R^T \setminus (B_1 \triangle B_2)) = 1$, d. h. $\Phi_{\xi.}(B_1 \triangle B_2) = 0$, woraus $\Phi_{\xi.}(B_1) = \Phi_{\xi.}(B_2)$ folgt.

Nachdem die Korrektheit der Definition bewiesen ist, läßt sich die abzählbare Additivität von P ganz einfach zeigen; P ist ein *Wahrscheinlichkeits*maß, weil $\mathsf{P}(C) = \Phi_{\xi.}(R^T) = 1$ gilt. Schließlich sind die endlichdimensionalen Verteilungen des konstruierten zufälligen Prozesses gleich den vorgegebenen, d. h. die der Verteilung $\Phi_{\xi.}$ entsprechenden:

$$\mathsf{P}\{x. \in C: (\xi_{t_1}(x.), \dots, \xi_{t_n}(x.)) \in A\} = \mathsf{P}(C \cap \{x. \in R^T: (x_{t_1}, \dots, x_{t_n}) \in A\}) = \Phi_{\xi.}\{x.: (x_{t_1}, \dots, x_{t_n}) \in A\} = \Phi_{t_1, \dots, t_n}(A) .$$

3. Aufgrund des bewiesenen Satzes ist die Aufgabe über Eigenschaften mit Wahrscheinlichkeit 1 in der Form a) im Prinzip lösbar, weil die Verteilung des Prozesses völlig durch die endlichdimensionalen Verteilungen bestimmt ist. Jedoch sind solche Kriterien bedeutend interessanter, die es gestatten, die Existenz eines Prozesses mit vorgegebenen Trajektorieneigenschaften aufgrund der endlichdimensionalen Verteilungen von nicht höherer als einer bestimmten Ordnung k festzustellen. In konkreten Fällen ist es oft günstiger, nicht die äußeren Maße zu betrachten, sondern die Aufgabe in der Form b) zu lösen.

Wir beginnen mit einer Aussage, um zu zeigen, von welcher Art hier die Ergebnisse sein können und wie sie bewiesen werden.

Aussage. *Es sei ξ_t, $t \in T \subseteqq R^1$ ein zufälliger Prozeß mit $\mathsf{P}\{\xi_s \leqq \xi_t\} = 1$ für $s \leqq t$. Dann existiert ein ihm stochastisch äquivalenter Prozeß $\tilde{\xi}_t$, für den fast alle Trajektorien monoton nichtfallende Funktionen sind.*

Beweis. Vor allem existiert in jedem Punkt $t \in T$, welcher Häufungspunkt von links (rechts) für T ist, der Grenzwert $\lim_{s \to t-} (\mathsf{P})\, \xi_s \left(\lim_{s \to t+} (\mathsf{P})\, \xi_s\right)$. In der Tat, wenn $t_1 > t_2 > \dots > t_n > \dots$, $t_n \in T$, $t_n \downarrow t$ gilt, so konvergiert die Folge ξ_{t_n} mit Wahrscheinlichkeit 1, weil sie fast sicher monoton fällt und nach unten durch ξ_t beschränkt ist. Wir bezeichnen den Grenzwert dieser Folge mit ξ_{t+}. Für einen hinreichend nahe rechts von t gelegenen Punkt s gilt

$$\mathsf{P}\{\xi_{t+} \leqq \xi_s < \xi_{t+} + \varepsilon\} \geqq \mathsf{P}\{\xi_{t+} \leqq \xi_{t_n} < \xi_{t+} + \varepsilon\} ,$$

wobei n beliebig groß gewählt werden kann, und folglich strebt diese Wahrscheinlichkeit für jedes positive ε gegen 1.

Aufgabe 1. Es ist zu zeigen, daß für alle Punkte $t \in T$ mit Ausnahme einer höchstens abzählbaren Menge die Beziehung $\mathsf{P}\{\xi_{t-} = \xi_t = \xi_{t+}\} = 1$ gilt, d. h., es gibt höchstens abzählbar viele Sprünge.

Weiterhin betrachten wir eine abzählbare Menge $T_0 \subseteqq T$, die überall dicht in T liegt und außerdem alle Punkte enthält, in denen ξ_t nicht stochastisch stetig ist. Weil die Menge T_0 abzählbar ist, gilt

$$\mathsf{P}\{\xi_s \leqq \xi_t \text{ für alle } s \leqq t,\ s, t \in T_0\} = 1 .$$

Um den Prozeß $\tilde{\xi}_t$ zu erhalten, setzen wir fast alle Trajektorien ξ_t von T_0 auf $T \setminus T_0$ stetig fort. Und zwar setzen wir für Punkte $t \in T \setminus T_0$ die Grenzwerte von rechts für T_0 sind: $t_n \downarrow t$, $t_n \in T$, $\tilde{\xi}_t = \lim_{n \to \infty} \xi_{t_n}$, wobei wir, wenn kein endlicher Grenzwert existiert, $\tilde{\xi}_t = 0$ nehmen; ist t kein Grenzwert von rechts für die Menge T_0, so ist t Grenzwert von links (die isolierten Punkte von T gehören alle zu T_0, anderenfalls läge T_0 nicht dicht in T), und wir führen eine analoge Konstruktion bezüglich $t_n \uparrow t$ aus. Für $t \in T_0$ definieren wir $\tilde{\xi}_t = \xi_t$. Leicht ist zu sehen, daß mit Wahrscheinlichkeit 1 alle Trajektorien des Prozesses $\tilde{\xi}_t$ in t nicht fallen.

Es bleibt zu zeigen, daß $\mathsf{P}\{\tilde{\xi}_t = \xi_t\} = 1$ für beliebiges $t \in T$ gilt. Für $t \in T_0$ ist das trivialerweise erfüllt. Es sei $t \notin T_0$; wir betrachten hier dieselbe Folge $t_n \to t$, welche zur Definition von $\tilde{\xi}_t$ benutzt wurde. Mit Wahrscheinlichkeit 1 gilt $\tilde{\xi}_t = \lim\limits_{n\to\infty} \xi_{t_n} = \xi_{t+}$ oder ξ_{t-}, aber diese Größen sind mit Wahrscheinlichkeit 1 gleich ξ_t.

4. Der aufmerksame Leser hat möglicherweise in dem angegebenen Beweis logische Probleme bemerkt. Wir haben die folgende Annahme benutzt: Wenn die Wahrscheinlichkeit irgendeines Ereignisses gleich 1 ist, so ist die Wahrscheinlichkeit einer beliebigen Folgerung daraus auch gleich 1 $\left(\mathsf{P}(A) = 1,\ A \subseteq B \Rightarrow \mathsf{P}(B) = 1\right)$. Das ist natürlich richtig, aber nur in dem Fall, wenn diese Folgerung *auch ein Ereignis ist* (also zu der zugrunde liegenden σ-Algebra gehört).

Im allgemeinen ist das aber nicht immer so. Zum Beispiel kann man im Fall $(\Omega, \mathcal{F}, \mathsf{P}) = ([0, 1], \mathcal{B}_{[0,1]}, \text{mes})$ als Menge A das Komplement der CANTORschen Menge nehmen; es gilt dann $\mathsf{P}(A) = 1$, aber es existieren Mengen B mit $A \subset B \subset [0, 1]$, die nicht BORELsch sind.

Das von uns benutzte Herangehen ist in dem Fall berechtigt, wenn die σ-Algebra *vollständig* bezüglich des Maßes P ist.

Wir erinnern an diesen Begriff.

Es sei $(X, \mathcal{A}, \mu)$ ein Maßraum; die σ-Algebra $\mathcal{A}$ heißt dann vollständig bezüglich des Maßes μ, wenn alle Teilmengen von μ-Nullmengen $\mathcal{A}$-meßbar sind: aus $A \in \mathcal{A}$, $B \subseteq A$, $\mu(A) = 0$ folgt $B \in \mathcal{A}$ (und folglich $\mu(B) = 0$).

Ist die σ-Algebra $\mathcal{A}$ nicht vollständig, so kann man ihre *Vervollständigung* $\bar{\mathcal{A}}$ *bezüglich des Maßes* μ definieren. In $\bar{\mathcal{A}}$ sind alle Mengen B enthalten, die zwischen zwei $\mathcal{A}$-meßbaren Mengen vom gleichen Maße eingeschlossen sind: $B \in \bar{\mathcal{A}}$, wenn $A_1, A_2 \in \mathcal{A}$ existieren mit $A_1 \subseteq B \subseteq A_2$, $\mu(A_2 \setminus A_1) = 0$; $\bar{\mathcal{A}}$ erweist sich als eine σ-Algebra. Das Maß μ läßt sich eindeutig auf $\bar{\mathcal{A}}$ erweitern; um diese Fortsetzung zu erhalten, genügt es, $\mu(B) = \mu(A_1) = \mu(A_2)$ zu setzen.

Selbstverständlich bringt die Operation der Vervollständigung der σ-Algebra bezüglich des Wahrscheinlichkeitsmaßes keine Nachteile bei möglichen praktischen Anwendungen mit sich.

Im weiteren werden wir bei der Betrachtung von Aufgaben über Eigenschaften mit Wahrscheinlichkeit 1 in den Formulierungen b), c) stets voraussetzen, daß die zugrunde liegende σ-Algebra F bezüglich des Maßes P vollständig ist.

Übrigens ist das in der von uns bewiesenen Aussage natürlich nicht nötig: In dem angegebenen Beweis ist bei Anwendung des Schlusses $\mathsf{P}(A) = 1$, $A \subseteq B \Rightarrow \mathsf{P}(B) = 1$ die Menge B jedesmal meßbar (das erste Mal gilt $A = \left\{\xi_{t_n}\right.$ ist monoton fallend und nach unten durch ξ_t beschränkt$\}$, $B = \left\{\text{es existiert ein endlicher } \lim\limits_{n\to\infty} \xi_{t_n}\right\}$; das zweite Mal $A = \{\xi_t$ ist monoton auf $T_0\}$, $B = \{$die Fortsetzung $\tilde{\xi}_t$ der Funktion ξ_t von T_0 auf T ist monoton$\} = A$).

5. Wir rekapitulieren die Struktur des Beweises der Aussage von Punkt 3; sie ist für viele andere Beweise die gleiche.

Es wird eine abzählbare Menge T_0 gewählt, die in T überall dicht liegt. Diese Menge wird nicht auf völlig willkürliche Weise ausgewählt, insbesondere erfolgt die Wahl von T_0 so, daß der Prozeß in den Punkten $T \setminus T_0$ stochastisch stetig ist. Daraufhin prüfen wir nach, ob der Prozeß ξ_t auf T_0 mit Wahrscheinlichkeit 1 eine solche Eigenschaft besitzt, die die Möglichkeit einer derartigen Fortsetzung auf ganz T gewährleistet, für welche die gegebene Eigenschaft C erfüllt ist. Weiter wählen wir eine Operation (gewöhnlich einen *Grenzübergang*), die diese Fortsetzung verwirklicht (im Falle der Aussage von Punkt 3 wird für Punkte $t \in T \setminus T_0$, die Grenzwert von rechts für T_0 sind, der Grenzwert bezüglich der Folge $t_n \downarrow t$ genommen; für die verbleibenden t der Grenzwert bezüglich $t_n \uparrow t$). Dabei ist dafür zu sorgen, daß diese Operation nicht nur mit Wahrscheinlichkeit 1 zu bestimmten Resultaten bei Anwendung auf die Trajektorien ξ_t führt, sondern stets, anderenfalls erweisen sich die Zufallsgrößen $\tilde{\xi}_t$, welche wir definieren wollen, nicht auf dem ganzen Raum Ω gegeben, sondern nur fast überall (im Falle unserer Aussage nahmen wir, wenn der Grenzwert nicht existierte, den Wert 0). Wir bezeichnen das Resultat der Anwendung dieser Operation mit $\tilde{\xi}_t$ ($t \in T \setminus T_0$) und beweisen die $\mathcal{F}$-Meßbarkeit von $\tilde{\xi}_t$. Für $t \in T_0$ setzen wir $\tilde{\xi}_t = \xi_t$. Somit haben wir einen Prozeß, für den fast alle Trajektorien die Eigenschaft C besitzen, schon erhalten; es bleibt zu zeigen, daß er dem ersteren stochastisch äquivalent ist: $\mathsf{P}\{\tilde{\xi}_t = \xi_t\} = 1$ für alle $t \in T$. Bei $t \in T_0$ gibt es nichts zu beweisen; im Falle $t \in T \setminus T_0$ wird die stochastische Stetigkeit des Prozesses ξ_t und die (fast sichere) Übereinstimmung der Grenzwerte in Wahrscheinlichkeit und mit Wahrscheinlichkeit 1 benutzt.

6. Satz 2. (Kolmogorow). *Es sei ξ_t, $t \in [a, b]$, ein zufälliger Prozeß auf einem Wahrscheinlichkeitsraum mit einer bezüglich des Wahrscheinlichkeitsmaßes vollständigen σ-Algebra. Weiterhin mögen positive Konstanten C, ε und β existieren, so daß für alle $s, t \in [a, b]$*

$$\mathsf{M}\,|\xi_t - \xi_s|^\beta \leqq C\,|t - s|^{1+\varepsilon}\,. \tag{1}$$

gilt. Dann gibt es einen stochastisch äquivalenten Prozeß $\tilde{\xi}_t$, dessen Trajektorien fast alle stetig sind.

Beweis. Aus (1) folgt vor allem die stochastische Stetigkeit von ξ_t. Wir betrachten auf dem Intervall $[a, b]$ eine Teilmenge T_0, die aus Punkten der Form $k/2^n$, k und n ganz, $n \geqq 0$, besteht. Wenden wir auf (1) die Tschebyschewsche Ungleichung an, so können wir schreiben

$$\mathsf{P}\{|\xi_{(k+1)/2^n} - \xi_{k/2^n}| \geqq q^n\} \leqq C \cdot 2^{-n-n\varepsilon} q^{-n\beta}\,.$$

Wird $q = 2^{-\varepsilon/2\beta} < 1$ gewählt, so ergibt sich

$$\mathsf{P}\{|\xi_{(k+1)/2^n} - \xi_{k/2^n}| \geqq q^n\} \leqq C \cdot 2^{-n} \cdot r^n\,, \tag{2}$$

wobei $r = 2^{-\varepsilon/2} < 1$ ist.

Aus (2) folgt für beliebiges n die Abschätzung

$$\begin{aligned}
&\mathsf{P}\Big\{\max_{a \leqq k/2^n < (k+1)/2^n \leqq b} |\xi_{(k+1)/2^n} - \xi_{k/2^n}| \geqq q^n\Big\} \\
&\quad = \mathsf{P}\Big(\bigcap_{a \leqq k/2^n < (k+1)/2^n \leqq b} \{|\xi_{(k+1)/2^n} - \xi_{k/2^n}| \geqq q^n\}\Big) \\
&\quad \leqq \sum_{a \leqq k/2^n < (k+1)/2^n \leqq b} \mathsf{P}\{|\xi_{(k+1)/2^n} - \xi_{k/2^n}| \geqq q^n\} \\
&\quad \leqq (b - a)\, 2^n \cdot C \cdot 2^{-n} \cdot r^n = (b - a)\, C \cdot r^n\,.
\end{aligned} \tag{3}$$

Die Reihe dieser Wahrscheinlichkeiten konvergiert, deshalb gilt nach dem Lemma von Borel-Cantelli mit Wahrscheinlichkeit 1 ab einem $n = n_0(\omega)$ stets $|\xi_{(k+1)/2^n} - \xi_{k/2^n}| < q^n$.

Wir zeigen, daß für solche ω, für die das gilt, die Funktion $\xi_t(\omega)$ auf T_0 gleichmäßig stetig ist. Erst prüfen wir nach, daß für zwei beliebige dyadische Zahlen s und t mit $|s - t| < 1/2^n$, $s \leqq t$ und Nennern, die 2^m nicht überschreiten ($m \geqq n \geqq n_0$),

$$|\xi_t - \xi_s| \leqq 2 \sum_{i=n+1}^{m} q^i \tag{4}$$

gilt. Das beweisen wir durch Induktion. Für $m = n$ und $|s - t| > 1/2^n$ stimmen die Punkte s und t überein, so daß beide Seiten der Ungleichung (4) verschwinden. Wir nehmen an, daß für alle Werte m, die kleiner als m_0 sind, die Ungleichung (4) bewiesen ist; wir zeigen die Gültigkeit für m_0. Mit s' bezeichnen wir die unmittelbar rechts von s liegende dyadische Zahl mit einem Nenner, der kleiner als 2^{m_0} ist ($s' = s$, wenn der Nenner von s nach Kürzung kleiner als 2^{m_0} ist, und $s' = s + 1/2^{m_0}$, wenn er gleich 2^{m_0} ist). Analog definieren wir t' als die unmittelbar links von t liegende dyadische Zahl mit einem Nenner, der kleiner als 2^{m_0} ist. Wir haben $s' \leqq t'$, $|s' - t'| \leqq |s - t| < 1/2^n$; unter Benutzung der Ungleichung (4) mit $m = m_0 - 1$ für s' und t' sowie der Ungleichungen $|\xi_{t'} - \xi_t|$, $|\xi_{s'} - \xi_s| < q^{m_0}$ erhalten wir (4) für s und t.

Jetzt wählen wir für zwei dyadische $s \neq t$ mit $|t - s| < 1/2^{n_0}$ ein $n \geqq n_0$ so, daß $1/2^{n+1} \leqq |t - s| \leqq 1/2^n$ gilt; oder anders: $n < -\log_2 |t - s| \leqq n + 1$. Aus (4) erhalten wir

$$|\xi_t - \xi_s| < 2 \sum_{i=n+1}^{\infty} q^i = \frac{2q^{n+1}}{1-q} < 2\,\frac{q^{-\log_2|t-s|}}{1-q} = \frac{2}{1-q}\cdot |t-s|^{\alpha},$$

wobei für den Hölder-Exponenten $\alpha = -\log_2 q > 0$ gilt.

Das bedeutet, daß die Funktion $\xi_t(\omega)$ gleichmäßig stetig auf T_0 ist, folglich läßt sie sich stetig von den dyadischen Argumentwerten auf alle $t \in [a, b]$ fortsetzen (die Existenz eines endlichen Grenzwertes für alle irrationalen Punkte erhält man mit Hilfe des Cauchy-Kriteriums).

Jetzt setzen wir $\tilde{\xi}_t = \xi_t$ für $t \in T_0$, und für alle übrigen $t \in [a, b]$ definieren wir $\tilde{\xi}_t$ als Grenzwert von ξ_s, wobei s gegen t strebt, und dabei die dyadischen Zahlen durchläuft, falls dieser Grenzwert existiert, und als 0, wenn er nicht existiert. Unschwer prüft man nach, daß die solchermaßen definierte Größe $\tilde{\xi}_t$ meßbar bezüglich unserer grundlegenden σ-Algebra ist. Mit Wahrscheinlichkeit 1 gilt dabei für alle $t \in [a, b]$ gleichzeitig die erste Möglichkeit — die Existenz der Grenzwerte, und die Trajektorie ist stetig in t.

Es verbleibt zu zeigen, daß $\mathsf{P}\{\tilde{\xi}_t = \xi_t\} = 1$ gilt. Für dyadische t gilt das nach Definition; für die verbleibenden folgt fast sicher

$$\tilde{\xi}_t = \lim_{\substack{s\to t\\ s\in T_0}} \xi_s = \lim_{\substack{s\to t\\ s\in T}} (\mathsf{P})\, \xi_s = \xi_t\,,$$

weil der Prozeß stochastisch stetig ist.

Der Satz ist bewiesen.

7. **Bemerkung 1.** Ist ξ_t ein auf einem unbeschränkten Zeitintervall definierter zufälliger Prozeß, dann ist für die Existenz eines ihm stochastisch äquivalenten Prozesses mit stetigen Trajektorien hinreichend, daß (1) für $|t - s| \leqq h$ erfüllt ist, wobei h eine

positive Konstante ist. In der Tat läßt sich ein unbeschränktes Intervall in eine abzählbare Anzahl von Abschnitten der Länge $\leqq h$ zerlegen, und auf jedem von ihnen wird $\tilde{\xi}_t$ gesondert definiert, dabei ist die Wahrscheinlichkeit dafür, daß die Trajektorie $\tilde{\xi}_t$ überall stetig ist, gleich der Wahrscheinlichkeit des Durchschnittes abzählbar vieler Ereignisse der Wahrscheinlichkeit 1, und folglich auch selbst gleich 1.

Insbesondere

a) besitzt jeder im weiteren Sinne stationärer Prozeß eine Modifikation mit stetigen Trajektorien, wenn er nur im Quadratmittel differenzierbar ist; hier kann man die Konstante β gleich 2 wählen

$$\mathsf{M}\,|\xi_t - \xi_s|^2 = 2\mathrm{Re}\,\big(K(0) - K(t-s)\big) = O\big((t-s)^2\big)\,.$$

Ist der Prozeß zweimal im Quadratmittel differenzierbar, dann kann man seine Trajektorien als einmal stetig differenzierbar ansehen, usw.;

b) existiert ein WIENER-Prozeß mit stetigen Trajektorien, weil für den WIENER-Prozeß w_t

$$\mathsf{M}(w_t - w_s)^4 = 3(t-s)^2$$

gilt.

Bemerkung 2. Aus der Bedingung (1) folgt die Existenz eines Prozesses $\tilde{\xi}_t$ nicht bloß mit auf dem Intervall $[a, b]$ stetigen Trajektorien, sondern mit Trajektorien, die einer HÖLDER-Bedingung $|\tilde{\xi}_t - \tilde{\xi}_s| \leqq k\,|t-s|^\alpha$, $\alpha > 0$ genügen. Die Konstante k ist hier zufällig (oder man wählt eine nichtzufällige Konstante, dann ist die Ungleichung aber nur für $|t-s| \leqq h$ erfüllt, wobei nun $h > 0$ zufällig ist). Wir formulieren eine fakultative Aufgabe.

Aufgabe 2*. Man stelle für den WIENER-Prozeß w_t, $0 \leqq t \leqq 1$, fest, für welche α der Ausdruck $k = \sup\,(|w_t - w_s|/|t-s|^\alpha)$ mit Wahrscheinlichkeit 1 endlich ist.

Bemerkung 3. Der bewiesene Satz läßt sich auf zufällige Felder in R^m verallgemeinern, in diesem Falle muß man anstelle von (1) fordern, daß die Momente der Zuwächse die Größe $C\,|t-s|^{m+\varepsilon}$ nicht übersteigen, weil die Anzahl benachbarter dyadischer Punkte mit den Nennern 2^n und mithin auch die Summe in (3) von der Ordnung $(2^n)^m$ ist.

Aufgabe 3. Man beweise, daß ein GAUSSscher Prozeß $Z(t)$, $0 \leqq t \leqq 1$, mit verschwindendem Erwartungswert und der Korrelationsfunktion $K(t, s) = t \wedge s - ts$ existiert, dessen Trajektorien fast alle stetig sind.

8. In bestimmten Fällen kann das Problem, ob ein Prozeß mit gegebenen endlichdimensionalen Verteilungen existiert, für den fast alle Realisierungen eine gewisse Eigenschaft D besitzen, geeignet in zwei Aufgaben geteilt werden: erstens, ob ein Prozeß mit den gegebenen endlichdimensionalen Verteilungen existiert, dessen Realisierungen fast alle die Eigenschaft C haben, und zweitens ist eine Aufgabe der Form c) aus Punkt 1 zu lösen. (Das ist dann vorteilhaft, wenn die sich ergebenden Teilaufgaben leichter als das Ausgangsproblem sind.) Wir wollen noch einige Worte über die Lösung der Aufgabe über Eigenschaften mit Wahrscheinlichkeit 1 der Form c) verlieren.

Man kann sie für C und $D \in \mathcal{B}^T$ lösen, wenn D eine Darstellung in der Form $D = C \cap B$, $B \in \mathcal{B}^T$, $\Phi_{\xi.}(B) = 1$ gestattet. In diesem Falle gilt $\mathsf{P}\{\xi. \notin D\} = \mathsf{P}\{\xi. \notin C\} \cup \{\xi. \notin B\}) \leqq \mathsf{P}\{\xi. \notin C\} + \mathsf{P}\{\xi. \notin B\} = 0$. Das gleiche gilt im Fall $C \cap B \subseteqq D$ (wenn die σ-Algebra $\mathcal{F}$ bezüglich P vollständig ist).

9. *Separabilität.* Der Eigenschaft der Separabilität wird in vielen Büchern über die Theorie zufälliger Prozesse große Aufmerksamkeit geschenkt, man kann sie als eine sehr schwache Regularitätsforderung an die Realisierungen ansehen — so schwach, daß zu jedem Prozeß eine separable Modifikation existiert, und es ist möglich, Resultate des folgenden Types zu beweisen: Ist ein Prozeß separabel und erfüllen seine endlichdimensionalen Verteilungen eine gewisse Forderung, dann besitzen fast alle Realisierungen gewisse Eigenschaften (das sind Resultate der Aufgabenstellung c) Punkt 1).

Ein zufälliger Prozeß ξ_t, $t \in T$, heißt *separabel*, wenn in T eine abzählbare Teilmenge T_0 existiert, so daß mit Wahrscheinlichkeit 1 für alle $t \in T \setminus T_0$ die $\xi_t(\omega)$ zur Menge aller Häufungspunkte von $\xi_s(\omega)$ für $s \to t$, $s \in T_0$ gehören. Mit anderen Worten besitzen fast alle Realisierungen die folgende Eigenschaft: Der Graph von $\xi_t(\omega)$, $t \in T$, ist in der Abschließung des Graphen von $\xi_s(\omega)$, $s \in T_0$, enthalten (diese Eigenschaft besitzen zum Beispiel die Funktionen links und in der Mitte in Abb. 13, aber nicht die rechts abgebildete Funktion).

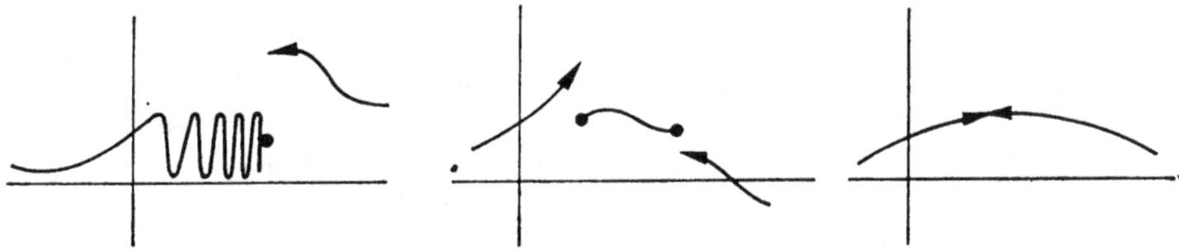

Abb. 13

Satz 3. *Es sei ξ_t, $t \in T$, ein stochastisch stetiger zufälliger Prozeß auf dem Wahrscheinlichkeitsraum $(\Omega, \mathcal{F}, \mathsf{P})$, wobei die σ-Algebra $\mathcal{F}$ vollständig bezüglich der Wahrscheinlichkeit P ist. Dann existiert ein ihm stochastisch äquivalenter separabler Prozeß $\tilde{\xi}_t$, $t \in T$, mit Werten in der erweiterten Zahlengeraden $[-\infty, \infty]$, dabei kann als Separabilitätsmenge T_0 jede beliebige überall dichte abzählbare Teilmenge von T gewählt werden.*

Beweis. Selbstverständlich lassen wir ξ_t für $t \in T_0$ wie es ist: $\tilde{\xi}_t = \xi_t$. Für $t \in T \setminus T_0$ setzen wir $\tilde{\xi}_t = \xi_t$, wenn ξ_t in die Menge aller Häufungspunkte von ξ_s bezüglich $s \to t$, $s \in T_0$ fällt. Gehört ξ_t nicht zu dieser Menge, setzen wir $\tilde{\xi}_t = \overline{\lim\limits_{\substack{s \to t \\ s \in T_0}}}\, \xi_s$. Hierbei sind drei Dinge zu beweisen. Zuerst, daß man auf diese Weise einen zufälligen Prozeß erhält; dafür genügt es, die Meßbarkeit der Menge $A_t = \{\xi_t \notin$ der Menge aller Häufungspunkte von ξ_s für $s \to t$, $s \in T_0\}$ und die Meßbarkeit der Funktion $\overline{\lim\limits_{\substack{s \to t \\ s \in T_0}}}\, \xi_s$ zu zeigen, letzteres ist klar, weil diese Funktion gleich $\inf\limits_m \sup\limits_{\substack{|s-t|<1/m \\ s \in T_0}} \xi_s$ ist.

Aufgabe 4. Man beweise

$$A_t = \bigcap_{\substack{\alpha<\beta \\ \alpha,\beta \text{ rat.}}} \{\alpha < \xi_t < \beta\} \cap \bigcap_{m=1}^{\infty} \bigcup_{\substack{|s-t|<1/m \\ s \in T_0}} \{\xi_s \notin (\alpha, \beta)\} .$$

Zweitens ist festzustellen, ob der erhaltene Prozeß separabel ist, das ist aber klar. Und drittens, — daß er dem Ausgangsprozeß stochastisch äquivalent ist. Dafür genügt es zu zeigen, daß $\mathsf{P}(A_t) = 0$ gilt. Dies folgt aber daraus, daß $\xi_s \xrightarrow{(\mathsf{P})} \xi_t$ für $s \to t$, $s \in T_0$ und mithin eine Folge $t_n \to t$, $t_n \in T_0$ existiert, so daß $\xi_t = \lim\limits_{n \to \infty} \xi_{t_n}$ fast sicher gilt.

Bemerkung 1. Lassen wir nur zahlenwertige (ohne $\pm\infty$) Prozesse zu, so ist die Behauptung des Theorems verständlicherweise falsch (man konstruiere ein Beispiel!).

Bemerkung 2. Selbstverständlich braucht T nicht nur eine Teilmenge von R^1 zu sein, man kann dafür jeden separablen metrischen Raum nehmen, und für den Raum X, in dem die Werte von ξ_t liegen, ein beliebiges Kompaktum (anstelle von Intervallen mit rationalen Endpunkten muß man dann eine abzählbare Basis offener Mengen wählen).

Bemerkung 3. Ist der Prozeß nicht stochastisch stetig, dann gibt es, wie sich zeigt, auch zu ihm eine separable Modifikation, nur kann man die Separabilitätsmenge T_0 nicht als willkürliche dichte Teilmenge von T wählen (vgl. Doob [1], Kap. II, § 2, Theorem 2.4).

Der Satz von Kolmogorow und die Aussage aus Punkt 3 lassen sich auf die folgende Weise neu formulieren: Ist der Prozeß ξ_t *separabel* und ist die Bedingung (1) erfüllt (oder $\mathsf{P}\{\xi_s \leqq \xi_t\} = 1$ für $s \leqq t$), dann sind fast alle Realisierungen des Prozesses stetig (monoton).

Jedoch ist Nutzen der Betrachtung dieser Separabilitätseigenschaft hier nicht sehr bedeutend, weil wir durch die Zerlegung der Aufgabe über Eigenschaften mit Wahrscheinlichkeit 1 in zwei einmal eine sehr leichte Aufgabe erhalten, die andere ist aber kaum leichter als das Ausgangsproblem.

§ 5.3. Absolutstetigkeit unendlichdimensionaler Verteilungen und Dichten

Die Verteilung einer zufälligen Funktion ist ein Maß auf $(X^T, \mathcal{B}^T)$, und natürlich ist es sinnvoll, von der Absolutstetigkeit einer Verteilung bezüglich einer anderen, über Singularität usw. zu sprechen. Abgesehen von der theoretischen Bedeutung sind alle diese Begriffe sehr wichtig für die Aufgaben der Mathematischen Statistik, die mit stochastischen Prozessen zusammenhängen. In diesem Paragraphen wird das Material in Form von Aufgaben gegeben, die sowohl den Charakter von Übungen, als auch von Aussagen haben.

In den Aufgaben allgemeineren Charakters werden stets die folgenden Bezeichnungen benutzt: Φ ist die Verteilung der zufälligen Funktion ξ_t, $t \in T$, auf dem Wahrscheinlichkeitsraum $(\Omega, \mathcal{F}, \mathsf{P})$; Φ' die Verteilung der zufälligen Funktion η_t, $t \in T$, auf $(\Omega', \mathcal{F}', \mathsf{P}')$ (die zufällige Funktionen ξ_t und η_t nehmen ihre Werte in ein und demselben meßbaren Raum an); $\Phi_{t_1 \ldots t_n}$ und $\Phi'_{t_1 \ldots t_n}$ sind die entsprechenden endlichdimensionalen Verteilungen.

1. Aufgabe 1. Man beweise, daß die Verteilungen folgender Prozesse auf $T = [0, 1]$ zueinander singulär sind: der Wiener-Prozeß w_t und die Prozesse $\xi_t = w_t + 1$, $\eta_t = 2w_t$.

Hinweis. Um beispielsweise die Singularität von Φ_ξ und Φ_η zu zeigen, genügt es, sich eine Funktion so auszudenken, daß $f(\xi_\cdot)$ mit Wahrscheinlichkeit 1 irgendeinen Wert a, aber $f(\eta_\cdot)$ mit Wahrscheinlichkeit 1 einen Wert $b \neq a$ annimmt. Dann gelten für die Menge $C_a = \{x_\cdot : f(x_\cdot) = a\}$ die Beziehungen $\Phi_{\xi_\cdot}(C_a) = 1$, $\Phi_{\eta_\cdot}(C_a) = 0$, und für ihr Komplement $\Phi_{\xi_\cdot}(R^T \setminus C_a) = 0$, $\Phi_{\eta_\cdot}(R^T \setminus C_a) = 1$.

Ist die Verteilung Φ' absolutstetig bezüglich Φ, so existiert eine bezüglich $\mathcal{B}^T$ meßbare Dichte $h(x_\cdot) = \Phi'(dx_\cdot)/\Phi(dx_\cdot)$: Für beliebige $C \in \mathcal{B}^T$ gilt

$$\Phi'(C) = \int_C h(x_\cdot)\, \Phi(dx_\cdot)\,. \tag{1}$$

Aufgrund der bekannten Eigenschaften des Lebesgue-Integrales gilt dabei für jede $\mathcal{B}^T$-meßbare Funktion f

$$\int_{X^T} f(x_\cdot)\, \Phi'(dx_\cdot) = \int_{X^T} f(x_\cdot)\, h(x_\cdot)\, \Phi(dx_\cdot)\,. \tag{2}$$

Konvergiert dabei eines dieser Integrale, so konvergiert das andere auch. Unter Benutzung von Formel (1) § 1 kann man die Formeln (1) und (2) in der Form

$$\mathsf{P}'\{\eta_\cdot \in C\} = \mathsf{M}\chi_{\{\xi_\cdot \in C\}}\pi\,, \tag{3}$$

$$\mathsf{M}'f(\eta_\cdot) \quad = \mathsf{M}f(\xi_\cdot)\,\pi \tag{4}$$

schreiben, wobei $\pi = h(\xi.)$ gilt und M' der dem Maße P' entsprechende Erwartungswert ist. Leicht sieht man, daß π eine nichtnegative, bezüglich $\mathcal{F}_{\xi_t, t \in T}$ meßbare Zufallsgröße mit $\mathsf{M}\pi = 1$ ist.

Aufgabe 2. Die nichtnegative $\mathcal{B}^T$-meßbare Funktion $h(x.)$ ist die Dichte der Verteilung der zufälligen Funktion η_t, $t \in T$, auf dem Raum $(\Omega', \mathcal{F}', \mathsf{P}')$ bezüglich der Verteilung der zufälligen Funktion ξ_t, $t \in T$, auf $(\Omega, \mathcal{F}, \mathsf{P})$ dann und nur dann, wenn

$$\mathsf{P}'\{(\eta_{t_1}, \ldots, \eta_{t_n}) \in A\} = \int\limits_{\{(\xi_{t_1}, \ldots, \xi_{t_n}) \in A\}} \pi(\omega)\, \mathsf{P}(\mathrm{d}\omega)$$

für beliebige $t_1, \ldots, t_n \in T$, $A \in \mathcal{B}^n$ gilt, wobei $\pi(\omega) = h(\xi.(\omega))$ ist.

Aufgabe 3. Dafür, daß die Verteilung Φ' absolutstetig bezüglich Φ ist, ist hinreichend, daß zu jedem $\varepsilon > 0$ ein $\delta > 0$ existiert, so daß für alle $t_1, \ldots, t_n \in T$ und $A \in B^n$ aus $\Phi_{t_1 \ldots t_n}(A) < \delta$ die Beziehung $\Phi'_{t_1 \ldots t_n}(A) < \varepsilon$ folgt.

Aufgabe 4. Dafür, daß die Verteilungen Φ und Φ' singulär sind, ist hinreichend, daß für alle $\varepsilon > 0$ solche $t_1, \ldots, t_n \in T$ und $A \in \mathcal{B}^n$ existieren, daß

$$\Phi_{t_1 \ldots t_n}(A) > 1 - \varepsilon\,, \qquad \Phi'_{t_1 \ldots t_n}(X^n \setminus A) > 1 - \varepsilon$$

gilt.

Aufgabe 5. Es seien w_t ein in Null beginnender WIENER-Prozeß und $\xi_t = w_t + bt$. Man zeige, daß die Verteilung des Prozesses ξ_t, $0 \leqq t \leqq 1$, absolutstetig bezüglich der Verteilung von w_t, $0 \leqq t \leqq 1$, mit der Dichte $\dfrac{\Phi_{\xi.}(\mathrm{d}x.)}{\Phi_{w.}(\mathrm{d}x.)} = h(x.) = \exp(bx_1 - b^2/2)$ ist.

Aufgabe 6*. Man beweise, daß die Bedingungen für die Absolutstetigkeit und Singularität der Aufgaben 3 und 4 nicht nur hinreichend, sondern auch notwendig sind.

Wenn bei irgendwelchen $t_1, \ldots, t_n$ die Verteilung $\Phi'_{t_1 \ldots t_n}$ nicht absolutstetig bezüglich $\Phi_{t_1 \ldots t_n}$ ist, so ist klar, daß die unendlichdimensionale Verteilung Φ' nicht absolutstetig bezüglich Φ ist. Sind alle endlichdimensionalen Verteilungen $\Phi'_{t_1 \ldots t_n}$ absolutstetig bezüglich $\Phi_{t_1 \ldots t_n}$, dann kann die Verteilung Φ' sowohl absolutstetig oder nicht bezüglich Φ, als auch singulär sein. Der Fall, daß alle endlichdimensionalen Verteilungen absolutstetig sind, ist von besonderem Interesse. Wir führen dann die folgende Bezeichnung ein

$$h_{t_1 \ldots t_n}(x_1, \ldots, x_n) = \frac{\Phi'_{t_1 \ldots t_n}(\mathrm{d}x_1 \ldots \mathrm{d}x_n)}{\Phi_{t_1 \ldots t_n}(\mathrm{d}x_1 \ldots \mathrm{d}x_n)}. \tag{5}$$

Aufgabe 7. Wenn zu einem gewissen $0 < \alpha < 1$ für jedes $\varepsilon > 0$ solche $t_1, \ldots, t_n \in T$ existieren, daß

$$\int\limits_{X^n} \cdots \int [h_{t_1 \ldots t_n}(x_1, \ldots, x_n)]^\alpha\, \Phi_{t_1 \ldots t_n}(\mathrm{d}x_1 \ldots \mathrm{d}x_n) < \varepsilon \tag{6}$$

gilt, dann sind die Verteilungen Φ und Φ' zueinander singulär.

Aufgabe 8. Es seien ξ_t, $0 \leqq t \leqq 1$, der CAUCHY-Prozeß (vgl. § 1.2, Punkt 6) und $\eta_t = \xi_t + ct$, $0 \leqq t \leqq 1$. Man beweise, daß für $c \neq 0$ die Verteilungen $\Phi_{\xi.}$ und $\Phi_{\eta.}$ zueinander singulär sind.

Wir setzen in die Funktionen $h_{t_1 \ldots t_n}(x_1, \ldots, x_n)$ die Werte $x_{t_1}, \ldots, x_{t_n}$ einer beliebigen Funktion $x. \in X^T$ ein. Leicht erkennt man, daß bei einer Permutation der $t_1, \ldots, t_n$ die Funktion $h_{t_1 \ldots t_n}(x_{t_1}, \ldots, x_{t_n})$ sich nur auf einer Menge vom Φ-Maß 0 ändert, und somit kann man eine Variante der Dichte (5) wählen, so daß $h_{t_1 \ldots t_n}(x_{t_1}, \ldots, x_{t_n})$ nur von $x.$ und von der Menge $S = \{t_1, \ldots, t_n\} \subseteqq T$ abhängt. Diese Funktion bezeichnen wir mit h_S

$$h_S(x.) = h_{\{t_1, \ldots, t_n\}}(x.) = h_{t_1 \ldots t_n}(x_{t_1}, \ldots, x_{t_n}) .$$

Das ist die Dichte der Verteilung Φ' bezüglich Φ, aber nicht auf der ganzen σ-Algebra $\mathcal{B}^T$, sondern nur auf der Teil-σ-Algebra $\mathcal{B}^S(X^T)$, die durch die Funktionen $x_{t_1}, \ldots, x_{t_n}$ erzeugt wird (d. h. sie besteht aus Mengen der Gestalt $\{x.: (x_{t_1}, \ldots, x_{t_n}) \in A\}$, $A \in \mathcal{B}^n$). (Beweis!)

Das Integral in der Formel (6) läßt sich nach Einsetzen von $h_S(x.)$ als

$$\int_{X^T} [h_S(x.)]^\alpha \, \Phi(\mathrm{d}x.)$$

schreiben.

Auch die Bedingung von Aufgabe 7 läßt sich anders schreiben, wobei anstelle über X^T über die Menge Ω integriert wird. Wir führen zu jedem endlichen $S = \{t_1, \ldots, t_n\} \subseteqq T$ die Zufallsgröße

$$\pi_S = h_S(\xi.) = h_{t_1 \ldots t_n}(\xi_{t_1}, \ldots, \xi_{t_n})$$

ein. Das Integral in der Formel (6) ist nichts anderes als $\mathsf{M}\pi_S^\alpha$.

2. Jetzt wenden wir uns der Frage zu, wie die Dichte $h(x.)$ der unendlichdimensionalen Verteilungen durch die Dichte der endlichdimensionalen — durch $h_{t_1 \ldots t_n}(x_1, \ldots, x_n)$ oder $h_S(x.)$ — zu finden ist; oder, was das gleiche bedeutet, wie man $\pi = h(\xi.)$ durch die oben eingeführte Zufallsgröße π_S bestimmt.

Es kann sich erweisen, daß für endliche Mengen S, die in T immer dichter liegen, π_S gegen eine gewisse Zufallsgröße π^* (sagen wir, in Wahrscheinlichkeit) konvergiert. Wir wollen die entsprechenden Definitionen einführen.

Es sei $a(S)$ eine zahlenwertige Funktion endlicher Teilmengen der Menge T. Nach Definition ist die Zahl a der Grenzwert von $a(S)$ für unbeschränkt wachsendes S (in Zeichen: $a(S) < a$ für $S \uparrow$ oder $\lim\limits_{S\uparrow} a(S) = a$), wenn zu jedem $\varepsilon > 0$ eine endliche Menge $S_0 \subseteqq T$ so existiert, daß $|a(S) - a| < \varepsilon$ für alle S, $S_0 \subseteqq S \subseteqq T$ gilt. Entsprechend definieren wir die Konvergenz in Wahrscheinlichkeit: Ist $\xi(S)$ eine auf den endlichen Teilmengen von T definierte zufällige Funktion, so sei $\xi = \lim\limits_{S\uparrow} (\mathsf{P})\, \xi(S)$, wenn $\lim\limits_{S\uparrow} \mathsf{P}\{|\xi(S) - \xi| \geqq \varepsilon\} = 0$ für beliebiges $\varepsilon > 0$ gilt.

Somit setzen wir voraus, daß die Zufallsgröße

$$\pi^* = \lim_{S\uparrow} (\mathsf{P})\, \pi_S$$

existiert. Es kann sich zeigen, daß, falls dieser Grenzwert existiert, die Verteilung Φ' absolutstetig bezüglich Φ ist, und π^* fast sicher mit derjenigen Zufallsgröße π übereinstimmt, die man bei Einsetzen der Realisierung $\xi.$ in die unendlichdimensionale Dichte erhält. Jedoch ist das nicht unbedingt so, weil $\mathsf{M}\pi^*$ verschieden von 1 sein kann.

Aufgabe 9. Man zeige, daß $\mathsf{M}\pi^* \leqq 1$ gilt.

Aufgabe 10. Ist die Verteilung Φ' absolutstetig bezüglich Φ, so gilt $\mathsf{M}\pi^* = 1$. Man beweise das.

Aufgabe 11. Man beweise: Für $\mathsf{M}\pi^* = 1$ ist die Verteilung Φ' absolutstetig bezüglich Φ, und es gilt $\pi^* = \pi = h(\xi.)$ (fast sicher), dabei ist $h(x.) = \dfrac{\Phi'(\mathrm{d}x.)}{\Phi(\mathrm{d}x.)}$.

Aufgabe 12*. Die Verteilungen Φ und Φ' sind dann und nur dann zueinander singulär, wenn $\mathsf{M}\pi^* = 0$ gilt (anders ausgedrückt, wenn fast sicher $\pi^* = 0$ ist).

In § 7.3 werden wir zeigen, daß der Grenzwert der Zufallsgrößen π_S, der mit den Dichten von Φ' bezüglich Φ auf den σ-Algebren $\mathcal{B}^S(X^T)$ zusammenhängt, fast sicher für jede nichtfallende Folge endlicher Mengen $S_n \subseteqq T$ existiert. Aber bei der Lösung konkreter Aufgaben brauchen wir uns nicht auf diese allgemeine Aussage zu berufen, weil die Existenz des Grenzwertes von π_S sich ohnehin herausstellt.

Aufgabe 13. Es seien w_t, $t \in [0, 1]$, ein WIENER-Prozeß und $\eta_t = w_t - ctw_1$ (c konstant). Für welche c ist die Verteilung $\Phi_{\eta.}$ absolutstetig bezüglich $\Phi_{w.}$, und wie wird die Dichte ausgedrückt?

In den bis jetzt angeführten Aufgaben stießen wir nur auf extreme Situationen: Entweder sind beide Verteilungen zueinander absolutstetig oder sie sind singulär. Das ist keineswegs immer so.

Aufgabe 14. Es seien ξ_t, $t \in [0, 1]$, ein POISSON-Prozeß mit dem Parameter $a > 0$ und $\eta_t \equiv 0$, $t \in [0, 1]$. Sind die Verteilungen $\Phi_{\xi.}$ und $\Phi_{\eta.}$ zueinander absolutstetig? Man bestimme die Dichte der Verteilung $\Phi_{\eta.}$ bezüglich $\Phi_{\xi.}$.

Die folgende Aufgabe ist sehr wichtig, insbesondere für die Theorie der Diffusionsprozesse. Das ist ein bedeutender Satz.

Aufgabe 15. Es seien w_t ein WIENER-Prozeß auf dem Intervall von 0 bis T ($\leqq \infty$) und $\xi_t = w_t + \varphi_t$. Für die Absolutstetigkeit der Verteilung $\Phi_{\xi.}$ bezüglich $\Phi_{w.}$ ist notwendig und hinreichend, daß die Funktion φ absolutstetig ist, $\varphi_0 = 0$ (d. h. $\varphi_t = \int_0^t \dot{\varphi}_s\,ds$, wobei der Punkt die Differentiation nach der Zeit bezeichnet) und $\int_0^T \dot{\varphi}_t^2\,dt < \infty$ gilt. Hierbei wird die Dichte von $\Phi_{\xi.}$ bezüglich $\Phi_{w.}$ durch die Formel

$$\pi = \frac{d\Phi_{\xi.}}{d\Phi_{w.}}(w.) = \exp\left\{\int_0^T \dot{\varphi}_t\,dw_t - \frac{1}{2}\int_0^T \dot{\varphi}_t^2\,dt\right\}$$

gegeben.

Hinweis. Zuerst muß man zeigen, daß $\mathsf{M}\pi = 1$ gilt.

Wegen $\pi > 0$ ist die Absolutstetigkeit wechselseitig erfüllt. Leicht zeigt man, daß, falls φ_t keine absolutstetige Funktion mit einer quadratisch integrierbaren Ableitung ist oder $\varphi_0 \neq 0$ gilt, die Verteilungen $\Phi_{\xi.}$ und $\Phi_{w.}$ singulär sind.

Das Ergebnis von Aufgabe 15 läßt sich unmittelbar und auf ganz natürliche Weise für den r-dimensionalen WIENER-Prozeß verallgemeinern

$$\pi = \exp\left\{\sum_{i=1}^{r}\int_0^T \dot{\varphi}^i_t\,dw^i - \frac{1}{2}\int_0^T \sum_{i=1}^{r} (\dot{\varphi}_t^i)^2\,dt\right\}.$$

3. Jetzt folgt noch etwas Theorie, die nicht in Form von Aufgaben gegeben wird.

Es sei die Verteilung Φ' der zufälligen Funktion η_t, $t \in T$, absolutstetig bezüglich Φ, der Verteilung von ξ_t, $t \in T$, wobei uns die Dichte bekannt sein möge. Weiter sei uns die Verteilung Φ_ζ der Zufallsgröße ζ bekannt, die durch Anwendung eines gewissen $\mathcal{B}^T$-meßbaren Funktionales f auf ξ_t entsteht: $\zeta = f(\xi.)$. Was läßt sich dann über die Verteilung Φ_τ einer Zufallsgröße $\tau = f(\eta.)$ sagen, die, ebenso wie ζ durch ξ_t, durch die zufällige Funktion η_t definiert wird?

Es erweist sich, daß die Verteilung Φ_τ absolutstetig bezüglich Φ_ζ ist. Tatsächlich folgt aus $\Phi_\zeta(A) = 0$, $A \in B^1$, die Beziehung $\Phi\{x.: f(x.) \in A\} = 0$, und hieraus $\Phi'\{x.: f(x.) \in A\} = 0$, d. h. $\Phi_\tau(A) = 0$. Wie läßt sich $\Phi_\tau(dx)/\Phi_\zeta(dx)$ ausdrücken? Wir bezeichnen diese Dichte, welche nach dem Satz von RADON-NIKODYM existiert, mit $g(x)$. Wir haben $\mathsf{P}'\{\tau \in A\} = \int_A g(x)\,\Phi_\zeta(dx)$, oder

$$\mathsf{P}'\{\tau \in A\} = \int_{\{\zeta \in A\}} g(\zeta)\,\mathsf{P}(d\omega)\,. \tag{7}$$

Andererseits gilt aufgrund von (3)

$$\mathsf{P}'\{\tau \in A\} = \mathsf{P}'\{\eta. \in f^{-1}(A)\} = \int_{\{\zeta \in A\}} \pi \mathsf{P}(d\omega) . \tag{8}$$

Weil in (7) die Funktion $g(\zeta)$ meßbar bezüglich der von der Zufallsgröße ζ erzeugten σ-Algebra ist und die Integration sich über eine beliebige Menge aus dieser σ-Algebra erstreckt, bedeuten die Formeln (7) und (8), daß $g(\zeta)$ sich als eine der Varianten der bedingten Erwartung $\mathsf{M}(\pi \mid \zeta)$ erweist, oder in anderer Form geschrieben

$$g(x) = \mathsf{M}\{\pi \mid \zeta = x\} . \tag{9}$$

Selbstverständlich ist diese Dichte nur bis auf Mengen vom Φ_ζ-Maß Null eindeutig definiert. Um sie zu finden, genügt es, die gemeinsame Verteilung der Zufallsgrößen π und ζ zu kennen.

Nun geben wir noch einige fakultative Aufgaben an.

Aufgabe 16*. Es seien ξ_t, $t \in T$, eine zufällige Funktion auf dem Wahrscheinlichkeitsraum $(\Omega, \mathcal{F}, \mathsf{P})$ und π eine beliebige nichtnegative Zufallsgröße auf demselben Raum mit $\mathsf{M}\pi = 1$. Wir setzen $\mathsf{P}'(B) = \mathsf{M}\chi_B\pi$, $B \in \mathcal{F}$. Man zeige, daß die Verteilung Φ' der zufälligen Funktion ξ_t auf dem Wahrscheinlichkeitsraum $(\Omega, \mathcal{F}, \mathsf{P}')$ absolutstetig bezüglich der Verteilung Φ der zufälligen Funktion ξ_t auf dem Raum $(\Omega, \mathcal{F}, \mathsf{P})$ ist.

Es ist bekannt (siehe Itô und McKean [1], Aufgabe 1.7.1), daß die gemeinsame Verteilung des Maximums eines Wiener-Prozesses w_t mit stetigen Trajektorien auf dem Intervall $[0, T]$ und seines Wertes am Ende dieses Intervalles eine Dichte besitzt, die wir nun beschreiben werden. Wir nehmen $w_0 = 0$ an und setzen $\eta = \max_{0 \leq t \leq T} w_t$. Dann gilt

$$p_{w_T,\eta}(a, b) = \begin{cases} (2/\pi T^3)^{1/2}\,(2b - a)\,\mathrm{e}^{-(2b-a)^2/2T}, & \text{wenn } 0 \leqq b, \text{ oder } b \geqq a \\ 0, & \phantom{\text{wenn }} b < 0 \text{ oder } b < a \end{cases}.$$

Dieses benutzend und mittels der Resultate der Aufgaben 2 und 13, in denen festgestellt wird, daß die Dichte der Verteilung eines entsprechenden Prozesses bezüglich des Wiener-Prozesses nur von den Werten der Trajektorien im letzten Zeitpunkt abhängt, sowie Formel (9), löse man die folgenden Aufgaben.

Aufgabe 17*. Man bestimme die Verteilung der Zufallsgröße

$$\max_{0 \leqq t \leqq T} (w_t + bt) ,$$

wobei w_t ein Wiener-Prozeß mit stetigen Trajektorien und b eine Konstante sind.

Mittels eines Grenzüberganges bestimme man die Verteilung von $\max_{0 \leqq t < \infty} (w_t + bt)$.

Aufgabe 18*. Man gebe die Verteilung der Zufallsgröße

$$\max_{0 \leqq t \leqq 1} (w_t - ctw_1)$$

an, wobei c eine von 1 verschiedene Konstante ist. Durch einen Grenzübergang ermittele man auch die Verteilung bei $c = 1$.

KAPITEL 6

MARKOW-ZEITEN, PROGRESSIV MESSBARE ZUFÄLLIGE FUNKTIONEN

Dieses Kapitel ist nicht in Paragraphen unterteilt.

1. Gegeben sei eine nichtfallende Familie von σ-Algebren $\mathcal{F}_t$, $t \in T \subseteq R^1$ im Raum der Elementarereignisse: $\mathcal{F}_s \subseteq \mathcal{F}_t$ für $s \leq t$. Alle diese σ-Algebren setzen wir als Teil-σ-Algebren der zugrunde liegenden σ-Algebra $\mathcal{F}$ voraus.

Mit Beispielen solcher Familien von σ-Algebren sind wir schon bekanntgemacht worden: beispielsweise die σ-Algebren $\mathcal{F}_{\leq t}$, die für jeden zufälligen Prozeß definiert sind (vgl. § 3.1), oder — im Falle stetiger Zeit — $\mathcal{F}_{\leq t+}$.

Wir geben die Definition einer *Markow-Zeit.*

Es sei $\tau(\omega)$ eine Zufallsgröße, die Werte in T oder den Wert $+\infty$ annimmt. Wir sagen, daß τ eine Markow-Zeit (bezüglich der gegebenen Familie von σ-Algebren) ist, wenn für beliebige $t \in T$

$$\{\tau \leq t\} \in \mathcal{F}_t \tag{1}$$

gilt.

Wir betrachten ein sehr einfaches Beispiel, wenn die Zeit diskret ist: $T = \{0, 1, 2, \ldots\}$, und die σ-Algebren $\mathcal{F}_0$, $\mathcal{F}_1$, $\mathcal{F}_2$ endliche Algebren sind, wobei jede von ihnen durch eine gewisse endliche Zerlegung des Raumes Ω erzeugt wird (die Forderung $\mathcal{F}_0 \subseteq \mathcal{F}_1 \subseteq \mathcal{F}_2 \subseteq \ldots$ reduziert sich in diesem Fall darauf, daß jede folgende Zerlegung feiner ist, als die vorhergehende). Es sei $\xi_0, \xi_1, \xi_2, \ldots$ eine in Null beginnende symmetrische zufällige Irrfahrt auf den ganzzahligen Punkten der Geraden. Sie läßt sich so darstellen: Wir führen eine Reihe von Münzwürfen aus und setzen $\xi_n = \xi_{n-1} + 1$, wenn beim n-ten Wurf Wappen fällt und $\xi_n = \xi_{n-1} - 1$, wenn die Münze Zahl zeigt ($\xi_0 = 0$). Als $\mathcal{F}_n$ nehmen wir die σ-Algebren $\mathcal{F}_{\leq n} = \sigma\{\xi_k, k \leq n\}$. Hier ist die Algebra $\mathcal{F}_0$ durch eine *ganze* Zerlegung des Raumes der Elementarereignisse erzeugt, d. h. in $\mathcal{F}_0$ liegen zwei Mengen: $\emptyset$ und Ω; $\mathcal{F}_1$ durch die Zerlegung $\Omega = \{\xi_1 = -1\} \cup \{\xi_2 = 1\}$; $\mathcal{F}_2$ durch die Zerlegung $\Omega = \{\xi_1 = -1, \xi_2 = -2\} \cup \{\xi_1 = -1, \xi_2 = 0\} \cup \{\xi_1 = 1, \xi_2 = 0\} \cup \{\xi_1 = 1, \xi_2 = 2\}$, usw.

Wir betrachten die zufällige Zeit τ des ersten Erreichens der Punkte ± 2 bei unserer Irrfahrt (werden sie bei der zufälligen Irrfahrt nicht erreicht, setzen wir $\tau = \infty$)

$$\tau = \begin{cases} \min\{i: |\xi_i| = 2\}, & \text{falls es solch ein } i \text{ gibt;} \\ +\infty & \text{anderenfalls.} \end{cases}$$

Das ist eine Markow-Zeit, weil das Ereignis $\{\tau \leq n\}$ für jedes n aus Elementen der Zerlegung besteht, die $\mathcal{F}_n$ erzeugt. Natürlich gilt $\{\tau \leq 0\} = \{\tau \leq 1\} = \emptyset$; ferner $\{\tau \leq 2\} = \{\xi_1 = -1, \xi_2 = -2\} \cup \{\xi_1 = 1, \xi_2 = 2\}$ (Abb. 14), $\{\tau \leq 3\} = \{\tau \leq 2\}$; $\{\tau \leq 4\}$ besteht aus den Elementen der Zerlegung, die in $\{\tau \leq 2\}$ auftreten und noch vier weiteren: $\{\xi_1 = -1;\ \xi_2 = 0,\ \xi_3 = -1,\ \xi_4 = -2\} \cup \{\xi_1 = -1,\ \xi_2 = 0,\ \xi_3 = 1,\ \xi_4 = 2\} \cup \{\xi_1 = 1,\ \xi_2 = 0,\ \xi_3 = -1,\ \xi_4 = -2\} \cup \{\xi_1 = 1,\ \xi_2 = 0,\ \xi_3 = 1,\ \xi_4 = 2\}$ (Abb. 15), usw.

Wir betrachten noch ein Beispiel, daß mit derselben Familie von σ-Algebren $\mathcal{F}_n$ zusammenhängt. Es sei

$$\sigma = \begin{cases} \max\{i: 1 \leq i \leq 4, |\xi| = 2\}, & \text{wenn solch ein } i \text{ existiert,} \\ 0 & \text{anderenfalls.} \end{cases}$$

Das ist der *letzte* Moment des Erreichens der Punkte ± 2 vom Beginn der Irrfahrt bis zum Zeitpunkt 4, wenn bis zu diesem Moment einer der Punkte ± 2 erreicht wurde (wir wählen nicht den letzten Moment aller natürlichen i mit $|\xi_i| = 2$ als Beispiel, weil es sich zeigen wird, daß die Anzahl der Eintritte in die Punkte ± 2 mit Wahrscheinlichkeit 1 unendlich ist und kein letzter Zeitpunkt existiert). Der zufällige Moment σ ist keine MARKOW-Zeit. In der Tat tritt – wie man leicht zeigt – das Ereignis $\{\sigma \leqq 2\}$ dann und nur dann ein, wenn $|\xi_4| \neq 2$ ist; es enthält keines von all den Ereignissen, welche die Algebra $\mathcal{F}_2$ erzeugen, und gehört nicht zu dieser Algebra.

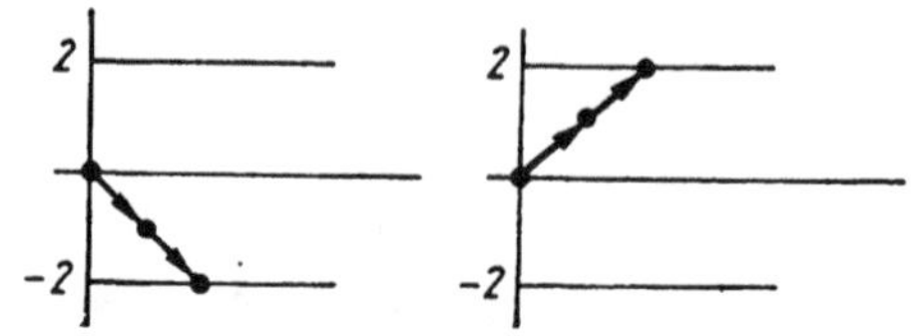

Abb. 14

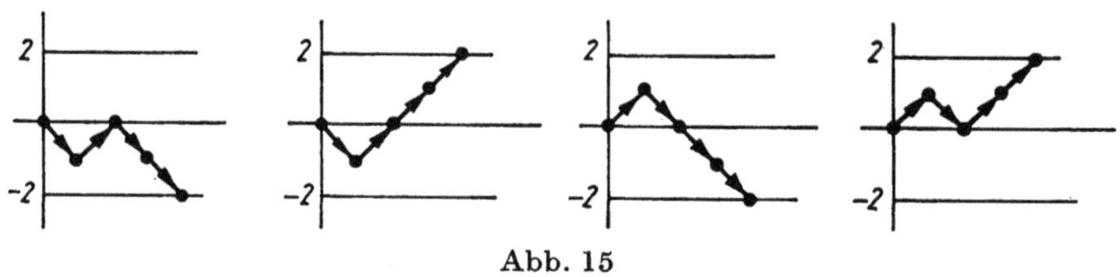

Abb. 15

An den betrachteten Beispielen ist das Wesen des Begriffes einer MARKOW-Zeit schon zu erkennen. Wir werden die σ-Algebra $\mathcal{F}_t$ als die Gesamtheit aller Ereignisse interpretieren, über deren Eintreten oder Nichteintreten wir bis zum Zeitpunkt t bereits Bescheid wissen. Nimmt also für ein gewisses ω die MARKOW-Zeit den Wert t an, so ist uns das schon zum Zeitpunkt t bekannt. So ist es bei der als Beispiel eingeführten Zufallsgröße τ. Die Zufallsgröße σ besitzt diese Eigenschaft nicht; so gilt beispielsweise im Falle $\xi_1 = 1$, $\xi_2 = 2$, $\xi_3 = 1$, $\xi_4 = 0$ (Wappen-Wappen-Zahl-Zahl) $\sigma = 2$, aber wir wissen das erst zum Zeitpunkt $t = 4$ (weil wir noch im Zeitpunkt $t = 3$ erwarten können, daß sich die Folge Wappen-Wappen-Zahl-Wappen ergibt).

Kurz gesagt, ist eine MARKOW-Zeit ein solcher zufälliger Zeitpunkt, über dessen Eintritt man Bescheid weiß, ohne zu wissen, was nach diesem Moment geschehen wird.

Damit ist der etwas ausdrucksvollere Begriff *Zufallsgröße, die nicht von der Zukunft abhängt*, verbunden, der im Buch von DYNKIN [1] benutzt wird. Jedoch ist dieser Begriff sehr lang, zudem eine der bedeutendsten Anwendungen dieses Begriffes die Theorie der MARKOW-Prozesse ist, wo er mit der äußerst wichtigen strengen MARKOW-Eigenschaft zusammenhängt, so daß gegenwärtig der kürzere Ausdruck gebräuchlicher ist.

Besonders hervorheben wollen wir, daß der Begriff der MARKOW-Zeit überhaupt nicht von der Wahrscheinlichkeit P auf dem Raum der Elementarereignisse abhängt, sondern nur von diesem Raum und den darauf gegebenen σ-Algebren.

2. *Weitere Beispiele und Eigenschaften von Markow-Zeiten.* Insbesondere ist ein beliebiger nichtzufälliger Zeitpunkt $\tau(\omega) \equiv t (\in T)$ eine MARKOW-Zeit (und auch $\tau(\omega) \equiv +\infty$). Wir betrachten einige Klassen interessanterer Beispiele.

Alle mit MARKOW-Zeiten zusammenhängenden Beweise sind einfach mengentheoretische Überlegungen. Sie erhalten indessen eine Bedeutung (und vereinfachen sich), wenn der anschauliche Sinn des Begriffes der MARKOW-Zeit als ein Moment, der nur durch die

Vergangenheit des zufälligen Prozesses definiert wird, nicht außer acht gelassen wird.

Aufgabe 1. Es seien ξ_n, $n = 0, 1, 2, \ldots$ eine zufällige Folge mit Werten in einem meßbaren Raum $(X, \mathcal{B})$ und Γ eine beliebige Menge aus $\mathcal{B}$. Wir definieren τ_Γ als Zeitpunkt des ersten Eintretens der Folge ξ_n in die Menge Γ: $\tau_n = \min \{n: \xi_n \in \Gamma\}$ oder $+\infty$, falls die zufällige Folge ξ_n niemals Γ erreicht. Man zeige, daß τ_Γ eine Markow-Zeit bezüglich der Familie von σ-Algebren $\mathcal{F}_{\leqq n}$, $n = 0, 1, 2, \ldots$ ist.

Aufgabe 2. Unter den Bedingungen der vorhergehenden Aufgabe seien $\Gamma_1, \Gamma_2, \ldots, \Gamma_n, \ldots$ meßbare Teilmengen von X. Wir setzen $\tau_1 = \min \{n: \xi_n \in \Gamma_1\}$ oder gleich $+\infty$, wenn die Folge Γ_1 nicht erreicht; $\tau_2 = \min \{n > \tau_1: \xi_n \in \Gamma_2\}$, wenn $\tau_1 < \infty$ und die Folge die Menge Γ_2 zu einer Zeit $n > \tau_1$ erreicht, anderenfalls $+\infty$; allgemein ist τ_{k+1} der erste Moment des Erreichens von Γ_{k+1} nach τ_k: $\tau_{k+1} = \min \{n > \tau_k: \xi_n \in \Gamma_{k+1}\}$ oder gleich $+\infty$, falls $\tau_k = \infty$ oder die Folge Γ_{k+1} nach dem Moment τ_k nicht erreicht.

Man beweise, daß $\tau_1, \tau_2, \ldots, \tau_k, \ldots$ Markow-Zeiten sind.

Insbesondere ist das für den Zeitpunkt des ersten, zweiten, dıitten, ... Erreichens ein und derselben Menge Γ richtig.

Aufgabe 3. Es sei ξ_t, $t \in [0, \infty)$, ein zufälliger Prozeß. Der Raum $(X, \mathcal{B})$, in dem er seine Werte annimmt, sei ein metrischer Raum mit der σ-Algebra der Borelschen Teilmengen. Wir setzen voraus, daß die Trajektorien $\xi_t(\omega)$ stetig sind und Γ eine abgeschlossene Menge ist. Weiter sei τ_Γ der Moment des ersten Eintritts in die Menge Γ: $\tau_\Gamma = \min \{t: \xi_t \in \Gamma\}$, wenn solch ein t existiert, und $\tau_\Gamma = \infty$, wenn ξ_t die Menge Γ nicht erreicht. Man zeige, daß τ_Γ eine Markow-Zeit bezüglich der Familie von σ-Algebren $\mathcal{F}_{\leqq t}$, $t \in [0, \infty)$, ist.

Das Beispiel von Punkt 3 § 3.1 impliziert die Lösung von

Aufgabe 4. Unter den Bedingungen der vorhergehenden Aufgabe seien Γ eine offene Menge und $\tau_\Gamma = \inf \{t: \xi_t \in \Gamma\}$ (oder $+\infty$, wenn ξ_t für kein $t \in [0, \infty)$ zur Menge Γ gehört). Dann ist τ_Γ im allgemeinen bezüglich der Familie von σ-Algebren $\mathcal{F}_{\leqq t}$ keine Markow-Zeit, aber bezüglich der Familie von σ-Algebren $\mathcal{F}_{\leqq t+}$.

Dieses Resultat bleibt auch in dem Fall gültig, wenn die Trajektorien nicht stetig, sondern nur rechtsstetig sind.

Aufgabe 5. Die Zufallsgröße τ ist genau dann eine Markow-Zeit bezüglich der durch einen gewissen zufälligen Prozeß erzeugten Familie von σ-Algebren $\mathcal{F}_{t+}$, wenn $\{\tau < t\} \in \mathcal{F}_{\leqq t}$ für alle t gilt.

Aufgabe 6. Es sei τ eine Markow-Zeit bezüglich der Familie von σ-Algebren $\mathcal{F}_t$, $t \in T$. Man beweise, daß die Zufallsgröße τ bezüglich der σ-Algebra $\mathcal{F}_\infty = \sigma\left(\bigcup_{t \in T} \mathcal{F}_t\right)$ meßbar ist.

Sehr leicht beweist man die folgenden Eigenschaften von Markow-Zeiten:

Sind τ_1 und τ_2 Markow-Zeiten, so auch $\tau_1 \wedge \tau_2$ und $\tau_1 \vee \tau_2$.

Falls $\tau_1, \tau_2, \ldots, \tau_n, \ldots$ Markow-Zeiten mit $\tau_1 \leqq \tau_2 \leqq \ldots \leqq \tau_n \leqq \ldots$ sind, dann ist auch $\lim_{n\to\infty} \tau_n$ eine Markow-Zeit (vorausgesetzt, daß die Grenzwerte aller wachsenden Folgen von Elementen aus T zu T gehören).

Tatsächlich gilt

$$\{\tau_1 \wedge \tau_2 \leqq t\} = \{\tau_1 \leqq t\} \cup \{\tau_2 \leqq t\},$$

$$\{\tau_1 \vee \tau_2 \leqq t\} = \{\tau_1 \leqq t\} \cap \{\tau_2 \leqq t\},$$

$$\{\tau \leqq t\} = \bigcap_{n=1}^{\infty} \{\tau_n \leqq t\}$$

und alle diese Ereignisse gehören zu $\mathcal{F}_{\leqq t}$.

Ist τ eine Markow-Zeit, so sind z. B. auch $\tau + 1$, 2τ ($T = [0, \infty)$) Markow-Zeiten, aber $\tau/2$ ist im allgemeinen keine Markow-Zeit (bezüglich ein und derselben Familie von σ-Algebren).

3. *Mit Markow-Zeiten zusammenhängende σ-Algebren.* Wir haben die σ-Algebra $\mathcal{F}_{\leqq t}$ als die Gesamtheit aller Ereignisse interpretiert, über deren Eintreten wir bis zum Zeitpunkt t Bescheid wissen. Solch eine σ-Algebra gibt es zu jedem nichtzufälligen

Zeitpunkt $t \in T$. Es zeigt sich, daß man auch jeder MARKOW-Zeit τ eine σ-Algebra $\mathcal{F}_\tau$ zuordnen kann, die die Bedeutung des Systemes aller Ereignisse besitzt, über deren Eintreten wir bis zum Moment τ wissen.

Nach Definition sei $A \in \mathcal{F}_\tau$, wenn $A \in \mathcal{F}_\infty = \sigma\left(\bigcup_{t \in T} \mathcal{F}_t\right)$ und für beliebiges $t \in T$

$$A \cap \{\tau \leqq t\} \in \mathcal{F}_t \tag{2}$$

gilt. Wir beweisen, daß $\mathcal{F}_\tau$ eine σ-Algebra ist. Zuerst haben wir $\Omega \in \mathcal{F}_\tau$, weil $\Omega \cap \{\tau \leqq t\} = \{\tau \leqq t\} \in \mathcal{F}_t$ aufgrund der Definition der MARKOW-Zeit gilt. Ferner folgt aus $A \in \mathcal{F}_\tau$ auch $\Omega \setminus A \in \mathcal{F}_\tau$

$$(\Omega \setminus A) \cap \{\tau \leqq t\} = \{\tau \leqq t\} \setminus A \cap \{\tau \leqq t\}\,.$$

Ganz einfach ist zu zeigen, daß eine abzählbare Vereinigung von Mengen aus $\mathcal{F}_\tau$ ebenfalls diesem Mengensystem angehört.

Leicht sieht man, daß für eine nicht MARKOWsche Zeit τ das auf diese Weise gebildete Mengensystem keine σ-Algebra ist. Intuitiv erfaßt man die Bedeutung der Definition von $\mathcal{F}_\tau$ mit Hilfe der Forderung (2): Es sei uns das Eintreten oder Nichteintreten des Ereignisses A zum Zeitpunkt τ bekannt; wissen wir dann zur Zeit t, daß $\tau \leqq t$ gilt, so wissen wir auch, ob A eingetreten ist.

Im Falle der σ-Algebren $\mathcal{F}_t = \mathcal{F}_{\leqq t}$ oder $\mathcal{F}_t = \mathcal{F}_{\leqq t+}$ benutzen wir für die mit τ verbundenen σ-Algebren die Bezeichnungen $\mathcal{F}_{\leqq \tau}$ beziehungsweise $\mathcal{F}_{\leqq \tau+}$.

Für die MARKOW-Zeit τ des Beispieles von Punkt 1 wird die σ-Algebra $\mathcal{F}_\tau$ durch alle $\mathcal{F}_{\leqq\infty}$-meßbaren Teilmengen der Menge $\{\tau = \infty\}$ (die das Maß 0 haben) und durch die abzählbare Zerlegung der Menge

$\{\tau < \infty\} = \{\xi_1 = -1,\ \xi_2 = -2\} \cup \{\xi_1 = 1,\ \xi_2 = 2\} \cup \{\xi_1 = -1,\ \xi_2 = 0,\ \xi_3 = -1,\ \xi_4 = -2\} \cup \{\xi_1 = -1, \xi_2 = 0, \xi_3 = 1, \xi_4 = 2\} \cup \{\xi_1 = 1, \xi_2 = 0, \xi_3 = -1, \xi_4 = -2\} \cup \{\xi_1 = 1,\ \xi_2 = 0,\ \xi_3 = 1,\ \xi_4 = 2\} \cup \{\xi_1 = -1,\ \xi_2 = 0,\ \xi_3 = -1,\ \xi_4 = 0,\ \xi_5 = -1,\ \xi_6 = -2\} \cup \ldots$

erzeugt. Als Beispiel einer bezüglich der σ-Algebra $\mathcal{F}_\tau$ meßbaren Zufallsgröße kann man die Anzahl der Besuche in den Punkten 0 und 1 bis zur Zeit τ betrachten.

Aufgabe 7. Man beweise, daß eine MARKOW-Zeit τ stets bezüglich der σ-Algebra $\mathcal{F}_\tau$ meßbar ist.

Aufgabe 8. Man beweise, daß für MARKOW-Zeiten τ und σ mit $\tau(\omega) \leqq \sigma(\omega)$ für alle ω die Beziehung $\mathcal{F}_\tau \subseteqq \mathcal{F}_\sigma$ gilt.

Aufgabe 9. Es seien τ eine MARKOW-Zeit und σ eine Zufallsgröße mit Werten in $T \cup \{\infty\}$, wobei $\sigma(\omega) \geqq \tau(\omega)$ für alle ω gilt. Ist dann die Zufallsgröße σ bezüglich $\mathcal{F}_\tau$ meßbar, so ist σ auch eine MARKOW-Zeit.

Aufgabe 10. Für beliebige MARKOW-Zeiten σ und τ ist das Ereignis $\{\tau < \sigma\}$ bezüglich der σ-Algebren $\mathcal{F}_\tau$, $\mathcal{F}_\sigma$ und $\mathcal{F}_{\tau\wedge\sigma}$ meßbar.

4. Jetzt kommen wir zu den mit einer gegebenen nichtfallenden Familie von σ-Algebren $\mathcal{F}_t$, $t \in T$, zusammenhängenden Meßbarkeitseigenschaften zufälliger Funktionen.

Die zufällige Funktion η_t, $t \in T$, heißt *mit der Familie von σ-Algebren $\mathcal{F}_t$ verträglich*, wenn für jedes t die Zufallsgröße η_t meßbar bezüglich $\mathcal{F}_t$ ist.

Als Beispiele zufälliger Funktionen, die mit einer Familie von σ-Algebren verträglich sind, können dienen: für eine beliebige zufällige Folge $\xi_0, \xi_1, \xi_2, \ldots$ und die zugehörige Familie von σ-Algebren $\mathcal{F}_{\leqq n}$, $n = 0, 1, 2, \ldots$ eine Funktion der Gestalt $\eta_n = \sum_{k=0}^{n} f(k, \xi_k)$;

für den zufälligen Prozeß ξ_t, $-\infty < t < \infty$, mit differenzierbaren Trajektorien und die Familie $\mathcal{F}_{\leq t}$ $t \in R^1$ die zufällige Funktion ξ_t' (tatsächlich ist ξ_t' als Grenzwert der Zufallsgrößen $n(\xi_t - \xi_{t-(1/n)})$ bezüglich $\mathcal{F}_{\leq t}$ meßbar. Weitere Beispiele werden (in Form von Aufgaben) angegeben, nachdem noch der etwas kompliziertere Begriff der *progressiven Meßbarkeit* eingeführt worden ist.

Es sei T eine BORELsche Teilmenge von R^1. Mit $\mathcal{B}_{\leq t}$ bezeichnen wir die σ-Algebra aller BORELschen Teilmengen von $T \cap (-\infty, t]$. Eine zufällige Funktion η_t, $t \in T$, heißt bezüglich der nichtfallenden Familie von σ-Algebren $\mathcal{F}_t$ *progressiv meßbar*, wenn zu jedem $t \in T$ die Funktion $\eta_s(\omega)$ auf der Menge $(T \cap (-\infty, t]) \times \Omega$ in (s, ω) bezüglich der σ-Algebra $\mathcal{B}_{\leq t} \times \mathcal{F}_t$ meßbar ist.

In diesem Begriff wird das Wort *progressiv* im Zusammenhang damit gebraucht, daß die Meßbarkeitsforderungen sich mit wachsendem t stets ändern. Ein anderer Begriff — *zufällige Funktion, die nicht von der Zukunft abhängt* — gibt wieder, daß die Werte der zufälligen Funktion bis zur Zeit t dadurch definiert sind, was bis zu diesem Zeitpunkt bekannt ist (das ist die Interpretation der σ-Algebra $\mathcal{F}_t$) und nicht davon abhängen, was in der Zukunft noch bekannt werden wird; aber dieser Begriff gibt keine Verbindung zu den Meßbarkeitsbegriffen für zufällige Funktionen.

Als Beispiel einer zufälligen Funktion, die nicht verträglich mit der Familie von σ-Algebren und nicht progressiv meßbar ist, dient unter den Voraussetzungen des Beispieles von Punkt 1 die Folge $\eta_n = \xi_{10-n}$, $n = 0, 1, \dots, 10$. Hier wird uns beispielsweise der Wert der Zufallsgröße η_2 erst zum Zeitpunkt $n = 8$ bekannt.

Für abzählbares T fallen die Begriffe der Verträglichkeit mit einer Familie von σ-Algebren und der progressiven Meßbarkeit einer Zufallsgröße zusammen, aber für nichtabzählbares T ist das nicht so:

Aufgabe 11. Daraus, daß $\eta_s(\omega)$ $(\mathcal{B}_{\leq t} \times \mathcal{F}_t)$-meßbar auf $(T \cap (-\infty, t]) \times \Omega$ ist, folgt die $\mathcal{F}_t$-Meßbarkeit von $\eta_t(\omega)$.

Die Umkehrung ist im allgemeinen falsch.

Die Aufgabe 4 § 1.3 läßt sich leicht auf die progressive Meßbarkeit anwenden:

Aufgabe 12. Die zufällige Funktion η_t, $t \in T$ (der Abschnitt T sei ein abgeschlossenes oder halboffenes Intervall) sei mit der Familie von σ-Algebren $\mathcal{F}_t$, $t \in T$, verträglich und die Realisierungen η_t seien stetig von rechts (links). Dann ist die zufällige Funktion η_t progressiv meßbar.

Aufgabe 13. Unter den Bedingungen der vorhergehenden Aufgabe sei τ eine MARKOW-Zeit. Man zeige, daß $\eta_\tau = \eta_{\tau(\omega)}(\omega)$ als Funktion auf der Menge $\{\omega: \tau(\omega) < \infty\}$ bezüglich der σ-Algebra $\mathcal{F}_\tau$ meßbar ist.

Aufgabe 14. Es seien T ein Intervall mit dem linken Endpunkt a und η_t, $t \in T$, eine bezüglich der Familie von σ-Algebren $\mathcal{F}_t$, $t \in T$, progressiv meßbare zufällige Funktion. Für beliebige $t \in T$ existiere das LEBESGUE-Integral $\zeta_t(\omega) = \int_a^t \eta_s(\omega)\, ds$. Dann ist auch ζ_t eine progressiv meßbare zufällige Funktion.

Aufgabe 15. Es seien ξ_t, $0 \leq t < \infty$, ein zufälliger Prozeß mit rechtsstetigen Trajektorien in dem metrischen Raum X (als σ-Algebra $\mathcal{B}$ auf diesem Raume wird die σ-Algebra $\mathcal{B}_X$ seiner BORELschen Teilmengen genommen) und $f(t, x)$ eine beschränkte, zahlenwertige, $\mathcal{B}_{[0,\infty)} \times \mathcal{B}_X$-meßbare Funktion auf $[0, \infty) \times X$. Man beweise, daß dann $\int_0^t f(s, \xi_s)\, ds$ eine bezüglich der Familie von σ-Algebren $\mathcal{F}_{\leq t}$, $0 \leq t < \infty$, progressiv meßbare zufällige Funktion ist.

Aufgabe 16. Es seien T ein abgeschlossenes oder halboffenes Intervall, $\mathcal{F}_t$, $t \in T$, eine nichtfallende Familie von σ-Algebren und τ eine MARKOW-Zeit. Man zeige, daß die zufällige Funktion $\chi_{<\tau}(t)$, $t \in T$, — definiert als 1 für $t < \tau$ und 0 für $t \geqq \tau$ — progressiv meßbar ist.

Aufgabe 17. Unter den Bedingungen von Aufgabe 15 sei τ eine MARKOW-Zeit bezüglich der Familie von σ-Algebren $\mathcal{F}_{\leqq t}$. Man beweise, daß $\psi = \int_0^\tau f(s, \xi_s)\, ds$ eine $\mathcal{F}_{\leqq\tau}$-meßbare Zufallsgröße ist (wenn dieses LEBESGUE-Integral divergiert, setzen wir $\psi = 0$).

5. Es seien T eine BOREL-Menge und $\mathcal{F}_t$, $t \in T$, eine nichtfallende Familie von σ-Algebren. Wir führen im Raum $T \times \Omega$ die σ-Algebra $\mathcal{BF}$ ein, die aus allen $A \subseteqq T \times \Omega$ besteht, so daß für beliebiges $t \in T$ die Teilmenge $A \cap ((-,\infty\, t] \times \Omega)$ bezüglich $\mathcal{B}_{\leqq t} \times \mathcal{F}_t$ meßbar ist. Es ist nützlich zu wissen, daß eine progressiv meßbare Funktion nichts anderes als eine $\mathcal{BF}$-meßbare Funktion von (t, ω) ist. (Natürlich muß man bedenken, daß die σ-Algebra $\mathcal{BF}$ davon abhängt, welche Menge T und welche Familie von σ-Algebren $\mathcal{F}_t$ gewählt wird.)

6. Noch einmal erinnern wir daran, daß die in diesem Kapitel eingeführten Begriffe rein mengentheoretischer Natur sind und nicht mit Wahrscheinlichkeiten oder Maßen zusammenhängen (deshalb ist dieses Kapitel auch so kurz).

KAPITEL 7

MARTINGALE

§ 7.1. Martingale. Submartingale. Supermartingale

1. Es seien $(\Omega, \mathcal{F}, \mathsf{P})$ ein Wahrscheinlichkeitsraum und $\mathcal{F}_t$, $t \in T \subseteqq R^1$, eine nichtfallende Familie von σ-Algebren ($\mathcal{F}_t \subseteqq \mathcal{F}$). Die zufällige Funktion ξ_t, $t \in T$, heißt ein *Martingal* bezüglich der Familie von σ-Algebren $\mathcal{F}_t$, wenn

a) die zufällige Funktion ξ_t mit der Familie von σ-Algebren $\mathcal{F}_t$ verträglich ist (d. h. ξ_t ist für jedes t meßbar bezüglich $\mathcal{F}_t$);

b) für beliebige $s, t \in T$ mit $s \leqq t$ fast sicher

$$\xi_s = \mathsf{M}(\xi_t \mid \mathcal{F}_s) \tag{1}$$

gilt.

Bezüglich der Definition der bedingten Erwartung (siehe Feller [2]) nehmen wir an, daß $\mathsf{M}\xi_t$ für alle t endlich ist.

Wenn von einem Erwartungswert die Rede ist, so ist ξ_t natürlich eine zahlen- oder vektorwertige zufällige Funktion.

Die bedingte Erwartung bezüglich $\mathcal{F}_s$ ist nach Definition eine $\mathcal{F}_s$-meßbare Zufallsgröße, die eine bestimmte Integralbeziehung erfüllt. Deshalb kann man mit Hilfe von a) die Bedingung b) auch so schreiben:

$$\int_A \xi_s \, d\mathsf{P} = \int_A \xi_t \, d\mathsf{P} \tag{2}$$

für beliebige $s, t \in T$, $s \leqq t$ und $A \in \mathcal{F}_s$.

Die zufällige Funktion ξ_t, $t \in T$, heißt *Submartingal* bezüglich der vorgegebenen Familie von σ-Algebren, wenn die Bedingungen a) und

b′) für beliebige $s, t \in T$, $s \leqq t$ gilt fast sicher

$$\xi_s \leqq \mathsf{M}(\xi_t \mid \mathcal{F}_s) \tag{3}$$

erfüllt sind; und *Supermartingal*, wenn anstelle von b) die Bedingung

b″) für beliebige $s, t \in T$, $s \leqq t$ gilt fast sicher

$$\xi_s \geqq \mathsf{M}(\xi_t \mid \mathcal{F}_s) \tag{4}$$

erfüllt ist.

Sub- und Supermartingale werden nur mit Werten im R^1 (oder in der erweiterten Zahlengeraden) betrachtet.

Die Bedingung b′) (beziehungsweise b″)) läßt sich auch in Integralform schreiben

$$\int_A \xi_t \, d\mathsf{P} \leqq \int_A \xi_t \, d\mathsf{P} \tag{5}$$

für $s, t \in T$, $s \leqq t$, $A \in \mathcal{F}_s$ (beziehungsweise $\geqq$). Ein Martingal mit Werten im R^1 ist gleichzeitig Sub- und Supermartingal; wird bei einem Submartingal das Vorzeichen umgekehrt, so erhält man ein Supermartingal.

Das erste Beispiel eines Martingales ist die symmetrische zufällige Irrfahrt auf den ganzzahligen Punkten der Geraden (wir haben sie im Punkt 1 des vorigen Kapitels untersucht). Man kann eine Irrfahrt als die Gewinnsumme eines von zwei Spielern beim Münzenwerfen mit dem Einsatz 1 nach n Partien ansehen. Allgemein kann man jedes Martingal bezüglich einer Familie von σ-Algebren $\mathcal{F}_n$, das mit einer Folge von Münzwürfen verbunden ist, als die Gewinnsumme eines der Spieler interpretieren, wobei der Einsatz bei jeder Partie in Abhängigkeit vom Resultat der vorangehenden Partie festgelegt wird ($\xi_0 = \text{const.}$ wird als Anfangseinzahlung für die Teilnahme am Spiel interpretiert).

Der Begriff *Martingal* wurde im Jahre 1939 von Jeau Ville [1] eingeführt. Das französische Wort „martingale" bezeichnet den Teil eines Pferdegeschirres, der dem Pferd nicht gestattet, den Kopf emporzuwerfen; es bezeichnet aber auch die Verdopplung des Einsatzes bei einer verlorengegangenen Partie. Augenscheinlich ist die Folge der Gewinnsummen eines Spieles unter Benutzung dieser Annahme ein einfaches Beispiel für ein Martingal, das kein Prozeß mit unabhängigen Zuwächsen ist.

2. *Beispiele von Martingalen.*

a) Ein Wiener-Prozeß w_t, $t \geqq 0$, der in Null beginnt ($w_0 = 0$), ist ein Martingal bezüglich der Familie der von ihm erzeugten σ-Algebren $\mathcal{F}_{\leqq t}$. In der Tat ist er trivialerweise mit $\mathcal{F}_{\leqq t}$ verträglich, und für $0 \leqq s \leqq t$ gilt fast sicher

$$\mathsf{M}(w_t \mid \mathcal{F}_{\leqq s}) = w_s + \mathsf{M}(w_t - w_s \mid \mathcal{F}_{\leqq s}) = w_s + \mathsf{M}(w_t - w_s) = w_s\,,$$

weil die Zufallsgröße $w_t - w_s$ unabhängig von allen Ereignissen der σ-Algebra $\mathcal{F}_{\leqq s}$ ist. (Das folgt daraus, daß $w_t - w_s$ unabhängig von einer beliebigen endlichen Zahl der diese σ-Algebra erzeugenden Zufallsgrößen $w_{t_1}, \ldots, w_{t_n}$, $0 \leqq t_1 \leqq \ldots \leqq t_n \leqq s$ ist.)

Genauso ergibt sich, daß der Poisson-Prozeß ξ_t, $t \geqq 0$, $\xi_0 = 0$ nach einer Subtraktion von at (seinem Erwartungswert) ein Martingal wird. Allgemein ist jeder Prozeß ξ_t, $t \geqq 0$, $\xi_0 = 0$ mit unabhängigen Zuwächsen und $\mathsf{M}\xi_t \equiv 0$ ein Martingal.

Die folgende Aufgabe zeigt, daß die Martingale eine Klasse zwischen den Prozessen mit unabhängigen Zuwächsen und verschwindendem Erwartungswert sowie den Prozessen mit unkorrelierten Zuwächsen darstellen.

Aufgabe 1. Es sei ξ_t, $t \in T$, ein Martingal bezüglich der Familie $\mathcal{F}_t$ mit $\mathsf{M}\,|\xi_t|^2 < \infty$. Man beweise, daß ξ_t unkorrelierte Zuwächse hat.

b) Es sei ξ_t, $0 \leqq t < \infty$, $\xi_0 = 0$, $\mathsf{M}\xi_t \equiv 0$ ein Prozeß mit unabhängigen Zuwächsen und $\mathsf{M}(\xi_t - \xi_s)^2 = F(t) - F(s)$ für $0 \leqq s \leqq t$. Dann ist $\xi_t^2 - F(t)$ ein Martingal bezüglich $\mathcal{F}_{\leqq t}$. Die Verträglichkeit des Prozesses mit der Familie von σ-Algebren ist trivial, ferner gilt

$$\begin{aligned}\mathsf{M}(\xi_t^2 - F(t) \mid \mathcal{F}_{\leqq s}) &= \mathsf{M}[\xi_s^2 + 2\xi_s(\xi_t - \xi_s) + (\xi_t - \xi_s)^2 - F(t) \mid \mathcal{F}_{\leqq s}] \\ &= \xi_s^2 + 2\xi_s \mathsf{M}(\xi_t - \xi_s \mid \mathcal{F}_{\leqq s}) + \mathsf{M}[(\xi_t - \xi_s)^2 \mid \mathcal{F}_{\leqq s}] - F(t) \\ &= \xi_s^2 + \mathsf{M}(\xi_t - \xi_s)^2 - F(t) = \xi_s^2 - F(s)\end{aligned}$$

fast sicher für $0 \leqq s \leqq t$.

Insbesondere ist für den Wiener-Prozeß w_t, $0 \leqq t < \infty$, $w_0 = 0$, der Prozeß $w_t^2 - t$, $t \geqq 0$, ein Martingal bezüglich $\mathcal{F}_{\leqq t} = \mathcal{F}_{w_s, s \leqq t}$.

c) Für eine Zufallsgröße ξ mit $\mathsf{M}\,|\xi| < \infty$ und eine nichtfallende Familie von σ-Algebren $\mathcal{F}_t$, $t \in T \subseteqq R^1$ ist $\xi_t = \mathsf{M}(\xi \mid \mathcal{F}_t)$, $t \in T$ ein Martingal: für $s \leqq t$ gilt

$$\mathsf{M}(\xi_t \mid \mathcal{F}_s) = \mathsf{M}\big(\mathsf{M}(\xi \mid \mathcal{F}_t) \mid \mathcal{F}_s\big) = \mathsf{M}(\xi \mid \mathcal{F}_s) = \xi_s\,.$$

Als eine Verallgemeinerung dieses Beispieles dient das Beispiel des Punktes 8 § 1.2, nur daß in diesem Falle $T = \mathfrak{F}$ keine Teilmenge von R^1 und im allgemeinen keine linear geordnete, sondern nur eine teilweise geordnete Menge ist.

d) Das folgende Beispiel hängt mit Dichten unendlichdimensionaler Verteilungen zusammen. Auf einem beliebigem Raum X möge eine Folge nichtfallender σ-Algebren $\mathcal{F}_t$, $t \in T$ gegeben sein, und auf der σ-Algebra $\mathcal{F}$, die alle $\mathcal{F}_t$ enthält, seien zwei Wahrscheinlichkeitsmaße Φ und Φ' definiert. Das Maß Φ' sei dabei auf jeder der σ-Algebren $\mathcal{F}_t$ absolutstetig bezüglich Φ; die entsprechende Dichte bezeichnen wir mit $h_t(x)$. Betrachten wir die Funktion $h_t(x)$ als eine zufällige Funktion auf dem Wahrscheinlichkeitsraum $(X, \mathcal{F}, \Phi)$, so ist sie ein Martingal. Tatsächlich ist die Funktion $h_t(x)$ bei fixiertem t bezüglich $\mathcal{F}_t$ meßbar, wobei für beliebiges $A \in \mathcal{F}_t$

$$\int\limits_A h_t(x)\, \Phi(\mathrm{d}x) = \Phi'(A)$$

gilt. Die Verträglichkeit von $h_t(x)$ mit der Familie $\mathcal{F}_t$ ist gegeben; es bleibt (1) oder, was das gleiche ist, (2) nachzuprüfen. Wenn aber $A \in \mathcal{F}_s$ gilt, dann folgt auch $A \in \mathcal{F}_t$ und

$$\int\limits_A h_s(x)\, \Phi(\mathrm{d}x) = \Phi'(A) = \int\limits_A h_t(x)\, \Phi(\mathrm{d}x)\,.$$

Insbesondere können wir $X = R^T$, $\mathcal{F} = \mathcal{B}^T$ setzen und als nichtfallende Familie von σ-Algebren die Folge $\mathcal{B}^{T_1}(R^T) \subseteqq \mathcal{B}^{T_2}(R^T) \subseteqq \dots \subseteqq \mathcal{B}^{T_n}(R^T) \subseteqq \dots$ nehmen, wobei die $T_1 \subseteqq T_2 \subseteqq \dots T_n \subseteqq \dots$ endliche Teilmengen von T sind (siehe § 5.3). Wir erhalten, daß die Dichten $h_{T_1}(x.), \dots, h_{T_2}(x.), \dots$ auf dem Raum $(R^T, \mathcal{B}^T, \Phi)$ ein Martingal bilden. Anders ausgedrückt, ergeben die Zufallsgrößen $\pi_{T_n} = h_{T_n}(\xi.)$, $n = 1, 2, \dots$ auf dem Raum $(\Omega, \mathcal{F}, \mathsf{P})$ ein Martingal bezüglich der Familie von σ-Algebren $\mathcal{F}_{T_n} = \sigma\{\xi_t, t \in T_n\}$, $n = 1, 2, \dots$

3. Eine Möglichkeit zur Konstruktion beliebig vieler *Submartingale* (oder Supermartingale) gibt uns folgende

Aussage. *Es seien ξ_t, $t \in T$, ein Martingal bezüglich der Familie von σ-Algebren $\mathcal{F}_t$, $t \in T$, und f eine von unten konvexe Funktion, so daß $\mathsf{M}f(\xi_t)$ existiert. Dann ist $f(\xi_t)$, $t \in T$, ein Submartingal.*

Beweis. Die Verträglichkeit von $f(\xi_t)$ mit der Familie $\mathcal{F}_t$ braucht nicht gezeigt zu werden. Wir beweisen, daß für $f(\xi_t)$ die Ungleichung (5) erfüllt ist, d. h., für beliebige $s \leqq t$, $A \in \mathcal{F}_s$ gilt

$$\int\limits_A f(\xi_s)\, \mathrm{d}\mathsf{P} \leqq \int\limits_A f(\xi_t)\, \mathrm{d}\mathsf{P}\,. \tag{6}$$

Aus der Konvexität von $f(x)$ von unten folgt für jedes x_0 die Existenz einer Stützgeraden $y = f(x_0) + C(x_0) \cdot (x - x_0)$, die unterhalb des Graphen $y = f(x)$ liegt (Abb. 16). (Als $C(x_0)$ kann man beispielsweise die Rechtsableitung im Punkte x_0 nehmen.) Dies berücksichtigend, erhalten wir für $x_0 = \xi_s$ und $\xi_t = x$ die Beziehung

$$f(\xi_t) \geqq f(\xi_s) + C(\xi_s) \cdot (\xi_t - \xi_s)\,.$$

Die Idee besteht nun darin, diese Ungleichung auf der Menge A zu integrieren, um (6) zu erhalten. Jedoch müssen wir vorsichtig sein: Das Integral $\int\limits_A C(\xi_s) \cdot (\xi_t - \xi_s)\, d\mathsf{P}$ kann wegen der Unbeschränktheit der Funktion $C(\xi_s)$ divergieren. Deshalb bilden wir das Integral nur über der Menge $A_N = A \cap \{|C(\xi_s)| \leqq N\}$:

$$\int\limits_{A_N} f(\xi_t)\, d\mathsf{P} \geqq \int\limits_{A_N} f(\xi_s)\, d\mathsf{P} + \int\limits_{A_N} C(\xi_s) \cdot (\xi_t - \xi_s)\, d\mathsf{P} .$$

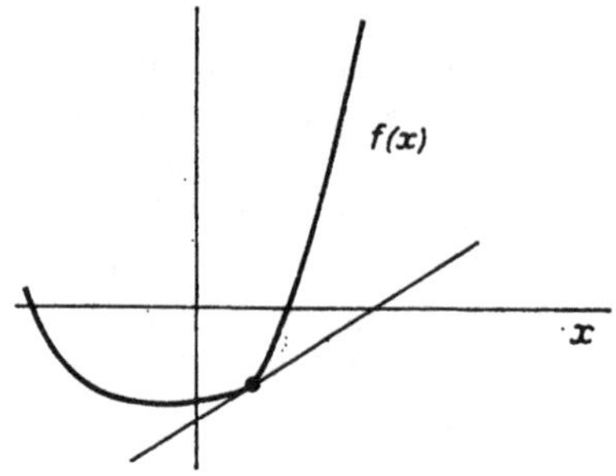

Abb. 16

Das zweite Integral der rechten Seite ist hier gleich 0. Tatsächlich gilt $A_N \in \mathcal{F}_s$ und

$$\mathsf{M}[C(\xi_s) \cdot (\xi_t - \xi_s) \mid \mathcal{F}_s] = C(\xi_s) \cdot \mathsf{M}(\xi_t - \xi_s \mid \mathcal{F}_s) = 0$$

fast sicher. Hieraus folgt

$$\int\limits_{A_N} f(\xi_t)\, d\mathsf{P} \geqq \int\limits_{A_N} f(\xi_s)\, d\mathsf{P} ;$$

lassen wir N gegen Unendlich gehen, so erhalten wir (6).

Die Aussage ist bewiesen.

Wir bemerken, daß diese Aussage auch für vektorwertige Martingale gültig bleibt. Auch der Beweis ist der gleiche, nur daß anstelle einer *Stützgeraden* eine Stützebene oder Hyperebene benutzt werden muß.

Allein aus dem WIENER-Prozeß w_t, $t \geqq 0$, $w_0 = 0$ erhalten wir eine ganze Reihe von Submartingalen: $|w_t|$, w_t^2, w_t^4, $\exp(cw_t)$, $\exp(cw_t^2)$ (letztere für $0 \leqq t > 2/c$) sowie das Supermartingal $w_t \wedge c$ (die Funktion $y = x \wedge c$ ist konvex von oben).

4. Es seien w_t, $t \geqq 0$, $w_0 = 0$, ein r-dimensionaler WIENER-Prozeß und $f(x)$ eine stetige superharmonische Funktion auf R^n (d. h. eine stetige Funktion, deren Werte in jedem Punkte x nicht kleiner als das Mittel ihrer Werte auf einer beliebigen Sphäre mit dem Zentrum x sind). Wenn $\mathsf{M}f(w_t)$ für positive t existiert, so ist $f(w_t)$, $t \geqq 0$, ein Supermartingal bezüglich der Familie $\mathcal{F}_{\leqq t}$.

Im eindimensionalen Fall folgt das aus den Resultaten von Punkt 3, weil alle superharmonischen Funktionen auf R^1 konvex von oben sind; wir führen den Beweis für den mehrdimensionalen Fall. Für $0 \leqq s \leqq t$ gilt fast sicher $\mathsf{M}(f(w_t) \mid \mathcal{F}_{\leqq s}) = \varphi(w_s)$, wobei

$$\varphi(x) = [2\pi(t-s)]^{-r/2} \int\limits_{R^r} e^{-|y-x|^2/2(t-s)} f(y)\, dy$$

gesetzt wird (man beweise das unter Benutzung der endlichdimensionalen Verteilungen). Die Integration über R^r kann man durch eine Integration der Funktion f auf der Sphäre $\{y: |y - x| = \varrho\}$ und eine Integration des Resultates mit einem gewissen Gewicht nach ϱ ersetzen. Jedes Integral auf der Sphäre übertrifft das Integral des

Wertes $f(x)$ der Funktion f im Zentrum der Sphäre nicht, so daß

$$\varphi(x) \leqq [2\pi(t-s)]^{-r/2} \int_{R^r} e^{-|y-x|^2/2(t-s)} f(x)\, dy = f(x)$$

gilt. Hieraus folgt $f(w_s) \geqq \mathsf{M}(f(w_t) \mid \mathcal{F}_{\leqq s})$.

Insbesondere erweist sich im zweidimensionalen Fall $\eta_t = -\ln |w_t - w_0|$ und im r-dimensionalen Fall $(r \geqq 2)$ $\eta_t = 1/|w_t - w_0|^{r-2}$ als Supermartingal, weil $f(x) = -\ln |x - x_0|$ beziehungsweise $f(x) = 1/|x - x_0|^{r-2}$ superharmonische Funktionen in den entsprechenden Räumen sind (wir setzen $f(x_0) = +\infty$, so daß η_t den Wert $+\infty$ annehmen kann; es gilt aber $\mathsf{P}\{\eta_t = \infty\} = \mathsf{P}\{w_t = x_0\} = 0$ für $t > 0$).

5. **Aufgabe 2.** Die Folge ξ_n ist genau dann ein Martingal, wenn für alle n fast sicher $\mathsf{M}(\xi_{n+1} \mid \mathcal{F}_n) = \xi_n$ gilt. Man beweise das.

§ 7.2. Mit Martingalen zusammenhängende Ungleichungen und Gleichungen

In diesem Paragraphen untersuchen wir Erwartungswerte von Martingalen und Supermartingalen in zufälligen Zeitpunkten, die Markow-Zeiten sind.

1. Es sei T eine endliche Menge. Der Einfachheit halber nehmen wir an, daß $T = \{1, 2, \ldots, N\}$ gilt. Weiter sei ξ_n, $n = 1, 2, \ldots, N$ ein Submartingal bezüglich der Familie von σ-Algebren $\mathcal{F}_1 \subseteqq \mathcal{F}_2 \subseteqq \ldots \subseteqq \mathcal{F}_N$.

Aufgabe 1. Es sei τ eine Markow-Zeit, die die Werte $1, 2, \ldots, N$ annimmt. Man zeige, daß fast sicher

$$\xi_\tau \leqq \mathsf{M}(\xi_N \mid \mathcal{F}_\tau) \tag{1}$$

gilt.

Integrieren wir (1) über ganz Ω, so erhalten wir $\mathsf{M}\xi_\tau \leqq \mathsf{M}\xi_N$. Die Aufgabe 1 ist recht einfach, die folgende Behauptung etwas komplizierter.

Aussage 1. *Es seien ξ_n ein Submartingal und τ eine Markow-Zeit, die die Werte $1, 2, \ldots, N$ annimmt. Dann gilt*

$$\mathsf{M}\xi_1 \leqq \mathsf{M}\xi_\tau . \tag{2}$$

Beweis. Wir haben

$$\begin{aligned}\mathsf{M}\xi = & \int_{\{\tau=1\}} \xi_1\, d\mathsf{P} + \int_{\{\tau=2\}} \xi_2\, d\mathsf{P} + \ldots + \int_{\{\tau=N\}} \xi_N\, d\mathsf{P} = \int_\Omega \xi_1\, d\mathsf{P} - \int_{\{\tau>1\}} \xi_1\, d\mathsf{P} \\ & + \int_{\{\tau>1\}} \xi_2\, d\mathsf{P} - \int_{\{\tau>2\}} \xi_2\, d\mathsf{P} + \ldots + \int_{\{\tau>n-1\}} \xi_n\, d\mathsf{P} - \int_{\{\tau>n\}} \xi_n\, d\mathsf{P} + \ldots \\ & + \int_{\{\tau>N-1\}} \xi_N\, d\mathsf{P} .\end{aligned} \tag{3}$$

Aufgrund von $\{\tau > n-1\} = \Omega \setminus \{\tau \leqq n-1\} \in \mathcal{F}_{n-1}$ gilt

$$\int_{\{\tau>n-1\}} \xi_n\, d\mathsf{P} = \int_{\{\tau>n-1\}} \mathsf{M}(\xi_n \mid \mathcal{F}_{n-1})\, d\mathsf{P} \geqq \int_{\{\tau>n-1\}} \xi_{n-1}\, d\mathsf{P} . \tag{4}$$

Aus (3) und (4) erhalten wir (2).

Ebenso zeigt man leicht, daß (fast sicher)

$$\xi_1 \leqq \mathsf{M}(\xi_\tau \mid \mathcal{F}_1) \tag{5}$$

gilt. Die Formeln (1) und (5) führen uns zu der folgenden

Aussage 2. *Es seien ξ_n ein Submartingal und τ, σ zwei Markow-Zeiten mit $1 \leqq \tau \leqq \sigma \leqq N$. Dann gilt fast sicher*

$$\xi_\tau \leqq \mathsf{M}(\xi_\sigma \mid \mathcal{F}_\tau) . \tag{6}$$

Aufgabe 2. Man beweise diese Aussage.

Aus (6) folgt insbesondere, daß $\mathsf{M}\xi_\tau \leqq \mathsf{M}\xi_\sigma$ für zwei MARKOW-Zeiten τ und σ mit $\tau \leqq \sigma$ gilt.

Für Martingale wird die Ungleichung (6) natürlich zu einer Gleichung, bei Supermartingalen kehrt sich das Ungleichheitszeichen um.

2. Wir wollen sehen, ob man diese Ungleichungen (für Martingale — Gleichungen) des vorhergehenden Punktes auf den Fall stetiger Zeit übertragen kann. Der Abschnitt T sei ein abgeschlossenes oder halboffenes Intervall. Offensichtlich wird der Zugang darin bestehen, daß man beliebige MARKOW-Zeiten τ, σ durch MARKOW-Zeiten $\tau_n \to \tau$, $\sigma_n \to \sigma$ annähert, die für jedes fixierte n eine endliche Zahl von Werten annehmen, um auf sie die Resultate des vorigen Punktes anzuwenden. Daraufhin erhält man unter Benutzung von Stetigkeitseigenschaften der Realisierungen ξ_t die Beziehungen $\xi_{\tau_n} \to \xi_\tau$, $\xi_{\tau_n} \to \xi_\sigma$ und man leitet daraus das Nötige mit Hilfe von Sätzen über den Grenzübergang unter dem Integralzeichen ab. Dabei werden die Realisierungen als rechts- bzw. linksstetig vorausgesetzt, in Abhängigkeit davon, ob τ_n von oben oder von unten gegen τ konvergiert. Nach einigen Überlegungen werden wir einsehen, daß daß τ_n von oben gegen τ konvergieren muß, folglich wird von der Rechtsstetigkeit die Rede sein: ist doch, z. B. $\tau_n = [2^n\tau]/2^n$ im allgemeinen keine MARKOW-Zeit, jedoch $\tau_n = ([2^n\tau] + 1)/2^n$ aufgrund der Aufgabe 9 von Kapitel 6.

Also werden wir voraussetzen, daß die Realisierungen ξ_t rechtsstetig sind. Es zeigt sich, daß damit noch nicht die Resultate des vorigen Punktes zu erhalten sind.

So sei zum Beispiel w_t, $t \geqq 0$, ein in Null beginnender WIENER-Prozeß mit stetigen Trajektorien. Wir setzen $\tau = \min \{t: w_t = -1\}$ (wenn w_t das Niveau -1 nicht erreicht, setzen wir $\tau = \infty$). Das ist eine MARKOW-Zeit bezüglich der Familie von σ-Algebren $\mathcal{F}_{\leqq t}$.

Aufgabe 3. Man zeige, daß τ mit Wahrscheinlichkeit 1 endlich ist.

Streichen wir aus dem Raum der Elementarereignisse alle Ereignisse, für die $\tau = \infty$ gilt, so ist τ eine endliche MARKOW-Zeit.

Wir sehen, daß dann $0 = w_0 \neq \mathsf{M}(w_\tau \mid \mathcal{F}_{\leqq 0}) = \mathsf{M}w_\tau = -1$ folgt.

3. Deshalb muß man für eine Übertragung der Ergebnisse des Punktes 1 auf den stetigen Fall außer der Rechtsstetigkeit der Trajektorien noch gewisse zusätzliche Bedingungen auferlegen. Diese Bedingungen hängen mit der Anwendung von Sätzen über den Grenzübergang unter dem LEBESGUE-Integral zusammen. Einige Resultate sind mit dem Satz von der majorisierten Konvergenz oder, allgemeiner, mit der Anwendung der gleichmäßigen Integrierbarkeit verbunden, andere mit der Anwendung des Lemma von FATOU (natürlich beziehen sich diese Resultate auf Ungleichungen). Interessante Folgerungen aus dem Satz von der monotonen Konvergenz können wir nicht erwarten, weil die entsprechenden Ergebnisse für Halbmartingale mit monotonen Trajektorien trivial sind.

Aussage 3. *Es seien T ein abgeschlossenes oder halboffenes Intervall mit dem rechten Endpunkt $t_{\max}$ und ξ_t, $t \in T$, ein Martingal bezüglich der Familie $\mathcal{F}_t$, $t \in T$, mit rechtsstetigen Realisierungen. Weiter seien τ, σ Markow-Zeiten mit $\tau \leqq \sigma \leqq t_{\max}$. Dann gilt* *fast sicher*

$$\xi_\tau = \mathsf{M}(\xi_\sigma \mid \mathcal{F}_\tau) .$$

Beweis. Zuerst folgt aus der Aufgabe 13, Kapitel 6, daß ξ_τ eine $\mathcal{F}_\tau$-meßbare Zufallsgröße ist. Deshalb genügt es,

$$\int_A \xi_\tau \, d\mathsf{P} = \int_A \xi \, d\mathsf{P} \tag{7}$$

für beliebige Ereignisse $A \in \mathcal{F}_\tau$ zu zeigen (dabei beweisen wir gleichzeitig, daß ξ_τ und ξ_σ integrierbar sind). Wir setzen $\tau_n = ([2^n\tau] + 1)/2^n$, wenn $([2^n\tau] + 1)/2^n \in [-n, t_{\max}]$ gilt; liegt $([2^n\tau] + 1)/2^n$ links von $-n$, setzen wir $\tau_n = -n$; liegt es rechts von $t_{\max}$, sei $\tau_n = t_{\max}$. Analog definieren wir $\sigma_n = (-n) \vee ([2^n\sigma] + 1)/2^n \wedge t_{\max}$. Es ist klar, daß $\tau_n \leqq \sigma_n$, $\tau_n \geqq \tau$, $\sigma_n \geqq \sigma$, $\tau_n \downarrow \tau$, $\sigma_n \downarrow \sigma$ $(n \to \infty)$ für alle ω gilt. Aufgrund von Aufgabe 9, Kap. 6 sind die τ_n und σ_n MARKOW-Zeiten; sie nehmen eine endliche Zahl von Werten an, deshalb gilt für sie die Formel (6)

$$\xi_{\tau_n} = \mathsf{M}(\xi_{\sigma_n} \mid \mathcal{F}_{\tau_n}) . \tag{8}$$

Wegen $\tau \leqq \tau_n$ gilt $A \in \mathcal{F}_\tau \subseteqq \mathcal{F}_{\tau_n}$ und aus (8) erhalten wir

$$\int_A \xi_{\tau_n} \, d\mathsf{P} = \int_A \xi_{\sigma_n} \, d\mathsf{P} . \tag{9}$$

Die Rechtsstetigkeit der Trajektorien impliziert $\xi_\tau = \lim_{n\to\infty} \xi_{\tau_n}$ und $\xi_\sigma = \lim_{n\to\infty} \xi_{\sigma_n}$. Wir zeigen, daß man in der Formel (9) unter dem Integralzeichen zur Grenze übergehen kann. Es gilt fast sicher (wiederum aufgrund der Resultate von Punkt 1)

$$\xi_{\tau_n} = \mathsf{M}(\xi_{t_{\max}} \mid \mathcal{F}_{\tau_n}) , \qquad \xi_{\sigma_n} = \mathsf{M}(\xi_{t_{\max}} \mid \mathcal{F}_{\sigma_n}) .$$

Entsprechend Aufgabe 11 § 1.2 sind die Zufallsgrößen ξ_{τ_n} und ξ_{σ_n} gleichmäßig integrierbar und der Grenzübergang unter dem Integralzeichen ist gestattet. Wir erhalten die Formel (7).

Die Aussage ist bewiesen.

Aufgabe 4. Es sei ξ_t, $t \geqq 0$, ein Supermartingal mit rechtsstetigen Realisierungen und $\xi_t \geqq 0$ für alle t. Man zeige, daß dann $\mathsf{M}\xi_0 \geqq \mathsf{M}\xi_\tau$ für jede beliebige endliche MARKOW-Zeit τ gilt.

Aufgabe 5. Man gebe für einen in Null beginnenden WIENER-Prozeß w_t, $t \geqq 0$, mit stetigen Trajektorien die Wahrscheinlichkeit dafür an, daß w_t den Punkt a früher als b erreicht $(a < 0 < b)$.

4. *Die Ungleichung von Kolmogorow.* Die KOLMOGOROWsche Ungleichung ist eine Verallgemeinerung der TSCHEBYSCHEWschen Ungleichung. Ursprünglich wurde sie von A. N. KOLMOGOROW für Summen unabhängiger Zufallsgrößen mit verschwindendem Erwartungswert gefunden, aber danach, wie auch die TSCHEBYSCHEWsche Ungleichung, bedeutend verallgemeinert.

Aussage 4. *Es seien T eine endliche Menge (mit dem maximalen Element $t_{\max}$) und ξ_t ein Submartingal bezüglich der Familie von σ-Algebren $\mathcal{F}_t$, $t \in T$, dabei nehme ξ_t nur nichtnegative Werte an. Dann gilt für beliebiges $\varepsilon > 0$*

$$\mathsf{P}\left\{\max_{t\in T} \xi_t \geqq \varepsilon\right\} \leqq \mathsf{M}\xi_{t_{\max}}/\varepsilon \left[= \max_{t\in T} \mathsf{M}\xi_t/\varepsilon\right] .$$

Beweis. Wir setzen $\tau = \min\{t \in T : \xi_t \geqq \varepsilon\}$, existiert kein solches t, so setzen wir $\tau = t_{\max}$. Das ist eine MARKOW-Zeit bezüglich der Familie von σ-Algebren $\mathcal{F}_{\leqq t} = \mathcal{F}_{\xi_s, s \leqq t}$

(Aufgabe 1, Kap. 6). Aber daraus, daß die zufällige Funktion ξ_t mit $\mathcal{F}_t$, $t \in T$, verträglich ist, folgt $\mathcal{F}_{\leqq t} \subseteqq \mathcal{F}_t$. Deshalb ist τ auch eine MARKOW-Zeit bezüglich der Familie $\mathcal{F}_t$, $t \in T$.

Ferner gilt $\max_{t\in T} \xi_t \geqq \varepsilon$ dann und nur dann, wenn $\xi_\tau \geqq \varepsilon$ ist. Aufgrund der TSCHEBYSCHEWschen Ungleichung folgt für die nichtnegative Zufallsgröße ξ_τ

$$\mathsf{P}\left\{\max_{t\in T} \xi_t \geqq \varepsilon\right\} = \mathsf{P}\{\xi_\tau \geqq \varepsilon\} \leqq \mathsf{M}\xi_\tau/\varepsilon \leqq \mathsf{M}\xi_{t_{\max}}/\varepsilon .$$

Für nichtnegative *Supermartingale* ist die Ungleichung

$$\mathsf{P}\left\{\max_{t\in T} \xi_t \geqq \varepsilon\right\} \leqq \max_{t\in T} \mathsf{M}\xi_t/\varepsilon$$

gültig, hier muß man beim Beweis die Ungleichung $\mathsf{M}\xi_\tau \leqq \mathsf{M}\xi_{t_{\min}}\left(= \max_{t\in T} \mathsf{M}\xi_t\right)$ benutzen.

5. Nun wollen wir die KOLMOGOROWsche Ungleichung für unendliches T betrachten.

Aussage 5. *Es sei ξ_t, $t \in T \subseteqq R^1$, ein nichtnegatives Submartingal mit rechtsstetigen (oder linksstetigen, oder separablen) Realisierungen. Dann gilt für beliebige $\varepsilon > 0$*

$$\mathsf{P}\left\{\sup_{t\in T} \xi_t \geqq \varepsilon\right\} \leqq \sup_{t\in T} \mathsf{M}\xi_t/\varepsilon .$$

Beweis. Es sei $T_1 \subseteqq T_2 \subseteqq \ldots \subseteqq T_n \subseteqq \ldots$ eine wachsende Folge endlicher Teilmengen von T derart, daß es zu jedem Punkt $t \in T$ eine von rechts gegen t konvergierende Folge t_n mit $t_n \in T_n$ gibt. Dann gilt $\sup_{t\in T} \xi_t = \lim_{n\to\infty} \max_{t\in T_n} \xi_t$. Aus $\sup_{t\in T} \xi_t \geqq \varepsilon$ folgt nicht $\max_{t\in T_n} \xi_t \geqq \varepsilon$ für hinreichend großes n, indessen enthält die Vereinigung der nichtfallenden Folge von Ereignissen $\left\{\max_{t\in T_n} \xi_t \geqq \varepsilon\right\}$ das Ereignis $\left\{\sup_{t\in T} \xi_t > \varepsilon\right\}$ selbst. Deshalb haben wir

$$\mathsf{P}\left\{\sup_{t\in T} \xi_t > \varepsilon\right\} \leqq \mathsf{P}\left(\bigcup_{n=1}^{\infty}\left\{\max_{t\in T_n} \xi_t \geqq \varepsilon\right\}\right) = \lim_{n\to\infty} \mathsf{P}\left\{\max_{t\in T_n} \xi_t \geqq \varepsilon\right\}$$
$$\leqq \lim_{n\to\infty} \max_{t\in T_n} \mathsf{M}\xi_t/\varepsilon \leqq \sup_{t\in T} \mathsf{M}\xi_t/\varepsilon .$$

Jetzt schätzen wir $\mathsf{P}\left\{\sup_{t\in T} \xi_t \geqq \varepsilon\right\}$ ab:

$$\mathsf{P}\left\{\sup_{t\in T} \xi_t \geqq \varepsilon\right\} = \lim_{\varepsilon'\uparrow\varepsilon} \mathsf{P}\left\{\sup_{t\in T} \xi_t > \varepsilon'\right\} \leqq \lim_{\varepsilon'\uparrow\varepsilon} \sup_{t\in T} \mathsf{M}\xi_t/\varepsilon' = \sup_{t\in T} \mathsf{M}\xi_t/\varepsilon .$$

Die Aussage ist bewiesen.

6. Die Aussage von Punkt 3 § 1 gestattet uns, die KOLMOGOROWsche Ungleichung für Martingale abzuleiten.

Sind ξ_t, $t \in T$, ein Martingal mit rechtsstetigen Realisierungen und f eine nichtnegative, von unten konvexe Funktion, so gilt für beliebiges $\varepsilon > 0$

$$\mathsf{P}\left\{\sup_{t\in T} f(\xi_t) \geqq \varepsilon\right\} \leqq \sup_{t\in T} \mathsf{M}f(\xi_t)/\varepsilon . \tag{10}$$

Wird insbesondere die Funktion $f(x) = (x - m)^2$ mit $m = \mathsf{M}\xi_t$ (= const.) gewählt, so erhalten wir für $\varepsilon > 0$

$$\mathsf{P}\left\{\sup_{t\in T} |\xi_t - m| \geqq \varepsilon\right\} \leqq \sup_{t\in T} \mathsf{M}(\xi_t - m)^2/\varepsilon^2 . \tag{11}$$

Die klassische TSCHEBYSCHEWsche Ungleichung lautet nur

$$\mathsf{P}\{|\xi_t - m| \geqq \varepsilon\} \leqq \sup_{t\in T} \mathsf{M}(\xi_t - m)^2/\varepsilon^2 .$$

Die Ungleichung (11) bleibt auch für vektorwertige Martingale gültig, nur muß der Term mit der Streuung dann als $\mathsf{M}\,|\xi_t - m|^2$ geschrieben werden. Einen anderen Spezialfall der Ungleichung (10) erhalten wir für $f(x) = e^{cx}$, $c > 0$:

$$\mathsf{P}\Big\{\sup_{t\in T} \xi_t \geqq K\Big\} \leqq \sup_{t\in T} \mathsf{M}\, e^{c\xi_t}/e^{cK}\,,$$

wieder andere für $f(x) = e^{cx}$, $c < 0$, oder $f(x) = |x|$:

$$\mathsf{P}\Big\{\sup_{t\in T} |\xi_t| \geqq \varepsilon\Big\} \leqq \sup_{t\in T} \mathsf{M}\,|\xi_t|/\varepsilon\,,$$

oder $f(x) = |x|^\alpha$, $\alpha \geqq 1$, insbesondere x^4, usw.

7. Aufgabe 6. Unter Benutzung der KOLMOGOROWschen Ungleichung (10) für $f(x) = \exp(cx^2/2)$, $c > 0$ ermittle man eine möglichst genaue Schätzung für $\mathsf{P}\Big\{\max\limits_{0\leqq s\leqq t} |w_s| \geqq \delta\Big\}$, wobei w_t ein in Null beginnender WIENER-Prozeß mit stetigen Trajektorien ist.

Das Gesetz vom iterierten Logarithmus für den Wiener-Prozeß

Aufgabe 7*. Es sei w_t, $t \geqq 0$, ein in Null beginnender WIENER-Prozeß mit stetigen Trajektorien. Man beweise, daß für beliebiges $\varepsilon > 0$ mit Wahrscheinlichkeit 1 eine solche Zahl T existiert, daß $|w_t| < f^\varepsilon(t) = (1 + \varepsilon)\cdot\sqrt{2t \ln\ln t}$ für $t \geqq T$ gilt.

Hinweis. Zu jedem $Q > 1$ bilden wir die abzählbar vielen Ereignisse $A_n = \{|w_t| \geqq f^\varepsilon(Q^n)$ für ein gewisses $t \in [0, Q^{n+1}]\}$. Unter Benutzung der Abschätzung von Aufgabe 6 und des Lemma von BOREL-CANTELLI sowie entsprechender Wahl von Q beweise man die Behauptung der Aussage.

Aufgabe 8*. Man zeige, daß zu jedem $\varepsilon > 0$ mit Wahrscheinlichkeit 1 beliebig große t existieren, so daß $|w_t| > f_\varepsilon(t) = (1 - \varepsilon)\sqrt{2t \ln\ln t}$ gilt.

Hinweis. Man untersuche die abzählbar vielen unabhängigen Ereignisse

$$B_n = \{|w_{Q^{n+1}} - w_{Q^n}| > f_\varepsilon(Q^{n+1}) + f_\varepsilon(Q^n)\}\,.$$

Die Aufgaben 7*, 8* kann man auf folgende Weise zusammenfassen: Mit Wahrscheinlichkeit 1 gilt

$$\overline{\lim_{t\to\infty}}\, |w_t|/\sqrt{2t \ln\ln t} = 1\,.$$

Das lokale Gesetz vom iterierten Logarithmus

Aufgabe 9. Man zeige, daß mit Wahrscheinlichkeit 1 gilt

$$\overline{\lim_{t\downarrow 0}}\, |w_t|/\sqrt{2t \ln|\ln t|} = 1\,.$$

Aufgabe 10*. Es sei $\xi_t = w_t + \int_0^t \psi_s\, ds$, $t \geqq 0$, wobei $\int_0^t \psi_s^2\, ds < \infty$ ist. Man beweise, daß mit Wahrscheinlichkeit 1 gilt

$$\overline{\lim_{t\downarrow 0}}\, |\xi_t|/\sqrt{2t \ln|\ln t|} = 1\,.$$

§ 7.3. Sätze über die Konvergenz von Supermartingalen

1. Wir leiten eine weitere Abschätzung, die sich auf Martingale und Supermartingale bezieht, ab. Es sei ξ_n, $b = 1, \ldots, N$, ein Supermartingal bezüglich der Familie von σ-Algebren $\mathcal{F}_n$, wobei $\xi_n \geqq 0$ gelte. Wir wählen zwei positive Zahlen $c < d$ und bezeichnen mit ν die Anzahl der Durchgänge der Folge $\xi_1, \ldots, \xi_N$ durch den von c und d gebildeten Streifen von unten nach oben. (Für die in Abb. 17 dargestellte Realisierung ist der Wert von ν gleich 2). Wir zeigen

$$\mathsf{M}\nu \leqq \mathsf{M}\xi_1/(d-c)\,. \tag{1}$$

Zum Beweis setzen wir das vorgegebene Supermartingal fort, indem wir $\xi_{N+1} = \xi_N$, $\mathcal{F}_{N+1} = \mathcal{F}_N$ definieren; das Resultate bleibt ein Supermartingal. Wir definieren die

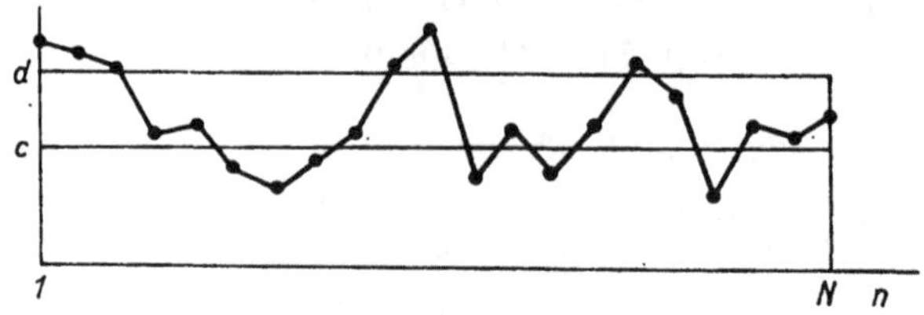

Abb. 17

Markow-Zeiten $\sigma_1, \tau_1, \sigma_2, \tau_2, \ldots$ auf die folgende Weise. Wir setzen σ_1 gleich dem kleinsten aller n von 1 bis N, für die $\xi_n \leqq c$ gilt; existiert kein solches n, so setzen wir $\sigma_1 = N + 1$. Ferner definieren wir τ_1 als das kleinste n von $\sigma_1 + 1$ bis N mit $\xi_n \geqq d$; existiert ein solches n nicht, sei $\tau_1 = N + 1$. Darauf definieren wir σ_2 als min $\{n > \tau_1 : \xi_N \leqq c\}$ oder als $N + 1$, falls es kein solches n gibt; τ_2 wird genauso durch σ_2, wie τ_1 durch σ_1 definiert, usw. Es ist klar, daß $\sigma_k = \tau_k = N + 1$ für $2k > N$ gilt. In der Abbildung 17 gilt $\sigma_1 = 6, \tau_1 = 10, \sigma_2 = 12, \tau_2 = 16, \sigma_3 = 18$; τ_3 und alle folgenden sind gleich $N + 1 = 22$. Daß das alles Markow-Zeiten sind, haben wir schon bewiesen (Aufgabe 2, Kap. 6). Mit der Größe ν hängen sie auf folgende Weise zusammen: die Ereignisse $\{\nu \geqq k\}$ sind gleichbedeutend mit $\{\tau_k \leqq N\}$.

Wir zeigen $\mathsf{P}\{\tau_1 \leqq N\} \leqq \mathsf{M}\xi_1/d$ und $\mathsf{P}\{\tau_k \leqq N\} \leqq \mathsf{P}\{\tau_{k-1} \leqq N\}\, c/d,\ k > 1$. Unter Benutzung der Definition der bedingten Wahrscheinlichkeit können wir schreiben

$$\mathsf{P}\{\tau_k \leqq N\} = \sum_{n=1}^{N} \mathsf{P}(\{\sigma_k = n\} \cap \{\tau_k \leqq N\}) = \sum_{n=1}^{N} \int_{\{\sigma_k = n\}} \mathsf{P}\{\tau_k \leqq N \mid \mathcal{F}_n\}\, \mathsf{P}(\mathrm{d}\omega)\,. \tag{2}$$

Nach der Tschebycshewschen Ungleichung haben wir fast sicher

$$\mathsf{P}\{\tau_k \leqq N \mid \mathcal{F}_n\} \leqq \mathsf{P}\{\xi_{\tau_k} \geqq d \mid \mathcal{F}_n\} \leqq \mathsf{M}(\xi_{\tau_k} \mid \mathcal{F}_n)/d\,. \tag{3}$$

Auf der Menge $\{\sigma_k = n\}$ ist die Zufallsgröße τ_k größer als n. Deshalb gilt $\xi_{\tau_k} = \xi_{\tau_k \vee n}$ auf dieser Menge und die bedingte Erwartung in (3) ist fast sicher gleich $\mathsf{M}(\xi_{\tau_k \vee n} \mid \mathcal{F}_n) \leqq \xi_n$ (die letzte Ungleichung folgt aus den Resultaten des vorigen Paragraphen in Anwendung für Supermartingale). Auf der Integrationsmenge in (2) haben wir $\xi_n \leqq c$. Damit ergibt sich

$$\mathsf{P}\{\tau_k \leqq N\} \leqq \mathsf{P}\{\sigma_k \leqq N\} \cdot c/d \leqq \mathsf{P}\{\tau_{k-1} \leqq N\} \cdot c/d\,.$$

Was $\mathsf{P}\{\tau_1 \leqq N\}$ betrifft, so ist diese Wahrscheinlichkeit nicht größer als der Wert $\mathsf{M}\xi_{\tau_1}/d \leqq \mathsf{M}\xi_1/d$.

Es folgt $\mathsf{P}\{\nu \geqq k\} \leqq (c/d)^{k-1}\, \mathsf{M}\xi_1/d$ und hieraus

$$\mathsf{M}\nu = \sum_{k=1}^{\infty} \mathsf{P}(\nu \geqq k\} \leqq \sum_{k=1}^{\infty} (c/d)^{k-1}\, \mathsf{M}\xi_1/d = \mathsf{M}\xi_1/(d-c)\,.$$

2. Wir wollen sehen, welche Folgerungen sich daraus ableiten lassen.

Satz 1. *Es sei ξ_t ein nichtnegatives Supermartingal auf einer abzählbaren Teilmenge T der Zahlengeraden bezüglich der Familie von σ-Algebren $\mathcal{F}_t$, $t \in T$, mit* $\sup_t \mathsf{M}\xi_t < \infty$[1]*).*
Die zugrunde liegende σ-Algebra $\mathcal{F}$ von Ereignissen sei bezüglich des Wahrscheinlichkeitsmaßes P vollständig. Dann besitzen die Realisierungen ξ_t mit Wahrscheinlichkeit 1 in allen Häufungspunkten der Menge T endliche Grenzwerte von links und rechts (darunter auch in den Häufungspunkten, die nicht zu T gehören).

Besitzt insbesondere T den Häufungspunkt $+\infty$, dann existiert $\lim_{t\to\infty} \xi_t$, und für $-\infty$ der entsprechende Grenzwert.

Beweis. Für eine auf einer unendlichen Teilmenge T der Zahlengeraden gegebene Funktion $f(t)$ kann man die Anzahl des Überquerens eines Streifens von c bis d in der Richtung von unten nach oben als die obere Grenze aller derjenigen k definieren, für die Punkte $s_1 < t_1 < s_2 < \dots < t_{k-1} < s_k < t_k$ der Menge T existieren, so daß $f(s_i) \leqq c$, $f(t_i) \geqq d$ gilt. Selbstverständlich kann die Zahl der Durchgänge gleich 0 oder ∞ sein.

Definieren wir die Anzahl ν des Überquerens eines Streifens von c bis d für die Funktion ξ_t, dann ergibt sich eine Funktion von ω (einstweilen können wir noch nicht von einer Zufallsgröße sprechen).

Wir numerieren auf irgendeine Weise alle Punkte unserer Menge T: $t_1, t_2, \dots, t_n, \dots$ Mit ν_n bezeichnen wir die Anzahl der Durchgänge durch den Streifen von c bis d von unten nach oben bezüglich der Funktion ξ_t, die nur auf der endlichen Menge $\{t_1, \dots, t_n\}$ definiert ist. Leicht erkennt man, daß für beliebiges ω die Größe ν Grenzwert der monoton wachsenden Folge ν_n ist. Da die ν_n Zufallsgrößen sind und für sie die Abschätzung

$$\mathsf{M}\nu_n \leqq \mathsf{M}\xi_{\min(t_1,\dots,t_n)}/(d-c) \qquad (0 < c < d)$$

gilt, ist auch ν eine Zufallsgröße, und für den Erwartungswert ergibt sich

$$\mathsf{M}\nu \leqq \sup_{t\in T} \mathsf{M}\xi_t/(d-c) .$$

Auf jeden Fall ist ν mit Wahrscheinlichkeit 1 endlich. Nimmt man alle Intervalle (c, d) mit positiven rationalen Endpunkten (das ist eine abzählbare Menge), so erhalten wir, daß mit Wahrscheinlichkeit 1 eine Realisierung jedes Intervalles mit rationalen Endpunkten nur endlich oft von unten nach oben durchquert. Hieraus folgt, daß die Funktion $\xi_t(\omega)$ nicht unendlich viele Schwankungen haben kann, und in jedem Häufungspunkt der Menge T endliche oder unendliche einseitige Grenzwerte besitzt. Es verbleibt zu zeigen, daß mit Wahrscheinlichkeit 1 unendliche Grenzwerte ausgeschlossen sind. Damit es irgendwo einen unendlichen Grenzwert gibt, muß eine unendliche Zahl von Intervallen $(1, 2), (2, 4), \dots, (2^n, 2^{n+1}), \dots$ von unten nach oben durchquert werden. Aus der Abschätzung $\mathsf{P}\{\nu \geqq 1\} \leqq \sup_{t\in T} \mathsf{M}\xi_t/d$ folgt, daß die Summe der Wahrscheinlichkeiten konvergiert, und nach dem Lemma von Borel-Cantelli ist es mit Wahrscheinlichkeit 1 nicht möglich, daß eine unendliche Anzahl von Durchgängen auftritt.

Diese Überlegung ist auf den kleinsten Häufungspunkt von T nicht anwendbar, falls er nicht zu T gehört, weil für das Auftreten eines unendlichen Grenzwertes in diesem Punkt die Überquerung eines Streifen *von unten nach oben* nicht notwendig ist. Um auch hier zum Ergebnis zu gelangen, fügen wir zur Menge T das Element $-\infty$ zu

[1]) Der Satz ist auch ohne diese Bedingung gültig (Anmerkung der Herausgeber).

— nach Definition das kleinste aller Elemente von T — und setzen $\xi_{-\infty} = \sup_{t \in T} \mathsf{M}\xi_t$, $\mathcal{F}_{-\infty} = \{\emptyset, \Omega\}$ ($\subseteqq \mathcal{F}_t$ für alle t); ξ_t bleibt auch für $t \in \{-\infty\} \cup T$ ein Supermartingal, und auf dieses können wir unsere Überlegung anwenden: Für die Existenz eines unendlichen Grenzwertes im kleinsten Häufungspunkt ist notwendig, daß ξ_t, $t \in \{-\infty\} \cup T$ beliebige Streifen (c, d), $c \geqq \xi_{-\infty}$ von unten nach oben kreuzt.

Selbstverständlich ist der Satz auch für nichtnegative *Martingale* gültig.

Ein entsprechender Satz ist auch für Submartingale erfüllt, im Beweis sind dabei Durchgänge von oben nach unten zu benutzen (siehe Gichman und Skorochod [2], Kap. II, § 2).

Die Bedingung der Nichtnegativität darf in dem Satz nicht aufgegeben werden, als Beispiel betrachte man den Wiener-Prozeß.

Die Vollständigkeit der σ-Algebra $\mathcal{F}$ bezüglich der Wahrscheinlichkeit P wird benutzt, um aus $A \subseteqq B$, $\mathsf{P}(A) = 1$ auf $\mathsf{P}(B) = 1$ schließen zu können.

3. Den bewiesenen Satz können wir auch auf überabzählbares T übertragen — für zufällige Funktionen mit rechtsstetigen (linksstetigen) Trajektorien. Mit Wahrscheinlichkeit 1 läßt sich die Existenz endlicher Grenzwerte von links (rechts) in jedem Punkt sowie für $+\infty$ und $-\infty$ zeigen (falls es einen Sinn hat, davon zu sprechen). Eine andere Möglichkeit der Übertragung des Satzes auf nichtabzählbarse T besteht darin: Zu jedem stochastisch stetigem Supermartingal existiert ein ihm äquivalentes mit Trajektorien die in jedem Punkt (auch in $\pm\infty$) rechtsstetig sind und linksseitige Grenzwerte besitzen.

4. Als Anwendung beweisen wir den folgenden Satz, eine Variante von Aufgabe 1 § 3.3 „im engeren Sinne".

Satz 2. *Es sei $\mathcal{F}_1 \subseteqq \mathcal{F}_2 \subseteqq \ldots \subseteqq \mathcal{F}_n \subseteqq \ldots \subseteqq \mathcal{F}$ eine nichtfallende Folge von σ-Algebren, mit $\mathcal{F}_\infty$ bezeichnen wir die kleinste σ-Algebra, die alle $\mathcal{F}_n$ enthält. Ferner sei ξ eine Zufallsgröße mit endlichem Erwartungswert. Dann gilt fast sicher*

$$\mathsf{M}(\xi \mid \mathcal{F}_\infty) = \lim_{n\to\infty} \mathsf{M}(\xi \mid \mathcal{F}_n)\,. \tag{4}$$

Beweis. Es genügt, (4) nur für nichtnegative Zufallsgrößen zu beweisen, denn gilt (4) für die Zufallsgrößen $\xi_+ = \xi \vee 0$ und $\xi_- = \xi \wedge 0$, so auch für ξ selbst. Ist $\xi \geqq 0$, dann existiert gemäß Satz 1 der Grenzwert in (4) fast sicher. Wir bezeichnen mit η die Zufallsgröße, die gleich diesem Grenzwert ist, falls er existiert und endlich ist, anderenfalls sei η gleich 0. Diese Zufallsgröße ist bezüglich $\mathcal{F}_\infty$ meßbar. Als Grenzwert einer gleichmäßig integrierbaren Folge von Zufallsgrößen ist sie integrierbar (siehe die Einführung), deshalb brauchen wir nur zu zeigen, daß

$$\int_A \xi \, d\mathsf{P} = \int_A \eta \, d\mathsf{P} \tag{5}$$

für jede Menge $A \in \mathcal{F}_\infty$ gilt. Dafür genügt es aber, (5) für alle Mengen A aus der $\mathcal{F}_\infty$ erzeugenden Algebra $\bigcup_n \mathcal{F}_n$ zu beweisen. Für $A \in \mathcal{F}_n$ haben wir

$$\int_A \eta \, d\mathsf{P} = \int_A \lim_{k\to\infty} \mathsf{M}(\xi \mid \mathcal{F}_k) \, d\mathsf{P} = \lim_{k\to\infty} \int_A \mathsf{M}(\xi \mid \mathcal{F}_k) \, d\mathsf{P} = \lim_{k\to\infty} \int_A \xi \, d\mathsf{P} = \int_A \xi \, d\mathsf{P}\,.$$

Hierbei haben wir die gleichmäßige Integrierbarkeit benutzt und, daß A von $k = n$ an zu $\mathcal{F}_k$ gehört, sowie daß das Integral von $\mathsf{M}(\xi \mid \mathcal{F}_k)$ gleich dem Integral von ξ ist.

Ein Spezialfall des bewiesenen Satzes ist die entsprechende Behauptung bezüglich der bedingten Wahrscheinlichkeiten ein und desselben Ereignisses.

Aufgabe 1. Es sei $\mathcal{F}_1 \supseteqq \mathcal{F}_2 \supseteqq \dots \supseteqq \mathcal{F}_n \supseteqq \dots$ eine nichtwachsende Folge von σ-Algebren; mit $\mathcal{F}_\infty$ bezeichnen wir den Durchschnitt aller dieser σ-Algebren. Ferner sei ξ eine Zufallsgröße mit endlichem Erwartungswert. Man zeige, daß dann fast sicher

$$\mathsf{M}(\xi \mid \mathcal{F}_\infty) = \lim_{n\to\infty} \mathsf{M}(\xi \mid \mathcal{F}_n)$$

gilt.

5. Eine weitere Anwendung des Satzes über die Konvergenz von Martingalen gibt es zu den Dichten von Maßen (siehe Punkt 2d) § 1 dieses Kapitels und § 5.3). Weil die Folge π_{T_n} ein nichtnegatives Martingal ist, existiert mit Wahrscheinlichkeit 1 der Grenzwert $\pi^* = \lim\limits_{n\to\infty} \pi_{T_n}$.

Dieses Resultat ist eine gewisse Abschwächung und gleichzeitig eine Verallgemeinerung des bekannten Satzes von LEBESGUE, der besagt, daß jede monotone Funktion einer reellen Veränderlichen fast überall differenzierbar ist. In der Tat, es sei auf dem Intervall $[0, 1]$ eine nichtfallende Funktion f gegeben, der Einfachheit halber sei f eine Verteilungsfunktion. Die Differenzierbarkeit im Punkte x bedeutet, daß $\lim\limits_{y\uparrow x, z\downarrow x} \big(f(z) - f(y)\big)/(z - y)$ existiert. Aus unserer Konstruktion schließen wir nicht auf die Existenz (fast überall) dieses Grenzwertes, sondern des Grenzwertes $\lim\limits_{n\to\infty} \big(f(k/2^n) - f((k-1)/2^n)\big)/(1/2^n)$), wobei $(k-1)/2^n < x \leqq k/2^n$ ist. Dazu genügt es, für Φ das LEBESGUE-Maß zu nehmen, für Φ' das der nichtfallenden Funktion f entsprechende Maß und als σ-Algebren $\mathcal{F}_n$ die endlichen, durch die halboffenen Intervalle $((k-1)/2^n, k/2^n]$, $k = 1, \dots, 2^n$ erzeugten Algebren.

6. Aufgabe 2*. Es sei w_t, $t \geqq 0$, ein dreidimensionaler, in Null beginnender WIENER-Prozeß mit stetigen Trajektorien. Man beweise, daß mit Wahrscheinlichkeit 1 $\lim\limits_{t\to\infty} |w_t| = \infty$ gilt, und daß für jeden Punkt $x_0 \in R^3$ der Prozeß w_t mit Wahrscheinlichkeit 1 den Punkt x_0 nicht erreicht (bei $x_0 = 0$ kehrt er zu keinem positiven t in Null zurück).

KAPITEL 8

MARKOW-PROZESSE. GRUNDBEGRIFFE

§ 8.1. Markow-Prozesse und Markow-Familien

1. Wir erklären, was wir unter einem *Markowschen zufälligen Prozeß* (oder einfach *Markow-Prozeß*) verstehen wollen. Gegeben sei ein meßbarer Raum $(X, \mathcal{B})$, in dem alle einpunktigen Mengen meßbar sind; wir werden ihn *Phasenraum* nennen. Die Punkte des Phasenraumes nennen wir *Zustände*. (Diese Terminologie ist aus der Physik entlehnt, ein Wert des zufälligen Prozesses ξ_t wird als der Zustand interpretiert, in dem sich ein gewisses (physikalisches) System im Zeitpunkt t befindet.)

Gegeben sei der zufällige Prozeß ξ_t, $t \in T \subseteq R^1$ mit Werten im Phasenraum $(X, \mathcal{B})$. Für jedes $t \in T$ führen wir die σ-Algebren $\mathcal{F}_{\leqq t}$, $\mathcal{F}_{\geqq t}$ und $\mathcal{F}_{=t}$ ein (siehe § 3.1).

Der zufällige Prozeß ξ_t heißt *Markowsch*, wenn für beliebige $t \in T$ und beliebige $A \in \mathcal{F}_{\leqq t}$, $B \in \mathcal{F}_{\geqq t}$ fast sicher

$$\mathsf{P}(AB \mid \mathcal{F}_{=t}) = \mathsf{P}(A \mid \mathcal{F}_{=t})\, \mathsf{P}(B \mid \mathcal{F}_{=t}) \tag{1}$$

gilt. In Übereinstimmung mit unseren Bezeichnungen kann die bedingte Wahrscheinlichkeit bezüglich der σ-Algebra $\mathcal{F}_{=t}$ als bedingte Wahrscheinlichkeit $\mathsf{P}(\ \mid \xi_t)$ geschrieben werden.

Wir bemerken, daß aufgrund der Symmetrie in Definition (1) daraus, daß ξ_t, $t \in T$, ein Markow-Prozeß ist, folgt, daß auch der zufällige Prozeß mit umgekehrter Zeitrichtung ξ_{-t}, $t \in -T$, Markowsch ist.

Aufgabe 1. Man überzeuge sich, daß die Forderung (1) mit jeder der beiden folgenden gleichbedeutend ist:

Für beliebige $t \in T$ und $B \in \mathcal{F}_{\geqq t}$ gilt fast sicher

$$\mathsf{P}(B \mid \mathcal{F}_{\leqq t}) = \mathsf{P}(B \mid \mathcal{F}_{=t}) \,. \tag{2}$$

Für beliebiges $A \in \mathcal{F}_{\leqq t}$ gilt fast sicher

$$\mathsf{P}(A \mid \mathcal{F}_{\geqq t}) = \mathsf{P}(A \mid \mathcal{F}_{=t}) \,. \tag{3}$$

2. Nachdem wir die Definition des Markow-Prozesses gegeben haben, ist es nun angebracht, einiges über die Terminologie zu sagen. Ein Markow-Prozeß, der auf einer nur aus ganzen Zahlen bestehenden Menge T definiert ist — d. h. eine Markowsche Folge — heißt traditionsgemäß *Markow-Kette* (oder *Markowsche Keite*). Besonders einfach sind die *diskreten Markow-Ketten*, das sind solche, für die X eine endliche oder abzählbare Menge ist (und die σ-Algebra $\mathcal{B}$ natürlich aus allen Teilmengen besteht). Unter den diskreten Ketten zeichnen sich die endlichen Ketten (für die der Phasenraum endlich ist) aus.

Eine andere wichtige Klasse sind die Markow-Prozesse mit stetigem Zeitparameter $(T = [0, \infty)$ oder $(-\infty, \infty))$, aber mit endlichem oder abzählbarem X. Sie werden zuweilen (*diskrete*) *Markow-Ketten mit stetiger Zeit* genannt (siehe z. B. das Buch von Chung [1]).

Für diskrete MARKOW-Ketten mit diskreter oder stetiger Zeit läßt sich die Definition der MARKOW-Eigenschaft ohne Benutzung des Begriffes der bedingten Wahrscheinlichkeit bezüglich einer σ-Algebra und im allgemeinen auch ohne die σ-Algebren $\mathcal{F}_{\leqq t}$, $\mathcal{F}_{\geqq t}$, $\mathcal{F}_{=t}$ einführen: Für beliebige $s_1 \leqq \dots \leqq s_m \leqq t \leqq t_1 \leqq \dots \leqq t_n$, $s_i, t, t_i \in T$ und beliebige $x_1, \dots, x_m, x, y_1, \dots, y_n \in X$ mit $\mathsf{P}\{\xi_t = x\} \neq 0$ muß

$$\begin{aligned}&\mathsf{P}\{\xi_{s_1} = x_1, \dots, \xi_{s_m} = x_m, \xi_{t_1} = y_1, \dots, \xi_{t_n} = y_n \mid \xi_t = x\}\\ &\quad = \mathsf{P}\{\xi_{s_1} = x_1, \dots, \xi_{s_m} = x_m \mid \xi_t = x\}\, \mathsf{P}\{\xi_{t_1} = y_1, \dots, \xi_{t_n} = y_n \mid \xi_t = x\}\end{aligned}$$

gelten.

Das Vorgehen, nach dem man die Äquivalenz dieser Definition mit der oben eingeführten Definition beweisen kann, und andere äquivalente Definitionen werden in § 2 angegeben.

3. Bevor wir Beispiele betrachten, geben wir die Definition der *Übergangsfunktion* eines MARKOW-Prozesses. Wir sagen, daß die für $s, t \in T$, $s \leqq t$, $x \in X$ und $\Gamma \in \mathcal{B}$ definierte Funktion $P(s, x, t, \Gamma)$ die Übergangsfunktion des MARKOW-Prozesses ξ_t, $t \in T$, ist, wenn gilt:

a) Für fixierte s, t, x ist die Funktion $P(s, x, t, .)$ ein Wahrscheinlichkeitsmaß auf der σ-Algebra $\mathcal{B}$ (d. h. ein Maß mit $P(s, x, t, X) = 1$).

b) Für feste s, t, Γ ist die Funktion $P(s, ., t, \Gamma)$ bezüglich der σ-Algebra $\mathcal{B}$-meßbar.

c) Es gilt $P(s, x, s, \Gamma) = \delta_x(\Gamma)$, das ist das Maß, welches gleich 1 für $\Gamma \ni x$ und 0, falls $\Gamma \not\ni x$ ist.

d) Für beliebige $s \leqq t$, $x \in X$, $\Gamma \in B$ gilt fast sicher

$$\mathsf{P}\{\xi_t \in \Gamma \mid \xi_s\} = P(s, \xi_s, t, \Gamma)\,. \tag{4}$$

Wir bemerken, daß die Meßbarkeit der rechten Seite von (4) bezüglich der σ-Algegra $\sigma(\xi_s)$ — eine der beiden Forderungen an eine bedingte Wahrscheinlichkeit — automatisch aus b) folgt.

Es ist notwendig, darauf aufmerksam zu machen, daß die Bedingungen a)—c) nur der Funktion $P(., ., ., .)$ auferlegt sind und nicht den zufälligen Prozeß $\xi_t(\omega)$ betreffen, während die Bedingung d) den Zusammenhang zwischen beiden Objekten herstellt.

Aufgrund von Aufgabe 1 folgt aus der Bedingung (4) die allgemeinere Eigenschaft: fast sicher gilt

$$\mathsf{P}\{\xi_t \in \Gamma \mid \mathcal{F}_{\leqq s}\} = P(s, \xi_s, t, \Gamma)\,. \tag{5}$$

Wir machen noch eine Bemerkung. Die Formel (4) läßt sich (mit dem gleichen Sinn) in anderer Form schreiben, nämlich

$$P(s, x, t, \Gamma) = \mathsf{P}(\xi_t \in \Gamma \mid \xi_s = x\}$$

das bedeutet, daß die linke Seite eine der Varianten dieser bedingten Wahrscheinlichkeiten ist). Auf diese Weise muß man den Wert $P(s, t, x, \Gamma)$ der Übergangsfunktion als bedingte Wahrscheinlichkeit dafür interpretieren, daß sich das System zum Zeitpunkt t in der Zustandsmenge Γ aufhält, unter der Bedingung, daß es sich in einem festen, vor t liegendem Moment s im Zustand x befand: Wir werden diesen Wert die Übergangswahrscheinlichkeit vom Zustand x im Zeitpunkt s in die Menge Γ zur Zeit t nennen. Unter dieser Interpretation werden die Bedingungen a) und c) verständlich (b) ist eine rein technische Forderung: wir betrachten einfach keine nichtmeßbaren Funktionen).

Für einen nichtabzählbaren Raum X ergeben sich aber die Bedingungen a) und c) (ganz abgesehen von b)) nicht automatisch aus der Hauptforderung d). Überdies existiert nicht zu jedem beliebigen MARKOW-Prozeß eine Übergangsfunktion.[1]) Darum

[1]) Von S. R. KUSNETZOW konnte kürzlich (1979) die Existenz einer Übergangsfunktion für MARKOWsche Prozesse insbesondere in beliebigen BORELschen meßbaren Räumen gezeigt werden (Anm. der Herausgeber).

werden wir uns jedoch nicht kümmern, sondern einfach nur solche MARKOW-Prozesse betrachten, die eine Übergangsfunktion besitzen.

Aufgabe 2. Es sei w_t, $t \geqq 0$, $w_0 = 0$ ein in Null beginnender WIENER-Prozeß. Man beweise, daß dieser Prozeß MARKOWsch ist und bestimme die entsprechende Übergangsfunktion.

Wir bemerken, daß, während die Definition des MARKOW-Prozesses völlig symmetrisch bezüglich der Vertauschung von Vergangenheit und Zukunft ist, seine Beschreibung mit Hilfe der Übergangsfunktion wesentlich unsymmetrisch ist: Sie hängt von der Richtung „vom Vergangenen zum Zukünftigen" ab. Im Zusammenhang damit erscheint die Antwort auf folgende Aufgabe von Interesse.

Aufgabe 3. Man bestimme die Übergangsfunktion des Prozesses $\xi_t = w_{-t}$, $-\infty < t \leqq 0$ $(\xi_0 = w_0 = 0)$.

4. Bevor wir weitergehen, wollen wir noch eine Bemerkung zu den Übergangsfunktionen machen. Ist X abzählbar (oder endlich) und besteht $\mathscr{B}$ aus allen Teilmengen, dann genügt für die Angabe eines Maßes auf dem Raum $(X, \mathscr{B})$ die Kenntnis einer abzählbaren Folge von Zahlen — den Maßen aller einpunktigen Mengen. Deshalb ist die Übergangsfunktion durch die Angabe der *Matrix der Übergangswahrscheinlichkeiten* (kurz *Übergangsmatrix*) P^{st} definiert, die von den zwei Zeitpunkten $s \leqq t$ abhängt:

$$P^{st} = \big(p(s, x, t, y),\ x, y \in X\big),$$

$$p(s, x, t, y) = P(s, x, t, \{y\}).$$

(Die Elemente der Matrix bezeichnen wir mit kleinem p, die Zeilen und Spalten numerieren wir mit den Elementen von X. Die Größe $p(s, x, t, y)$ besitzt die Bedeutung einer gewöhnlichen gedingten Wahrscheinlichkeit $\mathsf{P}\{\xi_t = y \mid \xi_s = x\}$.)

Die der Übergangsfunktion auferlegte Bedingung a) verwandelt sich in die Forderung, daß die Matrix P^{st} *stochastisch* ist, d. h. sie besteht aus nichtnegativen Elementen mit den Zeilensummen 1: $\sum_y p(s, x, t, y) = 1$. Die Forderung b) entfällt, da sie trivialerweise erfüllt ist, und c) geht in die Bedingung $P^{ss} = E$ (E ist die Einheitsmatrix) über.

Für MARKOW-Prozesse mit nichtabzählbarem Phasenraum, zum Beispiel $(X, \mathscr{B}) = (R^1, \mathscr{B}^1)$ oder $(R^r, \mathscr{B}^r)$, hat es manchmal Sinn, von einer *Dichte der Übergangswahrscheinlichkeiten*, oder *Übergangsdichte* zu sprechen, d. h. von einer Funktion $p(s, x, t, y)$, die $\mathscr{B} \times \mathscr{B}$-meßbar in (x, y), nichtnegativ und so beschaffen ist, daß $P(s, x, t, \Gamma) = \int_\Gamma p(s, x, t, y)\, dy$ für alle $s, x, t, \Gamma, s < t$ gilt (für $s = t$ hat es natürlich keinen Sinn, von einer Dichte zu sprechen, weil die ganze Verteilung in dem einen Punkt x konzentriert ist). Hierbei bezeichnet dy die Integration nach einem gewissen fixierten Maß, zum Beispiel nach dem LEBESGUE-Maß im Falle des Euklidischen Raumes oder eines Teiles von ihm.

Auf diese Weise ändert sich die Bedingung c) für die Übergangsdichten nicht, die Bedingung b) ist die Forderung der $\mathscr{B} \times \mathscr{B}$-Meßbarkeit der Dichte, und die Bedingung a) fordert die Nichtnegativität und $\int_X p(s, x, t, y)\, dy = 1$.

5. Wir betrachten Beispiele MARKOWscher (wie auch nicht MARKOWscher) Prozesse.

a) Die folgenden Aufgaben werden zur Lösung empfohlen. Bei ihrer Lösung ist es nützlich, vor einer strengen Begründung sich anschaulich klarzumachen, ob in den untersuchten zufälligen Prozessen tatsächlich die Zukunft von der Vergangenheit des Systems nur durch den Zustand im gegenwärtigen Zeitpunkt abhängt.

Aufgabe 4. Es seien $\xi_1, \xi_2, \ldots, \xi_n, \ldots$ unabhängige Zufallsgrößen mit ein und derselben Verteilungsdichte $p(x)$, die positiv auf der ganzen Geraden ist. Man stelle fest, ob die folgenden zufälligen Folgen MARKOW-Ketten sind:

a) $\xi_1, \xi_2, \ldots, \xi_n, \ldots$;
b) $S_0, S_1, S_2, \ldots, S_n, \ldots$, wobei $S_0 = 0$, $S_n = \xi_1 + \ldots + \xi_n, \ldots$;
c) $S_0^+, S_1^+, S_2^+, \ldots, S_n^+, \ldots$, wobei $S_n^+ = 0$ für $S_n < 0$, $S_n^+ = S_n$ für $S_n \geqq 0$;
d) $\eta_0, \eta_1, \eta_2, \ldots, \eta_n, \ldots$, wobei $\eta_n = \max(S_0, S_1, \ldots, S_n)$;
e) $(S_0, \eta_0), (S_1, \eta_1), \ldots, (S_n, \eta_n), \ldots$ (als Phasenraum wird $R^1 \times [0, \infty)$ gewählt).

Für diejenigen, die sich als MARKOW-Ketten erweisen, bestimme man die Übergangswahrscheinlichkeiten „für einen Schritt", d. h. $P(n, x, n + 1, \Gamma)$.

Aufgabe 5. Für dieselben $\xi_1, \xi_2, \ldots, \xi_n, \ldots$ konstruieren wir einen zufälligen Prozeß mit stetiger Zeit: $T = [0, \infty)$, $S_t = S_k \cdot (t - k) + S_{k+1} \cdot (k + 1 - t)$ für $k \leqq t \leqq k + 1$. Ist dieser zufällige Prozeß MARKOWsch?

Aufgabe 6. Man zeige, daß die Prozesse der Beispiele 2, 3, 6, 7 § 1.2 MARKOWsch sind und gebe die entsprechenden Übergangsfunktionen an.

Aufgabe 7. Der WIENER-Prozeß mit Reflexion. Man zeige, daß $|w_t|$, $t \geqq 0$, ein MARKOW-Prozeß ist, dabei sei w_t ein WIENER-Prozeß. Man bestimme die Übergangsfunktion.

b) Mit dem Modell des MARKOW-Prozesses hat man einen guten Zugang zu einigen in der realen Welt auftretenden Prozessen.

So zum Beispiel für die sogenannte BROWNsche Bewegung — das ist die Bewegung eines kleinen Teilchens in einer Flüssigkeit unter dem Einfluß der Stöße von Molekülen. Als Phasenraum wird hier $(R^3, \mathscr{B}^3)$ gewählt. Wenn die Trägheit vernachlässigbar klein ist, dann erweist sich eine Beschreibung der Irrfahrt dieses Teilchens durch einen MARKOW-Prozeß als hinreichend genau: Die zukünftige Bewegung des Teilchens hängt nur von der Lage ab, die es im gegenwärtigen Zeitpunkt einnimmt, aber nicht davon, wie und woher das Teilchen dorthin kam, weil die Stöße durch Moleküle, die ihm bevorstehen, Stöße anderer Moleküle als diejenigen der Vergangenheit sind oder die derselben, aber mit einer völlig anderen Bewegung im Resultat einer Vielzahl erfolgter Zusammenstöße.

Ist die Trägheit des Teilchens nicht zu vernachlässigen (zum Beispiel bei der Betrachtung eines Moleküles in einem dünnen Gas), so können wir nicht mehr annehmen, daß die Änderung der Koordinaten (ξ_t, η_t, ζ_t) entsprechend einem MARKOW-Prozeß abläuft: die zukünftige Bewegung hängt auch von der Größe der Geschwindigkeit im gegenwärtigen Zeitpunkt ab. Aber wenn wir einen anderen Phasenraum, nämlich $(R^6, \mathscr{B}^6)$, einführen, d. h. die Lage des Teilchens und seine Geschwindigkeit fixieren, dann paßt der MARKOWsche Zugang gut auf diesen Fall.

Bis jetzt können wir noch nichts Genaues über die Übergangsfunktion der BROWNschen Bewegung sagen.

c) Es möge sich das BROWNsche Teilchen jetzt nicht in einer Flüssigkeit, sondern in einem erhitzten Gase bewegen, das sich in einem gewissen Zeitpunkt entzündet und verbrennt. Mit Hilfe welchen Phasenraumes kann man diesen Prozeß beschreiben? Wir fügen dem Phasenraum R^3 (oder R^6) einen weiteren Punkt $*$ hinzu und versehen diesen Phasenraum mit der σ-Algebra $\sigma\{\mathscr{B}^3, \{*\}\}$ und werden in unserem idealisierenden Schema annehmen, das das Teilchen, anstatt zu verschwinden, in den Zustand $*$ übergeht und für immer dort bleibt. Natürlich gilt dabei $\mathsf{P}(s, *, t, \Gamma) = \delta_*(\Gamma)$.

Mit Hilfe der Einführung eines solchen zusätzlichen Zustandes der „abgestorbenen Welt" gelingt es, die Betrachtung solcher MARKOW-Prozesse zu vermeiden, die nur bis zu einem gewissen zufälligen Zeitpunkt definiert sind (vgl. beispielsweise Aufgabe 2 § 6).

In den Büchern von DYNKIN [1], [2] wird eine andere Definition gegeben, entsprechend der ein MARKOW-Prozeß nur bis zu einem zufälligen Zeitpunkt definiert ist, in dem er abbricht. Das verkompliziert die Definitionen, gestattet aber, ohne die Einführung eines zusätzlichen Zustandes auszukommen. Bei dieser Konzeption werden Prozesse, die mit positiver Wahrscheinlichkeit abbrechen, *nichtkonservativ* genannt.

d) MARKOW-Prozesse treten zum Beispiel auch in der Bedienungstheorie auf. Angenommen, wir haben ein Verlustsystem mit einem Bedienungskanal (d. h. trifft eine Forderung auf einen besetzten Kanal, so erhält sie eine Absage). Wir setzen voraus, daß die

Forderungen nach Bedienung auf „völlig chaotische Weise“ eintreffen (in der Bedienungstheorie spricht man von einem einfachen Strom) und das a die mittlere Zahl der Forderungen pro Zeiteinheit ist, sowie die Bedienungszeit der Forderungen Zufallsgrößen mit ein und derselben Verteilungsfunktion $F(x) = \int\limits_0^x f(y)\, dy$ sind (f ist die Verteilungsdichte), die voneinander und vom Eintreffen der Forderungen unabhängig sind. Wir werden die Zustände des Bedienungssystemes mit Hilfe eines Phasenraumes beschreiben, wie er in Abbildung 18 dargestellt ist. Hier entspricht der Punkt S dem freien Bedienungskanal, und der Punkt x auf dem Strahl $[0, \infty)$ ist ein solcher Zustand des Systems, wo der

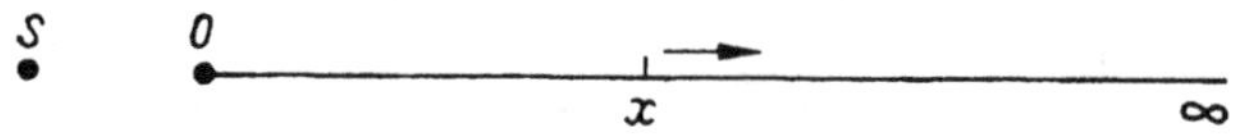

Abb. 18

Kanal bereits die Zeit x besetzt ist. Die Bewegung des Systems vollzieht sich auf die folgende Weise. Entweder befindet es sich im Zustand S oder auf der Halbgeraden $[0, \infty)$. Befindet es sich im Punkt S, so kann das System plötzlich in den Punkt 0 des Strahles springen (das entspricht dem Eintreffen einer Forderung), und es beginnt sich mit konstanter Geschwindigkeit nach rechts zu bewegen. Danach springt das System (oder das es beschreibende Teilchen in einem gewissen Moment abermals in den Zustand S (Bedienungsende). Dort verbleibt es für eine Zeit, um darauf aufs neue zu springen usw.

Man kann zeigen (wenn die Eigenschaften des Forderungsstromes präzisiert werden), daß das ein Markow-Prozeß ist.

Was die Übergangsfunktion betrifft, so läßt sie sich einfach für kleine Zeitintervalle Δt mit einer Genauigkeit von unendlich kleiner Ordnung im Vergleich zu Δt beschreiben. Das ist eine sehr allgemeine Situation. Wie wir in der Folge sehen werden (§ 10.2), wird damit schon die gesamte Übergangsfunktion definiert.

So gilt hier für $x = S$

$$P(t, S, t + \Delta t, \{S\}) = 1 - a\, \Delta t + o(\Delta t)\,, \tag{6}$$

wobei a die „Dichte des Forderungsstromes“ ist. Für beliebiges $h > 0$ gilt

$$P(t, S, t + \Delta t, [0, h)) = a\, \Delta t + o(\Delta t)\,,$$
$$P\big(t, S, t + \Delta t, [h, \infty)\big) = 0$$

für kleine Δt. Woraus folgt nun (6)? Es handelt sich darum, daß wir noch nicht präzisiert haben, was ein „einfacher Forderungsstrom“ bedeutet. Eines der möglichen Verfahren ist, als Definition den Markowschen Charakter des Prozesses und die Beziehung (6) anzunehmen.

Jetzt sei $x \in [0, \infty)$. Wenn die Bedienung bereits die Zeit x dauerte und im Verlaufe des Zeitintervalles Δt nach x abgeschlossen wird, dann fällt das System in den Zustand S und mit Wahrscheinlichkeit $1 - O(\Delta t)$ verbleibt es dort im Verlauf der Zeit Δt. Deshalb gilt mit Genauigkeit bis auf $o(\Delta t)$

$$P(t, x, t + \Delta t, \{S\}) = \mathsf{P}\{\tau \in (x, x + \Delta t] \mid \tau > x\}\,,$$

wobei τ die Bedienungsdauer ist. Folglich ergibt sich

$$P(t, x, t + \Delta t, \{S\}) = \frac{f(x)}{1 - F(x)}\, \Delta t + \sigma(\Delta t)\,,$$

und weiter

$$P(t, x, t + \Delta t, \{x + \Delta t\}) = 1 - \frac{f(x)}{1 - F(x)}\, \Delta t + o(\Delta t);$$

$$P(t, x, t + \Delta t, [0, \infty) \setminus \{x + \Delta t\}) = o(\Delta t)\,.$$

e) Für weitere Beispiele von Markow-Prozessen (insbesondere Markow-Ketten, die beim Kartenmischen auftreten) verweist der Autor den Leser auf das Buch von Feller [1].

6. Wir kommen nun zur Definition einer *Markowschen Familie zufälliger Prozesse* (oder, kurz, *Markow-Familie*). Dieser Begriff hängt mit der Vorstellung der Möglichkeit, die zufällige Bewegung des Systems in einem beliebigen Punkte des Phasenraumes zu beginnen, zusammen. Die Definition wird ziemlich kompliziert, aber dieser Aufwand ist gerechtfertigt.

Es seien eine gewisse Menge T auf der Zahlengeraden und ein Phasenraum $(X, \mathcal{B})$ fixiert sowie eine Übergangsfunktion $P(s, x, t, \Gamma)$ gegeben, die die Bedingungen a)—c) des Punktes 3 erfüllt. Weiter haben wir einen Raum von Elementarereignissen Ω gegeben, und auf $T \times \Omega$ ist $\xi_t(\omega)$ eine beliebige Funktion, die ihre Werte in X annimmt. Wir bemerken, daß das noch kein zufälliger Prozeß ist, weil auf Ω weder irgendein Wahrscheinlichkeitsmaß, noch eine σ-Algebra gegeben sind. Der Funktion $\xi_t(\omega)$ ordnen wir die σ-Algebren $\mathcal{F}_T = \sigma(\xi_t,\ t \in T)$, $\mathcal{F}_{\leqq t} = \sigma\{\xi_s, s \leqq t\}$, $\mathcal{F}_{\geqq t} = \sigma\{\xi_s, s \geqq t\}$, $\mathcal{F}_{[s,t]} = \sigma\{\xi_u, s \leqq u \leqq t\}$ zu (vgl. § 3.1).

Ferner setzen wir voraus, daß für jedes $s \in T$ und jedes $x \in X$ auf der σ-Algebra $\mathcal{F}_{\geqq s}$ ein Wahrscheinlichkeitsmaß $\mathsf{P}_{s,x}$ definiert ist. Wir sagen, daß die Gesamtheit der Elemente $(\xi_t(\omega), \mathsf{P}_{s,x})$ eine *Markow-Familie mit der Übergangsfunktion* $P(.,.,.,.)$ ist, wenn für beliebige s, x gilt:

I) Der zufällige Prozeß $\xi_t(\omega)$, $t \in T \cap [s, \infty)$, auf dem Wahrscheinlichkeitsraum $(\Omega, \mathcal{F}_{\geqq s}, \mathsf{P}_{s,x})$ ist MARKOWsch.

II) Dieser MARKOW-Prozeß besitzt die erwähnte Übergangsfunktion.

III)
$$\mathsf{P}_{s,x}\{\xi_s = x\} = 1\,. \tag{7}$$

Ausführlicher wird von der Familie von Prozessen ξ_t, $t \in T \cap [s, \infty)$, auf den Wahrscheinlichkeitsräumen $(\Omega, \mathcal{F}_{\geqq s}, \mathsf{P}_{s,x})$ folgendes gefordert. Erstens muß das eine Familie von MARKOW-Prozessen sein, d. h., für beliebige $s, x, t \geqq s$, $A \in \mathcal{F}_{[s,t]}$, $B \in \mathcal{F}_{\geqq t}$ muß $\mathsf{P}_{s,x}$-fast sicher
$$\mathsf{P}_{s,x}(AB \mid \xi_t) = \mathsf{P}_{s,x}(A \mid \xi_t)\, \mathsf{P}_{s,x}(B \mid \xi_t) \tag{8}$$
gelten. (Hier muß die bedingte Wahrscheinlichkeit entsprechend dem Ausgangswahrscheinlichkeitsmaß $\mathsf{P}_{s,x}$ auf der σ-Algebra $\mathcal{F}_{\geqq s}$ gewählt werden. Enstprechend müssen wir erklären, bezüglich welchen Maßes diese Gleichheit fast sicher gültig ist.) Zweitens ist das eine Familie von MARKOW-Prozessen mit der gemeinsamen Übergangsfunktion $P(.,.,.,.)$, d. h., für $s \leqq t \leqq u$ aus T, für beliebige $x \in X$ und Γ aus $\mathcal{B}$ muß $\mathsf{P}_{s,x}$-fast sicher
$$\mathsf{P}_{s,x}\{\xi_u \in \Gamma \mid \mathcal{F}_{[s,t]}\} = P(t, \xi_t, u, \Gamma) \tag{9}$$
gelten. (Wir bemerken, daß dieser Ausdruck nicht nur vom Verhalten des Prozesses auf dem Abschnitt von s bis t, mit Ausnahme des letzten Punktes, sondern auch von s und x abhängt.) Die Forderung III) bedarf keiner Entschlüsselung, sie besagt, daß die Wahrscheinlichkeit $\mathsf{P}_{s,x}$ die Voraussetzung erfüllt, daß der Prozeß zum Zeitpunkt s im Punkte x beginnt (damit hängt auch zusammen, daß wir nur Prozesse auf den Werten $t \geqq s$ betrachten und nur Ereignisse aus der σ-Algebra $\mathcal{F}_{\geqq s}$ zulassen).

Die Formeln (8) und (9) lassen sich auch in einer Integraldarstellung schreiben, entsprechend der Definition der bedingten Wahrscheinlichkeit bezüglich einer σ-Algebra. Zum Beispiel bedeutet (9), daß für beliebige $A \in \mathcal{F}_{[s,t]}$
$$\mathsf{P}_{s,x}(A \cap \{\xi_u \in \Gamma\}) = \int_A P(t, \xi_t(\omega), u, \Gamma)\, \mathsf{P}_{s,x}(d\omega)$$
gilt.

Nehmen wir hier insbesondere für A die ganze Menge Ω und setzen $t = s$ und t anstelle von u, so erhalten wir

$$\mathsf{P}_{s,x}\{\xi_t \in \Gamma\} = \int_\Omega P(s, \xi_s(\omega), t, \Gamma)\, \mathsf{P}_{s,x}(d\omega)\ .$$

Weil aufgrund von (7) $\xi_s(\omega) = x$ fast sicher ($\mathsf{P}_{s,x}$) gilt, ist der Integrand fast sicher gleich $P(s, x, t, \Gamma)$. Es ergibt sich

$$\mathsf{P}_{s,x}\{\xi_t \in \Gamma\} = P(s, x, t, \Gamma)\ .$$

Hieraus folgt, daß im Falle einer *Markow-Familie*, aber nicht für einen einzelnen Prozeß, die Übergangsfunktion eindeutig definiert ist (und nicht nur fast eindeutig).

Man kann nun eine *Familie von Wiener-Prozessen*, die aus allen möglichen Anfangspunkten starten, betrachten, das ist eine Markow-Familie (w_t, $\mathsf{P}_{s,x}$) mit der Übergangsdichte (im mehrdimensionalen Fall)

$$p(s, x, t, y) = [2\pi(t - s)]^{-r/2}\, e^{-|y-x|^2/2(t-s)}\ ,$$

d. h. mit der Übergangsfunktion

$$P(s, x, t, \Gamma) = [2\pi(t - s)]^{-r/2} \int_\Gamma e^{-|y-x|^2/2(t-s)}\, dy$$

(für $s < t$; bei $s = t$ setzen wir, wie für einen beliebigen Markow-Prozeß, $P(s, x, t, \Gamma) = \delta_x(\Gamma)$).

Die Existenz einer solchen Familie (wie auch die Stetigkeit der Trajektorien) kann der Leser leicht beweisen, aber damit und mit weiteren Beispielen kann man bis § 3 warten, wo die entsprechenden allgemeinen Methoden entwickelt werden.

Die Ausdrücke *Markow-Kette, Markow-Kette mit stetiger Zeit* werden nicht nur für Markow-Prozesse, sondern auch für ganze Familien benutzt.

7. Die Möglichkeit, einen Markow-Prozeß in einem beliebigen Punkte zu beginnen, läßt sich auch anders ausdrücken. Man kann eine Familie von Markow-Prozessen $\xi_t^{s,x}(\omega)$ betrachten, wobei $\xi_s^{s,x}(\omega) = x$ gilt, dafür braucht die Wahrscheinlichkeit P in diesem Falle nicht von x abzuhängen (auf dieser Konzeption beruht die Darstellung im Buch von Itô [2]). Es zeigt sich, daß man eine Familie dieses Typs auf eine Markow-Familie zurückführen kann, wir wollen darauf aber hier nicht eingehen. Diese Fragen werden noch berührt, wenn wir über stochastische Gleichungen sprechen (§ 12.4).

§ 8.2. Verschiedene Formen der Markow-Eigenschaft

1. Die in § 1 angegebenen Definitionen des Markow-Prozesses und der Markow-Familie lassen sich in verschiedene äquivalente Formen übertragen, wobei es bequem ist, manchmal die eine und zuweilen eine andere zu benutzen.

Erstens können wir die ursprüngliche symmetrische Definition in eine solche abändern, die den Charakter der Abhängigkeiten der Zukunft von der Vergangenheit (oder der Vergangenheit von der Zukunft) beschreibt. Zweitens treten in unserer Definition bedingte Wahrscheinlichkeiten auf, so daß wir sie (vollständig oder teilweise) in eine Integralform überführen können. Danach ist es oft günstiger, mit Erwartungswerten zu operieren, anstatt mit Wahrscheinlichkeiten, und unsere Definition kann in die Form überführt werden, wo anstelle beliebiger Mengen aus gewissen σ-Algebren beliebige Funktionen benutzt werden, die bezüglich dieser σ-Algebren meßbar sind[1]). Schließlich werden die σ-Algebren $\mathcal{F}_{\leq t}$, $\mathcal{F}_{\geq t}$, $\mathcal{F}_{[s,t]}$ durch gewisse

[1]) Den Erwartungswert bezüglich des Wahrscheinlichkeitsmaßes $\mathsf{P}_{s,x}$ werden wir mit $\mathsf{M}_{s,x}$ bezeichnen.

Algebren von Ereignissen erzeugt, zum Beispiel $\mathcal{F}_{\leqq t}$ durch eine Ereignisalgebra der Gestalt $\{(\xi_{s_1}, \ldots, \xi_{s_m}) \in \Gamma\}$, $s_1, \ldots, s_m \leqq t$, $\Gamma \in \mathcal{B}^m$, oder durch gewisse Halbringe von Ereignissen ($\mathcal{F}_{\leqq t}$ durch den Halbring der Ereignisse $\{\xi_{s_1} \in \Gamma_1, \ldots, \xi_{s_m} \in \Gamma_m$, $s_1, \ldots, s_m \leqq t$, $\Gamma_1, \ldots, \Gamma_m \in \mathcal{B}\}$). Es zeigt sich, daß man den Definitionen MARKOWscher Prozesse und Familien (sowie der MARKOW-Eigenschaft) eine Form verleihen kann, in welcher anstelle willkürlicher $\mathcal{F}_{\leqq t}$-, $\mathcal{F}_{\geqq t}$-, $\mathcal{F}_{[s,t]}$-meßbarer zufälliger Ereignisse beliebige $\mathcal{B}^m$- oder $\mathcal{B}$-meßbare Mengen oder Funktionen verwendet werden.

Im Ergebnis erhält man mindestens 64 verschiedene Formen der Definition des MARKOW-Prozesses und damit 64 für die MARKOW-Familie (das bezieht sich nicht auf solche Objekte, wie MARKOW-Prozesse mit gegebener Übergangsfunktion), aber tatsächlich sind es noch weit mehr, weil gewisse Teile der Definition in eine andere Form überführt werden können, wobei die übrigen in der alten Gestalt verbleiben. Selbstverständlich können wir weder alle mit Beweisen anführen, noch in Form von Aufgaben geben. Wir werden nur die wichtigsten Typen von Übergängen einer Gestalt der MARKOW-Eigenschaft in eine andere aufführen.

Einige Formen der MARKOW-Eigenschaft werden in den folgenden Paragraphen gegeben, insbesondere im § 3, wo die Bedingungen durch die endlichdimensionalen Verteilungen ausgedrückt werden.

2. Wir geben die Lösung von Aufgabe 1 § 1.

Es genügt zu zeigen, daß die Formeln (1) und (2) des vorigen Paragraphen äquivalent sind. Es sei (1) gegeben, wir folgern (2). Die Definition der bedingten Wahrscheinlichkeit benutzend, erhalten wir, daß folgendes gezeigt werden muß: Für beliebige $B \in \mathcal{F}_{\geqq t}$ und alle $A \in \mathcal{F}_{\leqq t}$ gilt

$$\mathsf{P}(AB) = \int_A \mathsf{P}(B \mid \mathcal{F}_{=t})\, d\mathsf{P}\,. \tag{3}$$

(Um Irrtümer auszuschließen, beginnen wir die Numerierung der Formeln mit (3).) Es gilt $\mathsf{P}(AB) = \mathsf{MP}(AB \mid \mathcal{F}_{=t})$, das ist aufgrund der Bedingung (1) gleich $\mathsf{M}[\mathsf{P}(A \mid \mathcal{F}_{=t}) \times \mathsf{P}(B \mid \mathcal{F}_{=t})]$. Andererseits ist der rechte Teil von (3) gleich

$$\mathsf{M}[\mathsf{P}(B \mid \mathcal{F}_{=t})\, \chi_A] = \mathsf{MM}[\mathsf{P}(B \mid \mathcal{F}_{=t})\, \chi_A \mid \mathcal{F}_{=t}] = \mathsf{M}[\mathsf{P}(B \mid \mathcal{F}_{=t})\, \mathsf{M}(\chi_A \mid \mathcal{F}_{=t})]\,.$$

(Hier benutzen wir die Möglichkeit, eine bezüglich der entsprechenden σ-Algebra meßbare Größe aus dem Zeichen der bedingten Erwartung herauszuziehen.) Wir erhalten einen Ausdruck, der gleich der linken Seite von (3) ist.

Jetzt leiten wir (1) aus (2) ab. Man muß beweisen, daß für beliebige C aus $\mathcal{F}_{=t}$

$$\mathsf{P}(ABC) = \int_C \mathsf{P}(A \mid \mathcal{F}_{=t})\, \mathsf{P}(B \mid \mathcal{F}_{=t})\, d\mathsf{P} \tag{4}$$

gilt. Hierbei sind A und B Ereignisse aus $\mathcal{F}_{\leqq t}$ beziehungsweise $\mathcal{F}_{\geqq t}$. Die rechte Seite läßt sich in der Form $\mathsf{M}[\mathsf{P}(A \mid \mathcal{F}_{=t})\, \mathsf{P}(B \mid \mathcal{F}_{=t})\, \chi_C]$ schreiben. Wir formen die linke Seite um: $\mathsf{P}(ABC) = \mathsf{MM}[\chi_A \chi_B \chi_C \mid \mathcal{F}_{\leqq t}] = \mathsf{M}\chi_A \chi_C \mathsf{P}(B \mid \mathcal{F}_{\leqq t})$. Hierbei benutzen wir, daß $A \in \mathcal{F}_{\leqq t}$ und $C \in \mathcal{F}_{=t} \subseteqq \mathcal{F}_{\leqq t}$ gilt. Ersetzen wir $\mathsf{P}(B \mid \mathcal{F}_{\leqq t})$ aufgrund der Bedingung (2) fast sicher durch die bedingte Wahrscheinlichkeit $\mathsf{P}(B \mid \mathcal{F}_{=t})$ und stellen aufs neue diesen Erwartungswert in der Form eines Erwartungswertes einer bedingten Erwartung dar — diesmal bezüglich der σ-Algebra $\mathcal{F}_{=t}$ — so ergibt sich

$$\mathsf{P}(ABC) = \mathsf{MM}[\chi_A \chi_C \mathsf{P}(B \mid \mathcal{F}_{=t}) \mid \mathcal{F}_{=t}] = \mathsf{M}[\chi_C \mathsf{P}(B \mid \mathcal{F}_{=t})\, \mathsf{M}(\chi_A \mid \mathcal{F}_{=t})].$$

Das stimmt mit der rechten Seite von (4) überein.

Aufgabe 1. Man zeige, daß der zufällige Prozeß ξ_t, $t \in T$, genau dann MARKOWsch ist, wenn für beliebige $s_1 \leqq s_2 \leqq \dots \leqq s_m \leqq t \leqq t_1 \leqq \dots \leqq t_n$, $s_i, t, t_i \in T$, und beliebige Mengen $\Gamma_1, \dots, \Gamma_m, \Delta_1, \dots, \Delta_n \in \mathcal{B}$ fast sicher

$$\begin{aligned}&\mathsf{P}\{\xi_{s_1} \in \Gamma_1, \dots, \xi_{s_m} \in \Gamma_m, \xi_{t_1} \in \Delta_1, \dots, \xi_{t_n} \in \Delta_n \mid \xi_t\}\\ &= \mathsf{P}\{\xi_{s_1} \in \Gamma_1, \dots, \xi_{s_m} \in \Gamma_m \mid \xi_t\}\, \mathsf{P}\{\xi_{t_1} \in \Delta_1, \dots, \xi_{t_n} \in \Delta_n \mid \xi_t\} \qquad (5)\end{aligned}$$

gilt.

Aufgabe 2. Der zufällige Prozeß ξ_t, $t \in T$, ist genau dann MARKOWsch, wenn für beliebige $s_1 \leqq s_2 \leqq \dots \leqq s_m \leqq t \leqq t_1 \leqq \dots \leqq t_n$ aus T und beliebige beschränkte $\mathcal{B}$-meßbare Funktionen $f_1, \dots, f_m, g_1, \dots, g_m$ fast sicher

$$\begin{aligned}&\mathsf{M}(f_1(\xi_{s_1}) \cdot \dots \cdot f_m(\xi_{s_m}) \cdot g_1(\xi_{t_1}) \cdot \dots \cdot g_n(\xi_{t_n}) \mid \xi_t)\\ &= \mathsf{M}(f_1(\xi_{s_1}) \cdot \dots \cdot f_m(\xi_{s_m}) \mid \xi_t)\, \mathsf{M}(g_1(\xi_{t_1}) \cdot \dots \cdot g_n(\xi_{t_n}) \mid \xi_t)\end{aligned}$$

gilt.

3. Wir geben noch einige andere Formen der MARKOW-Eigenschaft an.

Es sei $P(s, x, t, \Gamma)$ eine Funktion, die die Bedingungen a)—c) des Punktes 3 aus dem vorigen Paragraphen befriedigt. *Dafür, daß der zufällige Prozeß ξ_t, $t \in T$, ein Markow-Prozeß mit der gegebenen Übergangsfunktion ist, ist notwendig und hinreichend, daß für alle $s \leqq t$, $\Gamma \in \mathcal{B}$ fast sicher*

$$\mathsf{P}\{\xi_t \in \Gamma \mid \mathcal{F}_{\leqq s}\} = P(s, \xi_s, t, \Gamma) \qquad (6)$$

gilt.

Das ist die Formel (5) des vorhergehenden Paragraphen, ihre Notwendigkeit wurde schon gezeigt. Zum Beweis der Hinlänglichkeit ist es nötig, aus (6) beispielsweise abzuleiten, daß für beliebige $t_1 \leqq t_2 \leqq \dots \leqq t_n$, die größer oder gleich s sind und für beliebige meßbare Teilmengen des Phasenraumes $\Gamma_1, \Gamma_2, \dots, \Gamma_n$ fast sicher

$$\mathsf{P}\{\xi_{t_1} \in \Gamma_1, \dots, \xi_{t_n} \in \Gamma_n \mid \mathcal{F}_{\leqq s}\} = \mathsf{P}\{\xi_{t_1} \in \Gamma_1, \dots, \xi_{t_n} \in \Gamma_n \mid \xi_s\} \qquad (7)$$

gilt. (Vgl. Aufgabe 1 des vorigen und Aufgabe 1 dieses Paragraphen.)

Aufgabe 3. Man beweise, daß dann, wenn für einen zufälligen Prozeß die Bedingung (6) erfüllt ist, für beliebige $s \leqq t$ aus T und beliebige, beschränkte $\mathcal{B}$-meßbare Funktion f fast sicher

$$\mathsf{M}(f(\xi_t) \mid \mathcal{F}_{\leqq s}) = g(\xi_s) \qquad (8)$$

folgt, wobei

$$g(x) = \int_X P(s, x, t, \mathrm{d}y)\, f(y) \qquad (9)$$

eine $\mathcal{B}$-meßbare Funktion ist.

Jetzt beweisen wir eine wenig kompliziertere Hilfsbehauptung.

Lemma 1. *Für beliebige $s \leqq t_1 \leqq \dots \leqq t_n$ und beliebige $\mathcal{B}$-meßbare Funktionen $f_1, \dots, f_n$ gilt fast sicher*

$$\mathsf{M}[f_1(\xi_{t_1}) \cdot \dots \cdot f_n(\xi_{t_n}) \mid \mathcal{F}_{\leqq s}] = \varphi(\xi_s)\,, \qquad (10)$$

wobei die $\mathcal{B}$-meßbare Funktion φ durch das iterierte Integral

$$\begin{aligned}\varphi(x) = &\int_X P(s, x, t_1, \mathrm{d}y_1)\, f_1(y_1) \int_X P(t_1, y_1, t_2, \mathrm{d}y_2)\, f_2(y_2) \int_X\\ &\dots \int_X P(t_{n-1}, y_{n-1}, t_n, \mathrm{d}y_n)\, f_n(y_n) \qquad (11)\end{aligned}$$

definiert wird (die Reihenfolge der Integration ist vom Ende beginnend durchzuführen).

Für $n = 1$ ist das die Behauptung der Aufgabe 3. Es ist natürlich, induktiv weiter zu schließen.

Es seien (10) und (11) für n bewiesen. Wir fügen noch ein $t_{n+1} \geqq t_n$ und eine Funktion f_{n+1} hinzu. Aufgrund von $\mathcal{F}_{\leqq t_n} \supseteqq \mathcal{F}_s$ (wegen $t_n \geqq s$) folgt

$$\begin{aligned} &\mathsf{M}[f_1(\xi_{t_1}) \cdot \ldots \cdot f_n(\xi_{t_n}) \cdot f_{n+1}(\xi_{t_{n+1}}) \mid \mathcal{F}_{\leqq s})] \\ &= \mathsf{M}[\mathsf{M}[f_1(\xi_{t_1}) \cdot \ldots \cdot f_n(\xi_{t_n}) \cdot f_{n+1}(\xi_{t_{n+1}}) \mid \mathcal{F}_{\leqq t_n}] \mid \mathcal{F}_{\leqq s}] \\ &= \mathsf{M}[f_1(\xi_{t_1}) \cdot \ldots \cdot f_n(\xi_{t_n}) \cdot \mathsf{M}(f_{n+1}(\xi_{t_{n+1}}) \mid \mathcal{F}_{\leqq t_n}] \mid \mathcal{F}_{\leqq s}] \end{aligned}$$

(selbstverständlich, fast sicher). Aber gemäß den Formeln (8), (9) ist die innere bedingte Erwartung fast sicher gleich $g_n(\xi_{t_n})$, wobei

$$g_n(x) = \int_X P(t_n, x, t_{n+1}, \mathrm{d}y_{n+1}) \, f_{n+1}(y_{n+1})$$

eine $\mathcal{B}$-meßbare Funktion ist. Durch Anwendung der Formeln (10) und (11) auf $f_n \cdot g_n$ anstelle f_n erhalten wir die Induktionsbehauptung für $n + 1$.

Kommen wir zurück zum Beweis der Formel (7). Nach dem Lemma ist die linke Seite fast sicher gleich $\varphi(\xi_s)$, d. h., sie stimmt fast sicher mit einer bezüglich der σ-Algebra $\sigma(\xi_s)$ meßbaren Größe überein. Auf den Mengen dieser σ-Algebra besitzen die linke und rechte Seite von (7) nach Definition gleiche Integrale $\big($wir benutzen $\sigma(\xi_s) = \mathcal{F}_{=s} \subseteqq \mathcal{F}_{\leqq s}\big)$, folglich stimmen sie fast sicher überein.

4. Wir leiteten die neue Gestalt der MARKOW-Eigenschaft (6) für *Markow-Prozesse* ab. Nun wollen wir sehen, welche neue Form wir für *Markow-Familien* erhalten. Da eine MARKOW-Familie eine Familie von MARKOW-Prozessen mit einer gemeinsamen Übergangsfunktion ist, sieht man unschwer, daß die Bedingung der MARKOW-Eigenschaft folgendes Aussehen hat: Für $s \leqq t \leqq u$, $x \in X$, $\Gamma \in \mathcal{B}$ gilt

$$\mathsf{P}_{s,x}\{\xi_u \in \Gamma \mid \mathcal{F}_{[s,t]}\} = P(t, \xi_t, u, \Gamma) \tag{12}$$

fast sicher ($\mathsf{P}_{s,x}$). Das ist die Formel (9) des vorhergehenden Paragraphen. Es zeigt sich, daß man die beiden Bedingungen I) und II) in der Definition der MARKOW-Familie durch sie ersetzen kann (aber die Bedingung III) muß bestehen bleiben).

Selbstverständlich ist es möglich, den Bedingungen (6) und (12) eine Integralform zu geben, oder sie durch bedingte Erwartungen auszudrücken.

5. Aus dem im Punkt 3 bewiesenen Lemma ergeben sich im Falle MARKOWscher Familien interessante Konsequenzen. Wir betrachten die Formeln (10) und (11) für das Wahrscheinlichkeitsmaß $\mathsf{P}_{s,x}$ und $f_1 = \chi_{\Gamma_1}, \ldots, f_n = \chi_{\Gamma_n}$

$$\mathsf{P}_{s,x}\{\xi_{t_1} \in \Gamma_1, \ldots, \xi_{t_n} \in \Gamma_n \mid \mathcal{F}_{\leqq s}\} = \varphi(\xi_s), \tag{13}$$

wobei die Funktion

$$\varphi(x) = \int_{\Gamma_1} P(s, x, t_1, \mathrm{d}y_1) \int_{\Gamma_2} P(t_1, y_1, t_2, \mathrm{d}y_2) \int_{\Gamma_3} \ldots \int_{\Gamma_n} P(t_{n-1}, y_{n-1}, t_n, \mathrm{d}y_n) \tag{14}$$

$\mathcal{B}$-meßbar ist. Integrieren wir (13) unter Berücksichtigung, daß $\xi_s = x$ fast sicher ($\mathsf{P}_{s,x}$) gilt über ganz Ω, so erhalten wir

$$\mathsf{P}_{s,x}\{\xi_{t_1} \in \Gamma_1, \ldots, \xi_{t_n} \in \Gamma_n\} = \varphi(x). \tag{15}$$

Folglich ist die Wahrscheinlichkeit dieses Ereignisses $\mathcal{B}$-meßbar in x. Davon ausgehend zeigen wir, daß die Wahrscheinlichkeit $\mathsf{P}_{s,x}(B)$ eines beliebigen Ereignisses

$B \in \mathcal{F}_{\geqq s}$ ebenfalls in x meßbar ist. Dabei benutzen wir folgende mengentheoretische Konstruktion.

Wir nennen ein Mengensystem $\mathcal{A}$ ein *μ-System*, wenn es abgeschlossen ist bezüglich der Vereinigung endlich vieler disjunkter Mengen, der Subtraktion einer Teilmenge und des monotonen Grenzüberganges: $A, B \in \mathcal{A}$, $AB = \emptyset \Rightarrow A \cup B \in \mathcal{A}$; $A, B \in \mathcal{A}$, $A \supseteqq B \Rightarrow A \setminus B \in \mathcal{A}$; $A_1, A_2, \ldots \in \mathcal{A}$, $A_1 \subseteqq A_2 \subseteqq \ldots \Rightarrow \bigcup_{n=1}^{\infty} A_n \in \mathcal{A}$.

Jede σ-Algebra erweist sich als ein μ-System, aber nicht jedes μ-System ist eine σ-Algebra. Es braucht mit den Mengen A und B nicht auch die Mengen AB und $A \cup B$ zu enthalten. Der Buchstabe μ in der Bezeichnung weist auf die für den Charakter des Systems maßgebliche Operation hin, den *monotonen* Grenzübergang.

Genau so, wie sich für beliebige Mengensysteme $\mathcal{E}$ die Existenz einer kleinsten, $\mathcal{E}$ enthaltenden σ-Algebra $\sigma(\mathcal{E})$ zeigen läßt, beweist man auch die Existenz eines kleinsten μ-Systemes $\mu(\mathcal{E})$, das $\mathcal{E}$ enthält. Weil jede σ-Algebra ein μ-System ist, ergibt sich $\mu(\mathcal{E}) \subseteqq \sigma(\mathcal{E})$.

Lemma 2. *Das System $\mathcal{E}$ von Teilmengen einer Menge X enthalte X und sei abgeschlossen bezüglich des Durchschnittes zweier Mengen: $A, B \in \mathcal{E} \Rightarrow AB \in \mathcal{E}$. Dann gilt $\mu(\mathcal{E}) = \sigma(\mathcal{E})$.*

Wir werden dieses Lemma benutzen, ohne es zu beweisen, weil sein Beweis zwar unkompliziert, aber in diesem Buch völlig entbehrlich erscheint (siehe HALMOS [1], DYNKIN [1], Lemma 1.1).

Nun zeigen wir die Meßbarkeit der Wahrscheinlichkeit $\mathsf{P}_{s,x}(B)$ in x für alle $B \in \mathcal{F}_{\geqq s}$. Mit $\mathcal{S}$ bezeichnen wir das System aller Mengen B, für die das erfüllt ist. Leicht erkennt man, daß $\mathcal{S}$ ein μ-System ist: In der Tat folgt zum Beispiel aus $A, B \in \mathcal{S}$, $A \supseteqq B$, daß $\mathsf{P}_{s,x}(A \setminus B) = \mathsf{P}_{s,x}(A) - \mathsf{P}_{s,x}(B)$ eine meßbare Funktion ist, d. h. $A \setminus B \in \mathcal{S}$ gilt. Die Meßbarkeit der $\mathsf{P}_{s,x}$-Wahrscheinlichkeiten von Ereignissen der Form $\{\xi_{t_1} \in \Gamma_1, \ldots, \xi_{t_n} \in \Gamma_n\}$, $s \leqq t_1 \leqq \ldots \leqq t_n$, $\Gamma_1, \ldots, \Gamma_n \in \mathcal{B}$ haben wir schon gezeigt, d. h., das System $\mathcal{E}$ von Mengen dieses Typs ist in $\mathcal{S}$ enthalten. Hieraus folgt $\mathcal{S} \supseteqq \mu(\mathcal{E})$. Unser Lemma ist hier anwendbar, weil $\mathcal{E}$ bezüglich des Durchschnittes abgeschlossen ist. Wir erhalten $\mathcal{S} \supseteqq \mu(\mathcal{E}) = \sigma(\mathcal{E}) = \mathcal{F}_{\geqq s}$, d. h. die Meßbarkeit der Wahrscheinlichkeit ist für alle Ereignisse aus $\mathcal{F}_{\geqq s}$ gültig.

6. Indem wir die gerade bewiesene Tatsache benutzen, leiten wir noch eine Form der MARKOW-Eigenschaft ab, die im Gegensatz zu der im Punkt 4 beschriebenen eine sehr starke Form hat, aber tatsächlich den vorhergehenden äquivalent ist.

Ist $(\xi_t, \mathsf{P}_{s,x})$ eine Markow-Familie, dann gilt für beliebige $s \leqq t$ und $B \in \mathcal{F}_{\geqq t}$

$$\mathsf{P}_{s,x}(B \mid \mathcal{F}_{[s,t]}) = \mathsf{P}_{t,\xi_t(\omega)}(B) \tag{16}$$

fast sicher bezüglich des Wahrscheinlichkeitsmaßes $\mathsf{P}_{s,x}$.

Mit anderen Worten ist das Verhalten des Prozesses nach dem Zeitpunkt t unter der Bedingung, daß sein Verlauf bis zur Zeit t fixiert ist, genauso, als ob er bei t im Punkte $\xi_t(\omega)$ beginnen würde.

Beweis. Wegen $B \in \mathcal{F}_{\geqq t}$ ist die Wahrscheinlichkeit $\mathsf{P}_{t,x}(B)$ in x bezüglich der σ-Algebra $\mathcal{B}$ meßbar. Setzen wir in diese Funktion anstelle von x die Zufallsgröße $\xi_t(\omega)$ ein, so erhalten wir eine Zufallsgröße, die meßbar bezüglich $\mathcal{F}_{=t} = \sigma(\xi_t)$, und erst recht bezüglich $\mathcal{F}_{[s,t]}$ ist. Folglich genügt es zu zeigen, daß die Integrale der linken bzw.

rechten Seite auf beliebigen Mengen $A \in \mathcal{F}_{[s,t]}$ übereinstimmen, d. h.

$$\mathsf{P}_{s,x}(AB) = \int_A \mathsf{P}_{t,\xi_t(\omega)}(B)\, \mathsf{P}_{s,x}(\mathrm{d}\omega) \tag{17}$$

gilt.

Wir halten A fest. Als Funktion von B sind beide Seiten von (17) Maße. Für ein Ereignis B der Form $\{\xi_{t_1} \in \Gamma_1, \ldots, \xi_{t_n} \in \Gamma_n\}$, $t \leqq t_1 \leqq \ldots \leqq t_n$ ist (16) und folglich auch (17) erfüllt (aufgrund der Formeln (10), (11) und (15)). Hieraus schließen wir, wie schon früher (zum Beispiel bei der Lösung der Aufgabe 1 dieses Paragraphen), daß (17) auch für die σ-Algebra gültig ist, die von Ereignissen der angegebenen Form erzeugt wird, d. h. für $B \in \mathcal{F}_{\geqq t}$.

Wir sagten bereits, daß diese neue Form der MARKOW-Eigenschaft den vorigen äquivalent ist. Und zwar erweist sich dafür, daß das Paar $(\xi_t, \mathsf{P}_{s,x})$ eine MARKOW-Familie mit einer vorgegebenen Funktion $P(\cdot, \cdot, \cdot, \cdot)$ (die die Bedingungen a)—c) von Punkt 3 § 3 befriedigt) als Übergangsfunktion ist, als notwendig und hinreichend, daß (16) erfüllt ist und außerdem

$$\mathsf{P}_{s,x}\{\xi_t \in \Gamma\} = P(s, x, t, \Gamma)$$

gilt (damit die Familie von Prozessen die vorgegebene Übergangsfunktion besitzt). Die Bedingung $\mathsf{P}_{s,x}\{\xi_s = x\} = 1$ ist dabei automatisch erfüllt, weil diese Wahrscheinlichkeit gleich dem Wert der Übergangsfunktion $P(s, x, s, \{x\})$ ist.

Schließlich lassen sich die Bedingungen (16) und (17) unter Benutzung von Erwartungswerten darstellen:

$$\mathsf{M}_{s,x}(\eta \mid \mathcal{F}_{[s,t]}) = \mathsf{M}_{t,\xi_t}\eta \quad (\text{f. s. } (\mathsf{P}_{s,x}))\,,$$

$$\int_A \eta P_{s,x}(\mathrm{d}\omega) = \int_A \mathsf{M}_{t,\xi_t}\eta \mathsf{P}_{s,x}(\mathrm{d}\omega)\,,$$

$$\mathsf{M}_{s,x}\xi\eta = \mathsf{M}_{s,x}[\xi \mathsf{M}_{t,\xi_t}\eta]\,.$$

Hierbei ist A ein beliebiges Ereignis aus $\mathcal{F}_{[s,t]}$, ξ und η sind beschränkte Zufallsgrößen, wobei ξ bezüglich $\mathcal{F}_{[s,t]}$ und η bezüglich $\mathcal{F}_{\geqq t}$ meßbar sind.

7. *Die Markow-Eigenschaft bezüglich einer gegebenen Familie von σ-Algebren.* Wir geben eine Definition an, die unserer Definition des MARKOW-Prozesses nahesteht, aber nicht mit ihr zusammenfällt. Auf dem Raum der Elementarereignisse Ω sei eine nichtfallende Familie von σ-Algebren $\mathcal{F}_t$, $t \in T$, gegeben, ferner sei ξ_t, $t \in T$, ein zufälliger Prozeß. Wir nennen ξ_t einen *Markow-Prozeß bezüglich der Familie von σ-Algebren $\mathcal{F}_t$*, wenn erstens der Prozeß ξ_t, $t \in T$, mit der Familie von σ-Algebren verträglich ist, und zweitens für beliebige $t \leqq u$, $\Gamma \in \mathcal{B}$ fast sicher

$$\mathsf{P}\{\xi_u \in \Gamma \mid \mathcal{F}_t\} = \mathsf{P}(t, \xi_t, u, \Gamma) \tag{18}$$

gilt.

Jeder MARKOW-Prozeß ist MARKOWsch bezüglich der σ-Algebren $\mathcal{F}_{\leqq t}$, für eine gewisse Klasse werden wir zeigen (§ 9.2), daß sie MARKOWsch bezüglich der Familie $\mathcal{F}_{\leqq t+}$ ist.

Für eine MARKOW-Familie muß natürlich zu jedem s eine Familie von σ-Algebren $\mathcal{F}_{st}$, $t \in T \cap [s, \infty)$ gewählt werden. In Entsprechung zur Bedingung (18) kann man, wie bereits gezeigt, folgern, daß für beliebiges $B \in \mathcal{F}_{\geqq t}$ fast sicher $(\mathsf{P}_{s,x})$

$$\mathsf{P}_{s,x}(B \mid \mathcal{F}_{st}) = \mathsf{P}_{t,\xi_t}(B) \tag{19}$$

gilt.

§ 8.3. Endlichdimensionale Verteilungen von Markow-Prozessen

1. *Es sei ξ_t eine Funktion auf $T \times \Omega$ mit Werten in einem gegebenen Phasenraum, und $\mathsf{P}_{s,x}$ sei für jedes s und x ein Wahrscheinlichkeitsmaß auf der σ-Algebra $\mathcal{F}_{\geqq s}$. Die*

Funktion $P(s, x, t, \Gamma)$ befriedige die Bedingungen a)—c) *des Punktes* 3 § 1. *Dafür, daß das Paar $(\xi_t, \mathsf{P}_{s,x})$ eine Markow-Familie mit der vorgegebenen Übergangsfunktion ist, ist notwendig und hinreichend, daß die endlichdimensionalen Verteilungen von ξ_t bezüglich der Wahrscheinlichkeitsmaße $\mathsf{P}_{s,x}$ für $s \leqq t_1 \leqq \dots \leqq t_n$ die Beziehung*

$$\mathsf{P}_{s,x}\{\xi_{t_1} \in \Gamma_1, \dots, \xi_{t_n} \in \Gamma_n\} = \int_{\Gamma_1} P(s, x, t_1, dy_1) \int_{\Gamma_2} \dots \int_{\Gamma_n} P(t_{n-1}, y_{n-1}, t_n, dy_n) \tag{1}$$

befriedigen..

Beweis. Die Notwendigkeit wurde bereits im vorigen Paragraphen gezeigt (Formeln (14) und (15)). Damit bleibt zu beweisen, daß aus (1) irgendeine Form der MARKOW-Eigenschaft folgt. Zuerst lösen wir die folgende

Aufgabe 1. Aus der Formel (1) folgt, daß für eine beliebige beschränkte $\mathcal{B}^n$-meßbare Funktion f die Beziehung

$$\mathsf{M}_{s,x}f(\xi_{t_1}, \dots, \xi_{t_n}) = \int_X P(s, x, t_1, dy_1) \int_X \dots \int_X P(t_{n-1}, y_{n-1}, t_n, dy_n) f(y_1, \dots, y_n)$$

besteht.

Nun zeigen wir, daß

$$\mathsf{P}_{s,x}\{\xi_u \in \Gamma \mid \mathcal{F}_{[s,t]}\} = P(t, \xi_t, u, \Gamma)$$

fast sicher $(\mathsf{P}_{s,x})$ gilt, oder, was das gleiche ist,

$$\mathsf{P}_{s,x}(A \cap \{\xi_u \in \Gamma\}) = \int_A P(t, \xi_t, u, \Gamma)\, d\mathsf{P}_{s,x}$$

für jedes $A \in \mathcal{F}_{[s,t]}$, oder: für beliebige $s \leqq t_1 \leqq \dots \leqq t_n = t \leqq u$, $\Gamma_1, \dots, \Gamma_n \in \mathcal{B}$ ergibt sich

$$\mathsf{P}_{s,x}\{\xi_{t_1} \in \Gamma_1, \dots, \xi_{t_n} \in \Gamma_n, \xi_u \in \Gamma\} = \int_{\{\xi_{t_1} \in \Gamma_1, \dots, \xi_{t_n} \in \Gamma_n\}} P(t, \xi_t, u, \Gamma)\, d\mathsf{P}_{s,x}\,. \tag{2}$$

Die rechte Seite ist der Erwartungswert der Zufallsgröße $\chi_{\Gamma_1}(\xi_{t_1}) \cdot \dots \cdot \chi_{\Gamma_n}(\xi_{t_n}) \times P(t, \xi_t, u, \Gamma)$. Entsprechend Aufgabe 1 ist sie gleich (wir erinnern an $t = t_n$)

$$\int_X P(s, x, t_1, dy_1) \int_X \dots \int_X P(t_{n-1}, y_{n-1}, t_n, dy_n)\, \chi_{\Gamma_1}(y_1) \dots \chi_{\Gamma_n}(y_n)\, P(t_n, y_n, u, \Gamma)$$
$$= \int_{\Gamma_1} P(s, x, t_1, dy_1) \int_{\Gamma_2} \dots \int_{\Gamma_n} P(t_{n-1}, y_{n-1}, t_n, dy_n)\, P(t_n, y_n, u, \Gamma)$$
$$= \int_{\Gamma_1} P(s, x, t_1, dy_1) \int_{\Gamma_2} \dots \int_{\Gamma_n} P(t_{n-1}, y_{n-1}, t_n, dy_n) \int_{\Gamma} P(t_n, y_n, u, dz)\,.$$

Aufgrund der Formel (1) ist dieses gleich der linken Seite von (2).

2. Mit MARKOW-Prozessen, die keiner Familie angehören, ist die Sache komplizierter. Wir werden es nur mit Prozessen zu tun haben, die eine Übergangsfunktion besitzen. Wie schon früher, setzen wir in die Formeln (10) und (11) des vorigen Paragraphen Indikatorfunktionen beliebiger $\mathcal{B}$-meßbarer Mengen ein und integrieren über ganz Ω

$$\mathsf{P}\{\xi_{t_1} \in \Gamma_1, \dots, \xi_{t_n} \in \Gamma_n\} = \mathsf{M}\varphi(\xi_s) = \int_X \Phi_s(dx)\, \varphi(x)$$
$$= \int_X \Phi_s(dx) \int_{\Gamma_1} P(s, x, t_1, dy_1) \int_{\Gamma_2} \dots \int_{\Gamma_n} P(t_{n-1}, y_{n-1}, t_n, dy_n)\,. \tag{3}$$

Wir erkennen, daß nicht allein die endlichdimensionalen Verteilungen die Übergangsfunktion definieren, sondern dazu zusätzlich noch eine eindimensionale Verteilung Φ_s erforderlich ist.

Genau wie im Punkt 1 wird gezeigt, daß, falls die endlichdimensionalen Verteilungen eines zufälligen Prozesses die Formel (3) erfüllen, das ein MARKOW-Prozeß ist.

Jetzt haben wir eine allgemeine Methode, um einige der Aufgaben aus § 1 lösen zu können. Dem Leser wird empfohlen, zu diesen Aufgaben zurückzukehren, um die endlichdimensionalen Verteilungen zu bestimmen und sich zu überzeugen, daß die untersuchten Prozesse MARKOWsch sind.

Aufgabe 2*. Man zeige, daß jeder Prozeß mit unabhängigen Zuwächsen ξ_s, $t \geqq 0$, $\xi_0 = 0$, MARKOWsch ist.

3. Selbstverständlich müssen die endlichdimensionalen Verteilungen miteinander verträglich sein. Jetzt schließen wir auf eine Bedingung, die dafür notwendig ist (bei MARKOW-Familien).

Es sei $s \leqq t \leqq u$. Einmal gilt

$$\mathsf{P}_{s,x}\{\xi_u \in \Gamma\} = P(s, x, u, \Gamma)\,,$$

und andererseits ist diese Wahrscheinlichkeit gleich

$$\mathsf{P}_{s,x}\{\xi_t \in X, \xi_u \in \Gamma\} = \int_X P(s, x, t, \mathrm{d}y)\, P(t, y, u, \Gamma)\,.$$

Auf diese Weise erhalten wir die sogenannte *Chapman-Kolmogorow-Gleichung*:

$$P(s, x, u, \Gamma) = \int_X P(s, x, t, \mathrm{d}y)\, P(t, y, u, \Gamma)\,. \tag{4}$$

Für MARKOW-Prozesse mit diskretem Phasenraum geht die Gleichung (4) in

$$p(s, x, u, z) = \sum_{y \in X} p(s, x, t, y)\, p(t, y, u, z) \tag{5}$$

über. Das bedeutet aber einfach, daß sich die entsprechenden Matrizen multiplizieren

$$P^{su} = P^{st} P^{tu}\,. \tag{6}$$

Insbesondere sind die Übergangswahrscheinlichkeiten für diskrete MARKOW-Ketten vollständig durch Angabe der Übergangsmatrizen für einen Schritt, d. h. $P^{n,n+1}$ definiert, weil $P^{m,n} = \prod_{k=m}^{n-1} P^{k,k+1}$ gilt.

Aufgabe 3. Man prüfe nach, daß die Matrizenfunktion

$$P^{st} = \begin{pmatrix} (2 + \mathrm{e}^{-3(t-s)})/3 & (1 - \mathrm{e}^{-3(t-s)})/3 \\ (2 - 2\mathrm{e}^{-3(t-s)})/3 & (1 + 2\mathrm{e}^{-3(t-s)})/3 \end{pmatrix}$$

die Gleichung von CHAPMAN und KOLMOGOROW befriedigt.

(Wir bemerken, daß diese Funktion die für Übergangsfunktionen geforderten Bedingungen a)—c) P. 3 § 1 befriedigt: die Matrix P^{st}, $s \leqq t$, ist stochastisch, und es gilt $P^{ss} = E$. Auf welche Weise die Funktion P^{st} konstruiert wurde, wird erst später klar, wenn wir noch mehr über MARKOW-Prozesse wissen.)

Für Übergangsdichten tritt anstelle von (5) die Gleichung

$$p(s, x, u, z) = \int_X p(s, x, t, y)\, p(t, y, u, z)\, \mathrm{d}y\,.$$

Die Beziehung (6) läßt sich auf den Fall beliebiger MARKOW-Familien verallgemeinern, darüber reden wir im folgenden Paragraphen.

Aufgabe 4. Es sei T eine beliebige Teilmenge der Geraden, und jedem Paar $s \leqq t$ seiner Elemente seien ein reeller Wert m_{st} und eine nichtnegative Zahl σ_{s}^2 zugeordnet. Für $s \leqq t$ aus T, $x \in R^1$ definieren wir $P(s, x, t, \cdot)$ als Normalverteilung mit dem Erwartungswert $m_{st} \cdot x$ und der Streuung σ_{st}^2. Man suche Bedingungen an m_{st} und σ_{st}^2, die notwendig und hinreichend dafür sind, daß die CHAPMAN-KOLMOGOROW-Gleichung erfüllt ist.

Es sei bemerkt, daß bei einem Gaussschen Markow-Prozeß mit verschwindendem Erwartungswert die Übergangsfunktion gerade so eine Gestalt haben muß, weil für eine mehrdimensionale Normalverteilung die bedingten Verteilungen normal mit konstanter Streuung und konstantem Erwartungswert sind, die linear von der Zufallsgröße abhängen, auf die sie bezogen sind.

4. Wir sprechen jetzt über Verträglichkeitsbedingungen im Falle Markowscher Prozesse (nicht Familien).

Aufgabe 5. Man beweise, daß die eindimensionalen Verteilungen mit der Übergangsfunktion durch folgende Bedingung verknüpft sind: Für beliebige $s \leqq t$ und $\Gamma \in \mathcal{B}$ gilt

$$\Phi_t(\Gamma) = \int_X \Phi_s(\mathrm{d}x)\, P(s, x, t, \Gamma)\,. \tag{7}$$

Die Gleichung von Chapman und Kolmogorow (4) ist für Markow-Prozesse, die keiner Familie angehören, nicht für alle x, sondern nur für fast alle bezüglich des Φ_s-Maßes erfüllt. Das ist nicht erstaunlich, wird doch eine Übergangsfunktion (wenn es sie gibt) durch den Markow-Prozeß nur fast eindeutig bestimmt. Wir werden hier keinen Beweis anführen, wie wir uns allgemein bemühen, den „schlechten" Prozessen weniger Aufmerksamkeit zu schenken. Wenn wir es benötigen, setzen wir zusätzlich voraus, daß die Gleichung von Chapman und Kolmogorow für alle x erfüllt ist.

5. Es stellt sich heraus, daß die Chapman-Kolmogorow-Gleichung nicht nur notwendig, sondern auch hinreichend dafür ist, daß die durch die Formel (1) gegebenen endlichdimensionalen Verteilungen verträglich sind.

Satz 1. *Es sei $P(s, x, t, \Gamma)$, $s \leqq t$, $s, t \in T$, $x \in X$, $\Gamma \in \mathcal{B}$ eine die Bedingungen* a)—c) P. 3 § 1 *und die Gleichung* (4) *befriedigende Funktion. Wir definieren für beliebige $s \leqq t_1 < \dots < t_n$ und $x \in X$ das Wahrscheinlichkeitsmaß $\Phi_{s,x;t_1,\dots,t_n}$ auf $(X^n, \mathcal{B}^n)$ durch die Formel*

$$\Phi_{s,x;t_1,\dots,t_n}(\Gamma) = \int_X P(s, x, t_1, \mathrm{d}y_1) \int_X P(t_1, y_1, t_2, \mathrm{d}y_2) \int_X \dots \int_X P(t_{n-1}, y_{n-1}, t_n, \mathrm{d}y_n)\, \chi_\Gamma(y_1, \dots, y_n) \tag{8}$$

(*die Integrationsreihenfolge wird vom Ende her betrachtet*). *Dann bilden diese Maße bei fixierten s und x ein verträgliches System endlichdimensionaler Verteilungen.*

Beweis. Zuerst muß gezeigt werden, daß die iterierte Integration

$$\int_X P(t_{n-1}, y_{n-1}, t_n, \mathrm{d}y_n)\, \chi_\Gamma(y_1, \dots, y_n)\,,$$

$$\int_X P(t_{n-2}, y_{n-2}, t_{n-1}, \mathrm{d}y_{n-1}) \int_X P(t_{n-1}, y_{n-1}, t_n, \mathrm{d}y_n)\, \chi_\Gamma(y_1, \dots, y_n)\,,$$

stets eine $\mathcal{B}^{n-1}$-meßbare Funktion von $y_1, \dots, y_{n-1}$, eine $\mathcal{B}^{n-2}$-meßbare Funktion von $y_1, \dots, y_{n-2}$, usw. ergibt. Das überlassen wir dem Leser, der nun mit den Methoden und Resultaten des vorigen Paragraphen vertraut ist, insbesondere mit Lemma 2.

Jetzt ist folgendes zu prüfen

$$\Phi_{s,x;t_1,\dots,t_n}(X \times \Gamma_2 \times \dots \times \Gamma_n) = \Phi_{s,x;t_2,\dots,t_n}(\Gamma_2 \times \dots \times \Gamma_n)\,, \tag{9}$$

$$\begin{aligned} &\Phi_{s,x;t_1,\dots,t_{i-1},t_i,t_{i+1},\dots,t_n}(\Gamma_1 \times \dots \times \Gamma_{i-1} \times X \times \Gamma_{i+1} \times \dots \times \Gamma_n) \\ &= \Phi_{s,x;t_1,\dots,t_{i-1},t_{i+1},\dots,t_n}(\Gamma_1 \times \dots \times \Gamma_{i-1} \times \Gamma_{i+1} \times \dots \times \Gamma_n)\,, \end{aligned} \tag{10}$$

$$\Phi_{s,x;t_1,\dots,t_{n-1},t_n}(\Gamma_1 \times \dots \times \Gamma_{n-1} \times X) = \Phi_{s,x;t_1,\dots,t_{n-1}}(\Gamma_1 \times \dots \Gamma_{n-1})\,. \tag{11}$$

Die Formeln (9) und (10) werden aus der Gleichung von Chapman und Kolmogorow mit Hilfe des folgenden Lemma gefolgert.

Aufgabe 6. Die Funktion $P(.,.,.,.)$ befriedige die Bedingungen a)—c) P. 3 § 1 und die Gleichung von CHAPMAN und KOLMOGOROW. Dann gilt für jede beschränkte meßbare Funktion auf dem Phasenraum X und für beliebige $s \leqq t \leqq u$ und $x \in X$

$$\int_X P(s, x, t, dy) \int_X P(t, y, u, dz) f(z) = \int_X P(s, x, u, dz) f(z) . \tag{12}$$

Zur Ableitung von Formel (10) setzen wir

$$f(z) = \chi_{\Gamma_{i+1}}(z) \int_{\Gamma_{i+2}} P(t_{i+1}, z, t_{i+2}, dy_{i+2}) \int_{\Gamma_{i+3}} \dots \int_{\Gamma_n} P(t_{n-1}, y_{n-1}, t_n, dy_n)$$

mit $s = t_{i-1}$, $t = t_i$, $u = t_{i+1}$, für x wählen wir die Veränderliche y_{i-1}. Beide Seiten von (10) erweisen sich als Integrale des Ausdruckes (12) über ein und derselben Menge. Der Schluß auf (9) ist noch einfacher: Man setze s als s und x für x.

Für die Formel (11) braucht man die CHAPMAN-KOLMOGOROW-Gleichung nicht, sie folgt aus $P(t_{n-1}, y_{n-1}, t_n, X) \equiv 1$.

Der Satz ist bewiesen.

6. Satz 2. *Es sei* $(X, \mathscr{B})$ *ein Borelscher meßbarer Raum. Ferner sei* $P(s, x, t, \Gamma)$, $s \leqq t$, $s, t \in T$, $x \in X$, $\Gamma \in \mathscr{B}$ *eine die Bedingungen* a)—c) P. 3 § 1 *und die Gleichung von Chapman und Kolmogorow befriedigende Funktion. Dann existiert eine Markow-Familie* $(\xi_t, \mathsf{P}_{s,x})$ *mit* $P(s, x, t, \Gamma)$ *als Übergangsfunktion.*

Beweis. Es wird nur der eben bewiesene Satz und der Satz von KOLMOGOROW (siehe § 5.1) benutzt. Für beliebige s und x wählen wir als Raum der Elementarereignisse $X^{T \cap [s, \infty)}$, als entsprechende σ-Algebra $\mathscr{B}^{T \cap [s, \infty)}$ und definieren den zufälligen Prozeß $\xi_t(x.) = x_t$ sowie das Wahrscheinlichkeitsmaß $\mathsf{P}'_{s,x}$ auf $(X^{T \cap [s, \infty)}, \mathscr{B}^{T \cap [s, \infty)})$, bezüglich dessen die $\Phi_{s,x;t_1,\dots,t_n}$ die endlichdimensionalen Verteilungen des Prozesses sind.

Das ist aber noch nicht das, was wir brauchen. Wir möchten, daß der Raum der Elementarereignisse für alle s und x ein und derselbe ist. Das ist leicht zu erreichen, wir wählen $\Omega = X^T$, definieren $\xi_t(x.)$ als x_t, betrachten die im Raum X^T der Funktionale x_t, $t \in T \cap [s, \infty)$ erzeugte σ-Algebra $\mathscr{F}_{\geqq s} = \mathscr{B}^{T \cap [s, \infty)}(X^T)$ und übertragen das Wahrscheinlichkeitsmaß im Raum $X^{T \cap [s, \infty)}$ in natürlicher Weise auf den Raum X^T. So ist leicht zu sehen, daß sich jede Menge $A \in \mathscr{B}^{T \cap [s, \infty)}(X^T)$ in eindeutiger Weise in der Form

$$A = \{x.: x'_. \in A'\} , \qquad A' \in \mathscr{B}^{T \cap [s, \infty)}$$

darstellen läßt, wobei $x'_.$ die Einschränkung der Funktion $x.$ auf die Menge $T \cap [s, \infty)$ bezeichnet: $x'_t = x_t$, $t \in T \cap [s, \infty)$ (die Funktion $x'_.$ gehört also zum Raum $X^{T \cap [s, \infty)}$). Wir setzen $\mathsf{P}_{s,x}(A) = \mathsf{P}'_{s,x}(A')$.

Jetzt haben wir einen Raum von Elementarereignissen Ω, eine Funktion $\xi_t(\omega)$, $t \in T$, $\omega \in \Omega$ mit Werten in X und zu jedem s und x ein Maß $\mathsf{P}_{s,x}$ auf dem meßbaren Raum $(\Omega, \mathscr{F}_{\geqq s})$. Es bleibt zu zeigen, daß $(\xi_t, \mathsf{P}_{s,x})$ eine MARKOW-Familie mit der vorgegebenen Übergangsfunktion ist.

Das Wahrscheinlichkeitsmaß $\mathsf{P}_{s,x}$ befriedigt auf Ereignissen der Gestalt

$$\{\xi_{t_1} \in \Gamma_1, \dots, \xi_{t_n} \in \Gamma_n\} , \qquad s \leqq t_1 < \dots < t_n , \qquad \Gamma_1, \dots, \Gamma_n \in \mathscr{B}$$

die Beziehung

$$\mathsf{P}_{s,x}\{\xi_{t_1} \in \Gamma_1, \dots, \xi_{t_n} \in \Gamma_n\} = \int_{\Gamma_1} P(s, x, t_1, dy_1) \int_{\Gamma_2} \dots \int_{\Gamma_n} P(t_{n-1}, y_{n-1}, t_n, dy_n) . \tag{13}$$

Daraus, daß die Übergangsfunktion die Bedingung c) P. 3 § 1 $(P(t, x, t, \Gamma) = \delta_x(\Gamma))$ erfüllt, ergibt sich, daß die Formel (13) auch für $s \leqq t_1 \leqq t_2 \leqq \dots \leqq t_n$ gültig ist. Jetzt folgt die Behauptung des Satzes aus den Resultaten von Punkt 1.

Nun sind wir in der Lage, zum Beispiel die Existenz einer Familie von WIENER-Prozessen, die in allen Punkten beginnen können, zu begründen.

7. Satz 3. *Es sei $(X, \mathscr{B})$ ein Borelscher meßbarer Raum. Die Funktion $P(s, x, t, \Gamma)$ befriedige die Bedingungen a)—c) P. 3 § 1 und die Gleichung von Chapman und Kolmogorow. Weiter sei $\nu_t(\Gamma)$, $t \in T$, $\Gamma \in \mathscr{B}$ bei fixiertem t jeweils ein Wahrscheinlichkeitsmaß auf $(X, \mathscr{B})$, wobei seine Werte für entsprechende Zeitpunkte $s \leqq t$ durch die Gleichung*

$$\nu_t(\Gamma) = \int_X \nu_s(\mathrm{d}x)\, P(s, x, t, \Gamma)$$

verbunden sind. Dann existiert ein Markow-Prozeß mit $P(s, t, x, \Gamma)$ als Übergangsfunktion und $\nu_t(\Gamma)$ als eindimensionale Verteilungen: $\nu_t(\Gamma) = \mathsf{P}\{\xi_t \in \Gamma\}$.

Der Beweis verläuft so, wie bei den Sätzen 1 und 2, wir wollen ihn nicht wiederholen.

Besitzt die Menge T ein kleinstes Element t_0, dann braucht der Beweis dieser Sätze nicht aufs neue geführt zu werden, sondern unter Benutzung von Satz 2 setzen wir für $A \in \mathscr{F}_{\geqq t_0} = \mathscr{F}_T$

$$\mathsf{P}(A) = \int_X \nu_{t_0}(\mathrm{d}x)\, \mathsf{P}_{t_0, x}(A)\,, \tag{14}$$

wobei $\mathsf{P}_{s,x}$ die Wahrscheinlichkeitsmaße der MARKOW-Familie sind, die der gegebenen Übergangsfunktion entspricht. Für beliebiges T ist die Formel (14) ebenfalls bezüglich aller $t_0 \in T$ und aller $A \in \mathscr{F}_{\geqq t_0}$ gültig, allerdings gibt es kein solches t_0, für welches $\mathscr{F}_{\geqq t_0}$ ganz $\mathscr{F}_T$ ausschöpft.

§ 8.4. Familien von Operatoren, die mit Markow-Prozessen zusammenhängen

0. Es sei $(X, \mathscr{B})$ ein meßbarer Raum. Wir werden ihn mit zwei BANACH-Räumen verknüpfen. Der erste ist der Raum $\boldsymbol{B}$ aller beschränkten $\mathscr{B}$-meßbaren zahlenwertigen Funktionen $f(x)$ auf X mit der Norm $\|f\| = \sup_{x \in X} |f(x)|$ (die Konvergenz im Sinne dieser Norm ist die gleichmäßige Konvergenz). Der zweite ist der Raum $\boldsymbol{V}$ aller abzählbar-additiven zahlenwertigen Mengenfunktionen (oder „verallgemeinerten Maßen", oder „signierten Maßen", oder „Ladungen"; siehe KOLMOGOROW und FOMIN [1], Kap. VI, 95), die auf der σ-Algebra $\mathscr{B}$ definiert sind. Als Norm eines Elementes $\nu \in \boldsymbol{V}$ wählen wir die *Totalvariation auf dem ganzen Raum*: $\|\nu\| = |\nu|\,(X)$ (zur Definition vergleiche das zitierte Lehrbuch). Unschwer erkennt man, daß für $\|\nu\|$ alle Eigenschaften einer Norm erfüllt sind. Zum Beweis der Vollständigkeit des Raumes $\boldsymbol{V}$ vgl. GICHMAN und SKOROCHOD [1], Kap. II, § 1, Satz 5.

Zwischen den Räumen $\boldsymbol{B}$ und $\boldsymbol{V}$ bestehen bestimmte Beziehungen. Wir setzen

$$\langle \nu, f \rangle = \int_X f(x)\, \nu(\mathrm{d}x)$$

(das Integral wird durch $\int_X f(x)\, \nu^+(\mathrm{d}x) - \int_X f(x)\, \nu^-(\mathrm{d}x)$ definiert, wobei $\nu = \nu^+ - \nu^-$ die JORDANsche Zerlegung ist; zu all diesen Fragen vgl. das Buch von KOLMOGOROW und FOMIN [1]). Dabei entspricht jedem Element $\nu \in \boldsymbol{V}$ ein lineares Funktional $\langle \nu, . \rangle$ auf $\boldsymbol{B}$ und jedem Element $f \in \boldsymbol{B}$ ein Funktional $\langle ., f \rangle$ auf $\boldsymbol{V}$. Auf diese Weise erhalten wir eine natürliche Einbettung von $\boldsymbol{V}$ in $\boldsymbol{B}^*$ (dem zu $\boldsymbol{B}$ konjugierten Raum), sowie von $\boldsymbol{B}$ in $\boldsymbol{V}^*$. Die Normen dieser Elemente und die Normen der entsprechenden linearen

Funktionale fallen zusammen

$$||\nu|| = \sup_{||f||=1} |\langle \nu, f\rangle| \,,$$

$$||f|| = \sup_{||\nu||=1} |\langle \nu, f\rangle|$$

(das bedarf eines Beweises, den wir aber nicht führen werden).

Die linearen Operatoren im Raum $\boldsymbol{B}$ werden wir links vom Symbol des Elementes aus $\boldsymbol{B}$ schreiben: Af, $P^{st}f$, usw., aber in $\boldsymbol{V}$ rechts: νB, usw.

1. Jetzt definieren wir Operatoren, die mit der Übergangsfunktion eines MARKOW-Prozesses verbunden sind (genauer mit einer Familie: Wir setzen voraus, daß die Gleichung von CHAPMAN-KOLMOGOROW überall erfüllt ist). Zuerst führen wir die Operatoren P^{st}, $s \leqq t$, $s, t \in T$ auf dem Raum $\boldsymbol{B}$ ein. Für $f \in \boldsymbol{B}$ definieren wir $P^{st}f$ als die Funktion, deren Wert im Punkte x durch die Formel

$$P^{st}f(x) = \int_X P(s, x, t, \mathrm{d}y)\, f(y) \tag{1}$$

gegeben wird. Die Existenz und Beschränktheit des Integrales ist hier gesichert, weil $P(s, x, t, .)$ ein endliches Maß ist, die Meßbarkeit von $P^{st}f(x)$ in x ergibt sich aus der Meßbarkeit von $P(s, ., t, \Gamma)$.

Eine Übergangsfunktion wird durch die Familie von Operatoren P^{st} eindeutig definiert: verschiedenen Übergangsfunktionen entsprechen verschiedene Familien von Operatoren (Beweis!). Indessen entspricht nicht jeder Familie solcher Operatoren eine bestimmte Übergangsfunktion.

Wir wollen diejenige Familie von Operatoren beschreiben, die zur Übergangsfunktion des WIENER-Prozesses gehört, obgleich dieses Beispiel (wie auch alle anderen uns bekannten) nicht sehr interessant ist. Es sind einfach gewisse Integraloperatoren. Für $s \leqq t, f \in \boldsymbol{B}$ gilt

$$P^{st}f(x) = \int_{R^1} p(s, x, t, y)\, f(y)\, \mathrm{d}y = [2\pi(t-s)]^{-1/2} \int_{-\infty}^{\infty} \mathrm{e}^{-(y-x^2)/2(t-s)} f(y)\, \mathrm{d}y\,.$$

Wir wollen sehen, welche Eigenschaften die Operatoren P^{st} besitzen. Vor allem ist aufgrund ihrer Konstruktionsweise klar, daß es lineare Operatoren sind. Die übrigen Eigenschaften erhält man aus den Eigenschaften der Übergangsfunktion. Daraus, daß $P(s, x, t, .)$ ein Maß und nicht bloß eine abzählbar-additive Mengenfunktion ist, folgt, daß der Operator P^{st} nichtnegative Funktionen in nichtnegative überführt. Da es sogar ein *Wahrscheinlichkeitsmaß* ist, haben wir

$$|P^{st}f(x)| \leqq \int_X P(s, x, t, \mathrm{d}y)\, ||f|| = ||f||\,. \tag{2}$$

Hieraus folgt auch $P^{st}\, 1 \equiv 1$. Die Meßbarkeit in x haben wir bereits erwähnt. Aus $P(s, x, s, \Gamma) = \delta_x(\Gamma)$ ergibt sich, daß P^{ss} der identische Operator ist. Wir wollen sehen, was die CHAPMAN-KOLMOGOROW-Gleichung impliziert: Für $s \leqq t \leqq u$ gilt

$$\begin{aligned} P^{su}f(x) &= \int_X P(s, x, u, \mathrm{d}z)\, f(z) = \int_X \int_X P(s, x, t, \mathrm{d}y)\, P(t, y, u, \mathrm{d}z)\, f(z) \\ &= \int_X P(s, x, t, \mathrm{d}y) \int_X P(t, y, u, \mathrm{d}z)\, f(z) = P^{st}(P^{tu}f)\,(x)\,. \end{aligned}$$

Anders ausgedrückt heißt das

$$P^{su} = P^{st} \cdot P^{tu}\,. \tag{3}$$

Dies ist eine Verallgemeinerung der Formel (6) des vorigen Paragraphen.

Die Formel (2) läßt sich auch so schreiben: $||P^{st}f|| \leqq ||f||$ oder $||P^{st}|| \leqq 1$. Operatoren im BANACH-Raum, die die Norm der Elemente nicht vergrößern, heißen naturgemäß *kontrahierend.*

Mithin haben wir die folgenden Eigenschaften der Operatoren P^{st} im Raum $\boldsymbol{B}$ festgestellt:

a) P^{st} sind lineare Operatoren;

b) P^{st} sind kontrahierende Operatoren, d. h., sie vergrößern die Norm der Elemente nicht;

c) P^{st} sind positive Operatoren, d. h., sie überführen nichtnegative Elemente in nichtnegative;

d) $P^{st}1 \equiv 1$;

e) $P^{ss} = E$ (identischer Operator);

f) $P^{su} = P^{st} \cdot P^{tu}$ für $s \leqq t \leqq u$.

2. Jetzt wenden wir uns den Operatoren im Raum $\boldsymbol{V}$ zu. Wir werden sie ebenfalls mit P^{st} ($s \leqq t$, $s, t \in T$) bezeichnen, schreiben sie aber rechts von dem Symbol des Elementes aus $\boldsymbol{V}$: νP^{st}. Nach Definition sei

$$\nu P^{st}(\Gamma) = \int_X \nu(\mathrm{d}x)\, P(s, x, t, \Gamma)\,. \tag{4}$$

Durch die Meßbarkeit der Übergangsfunktion in x ist die Existenz des Integrals gesichert, die abzählbare Additivität von νP^{st} ergibt sich aus der abzählbaren Additivität von $P(s, x, t, .)$. Daß $P(s, x, t, .)$ ein Wahrscheinlichkeitsmaß ist, hat $||\nu P^{st}|| \leqq ||\nu||$, $\nu P^{st}(X) = \nu(X)$ zur Folge, und auch, daß der Operator P^{st} *Maße* (d. h. nichtnegative $\nu \in \boldsymbol{V}$) wiederum in Maße überführt. Die Gleichung von CHAPMAN-KOLMOGOROW wird durch

$$\nu P^{su} = (\nu P^{st})\, P^{tu}$$

für $s \leqq t \leqq u$ ausgedrückt, oder durch

$$P^{su} = P^{st} \cdot P^{tu}\,. \tag{5}$$

(Wir bemerken, daß, bei äußerlicher Übereinstimmung mit der Formel (3), die Formel (5) eine andere Bedeutung besitzt. Ungeachtet dessen, daß hier die betrachteten Operatoren in einem anderen Raum wirken, ist die Reihenfolge ihrer Anwendung unterschiedlich: in (3) wird zuerst der Operator P^{tu} angewandt und danach P^{st}, aber hier zuerst P^{st} und dann P^{tu}.)

Die Formulierung der Eigenschaften der Operatoren P^{st} im Raum $\boldsymbol{V}$ bleibt genau so wie für die Operatoren P^{st} in $\boldsymbol{B}$ erhalten (vgl. den vorhergehenden Punkt), mit Ausnahme von d), welche sich zu

d') $\nu P^{st}(X) = \nu(X)$

ändert, insbesondere werden Wahrscheinlichkeitsmaße in Wahrscheinlichkeitsmaße transformiert.

Die Operatoren P^{st} in den Räumen $\boldsymbol{B}$ und $\boldsymbol{V}$ sind zueinander *konjugiert,* d. h. für $f \in \boldsymbol{B}$, $\nu \in \boldsymbol{V}$ gilt

$$\langle \nu, P^{st}f \rangle = \langle \nu P^{st}, f \rangle \tag{6}$$

(präziser ist der Operator P^{st} auf $\boldsymbol{V}$ als Einschränkung des Operators in $\boldsymbol{B}^*$ zum Operator P^{st} in $\boldsymbol{B}$ konjugiert und umgekehrt). Die Gültigkeit von (6) folgt daraus, daß beide Seiten gleich

$$\int_X \int_X \nu(\mathrm{d}x)\, P(s, x, t, \mathrm{d}y)\, f(y)$$

sind.

Die Eigenschaften der Operatoren P^{st} in dem einen Raum lassen sich durch die Eigenschaften der Operatoren P^{st} in dem anderen Raum ableiten. Insbesondere kann man die Formel (5) aus (3) folgern (oder (3) aus (5)), indem man benutzt, daß der konjugierte Operator eines Produktes das Produkt der zu den Faktoren konjugierten Operatoren in umgekehrter Reihenfolge ist.

Aufgabe 1. Man beweise $\|P^{st}\| = 1$.

3. Die Operatoren P^{st} sind unmittelbar nur mit der Übergangsfunktion, nicht aber mit dem zufälligen Prozeß verbunden. Wir wollen deutlich machen, in welcher Beziehung sie zu den MARKOW-Prozessen und MARKOW-Familien stehen, d. h. welche wahrscheinlichkeitstheoretische Bedeutung sie haben.

Die Definition (1) geht in

$$P^{st}f(x) = \mathsf{M}_{s,x} f(\xi_t)\,, \quad f \in \boldsymbol{B} \tag{7}$$

über. Unter Benutzung dieser Operatoren läßt sich noch eine weitere Form der MARKOW-Eigenschaft angeben

$$\mathsf{M}_{s,x}(f(\xi_u) \mid \mathcal{F}_{[s,t]}) = P^{tu} f(\xi_t) \quad (\text{f.s. } \mathsf{P}_{s,x})\,.$$

Was die auf Maße angewandten Operatoren betrifft, so ist ihre wahrscheinlichkeitstheoretische Deutung durchsichtiger. Sei ν ein Wahrscheinlichkeitsmaß auf $(X, \mathcal{B})$. Wenn wir unseren Prozeß zur Zeit s in einem zufäligen Punkt beginnen, der die Verteilung ν besitzt (d. h., wir betrachten den MARKOW-Prozeß ξ_t, $t \in T \cap [s, \infty)$, der dem Wahrscheinlichkeitsmaß $\mathsf{P}_{s,\nu}(A) = \int_X \nu(\mathrm{d}x)\, \mathsf{P}_{s,x}(A)$ entspricht; vergleiche den vorigen Paragraphen, Punkt 7), dann ist die Verteilung zur Zeit $t \geqq s$ gleich νP^{st}:

$$\nu P^{st}(\Gamma) = \mathsf{P}_{s,\nu}\{\xi_t \in \Gamma\}\,.$$

Folglich beschreiben die Operatoren P^{st} im Raum $\boldsymbol{V}$ die Entwicklung der eindimensionalen Verteilung im Verlaufe der Zeit.

4. Natürlich taucht nun folgende Frage auf. Gegeben sei eine Familie von Operatoren P^{st} im Raume $\boldsymbol{B}$ (wir sprechen über den Funktionenraum, weil man im allgemeinen mit Funktionen einfacher, als mit Maßen umgehen kann), und diese Familie befriedige die Bedingungen a)—f) P. 1. Kann man behaupten, daß eine MARKOW-Familie existiert, welche der gegebenen Operatorenfamilie entspricht? Es zeigt sich, daß für eine Antwort auf diese Frage maßgeblich ist, ob der zu $\boldsymbol{B}$ konjugierte Raum $\boldsymbol{B}^*$ mit dem Raum $\boldsymbol{V}$ aller signierten Maße zusammenfällt oder ob die strenge Inklusion $\boldsymbol{B}^* \supset \boldsymbol{V}$ besteht. Die Gleichung $\boldsymbol{B}^* = \boldsymbol{V}$ ist für endliche Phasenräume X erfüllt, beide BANACH-Räume sind endlichdimensional und von ein und derselben Dimension. Aber bereits für abzählbares X läßt sich mit Hilfe des HAHN-BANACH-Theorems ein Beispiel eines linearen beschränkten Funktionales konstruieren, das keine Integraldarstellung gestattet, d. h. $\boldsymbol{B}^* \supset \boldsymbol{V}$.

Wir wollen sehen, was sich für $\boldsymbol{B}^* = \boldsymbol{V}$ ergibt (d. h. für endliches X). Jedes lineare beschränkte Funktional $\varphi(f)$ gestattet eine Darstellung $\langle \nu, f \rangle$, wobei ν ein gewisses signiertes Maß ist. Dieses wenden wir auf das Funktional $P^{st}f(x)$ an (s, t und x sind fest). Wir erhalten $P^{st}f(x) = \int_X P(s, x, t, \mathrm{d}y)\, f(y)$, wobei $P(s, x, t, \cdot)$ ein signiertes Maß ist (im gegebenen Fall wird das Integral eine Summe). Aufgrund von c) ist $P(s, x, t, \cdot)$ ein *Maß*, d. h.

eine *nichtnegative* abzählbar-additive Mengenfunktion. Wegen d) ist es eine Wahrscheinlichkeit. Die Meßbarkeit in x ist hier trivial, e) ergibt $P(s, x, s, \Gamma) = \delta_x(\Gamma)$ und f) die CHAPMAN-KOLMOGOROW-Gleichung.

Unglücklicherweise haben wir es in der Mehrzahl aller Fälle mathematischer Untersuchungen mit unendlichen Mengen zu tun, wogegen für endliche Phasenräume es im allgemeinen unnütz ist, Operatoren zu betrachten, da man hier einfach mit Matrizen auskommt. Zum Glück ist unter gewissen Einschränkungen an den Raum $(X, \mathscr{B})$ der BANACH-Raum $\boldsymbol{V}$ der konjugierte Raum bezüglich eines bestimmten Funktionenraumes.

Und zwar seien X ein kompakter metrischer Raum, $\mathscr{B} = \mathscr{B}_X$ die Menge aller BORELschen Teilmengen von X und $\boldsymbol{C}$ der Raum aller stetigen zahlenwertigen Funktionen auf X. Alle stetigen Funktionen auf einem Kompaktum sind automatisch beschränkt und meßbar, d. h., es gilt $\boldsymbol{C} \subseteqq \boldsymbol{B}$. Bekanntlich besitzt *jedes lineare beschränkte Funktional auf dem Raum* $\boldsymbol{C}$ *eine Darstellung in der Form eines Integrales nach einem gewissen signierten Maße*

$$\varphi(f) = \langle \nu, f \rangle = \int_X \nu(\mathrm{d}x)\, f(x)\,,$$

wobei einem Funktional, das auf nichtnegative Funktionen angewandt, nichtnegative Werte besitzt, ein nichtnegatives Maß ν *entspricht* (ist X ein Intervall, so ist das der Satz von RIESZ; für den allgemeinen Fall vgl. HALMOS [1], § 56). Das bedeutet, zusammen mit der Tatsache, daß verschiedenen Maßen verschiedene Funktionale entsprechen (Beweis!), daß $\boldsymbol{V} = \boldsymbol{C}^*$ gilt.

Jedoch rettet dies die Situation *nicht in allen Fällen.* Tatsächlich werden die Operatoren P^{st} im Raum $\boldsymbol{B}$ angewandt, und als solche bilden sie eine willkürliche Funktion aus $\boldsymbol{C}$ in eine gewisse, zu $\boldsymbol{B}$ gehörende Funktion ab, aber im allgemeinen kann man diese Operatoren nicht im Raum der stetigen Funktionen betrachten. Die Forderung $P^{st}\boldsymbol{C} \subseteqq \boldsymbol{C}$ ist eine *Einschränkung,* die allerdings nicht allzu hart und allzu abwegig ist. Durch diese Einschränkung wird eine gewisse *Klasse* von MARKOW-Familien ausgezeichnet. Weil die Inklusion $P^{st}\boldsymbol{C} \subseteqq \boldsymbol{C}$ zuerst von W. FELLER gefordert wurde, werden solche MARKOW-Familien FELLERsch genannt.

5. *Fellersche Markow-Familien.* Es seien X ein metrischer Raum, $\mathscr{B} = \mathscr{B}_X$ und $\boldsymbol{C}$ der Raum aller *beschränkten* stetigen Funktionen (auf nichtkompaktem X kann es unbeschränkte stetige Funktionen geben). Die Familie $(\xi_t, \mathsf{P}_{s,x})$ heißt *Fellersch,* wenn $P^{st}\boldsymbol{C} \subseteqq \boldsymbol{C}$ für beliebige $s \leqq t$ gilt. Anders ausgedrückt soll für jede stetige beschränkte Funktion f auf X die Funktion $P^{st}f$ stetig in x sein (die Beschränktheit ergibt sich automatisch): für $x \to x_0 \in X$ muß

$$\int_X P(s, x, t, \mathrm{d}y)\, f(y) \to \int_X P(s, x_0, t, \mathrm{d}y)\, f(y)$$

gelten.

Also besteht die Forderung an eine FELLERsche Familie (die übrigens nur die Übergangsfunktion betrifft) darin, daß die Verteilung $P(s, x, t, .)$ für $x \to x_0$ *schwach* gegen $P(s, x_0, t, .)$ *konvergiert.* Das ist eine Bedingung, die sich in einer schwach stetigen Abhängigkeit der Übergangsfunktion vom zweiten Argument (des Startpunktes) ausdrückt. Das ist eine in hohem Maße natürliche Forderung, selbstverständlich bedeutet es nicht, daß sie für alle MARKOW-Familien erfüllt ist.

Wir geben nun Beispiele sowohl FELLERscher als auch nicht FELLERscher MARKOW-Familien an. Als X nehmen wir die Gerade R^1, $\mathscr{B} = \mathscr{B}^1$. Der Prozeß ξ_t wird auf folgende Weise konstruiert. Er sei eine nichtzufällige Bewegung nach rechts mit konstanter Geschwindigkeit, d. h. $\xi_t = \xi_s + t - s$. Natürlich ergibt sich für die Übergangsfunktion dieses Prozesses $P(s, x, t, \Gamma) = \delta_{x+t-s}(\Gamma)$. Damit folgt für die Familie von Operatoren P^{st}

$$P^{st}f(x) = \int_{-\infty}^{\infty} P(s, x, t, dy)\, f(y) = f(x + t - s)\,.$$

Das ist eine Verschiebung um $(t - s)$ nach links. Dieser Operator bildet offenbar stetige Funktionen in stetige ab, d. h. die Familie dieser Prozesse ist FELLERsch. Um das einzusehen, hätte man nicht die Operatorenfamilie zu konstruieren brauchen, sondern es genügte zu bemerken, daß die im Punkte $x + t - s$ konzentrierte Verteilung $P(s, x, t, .)$ auf schwach stetige Weise von x abhängt.

Jetzt betrachten wir die folgende Familie von Prozessen auf $(R^1, \mathscr{B}^1)$. Auf der linken Halbgeraden findet eine Bewegung nach links mit konstanter Geschwindigkeit statt, auf der rechten nach rechts. Die Trajektorien, die in Null beginnen, gehen jeweils mit der Wahrscheinlichkeit $1/2$ nach links oder rechts. Wir beschreiben das formal mit Hilfe der Wahrscheinlichkeiten $\mathsf{P}_{s,x}$:

$$\mathsf{P}_{s,x}\{\xi_t = x + t - s,\, t \geqq s\} = 1\,, \quad x > 0;$$

$$\mathsf{P}_{s,x}\{\xi_t = x - (t - s),\, t \geqq s\} = 1\,, \quad x < 0;$$

$$\mathsf{P}_{s,0}\{\xi = t - s,\, t \geqq s\} = \mathsf{P}_{s,0}\{\xi = -(t - s),\, t \geqq s\} = 1/2\,.$$

Leicht ist zu sehen, daß das eine MARKOW-Familie ist. Für die ihr entsprechenden Operatoren P^{st} gilt

$$P^{st}f(x) = \begin{cases} f\big(x + (t - s)\big)\,, & x > 0; \\ f\big(x - (t - s)\big)\,, & x < 0; \\ \frac{1}{2} f(t - s) + \frac{1}{2} f\big((-(t - s)\big)\,, & x = 0\,. \end{cases}$$

In Abb. 19 ist dargestellt, wie der Operator P^{st} auf eine beliebige stetige beschränkte Funktion f wirkt. Die Funktion $P^{st}f$ besitzt in Null einen Sprung, die betrachtete

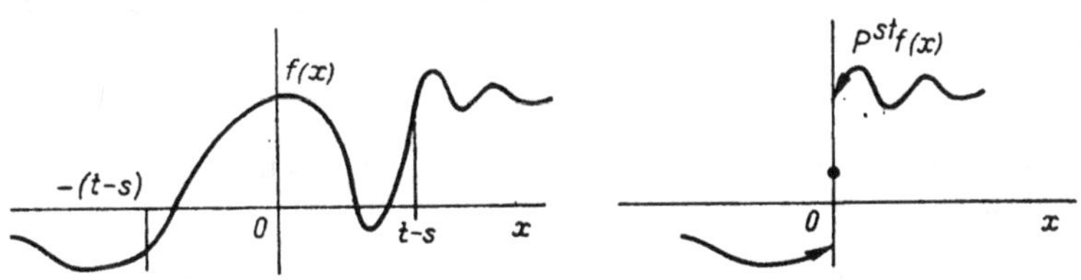

Abb. 19

Familie ist nicht FELLERsch. Das hätte man auch unmittelbar erkennen können. Die Verteilungen, die dem Startpunkt 0 und den nahe von 0 links bzw. rechts gelegenen Punkten entsprechen, sind weit voneinander entfernt, und zwar ist die erste in den symmetrisch bezüglich Null gelegenen Punkten $t - s$ und $-(t - s)$ zu gleichen Teilen konzentriert, die Verteilung die einem nahe bei Null gelegenen Startpunkt entspricht, der sich rechts von ihr befindet ist in der Nähe des Punktes $t - s$ konzentriert, aber ein links gelegener — nahe bei $-(t - s)$.

Natürlich ist es leicht, Beispiele FELLERscher und nicht FELLERscher MARKOW-Ketten zu konstruieren.

6. Jeder FELLERschen MARKOW-Familie entspricht eine Operatorenfamilie P^{st} auf dem Raume $\boldsymbol{C}$, die die Bedingungen a)—f) P. 1 befriedigt. Gleich werden wir für den Fall kompakter Phasenräume die Umkehrung dieses Satzes beweisen.

Satz. *Es seien X ein kompakter metrischer Raum und $\mathcal{B} = \mathcal{B}_X$. Auf dem Raum $\boldsymbol{C}$ aller auf X stetigen Funktionen sei eine die Bedingungen* a)—f) P. 1 *befriedigende Familie von Operatoren P^{st}, $s \leqq t$, $s, t \in T \subseteq R^1$ gegeben. Dann existiert eine Fellersche Markow-Familie $\{\xi_t, t \in T; \mathsf{P}_{s,x}\}$, welche der vorgegebenen Operatorenfamilie entspricht.*

Beweis. Es genügt zu zeigen, daß sich $P^{st}f$ in der Form

$$P^{st}f(x) = \int_X P(s, x, t, \mathrm{d}y)\, f(y) \tag{8}$$

darstellen läßt, wobei $P(.,.,.,.)$ eine Funktion ist, die den bereits mehrfach erwähnten Forderungen a), b), c) P. 3 §1 und der CHAPMAN-KOLMOGOROW-Gleichung genügt.

Halten wir s, t, x fest, so ist $P^{st}f(x)$ aufgrund der Bedingungen a) und b) ein lineares beschränktes Funktional auf $\boldsymbol{C}$ (mit einer Norm $\leqq 1$), folglich läßt es sich als Integral von f nach einem gewissen signierten Maß darstellen. Dieses Maß, das natürlich von s, t, x abhängig ist, bezeichnen wir mit $P(s, x, t, .)$. Wir haben die Formel (8) erhalten, es bleibt der Nachweis der Eigenschaften der Funktion $P(s, x, t, \Gamma)$. Als Funktion des letzten Argumentes ist sie aufgrund der Bedingung c) ein Maß, wegen d) sogar ein Wahrscheinlichkeitsmaß. Die Bedingung e) impliziert die Forderung c) $\big(P(s, x, s, \Gamma) = \delta_x(\Gamma)\big)$. Die Forderung b) und die Gleichung von CHAPMAN-KOLMOGOROW (welche sich aus der Bedingung f) ergeben muß) verursachen einen gewissen technischen Aufwand.

Die Forderung b) besteht in der Meßbarkeit der Funktion $P(s, x, t, \Gamma)$ in x oder, was das gleiche ist, von $\int_X P(s, x, t, \mathrm{d}y)\, \chi_\Gamma(y)$. Das ist ein Ausdruck der Gestalt (8), aber anstelle einer stetigen tritt in ihm eine unstetige Funktion auf. Vorerst sei die Menge Γ abgeschlossen. Bekanntlich kann man zu jeder abgeschlossenen Menge Γ eines metrischen Raumes X eine stetige Funktion f auf X konstruieren, die auf Γ gleich 1 ist und außerhalb von Γ streng zwischen Null und Eins liegt. (Zum Beispiel ist $f(x) = \exp[-\varrho(x, \Gamma)]$ eine solche Funktion, wobei ϱ der Abstand ist.) Für beliebige positive Potenzen n gehört die Funktion f^n zu $\boldsymbol{C}$, deshalb ist auch die Funktion

$$(P^{st}f^n)(x) = \int_X P(s, x, t, \mathrm{d}y)\, f^n(y)$$

stetig und also BOREL-meßbar. Lassen wir n gegen Unendlich gehen, so erhalten wir, daß die Funktion

$$P(s, x, t, \Gamma) = \int_X P(s, x, t, \mathrm{d}y)\, \chi_\Gamma(y) = \int_X P(s, x, t, \mathrm{d}y) \lim_{n\to\infty} f^n(y) = \lim_{n\to\infty} \int_X P(s, x, t, \mathrm{d}y)\, f^n(y)$$

als Grenzwert einer in jedem Punkte konvergierenden Folge meßbarer Funktionen meßbar ist.

Um von den abgeschlossenen Mengen Γ zu beliebigen BOREL-Mengen überzugehen, benutzen wir Lemma 2 § 2. Bei den Operationen der Vereinigung disjunkter Mengen, der Subtraktion von Teilmengen und des monotonen Grenzüberganges bleibt die Meßbarkeit von $P(s, x, t, \Gamma)$ erhalten. Deshalb ist sie für das kleinste Mengensystem μ(abgeschl.) gültig, das alle abgeschlossenen Mengen enthält und abgeschlossen bezüglich der aufgeführten Operationen ist. Der Durchschnitt abgeschlossener Mengen ist abgeschlossen, μ(abgeschl.) $= \sigma$(abgeschl.) $= \sigma$(offen) $= \mathcal{B}_X$, mithin ist die Meßbarkeit bewiesen.

Jetzt zeigen wir die Gültigkeit der CHAPMAN-KOLMOGOROW-Gleichung. Wir haben

$$\int_X P(s, x, u, \mathrm{d}z)\, f^n(z) = (P^{su} f^n)(x) = P^{st}(P^{tu} f^n)(x) = \int_X P(s, x, t, \mathrm{d}y) \int_X P(t, y, u, \mathrm{d}z)\, f^n(z)\,.$$

Indem wir mit $n \to \infty$ zur Grenze übergehen, erhalten wir

$$P(s, x, u, \Gamma) = \int_X P(s, x, t, \mathrm{d}y)\, P(t, y, u, \Gamma)\,. \tag{9}$$

Hier kann man als Γ jede abgeschlossene Menge nehmen. Um auf beliebige BOREL-Mengen überzugehen, kann man das gleiche Lemma wie oben und die Tatsache benutzen, daß beide Seiten von (9) als Funktion von Γ Maße sind.

7. Wir geben ein Beispiel zur Anwendung des bewiesenen Satzes. Dazu betrachten wir die parabolische partielle Differentialgleichung

$$\frac{\partial u(s, x)}{\partial s} + \frac{1}{2} \frac{\partial^2 u(s, x)}{\partial x^2} = 0\,, \qquad x \in [0, 1] \tag{10}$$

mit den Randbedingungen

$$\left.\frac{\partial u(s, x)}{\partial x}\right|_{x=0} = \left.\frac{\partial u(s, x)}{\partial x}\right|_{x=1} = 0\,. \tag{11}$$

Die Gleichung (10) beschreibt den Wärmeaustausch in einem Stab, wobei die Randbedingungen (11) dem Fall wärmeisolierter Stabenden entsprechen. Es existiert eine eindeutige Lösung der Aufgabe (10), (11) im Halbstreifen $(s, x) \in (-\infty, t] \times [0, 1]$, die bei $s = t$ der Bedingung

$$u(t, x) = f(x) \tag{12}$$

genügt, wobei f eine vorgegebene Funktion aus $\boldsymbol{C} = \boldsymbol{C}[0, 1]$ ist.

Mit $P^{st}f(x)$ bezeichnen wir den Wert der Lösung u der Aufgabe (10)—(12) im Punkte (s, x), $s \leqq t$, $x \in [0, 1]$. Bei $s = t$ haben wir $P^{ss}f(x) = f(x)$, d. h. $P^{ss} = E$. Für $s < t$ ist die Funktion $P^{st}f(x)$ nach x differenzierbar, also auch stetig. Folglich bildet der Operator P^{st} den Raum $\boldsymbol{C}$ in sich ab. Offensichtlich ist er ein linearer Operator. Ferner erweist sich dieser Operator als kontrahierend und positiv, das folgt aus dem Maximumprinzip für parabolische Gleichungen. Unter physikalischem Gesichtspunkt entspricht das der Tatsache, daß die Wärme beim Prozeß der Wärmeleitung nicht von kälteren Bereichen zu wärmeren übergeht und somit die maximale Temperatur im Laufe der Zeit nicht wächst und die minimale nicht fällt. Leicht sieht man, daß aufgrund von $\frac{\partial 1}{\partial s} + \frac{1}{2}\frac{\partial^2 1}{\partial x^2} = 0$, $\left.\frac{\partial 1}{\partial x}\right|_{x=0} = \left.\frac{\partial 1}{\partial x}\right|_{x=1} = 0$ die Beziehung $P^{st}1 \equiv 1$ gilt. Schließlich kann man, um ein $u(s, x)$ zu finden, daß der Bedingung $u(u, x) = f(x)$ genügt, die Gleichung im Zeitintervall $[t, u]$ lösen, und anschließend im Intervall $[s, t]$ bezüglich der eben erhaltenen Funktion $x \to u(t, x)$. Anders ausgedrückt, gilt $P^{su}f = P^{st}(P^{tu}f)$, $f \in \boldsymbol{C}$ oder $P^{su} = P^{st}P^{tu}$.

Mithin sind alle nötigen Forderungen erfüllt und der Operatorenfamilie P^{st} entspricht eine MARKOW-Familie. Später werden wir sehen, daß die mit der Wärmeleitungsgleichung und anderen parabolischen Gleichungen verbundenen MARKOW-Familien eine sehr wichtige Klasse bilden (das sind die sogenannten Diffusionsprozesse).

Wir bemerken, daß hier über die Lösung der Gleichung im Halbstreifen $(-\infty, t] \times [0, 1]$ gesprochen wurde, aber nicht in dem nach rechts unendlichen, wie wir es gewohnt sind und wie es selbstverständlich getan werden muß, wenn wir nicht die Gleichung (10), sondern die Gleichung $\frac{\partial u}{\partial t} - \frac{1}{2}\frac{\partial^2 u}{\partial x^2} = 0$ betrachten. Das hängt damit zusammen, daß wir den Operator P^{su} als Produkt zweier Operatoren darstellen wollen, wobei wir zuerst den Operator P^{tu} und danach P^{st} anwenden. Für die auf Maße angewandten Operatoren ist diese Reihenfolge gerade umgekehrt. Es ergibt sich, daß sie mit der Lösung der Gleichung $\frac{\partial u}{\partial t} - \frac{1}{2}\frac{\partial^2 u}{\partial x^2} = 0$ „nach vorn", und nicht mit Gleichung (10) „nach rückwärts" verbunden sind. Zu diesem Thema kehren wir im Kap. 11 noch einmal zurück.

§ 8.5. Homogene Markow-Familien

1. Eine Übergangsfunktion $P(s, x, t, \Gamma)$ heißt (zeitlich) *homogen*, wenn sie für $s, t \in T = R^1$, $R_+ (= [0, \infty))$, $Z^1 (= \{\dots, -1, 0, 1, 2, \dots\})$ oder $Z_+ (= \{0, 1, 2, \dots\})$ definiert ist und wenn sie sich bei Verschiebung längs der Zeitachse nicht ändert: $P(s + h, x, t + h, \Gamma) = P(s, x, t, \Gamma)$. Solch eine Übergangsfunktion hängt nur von der Differenz $t - s$ ($\in R_+$ oder Z_+) ab. Man kann sie als eine Funktion $P(t, x, \Gamma)$ dreier Argumente einführen, so daß $P(s, x, t, \Gamma) = P(t - s, x, \Gamma)$ gilt. Die Funktion $P(t, x, \Gamma)$ (für Prozesse mit stetiger Zeit $t \in [0, \infty)$, für MARKOW-Ketten ist t nichtnegativ ganzzahlig; $x \in X$, $\Gamma \in \mathscr{B}$) muß die folgenden Bedingungen befriedigen:

a) $P(t, x, .)$ ist ein Wahrscheinlichkeitsmaß auf $(X, \mathscr{B})$;

b) die Meßbarkeit in x;

c) $P(0, x, \Gamma) = \delta_x(\Gamma)$;

d) für $s, t \geqq 0$ gilt die CHAPMAN-KOLMOGOROW-Gleichung

$$P(t + s, x, \Gamma) = \int_X P(t, x, \mathrm{d}y)\, P(s, y, \Gamma)\,.$$

Der Wert $P(t, x, \Gamma)$ heißt Übergangswahrscheinlichkeit vom Zustand x in die Menge Γ zur Zeit t. Im Falle diskreter Zeit sagt man auch: in t Schritten.

Die Mehrzahl der bislang betrachteten Übergangsfunktionen ist homogen gewesen, aber die Übergangsfunktion des Prozesses von Aufgabe 3 § 8.1 ist beispielsweise inhomogen.

2. Die homogenen Übergangsfunktionen hängen mit Familien von Operatoren, die von *einem* Parameter abhängen, zusammen

$$P^t f(x) = \int_X P(t, x, \mathrm{d}y)\, f(y)\,,$$

$$\nu P^t(\Gamma) = \int_X \nu(\mathrm{d}x)\, P(t, x, \Gamma)\,,$$

wobei $t \in [0, \infty)$ für Prozesse mit stetiger Zeit und $t = 0, 1, 2, \dots$ für Ketten gilt. Die Operatoren P^{st} werden durch die Operatoren dieser einparametrigen Familie so ausgedrückt: $P^{st} = P^{t-s}$. Die Eigenschaften der Operatoren P^{st} nehmen folgende Gestalt an:

a) P^t ist ein linearer Operator auf dem entsprechenden BANACH-Raum;

b), c) sind die Kontraktivität und Positivität der Operatoren;

d) $P^t 1 = 1$, $\nu P^t(X) = \nu(X)$;

e) $P^0 = E$;

f) $P^{t+s} = P^t P^s$.

Die Bezeichnung P^t fällt äußerlich mit dem Symbol der Potenz eines Operators zusammen, das steht in gutem Einklang mit den Eigenschaften e), f): Für diskrete Zeit sind die Operatoren P^t tatsächlich Potenzen des Operators $P = P^1$. Aber für stetige Zeit ist das nicht mehr so.

Die Eigenschaft f) zeigt insbesondere, daß die Operatoren der gegebenen Familie miteinander multipliziert werden können und das dieses Produkt assoziativ ist. Folglich bildet die Familie von Operatoren, die zu einer homogenen MARKOWschen Übergangsfunktion gehört, eine Halbgruppe.

Diese Halbgruppe ist der multiplikativen Halbgruppe der nichtnegativen Zahlen homomorph (bei MARKOW-Ketten — der nichtnegativen ganzen Zahlen), deshalb erhält sie die vollständige Bezeichnung — *einparametrige Halbgruppe von Operatoren.*

Die Eigenschaften e), f) lassen sich auch so formulieren: P^t ist eine einparametrige Halbgruppe von Operatoren, die den Einheitsoperator enthält (wenn eine Halbgruppe den Einheitsoperator enthält, und dieser nicht an der „Stelle" Null liegt, so folgt aus $P^t = E$, $t \neq 0$ die Beziehung $E = P^t = P^{0+t} = P^0P^t = P^0E = P^0$, d. h. $P^0 = E$). Im weiteren werden wir anstelle von *einparametrige, den Einheitsoperator enthaltende Halbgruppe von Operatoren* kurz *Halbgruppe* sagen.

Diskrete Halbgruppen ($t = 0, 1, 2, \ldots$) sind vollständig durch Angabe des Operators P^1 definiert (oder, was das gleiche ist, durch die Übergangswahrscheinlichkeit für einen Schritt $P(1, x, \Gamma)$). Für Halbgruppen mit stetigem Parameter kann man sie verständlicherweise nicht so einfach vorgeben. Jedoch ist klar, daß zur Angabe von P^t für alle $t \geqq 0$ die Kenntnis von P^t in einem beliebig kleinen Intervall $[0, h]$ am Nullpunkt genügt: P^t wird z. B. auf dem Intervall $[h, 2h]$ durch P^hP^{t-h} definiert. Es zeigt sich, daß man unter gewissen Regularitätsbedingungen *infinitesimale*, differentielle Charakteristiken der Halbgruppe einführen kann, welche, das Grenzverhalten im Nullpunkt beschreibend, eine eindeutige Darstellung der ganzen Halbgruppe gestatten.

Die Theorie der Halbgruppen von Operatoren ist ein hochentwickeltes Gebiet der Funktionalanalysis (siehe die Bücher: HILLE [1], HILLE und PHILLIPS [1], YOSIDA [1]), welche erfolgreich in der Theorie der MARKOW-Prozesse angewendet wird.

3. Bis jetzt haben wir nur von Übergangsfunktionen und den mit ihnen verbundenen Operatoren gesprochen. Wir werden uns nun MARKOW-Familien mit homogener Übergangsfunktion zuwenden. Wenn die Bedingungen erfüllt sind, unter denen die Verschiebungsoperatoren θ_h, θ_h^{-1} definiert werden können (das betrifft die Existenz der Trajektorien $\xi_t(\omega') = \xi_{t+h}(\omega)$ für beliebige Trajektorien $\xi_t(\omega)$ und alle $h \in T$; siehe § 3.2), dann folgt aus der Formel für die endlichdimensionalen Verteilungen der MARKOW-Familie (§ 3, Formel (1)), daß für alle $B \in \mathcal{F}_{\geqq 0}$

$$\mathsf{P}_{s,x}(\theta_s^{-1}B) = \mathsf{P}_{0,x}(B) \quad . \tag{1}$$

gilt. In der Tat, beide Seiten sind als Funktion von B Maße, die auf der σ-Algebra $\mathcal{F}_{\geqq 0}$ übereinstimmen, da sie für Mengen der Form $B = \{\xi_{t_1} \in \Gamma_1, \ldots, \xi_{t_n} \in \Gamma_n\}$, $0 \leqq t_1 \leqq \ldots \leqq t_n$, $\Gamma_1, \ldots, \Gamma_n \in \mathcal{B}$ zusammenfallen: $\mathsf{P}_{s,x}\{\xi_{s+t_1} \in \Gamma_1, \ldots, \xi_{s+t_n} \in \Gamma_n\} = \mathsf{P}_{0,x}\{\xi_{t_1} \in \Gamma_1, \ldots, \xi_{t_n} \in \Gamma_n\}$.

Aufgabe 1. Man beweise, daß sich ein beliebiges Ereignis $A \in \mathcal{F}_{\geqq s}$ in der Form $A = \theta_s^{-1}B$, $B \in \mathcal{F}_{\geqq 0}$ darstellen läßt.

Auf diese Weise sind die Wahrscheinlichkeiten $\mathsf{P}_{s,x}$ eindeutig durch die Wahrscheinlichkeiten $\mathsf{P}_{0,x}$ definiert, und man kann stets zu der Familie von Maßen $\mathsf{P}_x = \mathsf{P}_{0,x}$ übergehen, die nur von dem einen Parameter $x \in X$ abhängt. Dadurch wird folgende Definition begreiflich.

Es seien $T = R_+$ oder Z_+, $(X, \mathcal{B})$ ein meßbarer Raum und $P(t, x, \Gamma)$ eine die Bedingungen a)—c) P. 1 befriedigende Funktion. Auf dem Raum der Elementarereignisse sei die Funktion $\xi_t(\omega)$, $t \in T$, $\omega \in \Omega$, mit Werten in X gegeben, und für beliebige $h \in T$ und $\omega \in \Omega$ existiere ein $\omega_h^+ \in \Omega$, so daß $\xi_t(\omega_h^+) = \xi_{t+h}(\omega)$ für alle $t \in T$ gilt. Die σ-Algebren $\mathcal{F}_{\geqq 0}$, $\mathcal{F}_{\leqq t}$ werden durch die Mengen $\{\xi_s \in \Gamma\}$, $s \in T$ beziehungsweise $s \leqq t$ erzeugt. Ferner sei P_x für jedes $x \in X$ ein Wahrscheinlichkeitsmaß auf der σ-Algebra

$\mathcal{F}_{\geq 0}$. Das Paar (ξ_t, P_x) heißt *homogene Markow-Familie mit der Übergangsfunktion* $P(t, x, \Gamma)$, wenn für beliebige $t, h \in T$, $x \in X$, $\Gamma \in \mathcal{B}$ fast sicher (P_x)

$$\mathsf{P}_x\{\xi_{t+h} \in \Gamma \mid \mathcal{F}_{\leq t}\} = P(h, \xi_t, \Gamma) \tag{2}$$

gilt.

Dabei ist die CHAPMAN-KOLMOGOROW-Gleichung (Bedingung d)) automatisch erfüllt.

Die MARKOW-Eigenschaft (2) läßt sich in eine große Zahl verschiedener äquivalenter Formen umschreiben, so als bedingte Erwartung in Integralform: für $t, h \in T$, $x \in X$, $f \in \boldsymbol{B}$ und beliebige Ereignisse $A \in \mathcal{F}_{\leq t}$ gilt

$$\int_A f(\xi_{t+h}) \, \mathsf{P}_x(\mathrm{d}\omega) = \int_A P^h f(\xi_t) \, \mathsf{P}_x(\mathrm{d}\omega) .$$

Die endlichdimensionalen Verteilungen einer homogenen MARKOW-Familie können so beschrieben werden: Für $0 \leqq t_1 \leqq \dots \leqq t_n$, $\Gamma \in \mathcal{B}^n$ ist die Beziehung

$$\mathsf{P}_x\{(\xi_{t_1}, \dots, \xi_{t_n}) \in \Gamma\} = \int \dots \int_\Gamma P(t_1, x, \mathrm{d}y_1) \, P(t_2 - t_1, y_1, \mathrm{d}y_2) \dots P(t_n - t_{n-1}, y_{n-1}, \mathrm{d}y_n)$$

erfüllt.

Nun können wir die folgende Existenzaussage formulieren.

Satz 1. *Es sei $(X, \mathcal{B})$ ein Borelscher meßbarer Raum. Ferner sei $P(t, x, \Gamma)$, $t \in T$ $(= R_+$ oder $Z_+)$, $x \in X$, $\Gamma \in \mathcal{B}$ eine die Bedingungen a)–d) befriedigende Funktion. Dann existiert eine homogene Markow-Familie mit $P(.,.,.)$ als Übergangsfunktion.*

Das ist der für den homogenen Fall modifizierte Satz 2 § 3. Einzig dieses bedarf eines gesonderten Beweises, daß die gestellte Bedingung für die Existenz der Verschiebungsoperatoren gewährleistet ist. Aber diese Bedingung ist für zufällige Funktionen, welche durch die zum Beweis des Satzes von KOLMOGOROW benutzte Konstruktion definiert werden, erfüllt, werden doch hierbei als Trajektorien *alle* Funktionen genommen, und zwischen den Trajektorien und Elementarereignissen besteht ein umkehrbar eindeutiger Zusammenhang.

Auch der Satz des Punktes 6 des vorigen Paragraphen läßt sich auf den homogenen Fall übertragen.

Satz 2. *Auf dem Raum* **C** *aller auf dem Kompaktum X stetigen Funktionen sei eine Halbgruppe kontrahierender positiver Operatoren P^t mit $P^t 1 = 1$ gegeben. Dann existiert eine Fellersche homogene Markow-Familie (ξ_t, P_x) auf $(X, \mathcal{B}_X)$, welche der vorgegebenen Halbgruppe entspricht.*

4. Für homogene MARKOW-Familien läßt sich die MARKOW-Eigenschaft in einer scheinbar stärkeren, der Formel (16) § 2 entsprechenden Gestalt formulieren. Der Beweis sei dem Leser überlassen.

Aufgabe 2. Man zeige, daß bei einer homogenen MARKOW-Familie (ξ_t, P_x) für beliebige Ereignisse $B \in \mathcal{F}_{\geq 0}$ und beliebige $t \in T$, $x \in X$ fast sicher (P_x)

$$\mathsf{P}_x(\theta_t^{-1} B \mid \mathcal{F}_{\leq t}) = \mathsf{P}_{\xi_t}(B) \tag{3}$$

gilt.

Die MARKOW-Eigenschaft in dieser Form läßt sich folgendermaßen interpretieren: Das Verhalten des Prozesses nach dem Zeitpunkt t ist, unter der Bedingung, daß sein Verlauf bis zu diesem Moment fixiert ist, genauso, als wenn wir ihn im Punkte $\xi_t(\omega)$ beginnen ließen.

Wir geben einige andere, der Form (3) verwandte Schreibweisen der MARKOW-Eigenschaft an: Für jede beschränkte $\mathcal{F}_{\geqq 0}$-meßbare Zufallsgröße η gilt fast sicher (P_x)

$$\mathsf{M}_x(\theta_t\eta \mid \mathcal{F}_{\leqq t}) = \mathsf{M}_{\xi_t}\eta;$$

oder: für jede beschränkte $\mathcal{F}_{\geqq 0}$-meßbare Zufallsgröße η und jedes $A \in \mathcal{F}_{\leqq t}$ gilt

$$\int_A \theta_t\eta \mathsf{P}_x(d\omega) = \int_A \mathsf{M}_{\xi_t}\eta \mathsf{P}_x(d\omega); \tag{4}$$

oder: für jede beschränkte $\mathcal{F}_{\geqq 0}$-meßbare Zufallsgröße η und jede beschränkte $\mathcal{F}_{\leqq t}$-meßbare Zufallsgröße ξ gilt

$$\mathsf{M}_x\xi\theta_t\eta = \mathsf{M}_x\xi\mathsf{M}_{\xi_t}\eta .$$

5. Es zeigt sich, daß inhomogene MARKOW-Familien mit Hilfe eines gewissen künstlichen Verfahrens in homogene überführt werden können.
— Es seien $T = R_+$ oder Z_+ und $(\xi_t, t \in T; \mathsf{P}_{s,x})$ eine inhomogene MARKOW-Familie. Wir definieren
— den neuen Phasenraum $X' = T \times X$; als σ-Algebra $\mathcal{B}'$ wählen wir alle Mengen $\Gamma \subseteq X'$, für welche jede Schnittmenge $\Gamma_s = \{x: (s, x) \in \Gamma\}$ bezüglich $\mathcal{B}$ meßbar ist;
— den neuen Raum der Elementarereignisse $\Omega' = T \times \Omega$; $\omega' = (s, \omega)$, $s \in T$, $\omega \in \Omega$;
— die neuen Trajektorien $\xi'_t(\omega') = \xi'_t(s, \omega) = (s + t, \xi_{s+t}(\omega))$ mit Werten in X';
— die neuen Wahrscheinlichkeitsmaße $\mathsf{P}'_{x'}(A) = \mathsf{P}'_{(s,x)}(A) = \mathsf{P}_{s,x}(A_s)$, wobei $A_s = \{\omega: (s, \omega) \in A\}$;
— die neue (homogene) Übergangsfunktion für $t \in T$, $x' = (s, x) \in X'$, $\Gamma \in B'$;

$$P'(t, x', \Gamma) = P(s, x, s + t, \Gamma_{s+t}) , \qquad \Gamma_{s+t} = \{x: (s + t, x) \in \Gamma\} .$$

Wir werden zeigen, daß das eine homogene MARKOW-Familie ergibt, und zwar mit gerade dieser Übergangsfunktion. Es genügt nachzuprüfen, daß die der Übergangsfunktion auferlegten Bedingungen erfüllt sind, die Möglichkeit der Definition von Verschiebungsoperatoren besteht und die Bedingung

$$\mathsf{P}'_{x'}(A \cap \{\omega': \xi'_{t+h}(\omega') \in \Gamma\}) = \mathsf{M}'_{x'}\chi_A(\omega')\, P'(h, \xi'_t(\omega'), \Gamma) , \qquad A \in \mathcal{F}'_{\leqq t}$$

erfüllt ist. Wir zeigen nur, wie die letzte Bedingung bewiesen wird. Entsprechend der Definition von $\mathsf{P}'_{x'}$ steht hierin auf der linken Seite $\mathsf{P}_{s,x}(A_s \cap \{\omega: \xi'_{t+h}(s, \omega) \in \Gamma\})$, $A_s := \{\omega: (s, \omega) \in A\} \in \mathcal{F}_{[s,s+t]}$. Die zweite ω-Menge läßt sich aufgrund der Definition der neuen Trajektorien durch $\{\omega: \xi_{s+t+h}(\omega) \in \Gamma_{s+t+h}\}$ ersetzen. Auf der rechten Seite von (5) steht, wiederum aufgrund unserer Definition der neuen Wahrscheinlichkeitsmaße, $\mathsf{M}_{s,x}\chi_{A_s}(\omega) \times P'(h, \xi'_t(s, \omega), \Gamma)$. Aber wegen $\xi'_t(s, \omega) = (s + t, \xi_{s+t}(\omega))$ ist der Wert der Übergangsfunktion unter dem Erwartungswertzeichen gleich $P(s + t, \xi_{s+t}(\omega), s + t + h, \Gamma_{s+t+h})$. Aufgrund der MARKOW-Eigenschaft für die ursprüngliche MARKOW-Familie läßt sich die rechte Seite von (5) in $\mathsf{P}_{s,x}(A_s \cap \{\omega: \xi_{s+t+h}(\omega) \in \Gamma_{s+t+h}\})$ umformen, das ist gleich der linken Seite von (5).
Die Interpretation der von uns eingeführten Transformation, die eine inhomogene MARKOW-Familie in eine homogene verwandelt, ist sehr einfach. Wir führen lediglich noch eine zusätzliche räumliche Koordinate ein, auf welcher eine gleichmäßige Bewegung nach rechts mit der Geschwindigkeit 1 stattfindet. Dabei geht die zeitliche Inhomogenität in eine Inhomogenität des Raumes über, was uns nicht stört.

Von nun an werden wir, wenn nichts anderes gesagt, nur homogene Markow-Familien behandeln.

§ 8.6. Streng Markowsche Prozesse

1. Beim Studium von MARKOW-Prozessen treten Situationen auf, bei denen es uns wichtig erscheint, die Eigenschaft der Unabhängigkeit der Zukunft von der Vergangenheit bei fixierter Gegenwart auch dann zur Verfügung zu haben, wenn wir unter der Gegenwart nicht den Wert des Prozesses in einem festen Zeitpunkt t verstehen, sondern seinen Wert zu einer *zufälligen* Zeit. Eine Untersuchung dieser Frage zeigt, daß man erstens, selbst für sehr gute MARKOW-Prozesse, als Gegenwart hier nicht irgendeine beliebige zufällige Zeit wählen darf. Nehmen wir zum Beispiel an, daß unser zufälliger Prozeß einen gewissen Punkt eine endliche Anzahl ν-mal erreicht, wobei ν eine die Werte $1, 2, 3, \ldots, n, \ldots$ annehmende Zufallsgröße ist. Mit τ bezeichnen wir denjenigen Zeitpunkt, zu welchem der Prozeß diesen Punkt das $[(\nu + 1)/2]$-te mal erreicht. Dann sind Vergangenheit und Zukunft bezüglich dieses Momentes abhängig, obgleich die Lage des Prozesses zur Zeit τ fixiert ist, das ist der Punkt a. In der Tat, die Anzahl der jeweiligen Aufenthalte des Prozesses in dem gegebenen Punkt bis zur Zeit τ ist gleich der die Werte $0, 1, 2, \ldots$ annehmenden Zufallsgröße $[(\nu - 1)/2]$, und die Zahl der Besuche des Prozesses in diesem Punkt nach τ ist gleich der Zufallsgröße $[\nu/2]$, die stets denselben Wert annimmt. Aber diese können keineswegs unabhängig sein, weil das ein Paar von Zufallsgrößen ist, die keine beliebigen Werte annehmen können, sondern entweder übereinstimmen, oder sich um Eins unterscheiden. Deshalb wird man sich auf MARKOW-Zeiten beschränken. Für sie ist genau definiert, was die Unabhängigkeit der Zukunft von der Vergangenheit bei fixierter Gegenwart bedeutet, und das führt auf eine gewisse besondere Eigenschaft des Prozesses, die *strenge Markow-Eigenschaft.* So wie die MARKOW-Eigenschaft besitzt auch sie eine Reihe von Formulierungen unterschiedlicher Stärke und Anwendbarkeit sowie von verschiedener Gestalt.

Nachher, und das ist das zweite, wird sich herausstellen, daß es „schlechte" MARKOW-Prozesse gibt, bei denen die Abhängigkeit von Vergangenheit und Zukunft zwar nicht für deterministische, aber bei MARKOWschen zufälligen Zeiten auftritt. Das bedeutet, daß die strenge MARKOW-Eigenschaft nicht nur nicht das gleiche wie die MARKOW-Eigenschaft ist, sondern ihr auch nicht äquivalent ist (sie ist stärker).

Alle weiteren Formulierungen beziehen sich auf MARKOW-Familien und nicht auf einzelne Prozesse.

2. Es sei (ξ_t, P_x) eine homogene MARKOW-Familie ($t \in T = [0, \infty)$ oder $\{0, 1, 2, \ldots\}$). Weiter sei im Raum der Elementarereignisse eine nichtfallende Familie von σ-Algebren $\mathcal{F}_t$, $t \in T$, mit $\mathcal{F}_t \subseteqq \mathcal{F}_{\geqq 0}$ gegeben.

Aussage 1. *Der Prozeß $\xi_t(\omega)$ sei bezüglich der Familie $\mathcal{F}_t$ progressiv meßbar* (vgl. Kap. 6, P. 5). *Dann ist bei beliebigem $\Gamma \in \mathcal{B}$ die Übergangsfunktion $P(t, x, \Gamma)$ in (t, x) bezüglich der σ-Algebra $\mathcal{B}_t \times \mathcal{B}$ meßbar.*

Beweis. Selbstverständlich gibt es hier nur etwas für $T = R_+$ zu beweisen. Es genügt, zu jedem $t \geqq 0$ die Meßbarkeit von $P(s, x, \Gamma)$ für $(s, x) \in [0, t] \times X$ bezüglich $\mathcal{B}_{[0,t]} \times \mathcal{B}$ zu zeigen. Wir führen die $\mathcal{B}_{[0,t]} \times \mathcal{F}_t$-meßbare Menge $A = \{(s, \omega): 0 \leqq s \leqq t, \xi_s(\omega) \in \Gamma\} \subseteqq [0, t] \times \Omega$ ein. Die Übergangswahrscheinlichkeit $P(s, x, \Gamma)$ ist nichts anderes, als die P_x-Wahrscheinlichkeit des Schnittes dieser Menge „auf dem Niveau s", d. h.

$$\mathsf{P}_x\{\omega: (s, \omega) \in A\} . \tag{1}$$

Wir zeigen mehr, als wir eigentlich wollten, nämlich, daß für *jede* $\mathcal{B}_{[0,t]} \times \mathcal{F}_t$-meßbare Teilmenge von $[0, t] \times \Omega$ die Funktion (1) auf der Menge $[0, t] \times X$ in (s, x) bezüglich der σ-Algebra $\mathcal{B}_{[0,t]} \times \mathcal{B}$ meßbar ist.

Klar ist die Abgeschlossenheit des Systems $\mathcal{A}$ aller solcher Mengen bezüglich der Vereinigung disjunkter Mengen, der Subtraktion von Teilmengen und des monotonen Grenzüberganges. Sie enthält alle Mengen der Form $C \times B$, wobei C eine beliebige BORELsche Teilmenge des Intervalles $[0, t]$ und B ein beliebiges Ereignis aus $\mathcal{F}_t$ ist (für sie ist der Ausdruck (1) gleich $\chi_C(s) \cdot \mathsf{P}_x(B)$, aber letztere Wahrscheinlichkeit ist als Wahrscheinlichkeit eines beliebigen Ereignisses aus $\mathcal{F}_{\geqq 0}$ meßbar bezüglich x). Deshalb folgt $\mathcal{A} \supseteqq \mu\{C \times B: C \in \mathcal{B}_{[0,t]}, B \in \mathcal{F}_t\}$ (s. § 2, P. 5). Das System von Mengen der Form $C \times B$ enthält alle $[0, t] \times \Omega$ und ist bezüglich des Durchschnittes zweier Mengen abgeschlossen: $(C_1 \times B_1) \cap (C_2 \times B_2) = (C_1 \cap C_2) \times (B_1 \cap B_2)$, wobei beide Faktoren den benötigten σ-Algebren angehören. Nach Lemma 2 § 2 folgt $\mathcal{A} \supseteqq \sigma\{C \times B: C \in \mathcal{B}_{[0,t]}, B \in \mathcal{F}_t\}$, das ist nach Definition gleich $\mathcal{B}_{[0,t]} \times \mathcal{F}_t$. Dies beweist die Aussage.

Eine MARKOW-Familie (ξ_t, P_x) heißt *streng Markowsch* bezüglich der Familie von σ-Algebren $\mathcal{F}_t$, falls

a) der zufällige Prozeß ξ_t progressiv meßbar ist und

b) für jede MARKOW-Zeit τ, jede auf $\Omega_\tau = \{\tau < \infty\}$ definierte, bezüglich der σ-Algebra $\mathcal{F}_\tau$ meßbare Funktion mit Werten in der Menge $T \cup \{\infty\}$, beliebige $x \in X$ und $\Gamma \in \mathcal{B}$, und jedes $\mathcal{F}_\tau$ angehörende Ereignis $A \subseteqq \Omega_\tau \cap \Omega_\eta = \{\tau, \eta < \infty\}$

$$\mathsf{P}_x(A \cap \{\xi_{\tau+\eta} \in \Gamma\}) = \int_A P(\eta, \xi_\tau, \Gamma)\, \mathsf{P}_x(d\omega) \tag{2}$$

gilt.

Das Integral hat einen Sinn, da die Funktion $P(\eta, \xi_\tau, \Gamma)$ bezüglich $\mathcal{F}_\tau$ meßbar ist (und folglich auch bezüglich $\mathcal{F}_{\geqq 0}$). Tatsächlich sind τ und η bezüglich $\mathcal{F}_\tau$ meßbar. Die Funktion ξ_t ist progressiv meßbar, deshalb ist die Zufallsgröße ξ_τ auf der Menge $\{\tau < \infty\}$ bezüglich $\mathcal{F}_\tau$ meßbar. Weiter ist die Funktion (η, ξ_τ) mit Werten in $(T \times X, \mathcal{B}_T \times \mathcal{B})$ meßbar bezüglich $\mathcal{F}_\tau$. Aufgrund der bewiesenen Aussage ist die Funktion $P(t, x, \Gamma)$ bezüglich $\mathcal{B}_T \times \mathcal{B}$ meßbar, und die Hintereinanderausführung meßbarer Funktionen ist ebenfalls meßbar.

Die Formel (2), die eine der Formen der strengen MARKOW-Eigenschaft ausdrückt, kann auch in der Gestalt geschrieben werden: Es gilt

$$\mathsf{P}_x\{\xi_{\tau+\eta} \in \Gamma \mid \mathcal{F}_\tau\} = P(\eta, \xi_\tau, \Gamma) \tag{3}$$

fast sicher (P_x) auf der Menge $\{\tau, \eta < \infty\}$ (außerhalb dieser Menge ist die bedingte Wahrscheinlichkeit natürlich gleich Null, weil für $\tau = \infty$ oder $\eta = \infty$ die Zufallsgröße $\xi_{\tau+\eta}$ nicht zur Menge Γ gehören kann, da sie gar nicht definiert ist). Die rechte Seite von (3) ist bezüglich $\mathcal{F}_\tau$ meßbar, das Integral dieser rechten Seite über ein beliebiges $A \in \mathcal{F}_\tau$, $A \subseteqq \{\tau, \eta < \infty\}$ ist aufgrund von (2) gleich der Wahrscheinlichkeit des Durchschnittes dieses Ereignisses mit $\{\xi_{\tau+\eta} \in \Gamma\}$. Das bedeutet aber, daß (3) erfüllt ist.

Einige andere äquivalente Formen der strengen MARKOW-Eigenschaft sind: für $f \in \boldsymbol{B}$ gilt

$$\mathsf{M}_x[f(\xi_{\tau+\eta}) \mid \mathcal{F}_\tau] = P^\eta f(\xi_\tau) \tag{4}$$

fast sicher (P_x) auf $\Omega_\tau \cap \Omega_\eta$; es gilt

$$\int_A f(\xi_{\tau+\eta})\, \mathsf{P}_x(d\omega) = \int_A P^\eta f(\xi_\tau)\, \mathsf{P}_x(d\omega) \tag{5}$$

für $A \in \mathcal{F}_\tau$, $A \subseteqq \{\tau, \eta < \infty\}$; oder, was das gleiche ist,

$$\mathsf{M}_x \chi_A f(\xi_{\tau+\eta}) = \mathsf{M}_x \chi_A P^\eta f(\xi_\tau), \tag{6}$$

usw.

Eine streng MARKOWsche Familie ist MARKOWsch bezüglich einer Familie von σ-Algebren $\mathcal{F}_t$ (vgl. die Definition in P. 7 §2). Das folgt daraus, daß eine nichtzufällige Zeit t MARKOWsch ist.

3. Aussage 2. *Jede (homogene) Markow-Kette ist automatisch bezüglich der Familie von σ-Algebren $\mathcal{F}_{\leqq n}$, $n = 0, 1, 2, \ldots$ streng Markowsch.*

Beweis. Die Forderung a) ist erfüllt, weil T abzählbar und die Kette mit der gegebenen Familie von σ-Algebren verträglich ist. Wir zeigen, daß (2) gültig ist. Es gilt

$$\mathsf{P}_x(A \cap \{\xi_{\tau+\eta} \in \Gamma\}) = \mathsf{P}_x\left(\bigcup_{m=0}^{\infty} \bigcup_{n=0}^{\infty} A \cap \{\tau = m\} \cap \{\eta = n\} \cap \{\xi_{m+n} \in \Gamma\}\right). \quad (7)$$

Da η und A bezüglich $\mathcal{F}_{\leqq\tau}$ meßbar sind, ist der Durchschnitt der ersten drei Mengen bezüglich $\mathcal{F}_{\leqq m}$ meßbar. Indem wir den Ausdruck (7) in eine abzählbare Zahl von Summanden zerlegen und auf die (m, n)-fache Summe die einfache Markow-Eigenschaft bezüglich der Zeit m anwenden, erhalten wir

$$\sum_{m=0}^{\infty} \sum_{n=0}^{\infty} \int_{A \cap \{\tau=m, \eta=n\}} P(n, \xi_m, \Gamma)\, \mathsf{P}_x(d\omega)\,.$$

Ersetzen wir in dem Integranden m durch τ sowie n durch η und fassen die Integrale wieder zusammen, so erhalten wir die rechte Seite von (2).

Genauso beweist man die

Aussage 3. *Für eine beliebige Markow-Familie und die Familie von σ-Algebren $\mathcal{F}_{\leqq t}$ ist die strenge Markow-Eigenschaft (2) in jedem Falle dann erfüllt, wenn τ und η nicht mehr als abzählbar viele Werte annehmen.*

Später zeigen wir, daß jede Fellersche Markow-Familie mit rechtsstetigen Trajektorien sich als streng Markowsch bezüglich der Familie von σ-Algebren $\mathcal{F}_{\leqq t}$ erweist, und, darüber hinaus, auch bezüglich $\mathcal{F}_{\leqq t+}$ (wir wollen jetzt nicht davon sprechen, welche Rolle die Rechtsstetigkeit spielt). Insbesondere trifft das auf den Wiener-Prozeß zu.

4. Wir geben Beispiele zur Anwendung der strengen Markow-Eigenschaft.

a) Gegeben sei eine diskrete Markow-Kette ξ_t, $t = 0, 1, 2, \ldots$ mit den Übergangswahrscheinlichkeiten $p(n, x, y)$, $n = 0, 1, 2, \ldots, x, y \in X$. Mit $f(n, x, y)$ werde die Wahrscheinlichkeit dafür bezeichnet, daß ξ_t unter der Voraussetzung $\xi_0 = x$ erstmalig bei positivem t den Zustand y zur Zeit n erreicht, d. h.

$$f(n, x, y) = \mathsf{P}_x\{\xi_t \neq y, 0 < t < n; \xi_n = y\}\,.$$

Dann gilt

$$p(n, x, y) = f(n, x, y) + f(n-1, x, y)\, p(1, y, y) + \ldots + f(1, x, y)\, p(n-1, y, y)\,. \quad (8)$$

Das erhält man durch Anwendung der strengen Markow-Eigenschaft (2) zum Zeitpunkt τ des ersten Erreichens des Punktes y und für $\eta = (n - \tau) \vee 0$, $\Gamma = \{y\}$, $A = \{\tau \leqq n\}$.

Die Formel (8) und ihr Spezialfall für $x = y$ erweist sich als grundlegend für die Untersuchung des Grenzverhaltens von $p(n, x, y)$ für $n \to \infty$ (siehe Feller [1], Kap. XIII, § 3, Kap. XV, § 5).

b) *Das „Spiegelungsprinzip" für den Wiener-Prozeß.* Wir setzen voraus, daß die strenge Markow-Eigenschaft für den Wiener-Prozeß bewiesen ist. Es seien gewisse Punkte $x < a \in R^1$ und $t > 0$ fixiert. Wir betrachten die Markow-Zeit τ des ersten Erreichens von a sowie $\eta = (t - \tau) \vee 0$, $\Gamma \in \mathcal{B}^1$, $A = \{\tau \leqq t\}$. Einsetzen in die Formel (2) ergibt

$$\mathsf{P}_x\{\tau \leqq t, w_t \in \Gamma\} = \int_{\{\tau \leqq t\}} P(t - \tau, a, \Gamma)\, \mathsf{P}_x(d\omega)\,. \quad (9)$$

Wird die Menge Γ im Punkte a *gespiegelt*, so ändert sich aufgrund der Symmetrie der Normalverteilung die Wahrscheinlichkeit (9) nicht. Für die Menge $\Gamma \subseteqq (-\infty, a)$

erhalten wir

$$\mathsf{P}_x\{\tau \leqq t, w_t \in \Gamma\} = \mathsf{P}_x\{\tau \leqq t, w_t \in 2a - \Gamma\} = \mathsf{P}_x\{w_t \in 2a - \Gamma\} . \quad (10)$$

Die zweite Gleichheit ist deswegen gültig, weil eine im Punkte $x < a$ beginnende Trajektorie, die sich zur Zeit t rechts von a aufhält, unbedingt den Punkt a bis zur Zeit t passiert haben muß.

Aus der Formel (10) kann man die Verteilungen verschiedener Zufallsgrößen erhalten, beispielsweise die gemeinsame Verteilung von w_t und $\max\limits_{0 \leqq s \leqq t} w_s$ und dergleichen mehr (siehe die Aufgaben 17*, 18* § 5.3). Insbesondere ergibt sich aus der Formel (10) für $\Gamma = (-\infty, a)$

$$\mathsf{P}_x\{\tau \leqq t\} = \mathsf{P}_x\{\tau \leqq t, w_t \in (-\infty, a)\} + \mathsf{P}_x\{\tau \leqq t, w_t \in (a, \infty)\}$$

$$= 2\mathsf{P}_x\{w_t \in (a, \infty)\} = 2\int\limits_a^\infty \frac{1}{\sqrt{2\pi t}} e^{-(y-x)^2/2t}\, dy = 2[1 - \Phi((a - x)/\sqrt{t})] .$$

(Man vergleiche diese Verteilung mit der in Aufgabe 6 § 7.2 ermittelten Abschätzung.) Durch Differentiation der Verteilungsfunktion erhalten wir die Verteilungsdichte der Zufallsgröße: $p_\tau(t) = \dfrac{a - x}{\sqrt{2\pi t^3}} \exp\left(- (a - x)^2/2t\right), t > 0.$

Aufgabe 1. Es seien (w_t, P_x) eine Familie von WIENER-Prozessen mit stetigen Trajektorien, die in allen Punkten der Geraden beginnen und τ der erste Moment, in dem w_t den Punkt 0 erreicht. Wir setzen $w_t^0 = w_t$ für $t < \tau$, $w_t^0 = 0$ für $t \geqq \tau$ (anders: $w_t^0 = w_{t\wedge\tau}$). Das ist ein WIENER-Prozeß, der im Moment des ersten Erreichens von Null angehalten wird. Man beweise, daß $(w_t^0; \mathsf{P}_x, x \in R_+)$ eine MARKOW-Familie ist und gebe die Übergangsfunktion an.

5. Nun betrachten wir ein Beispiel einer MARKOWschen, aber nicht streng MARKOWschen Familie. Es ist klar, daß das keine MARKOW-Kette und auch keine FELLERsche Familie sein kann, insbesondere kaum eines von den früher angeführten Beispielen.

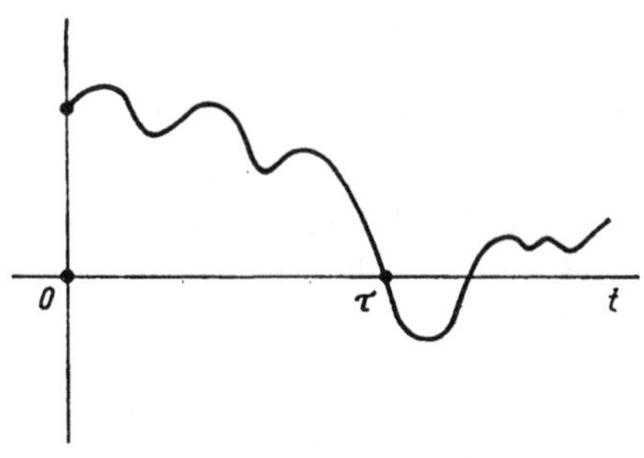

Abb. 20

Es sei $(w_t, t \geqq 0; \mathsf{P}_x)$ eine Familie von WIENER-Prozessen, die in allen Punkten der Geraden beginnen. Wir ändern diese Familie in einem Punkt auf folgende Weise ab. Es sei $\xi_t = w_t$ bei $w_0 \neq 0$ und $\xi_t \equiv 0$, falls $w_0 = 0$ gilt. Ein Beispiel einer nicht in Null beginnenden Trajektorie und die in Null beginnende Trajektorie sind in Abb. 20 dargestellt. Die Familie $(\xi_t, t \geqq 0; \mathsf{P}_x)$ ist Markowsch und besitzt die Übergangsfunktion

$$P(t, x, \Gamma) = \begin{cases} \dfrac{1}{\sqrt{2\pi t}} \displaystyle\int_\Gamma e^{-(y-x)^2/2t} \, dy, & x \neq 0; \\ \delta_0(\Gamma), & x = 0. \end{cases}$$

In der Tat ist diese Funktion meßbar und völlig „gutartig"; man muß zeigen, daß für $t, h \geqq 0$, $A \in \mathcal{F}_{\leqq t}$, $\Gamma \in \mathcal{B}^1$ bezüglich jedes $x \in R^1$

$$\mathsf{P}_x(A \cap \{\xi_{t+h} \in \Gamma\}) = \int_A P(h, \xi_t, \Gamma) \, \mathsf{P}_x(d\omega) \tag{11}$$

gilt. Für $x \neq 0$ gilt $\xi_t \equiv w_t$ mit Wahrscheinlichkeit 1, und das Wahrscheinlichkeitsmaß P_x links und rechts ist das gleiche wie das für den in x beginnenden Wiener-Prozeß. Dabei gilt $\mathsf{P}_x\{\xi_t = 0\} = \mathsf{P}_x\{w_t = 0\} = 0$ und die Funktion unter dem Integralzeichen stimmt mit der entsprechenden Übergangswahrscheinlichkeit bei von Null verschiedenen Werten des zweiten Argumentes überein, d. h. also fast überall. Folglich wird in diesem Fall (11) auf die Markow-Eigenschaft des Wiener-Prozesses zurückgeführt. Für $x = 0$ ist hier alles genauso wie bei dem in einem Zustand auf der Stelle bleibenden Markow-Prozeß, und zwar sind beide Seiten von (11) gleich 1, falls A ein Elementarereignis enthält, für das $w_0 = 0$ ist (und folglich $\xi_t \equiv 0$) und $\Gamma \ni 0$ gilt, anderenfalls sind sie gleich Null.

Dabei ist die Familie ξ_t nicht streng Markowsch. Nehmen wir $x \neq 0$ und setzen in (2) $\tau = \min\{t: \xi_t = 0\}$, $\eta = (1 - \tau) \vee 0$, $A = \{\tau \leqq 1\}$, $\Gamma = R^1 \setminus \{0\}$ ein, so erhalten wir links $\mathsf{P}_x\{\tau \leqq 1, \xi_1 \neq 0\} = \mathsf{P}_x\{\tau \leqq 1\} = 2[1 - \Phi(|x|)] > 0$, aber rechts 0.

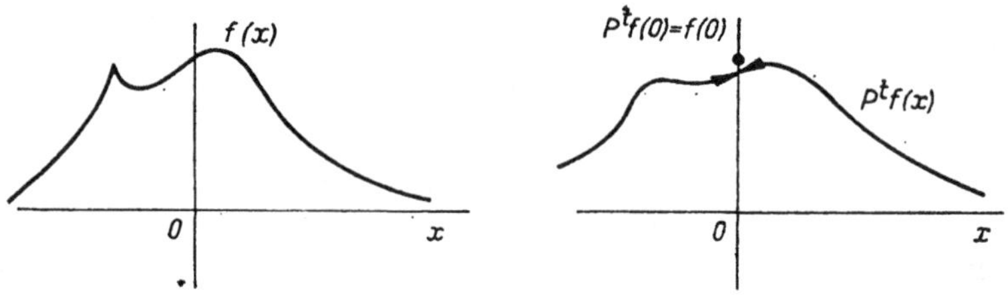

Abb. 21

DieTrajektorien ξ_t sind stetig, so daß wir sicher sein können, daß diese Familie nicht Fellersch ist. Tatsächlich überführt die entsprechende Halbgruppe stetige Funktionen im allgemeinen in unstetige (Abb. 21).

Selbstverständlich lassen sich Beispiele angeben, bei denen die strenge Markow-Eigenschaft aufgrund einer Verletzung der Meßbarkeitsbedingung a) nicht gilt. So beispielsweise für den Prozeß mit unabhängigen Werten aus Aufgabe 4 § 2.1. Aber solche mengentheoretischen Feinheiten und Pathologien sind nicht interessant.

6. Wir leiten eine Form der strengen Markow-Eigenschaft ab, welche sich nicht auf Ereignisse bezieht, die im Eintreffen des Prozesses zu einer bestimmten Zeit in eine gewisse Menge bestehen, sondern beliebigen Ereignissen aus der σ-Algebra $\mathcal{F}_{\geqq 0}$ (vgl. die Formeln (16) § 2, (3) § 5). Zuerst werden für streng Markowsche Familien von Prozessen ξ_t die Verschiebungsoperatoren θ_τ und θ_τ^{-1} für zufällige Zeiten eingeführt.

Es sei $\tau = \tau(\omega)$ eine zufällige, bezüglich $\mathcal{F}_{\geqq 0}$ meßbare Zeit, die ihre Werte in der Menge $T \cup \{\infty\}$ annimmt. Im Raum Ω sind die Operatoren θ_t, $t \in T$ definiert, im allgemeinen jedoch nicht eindeutig, sondern sie ordnen einem Elementarereignis ω

eine ganze Menge entsprechender Elementarereignisse $\theta_t\omega$ zu. Den Operator θ_τ definieren wir so, daß dem Elementarereignis ω die Elementarereignisse $\theta_\tau\omega = \theta_{\tau(\omega)}\omega$ zugeordnet werden. Anders ausgedrückt ist $\theta_\tau\omega$ das Resultat einer Substitution des ersten Argumentes der (mehrdeutigen) Funktion $\theta_t\omega$ durch eine Funktion des zweiten, nämlich $\tau(\omega)$. Das Argument t darf in $\theta_t\omega$ nur endliche Werte annehmen, aber τ kann gleich ∞ sein. In diesem Fall ist $\theta_\tau\omega$ nicht definiert, weil $\theta_\infty\omega$ nicht definiert ist. Das bedeutet, daß der Operator θ_τ im allgemeinen nicht auf ganz Ω, sondern nur auf dem Teil Ω_τ definiert ist, wo $\tau < \infty$ gilt. Diese Menge Ω_τ wird von dem Operator θ_τ in Ω abgebildet (es müssen durchaus nicht unbedingt alle $\theta_\tau\omega$ oder nur eines dieser Elementarereignisse zu Ω_τ gehören). Folglich wird zu $\omega \in \Omega_\tau$ eine Menge von Elementarereignissen $\theta_\tau\omega$ definiert, für jedes von ihnen gilt $\xi_t(\theta_\tau\omega) = \xi_{\tau+t}(\omega)$.

Für ein Ereignis $A \in \mathcal{F}_{\geqq 0}$ definieren wir $\theta_\tau^{-1}A$ als das Urbild bei der Abbildung θ_τ: $\theta_\tau^{-1}A$ wird aus allen solchen Elementarereignissen ω gebildet, für welches eines der Elemente $\theta_\tau\omega$ der Menge A angehört (es läßt sich zeigen, daß dann automatisch alle $\theta_\tau\omega$ zu A gehören). Der Operator θ_τ^{-1} bildet jedes Ereignis aus der σ-Algebra $\mathcal{F}_{\geqq 0}$ notwendigerweise in eine gewisse Teilmenge von Ω_τ ab. Wir zeigen, daß diese auch ein Ereignis aus $\mathcal{F}_{\geqq 0}$ ist.

Leicht ist zu sehen, daß alle Ereignisse A, für die das zutrifft, eine σ-Algebra bilden. Deshalb genügt es, die Erhaltung der Meßbarkeit bloß für Ereignisse $\{\xi_t \in \Gamma\}$ nachzuprüfen, da diese die σ-Algebra $\mathcal{F}_{\geqq 0}$ erzeugen. Es gilt aber $\theta_\tau^{-1}\{\xi_t \in \Gamma\} = \{\xi_{\tau+t} \in \Gamma\}$, und die Meßbarkeit dieser Menge folgt aus der progressiven Meßbarkeit der zufälligen Funktion ξ_t.

Ferner wird für eine $\mathcal{F}_{\geqq 0}$-meßbare Funktion $\eta = \eta(\omega)$ auf Ω die Funktion $\theta_\tau\eta = \eta(\theta_\tau\omega)$ auf der Menge Ω_τ definiert. Es zeigt sich, daß der Wert η für alle Elementarereignisse $\theta_\tau\omega$ derselbe ist (vgl. § 3.2, P. 3) und die erhaltene Funktion $\mathcal{F}_{\geqq 0}$-meßbar ist. Wir betrachten Beispiele.

Es sei τ der Zeitpunkt des ersten Erreichens der Menge $\Gamma \subset X$ durch den Prozeß: $\tau = \inf\{t\colon \xi_t \in \Gamma\}$. Hier besteht Ω_τ aus denjenigen Elementarereignissen, für welche die entsprechenden Trajektorien die Menge Γ überhaupt einmal erreichen. Wir geben eine

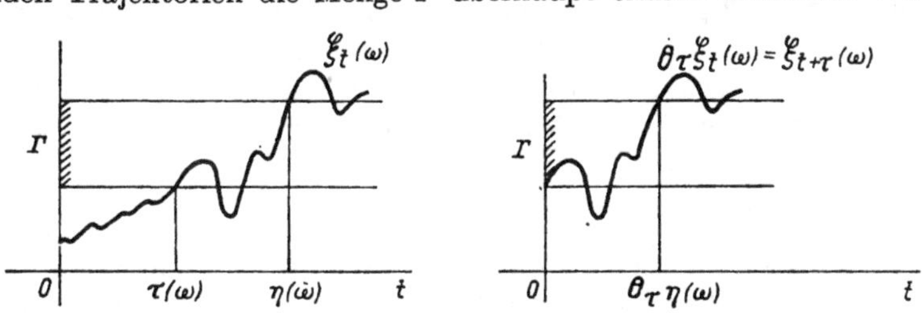

Abb. 22

Skizze für den Fall, daß ξ_t ein Prozeß mit stetigen Trajektorien auf der Geraden und die Menge Γ ein Intervall ist (Abb. 22). Es wird eine Verschiebung dargestellt. (Für eine Trajektorie, die in den Grenzen des Intervalles Γ beginnt, ist $\tau = 0$, so daß die verschobene Trajektorie mit ihr selbst zusammenfällt; in Abb. 22 ist der Fall $\xi_0 \notin \Gamma$ dargestellt.)

Das Urbild des Ereignisses $A = \{\xi_1 > 0\}$ wird so ausgedrückt: $\theta_\tau^{-1}A = \{\tau < \infty, \xi_{\tau+1} > 0\}$. Wir sahen, daß für das Ereignis $B = \left\{\lim\limits_{t\to\infty} \xi_t = 0\right\}$ jede seiner Verschiebungen $\theta_h^{-1}B$ mit ihm selbst übereinstimmen. Es gilt aber $\theta_\tau^{-1}B = \left\{\tau < \infty, \lim\limits_{t\to\infty} \xi_t = 0\right\}$, das ist im allgemeinen nur ein Teil des Ereignisses B. Noch ein drittes Beispiel sei gegeben: für $C = \{\xi_0 \notin \Gamma\}$ ergibt sich $\theta_\tau^{-1}C = \{\tau < \infty, \xi_\tau \notin \Gamma\}$, das ist im vorliegenden Beispiel das unmögliche Ereignis. Es kann also der Fall $A \neq \emptyset$, $\theta_\tau^{-1}A = \emptyset$ eintreten.

Als Beispiel der Anwendung des Operators θ_τ auf Funktionen betrachten wir $\theta_\tau\tau$, das ergibt 0 auf dem ganzen Definitionsbereich, also auf Ω_τ. Ist η der erste Moment des Erreichens des oberen Intervallendes, so gilt $\theta_\tau\eta = \eta - \tau$ auf Ω_τ (siehe Abb. 22). Betrachten wir aber die zufällige Zeit β des ersten Erreichens irgendeines Punktes $a \notin \Gamma$, so ist $\theta_\tau\beta$ nur in dem Fall gleich $\beta - \tau$, daß die Trajektorie in die Menge Γ vor dem Erreichen von a eintritt, usw.

Eine Form der strengen Markow-Eigenschaft läßt sich unter Benutzung der Verschiebungsoperatoren folgendermaßen beschreiben: Für jede Markow-Zeit τ sowie beliebige Ereignisse $A \in \mathcal{F}_\tau$, $A \subseteq \Omega_\tau$ und $B \in \mathcal{F}_{\leqq 0}$ gilt bezüglich jedes $x \in X$

$$\mathsf{P}_x(A\theta_\tau^{-1}B) = \int_A \mathsf{P}_{\xi_\tau}(B)\,\mathsf{P}_x(\mathrm{d}\omega)\,. \tag{12}$$

Das kann man auch anders schreiben: Es gilt

$$\mathsf{P}_x(\theta_\tau^{-1}B \mid \mathcal{F}_\tau) = \mathsf{P}_{\xi_\tau}(B) \tag{13}$$

fast sicher (P_x) auf der Menge $\{\tau < \infty\}$ oder als bedingte Erwartung

$$\mathsf{M}_x(\theta_\tau\eta \mid \mathcal{F}_\tau) = \mathsf{M}_{\xi_\tau}\eta \tag{14}$$

ast sicher (P_x) auf derselben Menge oder

$$\mathsf{M}_x\xi\theta_\tau\eta = \mathsf{M}_x\xi\mathsf{M}_{\xi_\tau}\eta\,, \tag{15}$$

wobei ξ und η beschränkte Zufallsgrößen sind, ξ gleich 0 außerhalb von Ω_τ und $\mathcal{F}_\tau$-meßbar auf dieser Menge ist und η meßbar bezüglich $\mathcal{F}_{\geqq 0}$ ist.

Die strenge Markow-Eigenschaft (12) wird aus der strengen Markow-Eigenschaft (2) oder auch (5) mit $\eta = h \doteq$ const. genauso abgeleitet, wie die Markow-Eigenschaft der Form (16), (17) § 2: zuerst für Ereignisse B der Gestalt $B = \{\xi_{t_1} \in \Gamma_1, \dots, \xi_{t_n} \in \Gamma_n\}$, $0 \leqq t_1 \leqq \dots \leqq t_n$, danach erfolgt die Übertragung auf alle $B \in \mathcal{F}_{\geqq 0}$, wobei die Meßbarkeit von $\mathsf{P}_x(B)$ in x, welche hier wesentlich ist, nicht noch einmal gezeigt zu werden braucht. Wir wollen den Beweis nicht führen.

Die strenge Markow-Eigenschaft läßt sich in der Form (12)—(15) folgendermaßen interpretieren. Das Verhalten des Prozesses nach der Markow-Zeit τ ist unter der Bedingung, daß der Verlauf des Prozesses bis zum Zeitpunkt τ fixiert wird, genauso, als ob der Prozeß zu dieser Zeit im Punkte ξ_τ beginnen würde.

7. Als Beispiel wird die

Aufgabe 2 gegeben. Es sei (ξ_t, $t = 0, 1, 2, \dots$; P_x) eine Markow-Kette auf dem Phasenraum $(X, \mathcal{B})$. Ferner sei Y eine $\mathcal{B}$-meßbare nichtleere Teilmenge von X. Mit τ_n bezeichnen wir den n-ten Zeitpunkt, Null nicht mit gerechnet, in dem $\xi_t \in Y$ gilt; besucht ξ_t, $t > 0$, die Menge Y weniger als n-mal, so setzen wir $\tau_n = \infty$. Für die Elementarereignisse mit $\xi_0 \in Y$ definieren wir eine neue zufällige Folge η_n, $n = 0, 1, 2, \dots$: $\eta_0 = \xi_0$; $\eta_n = \xi_{\tau_n}$, falls $\tau_n < \infty$, und $\eta_n = *$ (ein zusätzlicher Zustand), falls $\tau_n = \infty$ gilt. Diejenigen Elementarereignisse mit $\xi_0 \notin Y$ streichen wir. Dafür fügen wir noch ein Elementarereignis ω_* hinzu, wobei wir $\eta_n(\omega_*) = *$, $n = 0, 1, 2, \dots$ setzen. Des weiteren definieren wir $\mathsf{P}_x\{\omega_*\} = 0$, $x \in Y$; $\mathsf{P}_*\{\omega_*\} = 1$. Man zeige, daß η_n, $n = 0, 1, 2, \dots$; P_x, $x \in Y \cup \{*\}$) eine Markow-Kette auf dem Phasenraum $(Y \cup \{*\}, \mathcal{B}(Y \cup \{*\}))$ ist, wobei $\mathcal{B}(Y \cup \{*\})$ die kleinste σ-Algebra sei, die alle $\mathcal{B}$-meßbaren Teilmengen von Y und die einpunktige Menge $\{*\}$ enthält.

Die Bedeutung dieser formal gegebenen Konstruktion besteht in folgendem. Wir beobachten die Kette ξ_t nur zu solchen Zeiten, bei denen sie sich in der Menge Y aufhält. Das ergibt eine neue Markow-Kette (sie kann sich anstelle der Menge Y auch in dem zusätzlichen Zustand $*$ aufhalten, falls die Rückkehr in die Menge Y eine Wahrscheinlichkeit kleiner als 1 besitzt). Zum Beweis bestimme man zuerst die Übergangsfunktion.

Aufgabe 3*. Es sei w_t, $t \geqq 0$, ein eindimensionaler, in Null beginnender WIENER-Prozeß mit stetigen Trajektorien. Mit τ_a bezeichnen wir den Zeitpunkt des ersten Eintretens des Prozesses in den Punkt a. Man zeige, daß τ_a, $a \geqq 0$ ein Prozeß mit unabhängigen Zuwächsen ist und gebe die entsprechende charakteristische Funktion an.

§ 8.7. Stationäre Markow-Prozesse

1. Wir suchen Bedingungen, unter denen ein MARKOW-Prozeß stationär ist.

Zuerst einmal ist klar, daß stationäre MARKOW-Prozesse nur homogene Übergangsfunktionen besitzen (ist doch die Stationarität eine Homogenität in der Zeit).

Wir geben die folgende Definition.

Ein Maß μ auf dem Phasenraum $(X, \mathscr{B})$ heißt *invariantes Maß* bezüglich einer homogenen Übergangsfunktion (oder bezüglich einer homogenen MARKOWschen Familie), falls es die Bedingung

$$\mu(\Gamma) = \int_X \mu(\mathrm{d}x)\, P(t, x, \Gamma)\,, \quad t \geqq 0,\ \Gamma \in \mathscr{B} \tag{1}$$

befriedigt. Man kann sowohl endliche invariante Maße betrachten, als auch solche Maße, die den Wert $+\infty$ annehmen. Für endliche Maße läßt sich die Bedingung (1) in unseren Bezeichnungen (§ 4) in der Form

$$\mu = \mu P^t\,, \quad t \geqq 0$$

schreiben. Ist ein invariantes Maß eine Wahrscheinlichkeit $\big($d. h. $\mu \equiv \mu P^t, \mu(X) = 1\big)$, so heißt es auch *stationäre Verteilung* der MARKOW-Familie.

Beispiele invarianter Maße werden durch Lösung der folgenden Aufgaben erhalten.

Aufgabe 1. Existiert für die Familie von WIENER-Prozessen ein endliches invariantes Maß ? Man zeige, daß das LEBESGUE-Maß ein invariantes Maß für diese Familie ist.

Aufgabe 2. Man bestimme alle invarianten Maße bezüglich der Übergangsmatrix von Aufgabe 3 § 3.

Aufgabe 3. Man gebe ein Beispiel einer MARKOW-Familie mit zwei einander nicht proportionalen endlichen invarianten Maßen.

2. Aussage. *Es sei ξ_t, $t \in T$ $(= R^1, R_+, Z^1$ oder $Z_+)$ ein stationärer Markow-Prozeß. Dann ist jede eindimensionale Verteilung Φ_t dieses Prozesses ein gewisses invariantes Maß (für alle t)*

$$\Phi_t(\Gamma) = \mathsf{P}\{\xi_t \in \Gamma\} \equiv \mu(\Gamma) \tag{2}$$

wobei $\mu \equiv \mu P^t$ gilt.

Ist umgekehrt μ ein bezüglich der Übergangsfunktion $P(t, x, \Gamma)$ invariantes Wahrscheinlichkeitsmaß und ist der Phasenraum Borelsch, dann existiert ein stationärer Markow-Prozeß mit der vorgegebenen Übergangsfunktion, so daß (2) erfüllt ist.

Der Beweis des ersten Teiles ist trivial. Zum Beweis der Existenz eines die Bedingung (2) befriedigenden MARKOW-Prozesses mit der gegebenen Übergangsfunktion benutzen wir Satz 3 § 8.3. Seine Stationarität folgt aus Formel (3) desselben Paragraphen $\big($dabei setzen wir $P(s, x, t, \Gamma) = P(t - s, x, \Gamma)\big)$.

Die bewiesene Aussage erlaubt die Konstruktion von Beispielen stationärer MARKOW-Prozesse.

Aufgabe 4. Man bestimme alle eindimensionalen, im Mittel stetigen stationären GAUSSschen MARKOW-Prozesse (d. h., man gebe die Korrelationsfunktionen all dieser Prozesse an)

Kapitel 9

MARKOW-PROZESSE MIT STETIGER ZEIT. EIGENSCHAFTEN DER TRAJEKTORIEN. DIE STRENGE MARKOW-EIGENSCHAFT

§ 9.1. Eigenschaften der Trajektorien

1. In diesem Paragraphen geben wir gewisse Bedingungen an die Übergangsfunktion, unter denen eine entsprechende MARKOW-Familie mit stetigen oder rechtsstetigen Trajektorien existiert. Bedingungen dieses Typs leiteten wir für beliebige Prozesse ab (Satz von KOLMOGOROW); aber natürlich lassen sich auf eine große Klasse von MARKOW-Prozessen spezielle Bedingungen anwenden.

Es sei X ein vollständiger metrischer Raum. Mit $U_\varepsilon(x) = \{y: \varrho(x, y) < \varepsilon\}$ bezeichnen wir die ε-Umgebung des Punktes x und mit $V_\varepsilon(x) = \{y: \varrho(x, y) \geqq \varepsilon\}$ ihr Komplement. Auf dem Phasenraum $(X, \mathscr{B}) = (X, \mathscr{B}_X)$ sei eine Übergangsfunktion $P(t, x, \Gamma)$, $t \in [0, \infty)$ definiert. Wir setzen

$$\alpha_\varepsilon(h) = \sup_{x \in X,\ t \leqq h} P(t, x, V_\varepsilon(x)) .$$

Satz 1 (Satz von DYNKIN-KINNEY). *Es gelte $\alpha_\varepsilon(h) = o(h)$ $(h \to 0)$ für beliebiges positives ε. Dann existiert eine Markow-Familie mit der gegebenen Übergangsfunktion, deren sämtliche Trajektorien stetig sind.*

Den Beweis führen wir, indem wir Satz 1 § 5.2 anwenden. (Es wäre möglich, die Methode zur Konstruktion eines stochastisch äquivalenten Prozesses durch die stetige Fortsetzung von einer abzählbar dichten Menge $T_0 \subset [0, \infty)$ zu benutzen, aber dann entstünden gewisse Schwierigkeiten durch die geforderte Möglichkeit, Verschiebungsoperatoren einführen zu können (§ 8.5, P. 3): gibt es doch kein abzählbares T_0, das invariant gegenüber Verschiebungen um ein beliebiges $h \in [0, \infty)$ wäre.) Unter C verstehen wir die Menge aller auf $[0, \infty)$ stetigen Funktionen mit Werten in X. Ferner sei (ξ_t, P_x) eine MARKOW-Familie mit der vorgegebenen Übergangsfunktion. Wir zeigen, daß aus $C \subseteqq A$, $A \in \mathscr{B}^{[0,\infty)}$ für beliebiges x die Beziehung $\mathsf{P}_x\{\xi. \in A\} = 1$ folgt. Dann können wir für den Raum der Elementarereignisse die Menge C mit der σ-Algebra $\mathscr{F}'$ nehmen, die aus allen Mengen der Gestalt $C \cap B$, $B \in \mathscr{B}^{[0,\infty)}$ besteht. Für jedes x wird das Wahrscheinlichkeitsmaß P'_x auf $\mathscr{F}'$ so definiert, daß der Prozeß $\xi'_t(x.) = x_t$ dieselben endlichdimensionalen Verteilungen wie ξ_t hat. Wir erhalten eine MARKOW-Familie (ξ'_t, P'_x) mit der gegebenen Übergangsfunktion, deren Trajektorien genau alle stetigen Funktionen sind. Es ist noch zu prüfen, daß die Verschiebungsoperatoren definiert sind. Das folgt aber daraus, daß die Verschiebung jeder stetigen Funktion stetig ist.

Wir fixieren eine Menge A aus $\mathscr{B}^{[0,\infty)}$, die C enthält. Die Zugehörigkeit einer Funktion $x. \in X^{[0,\infty)}$ zur Menge A wird durch ihre Werte in einer abzählbaren Anzahl von Punkten $t_1, t_2, \ldots, t_n, \ldots$ festgelegt.

Aufgabe 1. Es sei $T_0 = \{t_1, t_2, \ldots, t_n, \ldots\}$. Man beweise, daß es unter allen $A \in \mathscr{B}^{T_0}(X^{[0,\infty)})$, $A \supset C$ ein kleinstes, A_0, gibt: es besteht aus allen Funktionen $x.$, die bei beliebigem N gleichmäßig stetig auf der Menge $T_0 \cap [0, N]$ sind.

Wir zeigen, daß $\mathsf{P}_x\{\xi. \in A_0\} = 1$ gilt. Hieraus folgt wegen $A_0 \subseteqq A$ auch $\mathsf{P}_x\{\xi. \in A\} = 1$. Dazu benutzen wir eine Darstellung der Menge A_0 durch einfachere Ausdrücke.

Aufgabe 2. Man beweise die Beziehung $X^{[0,\infty)} \setminus A_0 = \bigcup_{N=1}^{\infty} \bigcup_{m=1}^{\infty} \bigcap_{n=1}^{\infty} B_{Nnm}$ mit $B_{Nnm} = \bigcup_{k=0}^{Nn-1} \bigcup_{t \in T_0 \cap [k/n, (k+2)/n]} \{x.: \varrho(x_{k/n}, x_t) \geqq 1/m\}$.

Zur Abschätzung von $\mathsf{P}_x\{\xi. \in B_{Nnm}\}$ dient uns das folgende

Lemma. *Es seien $t_1, t_2, \ldots, t_k \leqq h$. Dann gilt*

$$\mathsf{P}_x\{\xi_{t_1}, \xi_{t_2}, \ldots, \xi_{t_k} \in U_\varepsilon(x)\} \geqq 1 - 2\alpha_{\varepsilon/2}(h)\,.$$

Beweis. Wir definieren die MARKOW-Zeit $\tau = \min\{t_i: \xi_{t_i} \notin U_\varepsilon(x)\}$ oder $+\infty$, falls $\xi_{t_i} \in U_\varepsilon(x)$, $1 \leqq i \leqq k$ gilt. Zu zeigen ist $\mathsf{P}_x\{\tau \leqq h\} \leqq 2\alpha_{\varepsilon/2}(h)$. Dazu setzen wir $\eta = h - \tau$, $A = \{\tau \leqq h\}$ und benutzen die strenge MARKOW-Eigenschaft (sie ist gültig, weil die Zufallsgrößen τ und η diskret sind):

$$\mathsf{P}_x\big(A \cap \{\xi_h \in U_{\varepsilon/2}(x)\}\big) = \int_A P\big(h - \tau, \xi_\tau, U_{\varepsilon/2}(x)\big)\, \mathsf{P}_x(d\omega)\,. \tag{1}$$

Der Punkt ξ_τ befindet sich in einer Entfernung $\geqq \varepsilon$ von x, weil alle Punkte aus $U_{\varepsilon/2}(x)$ von ξ_τ weiter als $\varepsilon/2$ entfernt sind, d. h. $U_{\varepsilon/2}(x) \subseteqq V_{\varepsilon/2}(\xi_\tau)$. Folglich gilt

$$P\big(h - \tau, \xi_\tau, U_{\varepsilon/2}(x)\big) \leqq P\big(h - \tau, \xi_\tau, V_{\varepsilon/2}(\xi_\tau)\big) \leqq \alpha_{\varepsilon/2}(h)\,.$$

Hieraus ergibt sich, daß die Wahrscheinlichkeit (1) den Wert $\alpha_{\varepsilon/2}(h)$ nicht übersteigt. Wir haben $\mathsf{P}_x(A) \leqq \mathsf{P}_x(A \cap \{\xi_h \in U_{\varepsilon/2}(x)\}) + \mathsf{P}_x\{\xi_h \notin U_{\varepsilon/2}(x)\} \leqq \alpha_{\varepsilon/2}(h) + \alpha_{\varepsilon/2}(h)$.

Aus dem bewiesenen Lemma folgt $\mathsf{P}_x\{\xi_t \in U_\varepsilon(x)$ für alle $t \in T_0 \cap [0, h]\} \geqq 1 - 2\alpha_{\varepsilon/2}(h)$. Das ergibt sich, weil das Ereignis unter dem Wahrscheinlichkeitszeichen Grenzwert der Ereignisfolge $\{\xi_{t_i} \in U_\varepsilon(x)$ für alle $t_i \leqq h$, $1 \leqq i \leqq n\}$ ist.

Die MARKOW-Eigenschaft bezüglich des Zeitpunktes s benutzend, erhalten wir, daß auch $\mathsf{P}_x\{\xi_t \in U_\varepsilon(\xi_s)$ für alle $t \in T_0 \cap [s, s + h]\} = \mathsf{P}_x(\theta_s^{-1}\{\xi_t \in U_\varepsilon(\xi_0)$ für alle $t \in (T_0 - s) \cap [0, h]\}) \geqq 1 - 2\alpha_{\varepsilon/2}(h)$ gilt.

Aus diesen Abschätzungen folgt die Ungleichung

$$\mathsf{P}_x\{\xi. \in B_{Nnm}\} \leqq Nn \cdot 2\alpha_{1/2m}(2/n) \to 0 \quad (n \to \infty)\,.$$

Da $\bigcap_{n=1}^{\infty} B_{Nnm} \subseteqq B_{Nnm}$ für beliebiges n gilt, ergibt sich $\mathsf{P}_x\left\{\xi. \in \bigcap_{n=1}^{\infty} B_{Nnm}\right\} \leqq \mathsf{P}_x\{\xi. \in B_{Nnm}\}$ für alle n und $\mathsf{P}_x\left\{\xi. \in \bigcap_{n=1}^{\infty} B_{Nnm}\right\} = 0$. Hieraus erhalten wir $\mathsf{P}_x\{\xi. \notin A_0\} = 0$, das beweist den Satz.

2. **Satz 2.** *Zu jedem $\varepsilon > 0$ existiere ein $h > 0$, so daß $\alpha_{\varepsilon/2}(h) < 1/2$ gilt. Dann gibt es eine Markow-Familie mit der gegebenen Übergangsfunktion, deren Trajektorien in jedem Punkt der Zeitachse rechts- und linksseitige Grenzwerte besitzen.*

Der Beweis dieses Satzes ist dem Beweis des Satzes 1 ähnlich und stützt sich auf dasselbe Lemma. Wir werden ihn nicht führen, sondern lediglich den wesentlichen Punkt in Form einer „fakultativen“ Aufgabe geben.

Dazu bringen wir folgende Definition. Die Funktion $f(t)$ sei auf einer gewissen Teilmenge der Zeitachse gegeben und nehme ihre Werte in einem metrischen Raum an. Wir werden sagen, daß $f(t)$ genau k ε-Schwankungen auf T besitzt, wenn solche $t_0 < t_1 < \ldots < t_k$, $t_i \in T$ existieren, daß $\varrho(f(t_{i-1}), f(t_i)) \geqq \varepsilon$, $i = 1, \ldots, k$ gilt, wobei k die größte dieser Zahlen sei. Beispielsweise hat die Funktion $\sin t$, $0 \leqq t \leqq 10$, sechs 1-Schwankungen.

Aufgabe 3*. Es seien $0 \leqq t_1 \leqq \ldots \leqq t_k \leqq h$, mit ν bezeichnen wir die Zahl der ε-Schwankungen der Folge $\xi_0, \xi_{t_1}, \ldots, \xi_{t_k}$. Dann gilt $\mathsf{P}_x\{\nu \geqq m\} \leqq [2\alpha_{\varepsilon/4}(h)]^m$.

Genauso, wie schon früher, erhalten wir für die Zahl $\nu^\varepsilon[s, s+h]$ der ε-Schwankungen der Funktion $\xi_t(\omega)$ auf der Menge $T_0 \cap [s, s+h]$ (T_0 abzählbar) die Abschätzung $\mathsf{P}_x\{\nu^\varepsilon[s, s+h] \geqq m\} \leqq [2\alpha_{\varepsilon/4}(h)]^m$. Auf jeden ist die Anzahl dieser Schwankungen mit Wahrscheinlichkeit 1 endlich.

Ferner ist es nötig zu wissen, daß sich eine Funktion auf T_0 mit Werten in einem vollständigen metrischen Raum genau dann auf $[0, \infty)$ ohne Unstetigkeiten zweiter Art fortsetzen läßt, wenn sie für jedes $\varepsilon > 0$ auf jedem endlichen Intervall eine endliche Zahl von ε-Schwankungen besitzt.

Satz 3. *Es gelte $\alpha_\varepsilon(h) \to 0$ für $h \to 0$ bei beliebigem $\varepsilon > 0$. Dann existiert eine Markow-Familie mit der gegebenen Übergangsfunktion, deren Trajektorien rechtsstetig sind und in jedem Punkt linksseitige Grenzwerte besitzen.*

Wir bemerken, daß sich $\lim_{h\to 0} \alpha_\varepsilon(h) = 0$ als Bedingung für die *gleichmäßige stochastische Stetigkeit* der entsprechenden MARKOW-Familie erweist. Bezeichnen wir für $0 \leqq s \leqq t$ mit B das durch $\varrho(\xi_0, \xi_{t-s}) \geqq \varepsilon$ definierte Ereignis, so erhalten wir tatsächlich $\mathsf{P}_x\{\varrho(\xi_s, \xi_t) \geqq \varepsilon\} = \mathsf{P}_x(\theta_s^{-1}B) = \mathsf{M}_x\mathsf{P}_{\xi_s}(B)$. Es gilt aber $\mathsf{P}_y(B) = \mathsf{P}_y\{\varrho(\xi_0, \xi_{t-s}) \geqq \varepsilon\} = \mathsf{P}_y\{\varrho(y, \xi_{t-s}) \geqq \varepsilon\} = \mathsf{P}_y\{\xi_{t-s} \in V_\varepsilon(y)\} = P(t-s, y, V_\varepsilon(y)) \leqq \alpha_\varepsilon(t-s)$. Deshalb folgt $\mathsf{P}_x\{\varrho(\xi_s, \xi_t) \geqq \varepsilon\} \leqq \alpha_\varepsilon(t-s) \to 0$ für $t - s \to 0$. Das ist aber die gleichmäßige stochastische Stetigkeit — gleichmäßig sowohl im Startpunkt x, als auch in den Veränderlichen s, t auf der ganzen Menge $[0, \infty)$.

Beweis. Aus der Bedingung des Satzes 3 folgt die Voraussetzung von Satz 1. Sei nun (ξ_t, P_x) eine MARKOW-Familie mit Trajektorien ohne Unstetigkeiten zweiter Art und der gegebenen Übergangsfunktion. Wir setzen $\tilde{\xi}_t = \xi_{t+}$, $t \in [0, \infty)$ (der Grenzwert von rechts existiert nach Voraussetzung). Aus der stochastischen Stetigkeit von ξ_t folgt die stochastische Äquivalenz von $\tilde{\xi}_t$ und ξ_t; $(\tilde{\xi}_t, \mathsf{P}_x)$ ist eine MARKOW-Familie mit der gegebenen Übergangsfunktion, ihre Trajektorien sind rechtsstetig und die Grenzwerte von links bleiben die vorherigen.

Hieraus folgt insbesondere, daß die Trajektorien eines stochastisch stetigen, zeitlich homogenen Prozesses mit unabhängigen Zuwächsen als rechtsstetig und mit überall existierenden Grenzwerten von links angenommen werden können. Das betrifft beispielsweise auch den CAUCHY-Prozeß.

3. Wir geben noch ein Beispiel zur Anwendung von Satz 3. Der Übergangsmatrix von Aufgabe 3 § 8.3 entspricht eine MARKOW-Familie auf einem Phasenraum mit zwei Zuständen, deren Trajektorien rechtsstetig sind und linksseitige Grenzwerte besitzen, d. h., alle Trajektorien sind stufenförmige Funktionen mit einer endlichen Zahl von Stufen auf jedem endlichen Zeitintervall, wobei in jeder Stufe das linke Ende eingeschlossen ist, das rechte dagegen nicht. Das gleiche gilt für abzählbare MARKOW-Ketten mit stetiger Zeit und $\sup_x [1 - P(t, x, \{x\})] \to 0$ für $t \to 0$. Das folgt aus Satz 3, wenn wir auf dem Phasenraum eine die diskrete Topologie erzeugende Metrik einführen: $\varrho(x, y) = 1$ für $x \neq y$. Eine Funktion ohne Unstetigkeiten zweiter Art bezüglich dieser Metrik ist gerade eine stufenförmige Funktion (Abb. 23).

Einer Verallgemeinerung auf nichtabzählbare Phasenräume $(X, \mathscr{B})$ steht im Wege, daß von uns der Satz 3 für den Fall eines Phasenraumes formuliert wurde, der ein metrischer Raum mit der σ-Algebra der BOREL-Mengen ist, d. h. der σ-Algebra, die durch alle offenen Mengen erzeugt wird. In der diskreten Topologie $(\varrho(x, y) = 1, x \neq y)$ sind *alle* Mengen offen, und die σ-Algebra der BOREL-Mengen ist das System aller Teilmengen von X. Es ist aber kein Maß auf allen Teilmengen einer nichtabzählbaren Menge definiert, es sei denn, es wäre tatsächlich auf einer gewissen abzählbaren Menge von Punkten dieser nichtabzählbaren Menge konzentriert. Glücklicherweise läßt sich der Satz 3 (wie auch die vorangehenden Sätze 1, 2) derart verallgemeinern,

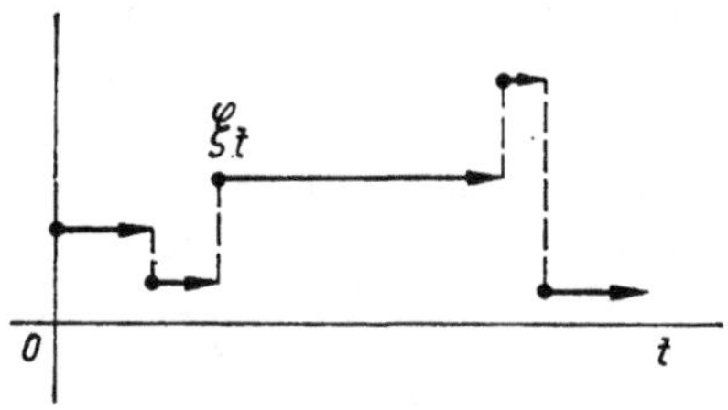

Abb. 23

daß anstelle von $\mathscr{B} = \mathscr{B}_X$ gefordert wird, daß die Metrik $\varrho(x, y)$ meßbar (bezüglich $\mathscr{B}$) ist, und daß die σ-Algebra $\mathscr{B}$ von den meßbaren offenen Mengen erzeugt wird. Aus diesem modifizierten Satz folgt der

Satz 4. *Es sei $P(t, x, \Gamma)$ die Übergangsfunktion einer Markow-Familie auf einem beliebigen Phasenraum $(X, \mathscr{B})$. Gilt $\sup_x [1 - P(t, x, \{x\})] \to 0$ für $t \to 0$, so existiert eine Markow-Familie mit dieser Übergangsfunktion, deren sämtliche Trajektorien rechtsstetige stufenförmige Funktionen mit einer endlichen Zahl von Stufen auf jedem endlichen Intervall sind.*

4. Es gibt verschiedene Verallgemeinerungen der Sätze dieses Paragraphen, insbesondere Sätze, die die Stetigkeit der Trajektorien nur bis zur Zeit des Überganges in den zusätzlichen Punkt $*$ sichern, in den der Prozeß anstelle eines Verschwindens fällt (siehe § 8.1, P. 5c)). Vergleiche DYNKIN [1], Kap. 6, GICHMAN und SKOROCHOD [1], Kap. IV, §§ 4, 5.

§ 9.2. Die strenge Markow-Eigenschaft für Fellersche Markow-Familien mit rechtsstetigen Trajektorien

1. Wir werden zeigen, daß *sich alle Fellerschen Markow-Familien mit rechtsstetigen Trajektorien als streng Markowsch bezüglich der Familie von σ-Algebren $\mathscr{F}_{\leqq t+}$* $(t \in [0, \infty))$ *erweisen.* Zuerst beweisen wir eine Hilfsbehauptung.

Aufgabe 1. Es sei τ eine MARKOW-Zeit bezüglich der Familie von σ-Algebren $\mathscr{F}_{\leqq t+}$. Dann ist $\tau_n = ([2^n\tau] + 1)/2^n$ eine MARKOW-Zeit bezüglich der Familie von σ-Algebren $\mathscr{F}_{\leqq t}$ und für die ihr entsprechende σ-Algebra gilt $\mathscr{F}_{\leqq \tau_n} \supseteq \mathscr{F}_{\leqq \tau+}$.

Jetzt sei uns eine FELLERsche MARKOW-Familie (ξ_t, P_x) mit rechtsstetigen Trajektorien auf dem metrischen Phasenraum X, $\mathscr{B} = \mathscr{B}_X$ vorgegeben. Die in die Definition der strengen MARKOW-Eigenschaft eingehende Forderung der progressiven Meßbarkeit (§ 8.6, P. 2) ist durch die Rechtsstetigkeit der Trajektorien gesichert. Es ist zu zeigen, daß

$$\int_A f(\xi_{\tau+\eta})\, \mathsf{P}_x(d\omega) = \int_A P^\eta f(\xi_\tau)\, \mathsf{P}_x(d\omega) \tag{1}$$

für beliebige Funktionen $f \in \boldsymbol{B}$ gilt, wobei bezüglich τ, η, A die folgenden Bedingungen erfüllt sind:

A^{++}) τ ist eine beliebige MARKOW-Zeit bezüglich der Familie von σ-Algebren $\mathcal{F}_{\leqq t+}$; η ist eine beliebige, bezüglich $\mathcal{F}_{\leqq \tau+}$ meßbare, Funktion auf $\Omega_\tau = \{\tau < \infty\}$ mit Werten in $[0, \infty]$; $A \in \mathcal{F}_{\leqq \tau+}$, $A \subseteqq \Omega_\tau \cap \Omega_\eta$.

Uns ist bekannt (vgl. § 8.6), daß (1) erfüllt ist, wenn gilt

A) τ ist eine *diskrete* MARKOW-Zeit bezüglich der Familie $\mathcal{F}_{\leqq t}$; η ist eine $\mathcal{F}_{\leqq \tau}$-meßbare Funktion auf Ω_τ, die abzählbar viele Werte aus $[0, \infty]$ annimmt; $A \in \mathcal{F}_{\leqq \tau}$, $A \subseteqq \Omega_\tau \cap \Omega_\eta$.

Wir geben noch eine weitere, zwischen diesen beiden befindliche Bedingung an:

A^{+}) τ ist eine beliebige MARKOW-Zeit bezüglich der Familie $\mathcal{F}_{\leqq t+}$; η ist eine $\mathcal{F}_{\leqq \tau+}$-meßbare Funktion auf Ω_τ mit abzählbar vielen Werten; $A \in \mathcal{F}_{\leqq \tau+}$, $A \subseteqq \Omega_\tau \cap \Omega_\eta$.

Unter der Bedingung A) wurde (1) bereits bewiesen. Hieraus werden wir erhalten, daß (1) auch unter der Bedingung A^{+}) gilt, und schließlich auch unter der Bedingung A^{++}). Für den letzten Übergang wird noch eine Hilfsbehauptung benötigt.

Aufgabe 2. Für $f \in \boldsymbol{C}$ ist die Funktion $P^t f(x)$ bei jedem x rechtsstetig in t.

Es genügt, die Formel (1) für Funktionen $f \in \boldsymbol{C}$ zu beweisen (der Übergang auf alle $f \in \boldsymbol{B}$ wird genauso durchgeführt, wie beim Beweis des Satzes in P. 6 § 8.4).

Wir setzen $f \in \boldsymbol{C}$ voraus; τ, η und A befriedigen die Bedingung A^{+}). Nun wählen wir $\tau_n = ([2^n\tau] + 1)/2^n$, aber η und A bleiben unverändert. Gemäß Aufgabe 1 ist für τ_n, η und A die Bedingung A) erfüllt, deshalb gilt

$$\int_A f(\xi_{\tau_n+\eta})\, \mathsf{P}_x(d\omega) = \int_A P^\eta f(\xi_{\tau_n})\, \mathsf{P}_x(d\omega)\,. \tag{2}$$

Hier ist $P^\eta f$ für jedes $\omega \in \Omega_\eta$ eine stetige Funktion (es wird die FELLER-Eigenschaft benutzt). Wir lassen n gegen ∞ streben. Dabei gilt $\tau_n \downarrow \tau$, aufgrund der Rechtsstetigkeit der Trajektorien folgt $\xi_{\tau_n} \to \xi_\tau$, $\xi_{\tau_n+\eta} \to \xi_{\tau+\eta}$. Indem wir die Stetigkeit der zahlenwertigen Funktionen $f(.)$ und $P^\eta f(.)$ benutzen, erhalten wir, daß $f(\xi_{\tau_n+\eta}) \to f(\xi_{\tau+\eta})$ und $P^\eta f(\xi_{\tau_n}) \to P^\eta f(\xi_\tau)$ für alle ω gilt. Da alle diese Funktionen durch $\|f\|$ beschränkt sind, ist ein Grenzübergang unter dem Integralzeichen berechtigt, und aus (2) folgt (1). Folglich ist (1) unter der Voraussetzung A^{+}) bewiesen.

Jetzt mögen τ, η und A die Bedingung A^{++}) befriedigen. Wir setzen $\eta_n = ([2^n\eta] + 1)/2^n$, und τ sowie A bleiben ungeändert. Für τ, η_n und A ist die Bedingung A^{+}) erfüllt, folglich gilt

$$\int_A f(\xi_{\tau+\eta_n})\, \mathsf{P}_x(d\omega) = \int_A P^{\eta_n} f(\xi_\tau)\, \mathsf{P}_x(d\omega)\,. \tag{3}$$

Lassen wir n gegen ∞ gehen und benutzen Aufgabe 2, so erhalten wir $P^{\eta_n} f(\xi_\tau) \to P^\eta f(\xi_\tau)$ für beliebiges $\omega \in \Omega_\tau \cap \Omega_\eta$. Daß der Integrand auf der linken Seite gegen $f(\xi_{\tau+\eta})$ strebt, folgt wie schon früher aus der Rechtsstetigkeit der Trajektorien. Der Grenzübergang von (3) ergibt (1) unter der Bedingung A^{++}).

2. Jetzt sind alle Anwendungen der strengen MARKOW-Eigenschaft auf den WIENER-Prozeß begründet (§ 8.6, P. 4b), Aufgaben 1 und 3*).

3. Endlich können wir auch verstehen, warum die Stetigkeit von rechts, und nicht von links gefordert wird. Beim Übergang von diskreten η könnten wir genauso die Linksstetigkeit benutzen, indem wir $\eta_n = [2^n\eta]/2^n$ setzen. Aber bei der Operation mit τ ist es wesentlich, daß wir diese Größe durch größere τ_n ersetzen. Es handelt sich darum, daß τ durch seine Vergangenheit definiert wird (und die unmittelbare Zukunft). Die Zufallsgröße τ_n wird als Funktion von τ auch durch die Vergangenheit und die unmittelbare Zukunft bezüglich τ definiert. Aber diese Vergangenheit und unmittelbare Zukunft ist Vergangenheit in bezug auf τ_n, weil $\tau_n > \tau$ gilt. Das führt dazu, daß τ_n eine MARKOW-Zeit bezüglich der Familie der σ-Algebren $\mathcal{F}_{\leqq t}$ ist. Würden wir dagegen $\tau_n < \tau$ nehmen, so erhielten wir im allgemeinen Fall keine MARKOW-Zeit, weil die Vergangenheit bezüglich τ sich teilweise als Zukunft für $\tau_n < \tau$ erweist, und nicht nur als „unmittelbare" Zukunft.

4. Aus den bewiesenen Sätzen folgt, daß eine FELLERsche MARKOW-Familie mit rechtsstetigen Trajektorien sich als MARKOWsch bezüglich der Familie der σ-Algebren $\mathcal{F}_{\leqq t+}$ erweist (siehe § 8.2, P. 7). Insbesondere gilt für solche MARKOW-Familien das *0-1-Gesetz von* P. BLUMENTHAL: *Für beliebige Ereignisse* $B \in \mathcal{F}_{\leqq 0+}$ *und beliebige* $x \in X$ *gilt entweder* $\mathsf{P}_x(B) = 0$ *oder* $\mathsf{P}_x(B) = 1$.

Beweis. Wir benutzen die (strenge) MARKOW-Eigenschaft (Formel (12) § 8.6) bezüglich des Zeitpunktes $\tau = 0$ sowie für $A = B$ und erhalten

$$\mathsf{P}_x(B) = \mathsf{P}_x(BB) = \mathsf{P}_x(B\theta_0^{-1}B) = \int_B \mathsf{P}_{\xi_0}(B)\,\mathsf{P}_x(d\omega) = \int_B \mathsf{P}_x(B)\,\mathsf{P}_x(d\omega) = \mathsf{P}_x(B)^2 .$$

Selbstverständlich kann $\mathsf{P}_x(B)$ von x abhängen (das ist eine $\mathcal{B}$-meßbare Funktion, d. h. im gegebenen Fall der Indikator einer gewissen BORELschen Teilmenge von X).

5. Der bewiesene Satz läßt sich auf den Fall verallgemeinern, daß anstelle des Raumes $\boldsymbol{C}$ nicht der ganze Raum aller stetigen Funktionen gewählt wird, sondern nur eine Teilmenge, die hinreichend dicht im Raum $\boldsymbol{B}$ ist (damit zwei Maße übereinstimmen, wenn die Integrale zweier beliebiger Funktionen der gegebenen Teilmenge übereinstimmen). Zum Beispiel genügt es im Falle eines separablen lokalkompakten Raumes X zu fordern, daß für beliebige finite (d. h. außerhalb eines gewissen Kompaktums verschwindende) stetige Funktionen $P^t f$ stetig ist: $P^t \boldsymbol{C}_{\text{fin}} \subseteqq \boldsymbol{C}$.

Wir geben einige Aufgaben, die mit dem Material dieses Paragraphen vielleicht nur durch die Lösungsmethode zusammenhängen.

Aufgabe 3. Es sei (ξ_n, P_x) eine MARKOW-Kette auf dem Phasenraum $(X, \mathcal{B})$. Mit $\tau(x)$ bezeichnen wir den ersten Zeitpunkt, wann ξ_n den Punkt x verläßt: $\tau(x) = \min\{n: \xi_n \neq x\}$ (gilt $\xi_n = x$ für alle $n \in Z_+$, so setzen wir $\tau(x) = +\infty$). Man beweise, daß $\tau(x)$ eine (bezüglich der Wahrscheinlichkeit P_x) geometrische Verteilung mit dem Parameter $q(x) \in [0, 1]$ besitzt, d. h. $\mathsf{P}_x\{\tau(x) = n\} = [1 - q(x)] \cdot q(x)^{n-1}$, $n = 1, 2, \ldots$, und daß die Zufallsgrößen $\tau(x)$ und $\xi_{\tau(x)}$ unabhängig sind (gleichfalls bezüglich der Wahrscheinlichkeit P_x).

Natürlich hat es nur dann einen Sinn von $\xi_{\tau(x)}$ zu sprechen, wenn $q(x) < 1$ gilt, sonst ist $\tau(x) = \infty$ mit P_x-Wahrscheinlichkeit 1.

Aufgabe 4. Es seien (ξ_t, P_x) eine MARKOW-Familie mit rechtsstetigen Trajektorien und $\tau(x) = \inf\{t: \xi_t \neq x\}$. Man beweise, daß $\tau(x)$ eine Exponentialverteilung mit einem Parameter $\lambda(x) \in [0, \infty]$ besitzt, d. h. $\mathsf{P}_x\{\tau(x) > t\} = \exp(-\lambda(x)\,t)$, $t \geqq 0$. (Daß $\tau(x)$ eine Zufallsgröße ist, folgt aus Aufgabe 4 Kap. 6).

Für eine Familie von WIENER-Prozessen gilt in jedem Punkt $\lambda(x) = +\infty$, also $\mathsf{P}_x\{\tau(x) = 0\} = 1$.

Aufgabe 5. Man bestimme $\lambda(1)$ und $\lambda(2)$ für den Prozeß mit der Übergangsmatrix aus der Aufgabe 3 § 8.3.

Aufgabe 6*. Folgt aus den Bedingungen der Aufgabe 4, daß $\tau(x)$ und $\xi_{\tau(x)}$ unabhängig sind?

Kapitel 10

INFINITESIMALE OPERATOREN

§ 10.1. Der infinitesimale Operator einer Halbgruppe

1. Wir sagten bereits in § 8.1, P. 5d, daß für MARKOW-Prozesse die Situation typisch ist, wenn wir die Übergangswahrscheinlichkeiten auf einem kleinen Zeitintervall Δt bis auf $o(\Delta t)$ kennen, und daß das unter bekannten Regularitätsforderungen hinreichend dafür ist, um die ganze Übergangsfunktion zu konstruieren. In diesem Paragraphen führen wir den *infinitesimalen Operator* ein, das ist gerade eine derartige Charakterisierung, welche die zu einer MARKOW-Familie gehörende Halbgruppe von Operatoren mit einer Genauigkeit von höherer als erster Ordnung beschreibt. Daß damit die Übergangsfunktion eindeutig bestimmt wird, sehen wir im folgenden Paragraphen.

Der infinitesimale Operator ist für beliebige Halbgruppen (wie auch für Gruppen) linearer Operatoren in einem BANACH-Raum definiert, unabhängig davon, ob sie mit MARKOW-Prozessen zusammenhängen, oder nicht.

In dem BANACH-Raum $\boldsymbol{E}$ sei eine Halbgruppe beschränkter Operatoren P^t, $0 \leqq t < \infty$, $P^0 = E$, gegeben.

Im Unterschied zu den Operatoren P^t ist der infinitesimale Operator (wir werden ihn mit A bezeichnen) im allgemeinen *nicht auf ganz* $\boldsymbol{E}$, sondern nur auf einer gewissen Teilmenge D_A definiert, und er wird kein *beschränkter* linearer Operator sein. Nach Definition gilt $f \in D_A$, wenn der Grenzwert $\lim\limits_{t \downarrow 0} t^{-1}(P^t f - f)$ im Sinne der Normkonvergenz existiert. Dieser Grenzwert ist definitionsgemäß der Wert des Operators A auf dem Element f

$$Af = \lim_{t \downarrow 0} t^{-1}(P^t f - f)\,.$$

Mit anderen Worten ist Af die Rechtsableitung von $P^t f$ im Nullpunkt: $Af = \left.\frac{\mathrm{d}^+}{\mathrm{d}t} P^t f\right|_{t=0}$.

Selbstverständlich ist der Definitionsbereich D_A des Operators A ein (im allgemeinen allerdings nicht abgeschlossener) linearer Unterraum, und A selbst ist ein linearer Operator.

2. Wir betrachten Beispiele (die mit MARKOW-Prozessen zusammenhängen). Der infinitesimale Operator einer Halbgruppe $P^t f$, die mit einer MARKOW-Familie (einem MARKOW-Prozeß) zusammenhängt, wird *infinitesimaler Operator der Markow-Familie (des Markow-Prozesses)* genannt.

Indem wir uns erinnern, welche Norm wir im Raum $\boldsymbol{B}$ eingeführt haben, können wir die Definition von Af in der Gestalt

$$Af(x) = \lim_{t \downarrow 0} t^{-1}\big(P^t f(x) - f(x)\big) = \lim_{t \downarrow 0} t^{-1}\big(\mathsf{M}_x f(\xi_t) - f(x)\big)$$

schreiben, wobei f zum Definitionsbereich D_A gehört, falls dieser Grenzwert gleichmäßig in x ist.

a) Mit dem deterministischen Prozeß einer Bewegung auf der Geraden nach rechts mit der Geschwindigkeit eins ist die Halbgruppe von Verschiebungen $P^t f(x) = f(x + t)$ verbunden. Wir haben

$$Af(x) = \lim_{t \downarrow 0} t^{-1}(f(x + t) - f(x)) = \frac{\mathrm{d}^+ f(x)}{\mathrm{d}x}. \tag{1}$$

Doch darf man nicht vergessen, daß diese Rechtsableitung gleichmäßig in x existieren muß.

Aufgabe 1. Wenn der Grenzwert (1) gleichmäßig in x existiert, ist die Funktion f gleichmäßig stetig. Man beweise das.

Darüberhinaus ist folglich auch die Funktion $t^{-1}(f(x + t) - f(x))$ beschränkt und gleichmäßig stetig, mithin ist ihr gleichmäßiger Grenzwert $\frac{\mathrm{d}^+ f(x)}{\mathrm{d}x}$ beschränkt und gleichmäßig stetig. Hieraus ergibt sich, daß die Funktion f nicht nur von rechts, sondern auch von links differenzierbar ist.

Zusammenfassend erhalten wir, daß D_A aus genau allen solchen Funktionen f besteht, die zusammen mit der ersten Ableitung beschränkt und gleichmäßig stetig sind: $f \in \boldsymbol{C}^{(1)}_{\mathrm{glm}}$, und $Af(x)$ ist hierbei gleich $f'(x)$.

b) Wir betrachten noch einen deterministischen Prozeß, nämlich die Lösung eines Systems gewöhnlicher Differentialgleichungen $\frac{\mathrm{d}x_t}{\mathrm{d}t} = b(x_t)$ im r-dimensionalen Raum. Wir werden hier den Definitionsbereich D_A nicht genau bestimmen, sondern beschränken uns von vornherein auf stetig differenzierbare finite Funktionen ($f \in \boldsymbol{C}^{(1)}_{\mathrm{fin}}$). Für solche Funktionen gilt bei $t \to 0$

$$f(x_t(x)) = f(x + b(x) \cdot t + o(t)) = f(x) + \sum_{i=1}^{r} \frac{\partial f}{\partial x^i}(x) \cdot b^i(x) \cdot t + o(t)$$

gleichmäßig in x, so daß $f \in D_A$ und $Af(x) = \sum_{i=1}^{r} b^i(x) \frac{\partial f}{\partial x^i}(x)$ ist.

c) Aufgabe 2. Man bestimme den infinitesimalen Operator (das ist hier eine Matrix) für die Halbgruppe aus Aufgabe 3 § 8.3.

d) Für eine abzählbare MARKOW-Kette mit stetiger Zeit sowie rechtsstetigen Trajektorien existieren solche $\lambda(i) \in [0, \infty)$, π_{ij}, daß $\mathsf{P}_i\{\tau(i) \leqq t, \xi_{\tau(i)} = j\} = [1 - \exp(-\lambda(i)\, t)]\, \pi_{ij}$ gilt (vgl. die Aufgaben 4, 6* § 9.2). Damit kann man eine (im Falle eines abzählbar unendlichen Phasenraumes unendliche) Matrix (a_{ij}) konstruieren: $a_{ij} = \lambda(i)\, \pi_{ij}$ für $j \neq i$, $a_{ii} = -\lambda(i)$. Gilt $\sup_i \lambda(i) < \infty$, so fällt D_A mit ganz $\boldsymbol{B}$ zusammen (dem Raum aller beschränkten Folgen), und der infinitesimale Operator wird durch die Matrix (a_{ij}) gegeben:

$$Af(i) = \sum_j a_{ij} f(j) \tag{2}$$

(Beweis).

Wenn $\sup_i \lambda(i) = \infty$ gilt, so ist die Summe (2) für gewisse $f \in \boldsymbol{B}$ unbeschränkt. Im Falle der Beschränktheit der $\lambda(i)$ (oder, was das gleiche ist, der a_{ij}) läßt sich zeigen, daß die gegebene Matrix einer einzigen MARKOW-Ketten entspricht („einzig" im Sinne der endlichdimensionalen Verteilungen). Im Falle unbeschränkter a_{ij} braucht das nicht so zu sein. Das betrifft solche MARKOW-Ketten, welche in endlicher Zeit eine unendliche Zahl von Sprüngen vollführen und dabei unendlich viele verschiedene Zustände durchlaufen (die Rechtsstetigkeit wird dabei nicht verletzt). Das hängt damit zusammen, daß die Matrix (a_{ij}) das Verhalten der Kette beim Übergang von einem Zustand in einen anderen definiert ($\xi_{t-} = i$, $\xi_t = \xi_{t+} = j$). Jedoch ist in der Matrix (a_{ij}) keine Information darüber enthalten, was die Kette nach einem „Auswandern ins Unendliche" macht (falls ξ_{t-} nicht existiert).

Aufgabe 3*. Man gebe ein Beispiel zweier MARKOW-Ketten mit stetiger Zeit, die verschiedene endlichdimensionale Verteilungen, aber ein und dieselbe Matrix (a_{ij}): $a_{ii} = -i^2$, $a^i{}_{,i+1} = i^2$ (alle übrigen Elemente sind Null) haben.

e) Aufgabe 4. Es sei $C_{\text{glm}}^{(2)}$ die Menge aller Funktionen, die zusammen mit ihren ersten beiden Ableitungen beschränkt und gleichmäßig stetig sind. Man beweise, daß für die zum r-dimensionalen WIENER-Prozeß gehörende Halbgruppe alle Funktionen aus $C_{\text{glm}}^{(2)}$ in D_A enthalten sind und für sie $Af = \frac{1}{2}\,\Delta f$ (Δ ist der LAPLACE-Operator) gilt.

f) Aufgabe 5*. Man beweise, daß für eine Familie von CAUCHY-Prozessen, d. h. für eine MARKOW-Familie mit der Übergangsdichte $p(t, x, y) = \pi^{-1}t/(t^2 + (y - x)^2)$ der infinitesimale Operator auf allen Funktionen aus $C_{\text{glm}}^{(2)}$ (aber nicht nur für sie) definiert ist, und daß für $f \in C_{\text{glm}}^{(2)}$

$$Af(x) = \pi^{-1} \int_{-\infty}^{\infty} [f(y) - f(x) - f'(x) \cdot \arctan (y - x)]/(y - x)^2 \, dy$$

gilt. (Anstelle der Funktion $\arctan z$ kann jede andere ungerade beschränkte Funktion genommen werden, die gleich $z + O(z^2)$ für $z \to 0$ ist).

g) Wir wenden uns dem Beispiel aus P. 5d) § 8.1 zu (das ist der mit der Bedienungstheorie zusammenhängende Prozeß). Wir setzen voraus, daß die dort auftretende Funktion $f(x)/(1 - F(x))$ gleichmäßig stetig und beschränkt ist und wählen eine Funktion φ, die einen beliebigen Wert im Punkte S annimmt und auf $[0, \infty)$ zu $C_{\text{glm}}^{(1)}$ gehört. Die von uns ermittelten Formeln für die Übergangswahrscheinlichkeiten auf einem beliebig kleinen Zeitintervall Δt verwandeln sich in

$$P^{\Delta t}\varphi(S) = \varphi(S)\,[1 - a\,\Delta t] + \varphi(0) \cdot a\,\Delta t + o(\Delta t)\,,$$

$$P^{\Delta t}\varphi(x) = \varphi(x + \Delta t)\left[1 - \frac{f(x)}{1 - F(x)} \cdot \Delta t\right] + \varphi(S)\,\frac{f(x)}{1 - F(x)} \cdot \Delta t + o(\Delta t)\,, \qquad x \in [0, \infty)\,,$$

hieraus folgt

$$A\varphi(S) = a \cdot [\varphi(0) - \varphi(S)]\,,$$

$$A\varphi(x) = \varphi'(x) + \frac{f(x)}{1 - F(x)} \cdot [\varphi(S) - \varphi(x)]\,.$$

h) Bis jetzt haben wir die außerordentliche Bedeutung des *Definitionsbereiches* D_A noch nicht verdeutlicht. Es zeigt sich, daß infinitesimale Operatoren, die voneinander völlig verschiedenen MARKOW-Prozessen entsprechen, ein und dieselbe Formel annehmen können und sich nur im Definitionsbereich unterscheiden.

Aufgabe 6. Der infinitesimale Operator $\tilde{A}$ einer Familie von WIENER-Prozessen mit Reflexion $\tilde{w}_t$ (Aufgabe 7 § 8.1) auf $[0, \infty)$ ist auf den Funktionen $f \in C_{\text{glm}}^{(2)}$ mit $f'(0+) = 0$ definiert, und für sie gilt $\tilde{A}f \equiv \frac{1}{2} f''$, dagegen der infinitesimale Operator A^0 einer Familie von WIENER-Prozessen auf $[0, \infty)$ mit Absorption im Nullpunkt w_t^0 (Aufgabe 1 § 8.6) auf Funktionen $f \in C_{\text{glm}}^{(2)}$ mit $f''(0+) = 0$, und es gilt $A^0 f \equiv \frac{1}{2} f''$.

Natürlich sind diese MARKOW-Familien eng miteinander verwandt, aber doch (im Sinne der endlichdimensionalen Verteilungen) verschieden.

i) In dem Beispiel aus P. 7 § 8.4 läßt sich beweisen, daß für jede Funktion $f \in C^{(2)}\,[0, 1]$ mit $f'(0+) = f'(1-) = 0$ eine bis zum Rand des Halbstreifens zweimal stetig nach x und einmal nach t differenzierbare Lösung der Gleichung (10) mit den Randbedingungen (11) existiert. Hieraus folgt, daß alle solchen Funktionen zum Definitionsbereich des infinitesimalen Operators A der entsprechenden Halbgruppe gehören, und daß für sie $Af = \frac{1}{2} f''$ gilt. Wir werden sehen (§ 2, Aufgabe 7), daß D_A nicht nur $C^{(2)}[0, 1] \cap \{f : f'(0+) = f'(1-) = 0\}$ enthält, sondern sogar mit dieser Menge übereinstimmt.

3. Wir wollen einen wichtigen, mit Halbgruppen und infinitesimalen Operatoren zusammenhängenden Begriff betrachten. Dabei beschränken wir uns auf kontrahierende Halbgruppen im Raum $\boldsymbol{B}$ der beschränkten meßbaren Funktionen.

Im Raume $\boldsymbol{B}$ führen wir den Unterraum $\boldsymbol{B}_0$ ein, der aus allen Funktionen besteht, für die

$$\|P^t f - f\| \to 0 \quad (t \downarrow 0)$$

gilt. Das sind die Funktionen, auf denen die Halbgruppe P^t im Nullpunkt *stark stetig* von rechts ist. Offensichtlich ist $\boldsymbol{B}_0$ ein linearer Unterraum. Außerdem ist er aber auch abgeschlossen, und mithin ein BANACH-Raum. In der Tat, für $f_n \to f$, $f_n \in \boldsymbol{B}_0$ ergibt sich

$$\overline{\lim_{t\downarrow 0}}\, ||P^t f - f|| \leqq \overline{\lim_{t\downarrow 0}}\, ||P^t f - P^t f_n|| + \lim_{t\downarrow 0} ||P^t f_n - f_n|| + ||f_n - f|| \,. \tag{3}$$

Der zweite Term auf der rechten Seite ist gleich Null, und es gilt

$$\overline{\lim_{t\downarrow 0}}\, ||P^t f - P^t f_n|| = \overline{\lim_{t\downarrow 0}}\, ||P^t(f - f_n)|| \leqq ||f_n - f|| \,.$$

Weil diese Norm klein ist, wird die linke Seite von (3) gleich Null, es folgt $f \in \boldsymbol{B}_0$.

Es zeigt sich, daß für $f \in \boldsymbol{B}_0$ die Funktion $P^t f$ mit Werten in unserem BANACH-Raum auf ganz $[0, \infty)$ gleichmäßig stetig in t ist. Für $s \leqq t$ gilt

$$||P^t f - P^s f|| = ||P^s(P^{t-s} f - f)|| \leqq ||P^{t-s} f - f|| \to 0 \quad (t - s \to 0)\,.$$

Hieraus folgt insbesondere, daß der Raum $\boldsymbol{B}_0$ invariant bezüglich der Operatoren P^t ist. Für $f \in \boldsymbol{B}_0$ gilt wegen $P^h P^t f = P^{t+h} f \to P^t f$ für $h \downarrow 0$ auch $P^t f \in \boldsymbol{B}_0$.

Mit dem infinitesimalen Operator hängt der Raum $\boldsymbol{B}_0$ so zusammen: $D_A \subseteqq \boldsymbol{B}_0$ (aus der Existenz des Grenzwertes $t^{-1}(P^t f - f)$ folgt $||t^{-1}(P^t f - f)|| = O(1)$, $||P^t f - f|| = O(t) \to 0$ für $t \downarrow 0$). Mithin haben wir für $f \in D_A$ auch $P^t f \in \boldsymbol{B}_0$, $t^{-1}(P^t f - f) \in \boldsymbol{B}_0$, und schließlich $Af = \lim_{t\downarrow 0} t^{-1}(P^t f - f) \in \boldsymbol{B}_0$. Somit ist auch der Wertebereich AD_A des infinitesimalen Operators in $\boldsymbol{B}_0$ enthalten.

4. Wie wir wissen, ist Af die Rechtsableitung von $P^t f$ im Nullpunkt im Sinne der starken Konvergenz. Wir zeigen, daß für $f \in D_A$ auch $P^t f \in D_A$ gilt und die Beziehung

$$AP^t f = P^t A f = \frac{\mathrm{d}}{\mathrm{d}t} P^t f \tag{4}$$

im Sinne dieser Konvergenz erfüllt ist. Nach Definition gilt $AP^t f = \lim_{h\downarrow 0} h^{-1}(P^h P^t f - P^t f)$. Indem wir die Halbgruppeneigenschaft benutzen, erhalten wir, daß dieser Ausdruck nichts anderes als $\lim_{h\downarrow 0} h^{-1}(P^{t+h} f - P^t f)$, d. h. die Rechtsableitung von $P^t f$ ist (die Existenz von $AP^t f$ ist gleichbedeutend mit der des Ausdrucks $\frac{\mathrm{d}^+}{\mathrm{d}t} P^t f$, und in diesem Fall sind beide gleich). Noch einmal benutzen wir die Halbgruppeneigenschaft und erhalten $P^h P^t f - P^t f = P^{t+h} f - P^t f = P^t(P^h f - f)$ und zeigen, daß $\lim_{h\downarrow 0} P^t h^{-1} (P^h f - f) = P^t A f$ ist. Es gilt

$$||P^t h^{-1}(P^h f - f) - P^t A f|| = ||P^t[h^{-1}(P^h f - f) - Af]|| \leqq ||h^{-1}(P^h f - f) - Af|| \to 0 \quad (h \downarrow 0)\,.$$

Für den Beweis von (4) verbleibt uns zu zeigen, daß auch die Linksableitung von $P^t f$ gleich diesem Ausdruck ist. Wir haben

$$||(-h)^{-1}\,(P^{t-h} f - P^t f) - P^t A f|| \\ \leqq ||P^{t-h}(-h)^{-1}\,(f - P^h f) - P^{t-h} A f|| + ||P^{t-h} A f - P^t A f||\,.$$

Der erste Term ist nicht größer als $||h^{-1}(P^h f - f) - Af|| \to 0$ $(h \downarrow 0)$, der zweite strebt wegen $Af \in \boldsymbol{B}_0$ gegen Null.

Bezeichnen wir $P^t f$ mit u_t, so ergibt sich die Differentialgleichung $\frac{du_t}{dt} = Au_t$ mit der Anfangsbedingung $u_0 = f$. Ein Spezialfall hiervon ist, nach einer entsprechenden Bezeichnungsänderung, die Gleichung (10)—(11) des Beispiels aus P. 7 § 8.4.

Bei einer Überführung von (4) in die Integralform erhalten wir

$$P^t f = f + \int_0^t AP^s f \, ds = f + \int_0^t P^s Af \, ds \,. \tag{5}$$

5. Für Halbgruppen auf $\boldsymbol{B}$, die mit MARKOW-Familien zusammenhängen, besteht das sehr wichtige

Maximumprinzip. Besitzt die Funktion $f \in D_A$ im Punkte x ein absolutes Maximum (d. h. $f(x) \geqq f(y)$ für alle $y \in X$), so folgt $Af(x) \leqq 0$.

Beweis. Wir haben $\mathsf{M}_x f(\xi_t) \leqq f(x)$ und somit

$$Af(x) = \lim_{t \downarrow 0} t^{-1}\big(\mathsf{M}_x f(\xi_t) - f(x)\big) \leqq 0 \,.$$

Aufgabe 7. Dafür, daß eine Halbgruppe kontrahierender linearer Operatoren P^t auf $\boldsymbol{B}$ die Bedingung $P^t 1 \equiv 1$ befriedigt, ist notwendig und hinreichend, daß $1 \in D_A$ and $A1 \equiv 0$ gilt.

6. Eine wichtige Klasse von Halbgruppen auf einem willkürlichem BANACH-Raum $\boldsymbol{E}$ wird durch die Formel

$$P^t = e^{tA} = E + tA + t^2A^2/2 + \dots + t^nA^n/n! + \dots \tag{6}$$

gegeben, dabei ist A ein auf ganz $\boldsymbol{E}$ definierter beschränkter linearer Operator. Die Konvergenz in (6) läßt sich nicht nur in der starken Konvergenz auffassen, d. h. als Konvergenz in der Anwendung auf jedes $f \in \boldsymbol{E}$, sondern auch als Konvergenz im Sinne der Operatorennorm. Sie ist gesichert, weil die Glieder dieser Reihe der Norm nach durch die der konvergenten Zahlenreihe $\sum (t\,||A||)^n/n!$ majorisiert werden. Die Halbgruppeneigenschaft führt auf $e^{(t+s)A} = e^{tA}\,e^{sA}$ und ist leicht nachzuprüfen (im allgemeinen gilt $e^{A+B} = e^A\,e^B$, wenn die Operatoren A und B kommutieren). Daß die Halbgruppe (tatsächlich ist das eine Gruppe) e^{tA} als infinitesimalen Operator gerade A besitzt, wird folgendermaßen abgeleitet:

$$\begin{aligned} ||t^{-1}(e^{tA} f - f) - Af|| &= ||tA^2 f/2 + \dots + t^{n-1}A^n f/n! + \dots|| \\ &\leqq t\,||A||^2\,||f||/2 + \dots + t^{n-1}\,||A||^n\,||f||/n! + \dots \\ &\leqq t\,||A||^2\,||f||\,[1 + t\,||A|| + (t\,||A||)^2 + \dots] \\ &= t\,||A||^2\,||f||/[1 - t\,||A||] \to 0 \quad (t \to 0)\,. \end{aligned}$$

Mit Hilfe der Formel e^{tA} ließe sich die Matrix aus Aufgabe 3 § 8.3 erhalten. Die Matrix $A = \begin{pmatrix} -1 & 1 \\ 2 & -2 \end{pmatrix}$ ist so gewählt, daß das Maximumprinzip und $A1 = 0$ erfüllt ist.

7. Für die auf Maße (genauer auf abzählbar-additive Mengenfunktionen) angewandte Halbgruppe P^t können wir den infinitesimalen Operator ebenfalls betrachten (er kann mit demselben Buchstaben A bezeichnet werden, dieser wird aber links von dem Symbol des Maßes geschrieben): Es gilt

$$\mu A = \lim_{t \downarrow 0} t^{-1}(\mu P^t - \mu)$$

im Sinne der Konvergenz in Variation: Sein Definitionsbereich wird mit ${}_AD$ bezeichnet. Aus $\langle \mu, P^t f \rangle = \langle \mu P^t, f \rangle$ folgt für $f \in D_A$, $\mu \in {}_AD$

$$\langle \mu, Af \rangle = \langle \mu A, f \rangle \,.$$

Das bedeutet noch nicht, daß der auf Maße angewandte Operator A zu dem auf Funktionen angewandte Operator A konjugiert ist.

Aufgabe 8*. Es möge aus $\langle \mu_1, f\rangle = \langle \mu_2, f\rangle$ für alle $f \in \boldsymbol{B}_0$ die Beziehung $\mu_1 = \mu_2$ folgen. Man beweise, daß $\mu \in {}_A D$ dann und nur dann gilt, wenn ein im Raum $\boldsymbol{V}_0$ der starken Stetigkeit der auf Maße angewandten Halbgruppe gelegenes ν existiert, so daß $\langle \mu, Af\rangle = \langle \nu, f\rangle$ für alle $f \in D_A$ ist. In diesem Falle gilt $\mu A = \nu$.

(Das heißt, daß der auf Maße angewandte Operator A, wenn er auf den Raum $\boldsymbol{V}_0$ eingeschränkt wird, zu dem auf Funktionen angewandten Operator A konjugiert ist.)

§ 10.2. Die Resolvente. Der Satz von Hille-Yosida

1. Die durch die Formel

$$R_\lambda f = \int_0^\infty \mathrm{e}^{-\lambda t} P^t f \, \mathrm{d}t \tag{1}$$

definierte Familie von Operatoren R_λ heißt *Resolvente* der Halbgruppe P^t. Sie ist die Laplace-Transformierte der Halbgruppe. Wir präzisieren diese Definition. Das Integral (1) kann für Halbgruppen in beliebigen Banach-Räumen definiert werden, der Einfachheit halber wollen wir uns auf den Fall des Raumes $\boldsymbol{B}$ beschränken.

Es sei $(\xi_t, 0 \leqq t < \infty; \mathsf{P}_x)$ eine Markow-Familie, wobei der Prozeß ξ_t bezüglich der Familie von σ-Algebren $\mathscr{F}_{\leqq t}$ progressiv meßbar sei. Dann ist die Funktion $P^t f(x)$ für jedes Element $f \in \boldsymbol{B}$ in (t, x) meßbar (siehe § 8.6, P. 2). Für $f \in \boldsymbol{B}$, $x \in X$ setzen wir

$$R_\lambda f(x) = \int_0^\infty \mathrm{e}^{-\lambda t} P^t f(x) \, \mathrm{d}t \,. \tag{2}$$

Das Integral konvergiert hier in jedem Falle für $\lambda > 0$ (in diesem Buch werden wir keine Resolventen mit komplexem λ betrachten), die Konvergenz ergibt sich aus $|P^t f(x)| \leqq ||f||$. Die Funktion $R_\lambda f$ ist meßbar (Satz von Fubini) und beschränkt: $||R_\lambda f|| \leqq \lambda^{-1} ||f||$, d. h., es gilt $R_\lambda f \in \boldsymbol{B}$. Es ist klar, daß die R_λ, $\lambda > 0$, lineare beschränkte Operatoren sind: wir haben $||R_\lambda|| \leqq \lambda^{-1}$. Die Familie der Operatoren R_λ wird *Resolvente* der Halbgruppe P^t (oder der entsprechenden Markow-Familie) genannt.

Für jedes x ist die Funktion $R_\lambda f(x)$ die Laplace-Transformierte der reellen Funktion $P^t f(x)$, $t \in [0, \infty)$. Die Kenntnis von $R_\lambda f(x)$ für alle $\lambda > 0$ gestattet die Rekonstruktion der Funktion $P^t f(x)$, $t \geqq 0$, mit einer Genauigkeit bis auf Funktionen, die sich nur auf einer Menge von t-Werten des Lebesgue-Maßes 0 unterscheiden (siehe Kolmogorow und Fomin [1], Kap. VIII, § 6, auch §§ 3, 4). Für $f \in \boldsymbol{B}_0$ ist die Funktion $P^t f(x)$ stetig in t, und sie kann durch $R_\lambda f(x)$, $\lambda > 0$, auf *eindeutige* Weise reproduziert werden.

Das bedeutet, daß *durch die Resolvente R_λ die zugehörige Halbgruppe P^t auf dem Raum $\boldsymbol{B}_0$ ihrer starken Stetigkeit eindeutig bestimmt wird.* Der Raum $\boldsymbol{B}_0$ möge hinreichend viele Funktionen enthalten, nämlich soviel, daß aus $\langle \nu, f\rangle = 0$ für alle $f \in \boldsymbol{B}_0$ die Beziehung $\nu = 0$ folgt. Ist beispielsweise der Phasenraum $(X, \mathscr{B})$ ein σ-kompakter metrischer Raum mit der σ-Algebra $\mathscr{B}_X$ seiner Borelschen Teilmengen als $\mathscr{B}$, so genügt dafür, daß $\boldsymbol{B}_0 \supseteqq \boldsymbol{C}$ oder auch $\boldsymbol{B}_0 \supseteqq \boldsymbol{C}_{\mathrm{glm}}$ gilt. Dann *wird durch die Resolvente die Übergangsfunktion eindeutig festgelegt,* und folglich alle endlichdimensionalen Verteilungen der Markow-Familie.

Aufgabe 1. Man beweise, daß aus der gleichmäßigen stochastischen Stetigkeit einer Markow-Familie (vgl. § 9.1, P. 2) $\boldsymbol{B}_0 \supseteqq \boldsymbol{C}_{\mathrm{glm}}$ folgt.

2. Wir bestimmen die Resolvente für eine Familie eindimensionaler WIENER-Prozesse. Es gilt

$$R_\lambda f(x) = \int_0^\infty e^{-\lambda t} \left[\int_{-\infty}^\infty p(t, x, y) f(y) \, dy \right] dt = \int_{-\infty}^\infty \left[\int_0^\infty e^{-\lambda t} p(t, x, y) \, dt \right] f(y) \, dy \, ,$$

wobei die Dichte gleich $p(t, x, y) = (2\pi t)^{-1/2} \exp(-(y-x)^2/2t)$ ist. Mit Hilfe einer Integraltafel (zum Beispiel RYSHIK und GRADSTEIN [1]) finden wir

$$\int_0^\infty e^{-\lambda t} (2\pi t)^{-1/2} e^{-(y-x)^2/2t} \, dt = \frac{1}{\sqrt{2\lambda}} e^{-\sqrt{2\lambda}|y-x|} \, .$$

Folglich ergibt sich

$$R_\lambda f(x) = \frac{1}{\sqrt{2\lambda}} \int_{-\infty}^\infty e^{-\sqrt{2\lambda}|y-x|} f(y) \, dy \, . \tag{3}$$

3. Durch Anwendung des Satzes von FUBINI und der Halbgruppeneigenschaften beweisen wir

$$P^h R_\lambda f(x) = R_\lambda P^h f(x) = \int_0^\infty e^{-\lambda t} P^{t+h} f(x) \, dt = e^{\lambda h} \int_h^\infty e^{-\lambda s} P^s f(x) \, ds \, , \tag{4}$$

$$R_\mu R_\lambda f = (\mu - \lambda)^{-1} [R_\lambda f - R_\mu f] \, , \quad \lambda, \mu > 0, \; \mu \neq \lambda \, . \tag{5}$$

Insbesondere sind die Operatoren P^h, R_λ, R_μ vertauschbar. Die Formel (5) wird *Resolventengleichung* genannt. Sie läßt sich in der Form $R_\mu R_\lambda = R_\lambda R_\mu = (\mu - \lambda)^{-1} \times (R_\lambda - R_\mu)$ schreiben.

Die Resolventengleichung impliziert, daß der Wertebereich des Operators R_λ für alle $\lambda > 0$ ein und derselbe ist: $R_\lambda \boldsymbol{B} = R_\mu \boldsymbol{B}$. Im allgemeinen läßt sich nicht jede Funktion aus $\boldsymbol{B}$ in der Form $R_\lambda f$ darstellen, aber wenn das der Fall ist, dann besitzt sie auch eine Darstellung der Gestalt $R_\mu[f + (\mu - \lambda) R_\lambda f]$.

Aufgabe 2. Man beweise die Beziehung $R_\lambda \boldsymbol{B} \subseteqq \boldsymbol{B}_0$.

Aufgabe 3. Für jedes $f \in \boldsymbol{B}_0$ gilt

$$f = \lim_{\lambda \to \infty} \lambda R_\lambda f \, . \tag{6}$$

Da durch die LAPLACE-Transformation $P^t f$ eindeutig bestimmt ist, müssen sich alle Eigenschaften von P^t in gewissen Eigenschaften von R_λ widerspiegeln. So entspricht $||P^t|| \leqq 1$ die Beziehung $||R_\lambda|| \leqq \lambda^{-1}$, aus der Positivität der P^t folgt, daß auch die Operatoren R_λ positiv sind: $R_\lambda f \geqq 0$ für $f \geqq 0$. Der Halbgruppeneigenschaft $P^{t+s} = P^t P^s$ entspricht die Resolventengleichung, der Formel (6) die Eigenschaft $P^0 = E$ (genauer die Gültigkeit von $\lim_{t \downarrow 0} P^t f = Ef = f$).

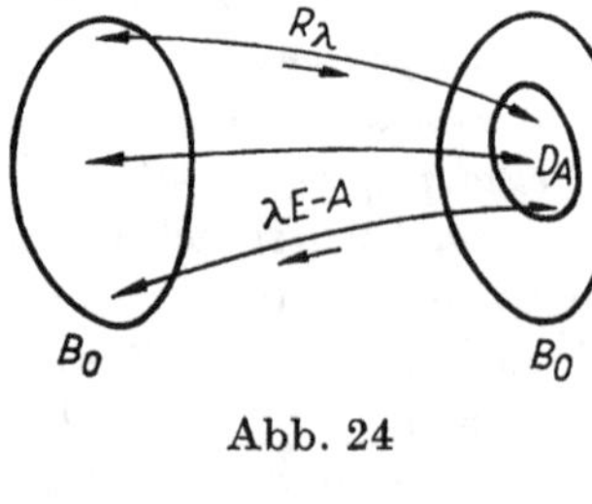

Abb. 24

4. Es zeigt sich, daß *der auf $\boldsymbol{B}_0$ eingeschränkte Operator R_λ die Umkehrung des auf D_A definierten Operators $\lambda E - A$* ist. Mit anderen Werten stellt dieser Operator eine umkehrbar eindeutige Abbildung von $\boldsymbol{B}_0$ auf D_A dar (Abb. 24).

Man muß zeigen, daß für $f \in \boldsymbol{B}_0$ die Funktion $R_\lambda f$ zu D_A gehört und die Beziehung $(\lambda E - A)\, R_\lambda f = f$ erfüllt ist. Zum anderen muß für $f \in D_A$ die Gleichung $R_\lambda(\lambda f - Af) = f$ gelten. Natürlich reicht es hin, $AR_\lambda f$ und $R_\lambda Af$ zu betrachten.

Für $f \in \boldsymbol{B}_0$ gilt infolge Formel (4)

$$AR_\lambda f = \lim_{h \downarrow 0} h^{-1}[P^h R_\lambda f - R_\lambda f] = \lim_{h \downarrow 0} h^{-1}\left[\mathrm{e}^{\lambda h} \int_h^\infty \mathrm{e}^{-\lambda t}\, P^t f\, \mathrm{d}t - \int_0^\infty \mathrm{e}^{-\lambda t}\, P^t f\, \mathrm{d}t\right].$$

Durch Subtraktion und Addition von $\int_0^\infty \mathrm{e}^{-\lambda t}\, P f\, dt$ erhalten wir $AR_\lambda f = -f + \lambda R_\lambda f$.

Für $f \in D_A$ gilt wegen Formel (4) des vorigen Paragraphen

$$R_\lambda Af = \int_0^\infty \mathrm{e}^{-\lambda t}\, P^t Af\, \mathrm{d}t = \int_0^\infty \mathrm{e}^{-\lambda t} \frac{\mathrm{d}}{\mathrm{d}t} P^t\, \mathrm{d}t = \mathrm{e}^{-\lambda t}\, P^t f|_0^\infty - \int_0^\infty P^t f \frac{\mathrm{d}}{\mathrm{d}t} \mathrm{e}^{-\lambda t}\, \mathrm{d}t$$

$$= -f + \lambda R_\lambda f\,.$$

Folgerungen. Erstens bestimmt der Operator A die Halbgruppe eindeutig auf $\boldsymbol{B}_0$. In der Tat werden durch den Operator A die Operatoren $\lambda E - A$, $\lambda > 0$, gegeben, und durch sie die Resolvente (jetzt verstehen wir, weshalb diese Bezeichnung gewählt wurde), die Resolvente aber beschreibt die Halbgruppe eindeutig.

Insbesondere erhalten wir, daß *für eine gleichmäßig stochastisch stetige Markow-Familie auf einem σ-kompakten Phasenraum die endlichdimensionalen Verteilungen eindeutig durch den infinitesimalen Operator definiert sind.*

Zweitens liegt der Definitionsbereich D_A überall dicht in $\boldsymbol{B}_0$. Das folgt aus $D_A = R_\lambda \boldsymbol{B}_0$ und (6): Zu jeder Funktion $f \in \boldsymbol{B}_0$ existiert eine gegen sie gleichmäßig konvergierende Folge von Funktionen aus $R_\lambda \boldsymbol{B}_0$.

Drittens ist der Operator A *abgeschlossen*, da er sich in der Form $\lambda E - R_\lambda^{-1}$ darstellen läßt und die Abgeschlossenheit des Operators R_λ daraus folgt, daß er beschränkt und auf einer abgeschlossenen Menge (nämlich $\boldsymbol{B}_0$) gegeben ist. Wir erinnern daran, daß ein (im allgemeinen unbeschränkter) Operator A abgeschlossen heißt, wenn sein Graph — die Menge aller Paare (f, Af) — abgeschlossen ist, anders ausgedrückt, wenn aus $f_n \in D_A$, $f_n \to f$, $Af_n \to g$ folgt $f \in D_A$, $Af = g$. Alle in den Beispielen von P. 2 § 1 vollständig beschriebenen infinitesimalen Operatoren sind natürlich abgeschlossen. In solchen Fällen, wo wir den infinitesimalen Operator nur auf Funktionen aus $\boldsymbol{C}_{\text{fin}}^{(1)}$ oder $\boldsymbol{C}_{\text{glm}}^{(2)}$ angeben konnten, sind die gefundenen Operatoren im allgemeinen nicht abgeschlossen, sie besitzen aber eine abgeschlossene Erweiterung (und diese ist dann gerade der ganze infinitesimale Operator). Jeder Operator, der sich zu einem abgeschlossenen Operator erweitern läßt, besitzt stets eine kleinste abgeschlossene Erweiterung, die *Abschließung* des Operators. Man kann zeigen, daß in den Beispielen e) ($r > 1$) und f) aus P. 2 § 1 die infinitesimalen Operatoren die Abschließung der auf $\boldsymbol{C}_{\text{glm}}^{(2)}$ ermittelten Operatoren sind. Es gibt Operatoren, die überhaupt keine Abschließung besitzen (man überlege sich ein Beispiel), aber bei uns können solche nicht auftreten.

Aufgabe 4. Man beweise, daß $\boldsymbol{B}_0$ die Abschließung der Menge $R_\lambda \boldsymbol{B}$ ist.

Aufgabe 5. Unter Benutzung der Formel (3) zeige man, daß für eine Familie eindimensionaler WIENER-Prozesse $D_A = \boldsymbol{C}_{\text{glm}}^{(2)}$ gilt.

Für Familien r-dimensionaler WIENER-Prozesse, $r > 1$, ist das nicht so, weil der LAPLACE-Operator nicht abgeschlossen ist (vgl. N. M. GÜNTER [1]).

Viertens kann es nicht vorkommen, daß für zwei Halbgruppen mit ein und demselben Raum $\boldsymbol{B}_0$ der eine infinitesimale Operator A eine Erweiterung des anderen, B, ist: $D_B \subset D_A$ und $Bf = Af$ für $f \in D_B$. Tatsächlich würden wir dann erhalten, daß der Operator $\lambda E - A$

sowohl die Menge D_A umkehrbar eindeutig auf $\boldsymbol{B}_0$ abbildet, als auch einen Teil von ihr, nämlich D_B.

5. Ohne Beweis führen wir einen Satz an, der eine notwendige und hinreichende Bedingung dafür gibt, wann ein vorgegebener Operator der infinitesimale Operator einer gewissen stark stetigen Halbgruppe kontrahierender Operatoren ist (den Beweis kann man bei Dynkin [2], Kap. I, § 4, oder Itô [2] § 38 nachlesen).

Satz von Hille-Yosida. *Ein in dem Banach-Raum $\boldsymbol{E}$ definierter linearer Operator A ist genau dann infinitesimaler Operator einer stark stetigen Halbgruppe kontrahierender Operatoren P^t* (stark stetig bedeutet, daß $P^t f \to f$ bei $t \to 0$ für jedes $f \in \boldsymbol{E}$ gilt), *wenn die folgenden Bedingungen erfüllt sind:*

a) *Der Definitionsbereich D_A liegt überall dicht in $\boldsymbol{E}$,*

b) *für beliebiges $\lambda > 0$ existiert der auf ganz $\boldsymbol{E}$ definierte Operator $(\lambda E - A)^{-1}$,*

c) $\|(\lambda E - A)^{-1}\| \leqq \lambda^{-1}$.

Im Falle einer Halbgruppe auf einem Unterraum des Raumes $\boldsymbol{B}$ der meßbaren beschränkten Funktionen ist die Bedingung

d) *die Operatoren $(\lambda E - A)^{-1}$ sind positiv*

notwendig und hinreichend dafür, daß die Halbgruppe positiv, und die Bedingung

e) $1 \in D_A$, $A1 = 0$

notwendig und hinreichend dafür, daß $P^t 1 = 1$ gilt.

Faktisch wurde der die Notwendigkeit betreffende Teil bereits von uns bewiesen.

Für stark stetige Halbgruppen im Raum $\boldsymbol{C}$ der auf einem Kompaktum stetigen Funktionen verwandeln sich die Bedingungen b)—d) in die folgenden:

b′) *Die Gleichung $\lambda F - AF = f$ besitzt für alle $f \in \boldsymbol{C}$, $\lambda > 0$ eine Lösung,*

c′) *das Maximumprinzip ist erfüllt* (vgl. § 1, P. 5).

Aufgabe 6. Man beweise, daß aus c′) die Bedingungen c) und d) folgen und auch die Eindeutigkeit der Lösungen in b′), d. h. daß aus b′) und c′) die Bedingung b) folgt.

Aufgabe 7. Der Operator, der jeder Funktion $f \in \boldsymbol{C}^{(2)}[0, 1] \cap \{f: f'(0+) = f'(1-) = 0\}$ die Funktion $\frac{1}{2} f''$ zuordnet, ist infinitesimaler Operator einer stark stetigen Halbgruppe kontrahierender, positiver Operatoren P^t in $\boldsymbol{C}[0, 1]$ mit $P^t 1 = 1$. Man beweise das.

Das ist der infinitesimale Operator der im Beispiel aus P. 7 § 8.4 aufgetretenen Halbgruppe. (Wir fanden bereits $D_A \supseteqq \boldsymbol{C}^{(2)}[0, 1] \cap \{f: f'(0+) = f'(1-) = 0\}$ und daß für solche Funktionen $Af = \frac{1}{2} f''$ gilt, die strenge Inklusion entfällt wegen einer der Folgerungen in P. 4.)

§ 10.3. Infinitesimale Operatoren und Markow-Prozesse

Weil der infinitesimale Operator die endlichdimensionalen Verteilungen einer Markow-Familie eindeutig beschreibt, lassen sich im Prinzip alle die endlichdimensionalen Verteilungen betreffenden Bedingungen durch infinitesimale Operatoren ausdrücken und alle mit Markow-Prozessen zusammenhängenden Aufgaben lösen. Es zeigt sich, daß viele Aufgaben nicht nur im Prinzip, sondern tatsächlich so lösbar sind.

1. Zuerst wenden wir uns besonders theoretischen Fragen zu.

Wie hängen Eigenschaften des infinitesimalen Operators mit Stetigkeitseigenschaften der Trajektorien zusammen? Wir kennen Bedingungen für die Existenz einer Markow-Familie mit vorgegebenen Trajektorieneigenschaften ausgedrückt durch die Funktion $\alpha_\varepsilon(h) = \sup_{t \leqq h, x \in X} P(t, x, V_\varepsilon(x))$ (§ 9.1). Wie sich zeigt, ist die Bedingung $\lim_{h \downarrow 0} \alpha_\varepsilon(h) = 0$ unter sehr schwachen Voraussetzungen erfüllt, und sie sichert die Rechtsstetigkeit der Trajektorien sowie die Existenz der Grenzwerte von links.

Aussage 1. *Für eine Markow-Familie auf einem kompakten Phasenraum X möge $\boldsymbol{B}_0 \supseteqq \boldsymbol{C} = \boldsymbol{C}(X)$ gelten. Dann ist die Bedingung der gleichmäßigen stochastischen Stetigkeit erfüllt.*

Beweis. Der Raum X wird von den Umgebungen $U_{\varepsilon/3}(x)$, $x \in X$, überdeckt. Wir zeichnen eine endliche Überdeckung $U_{\varepsilon/3}(x_1), \ldots, U_{\varepsilon/3}(x_n)$ aus. Zu jedem Punkt x_i wählen wir eine nichtnegative stetige Funktion $f_i(x)$, die gleich 0 in $U_{\varepsilon/3}(x_i)$ und gleich 1 in $V_{2\varepsilon/3}(x)$ ist. Diese Funktionen gehören $\boldsymbol{B}_0$ an, deshalb existiert zu jedem $\delta > 0$ ein $h_0 > 0$, so daß $|P^t f_i(x) - f_i(x)| < \delta$ für alle $i = 1, \ldots, n$, $x \in X$ und $t \leqq h_0$ gilt. Für $x \in U_{\varepsilon/2}(x_i)$ erhalten wir

$$\delta > P^t f_i(x) \geqq P(t, x, V_{2\varepsilon/3}(x_i)) \geqq P(t, x, V_\varepsilon(x))$$

(es werden die Eigenschaften der Funktion f_i und die Beziehung $V_\varepsilon(x) \subseteqq V_{2\varepsilon/3}(x_i)$ benutzt). Hieraus folgt $\alpha_\varepsilon(h) \leqq \delta$ für $h \leqq h_0$. Da δ beliebig klein gewählt werden kann, ergibt sich $\lim_{h \downarrow 0} \alpha_\varepsilon(h) = 0$.

Mittels des infinitesimalen Operators wird die Bedingung $\boldsymbol{B}_0 \supseteqq \boldsymbol{C}$ so ausgedrückt: D_A ist überall dicht in $\boldsymbol{C}$.

Jetzt befassen wir uns mit der *Stetigkeit* der Trajektorien, genauer mit der Frage nach der Gültigkeit der DYNKIN-KINNEY-Bedingung: $\alpha_\varepsilon(h) = o(h)$ bei $h \downarrow 0$ für jedes $\varepsilon > 0$. Dieser Bedingung entspricht, grob gesagt, die *Lokalität* des Operators A.

Der Operator A heißt *lokal*, wenn aus der Übereinstimmung der Funktionen $f, g \in D_A$ in einer gewissen Umgebung jedes Punktes x die Beziehung $Af(x) = Ag(x)$ folgt. Beispiele lokaler Operatoren sind alle möglichen Differentialoperatoren; Integraloperatoren sind nicht lokal.

Leicht ist zu sehen, daß aus der Bedingung von DYNKIN-KINNEY die Lokalität des infinitesimalen Operators folgt. In der Tat, wenn f in einer Umgebung $U_\varepsilon(x)$ mit g übereinstimmt, so folgt

$$\begin{aligned} |Af(x) - Ag(x)| &= \lim_{t \downarrow 0} t^{-1} |P^t f(x) - f(x) - P^t g(x) + g(x)| = \lim_{t \downarrow 0} t^{-1} |P^t(f - g)(x)| \\ &= \lim_{t \downarrow 0} t^{-1} \Big| \int_{V_\varepsilon(x)} P(t, x, dy) [f(y) - g(y)] \Big| \\ &\leqq \|f - g\| \lim_{t \downarrow 0} t^{-1} P(t, x, V_\varepsilon(x)) = 0 . \end{aligned}$$

Die Umkehrung dieser Behauptung ist falsch. Richtig ist die kompliziertere

Aussage 2. *Es seien X ein Kompaktum und A der infinitesimaler Operator einer Markow-Familie auf X. Der Operator A sei lokal und zu jedem $\varepsilon > 0$ und jedem Punkt $x \in X$ existiere eine nichtnegative Funktion $f \in D_A$, gleich Null in $U_{\varepsilon/3}(x)$ und positiv außerhalb von $U_{2\varepsilon/3}(x)$. Dann ist die Dynkin-Kinney-Bedingung erfüllt.*

Aufgabe 1. Man beweise Aussage 2.

Aufgabe 2. Man beweise, daß die Halbgruppe aus Aufgabe 7 des vorhergehenden Paragraphen einer MARKOW-Familie mit stetigen Trajektorien entspricht.

2. Bislang befaßten wir uns mit den Sätzen 1 und 3 aus § 9.1, jetzt wollen wir sehen, wann die Bedingungen des Satzes 4 § 9.1 erfüllt sind.

Aufgabe 3. Ist der auf dem ganzen Raum $\boldsymbol{B}$ definierte infinitesimale Operator A beschränkt, so gilt $\sup_x [1 - P(t, x, \{x\})] \leqq t\, ||A|| \to 0 \ (t \downarrow 0)$.

Das sichert die Möglichkeit der Wahl rechtsstetiger Trajektorien als Treppenfunktionen mit einer endlichen Anzahl von Sprüngen auf jedem endlichen Zeitintervall.

Aufgabe 4*. Ist es möglich, daß $\sup_x [1 - P(t, x, \{x\})] \to 0 \ (t \downarrow 0)$ gilt, obwohl der Operator A unbeschränkt oder nicht auf ganz $\boldsymbol{B}$ definiert ist?

Etwas ausführlicher wollen wir Prozesse mit einem beschränkten infinitesimalen Operator betrachten, d. h. mit einer Halbgruppe der Gestalt $P^t = e^{tA}$. Leicht ist zu beweisen, daß der Operator A Grenzwert der Operatoren $t^{-1}(P^t - E)$ im Sinne der Konvergenz bezüglich der Operatorennorm ist. Die P^t sind Integraloperatoren, folglich ist auch $t^{-1}(P^t - E)$ ein Integraloperator:

$$t^{-1}(P^t - E)\, f(x) = \int_X t^{-1}[P(t, x, \mathrm{d}y) - \delta_x(\mathrm{d}y)]\, f(y)\,,$$

wobei $\delta_x(\Gamma)$ das im Punkte x konzentrierte Einheitsmaß ist. Ein Grenzwert von Integraloperatoren im Sinne der Normkonvergenz ist wiederum ein Integraloperator. In der Tat ist die Norm eines Integraloperators $Qf(x) = \int_X Q(t, x, \mathrm{d}y)\, f(y)$ mit einem signierten Maß $Q(t, x, \cdot)$ gleich $\sup_x |Q(t, x, \cdot)|\, (X)$[1]. Deshalb bedeutet die Normkonvergenz solcher Operatoren die in x gleichmäßige Konvergenz in Variation der entsprechenden Maße. Aus der Vollständigkeit des Raumes $\boldsymbol{V}$ folgt die Existenz von $A(x, .) = \lim_{t \downarrow 0} t^{-1}[P(t, x, .) - \delta_x(.)]$ im Sinne der in x gleichmäßigen Konvergenz in Variation. Mithin gilt

$$Af(x) = \int_X A(x, \mathrm{d}y)\, f(y)\,. \tag{1}$$

Aufgabe 5. Man beweise, daß das Maß $A(x, .)$ auf Teilmengen von $X \setminus \{x\}$ nichtnegativ und auf $\{x\}$ nicht positiv ist sowie $A(x, X) = 0$ gilt. Die Funktion $A(x, \Gamma)$ ist meßbar in x und erfüllt für alle x die Beziehung $0 \geqq A(x, \{x\}) \geqq -C > -\infty$. Umgekehrt entspricht jeder derartigen Funktion eine Markow-Familie, deren infinitesimaler Operator beschränkt ist und durch die Formel (1) gegeben wird.

Jetzt mögen die Trajektorien des Prozesses rechtsstetige Treppenfunktionen sein. Dann ist dieser Prozeß streng Markowsch (weil seine Trajektorien rechtsstetig bezüglich der diskreten Topologie des Phasenraumes sind und die Übergangsfunktion bezüglich dieser Topologie Fellersch ist). Der Prozeß verläuft auf die folgende Weise: Beginnend im Punkt x verbleibt er eine mit dem Parameter $\lambda(x)$ exponentialverteilte Zeit $\tau(x)$ in ihm. Dann springt er in einen anderen, von $\tau(x)$ unabhängigen Punkt $y = \xi_{\tau(x)}$ mit einer gewissen Verteilung $\pi(x, \Gamma)$, $\Gamma \subseteqq X \setminus \{x\}$ (siehe die Aufgaben 4, 6* § 9.2). Danach verläuft die Bewegung — wegen der strengen Markow-Eigenschaft — so, als ob das Teilchen sie im Punkte y begonnen hätte: Es befindet sich eine mit dem Parameter $\lambda(y)$ exponentialverteilte zufällige Zeit in y, usw.

Aufgabe 6. Man beweise, daß $\lambda(x) = -A(x, \{x\})$ und $\pi(x, \Gamma) = \mathsf{P}_x\{\xi_{\tau(x)} \in \Gamma\} = A(x, \Gamma)/\lambda(x)$ für $\Gamma \subseteqq X \setminus \{x\}$, $\lambda(x) > 0$ gilt.

Aufgabe 7. Es sei $Af(x) = a[f(x + 1) - f(x)]$. Man bestimme e^{tA}. Welche Markow-Familie entspricht dieser Halbgruppe?

Aufgabe 8*. Wir wählen $(X, \mathscr{B}) = ([0, 1], \mathscr{B}_{[0,1]})$, $Af(x) = \int_0^x [f(y) - f(x)]\, \mathrm{d}y$. Hier ist der Exponent der Aufenthaltszeit gleich $\lambda(x) = x$, und die Verteilung $\pi(x, .)$ im Sprungmoment ist in dem Intervall $[0, x)$ gleichmäßig. Man beweise, daß die Übergangsfunktion (entsprechend der Formel $P^t = E + tA + t^2A^2/2! + \ldots$) durch folgende Formel gegeben ist

$$P(t, x, \Gamma) = e^{-xt}\, \delta_x(\Gamma) + \int_{\Gamma \cap [0, x)} t\, e^{-zt}\, \mathrm{d}z\,.$$

---

[1]) Für signierte ν Maße bezeichnet $|\nu|$ die Totalvariation; siehe Kolmogorow und Fomin [1], Kap. VI, § 5.

3. Wir betrachten nun eine besonders für die Anwendungen wichtige Frage. *Wie findet man für eine vorgegebene Markow-Familie mittels des infinitesimalen Operators eine stationäre Verteilung?* Aus $\mu P^t \equiv \mu$ folgt $\mu \in {}_A D$ und $\mu A = 0$. Also wird die Aufgabe darauf zurückgeführt, eine von Null verschiedene nichtnegative Lösung der Gleichung $\mu A = 0$ zu finden und mit einer Division durch $\mu(X)$ zu normieren (damit das Maß des ganzen Raumes Eins ist).

Gesucht ist eine stationäre Verteilung für den Prozeß des Beispieles aus Punkt 5d) § 8.1. Den auf (glatte) Funktionen angewendeten infinitesimalen Operator haben wir schon bestimmt (§ 1, P. 2g):

$$A\varphi(S) = a[\varphi(0) - \varphi(S)]\,,$$

$$A\varphi(x) = \varphi'(x) + \frac{f(x)}{1 - F(x)}[\varphi(S) - \varphi(x)]\,.$$

Es muß ein solches Maß μ gefunden werden, daß $\langle \mu, A\varphi \rangle = 0$ für alle $\varphi \in C_{\text{glm}}$ gilt, d. h.

$$\mu\{S\}\, a[\varphi(0) - \varphi(S)] + \int_0^\infty \mu(\mathrm{d}x) \left\{\varphi'(x) + \frac{f(x)}{1 - F(x)}[\varphi(S) - \varphi(x)]\right\} = 0\,.$$

Wir wählen $\varphi(S) = 1$, $\varphi(x) = 0$, $x \in [0, \infty)$ und erhalten

$$\mu\{S\}\, a = \int_0^\infty \frac{f(x)}{1 - F(x)}\, \mu(\mathrm{d}x)\,.$$

Nun setzen wir $\varphi(S) = 0$, $\varphi(x) = \int_0^x \psi(y)\, \mathrm{d}y$, wobei ψ eine willkürliche stetige, nur auf einem endlichen Intervall von Null verschiedene Funktion. Es ergibt sich

$$\int_0^\infty \psi(x)\, \mu(\mathrm{d}x) = \int_0^\infty \left[\frac{f(x)}{1 - F(x)} \int_0^x \psi(y)\, \mathrm{d}y\right] \mu(\mathrm{d}x)\,.$$

Wir ändern die Reihenfolge der Integration auf der rechten Seite

$$\int_0^\infty \psi(y)\, \mu(\mathrm{d}y) = \int_0^\infty \psi(y) \left[\int_y^\infty \frac{f(x)}{1 - F(x)}\, \mu(\mathrm{d}x)\right] \mathrm{d}y\,.$$

Da ψ eine beliebige Funktion aus C_{fin} ist, stimmen die Maße überein, und es gilt

$$\frac{\mu(\mathrm{d}y)}{\mathrm{d}y} = g(y) = \int_y^\infty \frac{f(x)}{1 - F(x)}\, \mu(\mathrm{d}x)\,.$$

Die Dichte g des Maßes μ bezüglich des LEBESGUE-Maßes befriedigt die Gleichung

$$g(y) = \int_y^\infty \frac{f(x)}{1 - F(x)}\, g(x)\, \mathrm{d}x$$

oder

$$g'(y) = -\frac{f(y)}{1 - F(y)}\, g(y)\,.$$

Wir lösen diese Gleichung. Es gilt $\dfrac{g'(y)}{g(y)} = \dfrac{(1 - F(y))'}{1 - F(y)}$, hieraus folgt $g(y) = c(1 - F(y))$.

Also ergibt sich $\mu(\Gamma) = c \cdot \int_\Gamma [1 - F(x)]\,dx$ für $\Gamma \subseteqq [0, \infty)$. Nun ermitteln wir $\mu\{S\}$

$$\mu\{S\} = a^{-1} \int_0^\infty \frac{f(x)}{1 - F(x)} \cdot c \cdot [1 - F(x)]\,dx = a^{-1}c$$

und bestimmen das Maß von ganz $X = \{S\} \cup [0, \infty)$

$$\mu\{S\} + \mu[0, \infty) = c\left(a^{-1} + \int_0^\infty [1 - F(x)]\,dx\right).$$

Nun ist aber $\int_0^\infty [1 - F(x)]\,dx$ nichts anderes als der Erwartungswert m der Bedienungszeit. Es ergibt sich folgender Schluß: Ist $m = \infty$, so existiert keine stationäre Verteilung, für $m < \infty$ gilt $\mu\{S\} = a^{-1}/(a^{-1} + m)$ und die stationäre Verteilung auf $[0, \infty)$ besitzt die Dichte $(a^{-1} + m)^{-1} [1 - F(x)]$.

Aufgabe 9. Man bestimme die stationäre Verteilung für die MARKOW-Familie aus Aufgabe 7 § 10.2.

Aufgabe 10*. Es sei ein Bedienungssystem mit einem Bedienungskanal und einer Warteschlange gegeben. Der Strom der eintreffenden Forderungen sei einfach und besitze die Dichte a. Die Bedienungszeit möge exponentialverteilt mit dem Erwartungswert m sein (d. h. mit dem Parameter m^{-1}). Dann definiert die Anzahl ξ_t der zur Zeit t im System befindlichen Forderungen (das sind alle gerade bedienten oder in der Schlange wartenden) eine MARKOW-Kette mit stetiger Zeit und folgender infinitesimaler Matrix: (a_{ij}): $a_{i,i+1} = a$, $i = 0, 1, 2, \ldots$; $a_{i,i-1} = m^{-1}$, $a_{ii} = -(a + m^{-1})$, $i = 1, 2, \ldots$; $a_{00} = -a$ (alle übrigen Elemente sind Null). Man beweise, daß für $am < 1$ eine Grenzverteilung $\{q_j, j = 0, 1, 2, \ldots\}$, $q_j > 0$, $\sum q_j = 1$ existiert: $\lim_{t\to\infty} P(t, i, \{j\}) = q_j$. Im Falle $am \geqq 1$ geht die Anzahl der in der Schlange wartenden Forderungen für $t \to \infty$ in der Verteilung gegen Unendlich: $\lim_{t\to\infty} P(t, i, [N, \infty)) = 1$ für beliebige N, i.

4. Von Interesse erscheint die Bestimmung der Erwartungswerte und Verteilungen verschiedener Funktionale der Trajektorien eines Prozesses, wie zum Beispiel $f(\xi_t)$, $\int_0^t g(\xi_s)\,ds$, $f(\xi_\tau)$, $\int_0^\tau g(\xi_s)\,ds$, wobei τ der Moment des ersten Eintritts in eine gewisse Menge ist, und dergleichen. In Form von Erwartungswerten derartiger Funktionale lassen sich die Wahrscheinlichkeiten verschiedener mit Prozessen verbundener Ereignisse darstellen. Zum Beispiel ist die Wahrscheinlichkeit, daß ξ_t die Menge Γ_1 früher als Γ_2 erreicht, gleich dem Erwartungswert von $\chi_{\Gamma_1 \setminus \Gamma_2}(\xi_\tau)$, wobei τ der Moment des ersten Eintritts in die Menge $\Gamma_1 \cup \Gamma_2$ ist.

Hier untersuchen wir den einfacheren Fall von Funktionalen, die mit nichtzufälligen Zeiten t verbunden sind. Aufgaben, die mit dem Moment des ersten Eintritts in eine Menge (des ersten Austritts aus einem Gebiet) zusammenhängen, behandeln wir — für Diffusionsprozesse — im Kapitel 13.

Der Erwartungswert $u(t, x) = \mathsf{M}_x f(\xi_t) = P^t f(x)$ läßt sich als eindeutige (beschränkte) Lösung der Gleichung

$$\frac{\partial u(t, x)}{\partial t} = A u(t, x), \quad t > 0,\ x \in X, \tag{2}$$

mit der Anfangsbedingung

$$u(0, x) = f(x) \tag{3}$$

bestimmen (jedenfalls, wenn die Anfangsbedingung f zu D_A gehört, vgl. § 10.1. Die Eindeutigkeit der beschränkten Lösung $u(t, x) = P^t f(x)$ folgt daraus, daß die LAPLACE-

Transformierte $v_\lambda(x) = \int\limits_0^\infty e^{-\lambda t} u(t, x)\, dt$ die Gleichung $\lambda v_\lambda - A v_\lambda = f$ befriedigt, und deren Lösung ist eindeutig: $v = R_\lambda f$). Dieses Problem ist im Grunde nichts anderes, als die Aufgabe des Aufsuchens der Verteilung des Wertes ξ_t für den in einem beliebigen Punkt x beginnenden Prozeß, d. h. die Bestimmung der Übergangsfunktion durch den infinitesimalen Operator.

Ferner betrachten wir die Funktion $v(t,x) = \mathsf{M}_x \int\limits_0^t g(\xi_s)\, ds = \int\limits_0^t \mathsf{M}_x g(\xi_s)\, ds = \int\limits_0^t P^s g(x)\, ds$ (ξ_t wird als progressiv meßbar bezüglich $\mathcal{F}_{\leqq t}$ vorausgesetzt).

Aufgabe 11. Man beweise, daß für $g \in \boldsymbol{B}_0$ die Funktion v eine eindeutige, nicht schneller als eine lineare Funktion von t wachsende Lösung der Gleichung

$$\frac{\partial v(t, x)}{\partial t} = A v(t, x) + g(x)\,, \tag{4}$$

$$v(0, x) = 0 \tag{5}$$

ist.

Die Aufgaben (2)—(3) oder (4)—(5) können sich als schwer lösbar erweisen, es sind jedoch Aufgaben eines uns bekannten Typs. Ist beispielsweise A ein Differentialoperator, so ergibt sich das CAUCHY-Problem für partielle Differentialgleichungen. Aber wie findet man die Verteilung von $\int\limits_0^t g(\xi_s)\, ds$? Die Aufgabe ist gelöst, wenn es gelingt, die charakteristische Funktion $\mathsf{M}_x \exp\left\{iz \int\limits_0^t g(\xi_s)\, ds\right\}$ zu finden. Die gemeinsame Verteilung von $\int\limits_0^t g(\xi_s)\, ds$ und ξ_t ist gefunden, wenn wir $\mathsf{M}_x \exp\left\{iz_1 \int\limits_0^t g(\xi_s)\, ds\right\} \times \exp(iz_2 \xi_t)$ kennen.

Wir wenden uns der allgemeineren Aufgabe der Bestimmung der Funktion

$$w(t, x) = \mathsf{M}_x \exp\left\{\int\limits_0^t c(\xi_s)\, ds\right\} f(\xi_t) \tag{6}$$

zu, dabei ist es gleichgültig, ob die Funktionen c und f komplex oder reell sind (die vorige Aufgabe erhalten wir aus dieser für $c(x) = iz_1 g(x)$, $f(x) = \exp(iz_2 x)$).

Satz. *Es sei* (ξ_t, P_x) *eine gleichmäßig stochastisch stetige Markow-Familie auf dem metrischen Phasenraum* X, *die Funktion* f *gehöre zu* D_A *und* c *sei eine beschränkte, gleichmäßig stetige Funktion* ($c \in \boldsymbol{C}_{\mathrm{glm}}$). *Dann ist die durch Formel* (6) *definierte Funktion* w *die eindeutige, nicht schneller als* $e^{\alpha t}$ *wachsende Lösung der Aufgabe*

$$\frac{\partial w(t, x)}{\partial t} = A w(t, x) + c(x)\, w(t, x)\,, \tag{7}$$

$$w(0, x) = f(x)\,. \tag{8}$$

Der Beweis wird unter Benutzung uns bereits bekannter Tatsachen aus der Theorie der Halbgruppen geführt. Wir definieren die linearen Operatoren $\widetilde{P}^t$, $t \geqq 0$, durch die Formel

$$\widetilde{P}^t f(x) = \mathsf{M}_x \exp\left\{\int\limits_0^t c(\xi_s)\, ds\right\} f(\xi_t)\,.$$

Das sind lineare beschränkte Operatoren: $||\tilde{P}^t|| \leqq e^{\alpha t}$ mit $\alpha = \sup_x \operatorname{Re} c(x)$. Sie bilden eine Halbgruppe. In der Tat, es gilt

$$\begin{aligned}\tilde{P}^{t+s}f(x) &= \mathsf{M}_x \exp\left\{\int_0^{t+s} c(\xi_u)\,du\right\} f(\xi_{t+s})\\ &= \mathsf{M}_x\mathsf{M}_x\left[\exp\left\{\int_0^t c(\xi_u)\,du + \int_t^{t+s} c(\xi_u)\,du\right\} f(\xi_{t+s}) \mid \mathcal{F}_{\leqq t}\right]\\ &= \mathsf{M}_x \exp\left\{\int_0^t c(\xi_u)\,du\right\} \mathsf{M}_x\left[\theta_t\left(\exp\left\{\int_0^s c(\xi_u)\,du\right\} f(\xi_s)\right) \mid \mathcal{F}_{\leqq t}\right].\end{aligned}$$

Der bedingte Erwartungswert ist infolge der Markow-Eigenschaft gleich $w(s, \xi_t) = \tilde{P}^s f(\xi_t)$. Hieraus folgt $\tilde{P}^{t+s}f(x) = \mathsf{M}_x \exp\left\{\int_0^t c(\xi_u)\,du\right\} \tilde{P}^s f(\xi_t) = \tilde{P}^t\tilde{P}^s f(x)$.

Den infinitesimalen Operator der Halbgruppe $\tilde{P}^t$ bezeichnen wir mit $\tilde{A}$. Wir beweisen $D_{\tilde{A}} = D_A$ und auf dieser Menge die Beziehung $\tilde{A}f = Af + cf$. Es gilt

$$\lim_{t\downarrow 0} t^{-1}(\tilde{P}^t f - f) = \lim_{t\downarrow 0} t^{-1}(\tilde{P}^t f - P^t f) + \lim_{t\downarrow 0} t^{-1}(P^t f - f)\,. \tag{9}$$

Bevor wir mit dem Beweis fortfahren, wird dem Leser empfohlen, ein einfacheres Resultat selbständig zu ermitteln.

Aufgabe 12. Man beweise die Ungleichung $||\tilde{P}^t f - f|| \leqq (e^{t||c||} - 1)\,||f||$. Unter Benutzung von $\tilde{P}^t f - f = (\tilde{P}^t f - P^t f) + (P^t f - f)$ leite man hieraus ab, daß die Halbgruppe $\tilde{P}^t$ auf demselben Raum $\boldsymbol{B}_0$ wie P^t und nur auf diesem stark stetig ist.

Jetzt beweisen wir, daß $t^{-1}\big(\tilde{P}^t f(x) - P^t f(x)\big)$ für alle $f \in \boldsymbol{B}_0$ gleichmäßig in x gegen $c(x)\,f(x)$ konvergiert. Das bedeutet, daß der äußere linke und der äußere rechte Grenzwert in der Formel (9) gleichzeitig existieren oder nicht, und wenn sie existieren, so unterscheiden sie sich um cf. Wir haben

$$\tilde{P}^t f(x) - P^t f(x) = \mathsf{M}_x\left[\exp\left\{\int_0^t c(\xi_s)\,ds\right\} - 1\right] f(\xi_t) \tag{10}$$

(es sei bemerkt, daß diese Formel die Aufgabe 12 löst). Ferner übertrifft das Integral $\int_0^t c(\xi_s)\,ds$ die Größe $t\,||c||$ nicht, so daß $\exp\left\{\int_0^t c(\xi_s)\,ds\right\} - 1 = \int_0^t c(\xi_s)\,ds + O(t^2)$ für $t \downarrow 0$ gilt, wobei $O(t^2)$ gleichmäßig über alle Trajektorien zu verstehen ist. Mithin ist die Differenz (10) gleich $\mathsf{M}_x \int_0^t c(\xi_s)\,ds\, f(\xi_t) + O(t^2)$ gleichmäßig in x. Wegen $f \in \boldsymbol{B}_0$ folgt $\mathsf{M}_x f(\xi_t) \to f(x)$ $(t \downarrow 0)$ gleichmäßig in x und

$$\mathsf{M}_x t^{-1} \int_0^t c(x)\,ds \cdot f(\xi_t) = c(x)\,\mathsf{M}_x f(\xi_t) \to c(x)\,f(x)$$

ebenfalls gleichmäßig. Folglich bleibt zu zeigen, daß

$$\mathsf{M}_x t^{-1} \int_0^t [c(\xi_s) - c(x)]\,ds \cdot f(\xi_t) \to 0 \tag{11}$$

gleichmäßig in $x \in X$ gilt.

Es sei $\varepsilon > 0$ gegeben. Wir wählen ein $\delta > 0$ so, daß $|c(x) - c(y)| < \varepsilon/2\,||f||$ für $\varrho(x, y) \leqq \delta$ gilt. Nun zerlegen wir den Erwartungswert aus (11) in zwei Summanden, in je ein Integral über das Ereignis $\left\{\sup_{0\leqq s\leqq t} \varrho(x, \xi_s) \leqq \delta\right\}$ und das Ereignis $\left\{\sup_{0\leqq s\leqq t} \varrho(x, \xi_s) > \delta\right\}$. Der erste Summand ist nicht größer als $\varepsilon/2$, der zweite läßt sich durch folgenden Ausdruck nach oben abschätzen

$$2\,\|c\| \cdot \|f\| \cdot \mathsf{P}_x\left\{\sup_{0\leqq s\leqq t} \varrho(x, \xi_s) > \delta\right\}.$$

Aus dem Lemma in § 9.1 folgt aber

$$\mathsf{P}_x\left\{\sup_{0\leqq s\leqq t} \varrho(x, \xi_s) > \delta\right\} \leqq 2\alpha_{\delta/2}(t) \to 0 \quad (t \downarrow 0).$$

Hieraus ergibt sich, daß der Erwartungswert in (11) für hinreichend kleine t kleiner als ε ist, gleichzeitig für alle $x \in X$.

Das beweist $D_{\tilde{A}} = D_A$, $\tilde{A}f = Af + cf$.

Ist nun $\sup_x \operatorname{Re} c(x) \leqq 0$, dann besteht die Halbgruppe $\tilde{P}^t$ aus kontrahierenden Operatoren und $w(t, x) = \tilde{P}^t f(x)$ ist die eindeutige beschränkte Lösung der Gleichung $\frac{\partial w}{\partial t} = \tilde{A}w$ $(= Aw + cw)$ mit der Anfangsbedingung $w|_{t=0} = f$.

Gilt $\sup_x \operatorname{Re} c(x) > 0$ oder sind wir an wachsenden Lösungen interessiert, die aber nicht schneller als exponentiell wachsen, so wählen wir ein hinreichend großes positives α und betrachten die Funktion

$$w_\alpha(t, x) = \mathrm{e}^{-\alpha t}\, w(t, x) = \mathsf{M}_x \exp\left\{\int_0^t [c(\xi_s) - \alpha]\, \mathrm{d}s\right\} f(\xi_t).$$

Das ist die eindeutige beschränkte Lösung der Aufgabe $\frac{\partial w_\alpha}{\partial t} = Aw_\alpha + cw_\alpha - \alpha w_\alpha$, $w_\alpha|_{t=0} = f$, d. h. $-\alpha \mathrm{e}^{-\alpha t} w + \mathrm{e}^{-\alpha t} \frac{\partial w}{\partial t} = \mathrm{e}^{-\alpha t} Aw + c\,\mathrm{e}^{-\alpha t} w - \alpha\,\mathrm{e}^{-\alpha t} w$, oder $\frac{\partial w}{\partial t} = Aw + cw$, $w|_{t=0} = f$.

Der Satz ist bewiesen.

Aufgabe 13*. Für eine MARKOW-Kette auf $X = \{1, 2\}$ mit stetiger Zeit und der infinitesimalen Matrix $\begin{pmatrix} -1 & 1 \\ 2 & -2 \end{pmatrix}$ (das ist die Kette aus Aufgabe 3 § 8.3) bestimme man die charakteristische Funktion der Aufenthaltszeit im Zustand 1 bis zur Zeit t.

Wir bemerken, daß man zur Bestimmung der Verteilung von $\int_0^t g(\xi_s)\, ds$ mit nur reellen Funktionen auskommt, wenn man $\mathsf{M}_x \exp\left\{\lambda \int_0^t g(\xi_s)\, \mathrm{d}s\right\}$ für reelles λ berechnet.

Die Gleichung (7) (mit der Anfangsbedingung (8)) gestattet die Verteilungen verschiedener Funktionale explizit zu finden, zum Beispiel des WIENER-Prozesses, und insbesondere $\mu_t = \operatorname{mes}([0, t] \cap \{s : w_s > 0\}) = \int_0^t \chi_{(0,\infty)}(w_s)\, ds$. Wir wollen die entsprechenden komplizierteren Berechnungen nicht angeben, die Herleitung der Verteilung von μ_t kann man im Buch von GICHMAN und SKOROCHOD [1], Kap. VIII, § 5, nachlesen.

Aufgabe 14*. Man gebe die Lösung der Gleichung $\frac{\partial w(t, x)}{\partial t} = Aw(t, x) + c(x)\, w(t, x) + g(x)$, $w(0, x) = f(x)$ als Erwartungswert eines Funktionales der Trajektorien an.

5. Aufgabe 15. Es sei ξ_t progressiv meßbar und f gehöre zu D_A. Man beweise, daß $f(\xi_t) - \int_0^t Af(\xi_s)\, ds$ ein Martingal bezüglich der Familie von σ-Algebren $\mathcal{F}_{\leqq t}$ und jedes der Wahrscheinlichkeitsmaße P_x ist.

Kapitel 11

DIE DIFFUSION

§ 11.1. Was ist eine Diffusion?

1. Zuerst ist zu sagen, daß wir die Begriffe *Diffusion* und *Diffusionsprozeß* in verschiedenem Sinne verwenden werden: Der erste bezieht sich auf eine gewisse MARKOW-Familie und der zweite auf einen MARKOW-Prozeß.

Eine Diffusion ist, grob gesagt, eine solche MARKOW-Familie, deren infinitesimaler Operator das Wesen eines Differentialoperators hat, sie ist streng MARKOWsch und besitzt stetige Trajektorien. Als Beispiel für eine Diffusion kann eine Familie von WIENER-Prozessen dienen, die in allen möglichen Startpunkten beginnen. (Entsprechend ist ein Diffusionsprozeß ein MARKOW-Prozeß mit einem Differentialoperator als infinitesimalem, er ist streng MARKOWsch und besitzt stetige Trajektorien.)

Aber warum „grob gesagt"? Es handelt sich darum, daß auch in einem solchen Fall wie der Familie von WIENER-Prozessen im R^r ($r > 1$) der infinitesimale Operator nicht genau mit $\frac{1}{2}\Delta$ (Δ ist der LAPLACE-Operator) übereinstimmt. Es muß also die Beziehung zwischen infinitesimalem Operator und Differentialoperator präzisiert werden. Man kann die Forderung der Stetigkeit der Trajektorien auf verschiedene Weise präzisieren, abschwächen oder verschärfen. Außerdem bedarf es einer Präzisierung, was wir in der Definition fordern, nämlich Eigenschaften des infinitesimalen Operators oder Stetigkeitseigenschaften der Trajektorien, oder wir fordern beides. Diese Eigenschaften sind, wie wir sahen, eng miteinander verwandt, aber sie stimmen dennoch nicht überein. Deshalb können wir, indem wir diese Beziehungen variieren, eng verwandte aber doch verschiedene Definitionen erhalten.

Eine Präzisierung der Definition einer Diffusion kann in verschiedenen Richtungen erfolgen, so daß es keine Standarddefinition der Diffusion gibt. Es gibt aber verschiedene *Arbeits*definitionen, oder man kann sagen, daß es Definitionen verschiedener *Klassen* von Diffusionen gibt. In diesem und den folgenden Kapiteln werden wir alle Untersuchungen für die Diffusion, und nicht für einzelne Diffusionsprozesse anstellen.

Die Bezeichnung Diffusion erklärt sich dadurch, daß sie ein mathematisches Modell für die Bewegung eines einzelnen Teilchens beim Prozeß einer physikalischen Diffusion — beim Eindringen eines Stoffes in einen anderen, das eine ungeordnete Bewegung der Moleküle hervorruft — ist und für eine Reihe anderer, der Diffusion ähnlicher physikalischer Prozesse. Bekanntlich läßt sich die quantitative Seite solcher Prozesse gut mit Hilfe partieller Differentialgleichungen beschreiben, andererseits sind die Trajektorien realer physikalischer Teilchen natürlich stetig.

Die Diffusion erweist sich aber auch nützlich beim Studium völlig anderer Erscheinungen der Realität. Insbesondere treten sie als Grenzwerte diskreter Modelle auf, die verschiedene biologische Phänomene beschreiben, wie die Änderung der Anzahl der Individuen einer biologischen Art oder die Konzentration eines Genes in einer Population im Verlaufe der Zeit.

Die Diffusionstheorie ist natürlich eng mit der Theorie partieller Differentialgleichungen verbunden, wobei diese Verbindung zweiseitig ist. Einerseits lassen sich die Resultate aus der Theorie der Differentialgleichungen auf die Diffusion anwenden (siehe Kap. 13), zum anderen erlaubt die Untersuchung der Diffusion gewisse, die Differentialgleichungen betreffende Resultate zu erhalten.

Eine der Anwendungen der Diffusion auf Differentialgleichungen ist die näherungsweise Lösung der Gleichung durch die *Monte-Carlo-Methode*: die Diffusion wird mit Hilfe einer gewissen stochastischen Prozedur simuliert, und die Erwartungswerte von Funktionalen der Realisierungen des Prozesses ergeben sich näherungsweise als arithmetische Mittel einer großen Zahl unabhängiger Realisierungen.

2. Mit einer Diffusion können nur Differentialoperatoren nicht höherer als zweiter Ordnung verbunden sein. Leicht ist festzustellen, daß ein Differentialoperator, der beispielsweise eine dritte Ableitung f''' mit nichtverschwindendem Koeffizienten enthält, das *Maximumprinzip* nicht befriedigt: Man kann eine Funktion finden, die in einem gewissen Punkt x_0 ein absolutes Maximum besitzt, wobei der Wert des auf diese Funktion angewandten Operators in diesem Punkte positiv ist. Folglich kann der Operator nur Ableitungen erster und zweiter Ordnung enthalten (das Glied $c(x) \cdot f(x)$ kann nicht auftreten, weil der infinitesimale Operator die Bedingung $A1 \equiv 0$ befriedigen muß), d. h., er hat die Gestalt $\frac{1}{2}\, a(x) f''(x) + b(x) f'(x)$ oder, im mehrdimensionalen Fall $\frac{1}{2} \sum_{i,j}^{2} a^{ij} \frac{\partial^2 f}{\partial x^i\, \partial x^j} + \sum_i b^i \frac{\partial f}{\partial x^i}$. (Weshalb hier der Faktor $\frac{1}{2}$ auftritt, besprechen wir im folgenden Paragraphen.) Das Maximumprinzip läßt auch keine beliebigen Koeffizienten zu, und zwar muß die Matrix $(a^{ij}(x))$ für jedes x nichtnegativ definit sein (im eindimensionalen Fall ist einfach $a \geqq 0$). Deshalb müssen mit einer Diffusion zusammenhängende Differentialoperatoren elliptische Operatoren zweiter Ordnung sein, oder auch „ausgeartet elliptische“, d. h. in gewissen Punkten oder auch überall parabolische Operatoren (oder hyperbolisch, oder allgemein Operatoren erster Ordnung).

In diesem Buch beschränken wir uns auf die Untersuchung der Diffusion im ganzen Raum R^r. Wir geben die genaue Definition.

Wir nennen eine Markow-Familie (ξ_t, P_x) auf dem Phasenraum $(R^r, \mathcal{B}^r)$ *Diffusion* in R^r, wenn die folgenden Bedingungen erfüllt sind:

a) Ihr infinitesimaler Operator ist auf allen finiten zweimal stetig differenzierbaren Funktionen definiert (natürlich nicht nur auf ihnen: zum Beispiel enthält D_A stets die Funktion 1), und es existieren eine stetige Vektorfunktion $\big(b^i(x)\big)$ und eine Matrizenfunktion $\big(a^{ij}(x)\big)$ (die Matrix $\big(a^{ij}(x)\big)$ ist für jedes x symmetrisch und nichtnegativ definit), so daß für $f \in \boldsymbol{C}^{(2)}_{\text{fin}}$ gilt

$$Af(x) = Lf(x) \equiv \frac{1}{2} \sum_{i,j=1}^{r} a^{ij}(x) \frac{\partial^2 f(x)}{\partial x^i\, \partial x^j} + \sum_{i=1}^{r} b^i(x) \frac{\partial f(x)}{\partial x^i}.$$

b) Alle Trajektorien sind stetig.

Der Differentialoperator L heißt *erzeugender Operator* der Diffusion.

Die Bedingung b) folgt *fast* aus Bedingung a). In der Tat, kompaktifizieren wir den Raum R^r mit dem zusätzlichen Punkt ∞, so erhalten wir eine Markow-Familie, die die Bedingungen von Aussage 2 aus § 10.3 befriedigt. Ihre Trajektorien können stetig gewählt werden. Aber die Stetigkeit der Trajektorien im Kompaktum $R^r \cup \{\infty\}$ entspricht nicht der Stetigkeit der Trajektorien des Ausgangsprozesses in R^r. Die Trajektorien können nach Unendlich gehen und aus dem Unendlichen kommen. Deshalb besteht das Wesen der strengeren Stetigkeitsforderung b) in einem Verbot des Unendlichwerdens, also des Verlassens der Grenzen des Gebietes, in dem der Prozeß gegeben ist.

§ 11.2. Kolmogorows Ergebnisse. Rückwärts- und Vorwärtsgleichungen

In diesem Paragraphen werden in einer überarbeiteten Form Ergebnisse von A. N. Kolmogorow wiedergegeben, die in den §§ 13 und 14 seiner Arbeit [1] enthalten sind.

1. Auf R^r seien stetige Funktionen $a^{ij}(x)$, $b^i(x)$, $i, j = 1, \dots, r$, gegeben, und L sei der entsprechende Differentialoperator: $Lf = \frac{1}{2} \sum_{i,j} a^{ij} \frac{\partial^2 f}{\partial x^i\, \partial x^j} + \sum_i b^i \frac{\partial f}{\partial x^i}$.

Satz 1. *Es sei* (ξ_t, P_x) *eine Markow-Familie auf* $(R^r, \mathscr{B}^r)$ *so, daß zu jedem* $\varepsilon > 0$ *die folgenden Beziehungen gleichmäßig in* x *erfüllt sind:*

$$P(t, x, V_\varepsilon(x)) = o(t)\,, \tag{1}$$

$$\int_{U_\varepsilon(x)} (y^i - x^i)\, P(t, x, dy) = b^i(x) \cdot t + o(t)\,, \tag{2}$$

$$\int_{U_\varepsilon(x)} (y^i - x^i)\,(y^j - x^j)\, P(t, x, dy) = a^{ij}(x) \cdot t + o(t) \tag{3}$$

für $t \downarrow 0$ (hier ist $U_\varepsilon(x)$ eine ε-Umgebung des Punktes x, und $V_\varepsilon(x)$ ist ihr Komplement). *Dann ist der infinitesimale Operator dieser Markow-Familie für alle* $f \in \boldsymbol{C}^{(2)}_{\text{glm}}$ *definiert* (das sind die gemeinsam mit ihren partiellen ersten und zweiten Ableitungen beschränkten und gleichmäßig stetigen Funktionen) *und auf ihnen gleich* Lf.

Bevor der Satz bewiesen wird, wollen wir über die Bedeutung der Bedingungen (1)—(3) sprechen. Die erste von ihnen ist eine hinreichende Bedingung für die Existenz einer Markow-Familie mit den gegebenen Übergangswahrscheinlichkeiten und stetigen Trajektorien. Unter der Voraussetzung von Bedingung (1) ist leicht zu zeigen, daß, falls (2) und (3) für ein gewisses positives ε gelten, sie dann auch für alle $\varepsilon > 0$ erfüllt sind. Die Ausdrücke auf den linken Seiten von (2) und (3) sind nichts anderes als die „abgeschnittenen" Erwartungswerte und Kovarianzen $\mathsf{M}_x(\xi^i_t - x^i)$, $\mathsf{M}_x(\xi^i_t - x^i) \cdot (\xi^j_t - x^j)$ (eigentlich muß von der Kovarianz noch das Produkt der Erwartungswerte abgezogen werden, aber dieses ist von der Ordnung $O(t^2) = o(t)$). Die Bedingungen (2), (3) bedeuten, daß diese Größen von erster Ordnung bezüglich t für kleine t sind. Die Proportionalitätskoeffizienten $b^i(x)$ und $a^{ij}(x)$ heißen deshalb *lokaler Erwartungswert* (lokaler Mittelwert) und *lokale Kovarianz* (im eindimensionalen Fall und auch bei $i = j$ — *lokale Streuung*). Andere Bezeichnungen sind: für die Koeffizienten $b^i(x)$ — *Verschiebungskoeffizient* (auch *Verschiebung* oder *Drift*; der Vektor $b(x)$ heißt auch *Verschiebungsvektor*); für die Matrix $a^{ij}(x)$ — *Diffusionsmatrix* (im eindimensionalen Fall — *Diffusionskoeffizient*). Diese Bezeichnungen hängen mit der physikalischen Interpretation der Diffusion zusammen. Wenn für eine Brownsche Bewegung in einem homogenen und isotropen Medium auf das Teilchen außer den Stößen der Moleküle keine fremde Kraft einwirkt, so hängen natürlich Diffusions- und Verschiebungskoeffizient nicht von x ab und sie sind invariant gegenüber Drehungen, d. h., es gilt $b(x) \equiv 0$ und $(a^{ij}(x)) = a \cdot E$. Eine solche homogene symmetrische Brownsche Bewegung ist folglich bis auf einen Faktor ein *Wiener-Prozeß*.

Beweis des Satzes. Es seien $f \in \boldsymbol{C}^{(2)}_{\text{glm}}$ und δ eine beliebige positive Zahl. Wir wählen $\varepsilon > 0$ so, daß die Zuwächse aller partiellen zweiten Ableitungen von f auf Intervallen der Länge ε kleiner als δ sind. Zu diesem ε wählen wir ein $h > 0$ so, daß für $t \leqq h$ alle $o(t)$ in (1)—(3) absolut genommen kleiner als $\delta \cdot t$ für alle x sind. Nun benutzen wir die Taylor-Entwicklung

$$f(y) = f(x) + \sum_i \frac{\partial f(x)}{\partial x^i}(y^i - x^i) + \frac{1}{2} \sum_{i,j} \frac{\partial^2 f(x)}{\partial x^i\, \partial x^j}(y^i - x^i)\,(y^j - x^j) + \alpha \cdot |y - x|^2$$

mit $|\alpha| = |\alpha(x, y)| < \frac{r^2}{2}\delta$ bei $|y - x| < \varepsilon$. Setzen wir diesen Ausdruck in das erste Integral der rechten Seite der Formel

$$P^t f(x) = \int_{R^r} P(t, x, dy) f(y) = \int_{U_\varepsilon(x)} f(y) P(t, x, dy) + \int_{V_\varepsilon(x)} f(y) P(t, x, dy)$$

ein, so erhalten wir

$$P^t(f(x) - f(x)) = \int_{U_\varepsilon(x)} \left[\sum_i \frac{\partial f}{\partial x^i}(x)(y^i - x^i) + \frac{1}{2}\sum_{i,j} \frac{\partial^2 f}{\partial x^i \partial x^j}(x)(y^i - x^i)(y^j - x^j)\right.$$

$$\left. + \alpha|y - x|^2\right] P(t, x, dy) + \int_{V_\varepsilon(x)} [f(y) - f(x)] P(t, x, dy).$$

Wegen (2) und (3) ist das erste Integral gleich

$$\sum_i \frac{\partial f}{\partial x^i}(x) b^i(x) t + \frac{1}{2}\sum_{i,j} \frac{\partial^2 f}{\partial x^i \partial x^j}(x) \cdot a^{ij}(x) t + o(t)$$

plus einem Summanden, der

$$\frac{r^2}{2}\delta\left[\sum_i a^{ii}(x) t + o(t)\right]$$

nicht überschreitet. Aufgrund der Wahl von h unterscheidet sich dieses Integral um weniger als $t \cdot Lf(x)$ von

$$t\delta \cdot \left[r \max_i \left\|\frac{\partial f}{\partial x^i}\right\| + \frac{r^2}{2}\max_{i,j}\left\|\frac{\partial^2 f}{\partial x^i \partial x^j}\right\| + \frac{r^2}{2}\left\|\sum_i a^{ii}\right\| + \frac{r^3}{2}\delta\right].$$

Das zweite Integral wird wegen (1) nach dem Betrag der Größe $2\,||f|| \cdot o(t)$ abgeschätzt; für $t \leq h$ übersteigt es $2\,||f||\, t \cdot \delta$ nicht. Folglich ist für kleine t der Ausdruck $|t^{-1}(P^t f(x) - f(x)) - Lf(x)|$ nicht größer als δ. Weil δ beliebig klein gewählt werden kann, erhalten wir, daß diese Differenz für $t \to 0$ gleichmäßig gegen Null strebt, d. h., es gilt $f \in D_A$ und $Af = Lf$.

Ein Beispiel ist die Berechnung des infinitesimalen Operators des Wiener-Prozesses (Aufgabe 4 § 10.1).

Unter den Bedingungen des Satzes 1 ist (ξ_t, P_x) eine Diffusion mit dem erzeugenden Operator L (falls die Trajektorien stetig gewählt werden).

2. Die Bedingungen des Satzes 1 sind zu einschränkend[1]); insbesondere folgt aus ihnen, daß die Koeffizienten b^i und a^{ij} auf dem ganzen Raum beschränkt sind (sonst würde der Operator L gewisse $f \in C^{(2)}_{\text{glm}}$ in unbeschränkte Funktionen Lf abbilden). Diese Bedingungen lassen sich abschwächen, wenn man sich auf finite Funktionen f beschränkt.

Satz 1'. *Es sei (ξ_t, P_x) eine Markow-Familie auf $(R^r, \mathscr{B}^r)$, die für $t \to 0$ die Bedingungen* (1), (2) *und* (3) *in x gleichmäßig auf jeder beschränkten Menge erfüllt. Ferner existiere zu jedem beschränkten K eine beschränkte Menge $K' \supset K$, so daß für $t \downarrow 0$*

$$P(t, x, K) = o(t) \tag{4}$$

[1]) Insofern einschränkend, als daß wir außer dem Wiener-Prozeß kein schönes oder unter dem Gesichtspunkt der Anwendungen interessantes Beispiel angeben können.

gleichmäßig in $x \in R^r \setminus K'$ gilt. Dann ist der infinitesimale Operator auf allen Funktionen $f \in \mathbf{C}^{(2)}_{\text{fin}}$ (den zweimal stetig differenzierbaren finiten Funktionen) definiert und auf ihnen gleich Lf.

Beweis. Es sei f eine glatte finite Funktion, die außerhalb des Kompaktums K verschwindet. Wir wählen ein K' nach der Bedingung des Satzes. Es ist zu zeigen, daß $t^{-1}(P^t f(x) - f(x)) \to Lf(x)$ für $t \to 0$ gleichmäßig in $x \in R^r$ gilt. Für $x \in K'$ ist der Beweis von Satz 1 gültig, im Falle $x \notin K'$ die Bedingung (4) anwendbar.

Beispiele.

a) Für eine zeitlich homogene GAUSSsche MARKOW-Familie (vgl. Aufgabe 4 § 8.3 in der homogenen Variante) genügt die Übergangsdichte der Formel

$$p(t, x, y) = \frac{1}{\sqrt{2\pi}\,\sigma(t)}\, e^{-(y - m(t)\,x)^2/2\sigma^2(t)},$$

wobei $m(t)$, $t \geqq 0$, die Gleichung $m(t + s) = m(t) \cdot m(s)$ befriedigt und $\sigma^2(t)$ mit dieser Funktion durch die Gleichung $\sigma^2(t + s) = m^2(t) \cdot \sigma^2(s) + \sigma^2(s)$ zusammenhängt. Man kann zeigen, daß die allgemeine stetige Lösung dieses Gleichungssystemes die Gestalt $m(t) = e^{bt/2}$, $\sigma^2(t) = ab^{-1}(e^{bt} - 1)$ für $b \neq 0$ und $\sigma^2(t) = at$ für $b = 0$ hat.

Leicht ist die Gültigkeit der Bedingungen (1)—(3) (gleichmäßig in jedem Kompaktum) sowie (4) nachzuprüfen. Der lokale Erwartungswert und die lokale Streuung sind gleich

$$\begin{aligned} b(x) &= \lim_{t\to 0} t^{-1}\mathsf{M}_x(\xi_t - x) \cdot \chi_{(-\varepsilon,\varepsilon)}(\xi_t - x) = \\ &= \lim_{t\to 0} t^{-1}\mathsf{M}_x(\xi_t - x) = \lim_{t\to 0} t^{-1}(m(t) \cdot x - x) = \frac{b}{2} \cdot x\,, \\ a(x) &= \lim_{t\to 0} t^{-1}\mathsf{M}_x(\xi_t - x)^2\, \chi_{(-\varepsilon,\varepsilon)}(\xi_t - x) = \lim_{t\to 0} t^{-1}\sigma^2(t) = a\,, \end{aligned}$$

für den erzeugenden Operator gilt also $Lf(x) = \frac{1}{2}\,[af''(x) + bxf'(x)]$.

b) Ein weiteres, nun aber zweidimensionales Beispiel eines GAUSSschen Prozesses ist (w_t, ξ_t), wobei w_t ein WIENER-Prozeß ist und $\xi_t = \xi_0 + \int_0^t w_s\, ds$ gilt. Die Verteilung zur Zeit t ist für einen Anfangspunkt $w_0 = x$, $\xi_0 = y$ normal mit dem Erwartungsvektor $(x, y + tx)$ und der Kovarianzmatrix $\begin{pmatrix} t & t^2/2 \\ t^2/2 & t^3/2 \end{pmatrix}$ (vgl. Aufgabe 19 § 2.1). Der lokale Erwartungsvektor und die lokale Kovarianz sind gleich den Ableitungen dieser Funktionen im Nullpunkt (die Integrale über $U_\varepsilon(x, y)$ unterscheiden sich von den Integralen über die ganze Ebene nur um $o(t)$). Hieraus folgt $b^1(x, y) = 0$, $b^2(x, y) = x$, $a^{11}(x, y) \equiv 1$, $a^{12} = a^{21} = a^{22} = 0$; der erzeugende Operator ist gleich $Lf(x, y) = \frac{1}{2}\frac{\partial^2 f}{\partial x^2} + x\frac{\partial f}{\partial y}$. Dieser Operator ist nicht elliptisch, sondern entartet in einen parabolischen, und die entsprechende Diffusion entartet, wie wir sehen werden, ebenfalls in einem gewissen Sinne: Der Zufall wirkt nicht im vollen Maße — die zweite Koordinate wird vollständig durch die erste definiert (und den Anfangspunkt).

c) Wir setzen $\xi_t = \varphi(w_t)$, wobei φ eine glatte wachsende Funktion ist ($\varphi'(x) > 0$), die bei $\pm\infty$ schneller als $\exp(cx^2)$ für jedes c wächst; w_t ist der WIENER-Prozeß. Der Erwartungswert $\mathsf{M}_x\xi_t$ existiert für $t > 0$ nicht, aber der lokale Erwartungswert und die lokale Streuung existieren und sind gleich $b(x) = \varphi''(\varphi^{-1}(x))/2$, $a(x) = (\varphi'(\varphi^{-1}(x)))^2$; es gilt $Lf(x) = \frac{1}{2}(\varphi'(\varphi^{-1}(x)))^2 f''(x) + \frac{1}{2}\varphi''(\varphi^{-1}(x))\, f'(x)$. Dieser Operator läßt sich in der Form $\frac{1}{2}\frac{d^2 f}{du^2}$ mit $u(x) = \varphi^{-1}(x)$ darstellen. (Beweis!)

d) Wir wollen sehen, mit welcher Diffusion man die Änderung der Anzahl von Individuen einer gewissen Gattung annähern kann (vgl. §1). Die Geburts- und Sterberate (die mittlere Zahl der pro Zeiteinheit geborenen und sterbenden Individuen, bezogen auf eine Person) mögen von der Gesamtzahl n aller Individuen abhängen (weil sie davon abhängig sind, ob die vorhandene Nahrung für alle ausreicht) und gleich $r(n)$ bzw. $l(n)$ sein. Auf einem kleinen Zeitintervall kann man $n(t) \approx n$ annehmen, und folglich sind auch r und l angenähert konstant. Dabei besteht eine natürliche Annäherung zur Realität darin, daß die Anzahl der Geburten und der Todesfälle auf einem kleinen Zeitintervall als unabhängiger POISSON-Prozeß mit den Parametern $n \cdot r(n)$ bzw. $n \cdot l(n)$ angenommen wird. Hieraus ergibt sich $\mathsf{M}_n[n(t) - n] \approx n(r(n) - l(n)) \cdot t$ und für die Streuung $\approx n(r(n) + l(n)) \cdot t$. Wir erhalten $b(n) = n(r(n) - l(n))$, $a(n) = n(r(n) + l(n))$. Diese Diffusion hängt mit dem Differentialoperator $Lf(n) = \frac{1}{2}\, n(r(n) + l(n))\, \frac{\mathrm{d}^2 f}{\mathrm{d}n^2} + n(r(n) - l(n))\, \frac{\mathrm{d}f}{\mathrm{d}n}$ zusammen. Die Funktion $u_N(t, n)$, welche die Wahrscheinlichkeit ausdrückt, daß zum (nicht kleinen) Zeitpunkt t die Anzahl der Individuen $\leqq N$ ist, falls alles mit n Individuen begann, läßt sich als Lösung des CAUCHY-Problems $\frac{\partial u_N}{\partial t} = L u_N$; $u_N(0, n) = 1$ für $n \leqq N$ und $u_N(0, n) = 0$ für $n > N$ charakterisieren.

Selbstverständlich ist eine gute Annäherung durch einen Diffusionsprozeß nur für große n gegeben.

3. Satz 2. *Der infinitesimale Operator einer Diffusion stimme mit dem erzeugenden Operator L auf allen zweimal stetig differenzierbaren Funktionen f, die zusammen mit ihren Ableitungen $\frac{\partial f}{\partial x^i}$, $\frac{\partial^2 f}{\partial x^i \partial x^j}$ bei Unendlich nicht langsamer als eine gewisse Funktion $\varphi(x)$ ($\to 0$ für $|x| \to \infty$) abnehmen. Wir setzen voraus, daß die Übergangswahrscheinlichkeit der Diffusion eine Dichte besitzt: $P(t, x, \Gamma) = \int_\Gamma p(t, x, y)\, \mathrm{d}y$, wobei die auf $(0, \infty) \times R^r \times R^r$ definierte Funktion $p(t, x, y)$ in allen drei Variablen gemeinsam mit der partiellen ersten Ableitung nach t sowie den partiellen Ableitungen erster und zweiter Ordnung nach x^i und x^j stetig ist. Schließlich mögen die Abschätzungen*

$$|p|, \left|\frac{\partial p}{\partial t}\right|, \left|\frac{\partial p}{\partial x^i}\right|, \left|\frac{\partial^2 p}{\partial x^i \partial x^j}\right| \leqq C(t, y)\, \varphi(x) \tag{5}$$

erfüllt sein, wobei $C(t, y)$ eine stetige positive Funktion auf $(0, \infty) \times R^r$ ist. Dann befriedigt die Übergangsdichte folgende Gleichung:

$$\frac{\partial p(t, x, y)}{\partial t} = \frac{1}{2} \sum_{ij} a^{ij}(x) \frac{\partial^2 p(t, x, y)}{\partial x^i \partial x^j} + \sum_i b^i(x) \frac{\partial p(t, x, y)}{\partial x^i} \tag{6}$$

oder, kurz, $\frac{\partial p}{\partial t} = L_x p$. (Der Index x bezeichnet, daß der Operator auf die Dichte als Funktion von x bei festen t und y angewendet wird.)

Die Bedingungen dieses Satzes sind ziemlich unhandlich, so wird beispielsweise gefordert, daß sich die Dichte und ihre Ableitungen durch eine Funktion $C(t, y)\, \varphi(x)$, und nicht einfach durch $C(y)\, \varphi(x)$ abschätzen lassen. Aber hier ist nichts zu machen, weil die entsprechende Verteilung bei $t \to 0$ gegen eine Verteilung konvergiert, die gänzlich in einem Punkte konzentriert ist (in der Sprache der verallgemeinerten Funktionen gilt $p(t, x, y) \to \delta(y - x)$ bei $t \to 0$ für jedes $x \in R^r$), aber die Dichte kann nicht wachsen, wenn t gegen Null geht.

B e w e i s. Vor allem wird durch die Abschätzung (5) die Möglichkeit der Differentiation unter dem Integralzeichen in der Formel

$$P^t f(x) = \int_{R^r} p(t, x, y)\, f(y)\, \mathrm{d}y$$

gewährleistet, wobei f eine beliebige beschränkte meßbare Funktion ist, die außerhalb eines gewissen Kompaktums verschwindet:

$$\frac{\partial P^t f(x)}{\partial t} = \int_{R^r} \frac{\partial p(t,x,y)}{\partial t} f(y)\,\mathrm{d}y\,,$$
$$\frac{\partial P^t f(x)}{\partial x^i} = \int_{R^r} \frac{\partial p(t,x,y)}{\partial x^i} f(y)\,\mathrm{d}y\,, \tag{7}$$
$$\frac{\partial^2 P^t f(x)}{\partial x^i\,\partial x^j} = \int_{R^r} \frac{\partial^2 p(t,x,y)}{\partial x^i\,\partial x^j} f(y)\,\mathrm{d}y\,.$$

Dabei gehen die erhaltenen Funktionen aufgrund der an die Dichte gestellten Forderungen für jedes feste $t > 0$ bei Unendlich nicht langsamer gegen Null, als const $\cdot\, \varphi(x)$, folglich gehört $P^t f$ zu D_A.

Jetzt nehmen wir für f eine Funktion aus $C^{(2)}_{\text{fin}}$. Sie gehört zu D_A, und es gilt $\dfrac{\partial P^t f(x)}{\partial t} = A P^t f(x)$ (Formel (4) § 10.1). Nach Voraussetzung ergibt die Anwendung des Operators A auf die Funktionen $P^t f$, die zusammen mit ihren Ableitungen mit der angegebenen Geschwindigkeit bei Unendlich abnehmen, das gleiche wie bei der Anwendung des Operators L. Unter Benutzung der Formeln (7) bringen wir diese Gleichung in die Form

$$\int_{R^r} \frac{\partial p(t,x,y)}{\partial t} f(y)\,\mathrm{d}y = \frac{1}{2}\sum_{ij} a^{ij}(x) \int_{R^r} \frac{\partial^2 p(t,x,y)}{\partial x^i\,\partial x^j} f(y)\,\mathrm{d}y + \sum_i b^i(x) \int_{R^r} \frac{\partial p(t,x,y)}{\partial x^i} f(y)\,\mathrm{d}y$$

oder

$$\int_{R^r} \left[\frac{\partial p(t,x,y)}{\partial t} - \frac{1}{2}\sum_{ij} a^{ij}(x) \frac{\partial^2 p(t,x,y)}{\partial x^i\,\partial x^j} + \sum_i b^i(x) \frac{\partial p(t,x,y)}{\partial x^i}\right] f(y)\,\mathrm{d}y = 0\,.$$

Die Funktion in eckigen Klammern ist in y stetig. Da das Integral für beliebige finite glatte Funktionen verschwindet, ist die genannte Funktion identisch Null.

Der Satz ist bewiesen.

Die Bedingungen des Satzes 2 lassen sich in eine natürlichere Form überführen, dazu lösen wir die folgende Aufgabe.

Aufgabe 1*. Die Koeffizienten des Operators L mögen die Bedingungen $b^i(x)\,\varphi(x) \to 0$, $a^{ij}(x) \cdot \varphi(x) \to 0$ für $|x| \to \infty$ befriedigen. Wenn alle finiten zweimal stetig differenzierbaren Funktionen zum Definitionsbereich des infinitesimalen Operators gehören und für sie $Af = Lf$ gilt, dann gilt dies auch für alle zweimal stetig differenzierbaren Funktionen f, die den Bedingungen f, $\partial f/\partial x^i$, $\partial^2 f/\partial x^i\,\partial x^j = O(\varphi(x))$ bei $|x| \to \infty$ genügen.

4. Satz 2 ist die Überführung der allgemeinen Beziehung $\mathrm{d}P^t f/\mathrm{d}t = A P^t f$ aus der Theorie der Halbgruppen in die Sprache der Differentialgleichungen. Der folgende Satz leitet sich aus der Beziehung $\mathrm{d}P^t f/\mathrm{d}t = P^t A f$ ab.

Wir unterwerfen die Koeffizienten a^{ij} und b^i einigen Beschränkungen. Die Funktionen a^{ij} seien zweimal und $b^i(x)$ einmal stetig differenzierbar (nicht vorausgesetzt wird die Beschränktheit der Ableitungen). Dann ist für den Differentialoperator (auf glatten Funktionen) der formal adjungierte Operator L^* definiert:

$$L^*g(x) = \frac{1}{2} \sum_{ij} \frac{\partial^2}{\partial x^i \, \partial x^j} \left(a^{ij}(x) \, g(x)\right) - \sum_i \frac{\partial}{\partial x^i} \left(b^i(x) \, g(x)\right) .$$

Satz 3. *Es sei* (ξ_t, P_x) *eine Diffusion mit dem erzeugenden Operator* L. *Wir setzen voraus, daß die Übergangsdichte stetige partielle Ableitungen erster Ordnung nach* t *und erster und zweiter Ordnung nach* y^i *und* y^j *besitzt. Dann befriedigt die Übergangsdichte die Gleichung*

$$\frac{\partial p(t, x, y)}{\partial t} = \frac{1}{2} \sum_{ij} \frac{\partial^2}{\partial y^i \, \partial y^j} \left(a^{ij}(y) \, p(t, x, y)\right) - \sum_i \frac{\partial}{\partial y^i} \left(b^i(y) \, p(t, x, y)\right) \tag{8}$$

oder $\dfrac{\partial p}{\partial t} = L_y^* p$.

Beweis. Es sei $f \in C_{\text{fin}}^{(2)}$. Dann gilt $f \in D_A$ und $\dfrac{\partial P^t f(x)}{\partial t} = P^t A f(x) = P^t L f(x)$. Schreiben wir dies durch die Dichte und ihre partiellen Ableitung nach t auf, so erhalten wir

$$\int_{R^r} \frac{\partial p(t, x, y)}{\partial t} f(y) \, dy = \int_{R^r} \left[p(t, x, y) \frac{1}{2} \sum_{ij} a^{ij}(y) \frac{\partial^2 f(y)}{\partial y^i \, \partial y^j} + p(t, x, y) \sum_i b^i(y) \frac{\partial f(y)}{\partial y^i} \right] dy .$$

Wir zerlegen das Integral auf der rechten Seite in r^2 Integrale mit zweiten partiellen Ableitungen und r Integrale mit ersten und integrieren jedes dieser Integrale partiell. Für finite Funktionen f verschwinden die nichtintegralen Terme, und wir erhalten

$$\int_{R^r} \left[\frac{\partial p(t, x, y)}{\partial t} - \left(\frac{1}{2} \sum_{ij} \frac{\partial^2}{\partial y^i \, \partial y^j} \left(a^{ij}(y) \, p(t, x, y)\right) - \sum_i \frac{\partial}{\partial y^i} \left(b^i(y) \, p(t, x, y)\right) \right) \right] f(y) \, dy = 0 .$$

Das bedeutet, daß die Funktion in eckigen Klammern identisch Null ist.

Beispiel. Für den Prozeß von Punkt 2a) gilt $\dfrac{\partial p}{\partial t} = \dfrac{1}{2} \left[a \dfrac{\partial^2 p}{\partial y^2} - by \dfrac{\partial p}{\partial y} - bp \right]$.

Indem wir $\dfrac{\partial p}{\partial t} = 0$ setzen, erhalten wir aus (8) eine Gleichung für die Dichte des invarianten Maßes bezüglich des LEBESGUE-Maßes: $L_y^* p = 0$.

Aufgabe 2. Man bestimme das invariante Maß für den Prozeß aus P. 2a) bei $b < 0$.

5. Die Gleichung (6) heißt *Rückwärtsgleichung* von KOLMOGOROW, (8) heißt *Vorwärtsgleichung* von KOLMOGOROW oder FOKKER-PLANCK-Gleichung. Wir erläutern, womit die Bezeichnungen *rückwärts* und *vorwärts* zusammenhängen.

Für eine zeitlich inhomogene Diffusion $(\xi_t, \mathsf{P}_{s,x})$ lassen sich diesem Paragraphen analoge Sätze beweisen, in denen lokale Erwartungswerte $b^i(s, x)$ und lokale Streuungen auftreten, die zeitabhängig sind. (Zum Beweis kann man die Reduktion inhomogener MARKOW-Familien auf homogene benutzen — siehe das Ende von § 8.5.) Die Gleichung (6) nimmt in diesem Fall die Gestalt

$$-\frac{\partial p(s, x, t, y)}{\partial s} = \frac{1}{2} \sum_{ij} a^{ij}(s, x) \frac{\partial^2 p(s, x, t, y)}{\partial x^i \, \partial x^j} + \sum_i b^i(s, x) \frac{\partial p(s, x, t, y)}{\partial x^i} \tag{9}$$

an und Gleichung (8) die Gestalt

$$\frac{\partial p(s, x, t, y)}{\partial t} = \frac{1}{2} \sum_{ij} \frac{\partial^2}{\partial y^i \, \partial y^j} \left(a^{ij}(t, y) \, p(s, x, t, y)\right) - \sum_i \frac{\partial}{\partial y^i} \left(b^i(t, y) \, p(s, x, t, y)\right). \quad (10)$$

Die erste dieser Gleichungen ist mit einer Differentiation am linken Ende des Zeitintervalles verbunden, die zweite mit einer am rechten.

Unter dem Gesichtspunkt der Theorie der Differentialgleichungen bedeutet (9), daß die Übergangsdichte eine *Fundamentallösung* der parabolischen Gleichung

$$\frac{\partial u}{\partial s} + \frac{1}{2} \sum_{ij} a^{ij} \frac{\partial^2 u}{\partial x^i \, \partial x^j} + \sum_i b^i \frac{\partial u}{\partial x^i} = 0$$

ist. Tatsächlich wird als Fundamentallösung gerade eine Funktion $p(s, x, t, y)$, $s < t$, $x, y \in R^r$, bezeichnet, die für jedes feste y die Gleichung (9) befriedigt, die auferlegte Regularitätsforderung (Bedingung (5) und andere) erfüllt und bei $s \uparrow t$ gegen $\delta(y - x)$ strebt (das läßt sich auch so formulieren: es gilt $\int p(s, x, t, y) f(y) \, dy \to f(x)$ für $s \uparrow t$ und jedes f aus C_{fin}). Mit anderen Worten ist das eine Funktion, mit deren Hilfe eine eindeutige beschränkte Lösung des Cauchy-Problems für die betrachtete parabolische Gleichung mit der „End"-Bedingung $u(t-, x) = f(x)$ dargestellt werden kann in der Form $u(s, x) = \int p(s, x, t, y) f(y) \, dy$, $s < t$, (wir sprechen nicht von einer *Anfangsbedingung*, weil eine Gleichung der Form $\frac{\partial u}{\partial s} + Lu = 0$ „nach unten" gelöst wird, im Unterschied zu einer Gleichung der Form $\frac{\partial u}{\partial s} = Lu$; vgl. § 8.4, P. 7).

Die Gleichung (10) bedeutet, daß die Übergangsdichte auch Fundamentallösung der Gleichung $\frac{\partial v}{\partial t} = L^* v$ ist. In der Theorie der Differentialgleichungen ist die Tatsache, daß ein und dieselbe Funktion $p(s, x, t, y)$ bei Vertauschung der Rolle ihrer Argumente als Fundamentallösung zweier zueinander konjugierter parabolischer Gleichungen dient, wohlbekannt.

Aufgabe 3*. Man beweise, daß der Gausssche Prozeß $Z(t)$, $0 \leq t \leq 1$ mit dem Erwartungswert Null und der Korrelationsfunktion $s \wedge t - st$ Markowsch ist. Man bestimme die entsprechende Übergangsfunktion, gebe den lokalen Erwartungswert $b(s, x)$ und die lokale Streuung $a(s, x)$ an und beschreibe den zum Prozeß gehörigen Differentialoperator L (die Übergangsdichte befriedigt die Rückwärts- und Vorwärtsgleichung mit dem Operator L und dem ihm konjugierten).

Kapitel 12

STOCHASTISCHE GLEICHUNGEN

§ 12.1. Stochastische Integrale zufälliger Funktionen

1. Auf dem Wahrscheinlichkeitsraum $(\Omega, \mathcal{F}, \mathsf{P})$ seien eine nichtfallende Familie von σ-Algebren $\mathcal{F}_t \subseteqq \mathcal{F}$, $t \geqq 0$, und ein WIENER-Prozeß w_t, $t \geqq 0$, $w_0 = 0$ mit stetigen Trajektorien gegeben. Dabei ist der Prozeß mit der Familie $\mathcal{F}_t$ verträglich und die Zuwächse $w_u - w_t$ nach dem Zeitpunkt t sind von der σ-Algebra $\mathcal{F}_t$ unabhängig. (Anders ausgedrückt ist w_t ein WIENER-Prozeß, für den die MARKOW-Eigenschaft bezüglich der Familie von σ-Algebren $\mathcal{F}_t$ erfüllt ist; vgl. P. 7 § 8.2).

Als $\mathcal{F}_t$ können die durch den WIENER-Prozeß selbst erzeugten σ-Algebren $\mathcal{F}_{\leqq t} = \mathcal{F}_{w_s, s \leqq t}$ oder $\mathcal{F}_{\leqq t+}$ genommen werden, aber für verschiedene Zwecke kann eine andere Wahl dieser σ-Algebren nützlich sein. Zum Beispiel kann die σ-Algebra $\mathcal{F}_t$ durch eine beliebige Zufallsgröße η und einen von ihr unabhängigen WIENER-Prozeß erzeugt werden: $\mathcal{F}_t = \sigma\{\eta: w_s \leqq t\}$. In einem anderen Beispiel ist w_t eine der Komponenten eines mehrdimensionalen WIENER-Prozesses, und die σ-Algebra $\mathcal{F}_t$ wird von *allen* seinen Komponenten bis zur Zeit t erzeugt.

Es sei T eine nichtnegative Zahl oder gleich $+\infty$. Wir definieren das stochastische Integral

$$I(f) = \int_0^T f(t, \omega)\, \mathrm{d}w_t$$

für zufällige Funktionen, die bezüglich der Familie $\mathcal{F}_t$ progressiv meßbar sind und die Beziehung $\mathsf{M} \int_0^T f(t, \omega)^2\, \mathrm{d}t < \infty$ erfüllen. Die am Ende des Kapitels 6 eingeführte σ-Algebra $\mathcal{BF}$ benutzend, kann gesagt werden, daß wir das stochastische Integral für Funktionen f aus $\mathbf{L}^2([0, T) \times \Omega, \mathcal{BF}, \text{mes} \times \mathsf{P})$ definieren.

Satz 1. *Es seien w_t und $\mathcal{F}_t$ ein Wiener-Prozeß sowie eine Familie von σ-Algebren, die in der oben beschriebenen Weise zusammenhängen.*

Es existiert dann genau eine Abbildung $f \to I(f)$ des Raumes $\mathbf{L}^2(\mathcal{BF}) = \mathbf{L}^2([0, T) \times \Omega, \mathcal{BF}, \text{mes} \times \mathsf{P})$ in den Raum $\mathbf{L}^2(\Omega, \mathcal{F}, \mathsf{P})$ so, daß die folgenden Bedingungen erfüllt sind:

a) *Die Abbildung I ist linear: fast sicher ist $I(c_1 f_1 + c_2 f_2) = c_1 I(f_1) + c_2 I(f_2)$, wobei c_1, c_2 Konstanten sind und $f_1, f_2 \in \mathbf{L}^2(\mathcal{BF})$ gilt.*

b) *Die Abbildung I ist isometrisch: $\mathsf{M}\,|I(f)|^2 = \mathsf{M} \int_0^T |f(t, \omega)|^2\, \mathrm{d}t$;*

c) *Fast sicher gilt $I(\eta \chi_{[t_1, t_2)}) = \eta \cdot (w_{t_2} - w_{t_1})$, wobei η eine beliebige, $\mathcal{F}_{t_1}$-meßbare, quadratisch integrierbare Zufallsgröße, $\big($d. h. $\eta \in \mathbf{L}^2(\mathcal{F}_{t_1})\big)$ ist; $0 \leqq t_1 \leqq t_2 \leqq T$.*

Dabei besitzt die Abbildung I noch die folgenden Eigenschaften:

d) *Die Zufallsgröße $I(f)$ ist für jedes $f \in \mathbf{L}^2(\mathcal{BF})$ bezüglich $\mathcal{F}_T$ meßbar $\Big($als $\mathcal{F}_\infty$ wird $\sigma\big(\bigcup_{t \geqq 0} \mathcal{F}_t\big)$ gesetzt$\Big)$. Genauer existiert eine $\mathcal{F}_T$-meßbare Variante des stochastischen Inte-*

grales $I(f)$ (ist doch $I(f)$ ein Element von $L^2(\Omega)$, also keine Zufallsgröße, sondern eine Klasse einander äquivalenter Zufallsgrößen; in dieser Klasse gibt es eine bezüglich $\mathcal{F}_T$ meßbare Zufallsgröße).

e) *Es gilt* $\mathsf{M}(I(f) \mid \mathcal{F}_s) = 0$ *fast sicher, wenn die Funktion* $f \in L^2(\mathcal{BF})$ *für* $t < s$ *verschwindet;* $\mathsf{M}I(f) = 0$ *für jedes* $f \in L^2(\mathcal{BF})$.

f) *Fast sicher gilt* $\mathsf{M}(I(f)\, I(g) \mid \mathcal{F}_s) = \mathsf{M}\left(\int_s^T f(t, \omega)\, g(t, \omega)\, \mathrm{d}t \mid \mathcal{F}_s\right)$, *falls* f *und* g *Funktionen aus* $L^2(\mathcal{BF})$ *sind, die für* $t < s$ *verschwinden.*

g) *Falls* $f(t, \omega) = 0$ *für alle* $\omega \in A$, $t < T$ *gilt, so folgt* $I(f) = 0$ *fast sicher auf der Menge* $A \in \mathcal{F}_T$.

Beweis. Zuerst konstruieren wir das stochastische Integral für Treppenfunktionen auf $[0, T)$. Eine zufällige Funktion $f(t, \omega)$ nennen wir Treppenfunktion, falls (nichtzufällige) Punkte $0 < t_1 < t_2 < \dots < t_n$ auf dem Intervall $[0, T]$ existieren (dabei sei im Falle eines endlichen Intervalles $t_n = T$ und $t_n < \infty$ für $T = \infty$), so daß $f(t, \omega) = f(0, \omega)$ für alle $t \in [0, t_1)$; $= f(t_1, \omega)$ für alle $t \in [t_1, t_2); \dots; = f(t_{n-1}, \omega)$ für $t \in [t_{n-1}, t_n)$; $= 0$ für $t \geqq t_n$ (im Falle $T = \infty$) gilt. Eine progressiv meßbare Treppenfunktion ist eine Funktion der Gestalt

$$\eta_0 \chi_{[0, t_1)}(t) + \eta_1 \chi_{[t_1, t_2)}(t) + \dots + \eta_{n-1} \chi_{[t_{n-1}, t_n)}(t)\,, \tag{1}$$

wobei $\eta_0 = \eta_0(\omega)$ eine $\mathcal{F}_0$-meßbare, η_1 eine F_{t_1}-meßbar, ..., η_{n-1} eine $\mathcal{F}_{t_{n-1}}$-meßbare Zufallsgröße ist $(\eta_i(\omega) = f_i(t, \omega))$. Umgekehrt ist jede Funktion der Form (1) eine progressiv meßbare Treppenfunktion. Die Zugehörigkeit dieser Funktion zu $L^2([0, T] \times \Omega)$ bedeutet, daß alle η_i zu $L^2(\Omega)$ gehören.

Wegen der Forderung c) kann für die Funktion $\eta_i \cdot \chi_{[t_i, t_{i+1})}(t)$ das stochastische Integral nur gleich $\eta_i \cdot (w_{t_{i+1}} - w_{t_i})$ gesetzt werden (oder einer Zufallsgröße, die fast sicher gleich diesem Produkt ist) Deshalb muß für Treppenfunktionen nach Definition

$$\int_0^T f(t, \omega)\, \mathrm{d}w_t = I(f) = \sum_{i=0}^{n-1} f(t_i, \omega)\, (w_{t_{i+1}} - w_{t_i})$$

gesetzt werden. Leicht prüft man nach, daß diese Definition korrekt ist (d. h., $I(f)$ ändert sich bei der Hinzunahme neuer Zerlegungspunkte nicht), die Abbildung I auf Treppenfunktionen linear ist und für sie die Bedingung d) (die $\mathcal{F}_T$-Meßbarkeit von $I(f)$) erfüllt ist. Wir prüfen die Bedingungen b), e) und f) für Treppenfunktionen aus $L^2(\mathcal{BF})$ nach. Es gilt

$$\mathsf{M}\, |I(f)|^2 = \mathsf{M}\Bigg[\sum_{i=0}^{n-1} |f(t_i, \omega)|^2\, (w_{t_{i+1}} - w_{t_i})^2 + 2\,\mathrm{Re} \sum_{j<i} f(t_j, \omega)\, (w_{t_{j+1}} - w_{t_j})\, \overline{f(t_i, \omega)}\, (w_{t_{i+1}} - w_{t_i})\Bigg].$$

Den Erwartungswert des i-ten Summanden in der ersten Summe stellen wir als Erwartungswert einer bedingten Erwartung bezüglich der σ-Algebra $\mathcal{F}_{t_i}$ dar

$$\begin{aligned}&\mathsf{M}\mathsf{M}(|f(t_i, \omega)|^2\, (w_{t_{i+1}} - w_{t_i})^2 \mid \mathcal{F}_{t_i})\\ &= \mathsf{M}[f(t_i, \omega)|^2\, \mathsf{M}((w_{t_{i+1}} - w_{t_i})^2 \mid \mathcal{F}_{t_i})] = \mathsf{M}\, |f(t_i, \omega)|^2\, (t_{i+1} - t_i)\end{aligned}$$

(wir benutzen dabei, daß $|f(t_i, \omega)|^2$ bezüglich $\mathcal{F}_{t_i}$ meßbar ist). Die Summe dieser Erwartungswerte ergibt $\int_0^T \mathsf{M}\, |f(t, \omega)|^2\, \mathrm{d}t$.

Verfahren wir mit dem (i, j)-ten Summanden der zweiten Summe genauso, erhalten wir

$$2 \operatorname{Re} \mathsf{M}[f(t_j, \omega)\,(w_{t_{j+1}} - w_{t_j})\,\overline{f(t_i, \omega)}\,\mathsf{M}(w_{t_{i+1}} - w_{t_i} \mid \mathcal{F}_{t_i})] = 0\,.$$

Zum Beweis von e) setzen wir $s = t_1$, dann gilt

$$\mathsf{M}\left(\int_0^T f(t, \omega)\,\mathrm{d}w_t \mid \mathcal{F}_s\right) = \mathsf{M}\left(\sum_{i=1}^{n-1} f(t_i, \omega)(w_{t_{i+1}} - w_{t_i}) \mid \mathcal{F}_s\right)$$
$$= \sum_{i=1}^{n-1} \mathsf{M}\big(f(t_i, \omega)\cdot(w_{t_{i+1}} - w_{t_i}) \mid \mathcal{F}_s\big)\,.$$

Indem wir den i-ten Summanden in der Form einer bedingten Erwartung einer bedingten Erwartung bezüglich der σ-Algebren $\mathcal{F}_{t_i} \supseteqq \mathcal{F}_s$ darstellen, erhalten wir

$$\mathsf{M}[\mathsf{M}\big(f(t_i, \omega)\,(w_{t_{i+1}} - w_{t_i}) \mid \mathcal{F}_{t_i}\big) \mid \mathcal{F}_s] = \mathsf{M}[f(t_i, \omega)\,\mathsf{M}(w_{t_{i+1}} - w_{t_i} \mid \mathcal{F}_{t_i}) \mid \mathcal{F}_s] = 0 \text{ (f.s.)}\,.$$

Aufgabe 1. Man beweise e) (für Treppenfunktionen).

Jetzt wird die isometrische lineare Abbildung I der Menge aller zufälligen Treppenfunktionen $f \in \boldsymbol{L}^2([0, T) \times \Omega, \mathcal{BF}, \text{mes} \times \mathsf{P})$ in $\boldsymbol{L}^2(\Omega)$ wie üblich auf die Abschließung der Menge aller Treppenfunktionen in $\boldsymbol{L}^2([0, T) \times \Omega)$ stetig fortgesetzt. Es ergibt sich eine isometrische lineare Abbildung dieser Abschließung in den $\boldsymbol{L}^2(\Omega)$. (Wenn wir wollen, daß die Bedingung b) erfüllt sein soll, können wir gar nichts anderes tun.) Wir erinnern daran, wie eine stetige Fortsetzung ausgeführt wird: Ist eine zufällige Funktion f der Grenzwert progressiv meßbarer Treppenfunktionen f_n in $\boldsymbol{L}^2([0, T) \times \Omega)$, so ist die Folge f_n in $\boldsymbol{L}^2([0, T) \times \Omega)$ fundamental, folglich ist auch $I(f_n)$ eine Fundamentalfolge in $\boldsymbol{L}^2(\Omega)$ (der Abstand zwischen den Elementen ist jeweils gleich). Da der Raum $\boldsymbol{L}^2(\Omega)$ vollständig ist, existiert

$$I(f) = \underset{n \to \infty}{\text{l.i.m.}}\, I(f_n)\,.$$

Um den Aufbau des stochastischen Integrales zu vollenden, muß gezeigt werden, daß die Abschließung der Menge aller zufälligen Treppenfunktionen von $\boldsymbol{L}^2([0, T) \times \Omega, \mathcal{BF}, \text{mes} \times \mathsf{P})$ mit dem ganzen Raum zusammenfällt.

Aufgabe 2. Wir betrachten den Raum $\boldsymbol{L}^2 = \boldsymbol{L}^2([0, T))$ der bezglich des Lebesgue-Maßes quadratisch integrierbaren Funktionen auf dem Intervall $[0, T)$. Für $f \in \boldsymbol{L}^2$ und $h > 0$ definieren wir die Treppenfunktion f_h: $f_h(t) = 0$ für $0 \leqq t < h$ und $t \geqq h^{-1}$, $f_h(t) = h^{-1} \int_{(k-1)h}^{kh} f(s)\,\mathrm{d}s$ für $kh \leqq t < (k+1)\,h \wedge h^{-1}$. Man beweise, daß $f_h \to f$ $(h \downarrow 0)$ im Sinne der Quadratmittelkonvergenz auf $[0, T)$ folgt, wobei $\int_0^T |f_h(t)|^2\,\mathrm{d}t \leqq \int_0^T |f(t)|^2\,\mathrm{d}t$ für alle h gilt.

Zu der zufälligen Funktion $f \in \boldsymbol{L}^2(\mathcal{BF})$ definieren wir nun eine Folge von Treppenfunktionen $f_n(t, \omega)$ durch $n \int_{(k-1)/n}^{k/n} f(s, \omega)\,\mathrm{d}s$ für $k/n \leqq t < (k+1)/n$. Divergiert dieses Integral, so ersetzen wir es durch Null. Entsprechend dem Satz von Fubini tritt dieser letzte Fall nur mit Wahrscheinlichkeit 0 auf, wobei das Integral als Funktion von ω meßbar bezüglich der σ-Algebra $\mathcal{F}_{k/n}$ ist. Das bedeutet, daß f_n eine zufällige Treppenfunktion aus $\boldsymbol{L}^2(\mathcal{BF})$ ist. Gemäß Aufgabe 2 gilt

$$\int_0^T |f_n(t, \omega)|^2\,\mathrm{d}t \leqq \int_0^T |f(t, \omega)|^2\,\mathrm{d}t \quad \text{und} \quad \int_0^T |f_n(t, \omega) - f(t, \omega)|^2\,\mathrm{d}t \to 0 \quad (n \to \infty)$$

für alle solchen ω, für welche die Funktion $f(.,\omega)$ quadratisch integrierbar ist. Hieraus erhalten wir mit dem Satz von der majorisierten Konvergenz die Beziehung $\mathsf{M}\int_0^T |f_n(t,\omega) - f(t,\omega)|^2\,dt \to 0$.

Damit ist das stochastische Integral konstruiert. Es bleibt zu zeigen, daß bei der stetigen Fortsetzung die Eigenschaften d)–g) erhalten bleiben. Für die Eigenschaft d) ist das einfach, die Erhaltung von e) wird fast ebenso wie f) bewiesen. Für e) muß geprüft werden, daß

$$\int_A I(f)\,I(g)\,\mathsf{P}(d\omega) = \int_A \left[\int_0^T f(t,\omega)\,g(t,\omega)\,dt\right]\mathsf{P}(d\omega) \tag{2}$$

für beliebiges $A \in \mathcal{F}_s$ gilt, falls $f, g \equiv 0$ bei $t < s$ ist. Für Treppenfunktionen ist uns (2) bekannt. Wir definieren f_n, g_n wie schon oben beschrieben; für $t < s$ ist $f_n = g_n = 0$. Es folgt

$$\int_A I(f_n)\,I(g_n)\,\mathsf{P}(d\omega) = \int_A \left[\int_0^T f_n(t,\omega)\,g_n(t,\omega)\,dt\right]\mathsf{P}(d\omega)\,. \tag{3}$$

Die rechte Seite von (3) unterscheidet sich von der rechten Seite von (2) um nicht mehr als

$$\int_A\int_0^T |f|\cdot|g_n - g|\,d\mathsf{P}\,dt + \int_A\int_0^T |g|\cdot|f_n - f|\,d\mathsf{P}\,dt + \int_A\int_0^T |f_n - f|\cdot|g_n - g|\,d\mathsf{P}\,dt\,. \tag{4}$$

Die Integrale $\int_A\int_0^T$ übertreffen $\int_\Omega\int_0^T$ nicht, und der Ausdruck (4) ist kleiner als

$$\|f\|\cdot\|g_n - g\| + \|g\|\cdot\|f_n - f\| + \|f_n - f\|\cdot\|g_n - g\| \to 0 \quad (n \to \infty) \tag{5}$$

($\|.\|$ ist die Norm in $L^2([0, T) \times \Omega)$; es wird die Ungleichung von Cauchy-Bunjakowski benutzt). Die linken Seiten von (2) und (3) unterscheiden sich um weniger als

$$\int_A [|I(f)|\cdot|I(g_n - g)| + |I(g)|\cdot|I(f_n - f)| + |I(f_n - f)|\cdot|I(g_n - g)|]\,d\mathsf{P}$$

und dieses ist wiederum kleiner als

$$\|I(f)\|\cdot\|I(g_n - g)\| + \|I(g)\|\cdot\|I(f_n - f)\| + \|I(f_n - f)\|\cdot\|I(g_n - g)\|\,. \tag{6}$$

Infolge der Isometrie von I ist der Ausdruck (6) gleich (5) und strebt für $n \to \infty$ gegen 0.

Folglich ergibt der Grenzübergang in (3) die Beziehung (2).

Aufgabe 3. Man beweise, daß aus der Gültigkeit der Eigenschaft e) für $f_n(.,.)$ ihre Gültigkeit für $f(.,.) = \operatorname{l.i.m.}_{n\to\infty} f_n(.,.)$ folgt.

Mit Ausnahme von g) ist der Satz bewiesen.

Aufgabe 4. Man beweise die Behauptung g) des Satzes.

2. Beispiele. Es sei w_t, $t \geqq 0$, $w_0 = 0$ ein Wiener-Prozeß.

a) Die Funktion w_t selbst ist progressiv meßbar und auf $[0, T) \times \Omega$, $T < \infty$ quadratisch integrierbar: $\int_0^T \mathsf{M}w_t^2\,dt = \int_0^T t\,dt = T^2/2$. Wir wollen sehen, was $\int_0^T w_t\,dw_t$ ergibt. Dazu wählen wir eine Zerlegung $0 = t_0 < t_1 < \dots < t_{n-1} < t_n = T$ des Intervalles und eine Treppenfunktion $f(t,\omega)$, die gleich w_{t_i} in $t_i < t < t_{i+1}$ ist. Wir haben

$\int\limits_0^T \mathsf{M}(f(t,\omega) - w_t)^2\,dt = \sum\limits_{i=0}^{n-1} \int\limits_{t_i}^{t_{i+1}} \mathsf{M}(w_t - w_{t_i})^2\,dt = \frac{1}{2} \sum\limits_{i=0}^{n-1} (t_{i+1} - t_i)^2$. Bei Verfeinerung der Zerlegung (d. h. bei dem Grenzübergang $\max (t_{i+1} - t_i) \to 0$) strebt diese Summe gegen Null, so daß

$$\int\limits_0^T w_t\,dw_t = \text{l.i.m.} \sum_{i=0}^{n-1} w_{t_i}(w_{t_{i+1}} - w_{t_i}) \tag{7}$$

gilt. Wir betrachten die Identität

$$\begin{aligned} w_T^2 &= \sum_{i=0}^{n-1} (w_{t_{i+1}} - w_{t_i})^2 + 2 \sum_{i=0}^{n-1} \sum_{j<i} (w_{t_{i+1}} - w_{t_i})(w_{t_{j+1}} - w_{t_j}) \\ &= \sum_{i=0}^{n-1} (w_{t_{i+1}} - w_{t_i})^2 + 2 \sum_{i=0}^{n-1} (w_{t_{i+1}} - w_{t_i})\, w_{t_i}\,. \end{aligned}$$

Die linke Seite hängt nicht von der Zerlegung ab, die erste Summe der rechten Seite konvergiert im Quadratmittel gegen T (siehe § 1.2). Hieraus ergibt sich

$$\int\limits_0^T w_t\,dw_t = (w_T^2 - T)/2\,.$$

b) Es sei τ eine MARKOW-Zeit, dann ist die zufällige Funktion $\chi_{<\tau}(t)$, die für $t < \tau$ gleich 1 und 0 für $t \geqq \tau$ ist, progressiv meßbar (Aufgabe 16 Kap. 6). Wir beweisen, daß im Falle $\mathsf{M}\tau < \infty$

$$\int\limits_0^\infty \chi_{<\tau}(t)\,dw_t = w_\tau \qquad \text{(f.s.)} \tag{8}$$

gilt.

Aufgabe 5. Man überzeuge sich, daß (8) für MARKOW-Zeiten, die endlich viele Werte $t_1, \ldots, t_n$ annehmen, erfüllt ist.

Jetzt definieren wir zu der beliebigen MARKOW-Zeit τ die MARKOW-Zeiten $\tau_n = n \wedge ([2^n\tau] + 1)/2^n$ (vgl. Kap. 6, P. 2). Sie konvergieren für $n \to \infty$ gegen τ, wobei alle τ_n durch die Zufallsgröße $\tau + 1$ majorisiert werden und somit endliche Erwartungswerte besitzen. Hieraus folgt $\chi_{<\tau(\cdot)}(\cdot) = \text{l.i.m.}_{n\to\infty}\, \chi_{<\tau_n(\cdot)}(\cdot)$. Aus den Eigenschaften des stochastischen Integrales erhalten wir

$$\int\limits_0^\infty \chi_{<\tau}(t)\,dw_t = \underset{n\to\infty}{\text{l.i.m.}} \int\limits_0^\infty \chi_{<\tau_n}(t)\,dw_t = \underset{n\to\infty}{\text{l.i.m.}}\, w_{\tau_n}\,. \tag{9}$$

Auf der anderen Seite gilt

$$w_\tau = \lim_{n\to\infty} w_{\tau_n} \tag{10}$$

im Sinne der Konvergenz für alle ω. Konvergiert ein und dieselbe Folge von Zufallsgrößen in demselben Sinne gegen zwei Zufallsgrößen, so stimmen die Grenzwerte fast sicher überein. In den Formeln (9) und (10) ist nun von verschiedenen Konvergenzarten die Rede, wobei jeweils die eine Konvergenz nicht aus der anderen folgt. Indessen folgt aus beiden die *Konvergenz in Wahrscheinlichkeit*, so daß w_τ und $\int\limits_0^\infty \chi_{<\tau}(t)\,dw_t$ in Wahrscheinlichkeit Grenzwerte von w_{τ_n} sind. Folglich stimmen sie überein.

Die angeführten Konvergenzarten im Quadratmittel und für alle (oder fast alle) ω werden auf den einen „gemeinsamen Nenner", die Konvergenz in Wahrscheinlichkeit gebracht.

Diese Methode werden wir im folgenden Paragraphen benutzen, um die Übereinstimmung verschiedener Ausdrücke stochastischer Integrale mit Wahrscheinlichkeit 1 festzustellen.

Aus (8) ergibt sich eine interessante Folgerung: *Für jede Markow-Zeit mit endlichem Erwartungswert gilt*

$$\mathsf{M}w_\tau = 0\,, \qquad \mathsf{M}(w_\tau)^2 = \mathsf{M}\tau\,. \tag{11}$$

Aufgabe 6. Ist es möglich, daß für eine MARKOW-Zeit mit $\mathsf{M}\tau = \infty$ die Größen $\mathsf{M}w_\tau$, $\mathsf{M}(w_\tau)^2$ endlich sind? Kann dabei $\mathsf{M}w_\tau \neq 0$ gelten?

Aufgabe 7. Es seien A, b positive Konstanten und τ der erste Zeitpunkt, zu dem $|w_t| = b\sqrt{A+t}$ gilt (aufgrund des Gesetzes vom iterierten Logarithmus (Aufgabe 8*, § 7.2) ist τ mit Wahrscheinlichkeit 1 endlich). Man beweise, daß $\mathsf{M}\tau = \infty$ für $b \geqq 1$ gilt. Im Falle $b < 1$ und unter der Voraussetzung $\mathsf{M}\tau < \infty$ drücke man $\mathsf{M}\tau$ durch A und b aus.

Aufgabe 8*. Man zeige, daß $\mathsf{M}\tau < \infty$ für $b < 1$ gilt.

3. Aufgabe 9. Die progressiv meßbare Funktion $f(t, \omega)$, $0 \leqq t \leqq T < \infty$, sei in t im Quadratmittel stetig. Man beweise, daß dann bei Verfeinerung der Zerlegung $0 = t_0 < t_1 < \dots t_{n-1} < t_n = T$

$$\int_0^T f(t, \omega)\,\mathrm{d}w_t = \mathrm{l.i.m.} \sum_{i=0}^{n-1} f(t_i, \omega)\,(w_{t_{i+1}} - w_{t_i}) \tag{12}$$

gilt.

In der Integralsumme (12) darf man $f(t_i, \omega)$ nicht durch $f(s_i, \omega)$ mit einem willkürlichen Punkt s_i des Intervalles $[t_i, t_{i+1}]$ ersetzen. So gilt zum Beispiel

$$\mathrm{l.i.m.} \sum w_{t_{i+1}}(w_{t_{i+1}} - w_{t_i}) = (w_T^2 + T)/2 \neq \mathrm{l.i.m.} \sum w_{t_i}(w_{t_{i+1}} - w_{t_i})\,.$$

4. Wir definieren $\int_{t_1}^{t_2} f(t, \omega)\,\mathrm{d}w_t$ als $\int_0^T \chi_{[t_1,t_2)}(t)\, f(t, \omega)\,\mathrm{d}w_t$, $0 \leqq t_1 \leqq t_2 \leqq T$. Leicht ist zu sehen, daß fast sicher $\int_{t_1}^{t_2} = \int_0^{t_2} - \int_0^{t_1}$ gilt.

Nun betrachten wir $\int_0^t f(s, \omega)\,\mathrm{d}w_s(\omega)$, wobei t das Intervall $[0, T]$ durchläuft. Welche Eigenschaften wird dieser stochastische Prozeß besitzen? Wir erinnern uns, daß zu jedem t dieses stochastische Integral nur mit einer Genauigkeit bis auf Mengen der Wahrscheinlichkeit 0 eindeutig definiert ist. Deshalb muß man berücksichtigen, daß man verschiedene *Varianten* dieses stochastischen Integrales wählen kann.

Satz 2. *Es sei* $f \in \boldsymbol{L}^2([0, T) \times \Omega, \mathcal{B}\mathcal{F}, \mathrm{mes} \times \mathsf{P})$. *Wir definieren den zufälligen Prozeß*

$$\eta_t = \int_0^t f(s, \omega)\,\mathrm{d}w_s\,, \quad 0 \leqq t \leqq T\,.$$

Dann ist

a) η_t, $t \in [0, T]$, *ein Martingal bezüglich der Familie von σ-Algebren* $\mathcal{F}_t$ $\left(\textit{für } \mathcal{F}_\infty \textit{ wird } \sigma\left(\bigcup_t \mathcal{F}_t\right) \textit{gesetzt}\right)$;

b) $\mathsf{M}(|\eta_t - \eta_s|^2 \mid \mathcal{F}_s) = \mathsf{M}\left(\int_s^t |f(u, \omega)|^2\,\mathrm{d}u \mid \mathcal{F}_s\right)$ (f.s.).

Ferner existiert eine solche Variante der Zufallsgrößen η_t, so daß

c) *die zufällige Funktion* η_t, $0 \leqq t \leqq T$, progressiv meßbar ist;

d) *für fast alle* ω *die Trajektorien* $\eta_t(\omega)$ *in* t *stetig auf ganz* $[0, T]$ *sind* (*einschließlich auch von links im Punkte* ∞, *wenn* $T = \infty$ *gilt*).

Der Beweis wird naturgemäß auf folgende Weise geführt. Zuerst wird a)—d) für Treppenfunktionen nachgeprüft. Übrigens haben wir a) und b) faktisch schon für alle Funktionen $f \in L^2(\mathcal{BF})$ bewiesen, sie folgen aus den Punkten d) und e) des Satzes 1. Danach stellen wir dieses Eigenschaften für alle f mit Hilfe von Grenzübergängen fest.

Aufgabe 10. Man stelle die Gültigkeit von c) und d) für Treppenfunktionen fest.

Jetzt sei f_n eine solche Folge von Treppenfunktionen aus $L^2(\mathcal{BF})$, so daß $\mathsf{M}\int_0^T |f_n(t, \omega) - f(t, \omega)|^2\, dt < 1/10^n$, $n = 1, 2, \ldots$ gilt. Dann ist $\mathsf{M}\int_0^T |f_n(t, \omega) - f_{n+1}(t, \omega)|^2\, dt < 2/10^n$ und da $\int_0^t [f_{n+1}(s, \omega) - f_n(s, \omega)]\, dw_s$ ein Martingal mit stetigen Trajektorien ist, ergibt sich mit der KOLMOGOROWschen Ungleichung

$$\mathsf{P}\left\{\sup_{0 \leq t \leq T}\left|\int_0^t f_{n+1}(s, \omega)\, dw_s - \int_0^t f_n(s, \omega)\, dw_s\right| \geqq 1/2^n\right\}$$
$$\leqq \mathsf{M}\left|\int_0^T [f_{n+1}(s, \omega) - f_n(s, \omega)]\, dw_s\right|^2 /(1/2)^2 < 1/2^{n-1}\,.$$

Da die Reihe dieser Wahrscheinlichkeiten konvergiert, erhalten wir mit dem Lemma von BOREL-CANTELLI, daß mit Wahrscheinlichkeit 1 nur endlich viele der Ereignisse in den geschweiften Klammern auftreten. Das bedeutet, daß mit Wahrscheinlichkeit 1 die Reihe

$$\int_0^t f_1(s, \omega)\, dw_s + \left(\int_0^t f_2(s, \omega)\, dw_s - \int_0^t f_1(s, \omega)\, dw_s\right) + \cdots$$
$$+ \left(\int_0^t f_n(s, \omega)\, dw_s - \int_0^t f_{n-1}(s, \omega)\, dw_s\right) + \cdots$$

auf dem Intervall $[0, T]$ gleichmäßig konvergiert. Abschließend wählen wir noch eine geeignete Variante η_t mit

$$\eta_t = \begin{cases} \lim\limits_{n\to\infty} \int_0^t f_n(s, \omega)\, dw(s)\,, & \text{falls die Folge der Integrale konvergiert,} \\ 0, & \text{falls sie divergiert.} \end{cases} \tag{13}$$

Dieser Grenzwert ist progressiv meßbar, und mit Wahrscheinlichkeit 1 ist η_t als Grenzwert einer gleichmäßig konvergenten Folge stetiger Funktionen in t stetig. Bei fixiertem t ist die Zufallsgröße η_t eine Variante des stochastischen Integrales $\int_0^t f(s, \omega)\, dw_s$.

Die Behauptung d) des Satzes kann man auch so formulieren: Sind die σ-Algebren $\mathcal{F}_t$ bezüglich des Wahrscheinlichkeitsmaßes P vollständig, so können die Trajektorien η_t für *alle* t und ω stetig gewählt werden. In der Tat, setzen wir alle unstetigen Trajektorien identisch Null, so wird wegen der Vollständigkeit der σ-Algebren die Bedingung c) nicht verletzt.

Die Aussage P. 2b), die sich auf den Wert von w_t zu der MARKOW-Zeit τ bezieht, läßt sich auf die stetige Variante des stochastischen Integrales übertragen. Für $\mathsf{M}\int_0^\infty |f(s, \omega)|^2\, ds < \infty$ gilt $\eta_\tau = \int_0^\infty \chi_{<\tau}(s)\, f(s, \omega)\, dw_s$, wobei η_τ das Resultat einer Substitution von $\tau = \tau(\omega)$ in die stetige Variante η_t des stochastischen Integrales $\int_0^t f(s, \omega)\, dw_s$

ist: $\eta_\tau = \eta_{\tau(\omega)}(\omega)$. Da das stochastische Integral den Erwartungswert Null hat, gilt insbesondere $\mathsf{M}\eta_\tau = 0$. (Etwas einprägsamer, aber weniger präzis geschrieben $\mathsf{M}\int\limits_0^\tau f(s, \omega)\, dw_s = 0$.)

5. Bei der Konstruktion von Diffusionsprozessen mit Hilfe stochastischer Integralgleichungen (§ 4) werden wir zulassen, daß die Trajektorien in verschiedenen Punkten des Phasenraumes beginnen. Dazu betrachten wir stochastische Integrale von Funktionen der Gestalt $f(x; s, \omega)$. Dabei muß die technische Forderung der Meßbarkeit in x beachtet werden. Die Meßbarkeit in (t, ω) gewährleisten wir durch die Anwendung der meßbaren Operation des Grenzüberganges (13), indem eine schnell konvergierende Folge $f_n(\cdot, \cdot)$ gewählt wird. Aber im allgemeinen Fall gelingt es nicht, diese Methode für $f(x; s, \omega)$ anzuwenden, weil wir nicht wissen, wie eine Folge $f_n(x; s, \omega)$ zu wählen ist, die gleichzeitig für alle x schnell konvergiert. Diese technische Schwierigkeit überwinden wir für eine Klasse von Funktionen, die gewissen Einschränkungen genügen.

Es sei $(X, \mathscr{B})$ ein meßbarer Raum. Auf dem Raum $X \times [0, \infty) \times \Omega$ betrachten wir Funktionen $f(x; t, \omega)$, wobei $f(x; s, \omega)$ zu jedem $t \geqq 0$ auf der Menge $X \times [0, t] \times \Omega$ bezüglich der σ-Algebra $\mathscr{B} \times \mathscr{B}_{[0,t]} \times \mathscr{F}_t$ meßbar ist. Das sind bezüglich der Produkt-σ-Algebra $\mathscr{B} \times \mathscr{B}\mathscr{F}$ meßbare Funktionen.

Satz 3. *Es sei $f(x; t, \omega)$ eine Funktion auf der Menge $X \times [0, \infty) \times \Omega$, die meßbar bezüglich $\mathscr{B} \times \mathscr{B}\mathscr{F}$ ist und für die $\mathsf{M}\int\limits_0^T |f(x; t, \omega)|^2\, dt < \infty$ für alle $x \in X$ und $T < \infty$ gilt. Es existiere eine Funktion $K(x, T) < \infty$, $x \in X$, $T < \infty$, mit $\mathsf{M}\,|f(x; t, \omega) - f(x; s, \omega)|^2 \leqq K(x, T) \cdot |t - s|$ für alle $x \in X$ und $s, t \leqq T$. Dann gibt es eine Variante des stochastischen Integrales*

$$\eta(x; t, \omega) = \int\limits_0^t f(x; s, \omega)\, dw_s\,,$$

die ebenfalls meßbar bezüglich $\mathscr{B} \times \mathscr{B}\mathscr{F}$ und in t stetig für fast alle ω ist.

B e w e i s. Für Treppenfunktionen f_n ist die $\mathscr{B} \times \mathscr{B}\mathscr{F}$-Meßbarkeit und Stetigkeit in t der Funktionen

$$\int\limits_0^t f_n(x; s, \omega)\, dw_s = f_n(x; t_0, \omega) \cdot (w_{t_1} - w_{t_0}) + \dots + f_n(x; t_k, \omega) \cdot (w_t - w_{t_k})\,, \quad t_k \leqq t \leqq t_{k+1}\,,$$

offenbar. Wir setzen $f_n(x; t, \omega) = f(x; [10^n t]/10^n, \omega)$ und $\eta(x; t, \omega) = \lim\limits_{n\to\infty} \int\limits_0^t f_n(x; s, \omega)\, dw_s$, falls dieser Grenzwert existiert, anderenfalls sei $\eta(x; t, \omega) = 0$. Dann ist diese Folge für jedes x mit Wahrscheinlichkeit 1 auf jedem endlichen t-Intervall gleichmäßig konvergent.

6. Ist $w_t = (w_t^1, \dots, w_t^r)$ ein mehrdimensionaler WIENER-Prozeß, so wird für die Funktion $f(t, \omega) = (f_1(t, \omega), \dots, f_r(t, \omega))$, $f_i \in \boldsymbol{L}^2([0, T) \times \Omega, \mathscr{B}\mathscr{F}, \mathrm{mes} \times \mathsf{P})$ das stochastische Integral $\int\limits_0^T f(t, \omega)\, dw_t = \int\limits_0^T \sum\limits_{i=1}^r f_i(t, \omega)\, dw_t^i$ einfach als Summe der Integrale jeder einzelnen Komponente

$$\sum_{i=1}^r \int\limits_0^T f_i(t, \omega)\, dw_t^i$$

definiert. Es besitzt die gleichen Eigenschaften, insbesondere gilt

$$\mathsf{M}\left|\int\limits_0^T \sum_{i=1}^r f_i(t, \omega)\, dw_t^i\right|^2 = \mathsf{M}\int\limits_0^T \sum_{i=1}^r |f_i(t, \omega)|^2\, dt\,.$$

7. Man kann das stochastische Integral einer progressiv meßbaren Funktion, für die $\mathsf{M}\int\limits_0^T |f|^2\, dt = \infty$ gilt, aber $\int\limits_0^T |f|^2\, dt$ mit Wahrscheinlichkeit 1 konvergent ist, definieren. Solche stochastischen Integrale sind bereits keine Martingale mehr, aber eine Reihe guter

Eigenschaften bleiben für sie trotzdem erhalten (siehe zum Beispiel Gichman und Skorochod [1]). In diesem Buch werden wir nicht auf derartige Integrale eingehen.

§ 12.2. Stochastische Differentiale. Die Itô-Formel

1. Es seien w_t ein eindimensionaler Wiener-Prozeß und $\mathcal{F}_t$ die mit ihm auf die im vorigen Paragraphen beschriebene Weise verbundenen σ-Algebren. Ferner sei ξ_t, $t \geqq 0$, ein progressiv meßbarer zufälliger Prozeß mit Werten in $(R^1, \mathcal{B}^1)$. Wir sagen, daß dieser Prozeß das *stochastische Differential*

$$d\xi_t = f(t, \omega)\, dw_t + g(t, \omega)\, dt$$

besitzt, falls

— fast alle Trajektorien $\xi_t(\omega)$ stetig sind,

— $f(t, \omega)$ und $g(t, \omega)$ progressiv meßbare zufällige Funktionen sind, f für jedes endliche T zu $L^2([0, T) \times \Omega)$ gehört, g im Mittel auf jedem endlichen Intervall für fast alle ω integrierbar ist und

— fast sicher für alle t

$$\xi_t = \xi_0 + \int_0^t f(s, \omega)\, dw_s + \int_0^t g(s, \omega)\, ds$$

gilt.

Jetzt seien ein r-dimensionaler Wiener-Prozeß $w_t = (w_t^1, \dots, w_t^r)$ und die Familie von σ-Algebren $\mathcal{F}_t$ gegeben. Wir definieren, was wir darunter verstehen wollen, daß der l-dimensionale zufällige Prozeß $\xi_t = (\xi_t^1, \dots, \xi_t^l)$ (dessen Trajektorien fast alle stetig sind) das stochastische Differential

$$d\xi_t = f(t, \omega)\, dw_t + g(t, \omega)\, dt \tag{1}$$

besitzt. Dabei sei $f(t, \omega)$ eine progressiv meßbare Matrizenfunktion $\big(f_j^i(t, \omega)\big)$, $i = 1, \dots, l$, $j = 1, \dots, r$; und g eine Vektorfunktion $g(t, \omega) = \big(g^1(t, \omega), \dots, g^l(t, \omega)\big)$. In Koordinatenschreibweise besitzt die Formel (1) die Gestalt

$$d\xi_t^i = \sum_{j=1}^r f_j^i(t, \omega)\, dw_t^j + g^i(t, \omega)\, dt\,, \quad i = 1, \dots, l \tag{2}$$

(diese Bezeichnung ist bei der Beschreibung von Tensoren üblich: tritt ein Index einmal unten und einmal oben auf, so ist über ihn zu summieren). Nach Definition bedeutet (1) oder (2), daß

$$\xi_t^i = \xi_0^i + \int_0^t \sum_{j=1}^r f_j^i(s, \omega)\, dw_s^j + \int_0^t g^i(s, \omega)\, ds\,, \quad i = 1, \dots, l$$

gilt.

Die Formulierung des Beispieles 2a) vom vorigen Paragraphen besitzt in der Sprache stochastischer Differentiale die Gestalt $d(w_t)^2 = 2w_t\, dw_t + dt$.

2. Satz 1. *Der l-dimensionale Prozeß ξ_t besitze das stochastische Differential* (1) *(in anderer Form* — (2)*), $F(t, x)$, $t \geqq 0$, $x \in R^l$, sei eine zahlenwertige, einmal nach t und zweimal nach x^i, x^j stetig differenzierbare Funktion, wobei die partiellen Ableitungen $\frac{\partial F}{\partial x^i}$ beschränkt sein mögen. Dann besitzt der zufällige Prozeß $F(t, \xi_t)$ auch ein stocha-*

stisches Differential

$$dF(t, \xi_t) = \sum_{j=1}^{r}\left[\sum_{i=1}^{l} \frac{\partial F}{\partial x^i}(t, \xi_t)\, f^i_j(t, \omega)\right] dw^j_t$$

$$+ \left[\frac{\partial F}{\partial t}(t, \xi_t) + \sum_{i=1}^{l} \frac{\partial F}{\partial x^i}(t, \xi_t)\, g^i(t, \omega) + \frac{1}{2} \sum_{i,j=1}^{l} \frac{\partial^2 F}{\partial x^i\, \partial x^j}(t, \xi_t) \sum_{k=1}^{r} f^i_k(t, \omega)\, f^j_k(t, \omega)\right] dt\,. \quad (3)$$

Möglicherweise überblickt der Leser diese Formel nicht sofort.

Wir wollen veranschaulichen, mit welchen Überlegungen man zu ihr kommen kann. Abgesehen von allem anderen, hilft das dem Leser, diese Formel sowohl in der allgemeinen Form, als auch in konkreten Spezialfällen selbständig aufzuschreiben. Der Beweisgang wird ebenfalls skizziert.

In einem stochastischen Differential gibt es Glieder $f^i_j\, dw^i_t$ der Ordnung $(dt)^{1/2} \times (w^j_{t+dt} - w^j_t)$, sie sind normal mit dem Erwartungswert 0 und der Standardabweichung $\sigma = \sqrt{dt}$. Weiterhin gibt es die Glieder $g^i\, dt$ der Ordnung dt. Es ist sinnlos, Glieder höherer Ordnung, beispielsweise $(dt)^{3/2}$, einzuführen, da sie bei einer Integration allesamt verschwinden (eine Integralsumme aus Summanden der Ordnung $(\Delta t)^{3/2}$ mit einer Summandenzahl der Ordnung $(\Delta t)^{-1}$ konvergiert gegen 0). Wir schreiben die TAYLOR-Entwicklung für $F(t + dt, \xi_{t+dt})$ auf, wobei wir die Glieder der Entwicklung von nicht höherer Ordnung als dt nehmen. Das Differential einer glatten Funktion $h(t)$ besitzt die Ordnung dt, so daß zur Bestimmung von $dF(t, h(t))$ die TAYLOR-Entwicklung nur bis zu den Gliedern erster Ordnung genommen werden muß: die folgenden sind schon von der Ordnung $(dt)^2$. Zur Bestimmung des Differentials $dF(t, \xi_t)$ werden außer den Gliedern zweiter Ordnung noch Glieder der Form $\frac{1}{2}\frac{\partial^2 F}{\partial x^i\, \partial x^j}\, d\xi^i_t\, d\xi^j_t$ gebraucht, indessen sind die Glieder $\frac{1}{2}\frac{\partial^2 F}{\partial t^2}(dt)$, $\frac{\partial^2 F}{\partial t\, \partial x^i}\, dt\, d\xi^i_t$ sowie Glieder von dritter Ordnung bereits nicht mehr nötig — sie sind von der Ordnung $(dt)^{3/2}$ oder höher. Wir wollen die Entwicklung niederschreiben:

$$F(t + dt, \xi_t + d\xi_t) - F(t, \xi_t) = \frac{\partial F}{\partial t}\, dt + \sum_i \frac{\partial F}{\partial x^i}\, d\xi^i_t + \frac{1}{2}\sum_{i,j} \frac{\partial^2 F}{\partial x^i\, \partial x^j}\, d\xi^i_t\, d\xi^j_t\,. \quad (4)$$

In die Summanden $\frac{\partial F}{\partial x^i}\, d\xi^i_t$ setzen wir die Glieder mit dw^j_t und dt ein. Ferner formen wir $d\xi^i_t\, d\xi^j_t$ um

$$d\xi^i_t\, d\xi^j_t = \left(\sum_k f^i_k\, dw^k_t + g^i\, dt\right)\left(\sum_l f^j_l\, dw^l_t + g^j\, dt\right) = \sum_{k,l} f^i_k f^j_l\, dw^k_t\, dw^l_t$$

(Glieder mit $dw^k_t\, dt$ und $(dt)^2$ vernachlässigen wir, weil sie im Vergleich zu dt unendlich klein sind). Das Produkt von Differentialen $dw^k_t\, dw^l_t$ hat die Ordnung dt, aber was machen wir im weiteren mit ihnen? Wir erinnern daran, daß uns Differentiale nur insofern interessieren, als daß wir sie integrieren werden. Welche Werte besitzen die Integrale

$$\int_s^t (dw^l_u)^2\,, \qquad \int_s^t dw^1_u\, dw^2_u\,?$$

Die Resultate der Punkte 4, 5 § 1.2 zeigen, daß das erste Integral gleich $t - s$ und das zweite gleich Null ist (das sind alles nur angedeutete Überlegungen, aber es ist bereits klar, daß man sich beim Beweis auf die Ergebnisse der Punkte 4, 5 § 1.2 wird stützen müssen). Folglich muß man $(dw^k_t)^2$ durch dt und $dw^k_t\, dw^l_t$ für $k \neq l$ durch 0 ersetzen.

Wir erhalten $d\xi_t^i\, d\xi_t^j = \sum_k f_k^i f_k^j\, dt$. Indem wir diesen Ausdruck für $d\xi_t^i$ und $d\xi_t^i\, d\xi_t^j$ in (4) einsetzen, bekommen wir (3).

Wir formulieren eine Rechenregel für stochastische Differentiale: *Um* $dF(t, \xi_t)$ *zu finden, schreiben wir die Taylor-Entwicklung für* $F(t + dt, \xi_t + d\xi_t)$ *nahe dem Punkte* (t, ξ_t) *bis zu den Gliedern mit zweiten Ableitungen auf, davon ziehen wir* $F(t, \xi_t)$ *ab. Danach streichen wir* $(dt)^2$, $dt\, dw_t^k$ *und* $dw_t^k\, dw_t^l$ *mit* $k \neq l$ *und ersetzen* $(dw_t^k)^2$ *durch* dt.

Die Formel (3) stammt von K. Itô und wird nach ihm benannt. Sie heißt auch Substitutionsregel für stochastische Integrale (sind doch die stochastischen Differentiale nach Definition eine Kurzform gewisser Integralbeziehungen).

Beispiele betrachten wir, nachdem wir den Satz bewiesen haben.

3. Den Beweis von Satz 1 führen wir — der bequemeren Bezeichnungen halber — im Fall $r = l = 1$. Wir werden nämlich Funktionenfolgen untersuchen, die gegen $f(u, \omega)$ bzw. $g(u, \omega)$ konvergieren. Dies würde im mehrdimensionalen Fall auf umständliche Bezeichnungen von der Art $f_j^{i(n)}(u, \omega)$, $g^{i(n)}(u, \omega)$ führen[1]). Somit ist

$$F(t, \xi_t) - F(s, \xi_s) = \int_s^t \frac{\partial F}{\partial x}(u, \xi_u)\, f(u, \omega)\, dw_u$$

$$+ \int_s^t \left[\frac{\partial F}{\partial t}(u, \xi_u) + \frac{\partial F}{\partial x}(u, \xi_u)\, g(u, \omega) + \frac{1}{2}\frac{\partial^2 F}{\partial x^2}(u, \xi_u)\, f(u, \omega)^2\right] du \qquad (5)$$

zu zeigen (aus den Voraussetzungen des Satzes folgt, daß das stochastische Integral einen Sinn hat).

Wir wählen eine Folge von Treppenfunktionen $f^{(n)} \in L^2(\mathcal{BF})$, die in diesem Raum gegen f konvergieren und eine Folge progressiv meßbarer Treppenfunktionen $g^{(n)}(u, \omega)$ die für fast jedes ω gegen $g(u, \omega)$ im Mittel auf dem Intervall $[0, t)$ konvergieren (wie das für f geschieht, wurde im vorigen Paragraphen gezeigt; dieselbe Konstruktion führt auch zu den nötigen Resultaten bezüglich g). Wir setzen

$$\xi_{(n)}^t = \xi_0 + \int_0^t f^{(n)}(u, \omega)\, dw_u + \int_0^t g^{(n)}(u, \omega)\, du\,.$$

Aufgabe 1. Man beweise, daß $\xi_s^{(n)}$, $0 \leqq s \leqq t$ in Wahrscheinlichkeit *gleichmäßig* gegen ξ_s konvergiert, in dem Sinne, daß für jedes $\varepsilon > 0$

$$\mathsf{P}\left\{\max_{0 \leqq s \leqq t} |\xi_s^{(n)} - \xi_s| \geqq \varepsilon\right\} \to 0 \quad (n \to \infty)$$

gilt.

Hieraus folgt, daß es genügt, die Formel (5) nur für Treppenfunktionen zu beweisen. In der Tat, angenommen es ist

$$F(t, \xi_{(n)}^t) - F(s, \xi_s^{(n)}) = \int_s^t \frac{\partial F}{\partial x}(u, \xi_u^{(n)})\, f^{(n)}(u, \omega)\, dw_u$$

$$+ \int_s^t \left[\frac{\partial F}{\partial t}(u, \xi_u^{(n)}) + \frac{\partial F}{\partial x}(u, \xi_u^{(n)})\, g^{(n)}(u, \omega) + \frac{1}{2}\frac{\partial^2 F}{\partial x^2}(u, \xi_u^{(n)})\, f^{(n)}(u, \omega)^2\right] du \qquad (6)$$

---

[1]) Übrigens paßt dieser Beweis mit allen Formeln auch auf den mehrdimensionalen Fall, wenn unter $g, g^{(n)}, \dfrac{\partial F}{\partial x}$ Vektoren und unter $f, f^{(n)}, \dfrac{\partial^2 F}{\partial x^2}$ Matrizen verstanden werden und sie in der richtigen Reihenfolge transponiert und multipliziert werden.

gezeigt. Für $n \to \infty$ konvergiert die linke Seite von (6) in Wahrscheinlichkeit gegen die linke Seite von (5). Das stochastische Integral der rechten Seite konvergiert ebenfalls, aber auch im Quadratmittel. Tatsächlich gilt

$$\mathsf{M}\left|\int_s^t \frac{\partial F}{\partial x}(u, \xi_u^{(n)})\, f^{(n)}(u, \omega)\, dw_u - \int_s^t \frac{\partial F}{\partial x}(u, \xi_u)\, f(u, \omega)\, dw_u\right|^2$$

$$= \int_s^t \mathsf{M}\left|\frac{\partial F}{\partial x}(u, \xi_u^{(n)})\, f^{(n)}(u, \omega) - \frac{\partial F}{\partial x}(u, \xi_u)\, f(u, \omega)\right|^2 du\,. \tag{7}$$

Der Erwartungswert unter dem Integralzeichen übertrifft

$$2\mathsf{M}\left|\frac{\partial F}{\partial x}(u, \xi_u^{(n)})\right|^2 |f^{(n)}(u, \omega) - f(u, \omega)|^2 + 2\mathsf{M}\left|\frac{\partial F}{\partial x}(u, \xi_u^{(n)}) - \frac{\partial F}{\partial x}(u, \xi_u)\right|^2 |f(u, \omega)|^2$$

nicht. Hier ist der erste Erwartungswert nicht größer als const $\cdot$ $\mathsf{M}\,|f^{(n)}(u, \omega) - f(u,\omega)|^2$, und das Integral $\int_s^t$ über ihn geht gegen 0. In dem zweiten Erwartungswert konvergiert der erste Faktor in Wahrscheinlichkeit gegen Null, und er konvergiert gegen Null für alle u, für die die gesamte Folge majorisierende Zufallsgröße const $\cdot$ $|f(u, \omega)|^2$ ein endliches Mittel besitzt, also für fast alle u.

Das Integral von s bis t strebt nach dem Satz von der majorisierten Konvergenz auch gegen Null. Folglich konvergiert der Ausdruck (7) für $n \to \infty$ gegen 0.

Was das gewöhnliche, nicht stochastische Integral auf der rechten Seite von (6) betrifft, so konvergiert es in Wahrscheinlichkeit gegen das entsprechende Integral aus (5). Wir werden das aber nicht genau beweisen, sondern zeigen, daß eine gewisse Teilfolge dieser Integrale für $n_k \to \infty$ mit Wahrscheinlichkeit 1 konvergiert. Die Folge n_k wählen wir so, daß $\int_0^t |f^{(n_k)}(u, \omega) - f(u, \omega)|^2\, du$ nicht nur im Mittel, sondern auch mit Wahrscheinlichkeit 1 gegen Null konvergiert und daß $\xi_u^{(n_k)} \to \xi_u$ ebenfalls mit Wahrscheinlichkeit 1 gleichmäßig für $u \leqq t$ gilt (dafür ist es hinreichend, n_k mit $\sum_k \mathsf{P}\left\{\max_{0 \leqq u \leqq t} |\xi_n^{(n_k)} - \xi_n| \geqq 1/2^k\right\} < \infty$ zu wählen). Die Funktionen $g^{(n_k)}(u, \omega)$ konvergieren bereits nach unseren ursprünglichen Voraussetzungen mit Wahrscheinlichkeit 1 im Mittel gegen $g(u, \omega)$. Deshalb konvergiert die Funktion in dem nicht-stochastischen Integral mit dem Index n_k für $k \to \infty$ für fast alle ω im Mittel gegen die entsprechende Funktion in (5), aber daraus folgt die Konvergenz der Integrale.

Weil die linke und die rechte Seite von (6) bezüglich des Index n_k in Wahrscheinlichkeit gegen die linke bzw. rechte Seite von (5) konvergiert, erhalten wir aus (6), daß (5) fast sicher erfüllt ist.

Also werden wir (5) für Treppenfunktionen f und g zeigen. Es genügt, diese Formel für eine „Treppenstufe" zu beweisen, d. h. für den Fall, wenn $f(u, \omega) \equiv \eta(\omega)$, $g(u, \omega) \equiv \zeta(\omega)$ für $s \leqq u < t$ und $\mathsf{M}\,|\eta|^2 < \infty$ gilt sowie η und ζ meßbar bezüglich $\mathcal{F}_s$ sind.

Es ist nötig zu beweisen, daß fast sicher

$$F(t, \xi_t) - F(s, \xi_s) = \int_s^t \frac{\partial F}{\partial x}(u, \xi_u) \cdot \eta \, dw_u$$

$$+ \int_s^t \left[\frac{\partial F}{\partial t}(u, \xi_u) + \frac{\partial F}{\partial x}(u, \xi_u) \cdot \zeta + \frac{1}{2} \frac{\partial^2 F}{\partial x^2}(u, \xi_u) \cdot \eta^2\right] du \tag{8}$$

gilt. Die Funktion unter dem stochastischen Integral ist mit Wahrscheinlichkeit 1 in u stetig, mithin auch im quadratischen Mittel (weil sie durch die Zufallsgröße $\text{const} \cdot |\eta| \in \boldsymbol{L}^2(\Omega)$ majorisiert wird). Deshalb ergibt sich

$$\int_s^t \frac{\partial F}{\partial x}(u, \xi_u) \cdot \eta \, dw_u = \text{l.i.m.} \sum_{i=0}^{n-1} \frac{\partial F}{\partial x}(t_i, \xi_{t_i}) \cdot \eta \cdot (w_{t_{i+1}} - w_{t_i}) \tag{9}$$

bei Verfeinerung der Zerlegung $s = t_0 < t_1 < \dots < t_{n-1} < t_n = t$. Aus der Konvergenz im Mittel in (9) folgt die Konvergenz in Wahrscheinlichkeit (wir gehen schon im voraus zu dem „allgemeinen Nenner" der Konvergenzen über, weil wegen des Lebesgue-Integrals die Konvergenz mit Wahrscheinlichkeit 1 auftritt). Nun stellen wir $F(t, \xi_t) - F(s, \xi_s)$ in der Form $\sum_{i=0}^{n-1} [F(t_{i+1}, \xi_{t_{i+1}}) - F(t_i, \xi_{t_i})]$ dar. Es ist zu zeigen, daß wenigstens für eine Folge von Verfeinerungen der Zerlegung

$$\lim (\mathsf{P}) \sum_{i=0}^{n-1} \left[F(t_{i+1}, \xi_{t_{i+1}}) - F(t_i, \xi_{t_i}) - \frac{\partial F}{\partial x}(t_i, \xi_{t_i}) \cdot \eta \cdot (w_{t_{i+1}} - w_{t_i})\right]$$

$$= \int_s^t \frac{\partial F}{\partial t}(u, \xi_u) \, du + \int_s^t \frac{\partial F}{\partial x}(u, \xi_u) \cdot \zeta \, du + \int_s^t \frac{1}{2} \frac{\partial^2 F}{\partial x^2}(u, \xi_u) \cdot \eta^2 \, du \tag{10}$$

gilt. Dann ist (8) bewiesen. (Wir könnten ζ und η^2 vor die Integrale ziehen, es ist aber nicht nötig.)

Wie bereits skizziert, benutzen wir jetzt die Taylor-Entwicklung

$$F(t_{i+1}, \xi_{t_{i+1}}) = F(t_i, \xi_{t_i}) + \frac{\partial F}{\partial t}(\tilde{t}_i, \xi_{t_{i-1}}) \cdot (t_{i+1} - t_i) + \frac{\partial F}{\partial x}(t_i, \xi_{t_i}) \cdot (\xi_{t_{i+1}} - \xi_{t_i})$$

$$+ \frac{1}{2} \frac{\partial^2 F}{\partial x^2}(t_i, \tilde{\xi}_{t_i}) \cdot (\xi_{t_{i+1}} - \xi_{t_i})^2 .$$

Hier ist $\tilde{t}_i$ ein Punkt zwischen t_i und t_{i+1} sowie $\tilde{\xi}_{t_i}$ einer zwischen ξ_{t_i} und $\xi_{t_{i+1}}$. Indem wir uns an die Beziehungen $\xi_u = \xi_s + \eta \cdot (w_u - w_s) + \zeta \cdot (u - s)$ und $\xi_{t_{i+1}} - \xi_{t_i} = \eta \cdot (w_{t_{i+1}} - w_{t_i}) + \zeta \cdot (t_{i+1} - t_i)$ erinnern, bringen wir die linke Seite von (10) auf die Gestalt

$$\lim (\mathsf{P}) \sum_{i=0}^{n-1} \left[\frac{\partial F}{\partial t}(\tilde{t}_i, \xi_{t_{i+1}}) \cdot (t_{i+1} - t_i)\right.$$

$$+ \frac{\partial F}{\partial x}(t_i, \xi_{t_i}) \cdot \zeta \cdot (t_{i+1} - t_i) + \frac{1}{2} \frac{\partial^2 F}{\partial x^2}(t_i, \tilde{\xi}_{t_i}) \cdot (\eta^2 (w_{t_{i+1}} - w_{t_i})^2$$

$$\left. + 2\eta\zeta(w_{t_{i+1}} - w_{t_i})(t_{i+1} - t_i) + \zeta^2 (t_{i+1} - t_i)^2)\right] .$$

Die Summen $\sum_{i=0}^{n-1} \frac{\partial F}{\partial t} (\tilde{t}_i, \xi_{t_{i+1}}) \cdot (t_{i+1} - t_i)$ und $\sum_{i=0}^{n-1} \frac{\partial F}{\partial x} (t_i, \xi_{t_i}) \cdot \zeta \cdot (t_{i+1} - t_i)$ konvergieren hierbei mit Wahrscheinlichkeit 1 gegen $\int_s^t \frac{\partial F}{\partial t} (u, \xi_u)\, du$ bzw. $\int_s^t \frac{\partial F}{\partial x} (u, \xi_u) \cdot \zeta\, du$, obwohl die erste von ihnen keine Integralsumme ist (wir benutzen, daß die Treppenfunktionen mit dem Wert $\frac{\partial F}{\partial t} (\tilde{t}_i, \xi_{t_{i+1}})$ für $u \in [t_i, t_{i+1})$ gleichmäßig in $u \in [s, t)$ gegen $\frac{\partial F}{\partial t} (u, \xi_u)$ konvergieren). Die Summen, die $(w_{t_{i+1}} - w_{t_i}) (t_{i+1} - t_i)$ und $(t_{i+1} - t_i)^2$ enthalten, gehen bei Verfeinerung der Zerlegung gegen 0. So gilt zum Beispiel für die erste von ihnen

$$\left| \eta\zeta \sum_{i=0}^{n-1} \frac{\partial^2 F}{\partial x^2} (t_i, \tilde{\xi}_{t_i}) (w_{t_{i+1}} - w_{t_i}) (t_{i+1} - t_i) \right|$$
$$\leqq |\eta\zeta| \cdot \max_{\substack{s \leqq u \leqq t \\ |x| \leqq \max|\xi_u|}} \left| \frac{\partial^2 F}{\partial x^2} (u, x) \right| \max_{\substack{s \leqq u \leqq v \leqq t \\ v-u \leqq h}} |w_v - w_u| \cdot (t - s),$$

falls $\max (t_{i+1} - t_i) \leqq h$ ist, und dieser Ausdruck strebt bei $h \to 0$ aufgrund der gleichmäßigen Stetigkeit von w_u, $s \leqq u \leqq t$, gegen 0.

Es bleibt zu zeigen, daß für irgendeine Folge von Zerlegungen

$$\sum_{i=0}^{n-1} \frac{\partial^2 F}{\partial x^2} (t_i, \tilde{\xi}_{t_i}) \cdot (w_{t_{i+1}} - w_{t_i})^2 \to \int_s^t \frac{\partial^2 F}{\partial x^2} (u, \xi_u)\, du \tag{11}$$

gilt. Wir wählen eine durch die Punkte $i/2^m$ (i ganz) gegebene Zerlegung, wobei $m = 1$ für die erste, $m = 2$ für die zweite Zerlegung usw. gesetzt wird. Der Einfachheit halber setzen wir s und t als dyadisch voraus (es ist klar, daß es genügt, alles nur für Intervalle mit dyadischen Endpunkten zu beweisen). Entsprechend Aufgabe 5 § 1.2 konvergiert der Polygonzug $\alpha_m(u, \omega)$ mit Spitzen in den Punkten $(k/2^m, \sum_{i=0}^{k-1} (w_{(i+1)/2^m} - w_{i/2^m})^2)$ mit Wahrscheinlichkeit 1 gleichmäßig in $u \in [s, t]$ gegen u. Die Summe in (11) ist nichts anderes als $\int_s^t G_m(u, \omega)\, d\alpha_m(u, \omega)$, wobei $G_m(u, \omega) =$

$$\frac{\partial^2 F}{\partial x^2} (i/2^m, \tilde{\xi}_{i/2^m})$$

für $i/2^m \leqq u < (i + 1)/2^m$ gilt. Daß (11) mit Wahrscheinlichkeit 1 konvergiert, erhält man aus Aufgabe 5 § 1.2 und der folgenden Aufgabe.

Aufgabe 2. Es seien $\alpha_m(u)$ eine in $u \in [s, t]$ gleichmäßig konvergente Folge monotoner Funktionen und $G_m(u)$ eine gleichmäßig gegen die stetige Funktion $G(u)$ konvergierende Funktionenfolge. Dann gilt $\int_s^t G_m(u)\, d\alpha_m(u) \to \int_s^t G(u)\, du$ für $m \to \infty$.

Der Satz ist (im eindimensionalen Fall) bewiesen.

Im mehrdimensionalen Fall ist einzig zu ergänzen, daß für $k \neq l$

$$\int_s^t G_m(u, \omega)\, d\alpha_m^{kl}(u, \omega) \to 0 \quad (m \to \infty)$$

gilt, wobei $\alpha_m^{kl}(u, \omega)$ ein Polygonzug mit den Knickpunkten

$$\left(j/2^m, \sum_{i=0}^{j-1} (w^k_{(i+1)/2^m} - w^k_{i/2^m}) (w^l_{(i+1)/2^m} - w^l_{i/2^m}) \right)$$

ist. Wir brauchen hier keinen gesonderten Beweis zu bringen, sondern können die gleiche Methode wie zur Lösung der Aufgabe 9 § 1.2 anwenden: Es ist α_m^{kl} in der Form $\alpha_m^{kl}(u, \omega) = \tilde{\alpha}_m(u, \omega) - \frac{1}{2}\alpha_m^{kk}(u, \omega) - \frac{1}{2}\alpha_m^{ll}(u, \omega)$ darzustellen, wobei α_m^{kk}, α_m^{ll} und $\tilde{\alpha}_m$ Polygonzüge sind, die aus Summen der quadratischen Zuwächse der WIENER-Prozesse w_u^k, w_u^l und $\tilde{w}_u = (w_u^k - w_u^l)/\sqrt{2}$ gebildet werden.

4. Satz 1′. *Das Ergebnis des Satzes 1 bleibt auch gültig, wenn die partiellen Ableitungen* $\frac{\partial F}{\partial x^i}$ *nicht beschränkt sind, sondern*

$$\mathsf{M}\int_0^t \sum_{j=1}^r \left|\sum_{i=1}^l \frac{\partial F}{\partial x^i}(u, \xi_u)\, f_j^i(u, \omega)\right|^2 du < \infty$$

gilt.

Beweis. Es ist zu zeigen, daß fast sicher

$$\begin{aligned} F(t, \xi_t) = F(0, \xi_0) &+ \int_0^t \sum_{j=1}^r \left[\sum_{i=1}^l \frac{\partial F}{\partial x^i}(u, \xi_u)\, f_j^i(u, \omega)\right] dw_u^j \\ &+ \int_0^t \left[\frac{\partial F}{\partial t}(u, \xi_u) + \sum_{i=1}^l \frac{\partial F}{\partial x^i}(u, \xi_u)\, g^i(u, \omega)\right. \\ &+ \left.\frac{1}{2}\sum_{i,j=1}^l \frac{\partial^2 F}{\partial x^i\, \partial x^j}(u, \xi_u) \sum_{1=k}^r f_k^i(u, \omega)\, f_k^j(u, \omega)\right] du \end{aligned} \tag{12}$$

gilt. Die Existenz des stochastischen Integrales ist durch die Bedingungen des Satzes gewährleistet.

Zum Beweis wählen wir eine Folge glatter Funktionen $F_N(t, x)$ mit beschränkten partiellen Ableitungen so, daß $F_N(t, x)$ auf $|x| \leq N$ mit $F(t, x)$ übereinstimmt. Für sie ist die Formel (12) gültig. Bezüglich der Elementarereignisse $\omega \in A_N = \left\{\max_{0\leq s\leq t} |\xi_s| \leq N\right\}$ haben wir $F_N(t, \xi_t) = F(t, \xi_t)$ wie auch die Ableitungen $\frac{\partial F_N}{\partial t}$, $\frac{\partial F_N}{\partial x^i}$, $\frac{\partial^2 F_N}{\partial x^i\, \partial x^j}$ in den Punkten (u, ξ_u), $u \leq t$, mit den entsprechenden Ableitungen der Funktion F übereinstimmen. Deshalb fallen beide Integrale in (12) für die Funktionen F_N und F zusammen (das LEBESGUEsche, weil die Funktionen unter dem Integralzeichen übereinstimmen, aus demselben Grund sind die stochastischen Integrale wegen Satz 1 § 1, P. g) auf A_N fast überall gleich). Also ist die Formel (12) auf der Menge A_N fast sicher erfüllt. Folglich ist sie auch fast sicher auf der Menge $\bigcup_{N=1}^{\infty} A_N$ gültig, und diese Menge enthält alle Elementarereignisse, für welche ξ_s stetig ist, d. h., sie schöpft *fast ganz* Ω aus: $\mathsf{P}\left(\bigcup_{N=1}^{\infty} A_N\right) = 1$. Das beweist den Satz.

5. Beispiele.

a) Für einen eindimensionalen WIENER-Prozeß gilt $d(w_t)^n = nw_t^{n-1}\, dw_t + \binom{n}{2} w_t^{n-2}\, dt$, d. h.

$$w_t^n - w_0^n = \int_0^t nw_s^{n-1}\, dw_s + \int_0^t \binom{n}{2} w_s^{n-2}\, ds\,.$$

b) **Aufgabe 3.** Man beweise, daß für $f \in L^2([0, T) \times \Omega, \mathscr{B}\mathscr{F}, \text{mes} \times \mathsf{P})$

$$\mathsf{M} \exp \left\{ \int_0^T f(s, \omega)\, dw_s - \tfrac{1}{2} \int_0^T f(s, \omega)^2\, ds \right\} \leqq 1$$

gilt.

Aufgabe 4*. Dabei ist im Falle $|f(t, \omega)| \leqq C < \infty$ der Ausdruck $\exp \left\{ \int_0^t f(s, \omega)\, dw_s - \tfrac{1}{2} \int_0^t f(s, \omega)^2\, ds \right\}$ ein Martingal.

6. Wir haben stochastische Differentiale für $t \in [0, \infty)$ untersucht. Genauso können wir zufällige Funktionen betrachten, die stochastische Differentiale nur auf $t \in [s, \infty)$ oder $t \in [t_1, t_2]$ besitzen.

§ 12.3. Die Lösung stochastischer Gleichungen mit der Methode der sukzessiven Approximation

1. Im Raum R^r seien zwei (meßbare) Funktionen gegeben: $\sigma(x)$, deren Werte quadratische Matrizen der Ordnung r sind: $\sigma(x) = \big(\sigma^i_j(x)\big)$ und die r-dimensionale vektorwertige Funktion $b(x) = \big(b^1(x), \dots, b^r(x)\big)$.

Wir betrachten die stochastische Differentialgleichung

$$d\xi_t = \sigma(\xi_t)\, dw_t + b(\xi_t)\, dt \tag{1}$$

oder — in Koordinatenschreibweise — das Gleichungssystem

$$d\xi^i_t = \sum_j \sigma^i_t(\xi_t)\, dw^j_t + b^i(\xi_t)\, dt\,, \quad 1 \leqq i \leqq r\,. \tag{2}$$

Wir erinnern uns, daß Gleichung (1) nach Definition bedeutet, daß die Funktion ξ_t progressiv meßbar ist und für $t \geqq s$ fast sicher

$$\xi_t = \xi_s + \int_s^t \sigma(\xi_u)\, dw_u + \int_s^t b(\xi_u)\, du \tag{3}$$

gilt. Es ist klar, daß zu einer korrekten Fragestellung nach Lösungen stochastischer Gleichungen noch die Angabe von *Anfangsbedingungen* gehören muß.

Zur Lösung stochastischer Gleichungen wenden wir die Methode der sukzessiven Approximation an. Von den Koeffizienten fordern wir, daß sie einer *Lipschitz-Bedingung* genügen.

Wenn den Koeffizienten $\sigma(x)$ und $b(x)$ keinerlei Beschränkungen auferlegt werden, kann weder Existenz noch Eindeutigkeit einer Lösung behauptet werden. Hier herrscht dieselbe Situation, wie bei den gewöhnlichen Differentialgleichungen, und es ist auch klar, warum: geht doch für $\sigma \equiv 0$ die Gleichung (1) in eine gewöhnliche Differentialgleichung über.

Es möge eine solche Konstante L existieren, so daß zu allen $x, y \in R^r$

$$|b^i(x) - b^i(y)|\,, \quad |\sigma^i_j(x) - \sigma^i_j(y)| \leqq L \cdot |x - y|\,, \quad i, j = 1, \dots, r \tag{4}$$

gilt. Aus (4) ergibt sich, daß die b^i, σ^i_j bei Unendlich nicht schneller als $|x|$ wachsen: Für ein gewisses K gilt

$$|b^i(x)|\,, \quad |\sigma^i_j(x)| \leqq K(1 + |x|^2)^{1/2}\,. \tag{5}$$

Satz 1. *Es sei die Bedingung* (4) *erfüllt. Die Zufallsgröße* η *mit Werten in* $(R^r, \mathscr{B}^r)$ *sei bezüglich* $\mathscr{F}_s$ *meßbar und quadratisch integrierbar*: $\mathsf{M}\,|\eta|^2 < \infty$. *Dann existiert für*

$t \geqq s$ eine Lösung der stochastischen Gleichung (1) *mit der Anfangsbedingung* $\xi_s = \eta$. *Dabei ist* $\mathsf{M}\,|\xi_t|^2$ *endlich und auf jedem endlichen t-Intervall beschränkt.*

Beweis. Wir definieren eine Näherungsfolge durch die Formel

$$\xi_t^{(n)} = \eta + \int_s^t \sigma(\xi_u^{(n-1)})\, dw_u + \int_s^t b(\xi_u^{(n-1)})\, du\,. \tag{6}$$

Als nullte Näherung wählen wir $\xi_t^{(0)} = \eta$, $t \geqq s$.

Zuerst überlegen wir uns, daß alle $\xi_t^{(n)}$, $t \geqq s$, $n = 1, 2, \dots$ tatsächlich definiert sind.

Aufgabe 1. Unter Benutzung der Abschätzung (5) beweise man, daß für eine progressiv meßbare Funktion $\xi_t^{(n-1)}$, $t \geqq s$, wobei $\mathsf{M}\,|\xi_t^{(n-1)}|^2$ auf jedem endlichen t-Intervall beschränkt ist, auch die Funktion $\xi_t^{(n)}$ definiert, progressiv meßbar ist und $\mathsf{M}\,|\xi_t^{(n)}|^2$ auf jedem endlichen Intervall beschränkt ist.

Jetzt schätzen wir $\mathsf{M}\,|\xi_t^{(n+1)} - \xi_t^{(n)}|^2$ ab. Für $n = 0$ gilt

$$\mathsf{M}\,|\xi_t^{(1)} - \xi_t^{(0)}|^2 = \mathsf{M}\,|\xi_t^{(1)} - \eta|^2 = \mathsf{M}\left|\int_s^t \sigma(\eta)\, dw_u + \int_s^t b(\eta) du\right|^2$$

$$\leqq 2\mathsf{M} \sum_i \left[\int_s^t \sum_j \sigma_j^i(\eta)\, dw_s^j\right]^2 + 2\mathsf{M} \sum_i \left[\int_s^t b^i(\eta)\, du\right]^2 .$$

Der erste Erwartungswert ist gleich $\sum_{i,j} \mathsf{M}\big(\sigma_j^i(\eta)\big)^2 \cdot (t-s) \leqq r^2K^2\mathsf{M}(1 + |\eta|^2)\cdot(t-s)$, der zweite gleich $\sum_i \mathsf{M}\big(b^i(\eta)\big)^2 \cdot (t-s)^2 \leqq rK^2\mathsf{M}(1 + |\eta|^2)\cdot(t-s)^2$. Folglich gilt

$$\mathsf{M}\,|\xi_t^{(1)} - \xi_t^{(0)}|^2 \leqq 2K^2\mathsf{M}(1 + |\eta|^2)\cdot\big(r^2(t-s) + r(t-s)^2\big)\,. \tag{7}$$

Für $n > 0$ haben wir

$$\mathsf{M}\,|\xi_t^{(n+1)} - \xi_t^{(n)}|^2 = \mathsf{M}\left|\int_s^t [\sigma(\xi_u^{(n)}) - \sigma(\xi_u^{(n-1)})]\, dw_u + \int_s^t [b(\xi_u^{(n)}) - b(\xi_u^{(n-1)})]\, du\right|^2$$

$$\leqq 2 \sum_{i,j} \int_s^t \mathsf{M}[\sigma_j^i(\xi_u^{(n)}) - \sigma_j^i(\xi_u^{(n-1)})]^2\, du + 2 \sum_i \mathsf{M}\left(\int_s^t [b^i(\xi_u^{(n)}) - b^i(\xi_u^{(n-1)})]\, du\right)^2 . \tag{8}$$

Wir benutzen die Lipschitz-Bedingung:

$$|b^i(\xi_u^{(n)}) - b^i(\xi_u^{(n-1)})|\,,\quad |\sigma_j^i(\xi_u^{(n)}) - \sigma_j^i(\xi_u^{(n-1)})| \leqq L\cdot|\xi_u^{(n)} - \xi_u^{(n-1)}|\,.$$

Das erste Integral auf der rechten Seite von (8) übertrifft den Wert $L^2 \int_s^t \mathsf{M}\,|\xi_u^{(n)} - \xi_u^{(n-1)}|^2\, du$ nicht, zu einer Abschätzung des zweiten Integrales ziehen wir die Ungleichung von Cauchy-Bunjakowski heran:

$$\mathsf{M}\left(\int_s^t [b^i(\xi_u^{(n)}) - b^i(\xi_u^{(n-1)})]\, du\right)^2$$

$$\leqq \mathsf{M}\int_s^t [b^i(\xi_u^{(n)}) - b^i(\xi_u^{(n-1)})]^2\, du\cdot(t-s) \leqq L^2(t-s)\cdot\int_s^t \mathsf{M}\,|\xi_u^{(n)} - \xi_u^{(n-1)}|^2\, du\,.$$

Hieraus ergibt sich

$$\mathsf{M}\,|\xi_u^{(n+1)} - \xi_u^{(n)}|^2 \leqq 2L^2\cdot\big(r^2 + r(t-s)\big)\cdot\int_s^t \mathsf{M}\,|\xi_u^{(n)} - \xi_u^{(n-1)}|^2\, du\,. \tag{9}$$

Aus (7) und (9) erhalten wir folgende Abschätzung:

$$\mathsf{M}\,|\xi_t^{(2)} - \xi_t^{(1)}|^2 \leqq 2L^2\big(r^2 + r(t-s)\big)\, 2K^2 \cdot \mathsf{M}(1 + |\eta|^2) \cdot \int_s^t [r^2(u-s) + r(u-s)^2]\, du\,.$$

Hier gilt $\big(r^2 + r(t-s)\big) \int_s^t [r^2(u-s) + r(u-s)^2]\, du = \big(r^2 + r(t-s)\big)\, [r^2(t-s)^2/2$ $+ r(t-[s)^3/3] \leqq [r^2(t-s) + r(t-s)^2]^2/2$. Es ist klar, daß bei einer Integration hierbei jedes Mal der Faktor $1/(n+1)$ auftritt. Durch Induktion erhalten wir

$$\mathsf{M}\,|\xi_t^{(n+1)} - \xi_t^{(n)}|^2 \leqq 2K^2\mathsf{M}(1 + |\eta|^2)\, (2L^2)^n \cdot [r^2(t-s) + r(t-s)^2]^{n+1}/(n+1)!\,.$$

Der Abstand von $\xi_t^{(n+1)}$ und $\xi_t^{(n)}$ ist im Raum $\boldsymbol{L}^2(\Omega)$ nicht größer als

$$\text{const}\, \big(L\sqrt{2}\,\sqrt{r^2(t-s) + r(t-s)^2}\big)^{n+1}/\sqrt{(n+1)!}\,;$$

die aus diesen Abständen gebildete Reihe konvergiert. Hieraus erhalten wir sofort die Konvergenz der Folge $\xi_t^{(n)}$ imQuadratmittel, die dabei in jedem endlichen Intervall gleichmäßig in t ist. Überdies konvergiert $\xi_t^{(n)}(\omega)$ für fast alle ω auf jedem Intervall $[s, T]$ gleichmäßig. Denn es gilt in der Tat

$$\mathsf{P}\Big\{\max_{s\leqq t\leqq T} |\xi_t^{(n+1)} - \xi_t^{(n)}| \geqq 1/2^n\Big\} \leqq \mathsf{P}\Big\{\max_{s\leqq t\leqq T} \Big|\int_s^t [\sigma(\xi_u^{(n)}) - \sigma(\xi_u^{(n-1)})]\, dw_u\Big| \geqq 1/2^{n+1}\Big\}$$
$$+ \mathsf{P}\Big\{\max_{s\leqq t\leqq T} \Big|\int_s^t [b(\xi_u^{(n)}) - b(\xi_u^{(n-1)})]\, du\Big| \geqq 1/2^{n+1}\Big\}. \tag{10}$$

Die erste Wahrscheinlichkeit wird mit Hilfe der KOLMOGOROWschen Ungleichung abgeschätzt (ist doch das stochastische Integral ein Martingal), sie übertrifft

$$r^2L^2 \int_s^T \mathsf{M}\,|\xi_u^{(n)} - \xi_u^{(n-1)}|^2\, du \cdot (2^{n+1})^2$$

nicht. Die zweite Wahrscheinlichkeit läßt sich mittels der TSCHEBYSCHEWschen Ungleichung abschätzen: Sie ist nicht größer als

$$\mathsf{P}\Big\{\int_s^T |b(\xi_u^{(n)}) - b(\xi_u^{(n-1)})|\, du \leqq 1/2^{n+1}\Big\} \leqq \mathsf{M}\Big(\int_s^T |b(\xi_u^{(n)}) - b(\xi_u^{(n-1)})|\, du\Big)^2 \cdot (2^{n+1})^2$$
$$\leqq r \cdot L^2 \int_s^T \mathsf{M}\,|\xi_u^{(n)} - \xi_u^{(n-1)}|^2\, du \cdot (T-s) \cdot 4^{n+1}\,.$$

Da die Fakultät außerordentlich schnell gegen Unendlich strebt, ist die aus den Wahrscheinlichkeiten (10) gebildete Reihe konvergent. Nach dem Lemma von BOREL-CANTELLI gilt von einem gewissen n ab $\max_{s\leqq t\leqq T} |\xi_t^{(n+1)} - \xi_t^{(n)}| < 1/2^n$. Folglich existiert mit Wahrscheinlichkeit 1 der Grenzwert

$$\xi_t = \lim_{n\to\infty} \xi_t^{(n)}$$

gleichmäßig auf jedem endlichen Intervall. (Wenn der Grenzwert nicht existiert, setzen wir der Ordnung halber ξ_t z. B. gleich η.) Dieser Grenzwert existiert auch im Quadratmittel gleichmäßig auf jedem endlichen Intervall.

Die Realisierungen der zufälligen Funktion ξ_t sind mit Wahrscheinlichkeit 1 stetig. Als Grenzwert progressiv meßbarer zufälliger Funktionen ist ξ_t progressiv meßbar. Da $\xi_s^{(n)} = \eta$ für alle n gilt, ist $\xi_s = \eta$ erfüllt. Nun zeigen wir, daß ξ_t Lösung der Gleichung (1), wie auch von (3) ist. Dazu gehen wir in der Formel (6) zur Grenze über. Die linke Seite konvergiert gegen ξ_t, die Integrale auf der rechten Seite konvergieren im Quadratmittel gegen die entsprechenden Integrale mit ξ_t anstelle von $\xi_t^{(n)}$:

$$\mathsf{M}\left|\int_s^t \sigma(\xi_u^{(n)})\,dw_u - \int_s^t \sigma(\xi_u)\,dw_u\right|^2$$

$$= \sum_{i,j}\int_s^t \mathsf{M}[\sigma_j^i(\xi_u^{(n)}) - \sigma_j^i(\xi_u)]^2\,du \leqq r^2L^2\int_s^t \mathsf{M}\,|\xi_u^{(n)} - \xi_u|^2\,du \to 0\,,$$

$$\mathsf{M}\left|\int_s^t b(\xi_u^{(n)})\,du - \int_s^t b(\xi_u)\,du\right|^2 \leqq \sum_i\int_s^t \mathsf{M}[b^i(\xi_u^{(n)}) - b^i(\xi_u)]^2\,du\cdot(t-s) \to 0\,.$$

Wir erhalten

$$\xi_t = \eta + \int_s^t \sigma(\xi_u)\,dw_u + \int_s^t b(\xi_u)\,du\,.$$

Der Satz ist bewiesen.

Aufgabe 2. Man beweise die Abschätzung

$$\mathsf{M}\,|\xi_t|^2 \leqq 2\mathsf{M}[1 + |\eta|^2]\,[1 + (K\,/\,L)^2 \exp\{4L[r^2(t-s) + r(t-s)^2]\}]\,.$$

2. **Satz 2.** *Wenn die Bedingung* (4) *erfüllt ist, so ist die Lösung* ξ_t *der Gleichung* (1) *mit der Anfangsbedingung* $\xi_s = \eta$ *bis auf Äquivalenz eindeutig.*

Beweis. Zuerst zeigen wir, daß falls ξ_t und ξ_t' Lösungen von (1) sind, $\xi_s = \xi_s' = \eta$ gilt und $\mathsf{M}\,|\xi_t|^2$, $\mathsf{M}\,|\xi_t'|^2$ auf jedem endlichen Intervall beschränkt sind, für alle $t \geqq s$ fast sicher $\xi_t' = \xi_t$ gilt. Wir haben

$$\xi_t' - \xi_t = \int_s^t [\sigma(\xi_u') - \sigma(\xi_u)]\,dw_u + \int_s^t [b(\xi_u') - b(\xi_u)]\,du\,,$$

$$\mathsf{M}\,|\xi_t' - \xi_t|^2 \leqq 2L^2\big(r^2 + r(t-s)\big)\cdot\int_s^t \mathsf{M}\,|\xi_u' - \xi_u|^2\,du\,,$$

$$\mathsf{M}\,|\xi_t' - \xi_t|^2 \leqq \max_{s\leqq u\leqq t} \mathsf{M}\,|\xi_u' - \xi_u|^2\cdot(2L^2[r^2\,(t-s) + r(t-s)^2])^n/n!\,.$$

Da n beliebig ist, erhalten wir $\mathsf{M}\,|\xi_t' - \xi_t|^2 = 0$.

Jetzt seien ξ_t, ξ_t', $t \geqq s$ beliebige Lösungen von (1) mit $\xi_s = \xi_s' = \eta$. Wir führen die Markow-Zeiten $\tau_N = \min\{t \in [s, \infty): |\xi_t| + |\xi_t'| = N\}$ ein. Aus der Stetigkeit der Realisierungen von ξ_t und ξ_t' folgt, daß bei $N \to \infty$ fast sicher $\tau_N \to \infty$ gilt. Schließlich haben wir fast sicher

$$\xi_{t\wedge\tau_N} = \eta + \int_s^t \sigma(\xi_u)\,\chi_{<\tau_N}(u)\,dw_u + \int_s^t b(\xi_u)\,\chi_{<\tau_N}(u)\,du\,,$$

$$\xi_{t\wedge\tau_N}' = \eta + \int_s^t \sigma(\xi_u')\,\chi_{<\tau_N}(u)\,dw_u + \int_s^t b(\xi_u')\,\chi_{<\tau_N}(u)\,du\,.$$

Aufgabe 3. Man beweise, daß für alle N, n

$$\mathsf{M}\,|\xi_{t\wedge\tau_N}' - \xi_{t\wedge\tau_N}|^2 \leqq N^2\cdot(2L^2[r^2(t-s) + r(t-s)^2])^n/n!$$

gilt. Hieraus leite man die Beziehung $\xi_t' = \xi_t$ fast sicher ab.

Aufgabe 4. Es seien ξ_t eine Lösung von (1) mit der Anfangsbedingung $\xi_s = \eta$ und ξ_t' eine Lösung mit der Anfangsbedingung $\xi_s' = \eta'$. Man beweise die Beziehung

$$\mathsf{M}\,|\xi_t' - \xi_t|^2 \leqq 3\mathsf{M}\,|\eta - \eta'|^2 \exp\{3L^2[r^2(t-s) + r(t-s)^2]\}\,.$$

3. Satz 3. *Es möge die Bedingung* (4) *erfüllt sein. Dann existiert eine Funktion* $\xi_t(x;\omega)$ *von* $t \in [0, \infty)$, $x \in R^r$, $\omega \in \Omega$, *mit Werten in* R^r, *so daß*

a) *für alle* $t \geqq 0$ *die Funktion* $\xi_s(x;\omega)$ *auf der Menge* $[0, t] \times R^r \times \Omega$ *in* (s, x, ω) *meßbar bezüglich der* σ*-Algebra* $\mathscr{B}_{[0,t]} \times \mathscr{B}^r \times \mathscr{F}_t$ *ist,*

b) *bei fixiertem* x $\xi_t(x;\omega)$, $t \geqq 0$, *die Lösung von* (1) *mit der Anfangsbedingung* $\xi_0(x;\omega) = x$ *ist.*

Beweis. Daß eine Lösung der Gleichung (1) mit der Anfangsbedingung $\xi_0 = x$ existiert, ist uns bereits bekannt. Es muß nur noch gezeigt werden, daß diese Lösung bestimmten Regularitäts- und Meßbarkeitsforderungen genügt. Dafür reicht es hin, darauf zu achten, daß alle beim Beweis ausgeführten Grenzübergänge auf eine bestimmte Weise regulär verlaufen.

Einen Teil dieser Arbeit haben wir schon im § 1 (Satz 3) geleistet. Diesen Satz werden wir auf unsere Näherungsfolgen anwenden.

Die nullte Näherung $\xi_t^{(0)}(x;\omega) \equiv x$ besitzt die nötige Meßbarkeitseigenschaft. Erfüllt $\xi_t^{(n)}(x;\omega)$ diese Eigenschaft, so geht sie auf $\sigma_j^i\big(\xi_t^{(n)}(x;\omega)\big)$ und $b^i\big(\xi_t^{(n)}(x;\omega)\big)$ über. Die Beziehung

$$\mathsf{M}\,|\sigma_j^i\big(\xi_t^{(n)}(x;\omega)\big) - \sigma_j^i\big(\xi_s^{(n)}(x;\omega)\big)|^2 \leqq K(x, T) \cdot |t-s|$$

für $x \in R^r$, $s, t \leqq T$ folgt aus der LIPSCHITZ-Bedingung: Der Erwartungswert ist nicht größer als

$$\begin{aligned} &L^2 \mathsf{M}\,|\xi_t^{(n)}(x;\omega) - \xi_s^{(n)}(x;\omega)|^2 \\ &\leqq 2L^2 \sum_{i,j} \int_s^t \mathsf{M}[\sigma_j^i\big(\xi_u^{(n-1)}(x;\omega)\big)]^2\,du + 2L^2 \sum_i \int_s^t \mathsf{M}[b^i\big(\xi_u^{(n-1)}(x;\omega)\big)]^2\,du \cdot (t-s) \\ &\leqq 2L^2 \cdot [r^2 + rT] \cdot K^2[1 + \max_{0 \leqq u \leqq T} \mathsf{M}\,|\xi_u^{(n-1)}(x;\omega)|^2] \cdot (t-s) \end{aligned}$$

(dabei gelte $s \leqq t$; für $n = 0$ ist diese Rechnung überflüssig). Aus Satz 3 § 1 folgt, daß eine Variante des stochastischen Integrales

$$\int_0^t \sigma\big(\xi_u^{(n)}(x;\omega)\big)\,dw_u$$

existiert, die die nötigen Meßbarkeitseigenschaften besitzt. Die Meßbarkeit des LEBESGUE-Integrales

$$\int_0^s b\big(\xi_u^{(n)}(x;\omega)\big)\,du\,, \qquad s \leqq t\,,$$

bezüglich $\mathscr{B}_{[0,t]} \times \mathscr{B}^r \times \mathscr{F}_t$ ergibt sich aus seiner Stetigkeit in der oberen Grenze und der Meßbarkeit des Integranden. Folglich besitzt

$$\xi_t^{(n+1)}(x;\omega) = x + \int_0^t \sigma\big(\xi_u^{(n)}(x;\omega)\big)\,dw_u + \int_0^t b\big(\xi_u^{(n)}(x;\omega)\big)\,du$$

alle nötigen Meßbarkeitseigenschaften.

Indem wir $\xi_t(x;\omega) = \lim_{n\to\infty} \xi_t^{(n)}(x;\omega)$ setzen, falls dieser Grenzwert existiert, und $\xi_t(x;\omega) = 0$ im entgegengesetzten Fall, erhalten wir die gesuchte Variante der Lösung der stochastischen Gleichung.

4. Bemerkungen. Die Methode der sukzessiven Approximation ist nicht die einzige auf stochastische Gleichungen anwendbare. Solche, die Existenz, Eindeutigkeit und Abschätzung der Lösung betreffenden Resultate kann man auch mit anderen Methoden erhalten, unter anderen Voraussetzungen an die Koeffizienten.

Die gewonnenen Resultate lassen sich ohne Änderung auf den Fall übertragen, daß die Dimension des WIENER-Prozesses w_t und der Lösung ξ_t nicht übereinstimmen (die Matix σ^i_j ist in diesem Falle nicht quadratisch).

§ 12.4. Durch eine stochastische Gleichung beschriebene Diffusion

1. Es sei $w_t = (w_t^1, \dots, w_t^r)$, $t \geqq 0$, ein r-dimensionaler, in 0 beginnender WIENER-Prozeß. Den zugrunde liegenden Wahrscheinlichkeitsraum bezeichnen wir mit $(\Omega, \mathcal{F}, \mathsf{P})$. Die σ-Algebra $\mathcal{F}$ möge dabei durch den WIENER-Prozeß erzeugt sein: $\mathcal{F} = \mathcal{F}_{w_t, t \geqq 0}$. Wir setzen $\mathcal{F}_t = \mathcal{F}_{w_s, s \leqq t}$, die Bezeichnungen $\mathcal{F}_{\geqq 0}$, $\mathcal{F}_{\leqq t}$ reservieren wir für die σ-Algebren desjenigen Prozesses, welchen wir mit Hilfe stochastischer Gleichungen konstruieren werden.

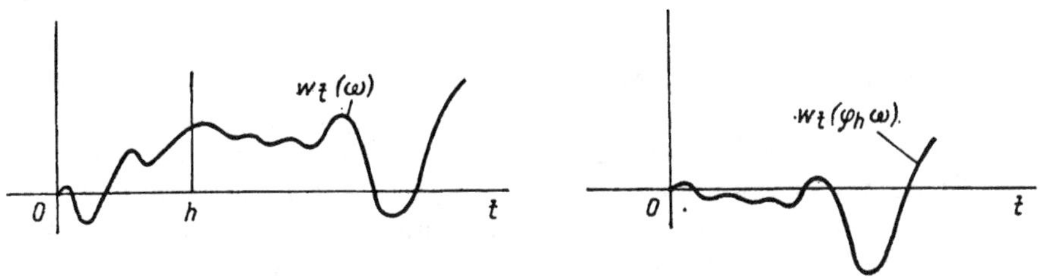

Abb. 25

Wir setzen voraus, daß jedem Paar $\omega \in \Omega$, $h \geqq 0$ ein $\varphi_h \omega \in \Omega$ entspricht, so daß $w_t(\varphi_h\omega) \equiv w_{t+h}(\omega) - w_h(\omega)$ für $t \geqq 0$ gilt (Abb. 25). Das ist beispielsweise erfüllt, wenn für Ω der Raum aller stetigen, in 0 beginnenden Funktionen gewählt wird. Genauso, wie bei den Operatoren θ_h werden die auf Ereignisse angewendeten Operatoren φ_h^{-1} definiert, und für die Zufallsgröße η wird $\varphi_h\eta(\omega) = \eta(\varphi_h\omega)$ gesetzt. Leicht ist zu sehen, daß

$$\varphi_h^{-1}\{w_{t_1} \in \Gamma_1, \dots, w_{t_n} \in \Gamma_n\} = \{w_{t_1+h} - w_h \in \Gamma_1, \dots, w_{t_n+h} - w_h \in \Gamma_n\}$$

gilt. Deswegen erhalten die Operatoren φ_h^{-1} und φ_h die Meßbarkeit bezüglich der σ-Algebra $\mathcal{F}$, und $\mathcal{F}_t$-meßbare Ereignisse sowie Zufallsgrößen gehen in $\mathcal{F}_{t+h}$-meßbare über. Weil der WIENER-Prozeß unabhängige Zuwächse besitzt, erhalten wir, daß $\varphi_t^{-1}A$, $A \in \mathcal{F}$, unabhängig von jedem Ereignis der σ-Algebra $\mathcal{F}_t$ ist. Entsprechend ist für jede Zufallsgröße η, die meßbar bezüglich $\mathcal{F}$ ist, $\varphi_t\eta$ von der σ-Algebra $\mathcal{F}_t$ unabhängig.

Aufgabe 1. Es sei $f(x, \omega)$ eine nichtnegative Funktion auf $R^r \times \Omega$, die meßbar bezüglich $\mathcal{B}^r \times \mathcal{F}$ ist. Wir setzen $F(x) = \mathsf{M}f(x, \omega)$. Dann gilt für jede $\mathcal{F}_t$-meßbare Zufallsgröße η mit Werten in $(R^r, \mathcal{B}^r)$ fast sicher

$$\mathsf{M}[f(\eta(\omega), \varphi_t\omega) \mid \mathcal{F}_t] = F(\eta) . \tag{1}$$

Hieraus erhalten wir insbesondere

$$\mathsf{M}f(\eta, \varphi_t\omega) = \mathsf{M}F(\eta) . \tag{2}$$

2. Jetzt betrachten wir die r-dimensionale stochastische Gleichung

$$d\xi_t = \sigma(\xi_t)\, dw_t + b(\xi_t)\, dt \tag{3}$$

mit Koeffizienten $\sigma(x) = (\sigma_j^i(x))$, $b(x) = (b^1(x), \ldots, b^r(x))$, die eine LIPSCHITZ-Bedingung befriedigen.

Die Konstruktion eines Diffusionsprozesses mit Hilfe stochastischer Gleichungen zerlegen wir in einige Sätze.

Satz 1. *Es sei $\xi_t(x;\omega)$ eine im Satz 3 des vorigen Paragraphen konstruierte Lösung der Gleichung* (3) *mit der Anfangsbedingung x. Dann gilt für alle $s, h \geqq 0$, $x \in R^r$ fast sicher $\xi_{s+h}(x;\omega) = \xi_h(\xi_s(x;\omega);\varphi_s\omega)$.*

Beweis. Wegen der Eindeutigkeit der Lösung der stochastischen Gleichung (Satz 2 des vorigen Paragraphen) genügt es zu zeigen, daß die zufällige Funktion $\eta_t(\omega) = \xi_{t-s}(\xi_s(x;\omega);\varphi_s\omega)$ für $t \geqq s$ die Gleichung (3) befriedigt. Dieselbe Gleichung mit der Anfangsbedingung $\eta_s(\omega) = \xi_s(x;\omega)$ wird von $\xi_t(x;\omega)$, $t \geqq s$, befriedigt.

Zu zeigen ist, daß fast sicher

$$\eta_{s+h}(\omega) = \xi_s(x;\omega) + \int_s^{s+h} \sigma(\eta_u)\, dw_u + \int_s^{s+h} b(\eta_u)\, du \tag{4}$$

gilt.

Zuerst muß bewiesen werden, daß das stochastische Integral hier existiert. Die progressive Meßbarkeit der zufälligen Funktion η_u und folglich auch von $\sigma(\eta_u)$ sowie $b(\eta_u)$ wird durch die Meßbarkeitseigenschaften von $\xi_t(x;\omega)$ und auch des Operators φ_s gesichert. Ferner ist zu beweisen, daß $\sigma_j^i(\eta_u)$, $s \leqq u \leqq s+h$, dem Raum $\boldsymbol{L}^2([s, s+h) \times \Omega)$ angehört. Dafür genügt es, die quadratische Integrierbarkeit der Vektorfunktion η_u auf $[s, s+h] \times \Omega$ zu beweisen. Wir werden mehr zeigen, nämlich die Stetigkeit von η_u im Quadratmittel.

Für $u, v \in [s, s+h]$, $u \leqq v$ setzen wir $f(x,\omega) = |\xi_{v-s}(x;\omega) - \xi_{u-s}(x;\omega)|^2$, $F(x) = \mathsf{M}f(x,\omega)$. Dieser Erwartungswert überschreitet

$$2 \sum_{i,j} \int_{u-s}^{v-s} \mathsf{M}[\sigma_j^i(\xi_t(x;\omega))]^2\, dt + 2 \sum_i \int_{u-s}^{v-s} \mathsf{M}[b^i(\xi_t(x;\omega))]^2\, dt \cdot (v-u)$$

$$\leqq (v-u) \cdot 2(r^2 + rh) \cdot K^2[1 + \max_{0 \leqq t \leqq h} \mathsf{M}\,|\xi_t(x\,\omega)|^2]$$

$$\leqq (v-u) \cdot 4(r^2 + rh)\, K^2[1 + |x|^2]\,[1 + (K/L)^2 \exp\{4L^2[r^2h + rh^2]\}]$$

nicht (die letzte Ungleichung gilt aufgrund von Aufgabe 4 des vorigen Paragraphen). Entsprechend (2) folgt

$$\mathsf{M}\,|\eta_v - \eta_u|^2 = \mathsf{M}\,|\xi_{v-s}(\xi_s(x;\omega);\varphi_s\omega) - \xi_{u-s}(\xi_s(x;\omega);\varphi_s\omega)|^2$$

$$= \mathsf{M}f(\xi_s(x;\omega), \varphi_s\omega) = \mathsf{M}F(\xi_s(x;\omega))$$

$$\leqq (v-u) \cdot \text{const} \cdot \mathsf{M}[1 + |\xi_s(x;\omega)|^2] \leqq (v-u) \cdot \text{const}' \cdot [1 + |x|^2]\,.$$

Folglich sind η_u und infolge der LIPSCHITZ-Bedingung auch $\sigma_j^i(\eta_u)$ und $b^i(\eta_u)$ im Quadratmittel stetig, und das stochastische Integral in (4) hat einen Sinn. Auf der Grundlage von Aufgabe 9 § 1 ist das stochastische Integral in diesem Falle der Grenzwert von Integralsummen im Quadratmittel. Für das nichtstochastische Integral ist das noch einfacher:

Aufgabe 2. Man beweise

$$\int_s^{s+h} b(\eta_u)\, du = \operatorname*{l.i.m.}_{n\to\infty} \sum_{k=0}^{n-1} b(\eta_{s+kh/n}) \cdot h/n\,.$$

Auf diese Weise wird (4) auf

$$\mathsf{M}\left|\eta_{s+h}(\omega) - \xi_s(x;\omega) - \sum_{k=0}^{n-1}\sigma(\eta_{s+kh/n})\left[w_{s+(k+1)h/n} - w_{s+kh/n}\right] - \sum_{k=0}^{n-1} b(\eta_{s+kh/n})\cdot h/n\right|^2 \to 0 \tag{5}$$

für $n \to \infty$ zurückgeführt. Um (5) zu beweisen, führen wir folgende Funktion ein:

$$\delta_n(h, x) = \mathsf{M}\left|\xi_h(x;\omega) - x - \sum_{k=0}^{n-1}\sigma\big(\xi_{kh/n}(x;\omega)\big)\left[w_{(k+1)h/n} - w_{kh/n}\right]\right. \\ \left. - \sum_{k=0}^{n-1} b\big(\xi_{kh/n}(x;\omega)\big)\cdot h/n\right|^2 . \tag{6}$$

Diese Funktion ist in x meßbar. Für $n \to \infty$ strebt sie gegen 0 (weil $\xi_t(x;\omega)$ die Lösung von (3) ist). Die Funktion unter dem Erwartungswert in (5) erhält man aus der entsprechenden Funktion in (6), indem ω durch $\varphi_s\omega$ und x durch $\xi_s(x;\omega)$ ersetzt wird (weil in beide Formeln nur die *Zuwächse* des WIENER-Prozesses eingehen). Aufgrund der Formel (2) ist der Erwartungswert auf der linken Seite von (5) gleich $\mathsf{M}\delta_n(h, \xi_s(x;\omega))$. Um aus der Konvergenz von δ_n gegen Null auf die Konvergenz von $\mathsf{M}\delta_n$ gegen Null zu schließen, genügt es festzustellen, daß $\delta_n(h, \xi_s(x;\omega))$ durch eine integrierbare Zufallsgröße majorisiert wird.

Aufgabe 3. Man beweise, daß $\delta_n(h, x) \leqq C(h)\,[1 + |x|^2]$ für alle n gilt, wobei $C(h) < \infty$ ist.

Folglich haben wir $\delta_n(h, \xi_s(x;\omega)) \leqq C(h)\,[1 + |\xi_s(x;\omega)|^2]$, $\mathsf{M}\,|\xi_s(x;\omega)|^2 < \infty$, und deshalb gilt $\mathsf{M}\delta_n(h, \xi_s(h;\omega)) \to 0$ für $n \to \infty$. Die Formel (5) ist bewiesen, und mit ihr der ganze Satz.

Jetzt definieren wir die Funktion $P(t, x, \Gamma) = \mathsf{P}\{\xi_t(x;\omega) \in \Gamma\}$. Diese Funktion ist in x meßbar und als Funktion von $\Gamma \in \mathscr{B}^r$ ein Wahrscheinlichkeitsmaß, bei $t = 0$ ist dieses Maß im Punkte x konzentriert.

Satz 2. *Für beliebige t, h, x sowie $\Gamma \in \mathscr{B}^r$ gilt fast sicher*

$$\mathsf{P}\{\xi_{t+h}(x;\omega) \in \Gamma \,|\, \mathscr{F}_t\} = P\big(h, \xi_t(x;\omega), \Gamma\big)\,. \tag{7}$$

Beweis. Aufgrund von Satz 1 können wir in der linken Seite $\xi_{t+h}(x;\omega)$ durch $\xi_h(\xi_t(x;\omega); \varphi_t\omega)$ ersetzen und die ganze bedingte Wahrscheinlichkeit durch die bedingte Erwartung des Indikators χ_Γ dieser Zufallsgröße. Indem wir die Formel (1) anwenden, erhalten wir (7).

Damit haben wir eine Familie MARKOWscher Prozesse mit gemeinsamer Übergangsfunktion, für die unser zufälliger Prozeß in jedem Punkt x beginnen kann, schon erhalten. Um dem von uns konstruierten mathematischen Objekt die Form einer MARKOW-Familie zu verleihen, gehen wir folgendermaßen vor. Wir wählen als neuen Raum von Elementarereignissen den Raum $\Omega' = R^r \times \Omega$ mit Elementen $\omega' = (x;\omega)$. Die Trajektorien $\xi_t(\omega') = \xi_t(x;\omega)$, $t \geqq 0$, haben wir bereits. Nun definieren wir auf die übliche Weise die σ-Algebren $\mathscr{F}_{\geqq 0} = \mathscr{F}_{\xi_t, t \geqq 0}$ und $\mathscr{F}_{\leqq t} = \mathscr{F}_{\xi_s, s \leqq t}$ in Ω'. Für eine bezüglich $\mathscr{F}_{\geqq 0}$ meßbare Teilmenge $A \subseteqq R^r \times \Omega$ setzen wir

$$\mathsf{P}_x(A) = \mathsf{P}\{\omega\colon (x;\omega) \in A\}\,. \tag{8}$$

Die Wahrscheinlichkeit (8) ist für jedes $A \in \mathscr{F}_{\geqq 0}$ definiert, da $A_x = \{\omega\colon (x;\omega) \in A\} \in \mathscr{F}$ gilt. In der Tat ist das für $A = \{\omega'\colon \xi_t(\omega') \in \Gamma\}$ erfüllt: Gilt doch $\{\omega\colon (x,\omega) \in A\} = \{\omega\colon \xi_t(x;\omega) \in \Gamma\} \in \mathscr{F}_t \subseteqq \mathscr{F}$. Hieraus folgt auch $A_x \in \mathscr{F}_t$ für $A \in \mathscr{F}_{\leqq t}$.

Im Raum Ω' lassen sich Verschiebungsoperatoren θ_s, $s \geqq 0$, definieren; dazu genügt es, $\theta_s\omega' = \theta_s(x;\omega) = (\xi_s(x;\omega)),\ \varphi_s(\omega)) \in \Omega'$ zu setzen. In der Tat gilt $\xi_t(\theta_s\omega') = \xi_t(\xi_s(x;\omega);\varphi_s(\omega)) = \xi_{s+t}(x;\omega) = \xi_{s+t}(\omega')$. Das ist freilich für jedes x nur mit Wahrscheinlichkeit 1 für alle $t \geqq 0$ erfüllt. Um dies zu beheben, ergänzen wir den Raum Ω' durch eine hinreichend große Menge von Elementen beliebiger Natur und definieren für sie Trajektorien $\xi_t(\omega')$, damit jede beliebige stetige Funktion eine Trajektorie sein kann. Die Menge aller zusätzlichen Elementarereignisse versehen wir mit der P_x-Wahrscheinlichkeit 0 für alle x.

Satz 3. *Das Paar (ξ_t, P_x) ist eine Markow-Familie mit der Übergangsfunktion $P(t, x, \Gamma)$.*

Beweis. Es muß geprüft werden, daß

$$\mathsf{P}\{\xi_{t+h} \in \Gamma \mid \mathcal{F}_{\leqq t}\} = P(h, \xi_t(\omega'), \Gamma)$$

fast sicher für $t, h \geqq 0$, $x \in R^r$, $\Gamma \in \mathcal{B}^r$ gilt; anders ausgedrückt, daß für jedes $A \in \mathcal{F}_{\leqq t}$

$$\mathsf{P}_x(A \cap \{\xi_{t+h} \in \Gamma\}) = \mathsf{M}_x\chi_{A_x}(\omega')\, P(h, \xi_t(\omega'), \Gamma) \tag{9}$$

gilt.

Berücksichtigen wir die Definition (8), können wir (9) in der Form

$$\mathsf{P}(A_x \cap \{\xi_{t+h}(x;\omega) \in \Gamma\}) = \mathsf{M}\chi_{A_x}(\omega)\, P(h, \xi_t(x;\omega), \Gamma)$$

schreiben. Diese Gleichheit folgt aus $A_x \in \mathcal{F}_t$ und Formel (7).

3. Jetzt werden wir feststellen, daß die konstruierte Markow-Familie eine Diffusion ist und den erzeugenden Operator bestimmen. Die Trajektorien sind als Lösungen einer stochastischen Gleichung stetig. Die zu ξ_t gehörende Halbgruppe bezeichnen wir mit P^t, den infinitesimalen Operator mit A.

Satz 4. *Jede Funktion $f \in C^{(2)}_{\text{fin}}$ gehört zum Definitionsbereich D_A des infinitesimalen Operators, und für solche Funktionen gilt*

$$Af(x) = Lf(x) = \frac{1}{2}\sum_{i,j} a^{ij}(x)\frac{\partial^2 f}{\partial x^i\,\partial x^j}(x) + \sum_i b^i(x)\frac{\partial f}{\partial x^i}(x),$$

wobei $a^{ij}(x) = \sum_k \sigma^i_k(x)\,\sigma^j_k(x)$ ist (in Matrizenschreibweise $(a^{ij}(x)) = \sigma(x)\,\sigma^*(x)$).

Beweis. Wir wenden die Itô-Formel auf $f(\xi_t(x;\omega))$ an und erhalten

$$\begin{aligned} df(\xi) &= \sum_i \frac{\partial f}{\partial x^i}(\xi_t)\cdot\sum_j \sigma^i_j(\xi_t)\,dw^j_t \\ &+\left[\sum_i \frac{\partial f}{\partial x^i}(\xi_t)\,b^i(\xi_t) + \frac{1}{2}\sum_{i,j}\frac{\partial^2 f}{\partial x^i\,\partial x^j}(\xi_t)\sum_k \sigma^i_k(\xi_t)\,\sigma^j_k(\xi_t)\right]dt\,. \end{aligned}$$

Der Kürze halber bezeichnen wir den Faktor vor dw^j_t mit $\mathfrak{S}_j(\xi_t(x;\omega))$ und führen den Vektor $\mathfrak{S} = (\mathfrak{S}_1, \ldots, \mathfrak{S}_r)$ ein. Der Faktor bei dt ist gleich $Lf(\xi_t(x;\omega))$, wobei L der von uns eingeführte Differentialoperator ist. Die Beziehung für stochastische Differentiale ergibt nach Definition

$$f(\xi_t(x;\omega)) = f(\xi_0(x;\omega)) + \int_0^t \mathfrak{S}(\xi_s(x;\omega))\,dw_s + \int_0^t Lf(\xi_s(x;\omega))\,ds\,. \tag{10}$$

Hier ist $\xi_0(x;\omega) = x$. Wir bilden von beiden Seiten den Erwartungswert. Da der Erwartungswert des stochastischen Integrales gleich Null ist, folgt

$$\mathsf{M}f(\xi_t(x;\omega)) = f(x) + \mathsf{M}\int_0^t Lf(\xi_s(x;\omega))\,ds\,.$$

Wir schreiben diese Formel um, indem wir den Erwartungswert M_x benutzen und die Reihenfolge der Integration vertauschen

$$\mathsf{M}_x f(\xi_t) = f(x) + \int_0^t \mathsf{M}_x L f(\xi_s)\, \mathrm{d}s$$

oder

$$P^t f(x) = f(x) + \int_0^t P^s L f(x)\, \mathrm{d}s\,. \tag{11}$$

Aufgabe 4. Man beweise, daß jede Funktion $f \in \boldsymbol{C}_{\text{fin}}^{(2)}$ zum Raum $\boldsymbol{B}_0$ der starken Stetigkeit der Halbgruppe gehört.

Da der Raum $\boldsymbol{B}_0$ abgeschlossen ist, enthält $\boldsymbol{B}_0$ die Abschließung von $\boldsymbol{C}_{\text{fin}}^{(2)}$; insbesondere gilt $\boldsymbol{B}_0 \supseteqq \boldsymbol{C}_{\text{fin}}$.

Aufgabe 5. Man zeige, daß jede Funktion $f \in \boldsymbol{C}_{\text{fin}}^{(2)}$ zu D_A gehört und für sie $Af = Lf$ gilt.

Aufgabe 6. In § 11.2, P.2b haben wir den erzeugenden Operator der zweidimensionalen Diffusion $\left(w_t,\ \xi_t = \xi_0 + \int_0^t w_s\, \mathrm{d}s\right)$ bestimmt. Man berechne ihn unter Benutzung von Satz 4 auf anderem Wege.

Aufgabe 7. Unter Benutzung des Ergebnisses von Aufgabe 4 des vorigen Paragraphen zeige man, daß die im Punkt 2 konstruierte Diffusion ein FELLER-Prozeß ist (und folglich die strenge MARKOW-Eigenschaft besitzt).

4. Die Beweise der Sätze 1—4 lassen sich auf den Fall übertragen, wenn die Koeffizienten keine LIPSCHITZ-Bedingung befriedigen, solange Existenz und Eindeutigkeit der Lösung der stochastischen Gleichung vorliegt und eine meßbare Variante $\xi_t(x;\omega)$ einer solchen Lösung existiert.

Es läßt sich zeigen (siehe DOOB [1], Kap. VI, Theorem 3.3), daß jeder Diffusionsprozeß und jede Diffusion mit Hilfe stochastischer Gleichungen ausgedrückt werden kann. Es werden dazu stochastische Integrale bezüglich von Martingalen definiert. Wir setzen $\tilde{\xi}_t = \xi_t - \int_0^t b(\xi_s)\, \mathrm{d}s$ und konstruieren den Prozeß $w_t = \int_0^t \sigma(\xi_s)^{-1}\, \mathrm{d}\tilde{\xi}_s$. Daß dieser ein WIENER-Prozeß ist, wird mit Hilfe folgender Aussage bewiesen: *Ist w_t ein Prozeß mit stetigen Trajektorien und sind w_t sowie $w_t^2 - t$ Martingale, dann ist w_t ein Wiener-Prozeß.*

Aufgabe 8*. Durch welche stochastische Gleichung kann der GAUSSsche Prozeß $Z(t)$, $0 \leqq t < 1$, mit verschwindendem Erwartungswert und der Korrelationsfunktion $t \wedge s - ts$ beschrieben werden?

Die angegebenen Resultate lassen sich hierzu nicht unmittelbar anwenden, weil dieser Prozeß zeitlich inhomogen ist.

5. Wir haben gesehen (Aufgabe 15 § 5.3), daß mit Hilfe stochastischer Integrale die Dichte der Verteilung von $w_t + \varphi(t)$ bezüglich der Verteilung des WIENER-Prozesses ausgedrückt werden kann. Eine analoge Formel gibt es für die Verteilungsdichte einer Diffusion auf einem endlichen Zeitintervall bezüglich der Verteilung einer anderen Diffusion, die sich von ihr nur in der Verschiebung unterscheidet.

Zur Vereinfachung beschränken wir uns auf den eindimensionalen Fall. Es seien ξ_t die Lösung der stochastischen Gleichung $\mathrm{d}\xi_t = \sigma(\xi_t)\, \mathrm{d}w_t + b(\xi_t)\, dt$ mit der Anfangsbedingung $\xi_0 = x$ und ξ'_t die Lösung von $\mathrm{d}\xi'_t = \sigma(\xi'_t)\, \mathrm{d}w_t + b'(\xi'_t)\, \mathrm{d}t$, $\xi = x'_0$. Dabei sei $\sigma(x) \neq 0$. Mit Φ bezeichnen wir die Verteilung im Raum $(R^{[0,T]}, \mathscr{B}^{[0,T]})$ des entsprechenden zufälligen Prozesses ξ_t, $0 \leqq t \leqq T$ und mit Φ' die Verteilung von ξ'_t, $0 \leqq t \leqq T$. Dann wird die Dichte der Verteilung Φ' bezüglich Φ durch die Formel

$$\frac{\mathrm{d}\Phi'}{\mathrm{d}\Phi}(\xi_\cdot) = \exp\left\{\int_0^T \sigma(\xi_t)^{-1}\,(b'(\xi_t) - b(\xi_t))\, \mathrm{d}w - \frac{1}{2}\int_0^T \sigma(\xi_t)^{-2}\,(b'(\xi_t) - b(\xi_t))^2\, \mathrm{d}t\right\}$$

gegeben (vgl. GIRSANOW [1]; der wesentliche Punkt des Beweises ist die Feststellung, daß der Erwartungswert des obigen Ausdruckes gleich 1 ist, vgl. mit Aufgabe 4* § 2).

Kapitel 13

ZUSAMMENHANG VON DIFFUSIONSPROZESSEN UND PARTIELLEN DIFFERENTIALGLEICHUNGEN

Wir wissen bereits, daß eine Diffusion mit dem CAUCHY-Problem für partielle Differentialgleichungen vom *parabolischen* Typ zusammenhängt. Als Lösung dieser Aufgabe treten zum Beispiel Funktionen der Gestalt

$$v(t, x) = \mathsf{M}_x \int_0^t g(\xi_s)\, ds\,, \qquad w(t, x) = \mathsf{M}_x \exp\left\{\int_0^t c(\xi_s)\, ds\right\} \cdot f(\xi_t)$$

auf; siehe § 10.3, aber auch § 11.2. In diesem Kapitel wollen wir über den Zusammenhang einer Diffusion mit dem DIRICHLET-Problem für Gleichungen *elliptischen* Typs sprechen. Als Lösung dieser Aufgabe erweisen sich Funktionen des Typs $u(x) = \mathsf{M}_x\varphi(\xi_\tau)$ oder $m(x) = \mathsf{M}_x\tau$, wobei τ der Moment des ersten Austritts aus einem Gebiet ist. Im eindimensionalen Fall gehen elliptische Gleichungen in *gewöhnliche* Gleichungen zweiter Ordnung über, für sie werden aber keine Anfangswert- sondern Randwertaufgaben betrachtet. Falls die Diffusion entartet, d. h. für eine nicht streng positiv definite Diffusionsmatrix $a^{ij}(x)$, ergeben sich anstelle elliptischer parabolische Gleichungen, ein Teil von Ergebnissen kann darauf übertragen werden.

Zu Beginn betrachten wir Gleichungen für Funktionen, die mit der Austrittszeit aus einem Gebiet im Falle diskreter MARKOW-Ketten zusammenhängen. Dadurch werden wir mit den auftretenden Problemen auf einfachere Weise vertraut.

§ 13.1. Gleichungen, die mit diskreten Markow-Ketten zusammenhängen

1. Es sei (ξ_t, P_x) eine MARKOW-Kette auf einem endlichen oder abzählbarem Raum X, mit P bezeichnen wir den Operator P^1, der mit den Übergangswahrscheinlichkeiten für einen Schritt verbunden ist: $Pf(x) = \mathsf{M}_x f(\xi_1) = \sum_y p(1, x, y)\, f(y)$. Weiterhin seien D eine Teilmenge von X und τ die erste Austrittszeit aus D: $\tau = \min\{n : \xi_n \notin D\}$.

Aufgabe 1. Es sei $\varphi(x)$ eine zahlenwertige Funktion auf $X \setminus D$. Wir setzen $u(x) = \mathsf{M}_x\varphi(\xi_\tau)$ (es wird vorausgesetzt, daß der Erwartungswert existiert; für Elementarereignisse mit $\tau = \infty$, d. h. für welche ξ_n nicht aus D austritt, nehmen wir 0 anstelle von $\varphi(\xi_\tau)$). Man beweise, daß die Funktion u die Gleichung

$$(P - E)\, u(x) = 0\,, \qquad x \in D\,, \tag{1}$$

und die „Randbedingungen“

$$u(x) = \varphi(x)\,, \qquad x \in X \setminus D \tag{2}$$

befriedigt.

Ist beispielsweise X ein Gitter in der Ebene, wobei die Übergänge der Kette nur in Nachbarpunkte möglich sind, so hängt die Funktion $u(x)$ in D tatsächlich nur von den Werten $\varphi(x)$ in den Punkten des „Randes" von D ab, falls in ihm alle Punkte eingeschlossen sind, die nicht zu D gehören, aber irgendeinem der Punkte von D benachbart sind (Abb. 26).

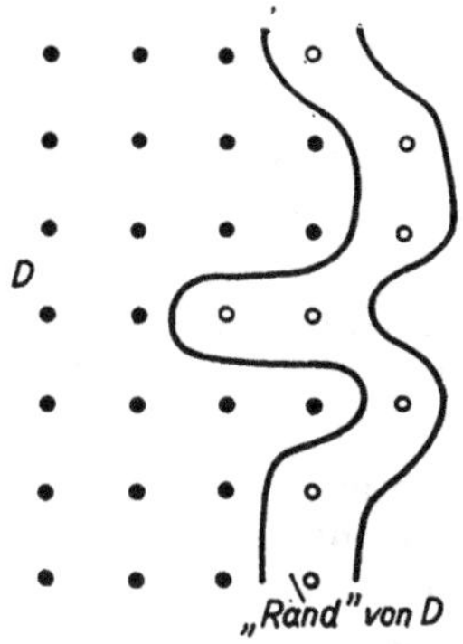

Abb. 26

Die Gleichung (1) wird insbesondere von der Wahrscheinlichkeit dafür befriedigt, daß im Moment des Austritts aus D die Kette in eine definierte Menge $\Gamma \subseteq X \setminus D$ übergeht: läßt sich doch die Funktion $u(x) = \mathsf{P}_x\{x_\tau \in \Gamma\}$ in der Form $\mathsf{M}_x \chi_\Gamma(\xi_\tau)$ darstellen.

Besteht die Menge D aus einer endlichen Zahl von Elementen $x_1, \ldots, x_n$, wird die Aufgabe (1)—(2) auf ein System von n Gleichungen (1) mit n Unbekannten $u(x_1)$, .., $u(x_n)$ zurückgeführt:

$$u(x_i) - \sum_{j=1}^{n} p(1, x_i, x_j)\, u(x_j) = \sum_{x \in X \setminus D} p(1, x_i, x)\, \varphi(x)\,, \qquad i = 1, \ldots, n\,. \tag{3}$$

Die Lösung der Aufgabe (1)—(2) (oder des Systemes (3)) existiert für jede beschränkte Funktion φ, braucht aber nicht eindeutig zu sein. Letzteres tritt in dem Fall auf, wenn ξ_n immer in der Menge D bleibt.

Aufgabe 2. Man beweise, daß die Funktion $u(x) = \mathsf{P}_x\{\tau = \infty\}$ in D die Gleichung (1) sowie die zusätzliche Bedingung $u(x) = 0$ $(x \in X \setminus D)$ befriedigt.

Für unendliches D braucht die Lösung auch im Falle $\mathsf{P}_x\{\tau = \infty\} = 0$ nicht eindeutig zu sein. Ein Beispiel ist die symmetrische zufällige Irrfahrt auf den ganzzahligen Punkten der Geraden ($p(1, i, i+1) = p(1, i, i-1) = 1/2$, alle übrigen $p(1, i, j)$ sind Null) sowie $D = \{1, 2, \ldots\}$, $u(i) = i$ für $i > 0$, $= 0$ für $i \leq 0$. Hier gilt für $i \in D$

$$(P - E)\, u(i) = 0$$

mit der Randbedingung $u(i) = 0$ $(i \in X \setminus D)$.

Aufgabe 3. Die Funktion φ möge nichtnegativ sein. Man beweise, daß $u_0(x) = \mathsf{M}_x \varphi(\xi_\tau)$ die *kleinste* nichtnegative Lösung der Aufgabe (1)—(2) ist.

2. Jetzt untersuchen wir die Funktion $v(x) = \mathsf{M}_x \sum_{i=0}^{\tau-1} g(\xi_i)$.

Aufgabe 4. Man beweise, daß die Funktion v die Aufgabe

$$(P - E)\, v(x) = -g(x)\,, \qquad x \in D; \tag{4}$$

$$v(x) = 0\,, \qquad x \in X \setminus D \tag{5}$$

löst.

Der Spezialfall $g \equiv 1$ gibt uns eine Gleichung für den Erwartungswert der Austrittszeit $m(x) = \mathsf{M}_x\tau$: $(P - E)\, m(x) = -1$, $x \in D$ (falls $\mathsf{M}_x\tau < \infty$).

Aufgabe 5. Ist D endlich und gilt $\mathsf{P}_x\{\tau < \infty\} = 1$ für alle $x \in D$, so folgt $\mathsf{M}_x\tau < \infty$. Man beweise das.

Aufgabe 6. Man bestimme den Erwartungswert der Austrittszeit aus $D = \{1, \ldots, n-1\}$ für die symmetrische zufällige Irrfahrt auf der Geraden.

Aufgabe 7. Man zeige, daß $m(x) = \mathsf{M}_x\tau$ die kleinste nichtnegative Lösung der Gleichung $(P - E)\, v(x) = -1$, $x \in D$ (unter den Lösungen mit allen möglichen nichtnegativen Werten außerhalb von D) ist.

Aufgabe 8. Man bestimme den Erwartungswert der Austrittszeit aus $D = \{1, 2, \ldots\}$ für eine unsymmetrische eindimensionale zufällige Irrfahrt ($p(1, i, i+1) = p$, $p(1, i, i-1) = q$, $p + q = 1$).

3. Für die ursprüngliche Fragestellung über den Zusammenhang zwischen MARKOW-Prozessen und Gleichungen genügen uns die gegebenen Aufgaben, die folgende Aufgabe muß nicht unbedingt gelöst werden.

Aufgabe 9*. Man gebe eine Gleichung für die Funktion

$$z(x) = \mathsf{M}_x \sum_{n=0}^{\tau-1} g(\xi_n) \prod_{i=0}^{n-1} q(\xi_i)$$

an.

§ 13.2. Lösungen, die eine glatte Fortsetzung gestatten

0. Im Falle stetiger Zeit und eines stetigen Phasenraumes können wir die Menge D nicht mehr beliebig wählen, sondern müssen uns auf gewisse mehr oder weniger enge Klassen von Mengen beschränken. Wir werden *abgeschlossene* Mengen D betrachten und danach diese Klasse noch mehr einschränken. Als *Moment des (ersten) Austritts* des Prozesses ξ_t aus D bezeichnen wir $\tau = \inf\{t: \xi_t \notin D\}$[1]. Im Fall eines Diffusionsprozesses wird $\min\{t: \xi_t \notin D\}$ nicht angenommen, zum Zeitpunkt τ befindet sich der Prozeß noch in D, aber gerade auf dem Rand ∂D dieser Menge. Wir stellten fest (Kap. 6, Aufgabe 4), daß der Moment des ersten Austritts aus einer abgeschlossenen Menge eine MARKOW-Zeit bezüglich der Familie von σ-Algebren $\mathcal{F}_{\leq t+}$ für jeden Prozeß ξ_t mit rechtsstetigen Trajektorien ist.

Für den gesamten Paragraphen benötigen wir eine Skizze (Abb. 27).

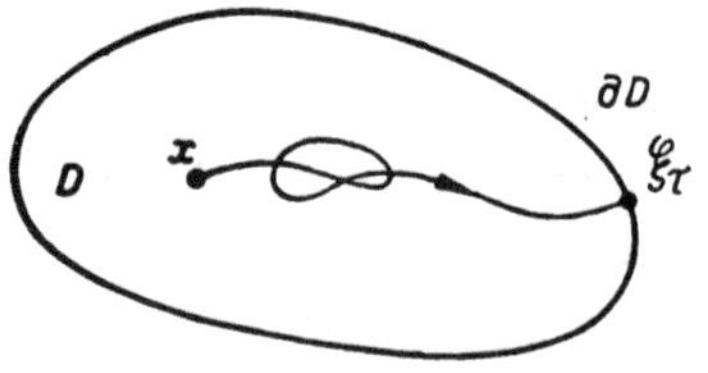

Abb. 27

1. Wir verstehen bereits, daß es darauf ankommt, sich mit der Frage der Endlichkeit von τ zu befassen.

---

[1]) Fast dieselben Resultate lassen sich für offene D und Zeiten $\min\{t: \xi_t \notin D\}$ erhalten; siehe ITÔ und MCKEAN [1], Kap. 7. Der Unterschied wird nur bei tiefgründigeren Untersuchungen deutlich.

Aufgabe 1. Es sei (ξ_t, P_x) eine Markow-Familie, und es mögen Konstanten T sowie $\delta > 0$ existieren, so daß $\mathsf{P}_x\{\tau < T\} > \delta$ für alle $x \in D$ gilt. Dann folgt für alle x

$$\mathsf{P}_x\{\tau \geqq nT\} \leqq (1 - \delta)^n, \tag{1}$$

$n = 0, 1, 2, \ldots$ und $\mathsf{M}_x\tau \leqq T/\delta$.

Aufgabe 2*. Es sei (ξ_t, P_x) eine Fellersche Markow-Familie mit rechtsstetigen Trajektorien. Ist D kompakt und gilt $\mathsf{P}_x\{\tau < \infty\} > 0$ für alle $x \in D$, dann sind die Bedingungen von Aufgabe 1 erfüllt und $\mathsf{M}_x\tau$ ist endlich und beschränkt.

Das ist ein Analogon zu Aufgabe 5 § 1.

Jetzt sei im r-dimensionalen Raum ein Differentialoperator $L = \frac{1}{2} \sum_{i,j} a^{ij}(x) \frac{\partial^2}{\partial x^i \partial x^j} + \sum_i b^i(x) \frac{\partial}{\partial x^i}$ mit stetigen Koeffizienten gegeben, und (ξ_t, P_x) sei eine Diffusion mit dem erzeugenden Operator L. Wir setzen voraus, daß diese Diffusion Fellersch ist, d. h., die entsprechende Halbgruppe überführt stetige beschränkte Funktionen in stetige.

Aussage 1. *Es seien D ein Kompaktum und τ die Austrittszeit aus ihm. Weiter sei $v(x)$ eine zweimal stetig differenzierbare in R^r definierte Funktion, die außerhalb eines gewissen, D enthaltenden Kompaktums verschwindet, nichtnegativ in D ist und für die $Lv(x) \leqq -c < 0$ für $x \in D$ gilt. Dann folgt $\mathsf{M}_x\tau \leqq c^{-1}v(x)$ für jedes $x \in D$.*

Beweis. Die Funktion v gehört zum Definitionsbereich des infinitesimalen Operators der Diffusion. Deshalb ist entsprechend Aufgabe 15 § 10.3 die zufällige Funktion

$$\eta_t = v(\xi_t) - \int_0^t Lv(\xi_s)\, ds \tag{2}$$

ein Martingal bezüglich der Familie von σ-Algebren $\mathcal{F}_{\leqq t}$ (und jedes der Maße P_x). Sie ist dann auch ein Martingal bezüglich der Familie von σ-Algebren $\mathcal{F}_{\leqq t+}$, weil die Diffusion (ξ_t, P_x) die Markow-Eigenschaft bezüglich dieser Familie von σ-Algebren besitzt (aufgrund der Stetigkeit der Trajektorien und der Feller-Eigenschaft, siehe § 9.2). Aus der Aussage 3 § 7.2 folgt, daß für jedes $T \geqq 0$

$$\mathsf{M}_x\eta_{\tau\wedge T} = \mathsf{M}_x\eta_0 = \mathsf{M}_x v(\xi_0) = v(x) \tag{3}$$

gilt, da $\tau \wedge T$ eine Markow-Zeit bezüglich der Familie von σ-Algebren $\mathcal{F}_{\leqq t+}$ ist.

Aus (3) erhalten wir

$$v(x) = \mathsf{M}_x\left[v(\xi_{\tau\wedge T}) - \int_0^{\tau\wedge T} Lv(\xi_s)\, ds\right]. \tag{4}$$

Indem wir

$$\xi_s, \xi_{\tau\wedge T} \in D\,, \qquad Lv(\xi_s) \leqq -c\,, \qquad v(\xi_{\tau\wedge T}) \geqq 0$$

berücksichtigen, finden wir

$$v(x) \geqq c \cdot \mathsf{M}_x(\tau \wedge T)\,.$$

Nun gehen wir mit $T \to \infty$ zur Grenze über (unter Benutzung der Monotonie von $\tau \wedge T$ als Funktion von T) und erhalten

$$v(x) \geqq c\mathsf{M}_x\tau\,,$$

was zu beweisen war.

Der angegebene Beweis läßt sich auf Fellersche Markow-Familien mit *rechts*stetigen Trajektorien verallgemeinern.

Aufgabe 3*. Es seien ξ_t eine Familie von Poisson-Prozessen mit dem Parameter a, die in allen möglichen Punkten der Geraden beginnen, $\eta_t = \xi_t - at$, $D = [0, l]$, $\tau = \inf\{t: \eta_t \notin D\}$. Man beweise die Beziehung $\mathsf{M}_x\tau \leqq a^{-1}x(l + 1 - x)$.

Der Beweis von Aussage 1 könnte geführt werden ohne Aufgabe 15 § 10.3 und die Martingal-Eigenschaft, sondern stochastische Integrale zu benutzen. Ist der Prozeß ξ_t durch die Gleichung $d\xi_t = \sigma(\xi_t)\,dw_t + b(\xi_t)\,dt$ mit einem WIENER-Prozeß w_t gegeben, so ist die durch Formel (2) definierte zufällige Funktion η_t fast sicher gleich $v(\xi_0) + \int_0^t \mathfrak{S}(\xi_s)\,dw_s$, wobei $\mathfrak{S}$ eine stetige beschränkte vektorwertige Funktion ist (siehe § 12.4). Genauso, wie in § 12.1 erhalten wir, daß fast sicher $\eta_{\tau\wedge T} = v(\xi_0) + \int_0^T \mathfrak{S}(\xi_s)\cdot\chi_{<\tau}(s)\,dw_s$ gilt. Indem wir auf beiden Seiten den Erwartungswert M_x bilden, erhalten wir (3).

Aussage 1′. *Es seien D eine abgeschlossene Menge und $v(x)$ eine zweimal stetig differenzierbare Funktion, die in einer gewissen offenen, D enthaltenden Menge definiert ist (nicht vorausgesetzt wird, daß die Funktion v oder ihre Ableitungen beschränkt sind). Gilt dann $v(x) \geqq 0$, $Lv(x) \leqq -c < 0$ in D, so folgt $\mathsf{M}_x\tau \leqq c^{-1}v(x)$.*

Beweis. Wir definieren kompakte Mengen $D_N = D \cap \{x: |x| \leqq N\}$; τ_N seien die Austrittszeiten aus D_N. Es ist klar, daß $\tau_N \uparrow \tau$ für $N \to \infty$ gilt. Die Funktion v ändern wir außerhalb von D_N so ab, daß sie glatt bleibt, aber finit wird. Der Operator L ist lokal, so daß $Lv(x)$ sich in D_N dabei nicht ändert. Nach Aussage 1 gilt $\mathsf{M}_x\tau_N \leqq c^{-1}\,v(x)$ für $x \in D_N$, hieraus folgt $\mathsf{M}_x\tau = \lim_{N\to\infty} \mathsf{M}_x\tau_N \leqq c^{-1}\,v(x)$ für alle $x \in D$.

Nun geben wir einige konkrete Anwendungen der eben bewiesenen Aussagen.

Aussage 2. *Die Menge D sei in dem Streifen $\{x: |x^1| \leqq R\}$ gelegen, der Diffusionskoeffizient sei längs seiner ersten Koordinate $a^{11}(x)$ nicht kleiner als $a_0 > 0$ für $x \in D$, der Driftkoeffizient $b^1(x)$ sei dem Betrage nach kleiner als eine Konstante B. Dann ist $\mathsf{M}_x\tau$ in D endlich und beschränkt.*

Beweis. Wir setzen $v(x) = \cosh CR - \cosh Cx^1$, wobei C eine Konstante ist. Die Funktion $v(x)$ ist in D nichtnegativ. Für $Lv(x)$ ergibt sich

$$Lv(x) = -\frac{C^2}{2}a^{11}(x)\cosh Cx^1 - Cb^1(x)\sinh Cx^1 .$$

Setzen wir

$$C = \frac{4B}{a_0},$$

so erhalten wir

$$Lv(x) \leqq -\frac{C^2}{2}a_0\cosh Cx^1 + \frac{C^2}{4}a_0\sinh C\,|x^1| \leqq -\frac{C^2}{4}a_0\cosh Cx^1 \leqq -\frac{C^2}{4}a_0.$$

Hieraus folgt nach Aussage 1′

$$\mathsf{M}_x\tau \leqq \frac{4}{a_0C^2}[\cosh CR - 1] \leqq \frac{a_0}{8B}\exp\{4BR/a_0\} .$$

Wir geben eine zweite Anwendung, nämlich zur Aufgabe 8* § 12.1. Betrachtet wird die zweidimensionale Diffusion mit dem erzeugenden Operator $\frac{1}{2}\frac{\partial^2}{\partial x^2} + \frac{\partial}{\partial y}$, $D = \{(x,y): |x| \leqq b\sqrt{A+y}\}$ und die Funktion $v(x, y) = b^2(A + y) - x^2$.

2. Jetzt wenden wir uns dem DIRICHLET-Problem zu.

Wir nennen D ein *abgeschlossenes Gebiet*, wenn die Menge D abgeschlossen, die Menge ihrer inneren Punkte zusammenhängend und jeder Punkt von D Grenzwert innerer Punkte ist (siehe MIRANDA [1], Kap. I, § 1). Den Rand ∂D des Gebietes bezeichnen wir als glatt, wenn er sich in einer Umgebung aller seiner Punkte durch eine Gleichung

$x^1 = f(x^2, \ldots, x^r)$ oder $x^2 = f(x^1, x^3, \ldots, x^r), \ldots$, oder $x^r = f(x^1, \ldots, x^{r-1})$ darstellen läßt, dabei ist f eine dreimal stetig differenzierbare Funktion.

Es gilt der folgende Existenz- und Eindeutigkeitssatz (MIRANDA [1], Kap. V, § 36, Satz 36.1).

Es sei D ein komapktes Gebiet mit glattem Rand, die Koeffizienten des Operators L seien stetig differenzierbar und die Matrix $a^{ij}(x)$ sei streng positiv definit. Weiter seien eine stetig differenzierbare Funktion g in D und eine dreimal stetig differenzierbare Funktion φ auf ∂D gegeben. Dann existiert eine eindeutige Lösung des Dirichlet-Problems

$$Lv(x) = -g(x)\,, \qquad x \in D; \tag{5}$$

$$v(x) = \varphi(x)\,, \qquad x \in \partial D\,, \tag{6}$$

die bis zum Rand von D zweimal stetig differenzierbar ist.

Es gibt Sätze über die glatte Fortsetzbarkeit von Funktionen über die Grenzen eines abgeschlossenen Gebietes, auf dem sie definiert sind hinaus (MIRANDA [1], Kap. II, § 16). Das gibt uns unter obigen Bedingungen die Möglichkeit einer Fortsetzung der Lösung $v(x)$ zu einer zweimal stetig differenzierbaren Funktion in einer offenen Menge, die D enthält.

Aussage 3. *Die Diffusions- und Driftkoeffizienten der Diffusion (ξ_t, P_x) seien stetig differenzierbar, wobei die Diffusionsmatrix nicht entarte. Weiter sei D ein kompaktes Gebiet mit glattem Rand. In D sei eine stetig differenzierbare Funktion g gegeben und auf dem Rand ∂D dieses Gebietes eine dreimal stetig differenzierbare Funktion φ gegeben. Dann ist*

$$v(x) = \mathsf{M}_x\left[\varphi(\xi_\tau) + \int_0^\tau g(\xi_t)\,dt\right]$$

die einzige Lösung der Aufgabe (5)—(6).

Beweis. Wie schon gesagt, existiert die Lösung des DIRICHLET-Problems. Es muß nur noch bewiesen werden, daß sie der Erwartungswert des beschriebenen Funktionals der Trajektorien ξ_t ist. Wir setzen die Funktion v auf den ganzen Raum zweimal stetig differenzierbar so fort, daß sie finit wird. Definieren wir die zufällige Funktion η_t durch Formel (2), so ist Formel (4) gültig. Nun gehen wir in dieser Formel mit $T \to \infty$ zur Grenze über und berücksichtigen dabei, daß die Zufallsgröße unter dem Zeichen M_x durch die Zufallsgröße $||v|| + ||Lv||\,\tau$ majorisiert wird (deren Erwartungswert nach Aussage 2 endlich ist)

$$v(x) = \mathsf{M}_x\left[v(\xi_\tau) - \int_0^\tau Lv(\xi_s)\,ds\right] = \mathsf{M}_x\left[\varphi(\xi_\tau) + \int_0^\tau g(\xi_s)\,ds\right]. \tag{7}$$

Die Aussage ist bewiesen. Als Spezialfälle ergeben sich: $u(x) = \mathsf{M}_x\varphi(\xi_\tau)$ befriedigt die Gleichung $Lu = 0$ mit der Randbedingung $u|_{\partial D} = \varphi$; $v(x) = \mathsf{M}_x \int_0^\tau g(\xi_s)\,ds$ die Gleichung $Lv = -g$ mit $v|_{\partial D} = 0$; $m(x) = \mathsf{M}_x\tau$ die Gleichung $Lm = -1$ mit $m|_{\partial D} = 0$.

3. Aufgabe 4. Es seien (w_t, P_x) eine Familie eindimensionaler WIENER-Prozesse und τ die erste Austrittszeit von w_t aus dem Intervall $[c, d]$. Man zeige, daß $\mathsf{P}_x\{w_\tau = d\} = (x - c)/(d - c)$ und $\mathsf{M}_x\tau = (d - x)\,(x - c)$ für $x \in [c, d]$ gilt.

Aufgabe 5. Für eine beliebige eindimensionale Diffusion mit dem Diffusionskoeffizienten $a(x) > 0$ und dem Driftkoeffizienten $b(x)$ bestimme man die Wahrscheinlichkeit dafür, daß der Prozeß das Intervall $[c, d]$ nach rechts verläßt.

Aufgabe 6. Es seien (w_t, P_x) eine Familie zweidimensionaler WIENER-Prozesse, D der Ring zwischen den Kreisen $\partial_1 = \{x: |x| = r\}$ und $\partial_2 = \{x: |x| = R\}$ sowie τ die Zeit des ersten Austritts aus D. Man beweise, daß $\mathsf{P}_x\{w_\tau \in \partial_1\} = (\ln R - \ln |x|)/(\ln R - \ln r)$ ist. Mittels eines Grenzüberganges $R \to \infty$ leite man hieraus die Wahrscheinlichkeit ab, irgendwann einmal ∂_1 zu erreichen, sowie durch $r \to 0$ die Wahrscheinlichkeit des Erreichens von 0.

Aufgabe 7. Man bestimme die gleichen Wahrscheinlichkeiten für den dreidimensionalen WIENER-Prozeß.

Aus dem Resultat der Aufgabe 6 läßt sich ableiten, daß die Trajektorien eines zweidimensionalen WIENER-Prozesses mit Wahrscheinlichkeit 1 früher oder später jedem Punkt der Ebene beliebig nahe kommen. Das gleiche ist auch für jede nichtentartete Diffusion richtig, zu dem eine Funktion u existiert, die die Gleichung $Lu = 0$ außerhalb eines gewissen Kompaktums befriedigt, und für die $u(x) \to \infty$ bei $|x| \to \infty$ gilt. Aus dem Ergebnis der Aufgabe 7 ergibt sich, daß für $t \to \infty$ (fast sicher) $|w_t| \to \infty$ gilt. Das haben wir bereits mit Hilfe von Supermartingalen erhalten (Aufgabe 2* § 8.3).

Aufgabe 8. Man bestimme den Erwartungswert der Austrittszeit des r-dimensionalen WIENER-Prozesses aus der Kugel $\{x: |x| \leqq R\}$.

Aufgabe 9*. Man bestimme den Erwartungswert der Austrittszeit des zweidimensionalen WIENER-Prozesses aus dem Winkelraum $\left\{(x, y): |y| \leqq x \cdot \tan \frac{\alpha}{2}\right\}$.

Aufgabe 10*. Ist der Erwartungswert der Austrittszeit des dreidimensionalen WIENER-Prozesses aus dem Oktanten $\{(x^1, x^2, x^3): x^1 \geqq 0,\ x^2 \geqq 0,\ x^3 \geqq 0\}$ endlich?

4. Bekanntlich (MIRANDA [1], Kap. I, § 10) kann die Lösung des DIRICHLET-Problems in der Form

$$v(x) = \int\limits_D G(x, y)\, g(y)\, dy + \int\limits_{\partial D} \frac{\partial G}{\partial n_y}(x, y)\, \varphi(y)\, d\sigma_y$$

geschrieben werden, wobei G die zugehörige GREENsche Funktion, $\frac{\partial G}{\partial n_y}$ ihre Ableitung nach der inneren Normalen im Punkte y und $d\sigma_y$ die Integration auf der Oberfläche von ∂D bezeichnen. Welche wahrscheinlichkeitstheoretische Bedeutung hat diese Formel ?

Das erste Integral ist gleich $\mathsf{M}_x \int\limits_0^\tau g(\xi_t)\, dt$. Hieraus läßt sich ableiten, daß der Erwartungswert der Zeit, die sich der Prozeß in der Menge $\Gamma \subseteqq D$ bis zum Moment τ aufhält, gleich $\int\limits_\Gamma G(x, y)\, dy$ ist. Das zweite Integral ist gleich $\mathsf{M}_x\varphi(\xi_\tau)$. Hieraus erhalten wir, daß der zufällige Punkt ξ_τ eine Verteilungsdichte bezüglich des Oberflächenmaßes auf ∂D besitzt. Sie ist gleich $\frac{\partial G}{\partial n_y}(x, y)$ (x ist der Punkt, in dem der Prozeß beginnt, y der Punkt, in dem die Dichte betrachtet wird).

Aufgabe 11*. Es seien w_t ein zweidimensionaler WIENER-Prozeß und $D = \{(x^1, x^2): x^2 \geqq 0\}$. Man beweise, daß die Verteilung des Wertes w^1_τ der ersten Koordinate im Moment des Austrittes aus D die Dichte $p_{x^1x^2}(y) = \pi^{-1}x^2/((x^2)^2 + (y - x^1)^2)$ besitzt ((x^1, x^2) ist der Punkt, in dem der Prozeß beginnt).

5. Für ein abgeschlossenes Gebiet mit glattem Rand fällt der Zeitpunkt τ des Austrittes aus dem Gebiet mit dem Moment τ_∂ des ersten Erreichens des Randes zusammen (er ist eben der Moment des ersten Austritts aus dem Inneren des abgeschlossenen Gebietes). In der Tat ist τ_∂ eine MARKOW-Zeit (Aufgabe 3, Kap. 6). Wir setzen die Lösung $m(x)$ der Aufgabe $Lm = -1$, $m|_{\partial D} = 0$ auf das Komplement von D fort und wenden Formel (7) auf die Funktion m und die MARKOW-Zeit τ_∂ an. Es folgt $m(x) = \mathsf{M}_x\tau_\partial$. Gleichzeitig gilt auch $m(x) = \mathsf{M}_x\tau$, d. h. $\mathsf{M}_x(\tau - \tau_\partial) = 0$. Nun ist aber $\tau_\partial \leqq \tau$ für alle ω, deshalb gilt fast sicher $\tau_\partial = \tau$.

6. Wir bringen jetzt Analoga zu den Aufgaben 3 und 7 § 1.

Aufgabe 12. Es seien (ξ_t, P_x) eine beliebige FELLERsche Diffusion, D irgendeine abgeschlossene Menge und u eine zweimal stetig differenzierbare Funktion auf einer gewissen, D enthaltenden offenen Menge. Ist u nichtnegativ in D und gilt dort $Lu = 0$ sowie $u(x) = \varphi(x)$ auf ∂D, so folgt $\mathsf{M}_x\varphi(\xi_\tau) \leqq u(x)$ (ist $\tau = \infty$, so nehmen wir 0 anstelle von $\varphi(\xi_\tau)$). Ist v zweimal stetig differenzierbar in einer offenen, D enthaltenden Menge, auf D nichtnegativ und löst in D die Gleichung $Lv = -g$, $g \geqq 0$, so gilt $\mathsf{M}_x \int_0^\tau g(\xi_s)\, ds \leqq v(x)$.

Aufgabe 13*. Es sei $D = \{(x^1, x^2): x^2 \geqq 0\}$. Man bestimme die kleinste nichtnegative Lösung der Aufgabe $\Delta u = 0$ in D mit $u(x^1, 0) = 1/(1 + (x^1)^2)$ auf ∂D. Des weiteren gebe man eine unendliche Anzahl anderer nichtnegativer Lösungen an.

7. Da bereits die Rede von unbeschränkten Gebieten war, wird dem Leser noch eine zusätzliche, nicht unbedingt zu lösende Aufgabe empfohlen.

Aufgabe 14*. Man beweise den folgenden Satz vom PHRAGMÉN-LINDELÖF-Typ für harmonische Funktionen (über Sätze dieses Typs siehe LANDIS [1], Kap. I, § 6): Ist $u(x, y)$ eine stetige Funktion in dem Winkelraum $D = \{(x, y): |y| \leqq x \tan \alpha/2$, die harmonisch im Inneren des Winkelraumes und gleich Null auf den Seiten ist, und gilt $u(x, y) = o((\sqrt{x^2 + y^2})^{\pi/\beta})$ für $\sqrt{x^2 + y^2} \to \infty$ mit $\beta > \alpha$, so folgt $u(x, y) \equiv 0$.

Hinweis. Wir setzen $D_R = D \cap \{(x, y): \sqrt{x^2 + y^2} \leqq R\}$, und τ_R sei die erste Austrittszeit des zweidimensionalen WIENER-Prozesses w_t aus D. Die Funktion $z^{\pi/\beta}$ ist im Winkelraum D analytisch und Re $(x + iy)^{\pi/\beta}$ ist dort eine harmonische Funktion. Dieses benutzend, leite man die Abschätzung

$$\mathsf{P}_{x,y}\{|w_{\tau_R}| = R\} \leqq (\sqrt{x^2 + y^2})^{\pi/\beta}/[R^{\pi/\beta} \cos(\pi\alpha/2\beta)]$$

ab. Ferner benutze man die Formel $u(x, y) = \mathsf{M}_{x,y} u(w_{\tau_R})$.

8. Wir kennen drei Anwendungen von MARKOW-Zeiten: bei Gleichungen, die mit Martingalen zusammenhängen, bei stochastischen Integralen und im Zusammenhang mit der strengen MARKOW-Eigenschaft. In diesem Paragraphen zeigten wir, wie in den ersten beiden vorgegangen wird. Es lassen sich aber auch bei Verwendung der strengen MARKOW-Eigenschaft interessante Ergebnisse erhalten.

Aufgabe 15*. Es seien (w_t, P_x) eine Familie von WIENER-Prozessen, D eine beliebige abgeschlossene Menge und Γ eine BORELsche Teilmenge ihres Randes. Man zeige, daß die Funktion $p(x) = \mathsf{P}_x\{w_\tau \in \Gamma\}$ im Inneren von D harmonisch ist.

9. Welche Gestalt nehmen die Ergebnisse des Punktes 2 für eine entartete Diffusion sowie parabolische Gleichungen an? Wir betrachten nur den Fall einer Diffusion mit dem erzeugenden Operator $\frac{1}{2}\frac{\partial^2}{\partial x^2} + \frac{\partial}{\partial y}$, d. h. der zweidimensionalen Diffusion $(w_t, \eta_t = \eta_0 + t)$.

Es sei D ein abgeschlossenes Gebiet der Form $\{(x, y): 0 \leqq y \leqq T, f_1(y) \leqq x \leqq f_2(y)\}$, wobei f_1 und f_2 dreimal stetig differenzierbare Funktionen sind (Abb. 28).

Existenz- und Eindeutigkeitssatz (FRIEDMAN [1], Kap. III, § 3). *Es seien in dem krummlinigen Viereck D eine stetig differenzierbare Funktion $g(x, y)$, auf den seitlichen*

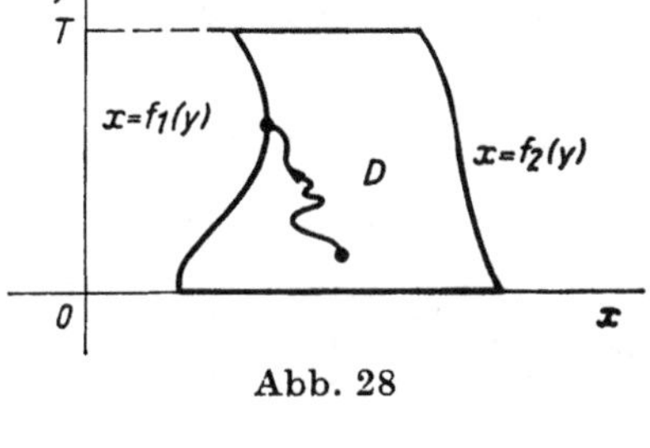

Abb. 28

Rändern die dreimal stetig differenzierbaren Funktionen $\varphi_1(y)$ *und* $\varphi_2(y)$ *und auf der oberen Kante eine dreimal stetig differenzierbare Funktion* $\varphi(x)$ *gegeben, die folgende Verträglichkeitsbedingungen erfüllen:* $\varphi_i'(T) + \frac{1}{2}\varphi''(f_i(T)) + g(f_i(T), T) = 0, \quad i = 1, 2.$ *Dann existiert eine eindeutige Lösung* $v(x, y)$, $(x, y) \in D$, *der Gleichung*

$$\frac{\partial v}{\partial y}(x, y) + \frac{1}{2}\frac{\partial^2 v}{\partial x^2}(x, y) = -g(x, y), \qquad (x, y) \in D, \tag{8}$$

die auf den seitlichen Rändern und auf der oberen Kante von D den Bedingungen

$$v(f_i(y), y) = \varphi_i(y), \qquad i = 1, 2; \tag{9}$$

$$v(x, T) = \varphi(x) \tag{10}$$

genügt, wobei diese Lösung bis zum Rand zweimal stetig differenzierbar ist.

Auf der unteren Kante brauchen keine Randbedingungen gestellt zu werden.

Aussage 4. *Es sei* τ *der Moment des Austrittes des Prozesses* (w_t, η_t) *aus D. Dann ist die Funktion*

$$v(x, y) = \mathsf{M}_{x,y}\Big[\int_0^\tau g(w_s, \eta_s)\,ds + \chi_{\{\eta_\tau = T\}} \cdot \varphi(w_\tau)$$
$$+ \chi_{\{\eta_\tau < T, w_\tau = f_1(\eta_\tau)\}} \cdot \varphi(\eta_\tau) + \chi_{\{\eta_\tau < T, w_\tau = f_2(\eta_\tau)\}} \cdot \varphi_2(\eta_\tau)\Big]$$

die eindeutige Lösung der Aufgabe (8)—(10).

Der Beweis besteht darin, daß wir die Lösung v glatt auf den Rand des Gebietes S fortsetzen und auf $v(w_t, y + t)$ die Itô-Formel anwenden sowie Formel (4), mit erforderlichen Bezeichnungsänderungen, benutzen.

Da wir den Zusammenhang von Randwertaufgaben und stochastischen Prozessen kennen, verstehen wir besser, warum auf der unteren Kante des Gebietes D keine Randbedingung gestellt zu werden braucht. Es ist einfach nicht möglich, daß der Punkt (w_τ, η_τ) der unteren Kante angehört. Ebenso verständlich ist auch die Tatsache aus der Theorie der Differentialgleichungen, daß $v(x_0, y_0)$ nicht von den Werten $g(x, y)$ und $\varphi_i(y)$ für $y < y_0$ abhängt.

10. Die Resultate von Punkt 2 betreffen die Gleichung $Lv = -g$ und Erwartungswerte von Funktionalen $\varphi(\xi_\tau) + \int_0^\tau g(\xi_s)\,ds$ der Trajektorien einer Diffusion. Um die *Verteilung* von $\int_0^\tau g(\xi_s)\,ds$ zu bestimmen, müssen Erwartungswerte der Gestalt $\mathsf{M}_x \exp\left\{\int_0^\tau c(\xi_s)\,ds\right\}$ usw. betrachtet werden. Dazu beweisen wir

Aussage 5. *Es seien* (ξ_t, P_x) *eine Diffusion in* R^r *mit dem erzeugenden Operator L und* $c(x)$ *eine stetige reelle Funktion auf* R^r. *Weiterhin möge* $w(x)$ *eine zweimal stetig differenzierbare Funktion sein, die auf einer offenen Menge definiert und in D die Lösung des Dirichlet-Problems*

$$Lw(x) + c(x)\,w(x) = -g(x), \qquad x \in D; \tag{11}$$

$$w(x) = \varphi(x), \qquad x \in \partial D \tag{12}$$

ist. Im Falle

$$\mathsf{M}_x \int_0^\tau \exp\left\{2\int_0^t c(\xi_s)\,ds\right\} dt < \infty$$

gilt dann

$$w(x) \equiv \mathsf{M}_x\left[\exp\left\{\int_0^\tau c(\xi_s)\,ds\right\}\varphi(\xi_\tau) + \int_0^\tau \exp\left\{\int_0^t c(\xi_s)\,ds\right\} g(\xi_t)\,dt\right], \qquad x \in D\,. \quad (13)$$

Den Beweis führen wir für die durch die stochastische Gleichung $d\xi_t = \sigma(\xi_t)\,dw_t + b(\xi_t)\,dt$ gegebenen Diffusion. Wir setzen

$$\eta_t = w(\xi_t)\exp\left\{\int_0^t c(\xi_s)\,ds\right\} - \int_0^t \exp\left\{\int_0^s c(\xi_u)\,du\right\}[Lw(\xi_s) + c(\xi_s)\,w(\xi_s)]\,ds$$

und wenden die Itó-Formel an:

$$d\eta_t = \exp\left\{\int_0^t c(\xi_s)\,ds\right\}\cdot\left\{\sum_{ij}\frac{\partial w}{\partial x^i}(\xi_t)\cdot\sigma_l^i(\xi_t)\,dw_t^j\right.$$
$$\left. + Lw(\xi_t)\,dt + w(\xi_t)\cdot c(\xi_t)\,dt - [Lw(\xi_t) + c(\xi_t)\cdot w(\xi_t)]\,dt\right\}.$$

Die Glieder mit dt heben sich auf. Hieraus erhalten wir

$$\eta_\tau = \eta_0 + \int_0^\infty \chi_{<\tau}(t)\exp\left\{\int_0^t c(\xi_s)\,ds\right\}\sum_{i,j}\frac{\partial w}{\partial x^i}(\xi_t)\,\sigma_l^i(\xi_t)\,dw_t^j$$

$\left(\text{dabei benutzen wir die Endlichkeit von } \mathsf{M}_x\int_0^\tau \exp\left\{2\int_0^t c(\xi_s)\,ds\right\}dt\right)$. Indem wir auf beiden Seiten M_x bilden, ergibt sich

$$w(x) = \mathsf{M}_x\eta_0 = \mathsf{M}_x\eta_\tau\,,$$

und hieraus folgt (13).

Auf jeden Fall ist die Endlichkeit von $\mathsf{M}_x\int_0^\tau \exp\left\{2\int_0^t c(\xi_s)\,ds\right\}dt$ gewährleistet, wenn $c(x) \leqq 0$ und $\mathsf{M}_x\tau < \infty$ gilt. Sie besteht unter den Bedingungen von Aufgabe 1 auch dann, wenn $c(x_0) \leqq c_0$ für eine hinreichend kleine positive Konstante c_0 gilt (weil die Verteilung von τ durch eine Exponentialverteilung majorisiert wird).

Das stimmt gut mit dem folgenden Resultat aus der Theorie der Differentialgleichungen überein (Miranda [1], Sätze 21.I, 21.II, 21.III, 36.II): *Für fixierte stetig differenzierbare $a^{ij}(x)$, $b^i(x)$ und ein Gebiet mit glatten Rändern kann eine positive Konstante c_0 so angegeben werden, daß eine Lösung des Dirichlet-Problems* (11)—(12) *für alle stetig differenzierbaren $c(x) \leqq c_0$ existiert. Die Konstante kann beliebig groß gewählt werden, falls das Gebiet D mit hinreichend kleinem Lebesgue-Maß festgelegt wird.*

Aufgabe 16. Man bestimme die Laplace-Transformierte der Austrittszeit τ des eindimensionalen Wiener-Prozesses aus der Halbgeraden $D = [0, \infty)$, d. h. $w_\lambda(x) = \mathsf{M}_x e^{-\lambda\tau}$, $\lambda > 0$.

Aufgabe 17*. Man beweise, daß für $\mathsf{M}_x\tau \leqq K < \infty$ in D die Beziehung $\mathsf{M}_x e^{c\tau} \leqq 1 + c\mathsf{M}_x\tau/(1 - cK)$ $(0 \leqq c < K^{-1})$ erfüllt ist.

Zur Ableitung von Aussage 5 können auch der Satz aus P.4 § 10.3 sowie Resultate der Martingaltheorie benutzt werden.

Aufgabe 18*. Bleibt das Ergebnis von Aussage 5 gültig, falls die Bedingung $\mathsf{M}_x\int_0^\tau \exp\left\{2\int_0^t c(\xi_s)\,ds\right\}dt < \infty$ durch $\mathsf{M}_x\int_0^\tau \exp(c_0 t)\,dt < \infty$, $c_0 \geqq c(x)$ ersetzt wird?

§ 13.3. Reguläre und singuläre Randpunkte

1. In diesem Paragraphen sprechen wir der Einfachheit halber über das Dirichlet-Problem für die *homogene* Gleichung $Lu = 0$.

Im Falle einer nichtentarteten Diffusion und eines Gebietes mit glattem Rand ist $u(x) = \mathsf{M}_x\varphi(\xi_\tau)$ auf dem ganzen abgeschlossenen Gebiet D stetig. Es zeigt sich, daß bei einem Gebiet mit nicht glattem Rand die Punkte von ∂D sich im allgemeinen in zwei Klassen teilen: reguläre Punkte — bei Annäherung an diese nähert sich die Funktion u den Werten $\varphi(x)$, und singuläre — hier ist das nicht so. Die Definition der Regularität kann sowohl in der Sprache der Differentialgleichungen als auch in der Sprache stochastischer Prozesse gegeben werden. Wir nehmen die wahrscheinlichkeitstheoretische Definition zur Grundlage.

Es seien (ξ_t, P_x) eine FELLERsche MARKOW-Familie mit rechtsstetigen Trajektorien, D eine abgeschlossene Menge und τ die Austrittszeit von ξ_t aus D. Der Punkt $x_0 \in \partial D$ heißt *regulärer Randpunkt* von D, wenn $\mathsf{P}_{x_0}\{\tau = 0\} = 1$ ist. Dagegen heißt der Punkt $x_0 \in \partial D$ *singulär*, wenn diese Wahrscheinlichkeit gleich 0 ist. Anders ausgedrückt, ist

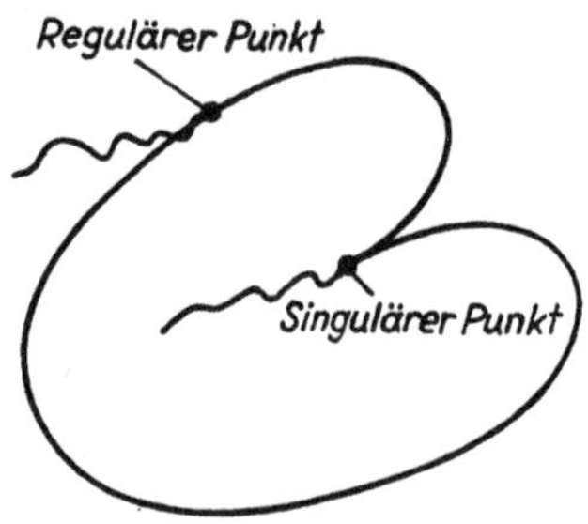

Abb. 29

ein singulärer Randpunkt von der Art, daß eine in ihm beginnende Trajektorie erst einmal ein kleines Zeitintervall in D verweilt (Abb. 29). Entsprechend dem 0-1-Gesetz von BLUMENTHAL (§ 9.2, P. 4) kann $\mathsf{P}_{x_0}\{\tau = 0\}$ nicht echt zwischen 0 und 1 liegen.

Als Beispiel eines regulären Randpunktes kann jeder Punkt eines glatten Randes im Falle einer nichtentarteten Diffusion dienen, denn aus den Ergebnissen von Punkt 2 des vorhergehenden Paragraphen folgt $\mathsf{M}_{x_0}\tau = 0$ für $x_0 \in \partial D$.

Ein Beispiel für einen singulären Punkt gibt die

Aufgabe 1. Es sei D der Einheitskreis $\{(x, y): x^2 + y^2 \leqq 1\}$, von dem die Kreise $\{(x, y): (x - 1/2^n)^2 + y^2 < (1/2^{n^2})^2\}$, $n = 2, 3, 4, \ldots$ weggelassen sind. Man beweise, daß $(0, 0)$ ein singulärer Randpunkt von D ist (für den zweidimensionalen WIENER-Prozeß).

Für die der Wärmeleitungsgleichung entsprechenden Diffusion $(w_t, \eta_t = \eta_0 + t)$ und ein krummliniges Viereck (Abb. 28, § 2) sind die Punkte der oberen Kante (trivialerweise) regulär, ebenso sind die seitlichen Ränder regulär (das folgt aus dem Gesetz vom iterierten Logarithmus — siehe Aufgabe 9* § 7.2). Es ist klar, daß die Punkte der unteren Kante, außer den Ecken, jedoch singulär sind.

Satz 1. *Ist x_0 ein regulärer Randpunkt, so gilt bei beliebigem $h > 0$ für die Wahrscheinlichkeit $\mathsf{P}_x\{\tau < h\} \to 1$ bei $x \to x_0$.*

Beweis. Wir wählen $\varepsilon > 0$ und zeigen, daß ein $\delta > 0$ so existiert, daß $\mathsf{P}_x\{\tau < h\} > 1 - \varepsilon$ für $\varrho(x, x_0) < \delta$ gilt.

Es seien $r_1, r_2, \ldots, r_n, \ldots$ rationale Punkte des Intervalles $(0, h)$. Aus $\mathsf{P}_{x_0}\{\tau < h\} = 1$ folgt

$$\lim_{n\to\infty} \mathsf{P}_{x_0}(\{\xi_{r_1} \notin D\} \cup \{\xi_{r_2} \notin D\} \cup \ldots \cup \{\xi_{r_n} \notin D\}) = 1 .$$

Wir wählen ein n so, daß diese Wahrscheinlichkeit größer als $1 - \varepsilon/3$ ist, oder durch das Komplementärereignis ausgedrückt,

$$\mathsf{P}_{x_0}\{\xi_{r_1} \in D, \ldots, \xi_{r_n} \in D\} < \frac{\varepsilon}{3}$$

gilt. Diese Wahrscheinlichkeit schreiben wir als Erwartungswert

$$\mathsf{M}_{x_0}\chi_D(\xi_{r_1}) \cdot \ldots \cdot \chi_D(\xi_{r_n}) \,.$$

Es existiert eine nichtnegative stetige Funktion $f(x)$, die auf D gleich 1 ist, so daß $\mathsf{M}_{x_0}f(\xi_{r_1}) \cdot \ldots \cdot f(\xi_{r_n}) < 2\varepsilon/3$ gilt. In der Tat, als eine solche kann z. B. die Funktion

$$f(x) = f_N(x) = \exp\{-N\varrho(x, D)\}$$

mit hinreichend großem N dienen, weil

$$\lim_{N\to\infty} \mathsf{M}_{x_0}f_N(\xi_{r_1}) \cdot \ldots \cdot f_N(\xi_{r_n}) = \mathsf{M}_{x_0}\chi_D(\xi_{r_1}) \cdot \ldots \cdot \chi_D(\xi_{r_n})$$

gilt.

Ferner folgt aus der FELLER-Eigenschaft der MARKOW-Familie, daß die Funktion $F(x) = \mathsf{M}_x f(\xi_{r_1}) \cdot \ldots \cdot f(\xi_{r_n})$ stetig ist. Folglich existiert ein $\delta > 0$ mit $\mathsf{M}_x f(\xi_{r_1}) \cdot \ldots \cdot f(\xi_{r_n}) < \varepsilon$ für $\varrho(x, x_0) < \delta$. Hieraus erhalten wir

$$\mathsf{P}_x\{\xi_{r_1} \in D, \ldots, \xi_{r_n} \in D\} < \varepsilon$$

und

$$\mathsf{P}_x\{\tau < h\} > 1 - \varepsilon \,.$$

Satz 2. *Es seien (ξ_t, P_x) eine Fellersche Diffusion, D eine abgeschlossene Menge, τ die Austrittszeit aus D und $u(x) = \mathsf{M}_x\varphi(\xi_\tau)$, wobei φ eine auf dem Rand definierte Funktion ist. Ist dann x_0 ein regulärer Randpunkt von D, so gilt für jede beschränkte stetige Funktion φ die Beziehung $u(x) \to \varphi(x_0)$ für $x \to x_0$, $x \in D$ (und damit $u(x_0) = \varphi(x_0)$).*

Beweis. Es sei δ eine beliebige positive Zahl. Wir wählen ε so, daß $|\varphi(x) - \varphi(x_0)| > \delta/3$ für $\varrho(x, x_0) < \varepsilon$ gilt. Weiter haben wir

$$|u(x) - \varphi(x_0)| = |\mathsf{M}_x[\varphi(\xi_\tau) - \varphi(x_0)]| \leqq \mathsf{M}_x\chi_{\{\tau<h\}} \cdot |\varphi(\xi_\tau) - \varphi(x_0)| + 2\,\|\varphi\| \cdot \mathsf{P}_x\{\tau \geqq h\} \,. \tag{1}$$

Den ersten Erwartungswert zerlegen wir in zwei Teile: bezüglich des Ereignisses

$$A_h = \{\xi_t \in U_\varepsilon(x_0) \quad \text{für alle } t \leqq h\}$$

und seines Komplementes.

Aufgabe 2. Man zeige, daß $\mathsf{P}_x(A_h) \to 1$ für $h \downarrow 0$ gleichmäßig in $x \in U_{\varepsilon/2}(x_0)$ gilt.

Wir nehmen ein h, so daß $\mathsf{P}_x(A_h) > 1 - \delta/6\,h$ für $x \in U_{\varepsilon/2}(x_0)$ gilt. Dann ergibt sich

$$\mathsf{M}_x\chi_{\{\tau<h\}}[1 - \chi_{A_h}]\,|\varphi(\xi_\tau) - \varphi(x_0)| < \frac{\delta}{3} ,$$

$$\mathsf{M}_x\chi_{\{\tau<h\}}\chi_{A_h}\,|\varphi(\xi_\tau) - \varphi(x_0)| \leqq \sup\{|\varphi(y) - \varphi(x_0)| : y \in U_\varepsilon(x_0)\} \leqq \frac{\delta}{3} .$$

Der letzte Summand in (1) strebt für $x \to x_0$ aufgrund von Satz 1 gegen 0. Wir erhalten

$$|u(x) - \varphi(x_0)| < \delta$$

in einer hinreichend kleinen Umgebung des Punktes x_0.

Ist dagegen x_0 ein singulärer Punkt (zum Beispiel (0, 0) für das Gebiet in Aufgabe 1), so läßt sich eine beschränkte stetige Funktion φ auf ∂D angeben, für die $u(x)$ im Punkte x_0 unstetig ist und sogar $u(x_0) \neq \varphi(x_0)$ gilt. Es genügt, $\varphi(x) = \exp\{-\varrho(x, x_0)\}$ zu setzen.

2. Satz 3. *Es seien (ξ_t, P_x) eine Fellersche Diffusion mit stetig differenzierbarem Verschiebungskoeffizienten und zweimal stetig differenzierbarem Diffusionskoeffizienten, der* *in jedem Punkt eine nichtentartete Matrix ist, D eine abgeschlossene Menge und φ eine auf ∂D gegebene beschränkte Borelsche Funktion. Dann ist die Funktion $u(x) = \mathsf{M}_x\varphi(\xi_\tau)$ in allen inneren Punkten von D zweimal stetig differenzierbar, und es gilt $Lu = 0$.*

Beweis. Die Differenzierbarkeit der Koeffizienten sichert die Existenz einer Greenschen Funktion für alle beschränkten Gebiete mit glatten Rändern (Miranda [1], Kap. III, § 21, Theorem 21. VI). Zu jedem inneren Punkt von D existiert ein beschränktes abgeschlossenes Gebiet $D_1 \subset D$ mit glattem Rand ∂D_1. Mit τ_1 bezeichnen wir den Moment des ersten Austritts aus D_1 (Abb. 30). Nun benutzen wir die strenge Markow-Eigenschaft bezüglich der Markow-Zeit τ_1 (dabei berücksichtigen wir $\tau_1 \leqq \tau$, $\theta_{\tau_1}\tau = \tau - \tau_1$, $\theta_{\tau_1}\xi_\tau = \xi_\tau$)

$$u(x) = \mathsf{M}_x\varphi(\xi_\tau) = \mathsf{M}_x\theta_{\tau_1}\varphi(\xi_\tau) = \mathsf{M}_x\mathsf{M}_{\xi_{\tau_1}}\varphi(\xi_\tau) = \mathsf{M}_x u(\xi_{\tau_1}) \,.$$

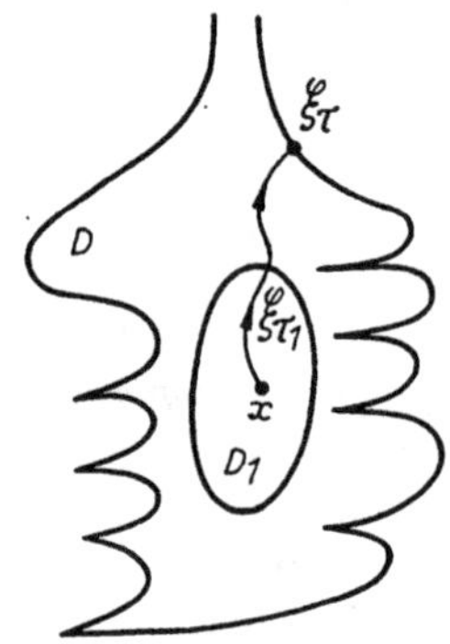

Abb. 30

Es gilt aber

$$\mathsf{M}_x u(\xi_{\tau_1}) = \int\limits_{\partial D_1} \frac{\partial}{\partial n_y} G_1(x, y)\, u(y)\, d\sigma_y \,,$$

wobei $G_1(x, y)$ die Greensche Funktion bezüglich des Gebietes D_1 (siehe den vorigen Paragraphen, P. 4) ist. Dieses Integral erweist sich im Inneren von D_1 als stetige Funktion von x für jede beschränkte meßbare Funktion $u(y)$ auf ∂D_1. Im Inneren von D_1 wählen wir ein Gebiet D_2 mit glattem Rand. Auf die gleiche Weise erhalten wir

$$u(x) = \int\limits_{\partial D_2} \frac{\partial}{\partial n_y} G_2(x, y)\, u(y)\, d\sigma_y \,. \tag{2}$$

Die Funktion u auf ∂D_2 ist stetig. Entsprechend den Theoremen 21.I, 21.VI des Buches von Miranda [1] existiert die Lösung der Gleichung $Lu = 0$ im Inneren von D_2 mit stetigen Randbedingungen $u(y)$ auf ∂D_2 und wird durch die Formel (2) gegeben. Das bedeutet aber, daß die Funktion u im Inneren von D_2 stetig differenzierbar ist und die Gleichung $Lu = 0$ erfüllt.

Aus den Sätzen 2 und 3 ergibt sich das folgende. Es sei (ξ_t, P_x) eine Fellersche Diffusion mit differenzierbaren Koeffizienten, wobei die Diffusionsmatrix nicht entarte. Dann existiert für jedes abgeschlossene Gebiet D und zu jeder stetigen beschränkten Funktion φ auf ∂D eine auf D definierte Funktion

$$u(x) \; \left(= \mathsf{M}_x\varphi(\xi_\tau)\right) \,,$$

die sich als Lösung der Gleichung $Lu = 0$ im Inneren des Gebietes D erweist, wobei für alle regulären Randpunkte x_0 von D die Beziehung $u(x) \to \varphi(x_0)$ bei $x \to x_0$, $x \in D$ erfüllt ist.

Ist die Lösung der Aufgabe „$Lu = 0$ im Inneren von D, $u(x) \to \varphi(x_0)$ bei $x \to x_0$ für alle regulären Randpunkte x_0 von D" eindeutig, so bedeutet das, daß wir gefunden haben, wie das Dirichlet-Problem für ein Gebiet mit schlechtem Rand zu stellen ist: In den regulären Punkten werden bestimmte Grenzwerte und in singulären Pinkten wird nichts gefordert. Indessen gibt es hier im allgemeinen keine Eindeutigkeit (siehe z. B. Aufgabe 13* § 2; es lassen sich auch Beispiele für beschränkte Gebiete mit singulären Randpunkten konstruieren). Für die Eindeutigkeit muß mindestens noch die Beschränktheit von u gefordert werden. Diese Frage erörtern wir hier nicht, sondern verweisen den Leser auf das Buch von Itô und McKean [1], § 7.12 (wo der Fall des mehrdimensionalen Wiener-Prozesses in einem offenen Gebiet behandelt wird).

Die folgende Aufgabe hängt mit der Frage über die korrekte Formulierung des Dirichlet-Problems im Falle des Auftretens singulärer Punkte zusammen.

Aufgabe 3. Mit S bezeichnen wir die Menge der singulären Punkte des Randes D. Man beweise, daß $\mathsf{P}_x\{\xi_\tau \in S\} = 0$ für jedes $x \in D$ gilt.

3. Wir haben nun die Bedeutung des Begriffes der Regularität der Randpunkte erkannt. Nun betrachten wir einige Beispiele, die mit diesem Begriff zusammenhängen.

Kriterium von Poincaré. *Läßt sich ein Punkt $x_0 \in \partial D$ vom Äußeren des Gebietes D her mit einem kleinen Kegel K berühren* (Abb. 31), *so ist dieser Punkt für einen mehrdimensionalen Wiener-Prozeß regulär.*

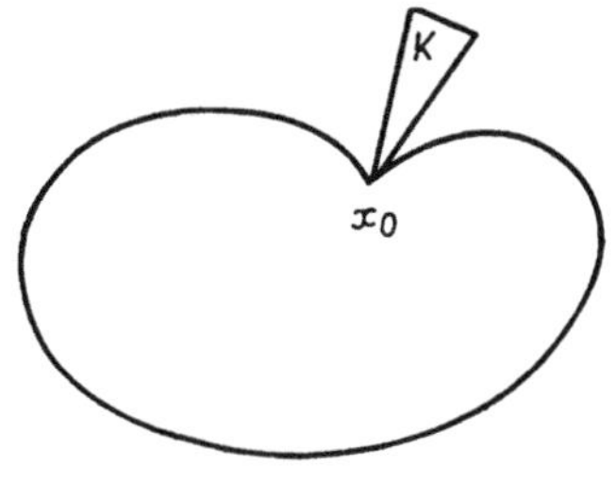

Abb. 31

Beweis. Angenommen, der Punkt x_0 ist singulär, dann ist mit P_{x_0}-Wahrscheinlichkeit 1 die Zeit τ_k des ersten Eintritts der Wienerschen Trajektorie in das Innere des Kegels positiv (wegen $\tau_k \geqq \tau$). Wir nehmen nun viele solcher zu K kongruenten Kegel mit der Spitze x_0, um mit ihnen eine ganze Umgebung von x_0 zu überdecken. Aus der Invarianz des Wiener-Prozesses gegenüber Drehungen folgt, daß $\mathsf{P}_{x_0}\{\tau_{k_i} > 0\} = 1$ gilt. Anders ausgedrückt erreicht der Prozeß mit Wahrscheinlichkeit 1 im Verlaufe positiver Zeit keinen der inneren Punkte der Kegel, d. h., er verbleibt in x_0. Das kann aber nicht sein, weil $\mathsf{P}_{x_0}\{w_t = x_0\} = 0$ für alle $t > 0$ gilt.

Bezüglich schärferer Kriterien und Beispiele siehe Itô und McKean [1], Kap. 7.

Aufgabe 4. Man gebe die regulären und singulären Randpunkte des Quadrates $\{(x, y): |x|, |y| \leqq 1\}$ bezüglich der Diffusion $\left(w_t, \eta_t = \eta_0 + \int_0^t w_s\, ds\right)$ an. Mit anderen Worten ist festzustellen, auf welchem Teil des Randes dieses Quadrates für die Gleichung $\frac{1}{2}\frac{\partial^2 u}{\partial x^2} + x\frac{\partial u}{\partial y} = 0$ Randbedingungen gestellt werden müssen.

O. A. OLEINIK zeigte in [1], daß die regulären (singulären) Punkte für die Gleichungen

$$L = \frac{1}{2} \sum_{i,j} a^{ij} \frac{\partial^2}{\partial x^i \partial x^j} + \sum_i b^i \frac{\partial}{\partial x^i}$$

und

$$L' = \frac{1}{2} \sum_{i,j} a^{ij} \frac{\partial^2}{\partial x^i \partial x^j} + \sum_i b'^i \frac{\partial}{\partial x^i}$$

ein und dieselben sind (die Matrix a^{ij} wird als nicht entartet vorausgesetzt). Dieses Resultat kann unter Benutzung der Theorie zufälliger Prozesse erhalten werden. Wie wir schon sagten (§ 12.4) sind nämlich die Verteilungen der entsprechenden zufälligen Prozesse ξ_t und ξ_t' in $((R^r)^{[0,T]}, (\mathscr{B}^r)^{[0,T]})$ zueinander absolutstetig. Folglich besitzen für sie ein und dieselben der auf einem endlichen Zeitintervall definierten Ereignisse die Wahrscheinlichkeit 0. Insbesondere trifft das auf die Ereignisse $\{\tau = 0\}$ und $\{\tau > 0\}$ zu.

Das lokale Gesetz vom iterierten Logarithmus (Aufgabe 9* § 7.2) ist eine Aussage über die Regularität oder Singularität des Punktes (0, 0) für ein bestimmtes Gebiet bezüglich der Diffusion $(w_t, \eta_t - \eta_0 + t)$ (Abb. 32). Das Ergebnis von Satz 3 läßt sich auch auf diesen Prozeß übertragen. Das gibt eine Möglichkeit, das Gesetz vom iterierten Logarithmus in die Sprache der Differentialgleichungen zu überführen:

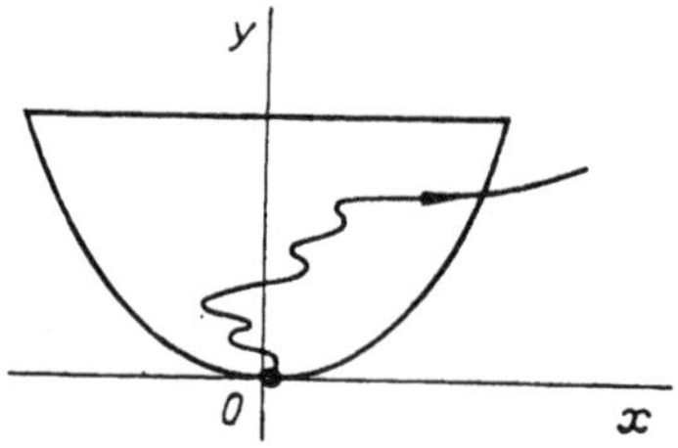

Abb. 32

Für jede stetige Funktion φ auf dem Rande des Gebietes

$$D = \{(x, y): 0 \leqq y \leqq y_0, |x| \leqq (1 - \varepsilon) \sqrt{2y \ln |\ln y|}\}, \qquad \varepsilon > 0,$$

existiert im Inneren von D eine Lösung der Gleichung $\frac{1}{2} \frac{\partial^2 u}{\partial x^2} + \frac{\partial u}{\partial y} = 0$, *die auf ∂D die Werte von φ annimmt.*

Für das Gebiet

$$D = \{(x, y): 0 \leqq y \leqq y_0, |x| \leqq (1 + \varepsilon) \sqrt{2y \ln |\ln y|}\}$$

existiert eine stetige Funktion φ auf ∂D derart, daß keine Lösung der Aufgabe $\frac{1}{2} \frac{\partial^2 u}{\partial x^2} + \frac{\partial u}{\partial y} = 0$ *im Inneren von D, $u = \varphi$ auf D, existiert.*

Das Ergebnis des Artikels von I. G. PETROWSKI [1], notwendige und hinreichende Bedingungen der Existenz einer stetigen Lösung einer Randwertaufgabe für die Wärmeleitungsgleichung in Gebieten der in Abb. 32 gezeigten Gestalt betreffend, erweist sich zur gleichen Zeit als Lösung eines wahrscheinlichkeitstheoretischen Problems: Es sei w_t ein eindimensionaler, in 0 beginnender WIENER-Prozeß. Für welche Funktionen $f(t)$ gilt mit Wahrscheinlichkeit 1 die Beziehung $|w_t| \leqq f(t)$ für hinreichend kleine t?

Dem Leser, der mehr über den Zusammenhang der Diffusion und partiellen Differentialgleichungen sowie der Potentialtheorie wissen will, werden die Kapitel 7 und 8 des Buches von Itô und McKean [1] empfohlen.

Aufgabe 5*. Man versuche zu verstehen, welche wahrscheinlichkeitstheoretische Bedeutung die Ungleichung von Harnack besitzt: *Für jedes offene Gebiet D und beliebige Punkte x und y existiert eine Konstante C, so daß für jede nichtnegative, in D harmonische Funktion $u(x)$ die Ungleichung $C^{-1}u(x) \leqq u(y) \leqq Cu(x)$ erfüllt ist.*

LÖSUNGEN DER AUFGABEN

§ 1.2

1. Es muß gezeigt werden, daß für jede Menge $C \in \mathscr{B}^n$ und beliebige reelle $h, t_1, \ldots, t_n$

$$\mathsf{P}\{(A \cos[\eta(t_1 + h) + \varphi], \ldots, A \cos[\eta(t_n + h) + \varphi]) \in C\}$$
$$= \mathsf{P}\{(A \cos(\eta t_1 + \varphi), \ldots, A \cos(\eta t_n + \varphi)) \in C\} \qquad (*)$$

gilt. Mit B bezeichnen wir die Menge aller Tripel (x, y, z), $x \geqq 0$, $y \geqq 0$, $z \in [0, 2\pi)$ mit $(x \cos(yt_1 + z), \ldots, x \cos(yt_n + z)) \in C$; diese Menge ist BORELsch. Für jedes positive z setzen wir $(z)_{2\pi} = z - 2\pi k$, wobei k der ganze Anteil von $z/2\pi$ ist. Dann läßt sich (*) auf die Gestalt

$$\mathsf{P}\{(A, \eta, (\varphi + \eta h)_{2\pi}) \in B\} = \mathsf{P}\{(A, \eta, \varphi) \in B\}$$

umformen. Jetzt berücksichtigen wir, daß (A, η) und φ unabhängig sind, d. h. ihre gemeinsame Verteilung läßt sich als Produkt $\Phi_{A\eta\varphi} = \Phi_{A\eta} \times \Phi_\varphi$ einer zweidimensionalen und einer eindimensionalen darstellen, und benutzen den Satz von FUBINI. Wir erhalten, daß es erforderlich ist, die Gleichheit

$$\int_0^\infty \int_0^\infty \Phi_{A\eta}(dx\, dy)\, \Phi_\varphi\{z: (x, y, (z + yh)_{2\pi}) \in B\} = \int_0^\infty \int_0^\infty \Phi_{A\eta}(dx\, dy)\, \Phi_\varphi\, \{z: (x, y, z) \in B\}$$

zu beweisen. Aber die Menge unter dem Zeichen Φ_ψ auf der linken Seite ergibt sich aus der Menge auf der rechten Seite durch eine Verschiebung um yh und anschließende Reduktion modulo 2π; die Verteilung Φ_φ ist gleichmäßig, d. h., sie ändert sich bei einer Verschiebung nicht, beide Seiten sind gleich und alles ist bewiesen.

2. Die Lösung ist im § 1.2 angegeben.

3. Wir bestimmen zum Beispiel (für $t_1 < t_2 < t_3$) $\mathsf{P}\{\eta_{t_1} = -1, \eta_{t_2} = 1, \eta_{t_3} = 1\} = \mathsf{P}\{$es fällt „Wappen", ξ_{t_1} ungerade, $\xi_{t_2} - \xi_{t_1}$ ungerade, $\xi_{t_3} - \xi_{t_2}$ gerade$\} + \mathsf{P}\{$es fällt „Zahl", ξ_{t_1} gerade, $\xi_{t_2} - \xi_{t_1}$ ungerade, $\xi_{t_3} - \xi_{t_2}$ gerade$\} = [\mathsf{P}\{\text{Wappen}\}\, \mathsf{P}\{\xi_{t_1}$ ungerade$\} + \mathsf{P}\{\text{Zahl}\} \times$ $\times\, \mathsf{P}\{\xi_{t_1}$ gerade$\}]\, \mathsf{P}\{\xi_{t_2} - \xi_{t_1}$ ungerade$\}\, \mathsf{P}\{\xi_{t_3} - \xi_{t_2}$ gerade$\}$. Die Wahrscheinlichkeit in eckigen Klammern ist gleich 1/2; $\mathsf{P}\{\xi_{t_2} - \xi_{t_1}$ ungerade$\} = \sum_{k=0}^{\infty} \frac{(a(t_2 - t_1))^{2k+1}}{(2k+1)!} \exp(-a(t_2 - t_1)) = (1 - \exp(-2a(t_2 - t_1))/2$, und die dritte Wahrscheinlichkeit ist gleich $(1 + 3\exp(-2a(t_3 - t_2))/2$. Es ist klar, wie die Wahrscheinlichkeit beliebiger Werte von $\eta_{t_1}, \ldots, \eta_{t_n}$ bestimmt wird.

5. Die Funktionen $\alpha_n(t)$ sind nichtfallend. Aus der Konvergenz einer Folge nichtfallender Funktionen gegen eine stetige nichtfallende Funktion auf einer überall dichten, die Endpunkte enthaltenden Teilmenge des Intervalles folgt die gleichmäßige Konvergenz. Es genügt also, $\mathsf{P}\{\alpha_n(t) \to t\} = 1$ für alle $t = k/2^m$ zu zeigen. Für $n \geqq m$ haben wir $\mathsf{M}(\alpha_n(t) - t)^2 = 2t \cdot 2^{-n}$, $\mathsf{M} \sum_{n=0}^{\infty} (\alpha_n(t) - t)^2 = \sum_{n=0}^{\infty} \mathsf{M}(\alpha_n(t) - t)^2 < \infty$. Da die Summe der Reihe $\sum_{n=0}^{\infty} (\alpha_n(t) - t)^2$ einen endlichen Erwartungswert hat, konvergiert sie mit Wahrscheinlichkeit 1, und es gilt $\alpha_n(t) - t \to 0$.

6. Es gilt $\mathsf{M}\Sigma = \sqrt{2/\pi} \sum_{i=0}^{n-1} \sqrt{t_{i+1} - t_i} \to \infty$ bei $\max(t_{i+1} - t_i) \to 0$, $\mathsf{D}\Sigma = \sum_{i=0}^{n-1} (1 - 2/\pi) \times (t_{i+1} - t_i) = (1 - 2/\pi)(b - a)$; für $\mathsf{M}\Sigma > A$ haben wir $\mathsf{P}\{\Sigma \leqq A\} \leqq \mathsf{P}\{|\Sigma - \mathsf{M}\Sigma| \geqq \mathsf{M}\Sigma - A\} \leqq \mathsf{D}\Sigma/(\mathsf{M}\Sigma - A)^2$, letzteres strebt gegen Null.

7. Es genügt nachzuprüfen, daß für beliebige $0 \leqq t_1 \leqq \dots \leqq t_n$ die Vektoren $(\overset{1}{w}_{t_1}, \overset{1}{w}_{t_2}, \dots, \overset{1}{w}_{t_n}), \dots, (\overset{r}{w}_{t_1}, \overset{r}{w}_{t_2}, \dots, \overset{r}{w}_{t_n})$ unabhängig sind. Ihre gemeinsame Verteilung ist GAUSSsch; um die Unabhängigkeit festzustellen, genügt es nachzuprüfen, daß eine beliebige Koordinate des i-ten Vektors und eine beliebige des j-ten, $j \neq i$, unkorreliert sind.

8. Leicht ist zu prüfen, daß auch $\tilde{w}_t = (\overset{1}{w}_t + \overset{2}{w}_t)/\sqrt{2}$ ebenfalls ein WIENER-Prozeß ist, deshalb gilt

$$\text{l.i.m.} \sum_{i=0}^{n-1} (\overset{1}{w}_{t_{i+1}} - \overset{1}{w}_{t_i})(\overset{2}{w}_{t_{i+1}} - \overset{2}{w}_{t_i})$$

$$= \frac{1}{2}\left[\text{l.i.m.} \sum_{i=0}^{n-1} 2(\tilde{w}_{t_{i+1}} - \tilde{w}_{t_i})^2 - \text{l.i.m.} \sum_{i=0}^{n-1} (\overset{1}{w}_{t_{i+1}} - \overset{1}{w}_{t_i})^2 - \text{l.i.m.} \sum_{i=0}^{n-1} (\overset{2}{w}_{t_{i+1}} - \overset{2}{w}_{t_i})^2\right]$$

$$= \frac{1}{2}[2(b-a) - (b-a) - (b-a)] = 0 .$$

9. Zu $0 < t_1 < \dots < t_n$ finden wir die Dichte

$$p_{\xi_{t_1},\dots,\xi_{t_n}}(x_1, \dots, x_n) = \prod_{i=1}^{n} \frac{(t_i - t_{i-1})/\pi}{(t_i - t_{i-1})^2 + (x_i - x_{i-1})^2},$$

wobei $x_0 = t_0 = 0$ ist.

10. Wir betrachten die zufälligen Vektoren $\eta_i = (\chi_{(-\infty, F^{-1}(t_1)]}(\xi_i), \dots, \chi_{(-\infty, F^{-1}(t_k)]}(\xi_i))$, $1 \leqq i \leqq n$. Leicht sieht man, daß $(\sqrt{n}\, Y_n(t_1), \dots, \sqrt{n}\, Y_n(t_k)) = \frac{1}{\sqrt{n}} \sum_{i=1}^{n} (\eta_i - \mathsf{M}\eta_i)$ gilt. Aufgrund des mehrdimensionalen zentralen Grenzwertsatzes für identisch verteilte Summanden konvergiert die Verteilung dieses Vektors gegen eine Normalverteilung mit Erwartungswert Null und derselben Kovarianzmatrix, wie sie η_i besitzt. (Was das letztere betrifft, so gilt $\operatorname{cov}(\chi_{(-\infty, F^{-1}(t)]}(\xi_i), \chi_{(-\infty, F^{-1}(s)]}(\xi_i)) = s \wedge t - st$.

11. Nach Definition genügt es zu zeigen, daß zu jedem $\varepsilon > 0$ eine Zahl K existiert mit

$$\int_{\{\omega: |\mathsf{M}(\xi|\mathcal{A})| > K\}} |\mathsf{M}(\xi \mid \mathcal{A})| \, \mathsf{P}(d\omega) < \varepsilon$$

für alle $A \in \mathcal{F}$. Fast sicher gilt $|\mathsf{M}(\xi \mid \mathcal{A})| \leqq \mathsf{M}(|\xi| \mid \mathcal{A})$ und deshalb

$$\int_{\{|\mathsf{M}(\xi|\mathcal{A})| > K\}} |\mathsf{M}(\xi \mid \mathcal{A})| \, d\mathsf{P} \leqq \int_{\{|\mathsf{M}(\xi|\mathcal{A})| > K\}} \mathsf{M}(|\xi| \mid \mathcal{A}) \, d\mathsf{P}$$
$$\leqq \int_{\{\mathsf{M}(|\xi||\mathcal{A}) > K\}} \mathsf{M}(|\xi| \mid \mathcal{A}) \, d\mathsf{P} = \int_{\{\mathsf{M}(|\xi||\mathcal{A}) > K\}} |\xi| \, d\mathsf{P}$$

(letzteres nach Definition der bedingten Erwartung: ist doch der Integrationsbereich $\mathcal{A}$-meßbar). Bekanntlich existiert aber für eine integrierbare Funktion ξ zu jedem $\varepsilon > 0$ ein $\delta > 0$ derart, daß $\int_A |\xi| \, d\mathsf{P} < \varepsilon$ gilt, falls nur $\mathsf{P}(A) < \delta$ ist. Folglich genügt es, ein solches K zu bestimmen, daß $\mathsf{P}\{\mathsf{M}(|\xi| \mid \mathcal{A}) > K\} < \delta$ für alle $\mathcal{A}$ gilt. Mit der TSCHEBYSCHEWschen Ungleichung ergibt sich

$$\mathsf{P}\{\mathsf{M}(|\xi| \mid \mathcal{A}) > K\} \leqq K^{-1}\mathsf{M}\mathsf{M}(|\xi| \mid \mathcal{A}) = K^{-1}\mathsf{M}\,|\xi|;$$

mithin genügt es, $K = \delta^{-1}\mathsf{M}\,|\xi|$ zu setzen.

§ 1.3

1. $\sum_{j,k} c_j \bar{c}_k K(t_j, t_k) = \operatorname{cov}\left(\sum_j c_j \xi_{t_j}, \sum_k c_k \xi_{t_k}\right) \geqq 0$ (weil das eine Streuung ist).

2. 1. $\mathsf{M}\xi_t \equiv 0$; $K(t, s) = \int_0^\infty \cos \lambda(t - s)\, \mu(d\lambda)$, wobei das Maß μ auf $[0, \infty)$ wie folgt definiert ist: $\mu(B) = \frac{1}{2}\, \mathsf{M}A\chi_B(\eta)$ (vgl. § 4.1).

2. $\mathsf{M}\xi_t = at$; für $s \leqq t$ haben wir $K(t, s) = \operatorname{cov}(\xi_t, \xi_s) = \operatorname{cov}(\xi_s, \xi_s) + \operatorname{cov}(\xi_t - \xi_s, \xi_s) = \mathsf{D}\xi_s + 0 = as$. Indem wir auch den Fall $s > t$ berücksichtigen, erhalten wir $K(t, s) = a \cdot (s \wedge t)$.

3. Unter Benutzung des Ergebnisses von Aufgabe 3 § 1.2 finden wir $\mathsf{M}\eta_t \equiv 0$; $K(t, s) = \mathsf{M}\eta_t\eta_s = 1 \cdot \mathsf{P}\{\eta_t - \eta_s\} + (-1) \cdot \mathsf{P}\{\eta_t = -\eta_s\} = (1 + \exp(-2a\,|t - s|))/2 - (1 - \exp(-2a\,|t - s|))/2 = \exp(-2a\,|t - s|)$.

4. $\mathsf{M}w_t \equiv 0$, $K(t, s) = t \wedge s$ (analog 2).

6. $\mathsf{M}\xi_t$ und $K(t, s)$ existieren nicht.

7. $\mathsf{M}Y_n(t) = 0$, $K_{Y_n}(t, s) = t \wedge s - ts$ (siehe die Lösung von Aufgabe 10 § 1.2).

3. $K(t, s) = d_1 f_1(t)\overline{f_1(s)} + \dots + d_n f_n(t)\overline{f_n(s)}$.

4. Sei $\xi(t, \omega)$ zuerst eine *Treppenfunktion* auf T mit den Sprungpunkten $t_1 < t_2 < \dots < t_n$; d. h., es existieren Zufallsgrößen $\xi_0, \xi_1, \xi_2, \dots, \xi_n$ mit $\xi(t, \omega) = \xi_0(\omega)$ für $t < t_1$, $\xi(t, \omega) = \xi_1(\omega)$ für $t_1 \leqq t < t_2, \dots, \xi(t, \omega) = \xi_{n-1}(\omega)$ für $t_{n-1} \leqq t < t_n$, $\xi(t, \omega) = \xi_n(\omega)$ für $t \geqq t_n$. Dann ist die Funktion $\xi(\cdot, \cdot)$ bezüglich der σ-Algebra $\mathcal{B}_T \times \mathcal{F}$ meßbar, denn für jede meßbare Teilmenge A des Raumes X, in welcher Werte von $\xi(t, \omega)$ liegen, gilt

$$\{(t, \omega): \xi(t, \omega) \in A\} = (T \cap (-\infty, t_1)) \times \{\omega: \xi_0(\omega) \in A\} \cup [t_1, t_2)$$
$$\times \{\omega: \xi_1(\omega) \in A\} \cup \dots \cup [t_{n-1}, t_n) \times (\omega: \xi_{n-1}(\omega) \in A\} \cup (T \cap [t_n, \infty)) \times \{\omega: \xi_n(\omega) \in A\}\,.$$

Hierbei gehören alle Summanden nach Definition zu $\mathcal{B}_T \times \mathcal{F}$, folglich gehört auch die Vereinigung zu dieser σ-Algebra.

Jetzt sei $\xi(t, \omega)$ eine beliebige zufällige Funktion mit rechtsstetigen Realisierungen. Wir definieren die zufällige Funktion $\xi_n(t, \omega)$, indem wir sie gleich $\xi(([2^n t] + 1)/2^n, \omega)$ für alle $t \in T$ setzen, mit Ausnahme solcher t, für die $([2^n t] + 1)/2^n \notin T$ ist, für solche t definieren wir $\xi_n(t, \omega)$ als $\xi(b, \omega)$, falls b der rechte Endpunkt des Intervalles T ist und als ein beliebiges Element $x_0 \in X$, wenn das Intervall T kein rechtes Ende hat. Wegen $([2^n t] + 1)/2^n \downarrow t$ für $n \to \infty$ gilt $\xi_n(t, \omega) \to \xi(t, \omega)$ *für alle* (t, ω). Wie schon gezeigt, sind die Funktionen $\xi_n(\cdot, \cdot)$ meßbar bezüglich $\mathcal{B}_T \times \mathcal{F}$, folglich auch ihr Grenzwert $\xi(\cdot, \cdot)$. (Wir erinnern daran, daß X ein metrischer Raum ist und als σ-Algebra $\mathcal{B}$ die σ-Algebra $\mathcal{B}_X$ aller Borelschen Teilmengen genommen wurde.)

Sind die Realisierungen *links*stetig, so bleibt der Beweis genauso, nur wird $[2^n t]$ anstelle von $[2^n t] + 1$ genommen.

5. Die Funktion $\omega \to \xi_{\tau(\omega)}(\omega)$ bildet den meßbaren Raum $(\Omega, \mathcal{F})$ in den meßbaren Raum $(X, \mathcal{B})$ ab und ist als Komposition der meßbaren Abbildungen $\omega \to (\tau(\omega), \omega)$ des Raumes $(\Omega, \mathcal{F})$ in $(T \times \Omega, \mathcal{A} \times \mathcal{F})$ und $(t, \omega) \to \xi_t(\omega)$ von $(T \times \Omega, \mathcal{A} \times \mathcal{F})$ in $(X, \mathcal{B})$ meßbar.

§ 1.4

1*. Eine notwendige und hinreichende Bedingung ist: Es existiert ein y_0 so, daß $\mathsf{P}\{\eta = y_0\} = 1$ gilt; A ist exponentialverteilt (d. h. $\mathsf{P}\{A = 0\} = 1$) oder A hat die Dichte $a \exp(-ax)$ $(x > 0)$.

2. $\mathsf{M}\xi_t = 0$; $K_\xi(t \cdot s) = e^{-t} e^{-s} (e^{2t} \wedge e^{2s}) = e^{t-s} \wedge e^{s-t} = e^{-|t-s|}$.

§ 2.1

1. Wir setzen $\eta_n = \xi_1 + \dots + \xi_n$ und erhalten $K_{\eta\eta}(n, m) = \mathsf{D}\xi_1 + \dots + \mathsf{D}\xi_{n\wedge m}$. Nun wenden wir Aussage 1 § 2.1 an.

2. Die gemeinsame Verteilung von ζ_n, ζ_{2n} konvergiert gegen eine Normalverteilung mit den Parametern $\left((0, 0); \begin{pmatrix} 1 & 1/\sqrt{2} \\ 1/\sqrt{2} & 1 \end{pmatrix}\right)$ und die Verteilung von (ζ_n, ζ_n) gegen eine Normalverteilung mit den Parametern $\left((0, 0); \begin{pmatrix} 1 & 1 \\ 1 & 1 \end{pmatrix}\right)$. Folglich existiert kein Grenzwert von $\Phi_{\zeta_n\zeta_m}$ für $n \to \infty$, $m \to \infty$, und $\lim\limits_{n\to\infty} (\mathsf{P})\, \zeta_n$ existiert auch nicht.

3. Hinweis: Man benutze Aussage 2 § 2.1. Eine andere Lösungsmethode ist: Setze $\eta_t = \arctan \xi_t$ und wende Aussage 1 § 2.1 an.

4. Für $t \neq t_0$ haben wir

$$\mathsf{P}\{|\xi_t - \xi_{t_0}| \geqq \varepsilon\} = \iint\limits_{|x-y|\geqq\varepsilon} p(x)\, p(y)\, dx\, dy\,.$$

Für $\varepsilon > 0$ strebt dieser Ausdruck gegen

$$\iint\limits_{x\neq y} p(x)\, p(y)\, dx\, dy = \int\limits_{-\infty}^{\infty}\int\limits_{-\infty}^{\infty} p(x)\, p(y)\, dx\, dy = 1\,;$$

folglich ist er für ein gewisses positives ε größer als 1/2. Für dieses ε haben wir

$$\mathsf{P}\{|\xi_t - \xi_{t_0}| \geqq \varepsilon\} \not\to 0 \quad (t \to t_0)\,,$$

d. h., die Konvergenz in Wahrscheinlichkeit gilt nicht.

5—7. Die Beweise, wie wir sie von zahlenwertigen Funktionen kennen, lassen sich auf zufällige Funktionen übertragen.

8—9. Folgerungen aus den Aussagen 1—2 § 2.1.

10. Zu beliebigem $\varepsilon > 0$ und jedem Punkt $t_0 \in [a, b]$ existiert eine solche Umgebung U des Punktes t_0, so daß für $t \in U$ die Ungleichung $||f_t - f_{t_0}|| \leqq \varepsilon\, |t - t_0|$ erfüllt ist. Wir nehmen an, daß $f_t \neq f_a$ für ein gewisses $t \in [a, b]$ gilt. Dann existiert ein $\varepsilon > 0$ mit $||f_t - f_a|| > \varepsilon(t - a)$. Mit t_0 bezeichnen wir die untere Grenze aller solchen t. Es ist klar, daß in diesem Punkt $||f_{t_0} - f_a|| = \varepsilon(t_0 - a)$ gelten muß; ist doch für $t \in [a, t_0)$ die Ungleichung $||f_t - a|| \leqq \varepsilon(t - a)$ gültig und für t, die beliebig nahe rechts von t_0 liegen — die entgegengesetzte Ungleichung, wobei die Funktion f stetig ist (weil sie differenzierbar ist). Wir erhalten, daß für rechts von t_0 liegende t die Ungleichung $||f_t - f_a|| = ||(f_t - f_{t_0}) + (f_{t_0} - f_a)|| \leqq ||f - f_{t_0}|| + ||f_{t_0} - f_a|| \leqq \varepsilon\, |t - t_0| + \varepsilon(t_0 - a) = \varepsilon(t - a)$ gilt. Das steht im Widerspruch zur Definition von t_0.

11. Der Beweis wird nicht angegeben. Man benutze die Stetigkeit des Skalarproduktes sowie Aussage 1 § 2.1.

12. Wir haben $\mathsf{M}\xi_t \equiv m$, $K_{\xi\xi}(t, s) = K(t - s)$. Der Erwartungswert ist differenzierbar (mit verschwindender Ableitung), so daß es sich darum handelt, wie oft man die gemischte zweite Ableitung der Korrelationsfunktion bilden kann. Die partielle Differentiation nach t einer Funktion von $t - s$ wird auf die Ableitung einer Funktion einer Veränderlichen zurückgeführt und die Differentiation nach s auf die Ableitung mit umgekehrtem Vorzeichen. Die Funktion K ist viermal differenzierbar, aber $K^{V}(0)$ existiert nicht. Folglich ist der Prozeß genau zweimal im Quadratmittel differenzierbar.

14*. $p_{\xi_t'}(z) = (2\pi)^{-1} \ln \dfrac{1 + \sqrt{1 - z^2}}{1 - \sqrt{1 - z^2}}$ für $|z| < 1$, $p_{\xi_t'}(z) = 0$ für $|z| \geqq 1$.

15. Die Verteilung von (ξ_0, ξ_0') ist als Grenzwert der gemeinsamen Verteilung von ξ_0 und $(\xi_h - \xi_0)/h$ Gausssch. Diese Gauss-Verteilung besitzt den Erwartungswert 0 und die Kovarianzmatrix

$$\begin{pmatrix} K & \partial K/\partial s \\ \partial K/\partial t & \partial^2 K/\partial t\, \partial s \end{pmatrix}_{t=s=0} = \begin{pmatrix} 1 & 0 \\ 0 & 4 \end{pmatrix}.$$

Anders ausgedrückt bedeutet das, daß ξ_0 und ξ_0' unabhängig sind und eine Normalverteilung mit Erwartungswert 0 und den Streuungen 1 bzw. 4 haben.

18. Es genügt, den Beweis für $p = 1$ zu führen (weil aus der Konvergenz im p-ten Mittel, $p > 1$, die Konvergenz für $p = 1$ folgt). Das Integral auf der rechten Seite existiert wegen

$$\int\limits_a^b \int\limits_\Omega |\xi_t(\omega)|\, dt\, \mathsf{P}(d\omega) \leqq (b - a) \max_{a\leqq t\leqq b} \mathsf{M}\, |\xi_t| < \infty$$

aufgrund des Satzes von FUBINI. Das Integral auf der linken Seite von (1) ist Grenzwert der Integralsummen $\sum_{i=1}^{n} \xi_{s_i} \cdot (t_i - t_{i-1})$ im Quadratmittel bei Verfeinerung der Zerlegung $a = t_0 < t_1 < \dots < t_n = b$, $s_i \in [t_{i-1}, t_i]$, das Integral der rechten Seite läßt sich in Form einer Summe $\sum_{i=1}^{n} \int_{t_{i-1}}^{t_i} \xi_t \, dt$ schreiben. Wir schätzen den Erwartungswert der Differenz der i-ten Summanden dem Betrage nach ab:

$$\mathsf{M} \left| \xi_{s_i}(t_i - t_{i-1}) - \int_{t_{i-1}}^{t_i} \xi_t \, \mathrm{d}t \right| = \mathsf{M} \left| \int_{t_{i-1}}^{t_i} (\xi_t - \xi_{s_i}) \, \mathrm{d}t \right|$$

$$\leqq \int_{t_{i-1}}^{t_i} \mathsf{M} \, |\xi_t - \xi_{s_i}| \, \mathrm{d}t \leqq (t_i - t_{i-1}) \cdot \max_{t_{i-1} \leqq t \leqq t_i} \mathsf{M} \, |\xi_t - \xi_{s_i}| \, .$$

Der im Mittel stetige Prozeß ist auch gleichmäßig stetig im Mittel. Indem wir ein $\delta > 0$ mit $\mathsf{M} \, |\xi_t - \xi_s| < \varepsilon$ für $|t - s| < \delta$ wählen, erhalten wir, daß bei einer Zerlegung, die feiner als δ ist, der Erwartungswert des Betrages der Differenz von Integralsumme und Integral längs einer Trajektorie nicht größer als $\varepsilon(b - a)$ ist. Folglich erweisen sich die Integrale beider Seiten als Grenzwert im Mittel der Integralsummen. Mithin stimmen sie mit Wahrscheinlichkeit 1 überein.

19. Das ist eine GAUSS-Verteilung (den Beweis für den vorliegenden Spezialfall geben wir nicht, um nicht die Lösung von Aufgabe 3 § 3.1 zu wiederholen); der Erwartungswert ist gleich 0, die Kovarianzmatrix gleich

$$\begin{pmatrix} K_{ww}(t, t) & \int_0^t K_{ww}(t, s) \, \mathrm{d}s \\ \int_0^t K_{ww}(u, t) \, \mathrm{d}u & \int_0^t \int_0^t K_{ww}(u, s) \, \mathrm{d}u \, \mathrm{d}s \end{pmatrix} = \begin{pmatrix} t & t^2/2 \\ t^2/2 & t^3/3 \end{pmatrix}$$

(wir erinnern uns an $K_{ww}(t, s) = t \wedge s$). Die Verteilungsdichte ist gleich

$$(2\pi t^2/\sqrt{12})^{-1} \exp \{-(2t^{-1}x^2 - 6t^{-2}xy + 6t^{-3}y^2)\} \, .$$

20. $\mathsf{M}\xi_t \equiv 0$, $K_{\xi\xi}(t, s) = \mathrm{e}^{-|t-s|}/6 - \mathrm{e}^{-2|t-s|}/12$. Das ist ein stationärer Prozeß.

21. $$\mathsf{M} \left| \int_0^T \mathrm{e}^{i\lambda t} \xi_t \, \mathrm{d}t \right|^2 = \int_0^T \int_0^T \mathsf{M} \, \mathrm{e}^{i\lambda t} \xi_t \overline{\mathrm{e}^{i\lambda s} \xi_s} \, \mathrm{d}t \, \mathrm{d}s = \int_0^T \int_0^T \mathrm{e}^{i\lambda t} \, \mathrm{e}^{-i\lambda s} K(t - s) \, \mathrm{d}t \, \mathrm{d}s \, .$$

Wir substituieren die Veränderlichen $t - s = u$, $(t - s)/2 = v$ und erhalten $\int_{-T}^{T} (T - |u|) \times \mathrm{e}^{i\lambda u} K(u) \, \mathrm{d}u$. Für $T \to \infty$ ist dieser Ausdruck gleich $T \int_{-\infty}^{+\infty} \mathrm{e}^{i\lambda u} K(u) \, \mathrm{d}u + o(T)$.

22*. Natürlich erhält man die FOURIER-Koeffizienten aus der Formel

$$X_n = 4\pi^{-1} \int_0^{\pi/2} \sin (2n - 1) \, t w_t \, \mathrm{d}t \, .$$

Die gemeinsame Verteilung einer beliebigen Anzahl der X_n ist GAUSSsch. Es ist klar, daß $\mathsf{M}X_n = 0$ gilt; um die Streuungen und Kovarianzen dieser Zufallsgrößen zu bestimmen, gehen wir zu stochastischen Integralen über:

$$X_n = \frac{-4\pi^{-1}}{2n - 1} \int_0^{\pi/2} w_t \mathrm{d} \cos (2n - 1) \, t = \frac{4\pi^{-1}}{2n - 1} \int_0^{\pi/2} \cos (2n - 1) \, t \, \mathrm{d}w_t$$

(das nicht-integrale Glied verschwindet zu Null). Hieraus folgt

$$\mathsf{M}X_n X_m = \frac{16\pi^{-2}}{(2n - 1)(2m - 1)} \int_0^{\pi/2} \cos (2n - 1) \, t \cos (2m - 1) \, t \, \mathrm{d}t \, .$$

Für $m \neq n$ ist dieses Integral gleich 0, aber für $m = n$ ergibt es $\mathsf{D}X_n = 4\pi^{-1}/(2n-1)^2$. Die Konvergenz der FOURIER-Reihe folgt aus der Konvergenz der Reihe von $\mathsf{D}X_n$, und daß ihre Summe (fast sicher) gleich w_t ist, leitet sich aus der Vollständigkeit des Systemes $\{\sin(2n-1)\,t,\ n = 1, 2, \ldots\}$ auf dem Intervall $[0, \pi/2]$ ab.

§ 2.2

1. Es genügt, die Existenz des endlichen Grenzwertes $\lim\limits_{s\to t^-,\,u\to t^-} \mathsf{M}(\xi_s - \xi_{t_0})\,\overline{(\xi_u - \xi_{t_0})}$ zu beweisen.

2. Es mögen $f(t)$ zwischen den Punkten $a, t_1, t_2, \ldots, t_n, b$ und $g(t)$ zwischen den Punkten $a, t'_1, t'_2, \ldots, t'_n, b$ jeweils konstante Werte annehmen. Wir vereinigen die Punkte t_i, t'_i zu einer Ordnung: $a < t''_1 < t''_2 < \cdots < t''_m < b$. Mit $f_0, f_1, \ldots, f_{m-1}, f_m$ bezeichnen wir die Werte, welche die Funktion $f(t)$ entsprechend für $t \leqq t''_1$, $t''_1 < t \leqq t''_2, \ldots, t''_{m-1} < t \leqq t''_m$, $t > t''_m$ annimmt; mit $g_0, g_1, \ldots, g_{m-1}, g_m$ – die entsprechenden Werte der Funktion $g(t)$. Wir haben

$$\mathsf{M}I(f)\,\overline{I(g)} = \mathsf{M}\sum_{i=0}^{m} f_i\cdot(\xi_{t''_{i+1}} - \xi_{t''_i})\cdot\overline{\sum_{j=0}^{m} g_j\cdot(\xi_{t''_{j+1}} - \xi_{t''_j})} = \sum_{i=0}^{m}\sum_{j=0}^{m} f_i\overline{g}_j\mathsf{M}(\xi_{t''_{i+1}} - \xi_{t''_i})\,\overline{(\xi_{t''_{j+1}} - \xi_{t''_j})}.$$

Hier verschwinden die Summanden mit $j \neq i$, es ergibt sich

$$\mathsf{M}I(f)\,\overline{I(g)} = \sum_{i=0}^{m} f_i\overline{g_i}[F(t''_{i+1}) - F(t''_i)] = \int_a^b f(t)\,\overline{g(t)}\,\mathrm{d}F(t)\,.$$

3. Wir setzen $f^*(t) = f(s_i)$ für $t_i < t \leqq t_{i+1}$ ($f(s_0)$ im Punkte a); die betrachtete Integralsumme ist dann gleich $\int_b^a f^*(t)\,\mathrm{d}\xi_t$. Wir haben

$$\mathsf{M}\left|\int_a^b f(t)\,\mathrm{d}\xi_t - \int_a^b f^*(t)\,\mathrm{d}\xi_t\right|^2 = \mathsf{M}\left|\int_a^b [f(t) - f^*(t)]\,\mathrm{d}\xi_t\right|^2 = \int_a^b |f(t) - f^*(t)|^2\,\mathrm{d}F(t)$$
$$\leqq [F(b) - F(a)] \max_{0\leqq i\leqq n}\ \max_{t,s\in[t_i,t_{i+1}]} |f(t) - f(s)|^2\,,$$

dieser Ausdruck strebt bei Verfeinerung der Zerlegung gegen Null.

Die Anwendung der Regel von der partiellen Integration ergibt

$$\int_a^b f(t)\,\mathrm{d}\xi_t = \text{l.i.m.}\sum_{i=0}^{n} f(t_i)\,(\xi_{t_{i+1}} - \xi_{t_i}) = \text{l.i.m.}\left[f(b)\,\xi_b - f(a)\,\xi_a - \sum_{i=0}^{n}\xi_{t_{i+1}}(f(t_{i+1}) - f(t_i))\right] =$$
$$= f(b)\,\xi_b - f(a)\,\xi_a - \int_a^b \xi_t f'(t)\,\mathrm{d}t\,.$$

4. Die Aufgabe selbst zu lösen, ist viel einfacher, als sich die Lösung anzusehen. Die Gleichheit (mit Wahrscheinlichkeit 1) der stochastischen Integrale beweise man zuerst für Treppenfunktionen g.

5. Vorerst muß geprüft werden, ob beide Integrale einen Sinn besitzen. Für das stochastische Integral der rechten Seite gilt

$$\int_a^b \left|\int_c^d f(t,\lambda)\,\mathrm{d}\lambda\right|^2 \mathrm{d}F(t) \leqq \int_a^b (c-d)^2 \max_{c\leqq\lambda\leqq d} |f(t,\lambda)|^2\,\mathrm{d}F(t) < \infty\,.$$

Für das gewöhnliche Integral auf der rechten Seite genügt es zu zeigen, daß $\int_b^a f(t,\lambda)\,\mathrm{d}\xi_t$ eine im Quadratmittel stetige zufällige Funktion von λ ist. Wir haben

$$\mathsf{M}\left|\int_a^b f(t,\lambda')\,\mathrm{d}\xi_t - \int_a^b f(t,\lambda)\,\mathrm{d}\xi_t\right|^2 = \int_a^b |f(t,\lambda') - f(t,\lambda)|^2\,\mathrm{d}F(t)\,.$$

Bei $\lambda' \to \lambda$ strebt die Funktion unter dem Integralzeichen gegen 0, wobei sie durch die bezüglich $\mathrm{d}F(t)$ integrierbare Funktion $4\max\limits_{\lambda}|f(t,\lambda)|^2$ majorisiert wird. Deshalb ist der

Grenzwert gleich 0, und es gilt

$$\underset{\lambda' \to \lambda}{\text{l.i.m.}} \int_a^b f(t, \lambda') \, d\xi_t = \int_a^b f(t, \lambda) \, d\xi_t \, .$$

Für die Zerlegung $c = \lambda_0 < \lambda_1 < \dots < \lambda_{n-1} < \lambda_n = d$ des Intervalles $[c, d]$ setzen wir $f^*(t, \lambda) = f(t, \lambda_i)$ für $\lambda_i \leqq \lambda < \lambda_{i+1}$. Es ist klar, daß $\int_c^d \left[\int_a^b f(t, \lambda) \, d\xi_t \right] d\lambda = \text{l.i.m.} \sum_{i=0}^{n-1} \left[\int_a^b f(t, \lambda_i) \, d\xi_t \right] \times (\lambda_{i+1} - \lambda_i) = \text{l.i.m.} \int_a^b \left[\sum_{i=0}^{n-1} f(t, \lambda_i) \, (\lambda_{i+1} - \lambda_i) \right] d\xi_t = \text{l.i.m.} \int_a^b \left[\int_c^d f^*(t, \lambda) \, d\lambda \right] d\xi_t$ bei Verfeinerung der Zerlegung gilt; zeigen wir, daß $\int_a^b \left[\int_c^d f(t, \lambda) \, d\lambda \right] d\xi_t$ ebenfalls gleich diesem Grenzwert ist, so ist alles bewiesen. Wiederum benutzen wir die Formel für die Streuung stochastischer Integrale

$$\mathsf{M} \left| \int_a^b \left[\int_c^d f(t, \lambda) \, d\lambda \right] d\xi_t - \int_a^b \left[\int_c^d f^*(t, \lambda) \, d\lambda \right] d\xi_t \right|^2 = \int_a^b \left| \int_c^d [f(t, \lambda) - f^*(t, \lambda)] \, d\lambda \right|^2 dF(t) \, .$$

Die Funktion unter dem Integralzeichen strebt auch hier gegen Null (bei Verfeinerung der Zerlegung) und sie wird durch die Funktion $4(d - c)^2 \max_\lambda |f(t, \lambda)|^2$ majorisiert. Die geforderte Beziehung ist bewiesen und mit ihr eine Aussage über die Vertauschung der Integrationsreihenfolge.

§ 3.1

1. Zu jedem Raum $(X, \mathcal{A}, \mu)$ mit endlichem Maß ist im Raum $\boldsymbol{L}^2(X, \mathcal{A}, \mu)$ die Menge von Funktionen der Gestalt $f(x) = \sum_{k=1}^{m} c_k \chi_{A_k}(x)$, $A_k \in \mathcal{A}$ überall dicht. Wird die σ-Algebra $\mathcal{A}$ durch die Algebra $\mathcal{A}_0$ erzeugt ($\mathcal{A} = \sigma(\mathcal{A}_0)$), so liegt auch die Menge der Linearkombinationen der Indikatorfunktionen von $A_k \in \mathcal{A}_0$ überall dicht. Im gegebenen Fall läßt sich als $\mathcal{A}_0$ das Mengensystem $\{(\xi_{t_1}, \dots, \xi_{t_n}) \in B\}$ wählen.

2. Einfach ist zu sehen, daß die Menge von Zufallsgrößen der Gestalt $f(\xi_{t_1}, \dots, \xi_{t_n})$, $t_1, \dots, t_n \in T$ überall dicht liegt, wobei die Funktion f nicht nur meßbar, sondern stetig und beschränkt ist. Indem wir $t_i^{(k)} \in T_0$, $t_i^{(k)} \to t_i$ $(k \to \infty)$ wählen, erhalten wir $f(\xi_{t_1}, \dots, \xi_{t_n}) = \lim_{k \to \infty} (\mathsf{P}) \, f(\xi_{t_1^{(k)}}, \dots, \xi_{t_n^{(k)}})$. Für eine in ihrer Gesamtheit beschränkte Folge von Zufallsgrößen folgt aus der Konvergenz in Wahrscheinlichkeit auch die Konvergenz im Mittel. Das beweist unsere Aussage.

Die Separabilität von $\boldsymbol{L}_T^2$ läßt sich jetzt aus der Separabilität des Raumes $\boldsymbol{L}^2(d\Phi_{t_1, \dots, t_n})$ ableiten.

3. Das ist so für Größen der Form $c_0 + c_1 \xi_{t_1} + \dots + c_n \xi_{t_n}$ (weil jede Linearkombination GAUSS-verteilter Zufallsgrößen ebenfalls eine GAUSS-Verteilung besitzt; offenbar wird das mit Hilfe charakteristischer Funktionen am einfachsten bewiesen). Wenn $\eta_i = \underset{k \to \infty}{\text{l.i.m.}} \, \eta_i^{(k)}$ ist, wobei die $\eta_i^{(k)}$ Zufallsgrößen der beschriebenen Art sind, so gilt die Konvergenz auch in Wahrscheinlichkeit und „in Verteilung" d. h., die gemeinsame Verteilung von $\eta_1^{(k)}, \dots, \eta_n^{(k)}$ konvergiert gegen die Verteilung von $(\eta_1, \dots, \eta_n)$. Es bleibt zu bemerken, daß der schwache Grenzwert einer Folge GAUSSscher Verteilungen ebenfalls GAUSS-verteilt ist.

4*. Aus der Stetigkeit im Mittel von ξ_t, $t \in T$, folgt die Separabilität des Raumes $\boldsymbol{H}_T^0$. Ist der Raum $\boldsymbol{H}_T^0$ endlichdimensional, so wählen wir in ihm eine orthogonale Basis $\eta_1, \dots, \eta_n$ und erhalten eine Darstellung der ersten Form. Ist dieser Raum unendlichdimensional, so ist er zu $\boldsymbol{L}^2[0, 1]$ isomorph. In diesem Falle fixieren wir eine isomorphe Abbildung. Mit w_t bezeichnen wir diejenige Zufallsgröße aus $\boldsymbol{H}_T^0$, die bei dieser Isomorphie der Funktion $\chi_{[0, T]}$ entspricht. Die Größen w_t, $0 \leqq t \leqq 1$, bilden einen GAUSSschen Prozeß mit Erwartungswert Null und der Korrelationsfunktion $\mathsf{M}w_t w_s = \int\limits_0^1 \chi_{[0,t]}(u)\, \chi_{[0,s]}(u)\, du$ $= s \wedge t$, d. h. einen WIENER-Prozeß. Definiert man $f(t, .)$ als eine Funktion in $\boldsymbol{L}^2[0, 1]$, die der Zufallsgröße ξ_t entspricht, so erhält man die gesuchte Darstellung.

5. Für jedes natürliche k gilt $\left\{\lim\limits_{n\to\infty} \xi_n = a\right\} = \bigcap\limits_{m=1}^{\infty} \bigcup\limits_{n=k}^{\infty} \bigcap\limits_{n=n_0}^{\infty} \{|\xi_n - a| < 1/m\}$. Hier gehören alle Ereignisse $\{|\xi_n - a| < 1/m\}$ zu $\mathcal{F}_{\geq k}$, so daß $\left\{\lim\limits_{n\to\infty} \xi_n = a\right\} \in \mathcal{F}_{\geq k}$ für jedes k gilt, d. h. $\left\{\lim\limits_{n\to\infty} \xi_n = a\right\} \in \mathcal{F}_{\geqq +\infty}$.

Für das zweite Ereignis benutzen wir die Darstellung

$$\bigcap_{m=1}^{\infty} \bigcup_{n_0=k}^{\infty} \bigcap_{n=n_0}^{\infty} \bigcap_{s=n_0}^{\infty} \{|\xi_n - \xi_s| < 1/m\} .$$

6. Es gilt $A \in \mathcal{F}_{\geqq +\infty}$ und folglich $A \in \mathcal{F}_{\{1,2,\dots\}}$. Diese σ-Algebra wird durch die Algebra $\bigcup\limits_{n=1}^{\infty} \mathcal{F}_{[1,n]}$ erzeugt, folglich existieren zu jedem $\varepsilon > 0$ ein natürliches $n = n_\varepsilon$ und ein Ereignis $A^\varepsilon \in \mathcal{F}_{[1,n]}$ mit $\mathsf{P}(A \triangle A^\varepsilon) < \varepsilon$. Da A zu der von $\mathcal{F}_{[1,n]}$ unabhängigen σ-Algebra $\mathcal{F}_{\geqq n+1}$ gehört, sind A und A^ε unabhängig: $\mathsf{P}(AA^\varepsilon) = \mathsf{P}(A)\, \mathsf{P}(A^\varepsilon)$. Die linke Seite unterscheidet sich um weniger als ε von $\mathsf{P}(A)$, die rechte von $\mathsf{P}(A)^2$. Hieraus folgt $|\mathsf{P}(A) - \mathsf{P}(A)^2| < 2\varepsilon$. Da ε beliebig ist, gilt $\mathsf{P}(A) = \mathsf{P}(A)^2$ (A ist unabhängig von sich selbst). Diese quadratische Gleichung besitzt zwei Wurzeln: $\mathsf{P}(A) = 0$ und $\mathsf{P}(A) = 1$.

7. Für jedes x haben wir

$$F(x) = \mathsf{P}\left\{\lim_{n\to\infty} \xi_n \leqq x\right\} = 0 \text{ oder } 1;$$

a wird als derjenige Punkt definiert, in dem F springt.

8. Für einen stochastisch stetigen Prozeß enthält $\mathcal{F}_{(t,t+]}$ auf jeden Fall die Ereignisse, die sich nur um Mengen der Wahrscheinlichkeit 0 von den Ereignissen der σ-Algebra $\mathcal{F}_{=t}$ unterscheiden. Mithin ist im Falle des WIENER-Prozesses das 0-1-Gesetz nicht erfüllt. Für den WIENER-Prozeß und die σ-Algebra $\mathcal{F}_{\leqq 0+} = \mathcal{F}_{(0,0+]}$ wird im § 9.2 das 0-1-Gesetz von BLUMENTHAL bewiesen. Für den POISSON-Prozeß ist die Trivialität der σ-Algebra $\mathcal{F}_{\leqq 0+}$ ganz einfach zu zeigen.

Ein weiteres Beispiel ist ein Prozeß mit zwei Trajektorien: $\mathsf{P}\{\eta_t \equiv t\} = \mathsf{P}\{\eta_t \equiv -1\}$ $= 1/2$, $\mathcal{F}_{(0,0+]} = \mathcal{F}_{(t,t+]} = \mathcal{F}_T$. In jeder dieser σ-Algebren gibt es Ereignisse der Wahrscheinlichkeit $1/2 \neq 0, 1$.

9. Der Raum $\boldsymbol{H}_{\{1,2,\dots\}}$ wird durch orthogonale Vektoren $1, \xi_1, \xi_2, \dots$ erzeugt; jede Zufallsgröße $\eta \in \boldsymbol{H}_{\geqq +\infty}$ ist zu $\xi_1, \xi_2, \dots$ orthogonal und folglich 1 proportional.

§ 3.3

1. Die Folge $\eta_n = \mathrm{pr}_{\boldsymbol{H}_n} \eta$ besitzt orthogonale Zuwächse und ist normbeschränkt: $\|\eta_n\| \leqq \|\eta\|$. Folglich existiert der Grenzwert von η_n, wir bezeichnen ihn mit η_∞. Aus $\eta_n \in \boldsymbol{H}_n \subseteqq \boldsymbol{H}_\infty$ folgt $\eta_\infty \in \boldsymbol{H}_\infty$. Um $\eta_\infty = \mathrm{pr}_{\boldsymbol{H}_\infty} \eta$ zu beweisen, verbleibt zu zeigen, daß $(\eta - \eta_\infty, \tilde{\eta}) = 0$ für $\tilde{\eta} \in \boldsymbol{H}_\infty$ gilt. Für $m \geqq n$ haben wir $(\eta - \eta_m, \tilde{\eta}) = 0$ für $\tilde{\eta} \in \boldsymbol{H}_n$. Indem m gegen ∞ geht, erhalten wir $(\eta - \eta_\infty, \tilde{\eta}) = 0$ für $\tilde{\eta} \in \boldsymbol{H}_n$. Das bedeutet $(\eta - \eta_\infty, \tilde{\eta}) = 0$ für alle $\tilde{\eta} \in \bigcup\limits_{n=1}^{\infty} \boldsymbol{H}_n$. Der Beweis endet mit dem Übergang zur Abschließung.

2. Die Differenz eines Vektors zu seiner Projektion hängt stetig von dem Vektor ab.

4. Die beste Schätzung ist $\hat{\eta} = \underset{n\to\infty}{\mathrm{l.i.m.}}\, \mathsf{M}(\eta \mid \xi_{t_1}, \dots, \xi_{t_n})$ bei einer gewissen Wahl der Folge $t_1, \dots, t_n, \dots \in T$. Aber im Falle gemeinsam normalverteilter Zufallsgrößen ist die bedingte Erwartung einer von ihnen bezüglich der anderen eine lineare Funktion der letzteren.

Anders ausgedrückt fällt die Projektion von η auf $L^2_{\{t_1,\ldots,t_n\}}$ mit der Projektion von η auf $H_{\{t_1,\ldots,t_n\}}$ zusammen und liegt in H_T. Mithin gilt auch $\hat{\eta} \in H_T$.

§ 4.1

1. Die Ableitung eines im weiteren Sinne stationären Prozesses besitzt, falls sie existiert stets den Erwartungswert Null.

2. Im Falle stetiger Zeit gilt

$$\mathsf{M}\left|\frac{1}{t_2-t_1}\int_{t_1}^{t_2}\xi_t\,dt - m\right|^2 = 2(t_2-t_1)^{-1}\,\mathrm{Re}\int_0^{t_2-t_1}[(t_2-t_1)-u]\,K(u)\,du \to 0\,,$$

wenn nur $\lim_{t\to\infty} t^{-1}\int_0^t K(u)\,du = 0$ ist.

3*. Das gemischte Moment bestimmen wir durch $\frac{\partial^4}{\partial z_1\,\partial z_2\,\partial z_3\,\partial z_4}\exp\left\{-\frac{1}{2}\sum_{i,j=1}^4 b_{ij}z_iz_j\right\}$. Ferner gilt $K_\eta(s) = \mathsf{M}\eta_{s+u}\eta_u - \mathsf{M}\eta_{s+u}\mathsf{M}\eta_u = K(t)^2 + K(s)^2 + K(s+t)\,K(s-t) - K(t)^2 = K(s)^2 + K(s+t)\,K(s-t) \to 0$ für $s \to \infty$; die betrachtete Schätzung ist damit konsistent.

§ 4.2

1. Die Spektralfunktion setzt sich aus einer reinen Sprungfunktion mit Sprüngen der Höhe $m^2/4$ in den Punkten Λ und aus einer absolutstetigen Funktion mit der Dichte $\frac{1}{4}f(\lambda+\Lambda) + \frac{1}{4}f(\lambda-\Lambda)$ zusammen.

2. Es gilt $\eta_n = \int_{-\pi}^{\pi}(1-e^{-i\lambda})^{-1}e^{i\lambda u}\,dZ(\lambda)$, $f_n(\lambda) = (2-2\cos\lambda)^{-1}f_\xi(\lambda)$, wobei für die Existenz von η_n die Beziehung $\int_{-\pi}^{\pi}(2-2\cos\lambda)^{-1}f_\xi(\lambda)\,d\lambda < \infty$ nötig ist.

3. Die Gleichung des dargestellten Schaltbildes lautet: $C\eta_t' + R^{-1}\eta_t = \xi_t$. Es ist klar, daß für die stationäre Lösung $\mathsf{M}\eta_t = R\mathsf{M}\xi_t = RI_0$ gilt. Indem wir $\xi_t^0 = \xi_t - \mathsf{M}\xi_t$, $\eta_t^0 = \eta_t - \mathsf{M}\eta_t$ setzen, erhalten wir aus $\xi_t^0 = \int_{-\infty}^{\infty} e^{i\lambda t}\,dZ(\lambda)$

$$\eta_t^0 = \int_{-\infty}^{\infty} P(i\lambda)^{-1}\,e^{i\lambda t}\,dZ(\lambda)\,,$$

wobei $P(i\lambda) = R^{-1} + Ci\lambda$ ist. Die Spektraldichte lautet

$$f_\eta(\lambda) = |P(i\lambda)|^{-2}f_\xi(\lambda) = \frac{\alpha\pi^{-1}(\Delta I)^2}{(\alpha^2+\lambda^2)\,(R^{-2}+C^2\lambda^2)}\,;$$

wir berechnen die Streuung

$$\mathsf{D}\eta_t = \int_{-\infty}^{\infty} f_\eta(\lambda)\,d\lambda = (R\,\Delta I)^2/(1+RC\alpha)\,.$$

§ 4.3

2. Wir beweisen das zweite. Es gelte $g_{1n} \to g_1$ im Quadratmittel und $g_{2n} \to g_2$ gleichmäßig, wobei

$$g_{1n}(\lambda) = c_{1n1}\,e^{i\lambda} + c_{1n2}\,e^{2i\lambda} + c_{1n3}\,e^{3i\lambda} + \ldots\,,$$

$$g_{2n}(\lambda) = c_{2n0} + c_{2n1}\,e^{i\lambda} + c_{2n2}\,e^{2i\lambda} + c_{2n3}\,e^{3i\lambda} + \ldots$$

sei (die Summen sind endlich). Leicht ist

$$g_{1n}(\lambda)\, g_{2n}(\lambda) = c_{1n\,1}c_{2n\,0}\, e^{i\lambda} + (c_{1n\,1}c_{2n\,1} + c_{1n\,2}c_{2n\,0})\, e^{2i\lambda} + \ldots \in h_{<1}$$

zu sehen. Dabei gilt $g_{1n}(\lambda)\, g_{2n}(\lambda) \to g_1 g_2$ im Quadratmittel:

$$\begin{aligned} \|g_{1n}g_{2n} - g_1g_2\|_{L^2} &\leqq \|(g_{1n} - g_1)\, g_{2n}\|_{L^2} + \|g_1(g_{2n} - g_2)\|_{L^2} \\ &\leqq \|g_{1n} - g_1\|_{L^2} \cdot \|g_{2n}\|_C + \|g_1\|_{L^2} \cdot \|g_{2n} - g_2\|_C \to 0\,. \end{aligned}$$

3. Es gilt $f(\lambda) = f_1(\lambda)\overline{f_1(\lambda)}$ mit $f_1(\lambda) = (4 + 3e^{i\lambda})^{-1} = \frac{1}{4} - \frac{3}{16} e^{-i\lambda} + \frac{9}{64} e^{-i2\lambda} - \ldots$ Wir haben

$$g(\lambda) = \left[\frac{(-3)^m}{4^{m+1}} + \frac{(-3)^{m+1}}{4^{m+2}} e^{-i\lambda} + \frac{(-3)^{m+2}}{4^{m+3}} e^{-2i\lambda} + \ldots\right] f_1(\lambda)^{-1} = \left(-\frac{3}{4}\right)^m.$$

Unmittelbar läßt sich die Theorie nur im Falle $\mathsf{M}\xi_n = 0$ anwenden, deshalb setzen wir $\xi_n^0 = \xi_n - \mathsf{M}\xi_n = \xi_n - 2$. Die beste Schätzung ist

$$\widehat{(\xi_m)}_{\leqq 0} = 2 + \widehat{(\xi_m^0)}_{\leqq 0} = 2 + (-\tfrac{3}{4})^m\, \xi_0^0 = 2 + (-\tfrac{3}{4})^m\, (\xi_0 - 2)\,.$$

Man berechne den Fehler der Schätzung im Quadratmittel selbst.

4*. Es gilt $f(\lambda) = f_1(\lambda)\overline{f_1(\lambda)}$, $f_1(\lambda) = 1 + e^{-i\lambda}$; die Formel (5) ergibt $g(\lambda) = (1 + e^{-i\lambda})^{-1}$. Die Anwendung dieser Formel ist nicht begründet, es zeigt sich aber, daß g tatsächlich die Projektion von $e^{i\lambda}$ auf die abgeschlossene Hülle von $\{e^{in\lambda}, n \leqq 0\}$ ist, d. h., die Formel (1) ist gültig:

$$\int_{-\pi}^{\pi} [e^{i\lambda} - (1 + e^{-i\lambda})^{-1}]\, (1 + e^{-i\lambda})\, (1 + e^{i\lambda})\, e^{-in\lambda}\, d\lambda = 0\,, \quad n \leqq 0\,.$$

Es bleibt nur noch ein $g(\lambda)$ entsprechendes Element des Raumes $\boldsymbol{H}^0_{\leqq 0}$ zu bestimmen (wir setzen $\mathsf{M}\xi_n = 0$ voraus). Die Funktion $g(\lambda)$ läßt sich nicht in eine FOURIER-Reihe entwickeln, so daß Formel (6) nicht angewendet werden kann. Indessen kann man zum Beispiel benutzen, daß $(1 + q\, e^{-i\lambda})^{-1} \to (1 + e^{-i\lambda})^{-1}$ für $q \uparrow 1$ im Sinne der Konvergenz im $\boldsymbol{L}^2(dF)$ gilt. Damit erhalten wir folgenden Ausdruck für die beste lineare Schätzung

$$\widehat{(\xi_1)}_{\leqq 0} = \operatorname*{l.i.m.}_{q \uparrow 1}\, (\xi_0 - q\xi_{-1} + q^2\xi_{-2} - \ldots)\,.$$

Der Fehler im Quadratmittel dieser Schätzung ist gleich

$$\int_{-\pi}^{\pi} |e^{i\lambda} - g(\lambda)|^2 f(\lambda)\, d\lambda = 2\pi\,,$$

d. h. gleich der Hälfte der Streuung der geschätzten Größe.

6*. Nach dem Gesagten ist offensichtlich, daß die gesuchte Folge keine Spektraldichte besitzen muß, dazu finden wir leicht ein Beispiel: $K(0) = 1$, $K(n) = 1/2$ für $n \neq 0$. Eine zufällige Folge mit einer solchen Korrelationsfunktion erhält man aus einer Folge unkorrelierter Zufallsgrößen ein und derselben Zufallsgröße.

7*. Eine analoge Rechnung ergibt $f(\lambda) = 2a^3\pi^{-1}/(a^2 + \lambda^2)^2$;

$$f_1(\lambda) = \sqrt{2a^3\pi^{-1}}\, (a + i\lambda)^{-2} = -\sqrt{2a^3\pi^{-1}} \int_{-\infty}^{0} t\, e^{at}\, e^{i\lambda t}\, dt\,;$$

$$g(\lambda) = e^{-as}\, [1 + as + s \cdot i\lambda]\,; \qquad \widehat{(\xi_s)}_{\leqq 0} = e^{-as}\, (1 + as)\, \xi_0 + s\, e^{-as}\, \xi_0'\,.$$

§ 5.1

1. Es sei $C = \{x_\cdot : (x_{t_1}, \ldots, x_{t_n}) \in A\} = \{x_\cdot : (x_{t_1'}, \ldots, x_{t_{n'}'}) \in A'\}$. Zu zeigen ist

$$\Phi_{t_1 \ldots t_n}(A) = \Phi_{t_1' \ldots t_{n'}'}(A')\,. \qquad (*)$$

Für gegebene $t_1, \ldots, t_n$ läßt sich die Menge A eindeutig aus C rekonstruieren, denn A besteht gerade aus allen für die Funktion $x. \in C$ möglichen Tupeln von Werten $(x_{t_1}, \ldots, x_{t_n})$.

Zuerst betrachten wir den Fall, daß $t_1', \ldots, t_n'$ eine Umordnung von $t_1, \ldots, t_n$ ist (folglich gilt $n = n'$). Die Menge A' besteht in diesem Falle aus Punkten der Menge A mit auf bestimmte Weise umgeordneten Koordinaten. Beide Seiten der Gleichung (*) sind Maße, und um (*) für alle $A \in \mathscr{B}^n$ zu zeigen, genügt es, diese Gleichung für den $\mathscr{B}^n$ erzeugenden Halbring von Mengen A der Form $A_1 \times \ldots \times A_n$, $A_i \in \mathscr{B}^1$ nachzuprüfen. Aber für solche Mengen ist (*) nichts anderes als die erste der Verträglichkeitsbedingungen.

Ferner betrachten wir den Fall, daß der Satz $t_1', \ldots, t_{n'}'$ die Werte $t_1, \ldots, t_n$ enthält. Dabei nehmen wir an, daß $t_1', \ldots, t_{n'}'$ derart numeriert ist, daß die ersten n dieser Elemente gleich $t_1, \ldots, t_n$ sind (die Unabhängigkeit von der Reihenfolge der Numerierung haben wir bereits gezeigt). Dann ist $A' = A \times R^{n'-n}$ leicht zu sehen, und die Gültigkeit von (*) für alle $A \in \mathscr{B}^n$ wird unter Benutzung der zweiten Verträglichkeitsbedingung genauso wie in dem vorhergehenden Fall bewiesen.

Im allgemeinen Fall betrachten wir schließlich Mengen $\{t_1'', \ldots, t_{n''}''\} = \{t_1, \ldots, t_n\} \cap \{t_1', \ldots, t_{n'}'\}$; es gilt die Darstellung $C = \{x.: (x_{t_1''}, \ldots, x_{t_{n''}''}) \in A''\}$, und wir sehen, daß beide Seiten von (*) gleich $\Phi_{t_1'', \ldots, t_{n''}''}(A'')$ sind.

2*. Bedingungen der Existenz eines Prozesses mit unabhängigen Zuwächsen zu einer vorgegebenen Verteilung der Zuwächse und den entsprechenden Beweis kann man im Buch von Itô [1], § 6 finden. Es ist auch möglich, die Resultate von § 8.3 des vorliegenden Buches zu benutzen.

§ 5.2

1. Das kann man unter Ausnutzung dessen beweisen, daß jede Funktion ohne Unstetigkeiten zweiter Art mit Werten in einem metrischen Raum höchstens abzählbar viele Unstetigkeiten besitzt (die Metrik ist durch die Konvergenz in Wahrscheinlichkeit gegeben). Eine andere Beweismethode ist die folgende: Die Funktion $F(t) = \mathsf{M} \arctan \xi_t$ ist monoton, folglich besitzt sie höchstens abzählbar viele Sprünge. In den Stetigkeitspunkten von $F(t)$ erhalten wir aus $\xi_{t-} \leqq \xi_t \leqq \xi_{t+}$ und $\mathsf{M}[\arctan \xi_{t+} - \arctan \xi_{t-}] = F(t+) - F(t-) = 0$ die Beziehung $\xi_{t-} = \xi_t = \xi_{t+}$ (fast sicher).

2*. Antwort: für $\alpha < 1/2$ und nur für diese.

3. $\mathsf{M}(Z(t) - Z(s))^4 = 3[\mathsf{M}(Z(t) - Z(s))^2]^2 = 3[K(t, t) + K(s, s) - 2K(t, s)]^2 = 3[t - t^2 + s - s^2 - 2(t \wedge s) + 2ts]^2 = 3[|t - s| - (t - s)^2]^2 \leqq 3(t - s)^2$.

4. Die Menge der Häufungspunkte ist abgeschlossen, so daß, falls ein Ereignis der linken Seite stattfindet, ein den Punkt $\xi_t(\omega)$ enthaltendes Intervall mit rationalen Endpunkten existiert, wobei keiner der Häufungspunkte nicht nur in diesem Intervall nicht enthalten ist, sondern auch nicht mit den Endpunkten übereinstimmt. Hieraus folgt, daß für hinreichend nahe bei t gelegene Punkte $s \in T_0$ die Beziehung $\xi_s \notin (\alpha, \beta)$ gilt, d. h., es findet das Ereignis auf der rechten Seite statt. Tritt umgekehrt die rechte Seite ein, so liegt keiner der Häufungspunkte in (α, β), und da ξ_t in diesem Intervall liegt, kann es mit keinem derselben zusammenfallen.

§ 5.3

1. Die Singularität der Verteilung von ξ_t bezüglich der Verteilungen von w_t und η_t wird mit Hilfe des Funktionales $f(x.) = x_0$ nachgewiesen. Für $\xi.$ nimmt es mit Wahrscheinlichkeit 1 den Wert 1 an, und für $w.$ sowie $\eta.$ den Wert 0. Um die Singularität von $\Phi_{w.}$ und $\Phi_{\eta.}$ zu zeigen, wird benutzt, daß der Grenzwert in Wahrscheinlichkeit von $\sum_{k=1}^{n} (w_{t_k} - w_{t_{k-1}})^2$ bei Verfeinerung der Zerlegung $0 = t_0 < t_1 < \cdots < t_n = 1$ gleich 1 ist (siehe § 1.2, Punkt 4), für η_t ist der entsprechende Grenzwert tatsächlich gleich 4. Freilich ist dieser Grenzwert in Wahrscheinlichkeit noch keine $\mathscr{B}^{[0,1]}$-meßbare Funktion, indessen wird die Lösung der Aufgabe zum Beispiel durch ein solches Funktional gegeben:

$$g(x_\cdot) = \varliminf_{n\to\infty} \sum_{k=1}^{2^n} (x_{k/2^n} - x_{(k-1)/2^n})^2 \,.$$

2. Die linke Seite ist gleich $\Phi'\{x_\cdot : (x_{t_1}, \dots, x_{t_n}) \in A\}$ und die rechte gleich $\int\limits_{\{x_\cdot : (x_{t_1}, \dots, x_{t_n}) \in A\}} h(x_\cdot)\, \Phi(\mathrm{d}x_\cdot)$, so daß die zu lösende Gleichung der Beziehung

$$\Phi'(C) = \int_C h(x_\cdot)\, \Phi(\mathrm{d}x_\cdot) \qquad (*)$$

äquivalent ist, wobei C eine beliebige Zylindermenge ist.

Die Notwendigkeit ist klar, die Hinlänglichkeit erhält man durch die Ausdehnung der Gleichung (*) von der Algebra der Zylindermengen auf die durch sie erzeugte σ-Algebra $\mathscr{B}^T$.

4. Es sei $C_\varepsilon = \{x_\cdot : (x_{t_1}, \dots, x_{t_n}) \in A\}$, wobei A jene Menge ist, von der in den Voraussetzungen der Aufgabe gesprochen wurde. Wir haben $C_\varepsilon \in \mathscr{B}^T$, $\Phi(C_\varepsilon) > 1 - \varepsilon$, $\Phi'(X^T \setminus C_\varepsilon) > 1 - \varepsilon$. Wir setzen $C = \bigcup_{n=1}^{\infty} \bigcap_{k=n}^{\infty} C_{1/2^k}$, $D = \bigcup_{n=1}^{\infty} \bigcap_{k=n}^{\infty} [X^T \setminus C_{1/2^k}]$. Das sind disjunkte Teilmengen von X^T. Aus dem Lemma von Borel-Cantelli folgt $\Phi(C) = 1$, $\Phi'(D) = 1$, das bedeutet aber die Singularität der Maße Φ und Φ'.

5. Es ist das Ergebnis von Aufgabe 2 zu benutzen. Das ist ein Spezialfall der Aufgabe 15.

7. Wir wählen $t_1, \dots, t_n$ mit

$$\int_{X^n} \cdots \int [h_{t_1 \dots t_n}(x_1, \dots, x_n)]^\alpha\, \Phi_{t_1 \dots t_n}(\mathrm{d}x_1 \dots \mathrm{d}x_n) < \varepsilon^2 \,.$$

Nun benutzen wir Aufgabe 4. Als Menge A nehmen wir $\{(x_1, \dots, x_n) : h_{t_1, \dots, t_n}(x_1, \dots, x_n) \leqq 1/\varepsilon\}$. Aufgrund der Tschebyschewschen Ungleichung gilt

$$\begin{aligned} 1 - \Phi_{t_1 \dots t_n}(A) &= \Phi_{t_1 \dots t_n}\{(x_1, \dots, x_n) : h_{t_1 \dots t_n}(x_1, \dots, x_n) > 1/\varepsilon\} \\ &\leqq \varepsilon \cdot \int_{X^n} \cdots \int h_{t_1 \dots t_n}(x_1, \dots, x_n)\, \Phi_{t_1 \dots t_n}(\mathrm{d}x_1 \dots \mathrm{d}x_n) = \varepsilon \,. \end{aligned}$$

Andererseits haben wir

$$\begin{aligned} \Phi'_{t_1 \dots t_n}(A) &= \int\limits_{\{h_{t_1 \dots t_n}(x_1, \dots, x_n) \leqq 1/\varepsilon\}} \cdots \int h_{t_1 \dots t_n}(x_1, \dots, x_n)\, \Phi_{t_1 \dots t_n}(\mathrm{d}x_1 \dots \mathrm{d}x_n) \\ &\leqq (1/\varepsilon)^{1-\alpha} \int_A \cdots \int [h_{t_1 \dots t_n}(x_1, \dots, x_n)]^\alpha\, \Phi_{t_1 \dots t_n}(\mathrm{d}x_1 \dots \mathrm{d}x_n) < (1/\varepsilon)^{1-\alpha} \varepsilon^2 < \varepsilon \,, \end{aligned}$$

was zu beweisen war.

8. Wir benutzen das Resultat von Aufgabe 7 für $\alpha = 1/2$.

9. Es gilt $\mathsf{M}\pi_S = 1$, weiter wenden wir das Lemma von Fatou an.

10. Es wird bewiesen, daß $\pi_S = \mathsf{M}(\pi \mid \mathscr{F}_S)$ ist, wobei $\mathscr{F}_S$ die durch eine endliche Zahl der Zufallsgrößen ξ_t, $t \in S$, erzeugte σ-Algebra ist. Entsprechend Aufgabe 11 § 1.2 ist π_S gleichmäßig integrierbar. Hieraus folgt die Möglichkeit des Grenzüberganges unter dem Zeichen des Erwartungswertes: $\mathsf{M}\pi = \lim_{S\uparrow} \mathsf{M}\pi_S = 1$.

11. Es genügt, für jedes endliche $S_0 \subseteqq T$ zu zeigen, daß $\mathsf{P}'\{\eta_\cdot \in C\} = \mathsf{M}\chi_{\{\xi_\cdot \in C\}}\pi^*$ für alle $C \in \mathscr{B}^{S_0}(X^T)$ gilt (vgl. Aufgabe 3). Wir wählen eine Folge endlicher Teilmengen $S_n \subseteqq T$, $S_n \supseteqq S_0$, für die $\pi_{S_n} \to \pi^*$ $(n \to \infty)$ gilt. Es sei $S_n = \{t_1^{(n)}, \dots, t_{m_n}^{(n)}\}$. Mit A_n bezeichnen wir jene Menge, der die die Menge C definierenden Koordinaten x_t, $t \in S_n$ angehören:

$$C = \left\{x_\cdot : \left(x_{t_1^{(n)}}, \dots, x_{t_{m_n}^{(n)}}\right) \in A_n\right\}, \quad A_n \in \mathscr{B}^{m_n}$$

(ein solches A_n existiert wegen $S_0 \subseteqq S_n$).

Aufgrund des Lemma von FATOU gilt

$$\mathsf{M}\chi_{\{\xi.\in C\}}\pi^* \leqq \lim_{n\to\infty} \mathsf{M}\chi_{\{\xi.\in C\}}\pi_{S_n}.$$

Der Ausdruck unter dem Limes-Zeichen läßt sich durch die endlichdimensionalen Verteilungen so schreiben

$$\int_{A_n} \cdots \int h_{t_1^{(n)}\ldots t_{m_n}^{(n)}}(x_1, \ldots, x_{m_n})\, \Phi_{t_1^{(n)}\ldots t_{m_n}^{(n)}}(dx_1 \ldots dx_{m_n}).$$

Das ist aber nichts anderes als $\Phi'_{t_1^{(n)}\ldots t_{m_n}^{(n)}}(A_n) = \mathsf{P}'\{\eta. \in C\}$. Folglich gilt

$$\mathsf{M}\chi_{\{\xi.\in C\}}\pi^* \leqq \mathsf{P}'\{\eta. \in C\}. \tag{*}$$

Völlig gleich wird — wobei die Menge $C \in \mathcal{B}^{S_0}(X^T)$ durch $X^T \setminus C \in \mathcal{B}^{S_0}(X^T)$ ersetzt wird — bewiesen, daß

$$\mathsf{M}(1 - \chi_{\{\xi.\in C\}})\,\pi^* \leqq 1 - \mathsf{P}'\{\eta. \in C\}$$

gilt. Wegen der Bedingung $\mathsf{M}\pi^* = 1$ erhalten wir hieraus

$$\mathsf{M}\chi_{\{\xi.\in C\}}\pi^* \geqq \mathsf{P}'(\eta. \in C\},$$

und in (*) gilt die Gleichheit.

Die Aussage ist bewiesen.

12*. Die Aufgabe wird unter Benutzung der in Aufgabe 7 gegebenen Singularitätsbedingung gegeben, welche sich nicht nur als hinreichend, sondern auch als notwendig erweist (im Falle der Absolutstetigkeit der endlichdimensionalen Verteilungen).

13. Selbstverständlich gilt die Absolutstetigkeit nicht für $c = 1$, weil hierbei $\mathsf{P}\{\eta_1 = 0\} = 1$ aber $\mathsf{P}\{w_1 = 0\} = 0$ gilt und deshalb $\Phi_{\eta.}$ und $\Phi_{w.}$ singulär sind. Es sei $c \neq 1$. Wir wählen $0 < t_1 < \cdots < t_{n-1} < t_n = 1$. Die gemeinsame Verteilungsdichte ist gleich

$$p_{\eta_{t_1}\ldots\eta_{t_{n-1}}\eta_{t_n}}(x_1, \ldots, x_{n-1}, x_n) = \frac{1}{|1-c|} \prod_{i=1}^{n} \frac{1}{\sqrt{2\pi\,(t_i - t_{i-1})}}$$

$$\times \exp\left\{-\left[x_i - x_{i-1} + \frac{c}{1-c}(t_i - t_{i-1})\,x_n\right]^2 \Big/ 2(t_i - t_{i-1})\right\}. \tag{*}$$

(Wir setzen $t_0 = 0$, $x_0 = 0$. Die Formel (*) kann man zum Beispiel unter Ausnutzung dessen erhalten, daß η_t ein GAUSSscher Prozeß mit Erwartungswert 0 und der Korrelationsfunktion $K_\eta(t, s) = t \wedge s - (2c - c^2)\,ts$ ist.) Indem wir diese Dichte durch $p_{w_{t_1}\cdots w_{t_{n-1}}w_{t_n}}(x_1, \ldots, x_n)$ teilen, erhalten wir $\frac{1}{|1-c|}\exp\left\{\left[1 - \frac{1}{(1-c)^2}\right]\frac{x_n^2}{2}\right\}$. Das bedeutet, daß die unendlichdimensionalen Verteilungen absolutstetig mit der Dichte

$$\frac{\Phi_{\eta.}(dx.)}{\Phi_{w.}(dx.)} = \frac{1}{|1-c|}\exp\left\{\left[1 - \frac{1}{(1-c)^2}\right]\frac{x_1^2}{2}\right\}$$

sind (hier ist, im Unterschied zur Formel (*), x_1 keine unabhängige Veränderliche, sondern der Wert der Funktion $x.$ im Punkte 1).

15. Im Falle $\varphi_0 \neq 0$ besteht natürlich Singularität. Wir betrachten den Fall $\varphi_0 = 0$. Für $0 = t_0 < t_1 < \cdots < t_n \leqq T$, $t_n < \infty$ finden wir $(x_0 = 0)$

$$h_{t_1\ldots t_n}(x_1, \ldots, x_n) = p_{\xi_{t_1}\ldots\xi_{t_n}}(x_1, \ldots, x_n) : p_{w_{t_1}\ldots w_{t_n}}(x_1, \ldots, x_n)$$

$$= \exp\left\{\sum_{i=1}^{n} \frac{\varphi_{t_i} - \varphi_{t_{i-1}}}{t_i - t_{i-1}}(x_i - x_{i-1}) - \frac{1}{2}\sum_{i=1}^{n}\frac{(\varphi_{t_i} - \varphi_{t_{i-1}})^2}{t_i - t_{i-1}}\right\}.$$

Hieraus erhalten wir für $S = \{t_1, \ldots, t_n\}$ oder $S = \{0, t_1, \ldots, t_n\}$

$$\pi_S = h_S(w.) = \exp\left\{\sum_{i=1}^{n} \frac{\varphi_{t_i} - \varphi_{t_{i-1}}}{t_i - t_{i-1}}(w_{t_i} - w_{t_{i-1}}) - \frac{1}{2}\sum_{i=1}^{n}\frac{(\varphi_{t_i} - \varphi_{t_{i-1}})^2}{t_t - t_{i-1}}\right\}.$$

Ist φ_t keine absolutstetige Funktion mit quadratisch integrierbarer Ableitung, so kann die zweite Summe durch Wahl der $t_1, \ldots, t_n$ beliebig groß gemacht werden (vgl. RIESZ und

SZ.-NAGY [1], Lemma aus § 36). In diesem Falle erlaubt Aufgabe 7, die Singularität festzustellen. Es gilt

$$\mathsf{M}\pi_S^{1/2} = \exp\left\{-\frac{1}{8}\sum_{i=1}^{n}\frac{(\varphi_{t_i}-\varphi_{t_{i-1}})^2}{t_i-t_{i-1}}\right\},$$

was beliebig klein ist.

Im Falle $\varphi_t = \int\limits_0^t \dot\varphi_s\,ds$, $\dot\varphi_\cdot \in L^2(0, T)$ gilt

$$\lim_{S\uparrow}\sum_{i=1}^{n}\frac{(\varphi_{t_i}-\varphi_{t_{i-1}})^2}{t_i-t_{i-1}} = \int\limits_0^T \dot\varphi_t^2\,dt$$

(das folgt aus dem Lemma, auf das wir uns eben beriefen). Wir beweisen

$$\lim_{S\uparrow}(\mathsf{P})\sum_{i=1}^{n}\frac{\varphi_{t_i}-\varphi_{t_{i-1}}}{t_i-t_{i-1}}(w_{t_i}-w_{t_{i-1}}) = \int\limits_0^T \dot\varphi_t\,dw_t\,.$$

Wie wir wissen, genügt es dafür, zu prüfen, daß die Truppenfunktionen

$$\psi_t(S) = \begin{cases}\dfrac{\varphi_{t_i}-\varphi_{t_{i-1}}}{t_i-t_{i-1}} & \text{für}\quad t_{i-1} < t \leqq t_i\,,\quad i=1,\ldots,n,\\[2ex] 0 & \text{für}\quad t > t_n\end{cases}$$

für $S\uparrow$ auf dem Intervall $[0, T]$ im Quadratmittel gegen $\dot\varphi_t$ konvergieren. Wir überlassen es dem Leser, das selbständig zu tun.

Ist das bewiesen, so erhalten wir

$$\lim_{S\uparrow}(\mathsf{P})\,\pi_S = \pi^* = \exp\left\{\int\limits_0^T\dot\varphi_t\,dw_t - \tfrac{1}{2}\int\limits_0^T\dot\varphi_t^2\,dt\right\}.$$

Entsprechend Aufgabe 11 bleibt zu zeigen, daß $\mathsf{M}\pi^* = 1$ gilt. Das folgt aber daraus, daß $\eta = \int\limits_0^T \dot\varphi_t\,dw_t$ eine GAUSSsche Zufallsgröße mit verschwindendem Erwartungswert und der Streuung $\sigma^2 = \int\limits_0^T\dot\varphi_t^2\,dt$ ist:

$$\mathsf{M}\,e^{\eta-\sigma^2/2} = e^{-\sigma^2/2}\int\limits_{-\infty}^{\infty}e^y\frac{1}{\sqrt{2\pi}\sigma}e^{-y^2/2\sigma^2}\,dy = 1\,.$$

16*. Daß P' ein Wahrscheinlichkeitsmaß ist, stellt man leicht fest. Wir wenden uns der Absolutstetigkeit zu. Aus $\mathsf{P}\{\xi_\cdot\in C\} = \Phi(C) = 0$, $C\in\mathscr{B}^T$, folgt $\mathsf{P}'\{\xi_\cdot\in C\} = \mathsf{M}\chi_{\{\xi_\cdot\in C\}}\pi = 0$. Im allgemeinen gilt indessen $\pi = \dfrac{d\Phi'}{d\Phi}(\xi_\cdot)\ (= \mathsf{M}(\pi\mid\mathscr{F}_T))$.

Eine solche Konstruktion gibt uns die Möglichkeit, aus einem zufälligen Prozeß verschiedene andere zu gewinnen (siehe zum Beispiel DYNKIN [2], Einführung, § 6; Kap. 10, § 4).

17*. Wir setzen $\zeta = \max\limits_{0\leqq t\leqq T} w_t$, $\eta_t = w_t + bt$, $\tau = \max\limits_{0\leqq t\leqq T}\eta_t$, $\dfrac{\Phi_\tau(dx)}{\Phi_\zeta(dx)} = g(x)$, $\dfrac{\Phi_{\eta_\cdot}(dx_\cdot)}{\Phi_{w_\cdot}(dx_\cdot)} = h(x_\cdot)$, $\pi = h(w_\cdot)$. Aufgrund von Aufgabe 15 haben wir $\pi = \exp\{bw_T - b^2T/2\}$. Eine Anwendung von Formel (9) ergibt

$$g(x) = \mathsf{M}\{e^{bw_T-b^2T/2}\mid\zeta = x\} = \int\limits_{\infty}^{\infty}e^{by-b^2T/2}\,p_{w_T,\zeta}(y,x)\,dy : p_\zeta(x)$$

und $p_\tau(x) = p_\zeta(x)\, g(x)$. Mithin können wir für $x > 0$ schreiben

$$p_\tau(x) = \int_{-\infty}^{\infty} e^{by - b^2T/2} p_{w_T,\zeta}(y, x)\, dy = \int_{-\infty}^{x} e^{by - b^2T/2} \sqrt{\frac{2}{\pi T^3}}\,(2x - y)\, e^{-(2x-y)^2/2T}\, dy$$

$$= \sqrt{\frac{2}{\pi T}}\, e^{-(x+bT)^2/2T} - 2b\, e^{2bx} \Phi\left(\frac{-x - bT}{\sqrt{T}}\right).$$

Für $x \leqq 0$ ist die Dichte natürlich gleich 0.

Jetzt klären wir, was aus dieser Verteilung bei $T \to \infty$ wird. Ist $b = 0$, so konvergiert die Dichte gleichmäßig in jedem endlichen Intervall gegen Null, d. h., die Verteilung wandert nach $+\infty$ aus. Das bedeutet, daß $\sup\limits_{0 \leqq t \leqq \infty} w_t = \lim\limits_{T \to \infty} \max\limits_{0 \leqq t \leqq T} w_t = \infty$ mit Wahrscheinlichkeit 1 gilt. Das gleiche gilt auch im Falle $b > 0$, zumindest deshalb, weil hier $\eta_t > w_t$ ist. Dagegen konvergiert für $b < 0$ das erste Glied in dem Ausdruck für die Dichte gegen Null, das zweite aber gegen $2\,|b|\, e^{-2|b|x}$ (weil $\lim\limits_{T \to \infty} \Phi\left(\frac{-x - bT}{\sqrt{T}}\right) = \Phi(+\infty) = 1$ ist). Deshalb ist in diesem Falle $\max\limits_{0 \leqq t \leqq \infty} \eta_t$ mit dem Parameter $2\,|b|$ exponentialverteilt.

18*. Bezeichnen wir das betrachtete Maximum mit τ, so erhalten wir analog der vorhergehenden Aufgabe (die Dichte der unendlichdimensionalen Verteilungen wurde in Aufgabe 13 berechnet)

$$p_\tau(x) = \int_{-\infty}^{\infty} \frac{1}{|1 - c|} \exp\left\{\left[1 - \frac{1}{(1-c)^2}\right]\frac{y^2}{2}\right\} p_{w_1,\zeta}(y, x)\, dy$$

$$= \frac{1}{|1 - c|} \int_{-\infty}^{x} \exp\left\{\left[1 - \frac{1}{(1-c)^2}\right]\frac{y^2}{2}\right\} \sqrt{\frac{2}{\pi}}\,(2x - y)\, e^{-(2x-y)^2/2}\, dy$$

$$= 2e^{2x^2(1-c)^2 - 2x^2}\left[\frac{|1-c|}{\sqrt{2\pi}}\, e^{-[x - 2x(1-c)^2]^2/2(1-c)^2} + (4cx - 2c^2x)\, \Phi\left(\frac{x - 2x(1 - c)^2}{|1 - c|}\right)\right].$$

Natürlich gilt diese Formel für $x > 0$, bei $x \leqq 0$ ist die Dichte gleich 0.

Lassen wir c gegen 1 gehen, so erhalten wir die Grenzdichte $p(x) = 4x \exp(-2x^2)\, \Phi(+\infty) = 4x \exp(-2x^2)$, $x > 0$; $p(x) = 0$, $x \leqq 0$. Da dieser Ausdruck das Integral 1 besitzt, ist das eine Verteilungsdichte, d.h. die Dichte der Verteilung der Zufallsgröße $\max\limits_{0 \leqq t \leqq 1} (w_t - tw_1)$.

Kapitel 6

1. $\{\tau_\Gamma \leqq n\} = \bigcup\limits_{k=0}^{n} \{\xi_k \in \Gamma\} \in \mathcal{F}_{\leqq n}$.

2. $\{\tau_k \leqq n\} = \bigcup\limits_{0 \leqq n_1 < n_2 < \ldots < n_k \leqq n}\ \bigcap\limits_{i=0}^{n_1-1} \{\xi_i \notin \Gamma_1\}$

$$\cap \{\xi_{n_1} \in \Gamma_1\} \cap \bigcap_{i=n_1+1}^{n_2-1} \{\xi_i \notin \Gamma_2\} \cap \{\xi_{n_2} \in \Gamma_2\} \cap \ldots \cap \bigcap_{i=n_{k-1}+1}^{n_k-1} \{\xi_i \notin \Gamma_k\} \cap \{\xi_{n_k} \in \Gamma_k\} \in \mathcal{F}_{\leqq n}.$$

Die Aufgabe 3 lösen wir auf der Basis der Aufgaben 4 und 5, deren Lösungen wir sogleich angeben werden.

5. Es sei τ eine Markow-Zeit bezüglich $\mathcal{F}_{\leqq t+}$. Wir haben $\{\tau < t\} = \bigcup\limits_{n=1}^{\infty} \{\tau \leqq t - 1/n\}$, jeder Summand gehört hier zu $\mathcal{F}_{\leqq (t-1/n)+} \subseteqq \mathcal{F}_{\leqq t}$, folglich gehört auch die Vereinigung zu $\mathcal{F}_{\leqq t}$.

Umgekehrt, sei $\{\tau < t\} \in \mathcal{F}_{\leqq t}$ für alle t. Unter Benutzung, daß $\{\tau \leqq t\} = \bigcap_{n=k}^{\infty} \{\tau < t + 1/n\}$ für jedes natürliche k gilt, erhalten wir $\{\tau \leqq t\} \in \mathcal{F}_{\leqq t+1/k}$ für $k = 1, 2, \dots$ und hieraus $\{\tau \leqq t\} \in \bigcap_{k=1}^{\infty} \mathcal{F}_{\leqq t+1/k} = \bigcap_{s>t} \mathcal{F}_{\leqq s} = \mathcal{F}_{\leqq t+}$.

4. Ist $\xi_t(\omega)$ rechtsstetig, so gilt für eine offene Menge Γ

$$\{\tau < t\} = \bigcup_{\text{rat. } r<t} \{\xi_r \in \Gamma\}\,.$$

Daß ein der rechten Seite angehörendes Elementarereignis auch zur linken Seite gehört, ist klar, auch für nicht offene Mengen. Gilt umgekehrt $\tau < t$, so existiert ein solches $s < t$ mit $\xi_s \in \Gamma$. Da Γ offen ist und die Trajektorien stetig von rechts sind, kann eine Trajektorie nicht sofort nach s die Menge Γ verlassen, d. h., für ein hinreichend nahe rechts von s liegendes u gilt $\xi_u \in \Gamma$ (Abb. 33). Unter diesen u gibt es auch rationale, die kleiner als t sind.

Folglich haben wir $\{\tau < t\}$ als Vereinigung einer abzählbaren Zahl von Ereignissen dargestellt, die zu $\mathcal{F}_{\leqq t}$ gehören; mithin gilt $\{\tau < t\} \in \mathcal{F}_{\leqq t}$, und aufgrund von Aufgabe 5 ist τ eine Markow-Zeit bezüglich der Familie $\mathcal{F}_{\leqq t+}$.

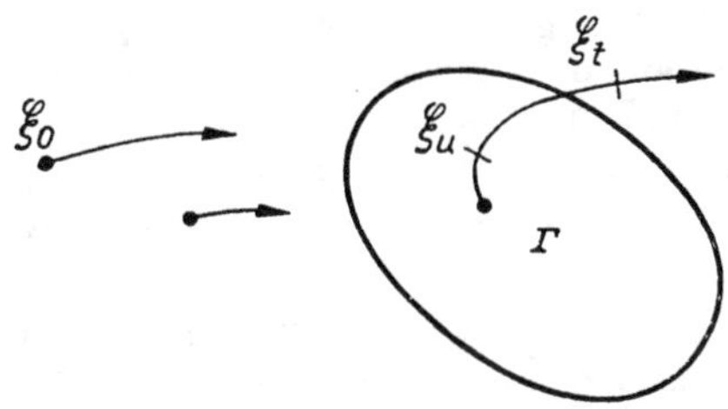

Abb. 33

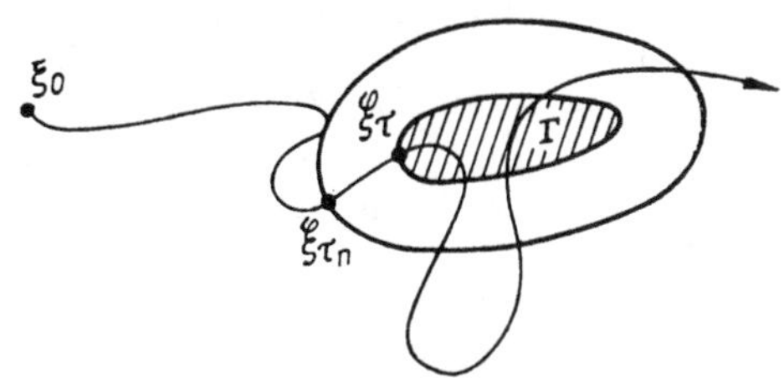

Abb. 34

3. Mit Γ_n bezeichnen wir die $1/n$-Umgebungen von Γ: $\Gamma_n = \{x: \varrho(x, \Gamma) < 1/n\}$. Das sind offene Mengen, deren Durchschnitt Γ ergibt. Ist die Trajektorie stetig, so konvergieren die Momente τ_n des ersten Eintritts in Γ_n ($\tau_n = \inf\,\{t: \xi_t \in \Gamma_n\}$) gegen τ, dabei gilt für $\tau > 0$ stets $\tau_n < \tau$ (Abb. 34; ist $\tau = 0$, so sind auch alle τ_n gleich 0). Wir beweisen die Konvergenz. Da τ_n eine nichtfallende Folge ist, existiert $\tau_\infty = \lim_{n\to\infty} \tau_n \in [0, \infty]$. Natürlich gilt $\tau_\infty \leqq \tau$. Deshalb haben wir für $\tau_\infty = \infty$ die Beziehung $\tau = \infty$. Ist $\tau_\infty < \tau$, so gilt aufgrund der Stetigkeit der Trajektorien $\xi_{\tau_\infty} = \lim_{n\to\infty} \xi_{\tau_n}$. Wiederum wegen der Stetigkeit der Trajektorien gehört ξ_{τ_n} zum Rand von Γ_n und für jedes $n \geqq k$ ist der Punkt ξ_{τ_n} in der Menge $\{x: \varrho(x, \Gamma) \leqq 1/k\}$ enthalten. Der Grenzwert ξ_{τ_∞} gehört ebenfalls zu dieser Menge, folglich gilt $\xi_{\tau_\infty} \in \bigcap_{k=1}^{\infty} \{x: \varrho(x, \Gamma) \leqq 1/k\} = \Gamma$. Das bedeutet aber, daß wir zum Zeitpunkt τ_∞ die Menge Γ bereits erreicht haben, d. h. $\tau \leqq \tau_\infty$. Schließlich gilt $\tau = \tau_\infty = \lim_{n\to\infty} \tau_n$.

Hieraus leitet sich ab, daß für $t > 0$

$$\{\tau \leqq t\} = \bigcap_{n=1}^{\infty} \{\tau_n < t\}$$

gilt, und aus dem Ergebnis von Aufgabe 4 erhalten wir $\{\tau \leqq t\} \in \mathcal{F}_{\leqq t}$ für $t > 0$. Was $t = 0$ betrifft, so ist $\{\tau \leqq 0\} = \{\tau = 0\} = \{\xi_0 \in \Gamma\}$, und diese Menge gehört aus anderen, einfacheren Gründen zu $\mathcal{F}_{\leqq 0} = \mathcal{F}_{\leqq t}$.

6. Offensichtlich.

7. Wir zeigen $\{\tau \leqq c\} \in \mathcal{F}_\tau$. Die Meßbarkeit dieser Menge bezüglich $\mathcal{F}_\infty$ ist Ergebnis der Aufgabe 6. Ferner gilt für $t \in T$

$$\{\tau \leqq c\} \cap \{\tau \leqq t\} = \{\tau \leqq c \wedge t\} \in \mathcal{F}_{c\wedge t} \subseteqq \mathcal{F}_t\,.$$

8. Es sei $A \in \mathcal{F}_\tau$. Wir zeigen $A \in \mathcal{F}_\sigma$. Nach Voraussetzung gehört A zu $\mathcal{F}_\infty$. Andererseits gilt $A \cap \{\sigma \leqq t\} = A \cap \{\tau \leqq t\} \cap \{\sigma \leqq t\} \in \mathcal{F}_t$ als Durchschnitt der dieser σ-Algebra angehörenden Ereignisse $A \cap \{\tau \leqq t\}$ und $\{\sigma \leqq t\}$.

9. $\{\sigma \leqq t\} = \{\sigma \leqq t\} \cap \{\tau \leqq t\} \in \mathcal{F}_t$.

10. Aufgrund von Aufgabe 8 ist $\mathcal{F}_{\tau\wedge\sigma}$ die kleinste dieser σ-Algebren, so daß es genügt, $\{\tau < \sigma\} \in \mathcal{F}_{\tau\wedge\sigma}$ zu zeigen. Einmal gilt $\{\tau < \sigma\} \in \mathcal{F}_\infty$, weil $\{\tau < \sigma\} = \bigcup_{\text{rat.}\, r} \{\tau < r\} \cap \{\sigma > r\}$ $= \bigcup_{\text{rat.}\, r} [\{\tau \leqq r\} \setminus \{\sigma \leqq r\}]$ ist. Ferner gilt $\{\tau < \sigma\} \cap \{\tau \wedge \sigma \leqq t\} = \{\tau \leqq \sigma\} \cap \{\tau \leqq t\}$- $= \bigcup_{\text{rat.}\, r<t} \{\tau \leqq r\} \cap \{\sigma > r\} \cup \{\tau \leqq t\} \cap \{\sigma > t\}$. Hierin gehört jedes Glied dieser Vereinigung für rationales r zur $\mathcal{F}_r \subseteqq \mathcal{F}_t$, der letzte Term gehört auch zu $\mathcal{F}_t$ und folglich auch die ganze Vereinigung.

11. Satz von Fubini.

12. Die Zufallsgrößen η_s, $s \leqq t$ sind meßbar bezüglich der σ-Algebra $\mathcal{F}_t$ (das folgt aus $\mathcal{F}_s \subseteqq \mathcal{F}_t$). Deshalb ergibt sich die Meßbarkeit der Funktion $\eta_s(\omega)$ auf $(T \cap (-\infty, t]) \times \Omega$ bezüglich der σ-Algebra $\mathcal{B}_{\leqq t} \times \mathcal{F}_t$ aus der Aufgabe 4 § 1.3, angewendet auf die zufällige Funktion η_s, $s \in T \cap (-\infty, t]$ auf dem meßbaren Raum $(\Omega, \mathcal{F}_t)$.

13. Für $C \in \mathcal{B}$ ist die Meßbarkeit der Menge $\{\eta_\tau \in C\}$ bezüglich $\mathcal{F}_\infty$ und von $\{\eta_\tau \in C\}$ $\cap \{\tau \leqq t\}$ bezüglich $\mathcal{F}_t$ zu beweisen. Dieses ergibt sich aus dem Ergebnis von Aufgabe 5 § 1.3, angewandt auf $(T, \mathcal{A}) = (T, \mathcal{B}_T)$ beziehungsweise $(T \cap (-\infty, t], \mathcal{B}_{\leqq t})$.

14. Da $\zeta_t(\omega)$ stetig in t ist, genügt es zu zeigen, daß die zufällige Funktion ζ_t mit der Familie $\mathcal{F}_t$ verträglich ist. Die $\mathcal{F}_t$-Meßbarkeit der Zufallsgröße ζ_t folgt aber aus dem Satz von Fubini.

15. Die Funktion ξ_s ist auf $[0, t] \times \Omega$ aufgrund von Aufgabe 12 meßbar bezüglich $\mathcal{B}_{[0,t]} \times \mathcal{F}_t$. Mithin ist die Abbildung $(s, \omega) \to (s, \xi_t(\omega))$ des Raumes $([0, t] \times \Omega, \mathcal{B}_{[0,t]} \times \mathcal{F}_t)$ in $([0, t] \times X, \mathcal{B}_{[0,t]} \times \mathcal{B})$ meßbar, und folglich ist die zahlenwertige Funktion $f(s, \xi_s(\omega))$ bezüglich $\mathcal{B}_{[0,t]} \times \mathcal{F}_t$ meßbar. Nun wird die vorhergehende Aufgabe angewandt.

16. Für jedes t ist die Zufallsgröße $\chi_{<\tau}(t)$ bezüglich $\mathcal{F}_t$ meßbar. Es bleibt die Aufgabe 12 zu benutzen.

17. Das Resultat folgt beinahe aus den Aufgaben 15 und 13. Unklar bleibt nur noch die Meßbarkeit von $\psi = \zeta_\tau$ auf der Menge $\{\tau = \infty\}$ (wo, insbesondere, das Integral divergieren kann). Ein anderer möglicher Lösungsweg ist die Darstellung von ψ durch $\int_0^\infty f(s, \xi_s)\, \chi_{<\tau}(s)\, ds$ und die Anwendung von Aufgabe 16 sowie des Satzes von Fubini.

Das Ergebnis bleibt auch für unbeschränkte Funktionen f gültig.

§ 7.1

1. $\mathsf{M}(\xi_t - \xi_s)\,\overline{(\xi_u - \xi_t)} = \mathsf{M}\mathsf{M}((\xi_t - \xi_s)\,\overline{(\xi_u - \xi_t)} \mid \mathcal{F}_t) = \mathsf{M}((\xi_t - \xi_s)\,\overline{\mathsf{M}(\xi_u - \xi_t \mid \mathcal{F}_t)}) = 0.$

2. $\mathsf{M}(\xi_{n+2} \mid \mathcal{F}_n) = \mathsf{M}(\mathsf{M}(\xi_{n+2} \mid \mathcal{F}_{n+1}) \mid \mathcal{F}_n) = (\mathsf{M}\,\xi_{n+1} \mid \mathcal{F}_n) = \xi_n$ usw.

§ 7.2

1. Die Zufallsgröße ξ_τ ist bezüglich $\mathcal{F}_\tau$ meßbar. Es genügt, zu zeigen, daß $\int_A \xi_\tau\, d\mathsf{P}$ $\leqq \int_A \xi_N\, d\mathsf{P}$ für jedes $A \in \mathcal{F}_\tau$ gilt. Wir zerlegen die Integrale über A in solche über $A \cap \{\tau = n\}$ und beweisen die Ungleichung für jedes einzelne. Es gilt

$$A \cap \{\tau = n\} \in \mathcal{F}_n$$

und

$$\int_{A\cap\{\tau=n\}} \xi_\tau\, d\mathsf{P} = \int_{A\cap\{\tau=n\}} \xi_n\, d\mathsf{P} \leqq \int_{A\cap\{\tau=n\}} \xi_N\, d\mathsf{P}$$

aufgrund von Formel (5) § 1.

2. Wir zeigen, daß $\int_A \xi_\tau \, dP \leqq \int_A \xi_\sigma \, dP$ für alle $A \in \mathcal{F}_\tau$ gilt. Eine Wiederholung des Beweises zu Aussage 1 ergibt

$$\int_A \xi_\sigma \, dP = \sum_{n=1}^{N} \sum_{k=n}^{N} \int_{A \cap \{\tau=n,\sigma=k\}} \xi_k \, dP$$

$$= \sum_{n=1}^{N} \Bigg[\int_{A \cap \{\tau=n\}} \xi_n \, dP - \int_{A \cap \{\tau=n,\sigma>n\}} \xi_n \, dP + \int_{A \cap \{\tau=n,\sigma>n\}} \xi_{n+1} \, dP -$$

$$\ldots + \int_{A \cap \{\tau=n,\sigma>k-1\}} \xi_k \, dP - \int_{A \cap \{\tau=n,\sigma>k\}} \xi_k \, dP +$$

$$\ldots + \int_{A \cap \{\tau=n,\sigma>N-1\}} \xi_N \, dP \Bigg] \geqq \sum_{n=1}^{N} \int_{A \cap \{\tau=n\}} \xi_n \, dP = \int_A \xi_\tau \, dP.$$

3. Es gibt tausend verschiedene Beweismethoden; insbesondere folgt die Behauptung aus dem Resultat des Punktes 4b) § 8.6.

4. Wir setzen $\tau_n = [2^n\tau + 1]/2^n \wedge n$. Für $n \to \infty$ gilt $\tau_n \to \tau$, wobei $\tau_n \geqq \tau$ beginnend ab einem gewissen n ist. Deshalb folgt $\xi_\tau = \lim\limits_{n\to\infty} \xi_{\tau_n}$ und $M\xi_\tau = M \lim\limits_{n\to\infty} \xi_{\tau_n} \leqq \lim\limits_{n\to\infty} M\xi_{\tau_n}$ $\leqq \lim\limits_{N\to\infty} M\xi_0 = M\xi_0$ (wir benutzen, daß τ_n eine MARKOW-Zeit mit höchstens $n \cdot 2^n$ Werten ist).

5. Wir setzen $\tau = \min\{t: w_t = a \text{ oder } b\}$ und $\tau_N = \tau \wedge N$. Aufgrund von Aussage 3 ist $Mw_{\tau_N} = Mw_0 = 0$. Die Größen w_{τ_N} sind betragsmäßig durch die Konstante $|a| \vee |b|$ beschränkt, und es gilt $Mw_\tau = \lim\limits_{n\to\infty} Mw_{\tau_N} = \lim\limits_{N\to\infty} Mw_0 = 0$. Es ist aber $Mw_\tau = a \cdot P\{w_\tau = a\}$ $+ b \cdot (1 - P\{w_\tau = a\})$, hieraus folgt $P\{w_\tau = a\} = b/(b-a)$.

6. Es gilt $P\Big\{\max\limits_{0\leqq s\leqq t} |w_s| \geqq \delta\Big\} \leqq M \exp\{cw_t^2/2\}/\exp\{c\delta^2/2\}$, und der Erwartungswert ist gleich $\dfrac{1}{\sqrt{2\pi t}} \displaystyle\int_{-\infty}^{\infty} \exp(cx^2/2)\exp(-x^2/2t)\,dx = (1-ct)^{-1/2}$ für $c < 1/t$. Das Minimum von $(1-ct)^{-1/2} \cdot \exp(-c\delta^2/2)$ in c wird bei $c = 1/t - 1/\delta^2$ erreicht (falls $t < \delta^2$ gilt; für $t \geqq \delta^2$ ist dieser Ausdruck um so kleiner, je kleiner $c > 0$ ist). Wir erhalten $P\Big\{\max\limits_{0\leqq s\leqq t} |w_s| \geqq \delta\Big\}$ $\leqq \sqrt{et/\delta^2} \cdot \exp(-\delta^2/2t)$ für $t < \delta^2$ (bei $t \geqq \delta^2$ wird nur eine triviale Abschätzung erhalten: Wahrscheinlichkeit $\leqq 1$).

7*. 8*. In Aufgabe 7* wird Q sehr nahe an 1 gelegen gewählt, in Aufgabe 8* sehr groß.

9*. Es ist möglich, die Lösung der Aufgaben 7* und 8* zu wiederholen, man kann aber auch benutzen, daß $\tilde{w}_t = tw_{1/t}$ ebenfalls ein WIENER-Prozeß ist.

10*. Die Lösung folgt aus Aufgabe 9* und der Absolutstetigkeit der Verteilung von ξ_t auf einem endlichen Intervall bezüglich der Verteilung von w_t (Aufgabe 15 § 5.3).

§ 7.3

1. Wir setzen $\mathcal{G}_k = \mathcal{F}_{-k}$, wobei k alle negativen ganzen Zahlen durchläuft. Dann ist $M(\xi \mid \mathcal{G}_k)$ bezüglich dieser nichtfallenden Familie von σ-Algebren ein Martingal. Die Existenz des Grenzwertes folgt aus Satz 1 genauso wie beim Beweis des Satzes 2. Der Beweis der Gleichheit der Integrale ist noch einfacher als in diesem Satz.

2*. Der Prozeß $|w_t - x_0|^{-1}$ ist ein Supermartingal mit stetigen Realisierungen, und es gilt $\sup\limits_{t\geqq 0} M(|w_t - x_0|^{-1}) = M(|w_0 - x_0|^{-1}) = |x_0|^{-1} < \infty$ für $x_0 \neq 0$. Deshalb existieren mit Wahrscheinlichkeit 1 $\lim_{t\to\infty} (|w_t - x_0|^{-1})$ und endliche Grenzwerte von links und rechts von $|w_t - x_0|^{-1}$ in jedem Punkt $t \geqq 0$. Hieraus folgt, daß $|w_t - x_0|^{-1} < \infty$ mit Wahrscheinlichkeit 1 für alle $t \geqq 0$ gilt, d. h. $w_t \neq x_0$ für jedes $t \geqq 0$. Für $x_0 = 0$ kann man das Supermartingal $|w_t|^{-1}$, $t \geqq \delta > 0$, nehmen. Weil $\sup_{t\geqq\delta} \mathsf{M}\, |w_t|^{-1} = \mathsf{M}\, |w_\delta|^{-1} = (2\pi\delta)^{-3/2} \times \int_{R^3} \frac{1}{|x|} \exp(-|x|^2/2\delta)\, dx < \infty$ ist, kann man auf dieses Supermartingal den Konvergenzsatz anwenden, und mit Wahrscheinlichkeit 1 gilt $w_t \neq 0$ für jedes $t \geqq \delta > 0$, und damit schließlich für alle positiven t.

Ferner ist $\lim_{t\to\infty} (|w_t - x_0|^{-1})$ fast sicher gleich 0, weil für den entsprechenden Grenzwert in Wahrscheinlichkeit $\lim_{t\to\infty} (\mathsf{P})\, (|w_t - x_0|^{-1}) = 0$ gilt. Das bedeutet fast sicher $|w_t| \to \infty$ für $t \to \infty$.

§ 8.1

1. Siehe die Lösung in § 8.2.

2. Die Übergangsfunktion ist für $t > s$ gleich

$$P(s, x, t, \Gamma) = \frac{1}{\sqrt{2\pi(t-s)}} \int_\Gamma e^{-(y-x)^2/2(t-s)}\, dy$$

(natürlich gilt, wie bei jeder Übergangsfunktion, $P(s, x, s, \Gamma) = \delta_x(\Gamma)$). Um zu zeigen, daß das ein MARKOW-Prozeß ist, werden am einfachsten die endlichdimensionalen Verteilungen benutzt (siehe § 3).

3. Man muß $\mathsf{P}\{\xi_t \in \Gamma \mid \mathcal{F}_{\leqq s}\} \overset{\text{f.s.}}{=} \mathsf{P}\{\xi_t \in \Gamma \mid \xi_s\}$, $s < t \leqq 0$, finden (für $s = t$ braucht man die Übergangsfunktion natürlich nicht zu bestimmen, das ist ein im Startpunkt konzentriertes Maß). Für $t = 0$ ist die betrachtete bedingte Wahrscheinlichkeit entsprechend gleich $\delta_0(\Gamma)$. Für $s < t < 0$ benutzen wir die zweidimensionale Dichte des WIENER-Prozesses

$$p_{\xi_s, \xi_t}(x, y) = \frac{1}{\sqrt{2\pi(-t)}\sqrt{2\pi(-s+t)}}\, e^{-y^2/2(-t)-(x-y)^2/2(-s+t)}\,.$$

Wir erhalten

$$\begin{aligned} p_{\xi_t}(y \mid \xi_s = x) &= p_{\xi_s,\xi_t}(x, y)/p_{\xi_s}(x) \\ &= \frac{1}{\sqrt{2\pi(-t)}\sqrt{2\pi(-s+t)}}\, e^{-y^2/2(-t)-(x-y)^2/2(-s+t)} \Big/ \frac{1}{\sqrt{2\pi(-s)}}\, e^{-x^2/2(-s)} \\ &= \frac{1}{\sqrt{2\pi t(t-s)/s}} \exp\{-(y-(t/s)\,x)^2/2(t/s)\,(t-s)\}\,. \end{aligned}$$

Anders ausgedrückt ist die bedingte Verteilung von ξ_t unter der Bedingung $\xi_s = x$ normal mit dem Erwartungswert $(t/s)\, x$ und der Streuung $(t/s)\,(t-s)$.

4. a) Ja, $P(n, x, n+1, \Gamma) = \int_\Gamma p(y)\, dy$.

b) Ja, $P(n, x, n+1, \Gamma) = \int_\Gamma p(y-x)\, dy$.

c) Nein. In der Tat, für $x > 0$ ist die bedingte Wahrscheinlichkeit $\mathsf{P}\{S_3^+ > 0 \mid S_2^+ = 0, S_1^+ = x\}$ gleich dem Integral $\int_{-\infty}^{0} \int_0^\infty p(y-x)\, p(z-y)\, dy\, dz$ und hängt natürlich von x ab.

d) Nein, weil für $x > 0$ die bedingte Wahrscheinlichkeit $\mathsf{P}\{\eta_3 > x \mid \eta_2 = x, \eta_1 = 0\}$ anders als $\mathsf{P}\{\eta_3 > x \mid \eta_2 = x, \eta_1 = x\}$ ist: die erste ist gleich $\int_0^\infty p(z)\, dz$ und die zweite gleich $\int_{-\infty}^{0} \int_0^\infty p(y)\, p(z-y)\, dy\, dz$, also kleiner.

e) Ja, $P(n, x, y, n+1, \Gamma) = \int\limits_{\Gamma' \cap (-\infty, x]} p(z-y)\,dz$, falls Γ die Teilmenge der Geraden $\{(u, v): u = x\}$ ist, die durch die Bedingung $v \in \Gamma'$ gegeben wird; $= \int\limits_{\Gamma' \cap [x, \infty)} p(z-y)\,dz$, falls Γ die Teilmenge der Geraden $\{(u, v): u = v\}$ ist, die durch $u = v \in \Gamma'$ und $u = 0$ für Γ gegeben wird, das sich nicht mit den angegebenen Geraden (genauer: Strahlen) schneidet. Siehe Abb. 35, wo zwei Strahlen dargestellt sind, in die man aus dem Punkt (x, y) des Phasenraumes gelangen kann (es hat nur Sinn, Punkte mit $y \leqq x$ zu betrachten.)

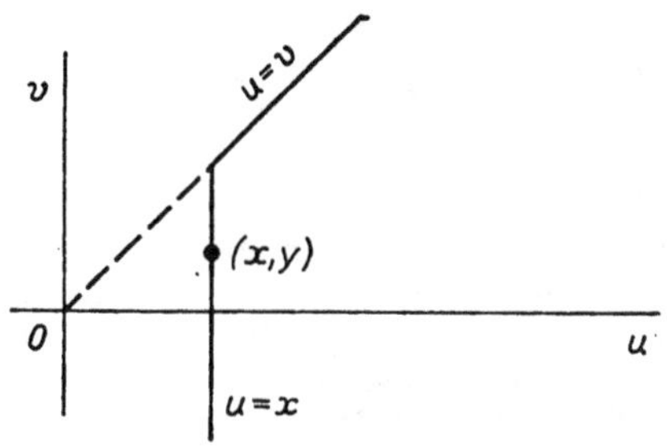

Abb. 35

Den Beweis führen wir nicht.

5. Wir stellen eine Trajektorie des zufälligen Prozesses in einer Skizze dar (Abb. 36). Dieser zufällige Prozeß ist nicht Markowsch, weil beispielsweise die bedingte Verteilung $S_{4,7}$ unter der Bedingung $S_{4,6} = u$, $S_{4,5} = v$ im Punkte $2u - v$ konzentriert ist, dieser Punkt hängt aber von v ab, was bei einem Markow-Prozeß nicht möglich wäre.

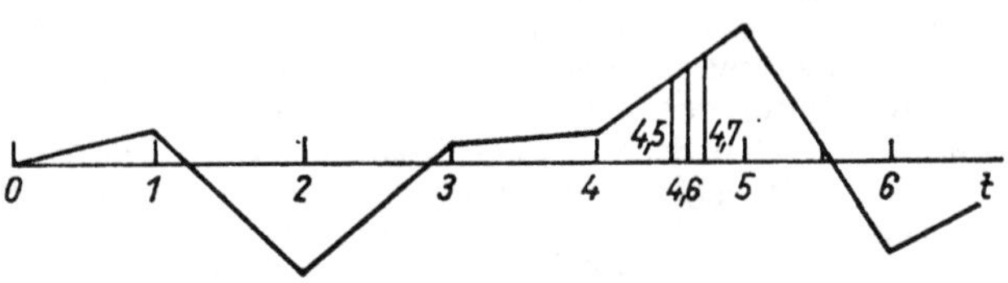

Abb. 36

6. Wir geben nur die Übergangsfunktionen an.

2. $P(s, x, t, \Gamma) = e^{-a(t-s)} \cdot \delta_x(\Gamma) + a(t-s)\, e^{-a(t-s)} \cdot \delta_{x+1}(\Gamma) + (a(t-s))^2 \times e^{-a(t-s)}/2! \cdot \delta_{x+2}(\Gamma) + \cdots$

3. Die Übergangsmatrix lautet

$$\begin{pmatrix} (1 + e^{-2a(t-s)})/2 & (1 - e^{-2a(t-s)})/2 \\ (1 - e^{-2a(t-s)})/2 & (1 + e^{-2a/(t-s)})/2 \end{pmatrix}.$$

6. Für die Dichte der Übergangswahrscheinlichkeiten gilt $p(s, x, t, y) = \pi^{-1}(t-s)/((t-s)^2 + (y-x)^2)$.

7. Der Prozeß $F_n^*(F^{-1}(t))$ besitzt die Übergangsfunktion

$$P(s, k/n, t, \Gamma) = \sum_{j=k}^{n} \binom{n-k}{n-j} \left(\frac{t-s}{1-s}\right)^{j-k} \left(\frac{1-t}{1-s}\right)^{n-j} \cdot \delta_{j/n}(\Gamma).$$

7. Die Übergangsfunktion lautet

$$P(s, x, t, \Gamma) = \frac{1}{\sqrt{2\pi(t-s)}} \int\limits_{\Gamma} [e^{-(y-x)^2/2(t-s)} + e^{-(y+x)^2/2(t-s)}]\,dy.$$

§ 8.2

1. Die Notwendigkeit ist klar, weil die Formel (5) ein Spezialfall von Formel (1) § 1 ist. Wir beweisen die Hinlänglichkeit. Dazu fixieren wir $s_1, \dots, s_m \leqq t$, $\Gamma_1, \dots, \Gamma_m \in \mathcal{B}$ und zeigen, daß fast sicher

$$\mathsf{P}(\{\xi_{s_1} \in \Gamma_1, \dots, \xi_{s_m} \in \Gamma_m\} \cap B \mid \xi_t) = \mathsf{P}\{\xi_{s_1} \in \Gamma_1, \dots, \xi_{s_m} \in \Gamma_m \mid \xi_t\}\, \mathsf{P}(B \mid \xi_t) \qquad (*)$$

für beliebige Ereignisse $B \in \mathcal{F}_{\geqq t}$ gilt. Es ist nachzuweisen, daß für jede Menge $\Gamma \in \mathcal{B}$ die Beziehung

$$\mathsf{P}(\{\xi_{s_1} \in \Gamma_1, \dots, \xi_{s_m} \in \Gamma_m\} \cap B \cap \{\xi_t \in \Gamma\}) = \int_{\{\xi_t \in \Gamma\}} \mathsf{P}(\xi_{s_1} \in \Gamma_1, \dots, \xi_{s_m} \in \Gamma_m \mid \xi_t\}\, \mathsf{P}(B \mid \xi_t)\, \mathrm{d}\mathsf{P} \qquad (**)$$

erfüllt ist. Auf der linken Seite steht hier eine Funktion der Menge B, die ein Maß ist. Die rechte Seite ist gleichfalls als Funktion von B ein Maß. In der Tat ist sie eine nichtnegative Funktion auf $\mathcal{F}_{\geqq t}$, und ihre σ-Additivität folgt aus der Fast-σ-Additivität der bedingten Wahrscheinlichkeit. Aufgrund von (5) stimmen beide Maße auf dem Halbring von Ereignissen der Form $\{\xi_{t_1} \in \Delta_1, \dots, \xi_{t_n} \in \Delta_n\}$, $t_i \geqq t$, $\Delta_i \in \mathcal{B}$ überein. Folglich (vgl. die Einführung) fallen sie auch auf der von diesem Halbring erzeugten σ-Algebra, d.h. auf $\mathcal{F}_{\geqq t}$, zusammen.

Indem wir von (**) ausgehen, fixieren wir analog jetzt $B \in \mathcal{F}_{\geqq t}$ und $\Gamma \in \mathcal{B}$ und beweisen für beliebiges $A \in \mathcal{F}_{\leqq t}$ die Beziehung

$$\mathsf{P}(A \cap B \cap \{\xi_t \in \Gamma\}) = \int_{\{\xi_t \in \Gamma\}} \mathsf{P}(A \mid \xi_t)\, \mathsf{P}(B \mid \xi_t)\, \mathsf{P}(\mathrm{d}\omega)\,, \qquad (***)$$

die gleichbedeutend damit ist, daß Formel (1) § 1 erfüllt ist. (In (***) sind beide Seiten als Funktionen der Menge A Maße.)

2. Die Hinlänglichkeit folgt aus der vorhergehenden Aufgabe, wenn $f_i = \chi_{\Gamma_i}$, $g_i = \chi_{\Delta_i}$, gesetzt wird. Was die Notwendigkeit betrifft, so gilt die geforderte Gleichheit selbstverständlich für Indikatoren meßbarer Mengen und aufgrund der Linearität der bedingten Erwartung auch für Linearkombinationen solcher Funktionen, d. h. für $\mathcal{B}$-meßbare Treppenfunktionen mit endlich vielen Stufen. Jede beschränkte meßbare Funktion läßt sich aber als Grenzwert einer *gleichmäßig* konvergenten Folge derartiger Treppenfunktionen darstellen. Bei der gleichmäßigen Konvergenz konvergieren natürlich auch die bedingten Erwartungen. Damit ist die geforderte Gleichheit für alle beschränkten meßbaren Funktionen bewiesen.

3. Der Beweis verläuft hier genau so, wie bei der vorhergehenden Aufgabe: Für $f = \chi_\Gamma$ gilt fast sicher

$$\mathsf{M}(f(\xi_t) \mid \mathcal{F}_{\leqq s}) = \mathsf{P}\{\xi_t \in \Gamma \mid \mathcal{F}_{\leqq s}\} = P(s, \xi_s, t, \Gamma) = \int_X P(s, \xi_s, t, \mathrm{d}y)\, \chi_\Gamma(y);$$

für Linearkombinationen bleibt diese Gleichheit wegen der Linearität von bedingter Erwartung und Integral erhalten, und ein (gleichmäßiger) Grenzübergang dehnt die Gleichheit auf alle beschränkten meßbaren Funktionen aus.

§ 8.3

1. Erst einmal besitzen beide Seiten einen Sinn. Es genügt, die Behauptung der Aufgabe für $f(y_1, \dots, y_n) = \chi_\Gamma(y_1, \dots, y_n)$ zu beweisen (dann ist sie auch für alle Treppenfunktionen, und folglich für alle meßbaren Funktionen bewiesen). Für $f = \chi_\Gamma$ sind die rechte und linke Seite als Funktion von Γ Maße. Auf dem Halbring aller Mengen der Gestalt $\Gamma_1 \times \dots \times \Gamma_n$, $\Gamma_i \in \mathcal{B}$ stimmen die Maße überein, und folglich auch auf der von diesem Halbring erzeugten σ-Algebra $\mathcal{B}^n$.

3. Die Lösung besteht einfach aus einer Rechnung. Die Matrix P^{st} war durch $\mathrm{e}^{(t-s)A} = E + (t - s)\, A/1! + (t - s)^2\, A^2/2! + \dots$ konstruiert, wobei $A = \begin{pmatrix} -1 & 1 \\ 2 & -2 \end{pmatrix}$ ist.

4. $m_{su} = m_{tu} \cdot m_{st}$; $\sigma_{su}^2 = m_{tu}^2 \cdot \sigma_{st}^2 + \sigma_{tu}^2$.

5. Das ist eine sehr leichte Aufgabe.

6. Zuerst beweisen wir das für Indikatoren, dann für Treppenfunktionen und schließlich für alle beschränkten meßbaren Funktionen.

§ 8.4

1. Es gilt $||P^{st}|| \leqq 1$. Die Norm des Operators ist in $\boldsymbol{B}$ nicht kleiner als 1, weil $P^{st}1 \equiv 1$ gilt, für die Norm des konjugierten Operators gilt das gleiche.

§ 8.5

1. Das System aller Mengen A, die sich in dieser Form darstellen lassen, ist eine σ-Algebra. Sie enthält alle Ereignisse der Gestalt $\{\xi_t \in \Gamma\}$, $t \geqq s$, $\Gamma \in \mathscr{B}$.

2. Die linke Seite ist aufgrund von Formel (16) § 2 fast sicher gleich $\mathsf{P}_{t,\xi_t}(\theta_t^{-1}B)$, wegen (1) ist das das gleiche wie $\mathsf{P}_{\xi_t}(B)$.

§ 8.6

1. Die Übergangsfunktion $P^0(t, x, .)$ des Prozesses mit Anhalten im Nullpunkt besteht aus einem im Punkte 0 konzentrierten Teil und einem absolutstetigen Teil. Indem wir das Spiegelungsprinzip benutzen, finden wir ihre Dichte $(2\pi t)^{-1/2}$ (exp $(-(y-x)^2/2t)$ $-$ exp $(-(y+x)^2/2t)$). Zum Nachweis, daß (w_t^0, P_x) eine MARKOW-Familie ist, benutzen wir die *einfache* MARKOW-Eigenschaft.

2. Durch Induktion wird bewiesen, daß die τ_n MARKOW-Zeiten sind, wobei auf der Menge $\{\tau_n < \infty\}$ die Beziehungen $\tau_{n+k} = \tau_n + \theta_{\tau_n}\tau_k$, $\xi_{\tau_{n+k}} = \theta_{\tau_n}\xi_{\tau_k}$ gelten.
Für die Übergangsfunktion der Kette η_n gilt ferner $Q(k, x, \Gamma) = \mathsf{P}_x\{\xi_{\tau_k} \in \Gamma\}$, $x \in Y$, $\Gamma \subseteqq Y$; $Q(k, x, \{*\}) = \mathsf{P}_x\{\tau_k = \infty\}$, $x \in Y$; $Q(k, *, \Gamma) = \delta_*(\Gamma)$. Die MARKOW-Eigenschaft für diese Kette besteht darin, daß fast sicher die Gleichheit

$$\mathsf{P}_x\{\eta_{n+k} \in \Gamma \mid \eta_1, \dots, \eta_n\} = Q(k, \eta_n, \Gamma)$$

bestehen muß. Auf der Menge $\{\eta_n = *\}$ ist das offensichtlich, auf $\{\eta_n \neq *\} = \{\tau_n < \infty\}$ ist sie eine Folge der strengen MARKOW-Eigenschaft der Kette ξ_t bezüglich der MARKOW-Zeiten τ_n.
Natürlich ist diese Tatsache selbst verständlicher als ihr Beweis.

3*. Die charakteristische Funktion von $\tau_b - \tau_a$, $0 \leqq a \leqq b$ wird durch die Formel exp $\{-(b-a)\sqrt{|z|}\,(1 - i \operatorname{sgn} z)\}$ gegeben.

§ 8.7

1. Ist die Menge Γ kompakt, so konvergiert die Übergangsfunktion $P(t, x, \Gamma)$ für $t \to \infty$ gegen Null. Für jedes endliche Maß μ gilt $\int \mu(\mathrm{d}x)\, P(t, x, \Gamma) \to 0$ $(t \to \infty)$. Ist μ ein endliches invariantes Maß, so ist deshalb für jede kompakte Menge $\mu(\Gamma) = 0$ und mithin $\mu \equiv 0$. Für das LEBESGUE-Maß im R^r gilt $\int\limits_{R^r} \mathrm{d}x\, P(t, x, \Gamma) = \int\limits_{R^r} \mathrm{d}x\left[\int\limits_{\Gamma} p(t, x, y)\, \mathrm{d}y\right]$ $= \int\limits_{\Gamma}\left[\int\limits_{R^r} p(t, x, y)\, \mathrm{d}x\right] \mathrm{d}y = \int\limits_{\Gamma} \mathrm{d}y = \operatorname{mes}(\Gamma)$.

2. $\mu\{1\} = 2c$, $\mu\{2\} = c$, $c \geqq 0$.

3. Jede endliche MARKOW-Kette mit mehr als einer Klasse von Zuständen.

4. Wir beschränken uns auf den Fall mit verschwindendem Erwartungswert. Aufgrund von Aufgabe 4 § 8.3 wird das darauf zurückgeführt, alle stetigen zahlenwertigen Funktionen m_t, σ_t^2, $t \geqq 0$, $\sigma_t^2 \geqq 0$ zu bestimmen, so daß $m_{t+s} = m_t \cdot m_s$, $\sigma_{t+s}^2 = m_t^2 \cdot \sigma_s^2 + \sigma_t^2$ gilt. Außerdem gibt die Forderung der Existenz eines GAUSSschen invarianten Maßes — beispielsweise mit den Parametern $(0, \sigma^2)$ — noch die Bedingung $\sigma^2 = m_t^2\sigma^2 + \sigma_t^2$. Hieraus erhalten wir $m_t = \mathrm{e}^{-\alpha t}$, $\alpha \geqq 0$; $\sigma_t^2 = \sigma^2(1 - \mathrm{e}^{-2\alpha t})$. (Der Fall $\alpha = 0$ bezieht sich auf einen Prozeß, der in t identisch ein und derselben GAUSSschen Zufallsgröße ist.) Die Korrelationsfunktion ist gleich $K(t) = \sigma^2 \, \mathrm{e}^{-2\alpha|t|}$, das Spektrum läßt sich auch leicht berechnen.

§ 9.1

1. Erstens gilt $C \subseteqq A_0$, da jede auf $[0, \infty)$ stetige Funktion auf allen Mengen der Gestalt $T_0 \cap [0, N]$ gleichmäßig stetig ist. Ferner ergibt sich aus $A \supseteqq C$, $A \in \mathscr{B}^{T_0}(X^{[0,\infty)})$ die Beziehung $A_0 \subseteqq A$. In der Tat, nehmen wir $x_\cdot \in A_0$ an, das bedeutet, daß für jedes N die Funktion x_t, $t \in T_0 \cap [0, N]$ gleichmäßig stetig ist. Diese Funktion setzen wir auf die ganze Halbgerade $[0, \infty)$ stetig fort und bezeichnen die erhaltene Funktion mit $x'_\cdot$. Weil die Zugehörigkeit einer Funktion zur Menge A nur durch ihre Werte auf T_0 bestimmt wird, und $x'_\cdot \in C \subseteqq A$ gilt, gehört die auf T_0 mit $x'_\cdot$ übereinstimmende Funktion $x_\cdot$ ebenfalls zur Menge A. Es war aber zu zeigen, daß aus $x_\cdot \in A_0$ die Beziehung $x_\cdot \in A$ folgt.

2. Die Gleichheit von Mengen wird stets auf dieselbe Weise gezeigt: Daraus, daß die Funktion der einen Seite angehört, wird abgeleitet, daß sie auch zur anderen gehört.

3*. Den Beweis dieser Abschätzung sowie des ganzen Satzes 2 (und auch der folgenden Sätze 3 und 4) kann man im Buch von DYNKIN [1], Kap. 6 nachlesen. Siehe auch GICHMAN und SKOROCHOD [1], Kap. IV, § 4.

§ 9.2

1. Es genügt zu zeigen, daß für jedes $A \in \mathscr{F}_{\leqq \tau+}$ (insbesondere $A = \Omega$) $A \cap \{\tau_n \leqq t\} \in \mathscr{F}_{\leqq t}$ gilt. Aber für $0 \leqq t < 1/2^n$ ist dieses Ereignis allgemein unmöglich. Da τ_n nur Werte annimmt, die Vielfache von 2^{-n} sind, haben wir $\{\tau_n \leqq t\} = \{\tau_n < k/2^n\} = \{\tau < k/2^n\}$ mit $k/2^n \leqq t < (k+1)/2^n$. Deshalb gilt $A \cap \{\tau_n \leqq t\} = A \cap \{\tau < k/2^n\} \in \mathscr{F}_{\leqq k/2^n}$ (hier wird das Ergebnis von Aufgabe 5, Kap. 6 benutzt), und diese σ-Algebra ist ein Teil von $\mathscr{F}_{\leqq t}$.

2. Falls $t_n \downarrow t$ gilt, folgt $\xi_{t_n} \to \xi_t$ für alle ω. Aufgrund der Stetigkeit von f folgt auch $f(\xi_{t_n}) \to f(\xi_t)$. Die Beschränktheit von f benutzend, führen wir einen Grenzübergang aus: $P^{t_n}f(x) = \mathsf{M}_x f(\xi_{t_n}) \to \mathsf{M}_x f(\xi_t) = P^t f(x)$.

3. $\mathsf{P}_x\{\tau(x) = n, \ \xi_{\tau(x)} \in \Gamma\} = \mathsf{P}_x\{\xi_1 = \dots = \xi_{n-1} = x, \ \xi_n \in \Gamma \setminus \{x\}\} = P(1, x, \{x\})^{n-1} \times P(1, x, \Gamma \setminus \{x\})$.

4. Wir setzen $\tau^n = \min\{k/2^n : \xi_{k/2^n} \neq x\}$. Leicht ist zu zeigen, daß $\tau^n \downarrow \tau(x)$ für alle ω gilt (hier wird die Rechtsstetigkeit benutzt). Für $t \geqq 0$ haben wir $\{\tau(x) \geqq t\} = \bigcap_{n=1}^{\infty} \{\tau^n \geqq t\}$. Deshalb gilt

$$\begin{aligned}\mathsf{P}_x\{\tau(x) \geqq t\} &= \lim_{n\to\infty} \mathsf{P}_x\{\tau^n \geqq t\} = \lim_{n\to\infty} \mathsf{P}_x\{\tau^n \geqq [2^n t]/2^n\} \\ &= \lim_{n\to\infty} \mathsf{P}_x\{\xi_{1/2^n} = \xi_{2/2^n} = \dots = \xi_{[2^n t]/2^n} = x\} \\ &= \lim_{n\to\infty} P(1/2^n, x, \{x\})^{[2^n t]} = \lim_{n\to\infty} P(1/2^n, x, \{x\})^{2^n t} = [\mathsf{P}_x\{\tau(x) \geqq 1\}]^t .\end{aligned}$$

Wir erhalten eine Exponentialverteilung mit dem Parameter

$$\lambda(x) = \lim_{n\to\infty} 2^n \, |\ln P(1/2^n, x, \{x\})| .$$

5. Wir haben $\lambda(1) = \lim\limits_{n\to\infty} 2^n \left| \ln \frac{2 + e^{-3/2^n}}{3} \right| = \lim\limits_{n\to\infty} 2^n \left| \ln \left[1 - 1/2^n + o(1/2^n)\right] \right| = 1$. Analog ergibt sich $\lambda(2) = 2$.

6*. Es ist zu benutzen, daß $\mathsf{M}_x \chi_{\{\tau(x) \geqq t\}} \cdot f(\xi_{\tau(x)}) = \lim\limits_{n\to\infty} \mathsf{M}_x \chi_{\{\tau^n \geqq t\}} f(\xi_{\tau^n})$ für $f \in \boldsymbol{C}$ gilt. Dabei ist die Definition von τ_n genauso wie in der Lösung von Aufgabe 4.

§ 10.1

1. Elementar.

2. $A = \begin{pmatrix} -1 & 1 \\ 2 & -2 \end{pmatrix}$.

3*, 4, 5*. Die Lösung wird nicht ausgeführt. Was die Aufgabe 4 betrifft, vergleiche den Beweis von Satz 1 § 11.2.

6. Wir setzen jede Funktion f auf $[0, \infty)$ zu einer geraden Funktion auf die ganze Achse fort, indem wir $\tilde{f}(x) = f(|x|)$, $x \in R^1$, bilden. Leicht ist nachzuprüfen, daß die zum WIENER-Prozeß mit Reflexion gehörige Halbgruppe $\tilde{P}^t$ durch die Formel $\tilde{P}^t f(x) = P^t \tilde{f}(x)$ gegeben wird, wobei P^t die zum gewöhnlichen WIENER-Prozeß auf $(-\infty, \infty)$ gehörige Halbgruppe ist. Für $f \in \boldsymbol{C}^{(2)}_{\text{glm}}[0, \infty)$, $f'(0+) = 0$ gilt $\tilde{f} \in \boldsymbol{C}^{(2)}_{\text{glm}}(-\infty, \infty)$, und hieraus folgt $\tilde{A}f(x) = \lim\limits_{t\downarrow 0} t^{-1}(\tilde{P}^t f(x) - f(x)) = \lim\limits_{t\downarrow 0} t^{-1}(P^t \tilde{f}(x) - \tilde{f}(x)) = \frac{1}{2}\tilde{f}''(x) = \frac{1}{2} f''(x)$ für $x \in [0, \infty)$.
Analog behandeln wir den Prozeß mit Absorption im Nullpunkt. Wir setzen $f^0(x) = f(x)$ für $x \geqq 0$ und $f_0(x) = 2f(0) - f(-x)$ für $x < 0$. Die mit w_t^0 verbundene Halbgruppe wird durch die Formel $P^{0t} f(x) = P^t f^0(x)$ gegeben. Für $f \in \boldsymbol{C}^{(2)}_{\text{glm}}[0, \infty)$, $f''(0+) = 0$ gilt $f^0 \in \boldsymbol{C}^{(2)}_{\text{glm}}(-\infty, \infty)$, und hieraus folgt alles.

7. Die Notwendigkeit ist klar. Bezüglich der Hinlänglichkeit gilt $P^t 1 = P^0 t + \int\limits_0^t P^s A 1 \, ds = 1$.

§ 10.2

2. Für $f \in \boldsymbol{B}$ ist $P^h R_\lambda f \to R_\lambda f$ $(h \downarrow 0)$ zu zeigen. Wir haben

$$P^h R_\lambda f - R_\lambda f = e^{\lambda h} \int\limits_h^\infty e^{-\lambda s} P^s f \, ds - \int\limits_0^\infty e^{-\lambda s} P^s f \, ds .$$

Durch Addition und Subtraktion von $\int\limits_h^\infty e^{-\lambda s} P^s f \, ds$ erhalten wir

$$\begin{aligned} \|P^h R_\lambda f - R_\lambda f\| &\leqq (e^{\lambda h} - 1) \left\| \int\limits_h^\infty e^{-\lambda s} P^s f \, ds \right\| + \left\| \int\limits_0^h e^{-\lambda t} P^s f \, ds \right\| \\ &\leqq (e^{\lambda h} - 1) \cdot \lambda^{-1} \|f\| + h \cdot \|f\| \to 0 \qquad (h \downarrow 0) . \end{aligned}$$

3. Wir wählen $\delta > 0$ so, daß $\|P^t f - f\| < \varepsilon/2$ für $t \leqq \delta$ gilt. Es folgt

$$\begin{aligned} \|\lambda R_\lambda f - f\| &= \left\| \lambda \int\limits_0^\infty e^{-\lambda t} [P^t f - f] \, dt \right\| \\ &\leqq \lambda \int\limits_0^\delta e^{-\lambda t} \|P^t f - f\| \, dt + \lambda \int\limits_\delta^\infty e^{-\lambda t} \|P^t f - f\| \, dt \leqq \varepsilon/2 + e^{-\lambda\delta} \cdot 2 \|f\| . \end{aligned}$$

Für genügend große λ wird dieser Ausdruck kleiner als ε.

4. $\boldsymbol{B}_0 \supseteqq R_\lambda \boldsymbol{B} \supseteqq R_\lambda \boldsymbol{B}_0$; $R_\lambda \boldsymbol{B}_0$ ist überall dicht in $\boldsymbol{B}_0$ und $R_\lambda \boldsymbol{B}$ erst recht.

5. Daß $D_A \supseteqq C^{(2)}_{\text{glm}}$ gilt, haben wir uns schon klargemacht (Aufgabe 4 § 1). Es muß $D_A \subseteqq C^{(2)}_{\text{glm}}$ gezeigt werden. Zuerst ist jede durch Formel (3) gegebene Funktion gleichmäßig stetig, weil

$$\frac{\mathrm{d}}{\mathrm{d}x} R_\lambda f(x) = \int_{-\infty}^{\infty} \mathrm{e}^{-\sqrt{2\lambda}|y-x|} \operatorname{sgn}(y-x)\, f(y)\, \mathrm{d}y$$

gilt und diese Ableitung der Norm nach durch die Konstante $\sqrt{2/\lambda}\, \|f\|$ beschränkt ist. Hieraus folgt $B_0 \subseteqq C_{\text{glm}}$ (vgl. die vorhergehende Aufgabe). Für stetiges, beschränktes f erhalten wir ferner

$$\frac{\mathrm{d}^2}{\mathrm{d}x^2} R_\lambda f(x) = \frac{\mathrm{d}}{\mathrm{d}x}\left[- \int_{-\infty}^{x} \mathrm{e}^{-\sqrt{2\lambda}(x-y)} f(y)\, \mathrm{d}y + \int_{x}^{\infty} \mathrm{e}^{\sqrt{2\lambda}(x-y)} f(y)\, \mathrm{d}y \right]$$

$$= -2f(x) + \sqrt{2\lambda} \int_{-\infty}^{\infty} \mathrm{e}^{-\sqrt{2\lambda}|y-x|} f(y)\, \mathrm{d}y\,.$$

Jede Funktion $F \in D_A$ läßt sich in der Form $R_\lambda f$, $f \in B_0 \subseteqq C_{\text{glm}}$ darstellen, es folgt $\frac{1}{2} F'' = \lambda F - f \in C_{\text{glm}}$, $F \in C^{(2)}_{\text{glm}}$.

7. Es ist klar, daß $1 \in D_A$, $A1 = 0$ gilt. Ferner liegt im Raum $C[0, 1]$ die Menge $C^{(2)}[0, 1]$ überall dicht. Wir zeigen, daß in dieser Menge der Definitionsbereich $D_A = C^{(2)}[0, 1] \cap \{f : f'(0+) = f'(1-) = 0\}$ überall dicht liegt. Es existiert eine zwischen 0 und 1 liegende Funktion $h \in C^{(2)}[0, \infty)$, die in einer bestimmten Umgebung des Punktes 0 identisch 1 und außerhalb einer gewissen größeren Umgebung gleich 0 ist. Es sei $f \in C^{(2)}[0, 1]$. Wir „korrigieren" diese Funktion, indem wir $f_\varepsilon(x) = f(x) - [f(x) - f(0)]\, h(x/\varepsilon) - [f(x) - f(1)] \times h((1 - x)/\varepsilon)$ setzen. Das ist eine zweimal stetig differenzierbare Funktion, die nahe bei f gelegen ist, aber in gewissen Umgebungen der Punkte 0 bzw. 1 jeweils konstant ist (Abb. 37).

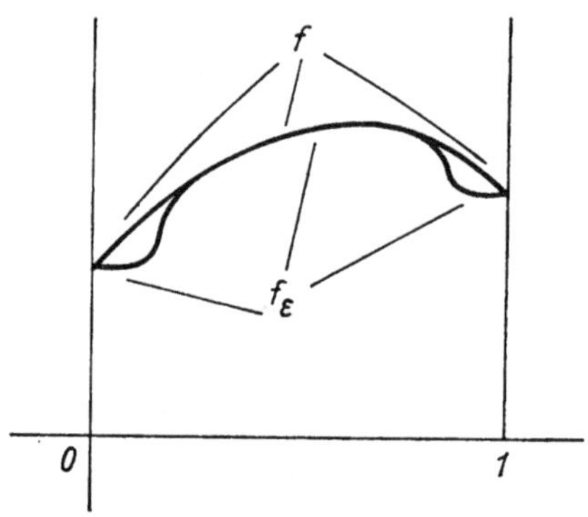

Abb. 37

Wir leiten das Maximumprinzip ab. Wenn $f(x)$ in einem inneren Punkt des Intervalles maximal ist, so gilt in diesem Punkt $f' = 0$, $f'' \leqq 0$, $Af = \frac{1}{2} f'' \leqq 0$. Eine Funktion aus $C^{(2)}[0, 1]$ kann in einem Randpunkt ihr Maximum annehmen und dabei eine positive zweite Ableitung besitzen, zum Beispiel $f(x) = x + x^2$. Aber für Funktionen aus D_A ist $f'(0) = f'(1) = 0$ gefordert. Deshalb haben wir beispielsweise in der Nähe des Punktes 1 die Beziehung $f(x) = f(1) + (x - 1)^2 f''(1)/2 + o((x - 1)^2)$, wäre aber $f''(1) > 0$, so würde $f(x) > f(1)$ in einer Umgebung von 1 folgen.

Schließlich beweisen wir für beliebiges $f \in C$ die Existenz einer Lösung der Gleichung $\lambda F - AF = f$, d. h. von $\lambda F - \frac{1}{2} F'' = f$ mit den Randbedingungen $F'(0) = F'(1) = 0$. *Irgendeine* Lösung der Gleichung $\lambda F - \frac{1}{2} F'' = f$ existiert natürlich, aber sie befriedigt nicht die Randbedingungen. Wir bezeichnen eine willkürliche Lösung dieser Gleichung mit $\tilde{F}$ und werden F in der Form $\tilde{F}$ plus der Lösung der entsprechenden homogenen Gleichung

$\lambda g - \frac{1}{2} g'' = 0$ suchen. Mit g_1 und g_2 bezeichnen wir zwei linear unabhängige Lösungen der homogenen Gleichung. Wir wollen die Funktion $F(x) = \tilde{F}(x) + c_1 g_1(x) + c_2 g_2(x)$ so bestimmen, daß $F'(0) = F'(1) = 0$ gilt. Hieraus erhalten wir für c_1 und c_2 das lineare Gleichungssystem

$$c_1 \cdot g_1'(0) + c_2 \cdot g_2'(0) = -\tilde{F}'(0)\,,$$
$$c_1 \cdot g_1'(1) + c_2 \cdot g_2'(1) = -\tilde{F}'(1)\,.$$

Wir könnten g_1 und g_2 in expliziter Form aufschreiben und nachprüfen, daß die Determinante dieses Systems für $\lambda > 0$ nicht verschwindet. Das folgt aber aus einer allgemeineren Überlegung, nämlich daraus, daß aufgrund des Maximumprinzips die Lösung eindeutig ist. Mithin existiert die Lösung für beliebige rechte Seiten.

§ 10.3

1. Wir wählen eine endliche Überdeckung des Raumes X durch die Umgebungen $U_{\varepsilon/3}(x_1), \ldots, U_{\varepsilon/3}(x_n)$. Zu jedem Punkt x_i wählen wir eine nichtnegative Funktion $f_i \in D_A$, die in $U_{\varepsilon/3}(x_i)$ gleich 0 und außerhalb von $U_{\varepsilon/3}(x_i)$ positiv ist. Zu jedem $\delta > 0$ existiert ein $h_0 > 0$ so, daß

$$|t^{-1}(P^t f_i(x) - f_i(x)) - Af_i(x)| < \delta \cdot \min \{f_i(y) : y \in U_{2\varepsilon/3}(x_i)\}$$

für $1 \leqq i \leqq n$, $x \in X$ und $t \leqq h_0$ gilt. Ist $x \in U_{\varepsilon/3}(x_i)$, so folgt $f_i(x) = 0$, $Af_i(x) = 0$ und $P^t f_i(x) < t \cdot \delta \min \{f_i(y) : y \in U_{2\varepsilon/3}(x_i)\}$; hieraus ergibt sich $P(t, x, U_\varepsilon(x)) \leqq P(t, x, U_{2\varepsilon/3}(x_i)) < \delta \cdot t$.

2. Es werden die Bedingungen der Aussage 2 nachgeprüft (Abb. 38).

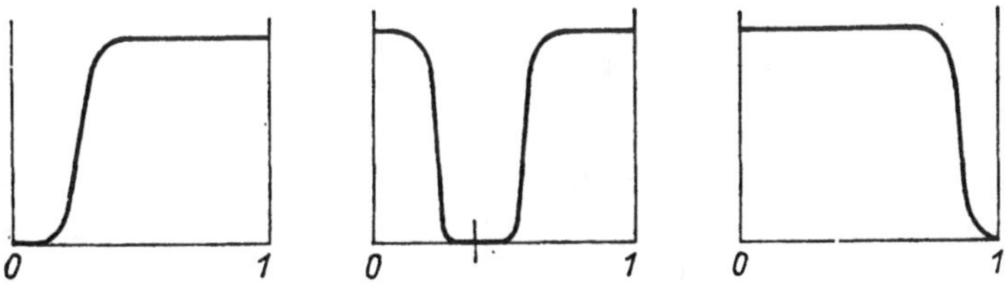

Abb. 38

3. Das folgt aus $\|P^t f - f\| = \left\| \int_0^t P^s Af \, ds \right\| \leqq t\|A\| \cdot \|f\|$.

6. Für $t \downarrow 0$ haben wir $P(t, x, \Gamma) = P^t \chi_\Gamma(x) = [E + tA + o(t)]\, \chi_\Gamma(x) = \chi_\Gamma(x) + tA(x, \Gamma) + o(t)$. Entsprechend Aufgabe 4 § 9.2 gilt $\lambda(x) = \lim_{n\to\infty} 2^n |\ln P(1/2^n, x, \{x\})| = |A(x, \{x\})| = -A(x, \{x\})$. Ferner wird gezeigt, daß $\mathsf{P}_x\{\xi_{\tau(x)} \in \Gamma\} = \lim_{n\to\infty} P(1/2^n, x, \Gamma)/[1 - P(1/2^n, x, \{x\})]$, wobei Γ eine meßbare, x nicht enthaltende Menge ist. Der Zähler ist hier gleich $1/2^n \cdot A(x, \Gamma) + o(1/2^n)$, der Nenner ist $1/2^n \cdot \lambda(x)$ äquivalent, hieraus folgt $\pi(x, \Gamma) = A(x, \Gamma)/\lambda(x)$.

7. Wir stellen A in der Form $B - aE$ dar, wobei $Bf(x) = af(x + 1)$ sei. Wir haben $e^{tA} = e^{tB - atE} = e^{-atE} e^{tB} = e^{-at}[E + tB + t^2B^2/2! + \ldots]$, hieraus folgt $e^{tA} f(x) = e^{-at}[f(x) + atf(x + 1) + a^2t^2 f(x + 2)/2! + \ldots] = \sum_{k=0}^{\infty} (at)^k e^{-at}/k! \cdot f(x + k)$. Diese Halbgruppe entspricht einer Familie von Poisson-Prozessen mit unabhängigen Zuwächsen.

9. Es ist ein solches Maß μ zu finden, daß $\int_0^1 \mu(dx)\, \frac{1}{2} f''(x) = 0$ für alle $f \in D_A$ gilt.

Dazu wählen wir ein $g \in C[0, 1]$ und setzen $g^0(x) = g(x) - \int_0^1 g(y)\, dy$, $h(x) = \int_0^x g^0(y)\, dy$, $f(x) = 2 \int_0^x h(y)\, dy$. Leicht ist $f \in D_A$ zu sehen, weil $h(1) = h(0) = 0$ gilt. Deshalb folgt

$0 = \int_0^1 \mu(dx)\, g^0(x) = \int_0^1 \mu(dx)\, g(x) - \mu[0, 1] \int_0^1 g(y)\, dy$, oder anders geschrieben $\int_0^1 g(x)\, [\mu(dx) - \mu\,[01], dx] = 0$. Da g eine beliebige Funktion aus C ist, verschwindet das signierte Maß $\mu(.) - \mu[0, 1]$ mes (.) zu Null, d. h., das invariante Maß ist bis auf einen Faktor gleich dem LEBESGUE-Maß.

11. Es gilt $\frac{\partial}{\partial t} \int_0^t P^s g\, ds = P^t g$ und andererseits $A \int_0^t P^s g\, ds = \lim_{h \downarrow 0} h^{-1} \left[P^h \int_0^t P^s g\, ds - \int_0^t P^s g\, ds \right]$. Die Differenz in den eckigen Klammern ist gleich $\int_h^{t+h} P^s g\, ds - \int_0^t P^s g\, ds = \int_t^{t+h} P^s g\, ds - \int_0^h P^s g\, ds$, hieraus ergibt sich $A \int_0^t P^s g\, ds = P^t g - g$.

Eindeutigkeit der Lösung. Wir setzen $v_\lambda(x) = \int_0^\infty e^{-\lambda t}\, v(t, x)\, dt$. Für $\lambda > 0$ konvergiert das Integral. Bei einer LAPLACE-Transformation geht die Aufgabe (4) — (5) in die Gleichung $\lambda v_\lambda - A v_\lambda = \lambda^{-1} g$ über, deren Lösung eindeutig ist.

12. $|\tilde{P}^t f(x) - P^t f(x)| = \left| \mathsf{M}_x \left[\exp\left\{ \int_0^t c(\xi_s)\, ds \right\} - 1 \right] f(\xi_t) \right| \leqq (e^{t\|c\|} - 1)\, \|f\|$.

Hieraus folgt $\overline{\lim_{t \downarrow 0}}\, \|\tilde{P}^t f - f\| = \overline{\lim_{t \downarrow 0}}\, \|P^t f - f\|$, und die Menge der Funktionen f, für die dieser Grenzwert verschwindet, ist für $\tilde{P}^t$ sowie P^t ein und derselbe.

14*. $w(t, x) = \mathsf{M}_x \left[\exp\left\{ \int_0^t c(\xi_s)\, ds \right\} f(\xi_t) + \int_0^t \exp\left\{ \int_0^s c(\xi_u)\, du \right\} g(\xi_s)\, ds \right]$.

15. Erstens ist $f(\xi_t) - \int_0^t Af(\xi_s)\, ds$ bezüglich $\mathcal{F}_{\leqq t}$ meßbar. Zweitens gilt

$$\mathsf{M}_x \left[f(\xi_t) - \int_0^t Af(\xi_u)\, du \mid \mathcal{F}_{\leqq s} \right] = - \int_0^s Af(\xi_u)\, du + \mathsf{M}_x[f(\xi_t) \mid \mathcal{F}_{\leqq s}] - \mathsf{M}_x \left[\int_s^t Af(\xi_u)\, du \mid \mathcal{F}_{\leqq s} \right] \quad (*)$$

fast sicher. Aufgrund der MARKOW-Eigenschaft sind der zweite und dritte Summand entsprechend gleich $P^{t-s} f(\xi_s)$ bzw. $-\mathsf{M}_{\xi_s} \left[\int_0^{t-s} Af(\xi_u)\, du \right] = - \int_0^{t-s} P^u A f(\xi_s)\, du$. Unter Benutzung von $P^{t-s} f(y) - f(y) = \int_0^{t-s} P^u A f(y)\, du$ erhalten wir, daß der Ausdruck (*) fast sicher gleich $f(\xi_s) - \int_0^s Af(\xi_u)\, du$ ist.

Ist die MARKOW-Eigenschaft bezüglich irgendeiner nichtfallenden Familie von σ-Algebren $\mathcal{F}_t \supseteqq \mathcal{F}_{\leqq t}$ erfüllt (vgl. § 8.2), so ist $f(\xi_t) - \int_0^t Af(\xi_u)\, du$ ein Martingal bezüglich $\mathcal{F}_t$.

§ 11.2

2. Die Gleichung für die Dichte des invarianten Maßes hat die Gestalt $\frac{1}{2} \frac{d}{dy} \left[a \frac{dp}{dy} - byp \right] = 0$, hieraus folgt $a \frac{dp}{dy} - byp = \text{const}$ und $p(y) = \exp(by^2/2a) \cdot [C \int \exp(-by^2/2a)\, dy + D]$. Das unbestimmte Integral ist für $a > 0$ und $b < 0$ weder nach oben noch nach unten beschränkt, deshalb folgt aus der Positivität des Maßes $C = 0$. Hieraus ergibt sich $p(y) = D \exp(by^2/2a)$, d. h., bis auf einen Faktor liegt eine Normalverteilung mit Erwartungswert Null und der Streuung $a/|b|$ vor.

Für $b \geqq 0$ existiert kein endliches invariantes Maß.

3*. Für fixierte s, x, t beschreibt die Übergangsfunktion $p(s, x, t, .)$ eine Normalverteilung mit Erwartungswert $x(1 - t)/(1 - s)$ und Streuung $(1 - t)\,(t - s)/(1 - s)$. Es gilt $b(s, x) = -x/(1 - s)$, $a(s, x) \equiv 1$, und der Prozeß ist mit dem Differentialoperator

$\frac{\partial}{\partial s} + \frac{1}{2}\frac{\partial^2}{\partial x^2} - \frac{x}{1-s}\frac{\partial}{\partial x}$ verbunden. Die Gleichung für die Übergangsdichte $p(s, x, t, y)$ lautet

$$\frac{\partial p}{\partial s} + \frac{1}{2}\frac{\partial^2 p}{\partial x^2} - \frac{x}{1-s}\frac{\partial p}{\partial x} = 0\,, \qquad \frac{\partial p}{\partial t} = \frac{1}{2}\frac{\partial^2 p}{\partial y^2} + \frac{\partial}{\partial y}\left(\frac{yp}{1-t}\right).$$

Die Resultate von § 11.2 lassen sich nicht unmittelbar anwenden, da der Prozeß für $t > 1$ nicht definiert ist (das ist leicht zu beheben) und der Verschiebungskoeffizient bei $s = 1$ eine Singularität besitzt. Jedoch ist recht einfach zu prüfen, daß die Gleichung überall erfüllt ist (ein möglicher Weg: durch eine Variablensubstitution das halboffene Intervall $[0, 1)$ in $[0, \infty)$ transformieren).

Kontrollfrage: Welche Gleichung befriedigt die Funktion $u(s, x) = \mathsf{M}\{f(Z(1/2)) \mid Z(s) = x\}$ für $s \leqq 1/2$?

§ 12.1

1. Es seien $0 \leqq s = t_1 < t_2 < \dots < t_n \leqq T$, $t_n < \infty$; $f(t, \omega) = g(t, \omega) = 0$ für $t < s$ sowie $t \geqq t_n$; $f(t, \omega) = f(t_i, \omega)$, $g(t, \omega) = g(t_i, \omega)$ für $t_i \leqq t < t_{i+1}$. Wir haben

$$\mathsf{M}(I(f)\, I(g) \mid \mathcal{F}_s) = \mathsf{M}\left[\sum_{i=1}^{n-1} f(t_i, \omega)\,(w_{t_{i+1}} - w_{t_i}) \sum_{j=1}^{n-1} g(t_j, \omega)\,(w_{t_{j+1}} - w_{t_j}) \mid \mathcal{F}_s\right]$$
$$= \sum_{i,j=1}^{n-1} \mathsf{M}[f(t_i, w)\, g(t_j, \omega)\,(w_{t_{i+1}} - w_{t_i})\,(w_{t_{j+1}} - w_{t_j}) \mid \mathcal{F}_s]\,.$$

Die Summanden mit $i < j$ stellen eine bedingte Erwartung der bedingten Erwartung bezüglich der σ-Algebra $\mathcal{F}_{t_j}$ dar. Sie sind, genauso wie die Summanden bei $i > j$, gleich 0. Die Summanden mit $i = j$ ergeben $\mathsf{M}\left(\int_s^T f(t, \omega)\, g(t, \omega)\, dt \mid \mathcal{F}_s\right)$.

2. Zunächst gilt $\int_0^T |f_h(t)|^2\, dt \leqq \sum_{k=1}^{[T/h]} h^{-1} \left|\int_{(k-1)h}^{kh} f(s)\, ds\right|^2$ (wenn T durch h teilbar ist oder $T = \infty$ gilt, haben wir die Gleichheit). Mit der Ungleichung von Cauchy ergibt sich

$$\left|\int_{(k-1)h}^{kh} f(s)\, ds\right|^2 \leqq h \cdot \int_{(k-1)h}^{kh} |f(s)|^2 ds\,, \quad \int_0^T |f_h(t)|^2\, dt \leqq \int_0^{[T/h]\cdot h} |f(t)|^2\, dt \leqq \int_0^T |f(t)|^2\, dt\,.$$

Zu zeigen bleibt $f_h \to f$ für beliebige $f \in \boldsymbol{L}^2$. Leicht prüft man, daß das im Falle einer Treppenfunktion erfüllt ist. Die Menge aller Treppenfunktionen liegt dicht, d. h., für jede Funktion $f \in \boldsymbol{L}^2$ und beliebiges $\varepsilon > 0$ existiert eine Treppenfunktion f^ε mit $\|f - f^\varepsilon\| < \varepsilon$. Wir haben

$$\|f_h - f\| = \|f_h^\varepsilon - f^\varepsilon + (f - f^\varepsilon)_h - (f - f^\varepsilon)\| \leqq \|f_h^\varepsilon - f^\varepsilon\| + \|f - f^\varepsilon\| + \|(f - f^\varepsilon)_h\|\,.$$

Der erste Summand strebt für $h \to 0+$ gegen Null und ist somit für hinreichend kleines positives h kleiner als ε, der zweite ist kleiner als ε und der dritte ist nach dem Bewiesenen kleiner als der zweite. Das beweist die Konvergenz $f_h \to f$.

3. Der Beweis verläuft so wie für die Eigenschaft f), nur einfacher.

4. Für Treppenfunktionen ist das offensichtlich. Ist eine beliebige Funktion $f(t, \omega)$ für $\omega \in A$, $t < T$ gleich 0, so sind die durch ihre Mittelung auf kleinen Intervallen definierten Treppenfunktionen $f_n(t, \omega)$ auch gleich 0 für $\omega \in A$, $t < T$, woraus $\int_0^T f_n(t, \omega)\, dw_t = 0$ und $\int_0^T f(t, \omega)\, dw_t = 0$ fast sicher folgt.

5. Es sei $0 \leqq t_1 < t_2 < \dots < t_n$, die Funktion $\chi_{<\tau}(t)$ nehme auf jedem der halboffenen Intervalle $[0, t_1)$, $[t_1, t_2)$, …, $[t_{n-1}, t_n)$ konstante (zufällige) Werte an, und für $t \geqq t_n$ sei sie gleich Null. Wir haben (angenommen, $t_0 = 0$) $\int_0^\infty \chi_{<\tau}(t)\, dw_t = \sum_{i=0}^{n-1} \chi_{\{\tau > t_i\}}(w_{t_{i+1}} - w_{t_i})$.

Nimmt τ den Wert t_i an, so erweist sich das stochastische Integral gleich $w_{t_1} + (w_{t_2} - w_{t_1}) + \dots + (w_{t_i} - w_{t_{i-1}}) = w_{t_i} = w_\tau$.

6. Beispiel: τ sei der erste Moment des Erreichens des Punktes 1; es gilt $\mathsf{M}w_\tau = 1$, $\mathsf{M}w_\tau^2 = 1$.

7. Für $\mathsf{M}\tau < \infty$ gilt $\mathsf{M}\tau = \mathsf{M}w_\tau^2 = \mathsf{M}b^2 \cdot (A + \tau) = b^2A + b^2\mathsf{M}\tau$. Für $b < 1$ erhalten wir $\mathsf{M}\tau = b^2A/(1 - b^2)$, bei $b \geqq 1$ einen Widerspruch.

8*. Zuerst ist zu zeigen, daß $\mathsf{M}(\tau \wedge N) \leqq b^2A/(1 - b^2)$ gilt.

9. Es wird mit offensichtlichen Änderungen die Lösung der Aufgabe 3 § 2.2 wiederholt.

10. Die zufällige Funktion $\eta_t(\omega)$ wird für $t \in [t_i, t_{i+1}]$ durch die Formel $\eta_t(\omega) = f(0, \omega) \times w_{t_1} + f(t_1, \omega)(w_{t_2} - w_{t_1}) + \dots + f(t_{i-1}, \omega) \cdot (w_{t_i} - w_{t_{i-1}}) + f(t_i, \omega) \cdot (w_t - w_{t_i})$ und für $t \geqq t_n$ durch $\eta_t(\omega) = f(0, \omega) \cdot w_{t_1} + \dots + f(t_{n-1}, \omega) \cdot (w_{t_n} - w_{t_{n-1}})$ gegeben. Die Stetigkeit in t folgt aus der Stetigkeit der Trajektorie $w_t(\omega)$ in t. Daraus und aus der $\mathcal{F}_t$-Meßbarkeit von η_t für jedes t folgt die progressive Meßbarkeit.

§ 12.2

1. Für das stochastische Integral benutzen wir die Kolmogorowsche Ungleichung

$$\mathsf{P}\left\{\max_{0\leqq s\leqq t}\left|\int_0^s f^{(n)}(u, \omega)\, dw_u - \int_0^s f(u, \omega)\, dw_u\right| \geqq \varepsilon/2\right\} \leqq \mathsf{M}\int_0^t |f^{(n)}(u, \omega) - f(u, \omega)|^2\, du/(\varepsilon/2)^2 \to 0;$$

für das Lebesguesche die Ungleichung

$$\mathsf{P}\left\{\max_{0\leqq s\leqq t}\left|\int_0^s g^{(n)}(u, \omega)\, du - \int_0^s g(u, \omega)\, du\right| \geqq \varepsilon/2\right\} \leqq \mathsf{P}\left\{\int_0^t |g^{(n)}(u, \omega) - g(u, \omega)\, du| \geqq \varepsilon/2\right\} \to 0\,.$$

2.
$$\left|\int_s^t G_m(u)\, d\alpha_m(u) - \int_s^t G(u)\, du\right|$$
$$\leqq \int_s^t |G_m(u) - G(u)|\, d\alpha_m(u) + \left|\int_s^t G(u)\, d\alpha_m(u) - \int_s^t G(u)\, du\right|.$$

Das erste Integral übertrifft $\sup_u |G_m(u) - G(u)|\, [\alpha_m(t) - \alpha_m(s)] \to 0$ $(m \to \infty)$ nicht. Die Differenz der Integrale nach α_m sowie nach u strebt gegen 0, weil die Funktion g stetig ist und aus der gleichmäßigen Konvergenz der Verteilungsfunktionen die schwache Konvergenz der Maße folgt.

3. Man wende die Itô-Formel auf $\exp\left\{\int_0^t f\chi_{<\tau_N}(s)\, dw_s - \frac{1}{2}\int_0^t f^2\chi_{<\tau_N}(s)\, ds\right\}$ mit $\tau_N = \min\left\{t \leqq T: \int_0^t f dw_s - \frac{1}{2}\int_0^t f^2\, ds = N\right\}$ an.

§ 12.3

1. Zur progressiven Meßbarkeit des stochastischen Integrales als Funktion der oberen Grenze vgl. § 1, bezüglich eines gewöhnlichen Integrales vgl. Aufgabe 14, Kap. 6. Eine Abschätzung von $\mathsf{M}\,|\xi_t^{(n)}|^2$ ergibt

$$\mathsf{M}\,|\xi_t^{(n)}|^2 \leqq 3\mathsf{M}\,|\eta|^2 + 3\mathsf{M}\left|\int_s^t \sigma(\xi_u^{(n-1)})\, dw_u\right|^2 + 3\mathsf{M}\left|\int_s^t b(\xi_u^{(n-1)})\, du\right|^2$$
$$\leqq 3\mathsf{M}\,|\eta|^2 + 3\big(r^2 + r(t - s)\big)\, K^2 \int_s^t [1 + \mathsf{M}\,|\xi_u^{(n-1)}|^2]\, du$$

(eine analoge Abschätzung wurde ausführlich beim Beweis von Satz 1 gegeben).

2. Mit der Ungleichung von CAUCHY-BUNJAKOWSKI ergibt sich

$$\mathsf{M}\,|\xi_t|^2 = \mathsf{M}\,|\eta + (\xi_t^{(1)} - \xi_t^{(0)}) + (\xi_t^{(2)} - \xi_t^{(1)}) + \dots + (\xi_t^{(n+1)} - \xi_t^{(n)}) + \dots|^2$$
$$\leqq \mathsf{M}[|\eta|^2 + 2\,|\xi_t^{(1)} - \xi_t^{(0)}|^2 + 4\,|\xi_t^{(2)} - \xi_t^{(1)}|^2 + \dots]$$
$$\dots + 2^{n+1}\,|\xi_t^{(n+1)} - \xi_t^{(n)}|^2 + \dots]\,[1 + 1/2 + 1/4 + \dots + 1/2^{n+1} + \dots]$$
$$\leqq 2\mathsf{M}[1 + |\eta|^2]\left[1 + \sum_{n=0}^{\infty} (K/L)^2 \cdot (4L^2[r^2(t-s) + r(t-s)^2])^{n+1}/(n+1)!\right].$$

3. Wir haben

$$\mathsf{M}\,|\xi'_{t\wedge\tau_N} - \xi_{t\wedge\tau_N}|^2 \leqq 2\mathsf{M}\left|\int_s^t [\sigma(\xi'_u) - \sigma(\xi_u)]\,\chi_{<\tau_N}(u)\,dw_u\right|^2$$
$$+ 2\mathsf{M}\left|\int_s^t [b(\xi'_u) - b(\xi_u)]\,\chi_{<\tau_N}(u)\,du\right|^2 \leqq 2L^2(r^2 + r(t-s))\,\mathsf{M}\int_s^{t\wedge\tau_N} |\xi'_u - \xi_u|^2\,du$$
$$\leqq 2L^2(r^2 + r(t-s)) \cdot \int_s^t \mathsf{M}\,|\xi'_{u\wedge\tau_N} - \xi_{u\wedge\tau_N}|^2\,du\,.$$

Beginnend mit der Ungleichung $\mathsf{M}\,|\xi'_{t\wedge\tau_N} - \xi'_{t\wedge\tau_N}|^2 \leqq N^2$, erhalten wir durch Induktion die gesuchte Ungleichung. Aus ihr folgt $\mathsf{M}\,|\xi'_{t\wedge\tau_N} - \xi_{t\wedge\tau_N}|^2 = 0$ (weil n beliebig groß genommen werden kann). Folglich gilt fast sicher $\xi'_t = \xi_t$ für $t \leqq \tau_N$, weil aber auch N beliebig groß gewählt werden kann, sogar für alle t.

4. Es seien $\xi_t^{(n)}$ und $\xi_t'^{(n)}$ gegen ξ_t bzw. ξ'_t konvergierende Näherungsfolgen ($\xi_t^{(0)} = \eta$, $\xi_t'^{(0)} = \eta'$). Es gilt

$$\mathsf{M}\,|\xi_t'^{(n+1)} - \xi_t^{(n+1)}|^2 \leqq 3\mathsf{M}\,|\eta' - \eta|^2 + 3L^2(r^2 + r(t-s)) \int_s^t \mathsf{M}\,|\xi_u'^{(n)} - \xi_u^{(n)}|^2\,du$$

und hieraus erhalten wir durch Induktion

$$\mathsf{M}\,|\xi_t'^{(n)} - \xi_t^{(n)}|^2 \leqq 3\mathsf{M}\,|\eta' - \eta|^2 \cdot [1 + 3L^2[r^2(t-s) + r(t-s)^2] + (3L^2[r^2(t-s)$$
$$+ r(t-s)^2])^2/2! + \dots + (3L^2[r^2(t-s) + r(t-s)^2])^n/n!]\,.$$

Ein Grenzübergang liefert die benötigte Abschätzung.

§ 12.4

1. Zuerst beweisen wir die Formel (1) für Funktionen f, die Indikatoren von Mengen aus $\mathscr{B}^r \times \mathscr{F}$ sind. Es ist zu zeigen, daß fast sicher

$$\mathsf{P}\{\omega\colon (\eta(\omega), \varphi_t(\omega)) \in A \mid \mathscr{F}_t\} = F_A(\eta) \qquad (*)$$

gilt, wobei $F_A(x) = \mathsf{P}\{\omega\colon (x, \omega) \in A\}$, $A \in \mathscr{B}^r \times \mathscr{F}$ ist. Die rechte Seite ist bezüglich $\mathscr{F}_t$ meßbar. Nach Definition der bedingten Erwartung bedeutet (*), daß für alle $C \in \mathscr{F}_t$

$$\mathsf{P}(C \cap \{\omega\colon (\eta(\omega), \varphi_t(\omega)) \in A\}) = \int_C F_A(\eta)\,\mathsf{P}(d\omega) \qquad (**)$$

gilt. Beide Seiten sind als Funktion von A Maße, so daß es genügt, diese Formel für Mengen A aus einem gewissen, die σ-Algebra $\mathscr{B}^r \times \mathscr{F}$ erzeugenden Halbring zu beweisen. Als solchen Halbring wählen wir das Mengensystem $\{(x, \omega)\colon x \in \Gamma;\ w_{t_1}(\omega) \in \Gamma_1, \dots, w_{t_n}(\omega) \in \Gamma_n\}$ mit BOREL-Mengen $\Gamma, \Gamma_1, \dots, \Gamma_n$. Für die Mengen dieses Halbringes gilt $F(x) = \chi_\Gamma(x) \cdot \mathsf{P}\{w_{t_1} \in \Gamma_1, \dots, w_{t_n} \in \Gamma_n\}$; (**) nimmt die Form

$$\mathsf{P}(C \cap \{\eta \in \Gamma\} \cap \{w_{t+t_1} - w_t \in \Gamma_1, \dots, w_{t+t_n} - w_t \in \Gamma_n\})$$
$$= \mathsf{P}\{w_{t_1} \in \Gamma_1, \dots, w_{t_n} \in \Gamma_n\} \cdot \int_C \chi_\Gamma(\eta)\,d\mathsf{P}$$

an, und die Gültigkeit dieser Gleichung folgt aus der Unabhängigkeit der Zuwächse und der Homogenität des WIENER-Prozesses.

Jede nichtnegative meßbare Funktion $f(x, \omega)$ läßt sich als monotoner Grenzwert von Linearkombinationen aus Indikatoren

$$f = \lim_{n\to\infty} \sum_{k=0}^{n2^n-1} \frac{k}{2^n} \chi_{\{k/2^n \leqq f < (k+1)/2^n\}} + n\chi_{\{f\geqq n\}}$$

schreiben.

2. $\mathsf{M}\left|\int\limits_s^{s+h} b(\eta_u)\,du - \sum\limits_{k=0}^{n-1} b(\eta_{s+kh/n})\cdot h/n\right|^2$

$$\leqq h^2 \cdot \sup_{\substack{|u-v|\leqq h/n\\ s\leqq u,v\leqq s+h}} \mathsf{M}\,|b(\eta_u) - b(\eta_v)|^2 \leqq \text{const}/n \to 0\,.$$

3. $\delta_n(h, x) \leqq 4\mathsf{M}\,|\xi_h(x;\omega)|^2 + 4\,|x|^2 + 4\mathsf{M}\left|\sum\limits_{k=0}^{n-1}\sigma(\xi_{kh/n}(x;\omega))\,[w_{(k+1)h/n} - w_{kh/n}]\right|^2 +$

$$+ 4\mathsf{M}\left|\sum_{k=0}^{n-1} b(\xi_{kn/h}(x;\omega))\cdot h/n\right|^2.$$

Eine Abschätzung des ersten Summanden haben wir schon erhalten, der dritte ist gleich

$$4\sum_{i,j=1}^{r}\left[\sum_{k=0}^{n-1}\mathsf{M}\,|\sigma_j^i(\xi_{kn/h})|^2\cdot h/n\right] \leqq 4r^2h\cdot K^2\cdot \max_{0\leqq u\leqq h}\mathsf{M}\,|\xi_u|^2\,,$$

der vierte Summand übertrifft

$$4h\sum_{i=1}^{r}\left[\sum_{k=0}^{n-1}\mathsf{M}\,|b^i(\xi_{kh/n})|^2\cdot h/n\right] \leqq 4rh^2\cdot K^2\cdot\max_{0\leqq u\leqq h}\mathsf{M}\,|\xi_u|^2$$

nicht, und $\mathsf{M}\,|\xi_u(x;\omega)|^2$ wurde bereits abgeschätzt.

4. Aus der Formel (11) erhalten wir $||P^tf - f|| \leqq t\,||Lf|| \to 0\ (t\downarrow 0)$.

5. Aus derselben Formel folgt $||t^{-1}(P^tf - f) - Lf|| = t^{-1}\left\|\int\limits_0^t (P^sLf - Lf)\,ds\right\| \leqq \max\limits_{0\leqq s\leqq t} ||P^sLf - Lf|| \to 0\ (t\downarrow 0)$.

6. Für die stochastische Gleichung gilt $dw_t = dw_t$, $d\xi_t = w_t\,dt$; die Koeffizienten sind $b^1 \equiv 0$, $b^2(x, y) = x$, $\sigma_1^1 = 1$, die übrigen sind Null. Hieraus folgt $a^{11} \equiv 1$, $a^{12} = a^{21} = a^{22} \equiv 0$; $L = \frac{1}{2}\frac{\partial^2}{\partial x^2} + x\frac{\partial}{\partial y}$.

7. Aus der Abschätzung $\mathsf{M}\,|\xi_t(x;\omega) - \xi_t(y;\omega)|^2 \leqq 3\,|x - y|^2 \exp\{3L^2[r^2t + rt^2]\}$ folgt $\lim\limits_{y\to x}(\mathsf{P})\ \xi_t(y;\omega) = \xi_t(x;\omega)$ und aus der Konvergenz in Wahrscheinlichkeit die schwache Konvergenz der Verteilungen: $P(t, y, \cdot) \to P(t, x, \cdot)$. Das ist aber die FELLER-Eigenschaft.

8*. Die Diffusions- und Verschiebungskoeffizienten sind 1 bzw. $-x/(1 - s)$ (vgl. Aufgabe 3* § 11.2). Indem wir $\sigma = 1$ setzen, kommen wir zu der stochastischen Gleichung $dZ(t) = dw_t - \frac{Z(t)}{1 - t}\,dt$ (das ist ein Fall, der von uns nicht betrachtet wurde: zeitliche Inhomogenität und Singularität im Verschiebungskoeffizienten).

§ 13.1

Die Lösungen der Aufgaben dieses Paragraphen kann man erhalten, indem man in einfacher Weise die Lösungen der Aufgaben und den Beweis der Aussage vom folgenden Paragraphen reproduziert. Es ist aber nützlich, sich zuerst mit zu MARKOW-Ketten gehörenden Aufgaben zu befassen, bevor wir uns den Diffusionsprozessen zuwenden.

6. Die Gleichung lautet $m(x + 1)/2 - m(x) + m(x - 1)/2 = -1$, $0 < x < n$, und ihre Lösung $m(x) = x\cdot(n - x)$ für $0 \leqq x \leqq n$.

8. Gleichung: $v(x+1)\cdot p - v(x) + v(x-1)\cdot q = -1$, $x > 0$; allgemeine Lösung: $v(x) = x/(p-q) + C_1 + C_2(q/p)^x$ für $x \geqq 0$, $p \neq q$, $v(x) = -x^2 + C_1 + C_2 x$ für $x \geqq 0$, $p = q = 1/2$. Für $p \geqq q$ gibt es keine nichtnegative Lösung, folglich ist $\mathsf{M}_x\tau = \infty$; für $p < q$ ist die kleinste nichtnegative Lösung $m(x) = x/(q-p)$.

9*. $q(x)\, Pz(x) - z(x) = -g(x)\,, \quad x \in D; \quad z(x) = 0\,, \quad x \notin D\,.$

§ 13.2

1. Wir benutzen die MARKOW-Eigenschaft

$$\mathsf{P}_x\{\tau \geqq (n+1)\,T\} = \mathsf{P}_x(\{\tau \geqq nT\} \cap \theta_{nT}^{-1}\{\tau \geqq T\})$$
$$= \int_{\{\tau \geqq nT\}} \mathsf{P}_{\xi_{nT}}\{\tau \geqq T\}\, \mathsf{P}_x(\mathrm{d}\omega) \leqq (1-\delta)\, \mathsf{P}_x\{\tau \geqq nT\};$$

durch Induktion erhalten wir die Abschätzung (1), ferner benutzen wir

$$\mathsf{M}_x\tau \leqq T \cdot \sum_{n=0}^{\infty} \mathsf{P}_x\{\tau \geqq nT\}.$$

2*. Die Lösung ist analog dem Beweis zum Satz 1 § 13.3.

3*. Der infinitesimale Operator der MARKOW-Familie (η_t, P_x) wird durch die Formel $Af(x) = a[f(x+1) - f(x)] - af'(x)$. Die durch $a^{-1}x(l+1-x)$, $0 \leqq x \leqq l+1$, definierte glatte finite Funktion $v(x)$ befriedigt die Gleichung $Av(x) = -1$ für $x \in [0, 1]$. Daraus folgt

$$v(x) = \mathsf{M}_x[v(\eta_{\tau\wedge T}) + (\tau \wedge T)] \geqq \mathsf{M}_x(\tau \wedge T)\,.$$

Ein Grenzübergang $T \to \infty$ ergibt die benötigte Ungleichung.

4. Nach Verständnis des Voranstehenden ist die Lösung ganz einfach.

5. Die gesuchte Wahrscheinlichkeit $p(x)$ ist Lösung der Aufgabe $\frac{1}{2}\, a(x)\, p''(x) + b(x)\, p'(x) = 0$, $p(c) = 0$, $p(d) = 1$. Die allgemeine Lösung der Gleichung lautet $C_1 \int \exp(-2b(x)a(x))\,\mathrm{d}x + C_2$, die die Randbedingungen befriedigende Lösung ist

$$p(x) = \int_c^x \mathrm{e}^{-2b(y)/a(y)}\, \mathrm{d}y \Big/ \int_c^d \mathrm{e}^{-2b(y)/a(y)}\, \mathrm{d}y\,.$$

6. Es genügt, $\frac{1}{2}\, \Delta \ln |x| = 0$ nachzuprüfen. Nun befassen wir uns mit den Grenzübergängen. Mit τ_r, τ_R, τ_0 bezeichnen wir die Momente des ersten Erreichens der Kreise mit den Radien r und R beziehungsweise des Punktes 0. Bei $R \to \infty$ strebt der Moment τ_R gegen Unendlich, deshalb gilt $\lim\limits_{R\to\infty} \mathsf{P}_x\{\tau_r < \tau_R\} = \mathsf{P}_x\{\tau_r < \infty\}$ (das ist die Wahrscheinlichkeit eines monotonen Limes von Ereignissen), d. h., die Wahrscheinlichkeit, irgendeinmal ∂_1 zu erreichen, ist gleich 1.

Ferner ist $\tau_0 = \lim\limits_{r\downarrow 0} \tau_r$, deshalb gilt $\mathsf{P}_x\{\tau_0 < \tau_R\} = \lim\limits_{r\downarrow 0} \mathsf{P}_x\{\tau_r < \tau_R\} = 0$ für alle $x \neq 0$. Durch den Grenzübergang $R \to \infty$ erhalten wir $\mathsf{P}_x\{\tau_0 < \infty\} = 0$.

Warum kann man $\mathsf{P}_x\{\tau_0 < \infty\}$ nicht durch einen Grenzübergang von $\mathsf{P}_x\{\tau_r < \infty\}$ für $r \downarrow 0$ erhalten? Es handelt sich darum, daß, während $\bigcap\limits_{r>0} \{\tau_r < \tau_R\} = \{\tau_0 < \tau_R\}$ gilt, der Durchschnitt $\bigcap\limits_{r>0} \{\tau_r < \infty\}$ nicht mit $\{\tau_0 < \infty\}$ zusammenfällt, weil $\lim\limits_{r\downarrow 0} \tau_r$ gleich ∞ sein kann.

7. Es gilt $\mathsf{P}_x\{\tau_r < \tau_R\} = (1/|x| - 1/R)/(1/r - 1/R)$ und $\mathsf{P}_x\{\tau_r < \infty\} = \lim\limits_{R\to\infty} \mathsf{P}_x\{\tau_r < \tau_R\} = r/|x|$ für $|x| \geqq r$; $\mathsf{P}_x\{\tau_0 < \tau_R\} = \lim\limits_{r\downarrow 0} \mathsf{P}_x\{\tau_r < \tau_R\} = 0$. Genauso folgt $\mathsf{P}_x\{\tau_0 < \infty\} = 0$ für $x \neq 0$ (vgl. Aufgabe 2* § 7.3).

8. $m(x) = (R^2 - |x|^2)/r$; insbesondere ist der Erwartungswert der Austrittszeit für die im Zentrum der Kugel beginnenden Trajektorien gleich $R^2/2$.

Genauso haben wir für ein durch eine Fläche zweiter Ordnung begrenztes Gebiet $D = \left\{x\colon v(x) = \sum\limits_{i,j} A_{ij}\, x^i x^j + \sum\limits_i B_i x^j + C \geqq 0\right\}$ die Identität $\frac{1}{2}\, \Delta v(x) \equiv \sum\limits_i A_{ii}$. Hieraus folgt $\mathsf{M}_x\tau < \infty$ für $\sum_i A_{ii} < 0$. Im Falle eines beschränkten Gebietes, also eines Ellipsoides, gilt $\mathsf{M}_x\tau = v(x)/\left|\sum_i A_{ii}\right|$. Man kann zeigen (zum Beispiel mit Hilfe stochastischer Integrale), daß das auch für unbeschränkte Gebiete gültig ist, und daß $\mathsf{M}_x\tau = \infty$ für $\sum_i A_{ii} \geqq 0$ gilt.

9*. $\mathsf{M}_{x,y}\tau = (x^2 \sin^2(\alpha/2) - y^2 \cos^2(\alpha/2))/\cos\alpha$ für $\alpha < \pi/2$, $\mathsf{M}_{x,y}\tau < \infty$ für einen spitzen Winkel und $\mathsf{M}_{x,y}\tau = \infty$ für eine Gerade oder einen stumpfen Winkel.

10*. Natürlich.

11*. Es wird geprüft, daß $u(x^1, x^2) = \int_{-\infty}^{\infty} p_{x^1x^2}(y) f(y)\, dy$ eine beschränkte Lösung der Aufgabe $\frac{1}{2}\Delta u = 0$ in D ist sowie $u(x^1, x^2) \to f(y)$ für $(x^1, x^2) \to (y, 0) \in \partial D$ gilt.

12. Außerhalb des Kompaktums $D_N = D \cap \{x: |x| \leqq N\}$ ändern wir die Funktion u so ab, daß sie glatt bleibt, aber finit wird. Für $x \in D_N$ haben wir $u(x) = \mathsf{M}_x u(\xi_{\tau_N})$, wobei τ_N der Moment des ersten Austrittes aus D_N ist.

Wir lassen N nach Unendlich gehen und benutzen das Lemma von Fatou: $u(x) \geqq \mathsf{M}_x \lim_{N\to\infty} u(\xi_{\tau_N}) \geqq \mathsf{M}_x\varphi(\xi_\tau)$, da für $\tau < \infty$ und hinreichend großes N die Gleichheit $u(\xi_{\tau_N}) = \varphi(\xi_\tau)$ besteht. Für $\tau = \infty$ ist die untere Grenze nichtnegativ und anstelle $\varphi(\xi_\tau)$ setzen wir 0.

Wir beweisen die zweite Behauptung

$$v(x) = \mathsf{M}_x v(\xi_{\tau_N}) + \mathsf{M}_x \int_0^{\tau_N} g(\xi_s)\, ds;$$

$$v(x) \geqq \mathsf{M}_x \lim_{N\to\infty} v(\xi_{\tau_N}) + \mathsf{M}_x \lim_{N\to\infty} \int_0^{\tau_N} g(\xi_s)\, ds \geqq \mathsf{M}_x \int_0^{\tau} g(\xi_s)\, ds\,.$$

15*. Wir umgeben den Punkt x mit der Sphäre $S = \{y: |y - x| = \varepsilon\}$. Den Moment des ersten Erreichens dieser Sphäre bezeichnen wir mit τ_S. Für Trajektorien, die im Inneren der Sphäre beginnen, gilt $\theta_{\tau_S}\tau = \tau - \tau_S$ und $\theta_{\tau_S}w_\tau = w_\tau$. Nun benutzen wir die starke Markow-Eigenschaft bezüglich des Zeitpunktes τ_S:

$$p(x) = \mathsf{P}_x\{w_\tau \in \Gamma\} = \mathsf{P}_x(\theta_{\tau_S}^{-1}\{w_\tau \in \Gamma\}) = \mathsf{M}_x\mathsf{P}_{\xi_{\tau_S}}\{w_\tau \in \Gamma\} = \mathsf{M}_x p(\xi_{\tau_S})\,.$$

Es ist aber klar, daß wegen der Kugelsymmetrie des Wiener-Prozesses die Verteilung von ξ_{τ_S} auf der Sphäre gleichmäßig ist, deshalb ist $\mathsf{M}_x p(\xi_{\tau_S})$ gleich dem Mittel von $p(u)$ auf der Sphäre S.

Folglich ist die Funktion p in jedem Punkt gleich ihrem Mittel auf jeder beliebigen Sphäre mit dem Zentrum in diesem Punkt, die dabei ganz im Gebiet liegt, d. h., p ist harmonisch.

§ 13.3

1. Wir lassen die Wienersche Trajektorie in $(0, 0)$ beginnen. Die Wahrscheinlichkeit dafür, daß sie den n-ten kleinen Kreis vor dem Austritt aus dem großen Kreis erreicht, ist nicht größer, als die Wahrscheinlichkeit, diesen Kreis vor dem Austritt aus dem Kreis $\{(x, y): (x - 1/2^n)^2 + y^2 \leqq 4\}$ zu verlassen (Abb. 39). Die letzte Wahrscheinlichkeit ist gleich $(\ln 2 - \ln(1/2^n))/(\ln 2 - \ln(1/2^{n^3}))$ (siehe Aufgabe 6 § 2), d. h. $(n + 1)/(n^3 + 1)$. Die Reihe aus diesen Wahrscheinlichkeiten konvergiert, der Prozeß erreicht bis zum Austritt aus dem Kreis nur eine endliche Zahl kleiner Kreise, und hieraus folgt $\mathsf{P}_{0,0}\{\tau > 0\} = 1$.

2. Wir wählen eine zweimal stetig differenzierbare nichtnegative Funktion $g(z)$ auf $[0, \infty)$, die gleich z^2 in einer ε-Umgebung des Punktes 0 ist und außerhalb eines gewissen endlichen Intervalles verschwindet. Mit $u_x(y)$ bezeichnen wir die folgende Funktion in R^r: $u_x(y) = g(|y - x|)$. Diese Funktion gehört zu $C_{\text{fin}}^{(2)}$, und man sieht leicht, daß für $x \in U_\varepsilon(x_0)$ die Norm $\|Lu_x\| = \max_y \left|\frac{1}{2}\sum_{i,j} a^{ij}(y)\frac{\partial^2 u_x(y)}{\partial y^i\, \partial y^j} + \sum_i b^i(y)\frac{\partial u_x(y)}{\partial y^i}\right|$ durch die Zahl K

nach oben beschränkt ist. Wir wissen, daß $u_x(\xi_t) - \int_0^t Lu_x(\xi_s)\,ds$ ein Martingal ist, deshalb ist $u_x(\xi_t) - \int_0^t Lu_x(\xi_s)\,ds + Kt$ ein Submartingal und dabei nichtnegativ. Nun wenden wir die KOLMOGOROWsche Ungleichung an: für $x \in U_{\varepsilon/2}(x_0)$ gilt

$$\begin{aligned}
&\mathsf{P}_x\{\xi_t \notin U_\varepsilon(x_0) \text{ für ein } t \leqq h\} \\
&\leqq \mathsf{P}_x\Big\{\max_{0\leqq t\leqq h} |\xi_t - x| \geqq \varepsilon/2\Big\} = \mathsf{P}_x\Big\{\max_{0\leqq t\leqq h} u_x(\xi_t) \geqq \varepsilon^2/4\Big\} \\
&\leqq \mathsf{P}_x\left\{\max_{0\leqq t\leqq h}\left[u_x(\xi_t) - \int_0^t Lu_x(\xi_s)\,ds + Kt\right] \geqq \varepsilon^2/4\right\} \\
&\geqq 4\varepsilon^{-2}\mathsf{M}_x\left[u_x(\xi_h) - \int_0^h Lu_x(\xi_s)\,ds + Kh\right] = 4\varepsilon^{-2}Kh \to 0 \qquad (h \downarrow 0).
\end{aligned}$$

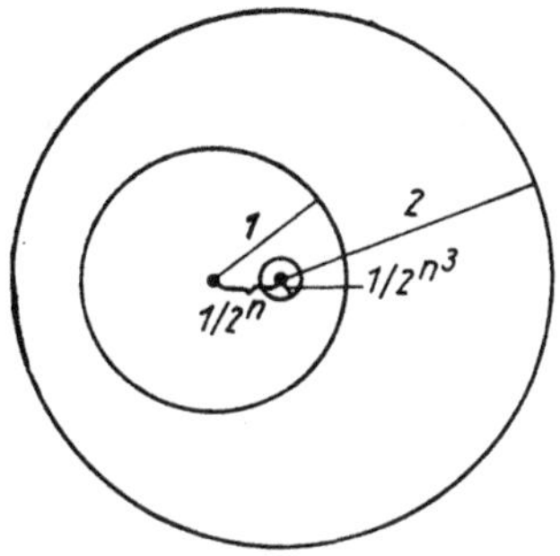

Abb. 39

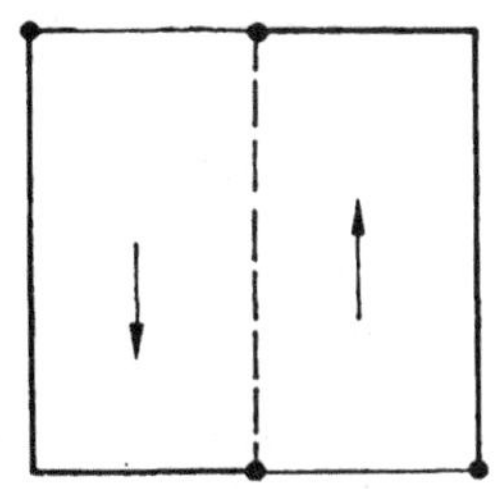

Abb. 40

3. Die strenge MARKOW-Eigenschaft bezüglich des Momentes τ kann so geschrieben werden: Für beliebige Ereignisse $A \in \mathcal{F}_{\leqq\tau+}$ sowie $B \in \mathcal{F}_{\geqq 0}$ gilt

$$\mathsf{P}_x(A \cap \theta_\tau^{-1}B) = \int_A \mathsf{P}_{\xi_\tau}(B)\,\mathsf{P}_x(d\omega)\,. \tag{*}$$

Wir setzen $A = \{\xi_\tau \in S\}$, $B = \{\tau > 0\}$, es folgt $\theta_\tau^{-1}B = \theta_\tau^{-1}\{\tau > 0\} = \{\theta_\tau\tau > 0\} = \{0 > 0\} = \emptyset$. Die linke Seite von (*) ist gleich $\mathsf{P}_x(\emptyset) = 0$, für die rechte Seite gilt $\mathsf{P}_{\xi_\tau}(B) = 1$, weil ξ_τ ein singulärer Randpunkt ist. Wir erhalten $0 = \mathsf{P}_x(A)$.

4. Die regulären Randpunkte sind in der Abb. 40 stark gezeichnet. Die Pfeile bezeichnen die Bewegungsrichtung.

Weniger klar ist die Regularität der Randpunkte (0, 1) und (0, −1).

5*. Der wahrscheinlichkeitstheoretische Sinn ist die Absolutstetigkeit mit beschränkter Dichte der Verteilungen der Austrittspunkte aus einem Gebiet für Trajektorien, die jeweils in den Punkten x und y beginnen. Um das jedoch völlig zu verstehen, muß man nicht den geometrischen Rand des Gebietes betrachten, sondern den *Martinschen Rand* (über den Begriff des MARTINschen Randes kann man im § 8.5 des Buches von ITÔ und MCKEAN [1] nachlesen).

VERZEICHNIS DER SYMBOLE

$\Rightarrow$ — es folgt

$\to$ — allgemeines Zeichen für verschiedene Konvergenzarten, darunter der schwachen Konvergenz von Maßen

$\xrightarrow{(\mathsf{P})}$ — Konvergenz in Wahrscheinlichkeit

$\uparrow$ — a) konvergiert monoton von unten (darunter auch für nichtfallende Mengenfolgen)
b) im § 5.3 eingeführte Form der Konvergenz

$\downarrow$ — konvergiert monoton von oben

Überstreichung bedeutet
a) komplex-konjugierte Zahl
b) Abschließung

[ ] — a) ganzzahliger Teil (entier)
b) einfach Klammern

$\langle \mu, f \rangle = \int_X \mu(\mathrm{d}x) f(x)$

$+, -$ — wird benutzt, wenn die Rede von einseitigen Grenzwerten ist, zum Beispiel $f(1-) = \lim_{x \to 1-} f(x)$

lim — allgemeine Bezeichnung für Grenzwerte in verschiedenem Sinne

lim (P) — Grenzwert in Wahrscheinlichkeit

l.i.m. — Grenzwert im Quadratmittel

mes — LEBESGUE-Maß

w_t — WIENER-Prozeß (zur Definition siehe § 1.2)

$\varrho(x, y)$ — Abstand zwischen Punkten x und y im metrischen Raum

R^1 — reelle Achse

$R_+ = [0, \infty)$

R^n — n-dimensionaler EUKLIDischer Raum

X^T — Raum aller Funktionen auf der (beliebigen) Menge T mit Werten in X; insbesondere ist $R^T = (R^1)^T$ der Raum aller reellwertigen Funktionen auf T

Z^1 — Menge aller ganzen Zahlen

$Z_+ = \{n \in Z^1 : n \geqq 0\}$

$$\Phi(X) = \frac{1}{\sqrt{2\pi}} \int_{-\infty}^{x} \exp(-y^2/2)\, \mathrm{d}y$$

$\Phi_{t_1 \dots t_n}$ — n-dimensionale Verteilung einer zufälligen Funktion in den Punkten $t_1, \dots, t_n$ (vgl. § 1.1)

Buchstaben in *Schreibschrift* bezeichnen verschiedene Mengensysteme, besonders alle σ-Algebren.

$\mathscr{B}^1$ — σ-Algebra der eindimensionalen BOREL-Mengen

$\mathscr{B}^n$ — a) n-faches Produkt einer beliebigen σ-Algebra $\mathscr{B}$ mit sich selbst
b) σ-Algebra der n-dimensionalen BOREL-Mengen

$\mathscr{B}_X$ — σ-Algebra der BORELschen Teilmengen von X, d. h. der kleinsten σ-Algebra, die alle offenen Teilmengen des metrischen Raumes X enthält

$\mathscr{B}^T$	a) kleinste σ-Algebra im Raum X^T, die alle Zylindermengen enthält (siehe § 5.1) b) Spezialfall dieser Bezeichnung für $(X, \mathscr{B}) = (R^1, \mathscr{B}^1)$, d. h., für $(\mathscr{B}^1)^T$ schreiben wir $\mathscr{B}^T$

Fettgedruckte Buchstaben bezeichnen verschiedene Funktionenräume, z. B. $\boldsymbol{B}(X, \mathscr{B})$, $\boldsymbol{B}_0$, $\boldsymbol{C}_{\text{fin}}^{(2)}$, $\boldsymbol{H}_{\geqq\infty}$, $\boldsymbol{V}$.

Groteske Schrift wird für folgende Bezeichnungen benutzt

P	Wahrscheinlichkeit
M	Erwartungswert
D	Streuung
$\mathsf{P}_{s,x}$	Wahrscheinlichkeitsmaß, das einem MARKOW-Prozeß einer gegebenen Familie entspricht, der zur Zeit s im Punkte x beginnt (siehe § 8.1)
P_x	Wahrscheinlichkeitsmaß, das einem MARKOW-Prozeß einer homogenen MARKOW-Familie entspricht, der zur Zeit 0 im Punkte x beginnt (siehe § 8.5)
$\mathsf{M}_{s,x}$, M_x	zugehörige Erwartungswerte

LITERATUR

Arnold, L.: [1] Stochastische Differentialgleichungen — Theorie und Anwendung. R. Oldenbourg, München 1973.

Ash, R. B., and M. F. Gardner: [1] Topics in stochastic processes. Academic Press, New York 1975.

Blumenthal, R. M., and R. K. Getoor: [1] Markov processes and potential theory. Academic Press, New York 1968.

Breiman, L.: [1] Probability. Addison-Wesley, Reading (Mass.) 1968.

— [2] Probability and stochastic processes: with a view toward applications. Houghton Mifflin, Boston (Mass.) 1969.

Chung, K. L.: [1] Markov chains with stationary transition probabilities, 2nd ed. Springer, Berlin 1967.

Dellacherie, C.: [1] Capacités et processus stochastiques. Springer, Berlin 1972.

Dellacherie, C., et P.-A. Meyer: [1] Probabilites et potentiel (Chap. I—IV). Hermann, Paris 1975.

Doob, J. L.: [1] Stochastic processes. Wiley, New York 1953.

Dym, H., and H. P. McKean: [1] Gaussian processes: Complex function theory and the inverse spectral method. Academic press, New York 1975.

Dynkin, E. B. (Е. Б. Дынкин): [1] Основания теории марковских процессов. Физматгиз, Москва 1959 (dt. Übers.: Die Grundlagen der Theorie der Markoffschen Prozesse. Springer, Berlin 1961).

[2] Марковские процессы. Физматгиз, Москва 1963 (engl. Übers.: Markov processes I, II. Springer, Berlin 1965).

Dnykin, E. B., und A. A. Juschkewitsch (Е. Б. Дынкин и А. А. Юшкевич): [1] Теоремы и задачи о процессах маркова. Наука, Москва 1967 (dt. Übers.: Sätze und Aufgaben über Markoffsche Prozesse. Springer, Berlin 1969).

— [2] Управляемые марковские процессы и их приложения. Наука, Москва 1975.

Feller, W.: [1] An introduction to probability theory and its applications. Vol. I, 3rd ed. Wiley, New York 1968.

— [2] An introduction to probability theory and its applications, Vol. II, 2nd ed. Wiley, New York 1971.

Freedman, D.: [1] Markov chains. Holden-Day, San Francisco 1971.

— [2] Brownian motion and diffusion. Holden-Day, San Francisco 1971.

— [3] Approximation of countable Markov chains. Holden-Day, San Francisco 1971.

Friedman, A.: [1] Partial differential equations of parabolic type. Englewood Cliffs, Prentice Hall 1964.

— [2] Stochastic differential equations and applications, Vol. I and II. Academic Press, New York 1975.

Gichman, I. I., und A. W. Skorochod (И. И. Гихман и А. В. Скороход): [1] Введение в теорию случайных процессов. Наука, Москва 1965 (engl. Übers.: Introduction to the theory of random processes. Saunders, Philadelphia 1969.).

— [2] Стохастические дифференциальные уравнения, Наукова думка, Киев 1968 (dt. Übers.: Stochastische Differentialgleichungen. Akademie-Verlag, Berlin 1971).

— [3] Теория случайных процессов, Том I. Наука, Москва 1971 (engl. Übers: The theory of stochastic processes I. Springer, Berlin 1974).

— [4] Теория случайных процессов, Том II. Наука, Москва 1973 (engl. Übers.: The theory of stochastic processes II. Springer, Berlin 1975).

— [5] Теория случайных процессов, Том III. Наука, Москва 1975 (engl. Übers.: The theory of stochastic processes III. Springer, Berlin 1977).

Girsanow, I. W. (И. В. Гирсанов): [1] О преобразовании одного класса случайных процессов с помощью абсолютно непрерывной замены меры. Теория Вероятностей и ее применения **5** (1960), 314–330.

Gnedenko, B. W. (Б. В. Гнеденко) [1] Курс теории вероятностей. Физматгиз, Москва 1961 (dt. Übers.: Lehrbuch der Wahrscheinlichkeitsrechnung, 8. Aufl. Akademie-Verlag, Berlin 1980.).

Günther, N. M. (Н. М. Гюнтер): [1] Теория потенциала и ее применения к основным задачам математической физики. Гостехиздат, Москва 1953 (dt. Übers.: Die Potentialtheorie und ihre Anwendungen auf Grundfragen der Mathematischen Physik. B. G. Teubner, Leipzig 1957).

Halmos, P. R.: [1] Measure theory. Van Nostrand, Princeton 1950; 2nd ed. Springer Berlin 1974.

Hannan, E. J.: [1] Time series analysis. Wiley, New York 1960.

Hille, E.: [1] Functional analysis and semi-groups. Amer. Math. Soc., Providence (R.I., 1948.

Hille, E., and R. S. Phillips: [1] Functional analysis and semigroups. Amer. Math. Soc., Providence (R.I.) 1957.

Ibragimow, I. A., und J. A. Rosanow (И. А. Ибрагимов и Ю. А. Розанов): [1] Гауссовские случайные процессы. Наука, Москва 1970 (franz. Übers.: I. Ibrahimov et Y. Rozanov: Processus aléatoires Gaussiens. Editions Mir, Moscou 1974).

Itô, K.: [1] Вероятностные процессы, выпуск I (Übers. a. d. Japanischen). Изд. Инос) транной Лит., Москва 1960.

— [2] Вероятностные процессы, выпуск II (Übers. a. d. Japanischen). Изд. Иностранной Лит., Москва 1963.

— [3] Stochastic processes. Aarhus Lecture Notes No. 16, Matematisk Institut, Aarhus 1969.

Itô, K., and H. P. McKean, Jr.: [1] Diffusion processes and their sample paths, 2nd ed Springer, Berlin 1974.

Jenkins, G. M., and D. G. Watts: [1] Spectral analysis and its applications. Holden-Day, San Francisco 1969.

Karlin, S., and H. Taylor: [1] A first cours in stochastic processes, 2nd ed. Academic Press, New York 1975.

Kemeny, J. G., J. L. Snell and A. W. Knapp: [1] Denumerable Markov chains. Van Nostrand, New York 1966; 2nd ed. Springer, Berlin 1976.

Kolmogorow, A. N.: [1] Über die analytischen Methoden in der Wahrscheinlichkeitsrechnung. Math. Ann. **104** (1931), 415–458.

Kolmogorow, A. N., und S. W. Fomin (А. Н. Колмогоров и С. В. Фомин): [1] Элементы теории функций и функционального анализа, изд. 2. Наука, Москва 1968 (dt. Übers.: Reelle Funktionen und Funktionalanalysis. VEB Deutscher Verlag der Wissenschaften, Berlin 1975).

Kuratowski, C.: [1] Topology I. PWN, Warschau 1966.

Lamperti, J.: [1] Stochastic Processes. Aarhus Lecture Notes No. 38, Matematisk Institut, Aarhus 1974.

Landis, E. M. (Е. М. Ландис): [1] Уравнения второго порядка эллиптического и параболического типов. Наука, Москва 1971.

Lipzer, R. Sch., und A. N. Schirjaew (Р. Ш. Липцер и А. Н. Ширяев): [1] Статистика случайных процессов. Наука, Москва 1974. (engl. Übers.: in Vorber. bei Springer).

Loève, M.: [1] Probability theory, 3rd ed. Van Nostrand, New York 1963; 4th ed. Springer, Berlin 1976 (Vol. I).

Mandl, P.: [1] Analytical treatment of one-dimensional Markov processes. Academia, Prag und Springer, Berlin 1968.

McKean, H. P., Jr.: [1] Stochastic integrals. Academic Press, New York 1969.

MEYER, P.-A.: [1] Probabilités et potentiel. Hermann, Paris 1966 (engl. Übers. Probability and potentials. Blaisdell Publ. Co., Waltham (Mass.) 1966.).

MIRANDA, K.: [1] Equazioni alle derivate parziali di tipo ellitico. Springer, Berlin 1955 (engl. Übers.: Partial differential equations of elliptic type. Springer, Berlin 1970).

MÜLLER, P. H. (Hrsg.): [1] Lexikon der Stochastik, 3. Aufl. Akademie-Verlag, Berlin 1979.

NEVEU, J.: [1] Bases mathematiques du calcul de probabilités. Masson et Cie., Paris 1964. (dt. Übers.: Mathematische Grundlagen der Wahrscheinlichkeitstheorie. R. Oldenbourg, München 1969.).

— [2] Discrete-parameter martingales. North-Holland, Amsterdam 1975.

OLEINIK, O. A. (O. A. Олейник): [1] О задаче Дирихле для уравнений эллиптического типа. Математический Сборник 24 (1949), 3—14.

PETROWSKI. I. G.: [1] Zur ersten Randwertaufgabe der Wärmeleitungsgleichung. Compositio Math. 1 (1935), 383—419.

PROCHOROW, J. W. (Ю. В. Прохоров): [1] Сходимость случайных процессов и предельны теоремы теории вероятностей. Теория Вероятностей и ее Применение 1 (1956), 177—238.

RIESZ, F., und B. SZ.-NAGY: [1] Vorlesungen über Funktionalanalysis, 2. Aufl. VEB Deutscher Verlag der Wissenschaften, Berlin 1968.

ROSANOW, J. A. (Ю. А. Розанов): Стационарные случайные процессы. Физматгиз, Москва 1963 (engl. Übers.: Stationary random processes. Holden-Day, San Francisco 1967).

— [2] Лекции по теории вероятностей. Наука, Москва 1971 (dt. Übers.: Wahrscheinlichkeitstheorie. Akademie-Verlag, Berlin 1970).

— [3] Случайные процессы. Наука, Москва 1971 (dt. Übers.: Stochastische Prozesse. Akademie-Verlag, Berlin 1975.).

RYSHIK, I. M., und I. S. GRADSTEIN (И. М. Рыжик и И. С. Градштейн): [1] Таблицы интегралов сумм, рядов и произведений. Гостехиздат, Москва 1951 (dt. Übers.: Produkt- und Integraltafeln. VEB Deutscher Verlag der Wissenschaften, Berlin 1957).

SKOROCHOD, A. W. (A. B. Скороход): [1] Исследования по теории случайных процессов. Киев 1961 (engl. Übers.: Studies in the theory of random processes. Addison-Wesley, Reading (Mass.) 1965).

SPITZER, F.: [1] Principles of random walk. Van Nostrand, Princeton 1964; 2nd ed. Springer, Berlin 1976.

VILLE, J. [1]: Etude critique de la notion de collectif. Gauthier-Villars, Paris 1939.

YOSIDA, K.: [1] Functional analysis. 4th ed. Springer, Berlin 1974.

SACHVERZEICHNIS

www.ingramcontent.com/pod-product-compliance
Lightning Source LLC
LaVergne TN
LVHW081333011026
849161LV00013BB/2911